普通高等教育“十一五”国家级规划教材
国家工科化学基础课程教学基地教材

基础化学实验教程

（第五版）

天津大学化学系
唐向阳　余莉萍　朱莉娜　高洪苓　陶敏莉　编

科学出版社
北京

内 容 简 介

本书为普通高等教育“十一五”国家级规划教材，是国家工科化学基础课程教学基地教材。本次再版继承了第四版教材的编写指导思想和结构框架，进一步突出了“安全化学、绿色化学”的理念，并对部分实验进行了修改，同时配套了数字化资源，读者可通过扫描书中的二维码观看实验视频。本书注重化学实验的基础性和系统性，并融入具有“高阶性、创新性和挑战度”的内容，既能满足二级学科独立开设课程的需要，又兼顾了“大化学实验”整体设课的实验教学安排。

全书包括三个部分：第一部分介绍化学实验的基本知识、基本方法与基本技术；第二部分为实验，按照“基本实验—系列实验—综合实验”三个层次选编了88个实验，并将“综合实验”单独设章，以便于不同学校根据自身要求进行选择；第三部分为附录，简要介绍化学实验中常用仪器的工作原理、使用方法及常用数据表。

本书既可作为高等学校工科类专业基础化学实验课程教材，也可作为相关专业实验教学参考书。

图书在版编目(CIP)数据

基础化学实验教程/唐向阳等编. —5版. —北京：科学出版社，2023.4

普通高等教育“十一五”国家级规划教材　国家工科化学基础课程教学基地教材

ISBN 978-7-03-073794-6

Ⅰ.①基…　Ⅱ.①唐…　Ⅲ.①化学实验-高等学校-教材　Ⅳ.①O6-3

中国版本图书馆 CIP 数据核字(2022)第 220707 号

责任编辑：侯晓敏　郑祥志　陈雅娴 / 责任校对：杨　赛

责任印制：吴兆东 / 封面设计：迷底书装

科学出版社出版

北京东黄城根北街 16 号

邮政编码：100717

http://www.sciencep.com

北京华宇信诺印刷有限公司印刷

科学出版社发行　各地新华书店经销

*

2000 年 9 月第一版　开本：787×1092　1/16

2005 年 1 月第二版　印张：24 1/2

2010 年 7 月第三版　字数：627 000

2015 年 3 月第四版　2023 年 4 月第五版

2025 年 7 月第三十二次印刷

定价：79.00 元

(如有印装质量问题，我社负责调换)

第五版前言

《基础化学实验教程》(第四版)自2015年出版以来,在基础化学实验教学中发挥了积极作用,为化工、应用化学、材料、药学、环境、生命科学等学科的人才培养做出了一定贡献。七年来,随着教学理念、教学方法、教材体系和仪器设备的不断更新,对基础化学实验教材提出了更高的要求。为此,我们对第四版教材进行了修订,本次修订的主导思想是:提升理念,夯实基础,更新内容,注重创新能力培养。并在以下几个方面做了相应修订:

(1) 继承第一、二、三、四版教材的编写思想,以化学实验的基本原理、基本方法与基本技术、创新能力为主线,按照"基本实验—系列实验—综合实验"几个层次编写,并将"综合实验"单独成章,既强调了基础化学实验教学体系的基础型、系统性和科学性,又便于高校根据学校和专业要求,对教学计划进行选择性安排。

(2) 进一步突出"安全化学、绿色化学"的理念,根据多年实验教学经验,对部分实验中所用试剂做了替换,并对某些实验条件进行了优化,提高了安全性,增强了环保意识。

(3) 对科研成果转化为实验教学内容的部分进行了补充和调整。

(4) 增加了数字化资源,读者可通过扫描书中的二维码观看实验视频。

(5) 对第四版教材中不规范的图和符号做了更正。

本次修订由天津大学化学系长期工作在实验教学第一线的教师承担。唐向阳、余莉萍、朱莉娜、高洪苓、陶敏莉分别负责相应二级学科及综合实验有关内容的修订,全书由唐向阳组织协调和统稿。

本书在修订过程中,得到了天津大学相关部门和天津大学化学系的帮助,在此表示感谢。同时,也对科学出版社的大力支持深表谢意。

由于我们的能力和水平有限,书中的不妥之处在所难免,敬请广大读者批评指正。

编　者

2022年10月于天津大学

第四版前言

《基础化学实验教程》(第三版)自2010年出版以来,在高等学校基础化学实验教学中发挥了积极作用,为应用化学、化工、材料、药学、环境、生命科学等专业的本科生人才培养做出了一定贡献。五年来,随着教学理念、教材体系、教学方法和仪器设备的不断更新,对基础化学实验教材提出了更高的要求。为此,我们对第三版教材进行了修订,本次修订的主导思想是:夯实基础,更新内容;联系实际,突出应用;强化工程意识,培养创新能力。并在以下几个方面做了相应调整:

(1) 继承第一、二、三版教材的编写思想,以化学实验的基本知识、基本方法与基本技术为主线,按照"基本实验—系列实验或设计实验—综合实验"几个层次编写,并将"综合实验"单独设章,既强调了工科基础化学实验教学体系的基础性、系统性和科学性,又便于不同高校根据学校和专业要求,对教学计划进行选择性安排。

(2) 突出了"安全化学"、"绿色化学"的理念,并在部分章节中增加了相关的基本知识和实验内容。

(3) 将天津大学化学系教师的科研成果转化为实验教学内容,并在近几年的教学实践中取得了良好效果。

(4) 根据需要,删除了一些陈旧的实验内容、增加了新的实验内容;更新、合并、删除了第三部分中一些常用仪器介绍。

(5) 删除了第三部分中的一些常用数据表,培养学生通过自学获取、运用化学信息的能力。

本次修订全部由长期工作在实验教学第一线的教师承担。唐向阳、余莉萍、朱莉娜、高洪苓、陶敏莉分别负责相应二级学科及综合实验有关内容的修订,全书由唐向阳组织协调和统稿。

在本书的修订过程中,得到了天津大学教务处和理学院化学系全体教师的鼎力支持,尤其是张文勤教授、古风才教授、崔建中教授,张文勤教授在教材的编写过程中提出了许多宝贵意见并审阅了书稿,在此深表谢意。同时,也对科学出版社的大力支持表示感谢。

由于我们的能力和水平所限,书中的不妥之处在所难免,敬请各位师生和读者批评指正。

编　者

2015年1月于天津大学

第三版前言

《基础化学实验教程》(第二版)自2005年出版以来，在天津大学和部分兄弟院校的基础化学实验教学中发挥了积极作用，为化工、材料、应用化学、药学、环境等学科的本科生素质教育做出了一定贡献。五年期间，教学理念、教学方法及仪器设备等方面均发生了很大变化，这就对实验教学的基本要素之一——实验教材提出了更高的要求。基于这种考虑，我们对第二版教材进行了修订。现将有关事项说明如下：

第一，此次修订继续保持第一、二版的编写思想和结构框架，即从化学学科的内在规律出发，以化学实验的基本原理、基本方法与基本技术为教学主线，按照“基本实验-系列实验或综合性实验-设计性实验”三个层次编写，突出工科基础化学实验教学体系的基础性、系统性和整体性。

第二，为满足基础化学实验独立设课的要求，增加或加强了实验中的实验原理及反应机理等内容。

第三，增加了“常见网络资源”一节，均为免费网站内容，以培养学生自主地获取信息和查阅文献资料的能力。

第四，着重吸纳了近几年天津大学化学系实验教学的经验和成果，并将新的实验仪器与设备、新的实验方法引入本书。

第五，有关试剂的物化参数参照《兰氏化学手册》(第15版)进行核对和更正。

为了保持编写工作的可持续性，本次修订工作主要由在实验教学一线的教师承担：张文勤、崔建中、余莉萍、朱莉娜分别负责相应二级学科有关内容的修订。全书由张文勤组织协调和统稿。

在修订过程中，得到了天津大学教务处和化学系全体教师的鼎力支持与帮助，在此一并表示衷心的感谢。

尽管我们竭尽全力工作，但由于水平所限，书中难免会有不尽人意甚至谬误之处，敬请读者不吝赐教。

编　者

2010年3月

第二版前言

《基础化学实验教程》(第一版)自2000年出版以来,全国各兄弟院校在工科基础化学实验教学研究与改革方面已经取得了长足的进步和许多可贵的经验,实验课程的教学质量也得到显著提高。我们认为,及时地吸取这些经验和成果,将其固化到本实验教材中,不仅会丰富教材的内涵和提升其品位,而且会促进教学质量进一步提高。同时,在四年教学实践的过程中,我们也发现了一些有待改进之处。鉴于此,对本书进行了修订。现说明如下:

第一,修订版基本保持了原书的编写思想和结构框架,使之在吸纳新成果和新经验的同时,能够继续体现工科基础化学实验教材的基础性和整体性。

第二,对本书的第一部分(基本原理和基本技术)做了删减与补充,并重写了"基本物理量的测定技术"一章。同时,也对实验部分进行了筛选,以使本书简明的特点更加突出,使用更方便。

第三,删去了第十二章中部分较老型号仪器内容,代之以较新型号仪器的原理和使用方法,力争使本教材能够反映出仪器领域的新进展。

参加修订工作的有古凤才、肖衍繁、张明杰、刘炳泗、侯文祥、齐欣、孙艺环、游德华、严乐美、赵桂英、刘瑞贤、王莉、安颖、聂建明、赵海涛、陈丽、时雨荃、赵竹暄、温绍颖、刘宇等。

在本书的修订过程中,重点参考了天津大学化学系历年来编写的实验教材和实验讲义以及兄弟院校的教材和专著。这些教学资料和专著中蕴涵着宝贵的教学经验,是数代人数十年辛勤耕耘的结晶,我们从中吸取了丰富的营养和有益的借鉴。从这一点上讲,我们是沿着前辈教师开辟出的道路前进的,因而从内心深深地感谢他们。在参考文献中将这些工作成果一一列出,以示敬重和感谢。同时,我们也愿意以此书作为后继者在做同类工作时的基石。

限于编者水平,不当及谬误之处在所难免,敬请读者批评指正。

编　者

2004年4月

第一版前言

基础化学实验课程是高等学校化学教育中培养科学思维与方法、创新意识与能力，全面推进素质教育的最基本的教学形式之一。现行的实验课程体系及教材虽然对人才培养方面起过重要的作用，但也存在着为理论课教学配套多、发挥自身能动性作用欠缺以及内容分块而不能充分展示制备、结构、性能的基本关系等局限性。

自 1996 年以来，我们结合教育部“面向 21 世纪工科(化工类)化学系列课程体系教学改革的研究与实践”课题，并受天津大学国家工科化学基础课程教学基地的委托，边研究边实践，逐步探索出突破原四大化学实验分科设课的构架，将其重组为独立设课的基础化学实验，并在教学实践的基础上编写了这本教材。

本教材立足于课程的整体性和基础性，扼要地叙述了化学实验的基本原理、基本方法与基本技术，并从工科特点出发，分 5 章选编了 96 个实验。每一章力求按三个层次选编，包括以强化基本能力训练为目的的基本实验；精选以培养分析与解决较复杂问题能力的综合性实验(或系列实验)；再辅以增强创造意识与能力的设计性实验。在编写过程中，还适当考虑了部分兄弟院校的实际情况，尽量使本教材也可以作为课程体系改革前的过渡性教材使用。

本教材由古凤才、肖衍繁主编。编写人员有：古凤才、肖衍繁、侯文祥、齐欣、孙艺环、游德华、严乐美、赵桂英、刘瑞贤、温绍颖、刘宇、王莉、安颖、聂建明、赵海涛、陈丽。鲁静、时雨荃也参加了部分工作。

本教材在编写过程中，参阅了本校及部分兄弟院校已出版的教材和有关著作，从中借鉴了许多有益的内容。天津大学化学系杨宏秀教授、高鸿宾教授、杨宏孝教授、田宜灵教授和张文勤教授都对本书的编写提出过许多建设性意见，在此一并表示衷心的感谢。

由于编者学识水平与经验有限，难免有不当甚至谬误之处，恳请有关专家和读者批评指正。

编　者

2000 年 3 月于天津

目　　录

第五版前言
第四版前言
第三版前言
第二版前言
第一版前言

第一部分　化学实验的基本知识、基本方法与基本技术

第 1 章　绪论 …… 1
1.1　基础化学实验课程的教学目的 …… 1
1.2　基础化学实验课程的要求 …… 1
1.3　实验报告格式举例 …… 3
第 2 章　化学实验的基本知识 …… 5
2.1　化学实验基本知识 …… 5
2.1.1　化学实验规则 …… 5
2.1.2　化学实验安全规则 …… 5
2.1.3　化学实验常见安全事故类型及意外事故的处理 …… 5
2.1.4　消防 …… 7
2.1.5　绿色化学及“三废”处理 …… 7
2.2　常用玻璃仪器 …… 8
2.2.1　常用玻璃仪器简介 …… 8
2.2.2　玻璃仪器的洗涤和干燥 …… 11
2.2.3　玻璃仪器的使用安全 …… 13
2.3　化学试剂的存放、取用及配制 …… 13
2.3.1　试剂的存放 …… 13
2.3.2　试剂的取用 …… 14
2.3.3　试剂的配制 …… 15
2.4　气体的收集、净化及气体钢瓶的使用 …… 16
2.4.1　气体的收集及有毒有害气体的吸收 …… 16
2.4.2　气体的净化与干燥 …… 16
2.4.3　气体钢瓶、减压阀及使用 …… 17
2.5　试纸与滤纸 …… 18
2.5.1　用试纸检验溶液的酸碱性 …… 18
2.5.2　用试纸检验气体 …… 19
2.5.3　滤纸 …… 19
2.6　常用溶剂 …… 20

2.6.1 纯水与水的纯化方法 …… 20
2.6.2 常用有机溶剂及纯化 …… 21
2.7 误差分析与数据处理 …… 24
2.7.1 准确度与精密度 …… 25
2.7.2 误差的分类与减免 …… 25
2.7.3 实验数据的记录与处理 …… 26
2.7.4 误差的传递 …… 29
2.7.5 实验结果的表达 …… 29
2.8 常见网络资源 …… 31
2.8.1 化合物安全防护与毒性数据查询 …… 31
2.8.2 化学信息网 …… 31
2.8.3 《有机合成》期刊 …… 31
2.8.4 有机化合物谱图数据库网站 …… 32
2.8.5 美国国家标准技术研究院网址 …… 32
第3章 化学实验的基本操作 …… 33
3.1 玻璃量器及其使用 …… 33
3.1.1 滴定管 …… 33
3.1.2 吸管 …… 36
3.1.3 容量瓶 …… 37
3.1.4 量筒和量杯 …… 37
3.1.5 微量进样器 …… 38
3.2 称量仪器的使用 …… 38
3.2.1 托盘天平 …… 39
3.2.2 电子天平 …… 39
3.2.3 试样的称取方法 …… 40
3.3 加热与冷却 …… 41
3.3.1 加热装置 …… 41
3.3.2 加热操作 …… 43
3.3.3 冷却方法 …… 46
3.4 干燥 …… 46
3.5 熔点的测定和温度计的校正 …… 47
3.5.1 熔点的测定方法 …… 47
3.5.2 温度计校正 …… 48
第4章 化学实验中的分离与提取 …… 50
4.1 固液分离 …… 50
4.1.1 固液分离的方法 …… 50
4.1.2 重量分析的基本操作 …… 52
4.2 重结晶 …… 55
4.2.1 溶剂的选择 …… 55
4.2.2 重结晶操作 …… 55

4.3 升华……56
4.4 蒸馏……58
4.4.1 简单蒸馏原理……58
4.4.2 简单蒸馏操作……58
4.5 分馏……60
4.5.1 分馏原理……60
4.5.2 共沸混合物分馏简介……61
4.5.3 分馏柱与填料……62
4.5.4 分馏操作……63
4.6 减压蒸馏……64
4.6.1 减压蒸馏原理……64
4.6.2 减压蒸馏装置及操作……64
4.7 水蒸气蒸馏……66
4.7.1 水蒸气蒸馏原理……66
4.7.2 水蒸气蒸馏装置与操作……67
4.8 萃取分离……68
4.8.1 基本原理……68
4.8.2 实验方法……69
4.8.3 萃取分离的操作……69
4.9 薄层色谱……70
4.9.1 概述……70
4.9.2 薄层色谱分离法……70
第 5 章　化学实验中的基本原理与基本方法……72
5.1 混合离子的分离与鉴定……72
5.1.1 鉴定反应的灵敏度和选择性……72
5.1.2 鉴定反应进行的条件……74
5.1.3 分离方法……75
5.1.4 离子分离与鉴定的原则和方法……75
5.2 定量分析的一般步骤……77
5.2.1 试样的抽取和制备……77
5.2.2 试样的分解……78
5.2.3 分析方法的选择……78
第 6 章　基本物理量的测定技术……79
6.1 密度的测量……79
6.1.1 密度定义……79
6.1.2 用密度瓶法测量液体的密度……79
6.2 真空的获得与测量……80
6.2.1 真空获得与测量的基础知识……80
6.2.2 真空的获得……81
6.2.3 真空的测量……82

6.2.4 真空检漏 …… 83
6.3 压力的测定 …… 84
6.3.1 概述 …… 84
6.3.2 液柱式压力计——U形管压力计 …… 85
6.4 温度的测量 …… 89
6.4.1 玻璃液体温度计 …… 89
6.4.2 热电偶温度计 …… 92
6.4.3 电测式测温、测压仪器 …… 92

第二部分 实 验

第7章 基本操作与基本原理验证性实验 …… 96
实验一 单、多相离子平衡 …… 96
实验二 氧化还原反应 …… 99
实验三 物质结构和性质的关系 …… 101
实验四 平衡原理综合实验 …… 105
第8章 重要元素及化合物性质实验 …… 107
实验五 p区非金属重要化合物的性质 …… 107
实验六 p区金属元素重要化合物的性质 …… 111
实验七 常见阴离子的分离与鉴定 …… 115
实验八 d区元素重要化合物的性质(一) …… 119
实验九 d区元素重要化合物的性质(二) …… 123
实验十 ds区元素重要化合物的性质 …… 128
实验十一 常见阳离子的分离和鉴定 …… 131
实验十二 元素性质综合实验 …… 134
第9章 制备实验 …… 135
9.1 无机制备 …… 135
实验十三 去离子水的制备 …… 135
实验十四 试剂氯化钠的制备 …… 139
实验十五 硫酸亚铁铵的制备 …… 142
实验十六 四碘化锡的制备及最简式的确定 …… 145
实验十七 五水合硫酸铜的制备 …… 146
实验十八 硫代硫酸钠标准溶液的配制和标定 …… 148
实验十九 硫酸铜中铜含量的测定 …… 150
实验二十 硫酸铜中结晶水及其脱水温度的测定 …… 151
实验二十一 磷系列化合物的制备 …… 155
实验二十二 硫代硫酸钠的制备 …… 157
实验二十三 活性氧化锌的制备 …… 158
9.2 有机制备 …… 158
实验二十四 蒸馏和减压蒸馏 …… 158
实验二十五 环己烯的制备 …… 160

实验二十六　乙酰水杨酸的制备 …… 162
实验二十七　正丁醚的制备 …… 165
实验二十八　正丁醛的制备 …… 167
实验二十九　苯乙酮的制备 …… 168
实验三十　苯甲酸的制备 …… 170
实验三十一　乙酰苯胺的制备 …… 172
实验三十二　对甲苯磺酸钠的制备 …… 174
实验三十三　肉桂酸的制备 …… 175
实验三十四　苯甲醇与苯甲酸的制备 …… 177
实验三十五　天然色素的提取及薄层色谱分析——绿色化学实验Ⅰ …… 179
实验三十六　反式-1,2-二苯乙烯的制备 …… 181
实验三十七　溴乙烷的制备 …… 183
实验三十八　苯乙醚的制备 …… 185
实验三十九　溴苯的制备 …… 186
实验四十　三苯甲醇的制备 …… 187
实验四十一　乙酸乙酯的制备 …… 189
实验四十二　1-溴丁烷的制备 …… 191
实验四十三　乙酰乙酸乙酯的制备 …… 193
实验四十四　正丁基乙酰乙酸乙酯和2-庚酮的制备 …… 195
实验四十五　苯甲酸乙酯的制备 …… 197
实验四十六　香豆素的绿色催化合成——绿色化学实验Ⅱ …… 197
实验四十七　相转移催化法合成扁桃酸 …… 200
第10章　定量分析、分离与仪器分析实验 …… 202
10.1　基本实验 …… 202
实验四十八　盐酸标准溶液的配制和标定 …… 202
实验四十九　混合碱的测定 …… 204
实验五十　EDTA标准溶液的配制和标定 …… 206
实验五十一　铅、铋混合液中铅、铋含量的连续测定 …… 207
实验五十二　石灰石中钙、镁含量的测定 …… 208
实验五十三　$KMnO_4$标准溶液的配制和标定 …… 210
实验五十四　石灰石中钙含量的测定 …… 212
实验五十五　邻二氮菲分光光度法测定微量铁 …… 214
实验五十六　离子选择性电极法测定水中氟含量 …… 216
实验五十七　恒电流电解法测定铜含量 …… 219
实验五十八　原子吸收光谱法测定自来水中钙、镁的含量 …… 221
实验五十九　原子吸收光谱法测定含铜废液中铜的含量 …… 222
实验六十　有机化合物紫外-可见吸收光谱的测定及其影响因素 …… 223
实验六十一　气相色谱法分析空气中的氧、氮含量 …… 225
实验六十二　醇系物的气相色谱分析 …… 226
10.2　设计实验 …… 228

实验六十三 漂粉精中有效氯和固体总钙量的测定 …… 228
第 11 章 基本物理量与物化参数的测定实验 …… 230
11.1 基本物理量的测定 …… 230
实验六十四 摩尔气体常量的测定 …… 230
实验六十五 恒温槽的调节及黏度测定 …… 232
实验六十六 凝固点降低法测定摩尔质量 …… 237
实验六十七 液体饱和蒸气压的测定 …… 241
11.2 热力学性质的测定 …… 244
实验六十八 乙酸解离常数的测定 …… 244
实验六十九 平衡常数的测定 …… 247
实验七十 反应焓的测定 …… 250
实验七十一 二组分凝聚系统相图 …… 255
实验七十二 二组分液相完全互溶系统的沸点-组成图 …… 259
11.3 电化学性质的测定 …… 262
实验七十三 原电池热力学 …… 262
实验七十四 极化曲线和氢的超电势的测定 …… 266
11.4 动力学性质的测定 …… 269
实验七十五 反应速率与活化能的测定 …… 269
实验七十六 蔗糖水解反应速率常数的测定 …… 272
实验七十七 过氧化氢催化分解 …… 275
实验七十八 乙酸乙酯皂化反应 …… 280
11.5 表面与胶体性质的测定 …… 283
实验七十九 最大泡压法测定液体的表面张力 …… 283
实验八十 溶胶的制备、ζ电势与电解质聚沉值的测定 …… 286
11.6 结构参数的测定 …… 290
实验八十一 偶极矩的测定 …… 290
第 12 章 综合实验 …… 296
实验八十二 三草酸合铁(Ⅲ)酸钾的制备、组成测定及表征 …… 296
实验八十三 二氯化一氯五氨合钴(Ⅲ)的制备、水合反应速率常数和活化能的测定 …… 302
实验八十四 安息香及其氧化重排产物的合成及表征 …… 305
实验八十五 淀粉与丙烯腈接枝共聚物及其皂化产物的合成 …… 309
实验八十六 [Co(Ⅱ)Salen]配合物的制备及载氧作用 …… 311
实验八十七 聚乙烯醇缩甲醛(胶水)的制备 …… 314
实验八十八 固体超强酸的制备、表征及其在酯化反应中的应用——绿色化学实验Ⅲ …… 318

第三部分 附 录

第 13 章 化学实验中的常用测量测定仪器 …… 321
13.1 酸度计、离子计和电位计 …… 321
13.2 气相色谱仪 …… 322
13.3 722S 型分光光度计 …… 323

13.4　阿贝折射仪 …… 325
13.5　旋光仪 …… 328
13.6　ICE3300 原子吸收光谱仪 …… 330
13.7　TU-1901 双光束紫外-可见分光光度计 …… 332
13.8　傅里叶变换红外光谱仪 …… 334
13.9　核磁共振波谱仪 …… 335
13.10　电导仪和电导率仪 …… 336
13.11　热分析仪 …… 338
13.12　磁天平 …… 341
13.13　BDX 自动 X 射线衍射仪 …… 343
13.14　直流电位差计 …… 348
第 14 章　常用数据表 …… 351
14.1　常见阳离子的主要鉴定反应 …… 351
14.2　常见阴离子的主要鉴定反应 …… 354
14.3　常见阳离子与常用试剂的反应 …… 357
14.4　常见阴离子与常用试剂的反应 …… 359
14.5　常见离子和化合物的颜色 …… 360
14.6　不同温度下水的饱和蒸气压(Pa) …… 363
14.7　元素的相对原子质量 …… 365
14.8　实验室常用酸、碱溶液的浓度 …… 367
14.9　酸碱指示剂 …… 367
14.10　氧化还原指示剂 …… 368
14.11　金属离子指示剂 …… 369
14.12　实验室中一些试剂的配制方法 …… 370
14.13　常用缓冲溶液的 pH 范围 …… 372
14.14　不同温度下 KCl 的摩尔溶解焓 …… 372
14.15　摩尔凝固点降低常数 …… 373

参考文献 …… 374

第一部分
化学实验的基本知识、基本方法与基本技术

第1章 绪 论

1.1 基础化学实验课程的教学目的

化学是在原子、分子及分子以上层次研究物质及其变化过程的基础科学，是一门理论与实验并重、富有创造性的中心学科。化学实验是化学学科形成和发展的基础，是检验化学科学理论知识是否正确的标准和手段。考虑到化学各分支学科的相互交叉和紧密融合，基础化学实验作为理工科高等院校化工、材料、药学、生命科学等专业的主要基础课程，已经打破了原四大化学实验分科设课的界限。作为一个整体，统一按照制备、结构、性能的基本关系，突出化学实验技能的培养，重新组织实验教学，强化对化学实验基本原理的掌握和对化学实验基本方法和技术的运用。通过实验教学达到以下目的：

(1) 通过“基本实验—系列实验—综合实验”三个层次的实验教学，加深对化学基础理论的理解和运用，强化化学基础理论与实践的结合，提高学生的综合能力和实践能力，培养学生的创新精神和团队协作意识。

(2) 熟练掌握化学实验的基本技能；树立“安全化学、绿色化学”的意识和可持续发展的理念。

(3) 初步了解化学研究或化学品设计、生产、开发和应用等的基本方法和手段，培养学生以化学实验为工具获取新知识的能力。

(4) 掌握必要的信息技术，能够获取、加工和应用相关的化学信息。学生经过严格的实验训练后，具有一定的查阅、收集和处理化学信息的能力，分析和解决较复杂问题的实践能力，并初步具备自主学习、自我发展的能力。

1.2 基础化学实验课程的要求

为了达到上面提出的课程目标，学生应在以下环节严格要求自己。

1. 实验前的预习

明确实验目的和原理，所用仪器、使用方法和注意事项，药品或试剂的等级、物化性质(熔点、沸点、折射率、密度、毒性与安全等数据)，实验装置，实验步骤。要做到心中有数，避免边做实验边翻书的“照方抓药”式实验。实验前认真地完成预习报告。预习报告应简明扼要，切忌

照抄书本。实验过程或步骤可以用框图或箭头等符号表示。

2. 学习方法

本书所选的基本实验是在教学过程中多年使用较为成熟的，因而容易得出结果，但不要认为生产或科研中的实际问题都可以如此顺利地解决，应当多问几个为什么。对于综合实验，更要明白解决问题的思路。为了培养创新和开拓意识，还安排了部分设计实验，对这部分实验，首先要明确需要解决的问题；然后根据所学的知识（必要时应当查阅文献资料）和实验室能提供的条件选定实验方法，并深入研究这些方法的原理、仪器、实验条件和影响因素，以此作为设计方案的依据；最后写出预习报告并和指导教师讨论、修改，定稿后即可实施。所选的题目较为简单，目的是给学生在“知识”和“应用”之间架设一座“能力”的桥梁。

3. 实验记录

实验过程中要如实准确记录并妥善保存原始数据，不能随意记在纸片上，更不能涂改。对可疑数据，如确知原因，可用铅笔轻轻圈去；否则应用统计学方法判断取舍，必要时应补做实验核实，这是科学态度的具体体现。实验结束后，实验记录请指导教师签字，留作撰写实验报告的依据。

4. 实验报告

实验报告不仅是概括与总结实验过程的文献性资料，而且是学生以实验为工具，获取化学知识实际过程的模拟，同样是实验课程的基本训练内容。实验报告从一定角度反映了一个学生的学习态度、实验水平与能力。实验报告的格式与要求，在不同的学习阶段略有不同，但基本应包括：实验目的，实验简明原理，实验仪器（厂家、型号、测量精度），药品（纯度、等级及物理性质），实验装置（画图表示），原始数据记录表（附在报告后），实验现象与观测数据，实验结果（包括数据处理，必要时用列表或作图形式表达），讨论。

要养成专心致志地观察实验现象的良好习惯，在需要等待的时间内不能做其他事情。善于观察、勤于思考、正确判断是能力的体现。

处理实验数据时，宜用列表法、作图法，具有普遍意义的图形还可以回归成经验公式，得出的结果应尽可能地与文献数据进行比较。通过这种形式培养学生科学的思维模式，锻炼文献查阅能力和文字表达能力。

对实验结果进行讨论是实验报告的重要组成部分，往往也是最精彩的部分。它包括实验者的心得体会（指经提炼后学术性的体会，并非泛泛的感性表达），做好实验的关键所在，实验结果的可靠程度与合理性评价，以及对实验现象的分析与解释。如能进一步提出改进意见，或提出另一种更好的合成路线或方案等，就是创新思维，是创新能力的表现。当然，一般情况下的讨论是初级的，有些见解可能是肤浅的，但重要的是有意识地培养思考分析的习惯，尤其是培养发散性思维和收敛性思维的模式，为具有真正的创新性思维打基础。

下面以无机制备和测定等实验报告的格式为例，为低年级学生提供示范。高年级学生可参照前面的要求，并在教师指导下拟定实验报告格式。

1.3 实验报告格式举例

一年级化学实验大致可分为三种类型：无机制备实验、测定性实验和验证性实验。制备实验主要写出物质制备原理、流程、原料量、产量、产率、产品质量及性质等。原料经多步实验操作和处理过程，最终得到产品。一般流程可用“框图”表示，每一操作可作为一个“框图”。性质测定实验主要是测定数据及数据处理过程。所有原始数据都要准确无误，计算时应该有具体数据处理过程。验证性实验主要是对物质性质的验证，可加深对无机反应原理和物质性质的理解。一般可分为实验步骤、实验现象、反应方程式及解释、结论等。在实验报告中要注意这四部分一一对应。

“无机制备实验”报告格式示例

实验名称：五水合硫酸铜的制备

____________学院____________专业________年级________班

学号________姓名____________实验日期____________

一、实验目的(略)

二、制备反应式及有关计算(原料、产量)(略)

三、简略实验步骤

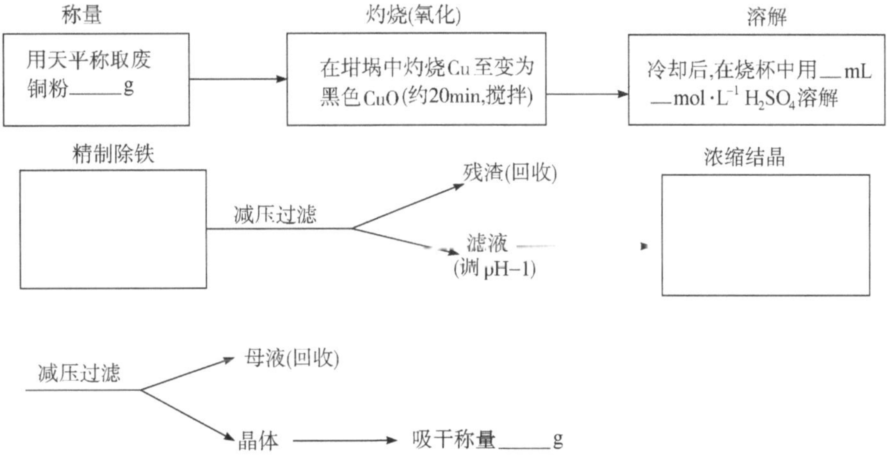

四、实验结果

产量=________；产率(%)=$\frac{实际产量}{理论产量}$×100=________________；

产品等级(如果经过检验分析)：________。

五、问题与讨论

“无机测定性实验”报告格式示例

实验名称：摩尔气体常量的测定

__________学院__________专业_______年级_______班

学号__________姓名__________实验日期__________

一、实验目的（略）

二、简略实验步骤

1. 称量操作

用托盘天平称表面皿（_____g）→用电子天平称表面皿（_____g）→用电子天平称表面皿＋铝箔（共_____g）→铝箔_____g。

2. 测摩尔气体常量

在反应管内加入 3mL 8mol · L^{-1}的 HCl 和铝箔→试漏→反应→读数、记录→计算。

三、数据记录与结果处理

1. 测摩尔气体常量（R）

反应前量气管中液面读数：V_1＝_________ mL；

反应后量气管中液面读数：V_2＝_________ mL；

$V(H_2)$＝__________ mL。

铝箔质量__________ g，$n(H_2)$＝__________________ mol。（计算式）

室温＝_______℃，T＝__________ K，$p(H_2O)$＝__________ Pa；

大气压 p＝_______ kPa；$p(H_2)$＝__________ kPa。

结果：R＝_______。

2. 相对误差（%）＝$\dfrac{R(\text{测定})-R(\text{理论})}{R(\text{理论})}\times 100$＝_______。

3. 误差分析

“无机验证性实验”报告格式示例

实验名称：单、多相离子平衡

__________学院__________专业_______年级_______班

学号_________姓名______________实验日期_________________

一、实验目的（略）

二、实验步骤

实验步骤	现象	反应方程式	解释（结论）
0.1mol · L^{-1} HOAc（3mL）＋甲基橙摇匀	溶液呈红色	$HOAc \rightleftharpoons H^+ + OAc^-$	
比较 ↗不加 NH_4OAc ↘加 NH_4OAc（少许）	溶液由红变黄		

三、问题与讨论

第 2 章　化学实验的基本知识

2.1　化学实验基本知识

2.1.1　化学实验规则

(1) 实验前必须认真预习，明确实验目的和要求，掌握实验的基本原理，了解实验操作技术和基本仪器的使用方法，熟悉实验内容以及注意事项，写好预习报告。

(2) 实验过程中应严格遵守实验室规则，在教师的指导下正确操作，独立、认真地进行实验。仔细观察并记录实验现象和数据。爱护仪器，节约药品、水、电和气体。

(3) 实验后须及时处理实验数据，认真分析实验现象，对实验结果进行讨论和总结，根据不同的实验要求写出不同格式的实验报告。实验结束后做好实验室的整理工作。

(4) 严格遵守实验室安全制度和规定。

2.1.2　化学实验安全规则

(1) 必须熟悉实验室的环境，了解与安全有关的一切设施(如电闸、水管阀门、气体阀门、急救箱和消防用品等)的位置和使用方法。离开实验室前，仔细检查水、电和气体阀门是否关好。

(2) 实验室内药品严禁任意混合，更不能品尝其味道。试剂、溶剂的瓶盖、瓶塞不能混用。

(3) 实验室内禁止饮食、吸烟及保存食物。实验时须保持安静，禁止打闹。使用有毒试剂(如氟化物、氰化物、铅盐、钡盐、六价铬盐、汞的化合物和砷的化合物等)时，剩余药品或废液应倒入回收瓶中集中处理。

(4) 能产生有毒、有刺激性气味气体(如硫化氢、一氧化碳、氯气、二氧化硫等)的实验必须在通风橱内进行。

(5) 有机溶剂大多易燃(如乙醚、苯、乙醇、丙酮等)，不能用烧杯等敞口容器盛装，装有易燃有机溶剂的容器不得靠近火源，更不能直接加热易燃溶剂。回流或蒸馏溶剂时应放沸石，防止液体过热暴沸，引起火灾。切勿将易燃溶剂倒入废液缸内，用过的溶剂要回收。

(6) 使用具有强腐蚀性的浓酸、浓碱、溴、洗液时，应避免接触皮肤和溅在衣服上，更要注意保护眼睛，实验过程中需穿实验服，必要时应佩戴防护眼镜。

(7) 加热、浓缩液体时，不能俯视正在加热的液体，以免溅出的液体灼伤眼、脸。加热试管中的液体时，不能将试管口对着人。需要借助于嗅觉鉴别少量气体时，应用手把少量气体轻轻地扇向鼻孔进行嗅闻。

(8) 使用电器设备时，不要用湿手接触仪器，以防触电，用后拔下电源插头。

(9) 为了避免实验室发生大量溢水事故，应注意水槽的清洁，保持下水道畅通，废纸、玻璃等物应扔入废物筐中。冷凝管的冷却水不宜开得过大，避免水压过高弹开橡皮管而跑水。

2.1.3　化学实验常见安全事故类型及意外事故的处理

1. 化学实验常见安全事故

化学实验室常见的安全事故类型主要有火灾、爆炸、毒害物污染、细菌或病毒感染、机械电气伤人等。

1）火灾

火灾在高校实验室事故案例中并不鲜见。其主要类型及直接诱因有：

（1）电气火灾，这类火灾占实验室火灾的大多数，过载、短路、违规操作是这类火灾发生的主要诱因。

（2）化学品火灾，主要是由化学品使用或储存不当引起的，由于许多化学品具有易燃、易爆性，一旦发生火灾，火势迅猛，难以控制，危害性大。

（3）操作不慎或违规吸烟使火源接触易燃物导致的火灾等。

2）爆炸

爆炸性事故多发生在具有易燃易爆化学品或存有压力容器的实验室，主要类型有可燃气体爆炸、化学品爆炸、活泼金属爆炸、高压容器爆炸、粉尘爆炸等。导致这类事故的主要原因有：

（1）操作不当，引燃易燃蒸气导致爆炸。

（2）操作不慎，使爆炸品受热、撞击、摩擦等引发的爆炸。

（3）易燃易爆药品储存不当，造成泄漏引发的爆炸。

（4）高压装置操作不当或使用不合格产品引发的物理爆炸。

（5）在密闭或狭小容器中进行反应，反应产生的热量或大量气体释放不出去导致的爆炸。

（6）加错试剂，形成爆炸反应或形成爆炸混合物，引发爆炸。

（7）用普通冰箱储存闪点低的有机试剂引发的冰箱爆炸等。

（8）实验室火灾事故中引发的爆炸。

3）毒害物污染

有毒药品或反应产生的有毒物质的泄漏、外流是导致这类事故的直接原因，其主要表现为：

（1）使用有毒试剂时，疏于防护或违规操作造成的急、慢性中毒。

（2）操作失误造成的中毒。

（3）设备老化、故障导致有毒物质的泄漏引起的中毒污染。

（4）排风不利引起的有毒气体中毒污染。

（5）管理不善引起有毒物质的外流造成的污染或被投毒引发的毒害事故等。

（6）环保观念淡薄，随意排放实验废液、废气及固体废弃物造成的环境污染等。

4）机械电气伤人

机电伤人事故多发生在有高速旋转或冲击运动的机械实验室，或有带电作业的电气实验室，如操作不当或缺失防护造成的挤压、甩抛及碰撞伤人；违规操作、设备老化或设备故障造成的触电、漏电事故等。

2. 化学实验意外事故的处理

（1）割伤：伤口内若有异物，应先取出，然后涂上红药水或贴上创可贴，必要时送医院救治。

（2）烫伤：用大量水冲洗，切勿把烫起的水泡挑破，可在烫伤处涂上烫伤膏。

（3）酸（或碱）灼伤：酸（或碱）洒到皮肤上时，先用大量水冲洗，再用饱和碳酸氢钠（或2%乙酸溶液）冲洗，最后再用水冲洗，涂敷氧化锌软膏（或硼酸软膏）。

(4) 酸(或碱)溅入眼内:应立即用大量水冲洗,如果化学物质能与水发生作用(如生石灰等),需先用干毛巾擦去化学物质,然后用蒸馏水冲洗。

(5) 溴腐伤:先用 C_2H_5OH 或 10% $Na_2S_2O_3$ 溶液洗涤伤口,然后用水冲净,并涂敷甘油。

(6) 在吸入刺激性或有毒气体如煤气、硫化氢、溴蒸气、氯气、氯化氢时,应立即到室外呼吸新鲜空气。

(7) 遇毒害物误入口内时,立即将手指伸入咽喉部,促使呕吐,然后立即送医院治疗。

(8) 不慎触电时,立即切断电源,必要时进行人工呼吸。

总之,发生意外事故后,除了进行必要的临时性处理,还要及时送往医院。

2.1.4　消防

当实验室不慎起火时,要冷静地观察和了解火势,选择恰当的方式降温或将燃烧物与空气隔绝。

(1) 小火用湿布、石棉布覆盖燃烧物即可灭火,大火可用泡沫灭火器灭火。对活泼金属 Na、K、Mg、Al 等引起的着火,应用干燥的细沙覆盖灭火。有机溶剂着火,切勿用水灭火,而应用二氧化碳或干粉灭火器、沙子等灭火。

(2) 如加热时着火,立即停止加热,关闭气体阀门,切断电源,把一切易燃、易爆物移至远处。

(3) 电器设备着火,先切断电源,再用四氯化碳灭火器灭火,也可用干粉灭火器灭火。常用灭火器见表 2-1。

表 2-1　常用灭火器种类及其适用范围

名称	适用范围
泡沫灭火器	用于一般失火及油类着火。此种灭火器是由 $Al_2(SO_4)_3$ 和 $NaHCO_3$ 溶液作用产生大量的 $Al(OH)_3$ 及 CO_2 泡沫,泡沫把燃烧物质覆盖与空气隔绝而灭火。因为泡沫能导电,所以不能用于扑灭电器设备着火
四氯化碳灭火器	用于电器设备及汽油、丙酮等着火,内装液态 CCl_4。CCl_4 沸点低,相对密度大,不会被引燃,所以把 CCl_4 喷射到燃烧物的表面时,CCl_4 液体迅速气化,覆盖在燃烧物上而灭火
二氧化碳灭火器	用于电器设备失火及忌水的物质着火,内装液态 CO_2
干粉灭火器	用于油类、电器设备、可燃气体及遇水燃烧等物质的着火,内装 $NaHCO_3$ 等物质和适量的润滑剂和防潮剂。此种灭火器喷出的粉末能覆盖在燃烧物上,形成阻止燃烧的隔离层,同时它受热分解出 CO_2,能起中断燃烧的作用,因此灭火速度快

(4) 当衣服着火时,不要跑动或用手拍打,应当赶紧脱下衣服或就地打滚,压灭火苗。

(5) 有些类型的化合物具有爆炸性,如过氧化物、干燥的重氮盐、硝酸酯、多硝基化合物等,使用时必须严格按照操作规程进行实验,以防爆炸。

(6) 当火情有蔓延趋势时,要立即报火警。

2.1.5　绿色化学及"三废"处理

1. 绿色化学

绿色化学又称环境友好化学,是利用化学的技术和方法减少或消除有害物质的产生和使用，从源头上防止化学污染的新型交叉学科，是可持续发展战略不可分割的重要组成部分。绿色化学坚持的原则是：①优先考虑防止废物的产生；②设计生产方案时，尽可能使用效率高、毒性低的化学物质；③设计危险性较小的化学合成工艺；④尽量采用可循环利用的再生资源；⑤使用用量小、选择性高的催化剂；⑥避免不必要的衍生化（引入保护基团、去保护、化学过程中的暂时修饰等）；⑦使化学反应达到最大原子经济性，即尽量使参与反应的原子都转化为目的产物；⑧使用安全的溶剂、采用温和的反应条件；⑨提高能源的利用效率；⑩设计可降解的化学产品，并可进入自然生态循环；⑪发展即时跟踪分析技术可随时监控有害物质的生成；⑫科学选用参加化学反应的物质，最大限度减少意外事故发生的风险。

绿色化学目前研究的主要内容是：①在设计和生产过程中，使用无毒无害的化学品替代有毒有害的化学品（如原料、溶剂、催化剂等），采用节能安全的反应条件等；②优化现有生产的合成路线和工艺路线，使其成为与生态环境协调、确保可持续发展的洁净、节能、经济和安全的生产过程。

2. “三废”处理

在化学实验中会产生各种有毒的废气、废液和废渣，称为“三废”。“三废”不仅污染环境，而且其中的贵重和有用的成分没能回收，在经济上也是损失。因此，在学习期间就应进行“三废”处理以及减免污染的教育，树立环境保护和绿色化学实验观念。

1）废气

产生少量有毒气体的实验应在通风橱中进行，通过排风设备将少量毒气排到室外。产生毒气量较大的实验必须有吸收或处理装置。例如，卤化氢、二氧化硫等酸性气体可以用氢氧化钠水溶液吸收后排放，碱性气体用酸溶液吸收后排放，一氧化碳可点燃使其生成二氧化碳后排放。

2）废液

含汞、铬、铅、镉、砷、酚、氰的废液必须按规定经过处理达标后才能排放。

3）废渣

少量有毒的废渣，应深埋在指定地点。

2.2　常用玻璃仪器

2.2.1　常用玻璃仪器简介

常用玻璃仪器示意图见图 2-1。

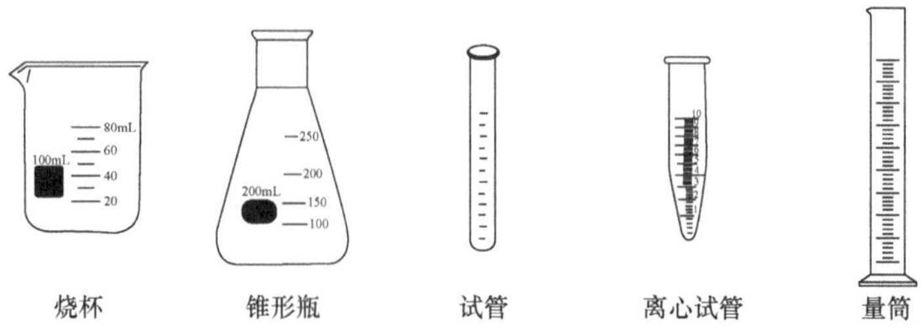

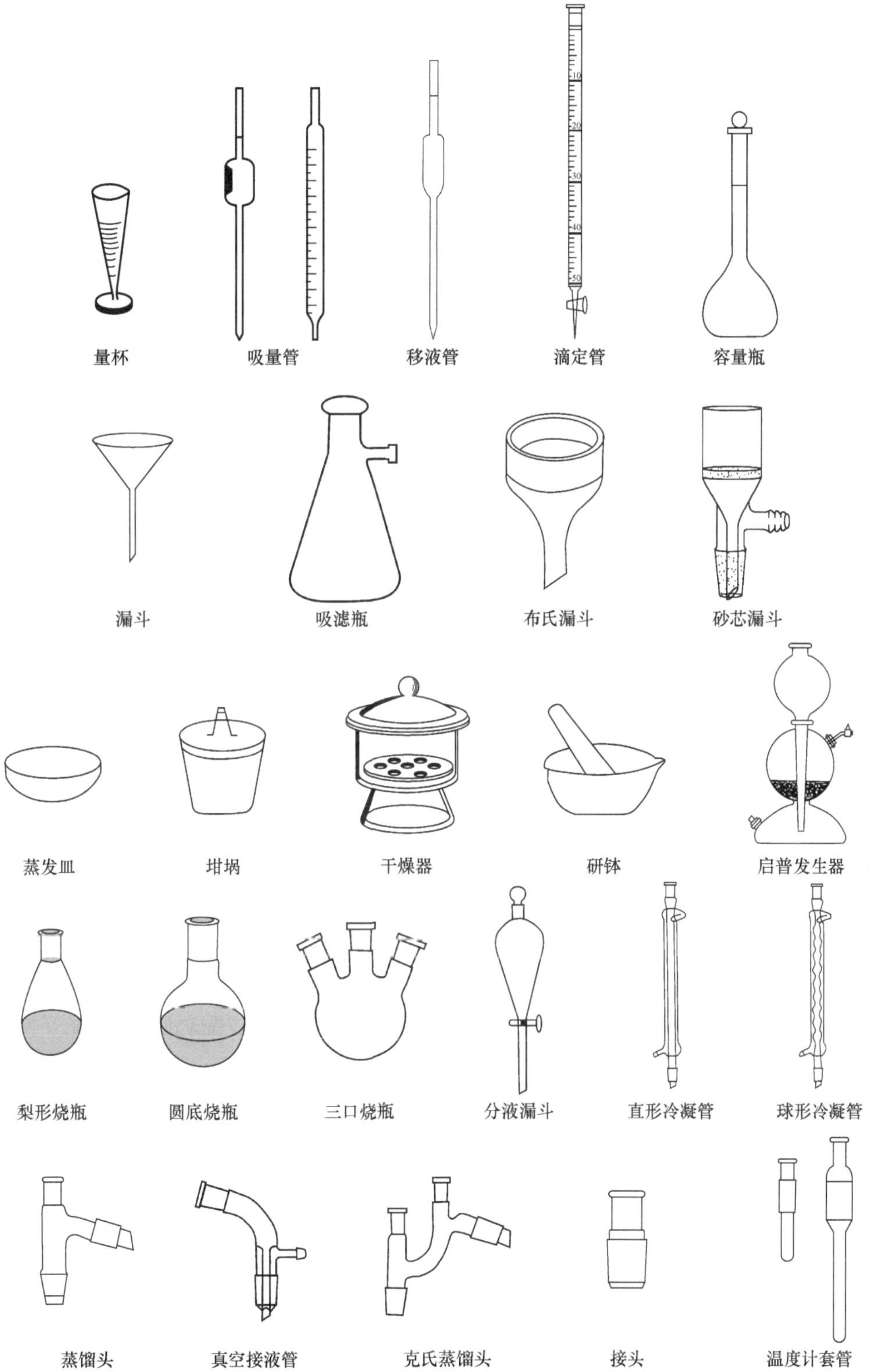
量杯
吸量管
移液管
滴定管
容量瓶
漏斗
吸滤瓶
布氏漏斗
砂芯漏斗
蒸发皿
坩埚
干燥器
研钵
启普发生器
梨形烧瓶
圆底烧瓶
三口烧瓶
分液漏斗
直形冷凝管
球形冷凝管
蒸馏头
真空接液管
克氏蒸馏头
接头
温度计套管

图 2-1　常用玻璃仪器

1. 烧杯、锥形瓶(磨口)

用途:烧杯多用作常温或加热时的反应器,锥形瓶可用作反应器、接收容器和滴定容器。
注意事项:应置于石棉网上加热,使其受热均匀,所盛反应液体一般不能超过容积的 2/3。

2. 试管、离心试管

用途:试管多用作常温或加热少量试剂时的反应容器,或收集少量气体的容器;离心试管则用于沉淀分离。

注意事项:①防止振荡或受热时液体溅出,反应液体不超过试管容积的 1/2,加热时不能超过 1/3;②加热后不能骤冷,以防炸裂,普通试管可直接加热,加热时应用试管夹夹持;③离心试管不能用火直接加热。

3. 量筒、量杯

用途:用于量取一定体积的液体。
注意事项:不能量取热的液体,不能加热,不可用作反应容器。

4. 吸量管、移液管

用途:用于精确量取一定体积的液体。
注意事项:①管口无“吹出”字样者,使用时末端的溶液不允许吹出;②不能加热。

5. 酸式滴定管、碱式滴定管

用途:用于滴定分析或量取较准确体积的液体。
注意事项:①量取溶液时应先排除滴定管尖端部分的气泡;②不能加热以及量取热的液体,酸式、碱式滴定管不能互换使用。

6. 容量瓶

用途:用于配制准确浓度的溶液。
注意事项:①不能加热,不能量取热的液体;②瓶的磨口瓶塞应配套使用,不能互换。

7. 热过滤漏斗

用途:用于热过滤。
注意事项:热过滤法选用的玻璃漏斗,其颈的外露部分要短,切勿未加水就加热,以免焊锡熔化,损坏漏斗。

8. 吸滤瓶、布氏漏斗

用途:用于减压过滤。
注意事项:①不能用火加热;②过滤时,先倒入少许溶剂或水,使滤纸在负压作用下与底部贴紧后再倒入待滤物。

9. 一些标准磨口玻璃仪器

有机实验所用仪器大多为磨口标准仪器。磨口仪器可以互相连接，具有密封性，有多种规格，最常用 19#、24# 两种。用于回流、蒸馏和冷凝的玻璃仪器有圆底烧瓶、三口瓶、蒸馏头、冷凝管（直形、球形、空气）、接引管（尾接管）等，如图 2－1 所示。常用标准磨口玻璃仪器口径编号见表 2－2。

表 2－2 常用标准磨口玻璃仪器口径编号与大端直径

编号	14	19	24	29	34	40
大端直径/mm	14.5	18.8	24.0	29.2	34.5	40.0

使用标准磨口玻璃仪器时应注意：

(1) 磨口处必须洁净。若粘有固体杂物，会使磨口对接不严密导致漏气；若有硬质杂物，会损坏磨口。

(2) 用后应拆卸洗净。否则若长期放置，磨口的连接处常会粘牢，难以打开。

(3) 一般用途的磨口无需涂润滑剂，以免沾污反应物或产物。若反应中有强碱，则应涂润滑剂，以免磨口连接处因碱腐蚀粘牢而无法打开。减压蒸馏时，磨口应涂真空脂，以免漏气。

(4) 安装标准磨口玻璃仪器装置时，应注意安装正确、整齐、稳妥，使磨口连接处不受歪斜的应力。否则易将仪器折断，特别在加热时，仪器受热，应力更大。

2.2.2 玻璃仪器的洗涤和干燥

1. 玻璃仪器的洗涤

化学实验室经常使用玻璃容器和瓷器，用不干净的容器进行实验时，往往由于污物和杂质的存在而得不到准确的结果，所以容器应该保证干净。

洗涤容器的方法很多，应根据实验的要求、污物的性质和沾污的程度加以选择。

(1) 用水刷洗。用自来水和毛刷刷洗容器上附着的尘土和水溶物。

(2) 用洗涤剂刷洗。用毛刷蘸去污粉或洗涤剂刷洗容器上附着的油污和有机物质，若仍洗不干净，可用热碱液洗。

(3) 超声波清洗。用超声波清洗可以达到仪器全面洁净的清洗效果，特别对深孔、盲孔、凹凸槽是最理想的方法。把用过的仪器放在配有洗涤剂的溶液或水中，接通电源，利用声波的振动和能量进行清洗。清洗过的仪器再用自来水和蒸馏水冲洗干净即可。

(4) 铬酸洗液洗。容量仪器不能用去污粉和毛刷刷洗，避免磨损器壁，使体积发生变化，常用铬酸洗液（简称洗液）洗涤。铬酸洗液的配制方法：称 5g 粗重铬酸钾溶于 10mL 热水中，稍冷，在搅拌下慢慢加入 100mL 浓硫酸，冷却后使用。使用洗液时要注意以下几点：

(i) 使用洗液前最好先用水或去污粉（容量仪器除外）将容器洗一遍。

(ii) 使用洗液前应尽量去除容器内的水，以免将洗液稀释。洗液用后应倒入原瓶内，可重复使用。

(iii) 不要用洗液洗涤具有还原性的污物（如某些有机物），这些物质能把洗液中的重铬酸钾还原为硫酸铬（洗液的颜色则由原来的深棕色变为绿色）。已变为绿色的洗液不能继续使用。

(iv) 洗液具有很强的腐蚀性，会灼伤皮肤和破坏衣物。如果不慎将洗液洒在皮肤、衣物和实验桌上，应立即用水冲洗。

(v) 重铬酸钾污染环境，应尽量少用洗液。用上述方法洗涤后的容器还要用水洗涤以除去洗涤剂，并用蒸馏水洗涤三次。

洗涤容器时应遵循少量(每次用少量的洗涤剂)多次的原则，既节约，又提高效率。

玻璃仪器清洗干净的标准是用水冲洗后，仪器内壁能均匀地被水润湿而不沾附水珠，如果仍有水珠沾附内壁，说明仪器还未洗净，需要进一步进行清洗。

(5) 特殊污垢的洗涤。一些仪器上常有不溶于水的污垢，尤其是未清洗而长期放置后的仪器。这时需要视污垢的性质选用合适的试剂，使其经化学作用而除去。常见污垢的处理方法见表 2-3。

表 2-3 常见污垢的处理方法

污垢	处理方法
碱土金属的碳酸盐、$Fe(OH)_3$、一些氧化剂如 MnO_2 等	用稀 HCl 处理，MnO_2 需要用 $6mol \cdot L^{-1}$ 的 HCl
沉积的金属如银、铜	用 HNO_3 处理
沉积的难溶性银盐	用 $Na_2S_2O_3$ 洗涤，Ag_2S 则用热的浓 HNO_3 处理
沾附的硫磺	用煮沸的石灰水处理 $3Ca(OH)_2+12S \longrightarrow 2CaS_5+CaS_2O_3+3H_2O$
高锰酸钾污垢	草酸溶液(沾附在手上也用此法)
残留的 Na_2SO_4、$NaHSO_4$ 固体	用沸水使其溶解后趁热倒掉
沾有碘迹	可用 KI 溶液浸泡；用温热的稀 NaOH 或 $Na_2S_2O_3$ 溶液处理
瓷研钵内的污迹	用少量食盐在研钵内研磨后倒掉，再用水洗
有机反应残留的胶状或焦油状有机物	视情况用低规格或回收的有机溶剂(如乙醇、丙酮、苯、乙醚等)浸泡，或用稀 NaOH 或浓 HNO_3 煮沸处理
一般油污及有机物	用含 $KMnO_4$ 的 NaOH 溶液处理
被有机试剂染色的比色皿	可用体积比为 1∶2 的盐酸-乙醇溶液处理

2. 玻璃仪器的干燥

有时玻璃仪器洗涤干净后就可用来做实验，但有些实验需要在无水条件下进行，仪器常需要干燥后才能使用。常用的干燥方法如下：

(1) 晾干。仪器洗净后，倒置，自然晾干。

(2) 加热烘干。洗净的仪器先尽量把水沥干，然后放在电烘箱(控制在 105℃左右)内烘干。带有刻度的计量仪器如移液管、容量瓶、滴定管等，不宜在烘箱中烘干，分液漏斗和滴液漏斗则需拔出塞子和旋塞并擦去油脂后，才能放入电烘箱烘干。

(3) 电吹风吹干。用吹风机吹干时，一般先用热风吹玻璃仪器的内壁，待干后再吹冷风使其冷却。

(4) 用气流干燥器吹干。在仪器洗净后，先将仪器内残留的水分甩干，然后把仪器套在气流干燥器的多孔金属管上，注意调节热空气的温度。气流干燥器不宜长期使用，否则易烧坏电机和电热丝。

2.2.3　玻璃仪器的使用安全

玻璃仪器在实验过程中经常使用，由玻璃仪器造成的事故很多，大多数为割伤和烧伤。在使用玻璃仪器时要注意以下安全要求：

(1) 剪切或加工玻璃管及玻璃棒时，必须要戴防割伤手套。

(2) 玻璃管及玻璃棒的断面要用锉刀锉平或用喷灯熔融，使其断面圆滑。

(3) 连接橡胶管和玻璃管或将温度计插入橡胶塞时，先用水、甘油或润滑脂等润滑，边旋转边插入，如果感觉过紧可用锉刀等工具扩孔后再插入。

(4) 玻璃仪器在使用前要仔细检查，避免使用有裂痕的仪器。特别是用于减压、加压或加热操作场合的仪器，更要认真检查。

(5) 在组装烧瓶等实验装置时，不要过于用力，要防止夹具拧得过紧使玻璃容器破损。

(6) 加热和冷却时，要避免骤热、骤冷或局部加热。加热(冷却)后的玻璃仪器不能用手直接触摸，以免烫伤(冻伤)。

(7) 不能在容量瓶和量筒内配制溶液，以免配制溶液产生的溶解热使其破损。

(8) 不能使用薄壁和平底的玻璃容器进行加压或抽真空实验。

(9) 薄壁的玻璃容器在往台面上放置时要轻拿轻放，进行搅拌操作时避免局部过力。拿放较重的玻璃仪器时，要用双手。

(10) 一般情况下，不允许给密闭的玻璃容器加热。

(11) 打开封闭管或紧密塞着的容器时，因其有内压，会发生喷液或爆炸事故，应小心慢慢打开。

(12) 玻璃碎片要及时清理并丢弃在指定的垃圾桶内。

2.3　化学试剂的存放、取用及配制

2.3.1　试剂的存放

1. 一般原则

固体试剂存放在易取用的广口瓶内，液体试剂则存放在细口的试剂瓶中，一些用量小而使用频繁的液体试剂，如指示剂、定性分析试剂等可盛装在滴瓶中。盛装试剂的试剂瓶都应贴上标签，并写明试剂的名称、纯度、浓度和配制日期，标签外面可涂蜡或用透明胶带等保护。

根据试剂的性质不同需要采取不同的存放方式。

(1) 在空气中易变质的试剂应隔绝空气密封保存。这类试剂包括：①易被氧化的试剂，如亚铁盐、活泼金属单质、苯酚、硫代硫酸钠等；②易吸收二氧化碳的试剂，如氧化钙、氢氧化钠、氢氧化钙、过氧化钠等；③易吸湿的试剂，如五氧化二磷、无水氯化钙、浓硫酸、无水硫酸铜等；④易风化的试剂，如十水碳酸钠等。

(2) 见光或受热易分解的试剂应用棕色瓶盛放且置于冷暗处，如硝酸、硝酸银等。过氧化氢虽然也是见光易分解的物质，但不能盛放在棕色的玻璃瓶中，因棕色玻璃中含有重金属氧化物成分，会催化过氧化氢的分解。因此，通常将过氧化氢存放于不透明的塑料瓶中，放置于阴凉处。

(3) 易挥发的试剂，如浓氨水、浓盐酸、乙酸乙酯等，要严格盖紧瓶盖，保存在阴凉通风处，取用后要立即盖紧瓶盖。

(4) 易燃、易爆、强氧化性试剂一般需要分类单独存放，要与易燃、可燃物分开隔离存放。

(5) 低沸点的易燃液体要求在阴凉通风的地方存放，并与其他可燃物和易产生火花的器物隔离放置，更要远离明火。

(6) 强碱性试剂，如氢氧化钠、氢氧化钾及硅酸钠等溶液的瓶塞应换成橡皮塞，以免长期放置互相粘连。

(7) 易腐蚀玻璃的试剂，如氟化物等，应保存在塑料瓶中。

2. 特殊试剂的存放

(1) 钠、钾应保存在煤油或液态烷烃中以隔绝空气，防止氧化。使用时用镊子取出，在瓷砖或不锈钢板上切片，再用滤纸吸净煤油，剩余部分随即放入煤油中。

(2) 白磷保存在水中以防止氧化，置于冷暗处。使用时用镊子取出，立即放入水中用长柄小刀切取，再用滤纸吸干水分。

(3) 液溴有毒易挥发，盛于磨口的细口瓶中，并用水封，瓶盖要严密。

(4) 碘易升华，且具有强烈刺激性气味，应保存在用蜡封好的瓶中，置于低温处。

2.3.2　试剂的取用

1. 固体试剂的取用

取用固体试剂一般使用牛角匙、不锈钢匙、塑料匙，药匙使用时必须干净且专匙专用。

称取一定量固体试剂时，可将试剂放到纸上、表面皿等干燥洁净的玻璃容器或者称量瓶内，根据要求在天平上称量。称量具有腐蚀性或易潮解的试剂时，不能放在纸上，应放在表面皿等玻璃容器内。

颗粒较大的固体应在研钵中研碎，研钵中所盛固体量不得超过其容积的 1/3。

2. 液体试剂的取用

1) 从细口试剂瓶中取用试剂的方法

取下瓶塞，左手拿住容器(如试管、量筒等)，右手握住试剂瓶(试剂瓶的标签应向着手心)，倒出所需量的试剂，如图 2-2 所示。倒完后应将瓶口在容器内壁上靠一下(特别注意处理好"最后一滴试液")，再使瓶子竖直，以避免液滴沿试剂瓶外壁流下。

将液体试剂倒入烧杯时，也可用右手握试剂瓶，左手拿玻璃棒，使玻璃棒的下端斜靠在烧杯中，将瓶口靠在玻璃棒上，使液体沿着玻璃棒往下流，如图 2-3 所示。

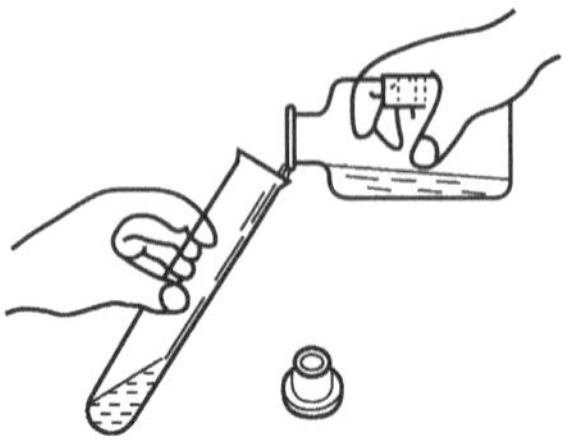

图 2-2　向试管倒入试剂

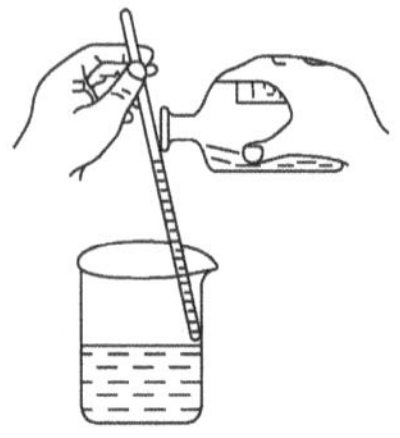

图 2-3　向烧杯倒入试剂

2）用滴瓶（图 2－4）取用少量试剂的方法

先提起滴管，使管口离开液面，用手指捏紧滴管上部的橡皮头排出空气，再把滴管伸入试剂瓶中吸取试剂。向试管中滴加试剂时，只能把滴管尖头放在试管口的上方滴加，如图 2－5 所示，严禁将滴管伸入试管内。一个滴瓶上的滴管不能用来移取其他试剂瓶中的试剂，也不能用自己的滴管伸入公用试剂瓶中吸取试剂，以免污染试剂。

定量取用液体试剂时，根据要求可选用量筒或移液管等。

注意：在取用试剂前要核对标签，确认无误后才能取用。各种试剂瓶的瓶盖取下后不能随意乱放，一般应倒立向上放在实验台上。取用试剂后要及时盖好瓶塞和滴瓶的滴管，并将试剂瓶放回原处。

取用试剂要注意节约，用多少取多少，多余的试剂不应倒回原试剂瓶内，需要回收的可放入回收瓶中。

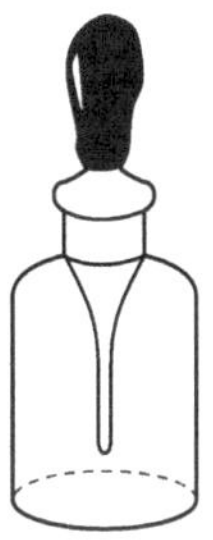

图 2－4　滴瓶

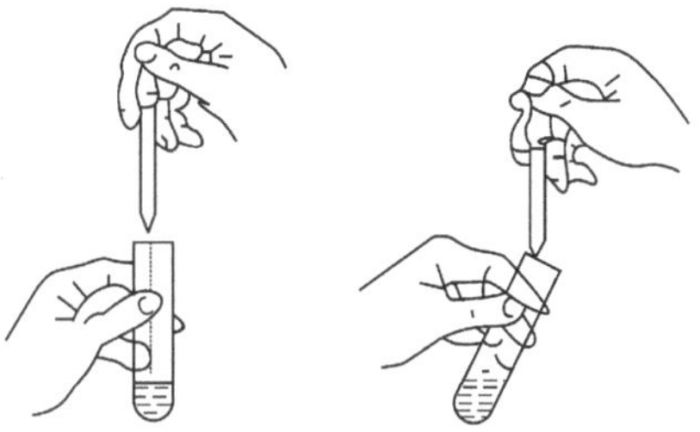

图 2－5　向试管滴加液体

取用易挥发的试剂，如浓 HCl、浓 HNO_3、溴等，应在通风橱中操作，防止污染室内空气。取用剧毒及强腐蚀性药品要注意安全，应佩戴口罩和橡胶手套、不要碰到手，以免发生事故。

2.3.3　试剂的配制

根据配制试剂纯度和浓度的要求，选用不同级别的化学试剂并计算溶质的用量。配制饱和溶液时，所用溶质的量应稍多于计算量，加热使之溶解、冷却，待结晶析出后再用，这样可保证溶液饱和。

如果配制溶液时产生较大的溶解热，一定要在烧杯或敞口容器中进行操作。

溶液配制过程中，加热和搅拌可加速溶解，但搅拌不宜太剧烈，不能使搅拌棒触及烧杯壁。

配制易水解的盐溶液时，必须把试剂先溶解在相应的酸溶液［如 $SnCl_2$、$SbCl_3$、$Bi(NO_3)_3$ 等］或碱溶液（如 Na_2S 等）中以抑制水解。对于易氧化的低价金属盐类［如 $FeSO_4$、$SnCl_2$、$Hg_2(NO_3)_2$ 等］，不仅需要酸化溶液，而且应在该溶液中加入相应的纯金属，防止低价金属离子氧化。

2.4　气体的收集、净化及气体钢瓶的使用

2.4.1　气体的收集及有毒有害气体的吸收

根据气体在水中溶解的情况，一般采取下列两种方法(图 2－6)收集。

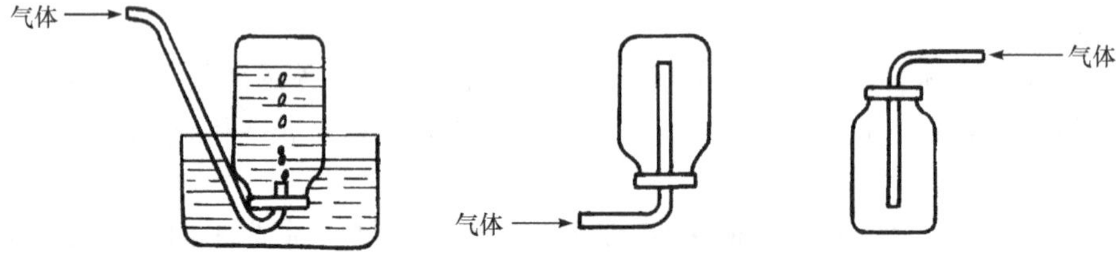

排水集气　　排气集气

图 2－6　气体的收集

(1) 排水集气法。该法适用于在水中溶解度很小的气体(如 H_2、O_2、N_2 等)的收集。操作时应注意集气瓶先装满水，不能留有气泡(避免混入空气)。如果制备反应需要加热，当气体收集满后，应先从水中移出导气管再停止加热(以免水被倒吸)。

(2) 排气集气法。对于易溶于水的气体，不能采用排水集气法，应该用排气集气法收集，比空气轻的气体(NH_3 等)可采用瓶口向下排气集气法，比空气重的气体(Cl_2、HCl、SO_2 等)可采用瓶口向上排气集气法。排气集气法操作时注意导气管应尽量接近集气瓶的底部(尽量将空气排净)。密度与空气接近或在空气中易氧化的气体(如 NO 等)不宜用此方法收集。

气体的收集除用排气集气法与排水集气法外，还可以用球胆或袋囊、塑料袋等收集。

实验室里可能产生的有毒有害气体有 CO、NO_2、SO_2、Cl_2、NH_3、HCl 和 H_2S 等。对实验过程中产生的有毒有害气体，应消除或最大限度地减少，不能随意排放到室内外。

实验室常采用液体吸收法除去有毒有害气体。一种是物理吸收方法，即利用适当的液体溶解气体组分，吸收过程中不发生化学变化。例如，利用 NH_3 和 HCl 极易溶于水的性质，用水吸收 NH_3 和 HCl。另一种则是把气体导入溶液中，通过化学反应将有毒有害气体转化为对人体和环境无害的组分。例如，用碱性溶液吸收酸性气体 NO_2、SO_2、Cl_2、HCl 和 H_2S 等。此外，也可以在排放尾气的导管口放置一个点燃的酒精灯，使可燃尾气燃烧变成无毒气体，如点燃 CO 转化成 CO_2。

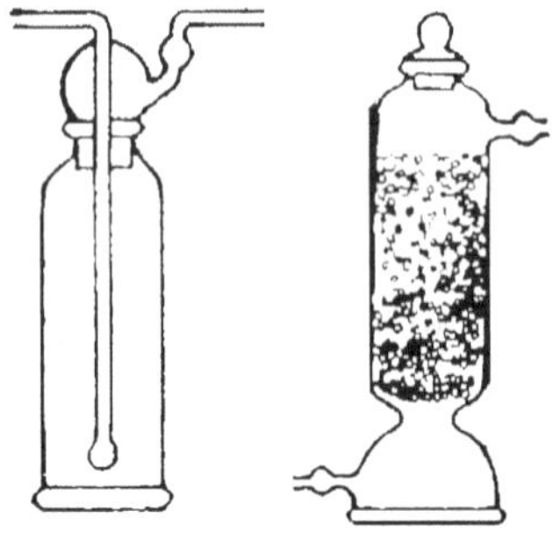

洗气瓶　　干燥塔

图 2－7　洗气瓶和干燥塔

2.4.2　气体的净化与干燥

在实验室通过化学反应制备的气体一般带有水蒸气、酸雾等杂质，纯度达不到要求，应该进行净化(又称纯化、纯制)，一般步骤是先除去杂质与酸雾，再将气体干燥。

气体净化的原则：①尽量用化学方法，一般酸性气体杂质用碱性试剂除去，还原性气体杂质用氧化性试剂除去；②净化试剂只与杂质发生反应；③不生成新的杂质。通常选用某些液体或固体试剂，分别装在洗气瓶或吸收干燥塔(图 2－7)、U 形管等装置中。通过化学反应或者吸收、吸附等物理化学过程将其去除，以达到净化的目的。

除去气体杂质后，还需要将气体干燥。常用于干燥气体的仪器有干燥管(气体由大口进，小口出)和洗气瓶(气体由长管进、短管出)。干燥的原则：干燥剂只能吸收气体中含有的水分而不能与气体发生反应。不同性质的气体应根据其特征选择不同的干燥剂，常用气体干燥剂见表 2-4。

表 2-4　常用气体干燥剂

干燥剂	适于干燥的气体
CaO、KOH	NH_3、胺类
碱石灰	NH_3、胺类、O_2、N_2(同时可除去气体中的 CO_2 和酸气)
无水 $CaCl_2$	H_2、O_2、N_2、HCl、CO_2、CO、SO_2、烷烃、烯烃、氯代烷、乙醚
$CaBr_2$	HBr
CaI_2	HI
H_2SO_4	O_2、N_2、Cl_2、CO_2、CO、烷烃
P_2O_5	O_2、N_2、H_2、CO、CO_2、SO_2、乙烯、烷烃

2.4.3　气体钢瓶、减压阀及使用

(1) 气体钢瓶。气体钢瓶是储存压缩气体或液化气的高压容器。实验室中常用它直接获取各种气体。钢瓶(图 2-8)是用无缝合金钢或碳素钢管制成的圆柱形容器。器壁很厚，一般最高工作压力为 15MPa。钢瓶口内外壁均有螺纹，以连接钢瓶启闭阀门 3 和钢瓶帽 4。钢瓶底座 5 通常制成方形，便于钢瓶竖直立稳。瓶外还装有两个橡胶制的防震圈。钢瓶阀门侧面接头具有左旋或右旋的连接螺纹，可燃性气体为左旋，非可燃性及助燃气体为右旋。各种高压气体钢瓶都涂有特定颜色的油漆以及特定颜色标明气体名称的字样(表 2-5)。

表 2-5　高压气体钢瓶颜色

气体名称(及字样)	钢瓶颜色	字样颜色	气体名称(及字样)	钢瓶颜色	字样颜色
氧	天蓝	黑	氯	草绿	白
氢	绿	红	二氧化碳	黑	黄
氮	黑	黄	纯氩	灰	绿
压缩空气	黑	白	乙炔	白	红
氨	黄	黑	石油气体	灰	红

(2) 减压阀。高压钢瓶内气体的压力一般很高，而使用压力往往比较低，单靠钢瓶启闭阀门不能稳定调节气体的放出量。为了降低压力并保持压力稳定，必须通过减压阀细调(压力较低的 CO_2、NH_3 可例外)，使气体输入使用系统。最常用的减压阀为氧气减压阀，简称氧气表。氧气减压阀结构见图 2-9。

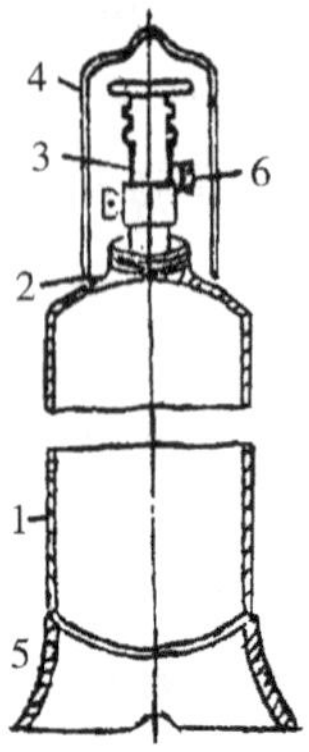

图 2-8　钢瓶剖视图

1—瓶体；2—钢瓶口；3—启闭阀门；
4—钢瓶帽；5—钢瓶底座；6—侧面接头

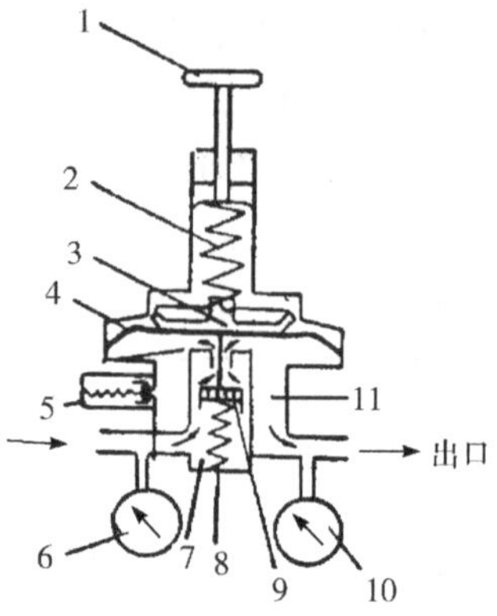

图 2-9　减压阀结构

1—手柄(调节螺杆)；2、8—压缩弹簧；3—弹簧垫块；
4—弹簧；5—安全阀；6—高压表；7—高压气室；
9—减压活门；10—低压表；11—低压气室

氧气减压阀的高压腔与钢瓶连接，低压腔为气体出口，并通往使用系统。高压表的示值为钢瓶内储存气体的压力。低压表的出口压力可由调节螺杆控制。使用时先打开钢瓶总开关，然后顺时针转动低压表压力调节螺杆，使其压缩主弹簧并传动薄膜、弹簧垫块和活门顶杆而将减压活门打开。这样进口的高压气体由高压气室经节流减压后进入低压气室，并经出口通往工作系统。转动调节螺杆，改变减压活门开启的高度，从而调节高压气体的通过量并达到所需的压力值。

有些气体如氮气、空气、氩气等永久性气体，可以采用氧气减压阀，但还有一些气体如氨等腐蚀性气体，则需要专用减压阀。专用减压阀的使用方法及注意事项与氧气减压阀基本相同。但为了防止误用，有些专用减压阀与钢瓶之间采用特殊连接口。例如，氢气和丙烷均采用左牙螺纹，也称反向螺纹，安装时应特别注意。

(3) 钢瓶安全使用注意事项。

(i) 钢瓶应存放在阴凉、干燥、远离热源的地方。钢瓶受热后，瓶内压力增大，易造成漏气甚至爆炸事故。钢瓶直立放置时要加以固定，搬运时要避免撞击及强烈震动。

(ii) 氧气钢瓶要与可燃气体钢瓶分开存放，与明火距离不得小于 10m。氢气钢瓶最好放置在楼外专用小屋内，以确保安全。

(iii) 氧气钢瓶及其专用工具严禁与油类接触，要使用专门的氧气减压阀。

(iv) 钢瓶上的减压阀要专用，安装时扣要上紧。开启减压阀时，要站在钢瓶接口的侧面，以防被气流射伤。

(v) 钢瓶内的气体绝对不要全部用完，一定要保持 0.05MPa 以上的残余压力。可燃性气体应保留 0.2～0.3MPa，氢气应保留更高的压力，以防重新充气或以后使用时发生危险。

2.5　试纸与滤纸

2.5.1　用试纸检验溶液的酸碱性

常用 pH 试纸检验溶液的酸碱性。将小块试纸放在干燥清洁的点滴板上，再用玻璃棒蘸取待测的溶液，滴在试纸上，观察试纸的颜色变化(不能将试纸投入溶液中检验)，将试纸呈现的颜色与标准色板颜色对比可知溶液的 pH(用过的试纸不能投入水槽内)。有时由于待测液浓度过大，试纸颜色变化不明显，应适当稀释后再比较。

pH 试纸分为两类：一类是广泛 pH 试纸，其变色范围为 pH 1～14，用于粗略地检验溶液的 pH；另一类是精密 pH 试纸，用于比较精确地检验溶液的 pH。精密试纸的种类很多，可以根据不同的需求选用。广泛 pH 试纸的变化为 1 个 pH 单位，而精密 pH 试纸变化小于 1 个 pH 单位。

2.5.2　用试纸检验气体

pH 试纸或石蕊试纸也常用于检验反应所产生气体的酸碱性。用蒸馏水润湿试纸并沾附在干净玻璃棒的尖端，将试纸放在试管口的上方(不能接触试管)，观察试纸颜色的变化。不同的试纸检验的气体不同，用 KI 淀粉试纸检验 Cl_2。当 Cl_2 遇到试纸时，将 I^- 氧化为 I_2，I_2 立即与试纸上的淀粉作用，使试纸变蓝。用 $Pb(OAc)_2$①试纸检验 H_2S 气体时，H_2S 气体遇到试纸后，生成黑色 PbS 沉淀而使试纸呈黑褐色。

2.5.3　滤纸

化学实验室中常用的有定量分析滤纸和定性分析滤纸两种，按过滤速度和分离性能的不同，又分为快速、中速和慢速三种。一般情况下，定性滤纸用于化学定性分析和相应的过滤分离，定量滤纸用于化学定量分析中重量分析试验和相应的分析试验。国家标准《化学分析滤纸》(GB/T 1914—1993)对定量滤纸和定性滤纸产品的分类、型号和技术指标以及试验方法等都有规定。其中 A 等产品的主要技术指标列于表 2-6。

表 2-6　定量和定性分析滤纸 A 等产品的主要技术指标及规格

指标名称		快速	中速	慢速
过滤速度[a]/s		≤35	≤70	≤140
型号	定性滤纸	101	102	103
	定量滤纸	201	202	203
分离性能(沉淀物)		氢氧化铁	碳酸锌	硫酸钡(热)
湿耐破度/mmH_2O		≥130	≥150	≥200
灰分	定性滤纸	≤0.13%		
	定量[b]滤纸	≤0.009%		
铁含量(定性滤纸)		≤0.003%		
定量/($g\cdot m^{-2}$)		80.0±4.0		
圆形纸直径/cm		5.5、7、9、11、12.5、15、18、23、27		
方形纸尺寸/cm		60×60、30×30		

a. 过滤速度是指把滤纸折成 60°的圆锥形，将滤纸完全浸湿，取 15mL 水进行过滤，开始滤出 3mL 不计时，然后用秒表计量滤出 6mL 水所需要的时间。

b. 定量是指规定面积内滤纸的质量，是造纸工业术语。

① OAc^- 表示乙酸根，化学式为 $CH_3-\overset{\overset{\displaystyle O}{\|}}{C}-O^-$，Ac 表示乙酰基，化学式为 $CH_3-\overset{\overset{\displaystyle O}{\|}}{C}-$。下同。

2.6　常用溶剂

水是许多物质尤其是许多无机化合物的良好溶剂，许多无机反应是在水溶液中进行的，人们所说的物质的许多性质、反应也是在水溶液中才具备的。

经初步处理后的自来水，除含有较多的可溶性杂质外，是比较干净的，在化学实验中常用作粗洗仪器用水、实验冷却用水、水浴用水及无机制备前期用水等。自来水再经进一步处理后所得的纯水在实验中常用作溶剂用水、精洗仪器用水、分析用水及无机制备的后期用水。因制备方法不同，常见的纯水有蒸馏水、电渗析水、去离子水和高纯水。

在有机实验中还常用到许多有机溶剂。它们不仅作为反应介质，而且在有机产物的纯化和后处理中也经常使用。溶剂的纯度对反应的速率、产物的产率和纯度都有影响，因此应尽量提高溶剂的纯度。在有机合成中一般要用大量的溶剂，若只依靠从社会上购买高纯度的溶剂，不仅价格较贵，有时也不一定能满足某些反应的要求。因此，了解常用溶剂的性质及其纯化方法是十分必要的。

2.6.1　纯水与水的纯化方法

1. 蒸馏水

将自来水（或天然水）蒸发成水蒸气，再通过冷凝器将水蒸气冷凝下来，所得到的水称为蒸馏水。所用蒸馏器皿主要有玻璃、石英蒸馏器。根据蒸馏次数不同，可分为一次、二次和多次蒸馏法。此外，为了除掉一些特殊的杂质，还需采取一些措施。例如，预先加入一些高锰酸钾可除去易氧化物；加入少许磷酸可除去三价铁；加入少许不挥发酸可制取无氨水等。蒸馏水可以满足普通分析化学实验室的用水要求。

2. 电渗析水

电渗析水是在外加直流电场作用下，利用阴、阳离子交换膜分别选择性地允许阴、阳离子透过，使一部分离子透过离子交换膜迁移到另一部分水中，从而使一部分水纯化，另一部分水浓缩。电渗析产出水的纯度能满足一些工业用水的需要。例如，用电阻率为 1.6kΩ · cm（25℃）的原水可以获得 1.03MΩ · cm（25℃）的产出水。

3. 去离子水

参见“实验十三　去离子水的制备”。

4. 高纯水

化学意义上纯水的理论电导率为 18.3MΩ · cm，一般生产的纯水达不到这个理论值。人们把实际电导率能达到 18MΩ · cm 的水，称为高纯水或超纯水。

超纯水器制备超纯水步骤大体如下：

(1) 准备原水。可用自来水、普通蒸馏水或普通去离子水作原水。

(2) 机械过滤。通过砂芯滤板和纤维柱滤除机械杂质，如铁锈和其他悬浮物等。

(3) 活性炭过滤。活性炭是广谱吸附剂，可吸附气体成分，如水中的余氯等，还能吸附细菌和某些过渡金属等。氯气会损害反渗透膜，因此应力求除尽。

(4) 反渗透膜过滤。反渗透膜可滤除 95%以上的电解质和大分子化合物，包括胶体微粒和病毒等。绝大多数离子的去除，使离子交换柱的使用寿命大大延长。

(5) 紫外线消解。借助于短波(180～254nm)紫外线照射分解水中的不易被活性炭吸附的小分子有机物，如甲醇、乙醇等，使其转变成二氧化碳和水，以降低总有机碳的指标。

(6) 离子交换。混合离子交换床是除去水中离子的重要手段，借助于多级混床可以获得超纯水。使用化学稳定性好，不分解，不含低聚物、单体和添加剂等的高质量树脂能进一步保证超纯水的质量。

2.6.2　常用有机溶剂及纯化

1. 乙醇 C_2H_5OH

沸点=78.3℃，$d_4^{20}=0.7894$，$n_D^{20}=1.3611$。

乙醇与水形成乙醇含量为 95.5%的共沸混合物，共沸点为 78.2℃，所以不能用直接蒸馏法制取无水乙醇。含水乙醇的初步脱水常用生石灰作为脱水剂，使水与生石灰作用生成氢氧化钙，氧化钙和氢氧化钙均不溶于乙醇，再将乙醇蒸馏，这样处理后得到的即是市售的无水乙醇，含量约为 99.5%。纯度更高的无水乙醇可用金属镁或金属钠处理后得到。

1) 无水乙醇(含量 99.5%)的制备

在 1000mL 圆底烧瓶中，加入 600mL 95%的乙醇和 100g 左右新煅烧的生石灰，用胶塞塞住瓶口，放置过夜。然后拔去胶塞，装上回流冷凝管，冷凝管上口接一个无水氯化钙干燥管，加热回流 2～2.5h。再将其改为蒸馏装置，水浴加热(如果用电热套加热，需要过滤除去不溶物，补加 2～3g 新煅烧的生石灰再蒸馏，否则易发生暴沸)进行蒸馏。弃去少量前馏分后，收集得到纯度达 99.5%的乙醇。

2) 绝对乙醇(含量 99.95%)的制备

(1) 用金属镁制取。

在 1000mL 圆底烧瓶中放置 2～3g 干燥纯净的镁条和 0.3g 碘，加入 30mL 99.5%的乙醇，装上上端带无水氯化钙干燥管的球形冷凝管，加热至微沸，至碘粒完全消失(如果不发生反应，则可再加入数颗小粒碘)。待镁完全溶解后，再加入 500mL 99.5%的乙醇，回流 1h，改为蒸馏，弃去少量前馏分后，产物收集于玻璃瓶中，用橡皮塞塞住。反应如下：

$$Mg+2C_2H_5OH \xrightarrow{I_2} (C_2H_5O)_2Mg+H_2$$

$$(C_2H_5O)_2Mg+2H_2O \longrightarrow 2C_2H_5OH+Mg(OH)_2$$

(2) 用金属钠制取。

在 1000mL 圆底烧瓶中，加入 500mL 99.5%的乙醇和 3.5g 金属钠，安装回流冷凝管和干燥管，加热回流 30min 后，再加入 14g 邻苯二甲酸二乙酯，回流 2h，然后蒸馏乙醇。反应如下：

$$Na+C_2H_5OH \longrightarrow C_2H_5ONa+1/2H_2$$

$$C_2H_5ONa+H_2O \rightleftharpoons C_2H_5OH+NaOH$$

由于第二个反应是可逆的，因此必须加入过量的高沸点酯，使酯与 NaOH 反应以抑制上述反应向左进行，从而达到进一步脱水的目的：

$$C_6H_4(COOC_2H_5)_2+2NaOH \longrightarrow C_6H_4(COONa)_2+2C_2H_5OH$$

由于乙醇具有非常强的吸湿性，所用仪器必须烘干，并尽量快速操作，以防止吸收空气中的水分。

2. 甲醇 CH_3OH

沸点＝64.7℃，d_4^{20}＝0.7913，n_D^{20}＝1.3284。

市售甲醇一般含水量不超过 0.5%，因为甲醇不与水形成共沸点混合物（简称共沸物），所以可用分馏法脱水，收集 65℃的馏分，再用镁除去微量水，纯度可达 99.9%。若要求含水量低于 0.1%，也可用 3Å 或 4Å 分子筛进行干燥。

3. 乙二醇 $HOCH_2CH_2OH$

沸点＝196～198℃，d_4^{20}＝1.113，n_D^{20}＝1.4310。

含有的杂质可能为二甘醇、三甘醇、丙二醇和水。采用减压蒸馏，所得主要馏分用无水硫酸钠干燥（需较长时间）后，再进行一次减压蒸馏，即可得到纯乙二醇。

乙二醇中等毒性，能引起恶心和呕吐，较大量中毒时引起昏迷和抽搐，使用时应注意。

4. 四氢呋喃 C_4H_8O

沸点＝65～67℃，d_4^{20}＝0.8892，n_D^{20}＝1.4052。

四氢呋喃（THF）常含有少量水和过氧化物。纯化方法如下：用金属钠或氢化铝锂在氮气或氩气保护下回流（通常 1000mL 需 2～4g 氢化铝锂），以除去水和过氧化物，然后蒸馏，收集 65～67℃的馏分（注意不要蒸干），精制后的成品应加入钠丝并在氮气气氛下保存。

5. 1,4-二氧六环（1,4-二氧杂环己烷）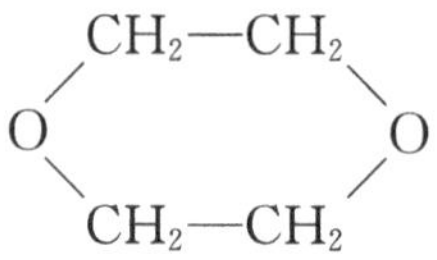

沸点＝101.2℃，d_4^{20}＝1.0329，n_D^{20}＝1.4224。

1,4-二氧六环与水可任意混溶。常见杂质有乙酸、水和乙醛缩乙二醇。也易形成过氧化物（除去方法为加氯化亚锡回流）。二氧六环的纯化，一般加入其质量 10%的浓盐酸回流 3h，并慢慢通入氮气流，以除去生成的乙醛，冷却后，加入粒状氢氧化钾直至不再溶解。然后分出水层，用固体氢氧化钾干燥一天，过滤后加入钠并回流数小时，蒸馏后，加入钠丝储存。

6. 正己烷 C_6H_{14}

沸点＝68.7℃，d_4^{20}＝0.6594，n_D^{20}＝1.3749。

正己烷是无色极易挥发性液体，与醇、醚和三氯甲烷混溶，不溶于水。

精制：加入少量发烟硫酸进行振摇，分出酸，再加发烟硫酸振摇，如此反复，直至酸的颜色呈淡黄色。依次用浓硫酸、水、2%氢氧化钠溶液洗涤，再用水洗涤，用氢氧化钾干燥后蒸馏。

正己烷和空气混合物的爆炸极限为 1.1%～8%（体积分数）。

7. 甲苯 $C_6H_5CH_3$

沸点＝110.6℃，d_4^{20}＝0.8660，n_D^{20}＝1.4960。

甲苯与水形成共沸点为 84.1℃的共沸物，含 86.5%的甲苯。甲苯和空气混合物爆炸极限为 1.27%～7%(体积分数)。

甲苯中含有甲基噻吩，处理方法与苯相同。甲苯比苯更容易磺化，用浓硫酸洗涤时温度应控制在 30℃以下。

8. 二氯甲烷 CH_2Cl_2

沸点=40℃，$d_4^{25}=1.3265$，$n_D^{20}=1.4246$。

二氯甲烷是无色挥发性液体，微溶于水，能与醇、醚混溶。与水形成共沸物，含二氯甲烷 98.5%，共沸点 38.1℃。二氯甲烷与钠接触易发生爆炸。

精制方法：依次用 5%碳酸氢钠溶液和水洗涤，加入无水氯化钙或五氧化二磷进行干燥，再进行蒸馏。二氯甲烷有麻醉作用，并损害神经系统，使用时要注意。

9. 四氯化碳 CCl_4

沸点=76.7℃，$d_4^{20}=1.595$，$n_D^{20}=1.4607$。

四氯化碳有特殊气味，不燃烧，不导电，可用作灭火剂。与水形成的共沸混合物于 66.8℃沸腾，其中含 95.9%四氯化碳。与水(4.5%)和乙醇(10.0%)形成的三元共沸物于 62℃沸腾。

四氯化碳一般由二硫化碳氯化制得，因此一般四氯化碳含有约 4%的二硫化碳。纯化方法如下：在 1000mL 四氯化碳中，加入 60g 氢氧化钾溶于 60mL 水的溶液，再加入 100mL 乙醇，在 50～60℃时振荡半小时。必要时再减半重复一次。分出的四氯化碳先用水洗，再用浓硫酸洗至无色，然后用水洗，用无水氯化钙或五氧化二磷干燥，过滤，蒸馏收集 76.8℃馏分。四氯化碳不能用金属钠干燥，因有爆炸危险。

10. 1,2-二氯乙烷 $ClCH_2CH_2Cl$

沸点=83.5℃，$d_4^{20}=1.2351$，$n_D^{20}=1.4448$。

1,2-二氯乙烷是无色油状液体，有芳香味，与水形成共沸物，共沸点为 72℃，其中含二氯乙烷为 91.7%。可与乙醇、乙醚、氯仿混溶，在结晶和提取时是极有用的溶剂。

一般纯化可依次用浓硫酸、水、稀碱、水洗涤，用无水氯化钙干燥或加入五氧化二磷分馏即可。

11. 乙酸 CH_3COOH

沸点=118℃，$d_4^{20}=1.0492$，$n_D^{20}=1.3718$。

乙酸可与水混溶。将乙酸冻结出来可得到很好的精制效果。若加入 2%～5%高锰酸钾溶液并煮沸 2～6h 更好。微量的水可用五氧化二磷干燥除去。由于乙酸不易氧化，因此常用作氧化反应的溶剂。

使用时勿接触皮肤，尤其不要溅入眼内，否则应立即用大量水冲洗，严重者应去医院医治。

12. 乙酸乙酯 $CH_3COOC_2H_5$

沸点=77℃，$d_4^{20}=0.9006$，$n_D^{20}=1.3724$。

乙酸乙酯和水形成乙酸乙酯含量为 91.53%的共沸物，共沸点为 70.4℃。

市售乙酸乙酯的含量为 95%～98%，含有少量水、乙醇和乙酸。

精制方法：在 1000mL 乙酸乙酯中加入 100mL 乙酸酐（乙酸酐与水作用生成乙酸，与乙醇作用生成乙酸乙酯和乙酸），10 滴浓硫酸，加热回流 4h，然后蒸馏。在蒸馏液中加入 20g 无水碳酸钾，振荡后，再次蒸馏，所得产物纯度可达 99.7%。当干燥要求较高时，可以用五氧化二磷或 4Å 分子筛处理后蒸馏。

13. 吡啶 C_5H_5N

沸点=115.2℃，d_4^{20}=0.9819，n_D^{20}=1.5095。

吡啶有吸湿性，能与水、醇、醚任意混溶。与水形成共沸物于 94℃沸腾，其中含 57%吡啶。

吡啶中常含有少量水分，去除其中的水可将吡啶与粒状氢氧化钠、氢氧化钾或氧化钡一起回流，然后隔绝潮气蒸馏即可。干燥的吡啶吸水性很强，保存时应将容器口用石蜡封好。

吡啶对皮肤有刺激，可引起湿疹类损害；吸入后会造成头昏恶心，并损害肝肾。

14. *N*,*N*-二甲基甲酰胺(DMF) $HCON(CH_3)_2$

沸点=153.0℃，d_4^{20}=0.9487，n_D^{20}=1.4305。

DMF 是无味无色液体，与多数有机溶剂和水可任意混溶，对多种盐类也有溶解作用。常含有胺、氨、甲醛、水等杂质。在进行常压蒸馏时，DMF 会部分分解，酸或碱的存在会加速分解。常用硫酸钙、硫酸镁、氧化钡、硅胶或分子筛干燥，然后减压蒸馏，收集76℃/48kPa的馏分。如含水较多时，可加入十分之一体积的苯，在常压及 80℃以下蒸去水和苯，然后用硫酸镁或氧化钡干燥，再进行减压蒸馏。如果需要含水量更低的 DMF，需要加入适量氢化钙，加热到 60～70℃，搅拌 2～4h，再减压蒸馏。纯化后的 DMF 要避光储存。

DMF 属低毒类物质，对皮肤和黏膜有轻度刺激作用，并能经皮肤吸收。

15. 二甲基亚砜(DMSO) CH_3SOCH_3

沸点=189.0℃，d_4^{20}=1.101，n_D^{20}=1.4170。

二甲基亚砜通常含有 0.5%～1%的水和微量的二甲硫醚及二甲砜。精制方法：在 500g 二甲基亚砜中加入 2～5g 氢化钙，加热到 60～70℃搅拌数小时，在氮气流下减压蒸馏，收集 64～65℃/533Pa馏分，可得干燥品。蒸馏时不能超过 90℃，否则会歧化生成二甲砜和二甲硫醚。也可以用氢氧化钠、氧化钙、硫酸钙或 4Å 分子筛干燥后，减压蒸馏。二甲基亚砜与氢化钠、高碘酸或高氯酸镁等混合时易发生爆炸，应予注意。

16. 六甲基磷酰胺(HMPA) $[(CH_3)_2N]_3PO$

沸点=233℃，d_4^{20}=1.027，n_D^{20}=1.4588。

HMPA 能溶于水和许多极性及非极性溶剂中，不溶于饱和烃，其性质类似氨；对有机金属化合物有很好的溶解性能。

2.7　误差分析与数据处理

化学实验中需要测量各种物理量和参数。常见的测量方法可归纳为直接测量法和间接测量法两类。使用某种测量仪器直接测量出物理量的结果称为直接测量，如用量筒量出某液体体积、用温度计测定反应温度等。某些物理量需要进行一系列直接测量后再根据化学原理、计算公式或图表经过计算才能得到结果，如平衡常数、滴定分析结果等，这些都属于间接测量。

在测定过程中，不仅要经过许多操作步骤，使用多种仪器和化学试剂，而且受测定者本身的各种因素的影响，测量结果和真实值之间或多或少有一些差距，这些差距就是误差。不难看出，误差是测量过程中的必然产物。化学工作者的任务就是借助于数理统计与概率论的基本理论和方法，分析各个测量环节中可能产生的误差及其规律，得出尽可能接近客观真实值的结果。

2.7.1　准确度与精密度

评价实验结果的优劣，一般从准确度与精密度两方面进行。

准确度是指测量值与真实值间的符合程度，并用误差的大小衡量。误差或绝对误差(E)定义为单次测量值(x_i)与真实值(x_T)的差：$E=x_i-x_T$，E 越小，准确度越高。为了更准确地描述准确度，又引入了相对误差(RE)：$RE=(x_i-x_T)/x_T\times100\%$。相对误差是绝对误差在真实值中所占的百分率。

实际测量时，客观存在的真实值一般是不知道的，因此准确度和误差也就无法求得。在这种情况下，人们总是在相同条件下进行几次平行测定，取其平均值来代替真实值。将单次测定值与平均值之差定义为偏差，用偏差的大小表示几次平行测量间相互接近的程度即精密度，用精密度的大小可从另一个角度评价实验结果。精密度好，说明测定的重现性好。例如，用滴定法测定样品中的总碱度(Na_2O)，得到三个结果(%)为 23.00、23.01、23.02，从数据接近程度或重现性角度来看都比较理想。此外，精密度还能表示测定值的有效数字的位数。例如，若滴定过程中滴定管显示的某次标准酸用量为 19.38mL，由此知道有四位有效数字，且滴定管的最小刻度为 0.1mL，即滴定管的精密度为 0.1mL。

与误差相似，偏差也有绝对偏差和相对偏差之分。

由上所述不难看出，精密度是在无法求得准确度时，从重现性角度来表达实验结果的量。它与准确度既有联系又有区别：准确度是对真实值而言，大小用误差表示；精密度是对平均值而言，大小以平均偏差衡量。由于在实际工作中，真实值往往是不知道的，常先以精密度评价测定工作。精密度不高的测定，准确度肯定也不好。但应注意的是，精密度高，并不说明准确度一定好，只有在消除了系统误差的情况下，才会得到好的准确度。

2.7.2　误差的分类与减免

误差按其来源可分为系统误差(可测误差)和偶然误差(随机误差)。

1. 系统误差

系统误差是由测定过程中某些固定因素造成的误差，对测量结果的影响比较恒定，常使结果系统偏高或偏低，当重复测定时会重复出现。一般说来，系统误差出现的原因较为明显，因而可以设法进行校正。

例如，由于所选实验方法本身不够完善而引入的误差(方法误差)；由于仪器本身不准或试剂纯度不够而产生的误差(仪器误差或试剂误差)；由于不同操作人员的生理特征和习惯等不同引起的误差(操作误差)。这些统称为系统误差。

盲目增加实验次数并不能减免系统误差。科学的校正方法是通过做对照实验、空白实验以及对实验仪器进行校准来减免或消除。

对照实验:用已知准确含量的试样,按同样的测量方法进行分析,找出校正数据,来消除试剂误差或方法误差。也可以用不同的分析方法(如标准方法),或由不同的测试人员就同一问题进行实验测量,相互参照。对照实验是检查实验过程中是否存在系统误差的最有效的方法之一。

空白实验:在不加试样的情况下,按照同样的实验步骤和条件进行测定实验,得出空白值。从试样的分析结果中扣除空白值,就可以消除由试剂、溶剂等引入杂质所造成的误差。

此外,系统误差还可以用校正仪器、提纯药品以及改善实验方法等来减小或消除。

2. 偶然误差

在实验过程中,可能要碰到许多意想不到的因素影响测量结果。例如,电压的突然变化等因素会影响仪器读数的准确性。这种由各种因素的随机变动使测量结果产生的误差称为偶然误差。偶然误差的特点是可正可负、可大可小。但是它完全遵循统计规律,当测定次数很多时,可以用正态分布描述(图 2-10)。

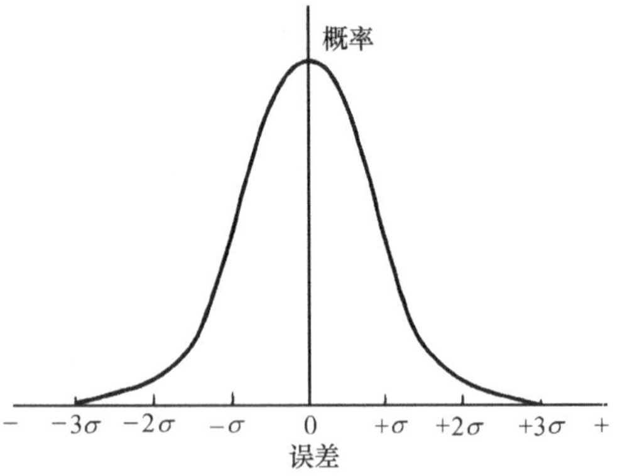

图 2-10　误差的正态分布曲线

图 2-10 中的横坐标表示误差,σ 为无限多次测量时的标准误差,纵坐标为误差出现的概率大小。从图中不难看出如下规律:

(1) 绝对值相等的正、负误差出现的概率相等。这就告诉我们,如果测定的次数足够多,取各次测定结果的平均值时,正、负误差可以相互抵消。在消除了系统误差的情况下,该平均值就可代表真实值。

(2) 绝对值小的误差出现的概率大,绝对值大的误差出现的概率小。借助于数理统计方法可以计算出,误差在 $-\sigma \sim +\sigma$ 之间出现的概率为 68.3%,在 $-2\sigma \sim +2\sigma$ 之间出现的概率为 95.5%,在 $-3\sigma \sim +3\sigma$ 之外出现的概率很小,仅为 0.3%。因此,在多次重复测定时,如果个别数据误差的绝对值超出 3σ,即可视为极端值,舍去是合理的。另外,若某个数据的误差很大,则应十分警惕。因为从概率论角度讲,一旦可能性很小的事情发生了,其中必有值得注意的地方。

除了系统误差和偶然误差之外,对于初学者,尤其是缺乏责任心的人,很容易出现过失误差。例如,丢失试液、加错试剂、不按正确的操作规程进行或记录错误等。因此,在学习期间注意培养自己严格遵守操作规程的习惯和训练娴熟的实验技能,这些都是未来化学工作者必备的基本素质。

2.7.3　实验数据的记录与处理

1. 实验数据记录的基本要求

(1) 实验者应准备专门的实验记录本。不得将文字或数据记录在单页纸或小纸片上,或随意记录在其他地方。

(2) 应清楚、如实、准确地记录实验过程中所发生的重要实验现象、所用的仪器及试剂、主要操作步骤、测量数据及结果。记录中切忌掺杂个人主观因素，绝不能拼凑和伪造数据。

(3) 实验记录应用钢笔、圆珠笔、签字笔等书写，不得用铅笔，不得随意涂改实验记录。遇有读错数据、计算错误等需要修正时，应将错误数据用线划去，在旁边重新写上正确数据，并加以说明。

2. 读数及有效数字

仪器的最小刻度又称仪器的精密度，与记录实验数据关系密切。一般在最小刻度后再估读一位，最后一位数字称为存疑数字，前面的准确数字连同末位的存疑数字统称为有效数字。例如，常用滴定管最小的刻度是 0.1mL，应读为 21.35mL，这里面的前三位数字是准确读取的，而最后一位 5 是估读的，有人可能估读为 4 或 6。值得说明的是，要根据仪器实际具有的精密度来正确地读数和记录实验数据，即记录下准确数字后，一般再估读一位存疑数字就够了，多读或少读都是错误的①。

此外，在记录和处理实验数据时，还要注意以下几点：

(1) "0"在有效数字中具有双重性。当"0"表示小数点位数时，一般不作为有效数字，只起定位作用，但在数字末位的"0"说明仪器的精度。例如，在万分之一的天平上称量的 0.0618g 为三位有效数字，若硬记为 0.061800g，则意味着有五位有效数字，前面两个零仍起定位作用，而后面两个零就变成了有效数字，且末位的"0"有 ±1 个单位的误差，同时说明该天平的精密度为 0.00001g，即十万分之一，显然夸大了仪器的精密度。为了不使有效数字的位数出错，实验数据以指数形式表示，即 0.0618g 记为 6.18×10^{-2}g，而 0.061800g 应记为 6.1800×10^{-2}g 或 6.1800×10^{-5}kg 均可，这样有效数字的位数都不会错。

(2) 表示误差时，无论是绝对误差还是相对误差，只取一位有效数字，不需要再多。记录数据时，有效数字的最后一位与误差的最后一位在位数上相对齐。例如，2.76±0.01 是正确的，而 2.762±0.01 和 2.7±0.01 都是错记的。又如，测量结果为 26547±8.6 时，应整记为 $(2.6547\pm0.0009)\times10^{4}$。

(3) 化学实验中的测量数据既包含了量的大小、误差，又能反映出仪器的精密度，因而是具有物理意义的数值，与纯数学上的数值有很大区别。例如在数学上，我们并不关心 2.75 和 2.75000 的区别，而在化学实验中，决不能将 2.75g 与 2.75000g 等同起来，这不仅表示它们反映的测量误差不同(±0.01g，±0.4%；±0.00001g，±0.0004%)，而且说明所用仪器的精密度差别很大。

(4) 首位数字大于或等于 8 时，有效数字可以多算一位，如 8.27 可视为四位有效数字。

(5) 进行加减运算时，先以小数点后位数最少的数据为基准。将其他数据按"四舍六入五留双"的原则修约多余数字后，再相加减。例如，

$$\begin{array}{r} 27.375 \\ 1.03 \\ +)\underline{197.04501} \end{array} \xrightarrow{\text{以 1.03 为基准进行修约}} \begin{array}{rl} 27.38 & (\text{“五留双”}) \\ 1.03 & \\ +)\underline{197.05} & (\text{大于 5 时“六入”}) \\ 225.46 & \end{array}$$

① 有时在计算过程中允许多保留一位有效数字，但结果必须按规定修约。

而进行乘除运算时，应以有效数字最少的数据为基准进行修约后再计算。在比较复杂的计算中，无括号时，先乘除后加减；有括号时，按从圆括号到方括号的顺序计算，中间每一步计算要符合上述规则，但有效数字位数可暂时多保留一位，以免因多次修约引起误差累积，最后结果必须保留应有的位数。

(6) 计算过程中，对像 π、e 和手册上查到的常数，要按需要取适当的位数。此外，一些分数或系数等应视为有足够多的有效数字，可以直接计算，不必考虑其本身的修约问题。

3. 少量次测定的实验数据处理

在实验工作中，待校正了系统误差并选取了最佳条件后，一般只做有限次的实验测量，然后根据需要计算实验结果可能达到的准确范围。其步骤是先按统计学规则（如 Q-检验或其他原则）剔除可疑数据，再计算出平均值($\overline{x}$)、平均偏差($\overline{d}$)、标准偏差(s)和一定置信度下的平均值的置信区间。

(1) 可疑数据的取舍。测定中常有个别数据与其他数据相差较大，成为可疑数据（或称离群值、异常值）。对于由明显原因造成的可疑数据，应予舍去，但是对于找不出充分理由的可疑数据，则应慎重处理，应借助数理统计方法进行数据评价后再行取舍。

在 3～10 次的测定数据中，有一个可疑数据时，可采用 Q-检验法决定取舍。若有两个或两个以上可疑数据时，宜采用格拉布斯检验法。

(2) 精密度考察。一般用标准偏差(s)或相对标准偏差(RSD)衡量测定结果的精密度。有时也用平均偏差和相对平均偏差表示。若精密度不符合分析要求，说明测定中存在较大的偶然误差，应适当增加平行测定的次数后再作考察，直到精密度达到要求。

例如，有限次数实验测定时的标准偏差为

$$s=\sqrt{\frac{\sum(x_{\mathrm{i}}-\overline{x})^2}{n-1}}$$

式中，x_{i} 和$\overline{x}$分别为单次测定结果和平均测定结果；n 为测定次数。也可再求出相对标准偏差：

$$\frac{s}{\overline{x}}\times 100\%$$

(3) 置信度与平均值的置信区间。在有限次的实验测定中，只能求出平均值及其可能达到的准确范围。例如，可以将经 5 次测定的 $CuSO_4$ 的含量(%)表示为 27.37±0.04。这说明尽管 $CuSO_4$ 的真正含量不知道，但可以理解为位于上述闭区间内。可是，真实值落入上述区间内的可能性（概率）究竟有多大？这个概率称为置信度，这一范围称为平均值的置信区间。由统计学可以推导出真实值 μ 与平均值间具有以下关系：

$$\mu=\overline{x}\pm\frac{ts}{\sqrt{n}}$$

式中，t 为选定的某一置信度下的概率系数，可以从表 2-7 中查得。根据定义，上式即表示在所选置信度下的平均值的置信区间。

表 2-7　对于不同测定次数及不同置信度的 t 值

测定次数 n	置信度				
	50%	90%	95%	99%	99.5%
2	1.000	6.314	12.706	63.657	127.32
3	0.816	2.920	4.303	9.925	14.089
4	0.765	2.353	3.182	5.481	7.453
5	0.741	2.132	2.776	4.604	5.598
∞	0.674	1.645	1.960	2.576	2.807

2.7.4　误差的传递

在化学实验中，多数测定为间接测量工作，即将直接测得的数据，经过某种函数关系运算，得出所需要的量。因此，具体分析每一步直接测量值的误差对最后结果准确度的影响，即误差传递问题，可以帮助确定影响函数结果的主要因素，以选择适当精度的仪器和实验方法。

在一般情况下，假定系统误差已经校正，且操作足够精密时，用仪器读数的精密度来表示误差范围。误差传递通常从平均误差传递和标准误差传递两方面来分析，其思路类似，而计算方法不同。

2.7.5　实验结果的表达

从实验得到的数据中包含许多信息，用科学的方法对这些数据进行归纳与整理，提取有用的信息，发现事物的内在规律，是化学实验的主要目的。所有测得的物理量均可以看作受各种因素（自变量）影响的函数。因此，实验结果常用列表法、作图法和解析法三种方法来表达。

1. 列表法

做完实验后，将实验数据按自变量、因变量的关系一一对应地列出，这种表达方式称为列表法。列表法直观、简单易行、便于处理和运算，不引入处理误差。

列表时应注意以下几点：

(1) 一个完整的数据表应包括表的序号、名称、项目、说明及数据来源。

(2) 原始数据表格应记录包括重复测量结果的每个数据，表内或表外适当位置应注明如室温、大气压、温度、日期与时间、仪器与方法等条件。

(3) 将表分为若干行，每一变量占一行，每行中的数据应尽量化为最简单的形式，一般为纯数，根据物理量=数值×单位的关系，将量纲、公共乘方因子放在第一栏名称下，以量的符号除以单位来表示，如 t/℃、p/kPa 等。

(4) 每一行所记录的数字排列要整齐，有效数字要记至第一位可疑数字，小数点对齐。如用指数表示，可将指数放在行名旁，但此时指数上的正、负号应易号。例如，测得的 K_a 为 1.75×10^{-5}，则行名可写为 $K_a\times10^5$。

(5) 自变量通常选择最简单的，要有规律地递增或递减，最好为等间隔。

2. 作图法

作图法可以形象、直观地表示出各个数据连续变化的规律性，以及如极大、极小、转折点等特征，并能从图上求得内插值、外推值、切线的斜率以及周期性变化等。

为了得到与实验数据偏差最小而又光滑的曲线图形，必须遵照以下规则：

(1) 一般以横轴表示自变量，纵轴表示因变量，选择合理的比例尺，确定图形的最大值与最小值的大致位置。分度以 1、2、5 等为好，切忌 3、7、9 或小数，使分度能表示出测量的全部有效数字，坐标起点不一定从"0"开始，应充分合理地利用图纸的全部面积。

(2) 坐标轴旁注明该轴代表变量的名称及单位，纵轴左面及横轴下面每隔一定距离标出变量的数值，横轴从左向右，纵轴自下而上。

(3) 将数据点以圆圈、方块、三角或其他符号标注于图中，各图形中心点及面积大小要与所测数据及其误差相适应，不能过大或过小。在一张图中有数组不同测量值时，应以不同符号表示，并在图上注明。

(4) 用作图工具(直尺或曲线尺)将各点连成光滑的线，当曲线不能完全通过所有点时，应尽量使其两边数据点个数均等，且各点离曲线距离的平方和最小。曲线与代表点的距离应尽可能小，距离表示测量的误差。若作直线求斜率，应尽量使直线呈 45°。

(5) 写图题：数据点上不要标注数据，实验报告上应有完整的数据表。整个图形应清晰，大小、位置合理。

(6) 目前，随着计算机的普及，各种软件均有作图或列表的功能，应尽量使用。但在利用计算机作图时，也要遵循上述原则。

3. 解析法

用数学解析式表示实验结果以反映其内部规律，既能简明扼要地把全部实验数据包括进去，又能在实验范围内计算与任何自变量对应的函数值，还能对所得的解析式进行数学处理和理论探讨，以及求算出有关的参量，而这些参量通常都具有一定的物理意义。

求算解析式一般分为两种情况：一种情况是两个变量间本身就存在已知的理论导出方程式。例如，在分光光度分析描绘工作曲线的过程中，吸光度 A 与物质的量浓度 c 的关系本身就符合朗伯-比尔(Lambert-Beer)定律：$A=\varepsilon bc$，这种情况较为简单，此处不予讨论。

另一种情况是不知道两个变量间存在的具体的理论方程式，此时应该用曲线拟合的方法，求出经验解析式，即在图形的基础上，由图形的形状，根据解析几何知识判断曲线的类型，确定公式的形式，求出解析式。由于在测定数据和作图的过程中都包含误差，因此所得的解析式也只是近似公式，是几个物理量间关系的近似模型，称为经验公式。这里应注意，只有对具有普遍意义的重要曲线，才有必要求算解析式。

由于直线关系式最简单而又容易直接检验，因此对得到的函数关系要尽量通过函数变化将其线性化，常见例子见表 2-8。

表 2-8 可转换为直线方程式的简单函数表

原函数	变换方式		直线化后的函数 $Y=mX+B$
	$Y=$	$X=$	
$y=be^{ax}$	$\lg y$	x	$Y=(a\lg e)X+\lg b$
$y=bx^{a}$	$\lg y$	$\lg x$	$Y=aX+\lg b$
$y=\dfrac{1}{ax+b}$	$\dfrac{1}{y}$	x	$Y=aX+b$

续表

原函数	变换方式		直线化后的函数 $Y=mX+B$
	$Y=$	$X=$	
$y=\frac{x}{ax+b}$	$\frac{x}{y}$	x	$Y=aX+b$
$y=x^2+bx+c$	$\frac{y-y_1}{x-x_1}$	x	$Y=aX+b+aX_1$
$y=ax^2+b$	y	x^2	$Y=aX+b$
$y=\frac{x}{ax+b}+c$	$\frac{x-x_1}{y-y_1}$	x	$Y=\left(a+\frac{a^2}{b}X\right)X+b+aX_1$

2.8 常见网络资源

2.8.1 化合物安全防护与毒性数据查询

在必应网站(http://cn.bing.com)上输入"Safety data for 目标物英文名称"然后点击搜索。例如,想查乙酸乙酯的毒性,输入"Safety data for ethyl acetate"会出现检索的结果,点击进入。可以看到:Physical data(这部分包括乙酸乙酯的熔点、沸点、密度、爆炸极限等)、Stability(指出乙酸乙酯不能与塑料、氧化剂接触,高度易燃,与空气或氧气混合易爆等特点)、Toxicology [给出一些毒性数据:如 ORL-RAT LD50 5620mg · kg^{-1}(大鼠口服半致死量是 5620mg · kg^{-1},即 1kg 老鼠喂服 5.62g 有一半会死亡)、IHL-MUS LC50 45g · m^{-3} 2h(小鼠吸入含乙酸乙酯的空气 2h 的半致死浓度为 45g · m^{-3})]等。MSDS 是化学品安全技术说明书(material safety data sheet,或称化学品安全信息卡)的简称,是化学品生产和经营商用来阐明化学品的理化性质、毒性以及安全使用等方面信息的重要文件。需要说明的是,由于不同机构采用的试验动物品质的差异和测试环境的不同,所得到的 MSDS 数据会略有差异。

学生在做实验前要了解将要接触化合物的危险信息,做好必要的安全防护措施。

2.8.2 化学信息网

化学信息网(Chemical Book)网站介绍近百万个无机、有机化合物的国内外试剂商、生产商的供应信息;化合物的一般物理性质,如熔点、沸点、密度、溶解性等;安全信息;用途与制备方法。

读者可以通过互联网进入该网站的英文界面(http://chemicalbook.com),点击右上角中国国旗标识进入中文界面。在显示窗输入要查找化合物的名称或 CAS 号,点击"搜索"即可。例如,想查找苯甲酸的情况,在显示窗输入"苯甲酸",点击"搜索"。找到苯甲酸的条目,左侧有苯甲酸的结构式,右侧显示"国内供应商、国外供应商及数量,化学性质和 MSDS",点击"化学性质"进入下一界面,显示苯甲酸的性质(熔点、沸点、密度、折射率、水溶解性等)、安全信息、用途与合成方法(包括毒性分级、急性毒性数据等)。通过查询,可以了解到苯甲酸的毒性为中等毒性(大鼠口服 LD50:1700mg · kg^{-1}),然而它可作为防腐剂,广泛用于深加工的饮料食品(包括果酱、果汁型饮料、酱油、食醋、软糖、果酒、酱菜、酱类、蜜饯、碳酸饮料、巧克力)中。

2.8.3 《有机合成》期刊

《有机合成》(*Organic Syntheses*)是报道有机化合物合成方法的杂志,不仅介绍有机化合物制备的详细操作步骤，还注明在实验中要注意的主要问题。与其他期刊不同，《有机合成》所报道的合成方法在发表前都经过了编辑部委托的其他专家的重复验证，因此这些合成方法都是相当可靠的。该杂志目前已经出版到第十二累积卷(collective volume)或第 99 分卷(volume)。

读者可以通过互联网进入该网站，网址为 http://www.orgsyn.org，然后直接在相应提示窗输入累积卷卷号，在后面的提示窗中输入页码就可以查询(也可以直接输入分卷号进行查询)；如果不知道以上信息，可以通过主题词(输入要查找的化合物名称最方便)查找或通过输入目标化合物的结构式进行查找。

2.8.4 有机化合物谱图数据库网站

有机化合物谱图数据库(Spectral Database for Organic Compounds)网站(http://sdbs.db.aist.go.jp/sdbs/cgi-bin/direct_frame_top.cgi)给出了常见有机化合物的质谱(MS)、核磁共振谱(^{1}H NMR 和^{13}C NMR)、红外光谱(IR)、拉曼(Raman)光谱和电子顺磁共振谱(ESR)。尤为可贵的是该网站给出了^{1}H NMR 和^{13}C NMR的详细归属，对于初学者学习核磁共振谱非常有用。读者可以通过互联网进入该网站，可以通过目标物英文名称、分子式或相对分子质量方便查询。例如，想查对二甲苯的有关谱图，可以在 Compound Name 窗口输入“p-xylene”，或在 Molecular Formula 窗口输入“C_8H_{10}”(输入时没有大小写和上下标要求)，或在 Molecular Weight 窗口输入“106—107”，后两种输入给出多个符合输入的选项，仍然需要读者知道对二甲苯的英文名称并进行选择。

2.8.5 美国国家标准技术研究院网址

美国国家标准技术研究院(National Institute of Standards and Technology)网址为 http://webbook.nist.gov/chemistry，直接进入其化学部分，可查询 7000 多种化合物的热力学数据、8000 多个化学反应的焓变和吉布斯自由能变。

读者可通过 Search Options 中的“Formula”、“Name”等选项选择查询方式并直接点击进入，查询一些物质的物理化学性质。例如，希望通过分子式查询甲苯的有关数据，可以点击“Formula”，出现“Search for Species Data by Chemical Formula”界面。在方框中输入“C7H8”并点击下面的“Search”，便会给出该网站中收录的符合该分子式的所有物质的所查性质，包括甲苯、环庚三烯等化合物。点击“Toluene”进入甲苯的有关页面。如果想知道甲苯的相变数据，选择下面的“Phase change”，点击进入就可查到甲苯的沸点、熔点、气化焓、气化熵、熔化焓、熔化熵等数据。

第3章 化学实验的基本操作

3.1 玻璃量器及其使用

实验室中常用的玻璃量器(简称量器)有滴定管、移液管、容量瓶、量筒和量杯、微量进样器等。

量器按准确度分成A、B两种等级。A级的准确度一般比B级高一倍。量器的级别标志可用"一等"、"二等"，"Ⅰ"、"Ⅱ"或"〈1〉"、"〈2〉"等表示，无上述字样符号的量器，则表示无级别，如量筒、量杯等。

3.1.1 滴定管

滴定管是滴定时用来准确测量流出的操作溶液体积的量器(量出式仪器)。

滴定管分为酸式滴定管(简称酸管)和碱式滴定管(简称碱管)两种。碱式滴定管的一端连接乳胶管，管内装有玻璃珠，以控制溶液的流出，乳胶管下面接一尖嘴玻璃管。酸式滴定管用来装酸性及氧化性溶液，但不适于装碱性溶液。碱式滴定管用来装碱性及无氧化性溶液，凡是能与乳胶管反应的溶液，如高锰酸钾、碘和硝酸银等溶液，都不能装入碱式滴定管。

滴定管除无色的外，还有棕色的，用于装见光易分解的溶液，如$AgNO_3$、$Na_2S_2O_3$、$KMnO_4$等溶液。

1. 酸式滴定管的准备

(1) 使用前涂油。首先应检查旋塞与旋塞套是否配合紧密。为了使旋塞转动灵活并克服漏水现象，需将旋塞涂油(如凡士林油等)。取下旋塞，用吸水纸将旋塞和旋塞套擦干，用手指均匀地涂一薄层油脂于旋塞两头。注意不要将油脂涂在旋塞孔上、下两侧，以免旋转时堵塞旋塞孔。将旋塞平直插入旋塞套，然后向同一方向旋转旋塞柄，直到旋塞和旋塞套上的油脂层全部透明为止。套上小橡皮圈。用自来水充满滴定管，放在滴定管架上静置约2min，观察有无水滴漏下。然后将旋塞旋转180°，再如前检查，如果漏水，应该重新涂油。若出口管尖端被油脂堵塞，可将其放入热水中温热片刻，然后打开旋塞，使管内的水突然流下(最好借助洗耳球挤压)，将软化的油脂冲出。

(2) 清洗。新的滴定管应充分清洗，可用铬酸洗液洗。在无水的滴定管中加入5～10mL洗液，边转动边将滴定管放平，并将滴定管口对着洗液瓶口，使一部分洗液从管口放回原瓶，再打开旋塞，将剩余的洗液从出口管放回原瓶。若滴定管油污较多，可用温热洗液加满滴定管并浸泡一段时间。有时，需根据具体情况采用针对性洗涤液进行清洗。例如，装过$KMnO_4$的滴定管内壁常有残存的二氧化锰，可用草酸加硫酸溶液进行清洗。用各种洗涤剂清洗后，都必须用自来水充分洗净，并将管外壁擦干，以便观察内壁是否挂水珠，然后用蒸馏水洗三次。洗净的滴定管倒夹(防止落入灰尘)在滴定管架台上备用。长期不用时应将滴定管旋塞和旋塞套擦拭干净，并夹上薄纸后保存，以防旋塞和旋塞套之间粘住而不易打开。

2. 碱式滴定管的准备

使用前应检查乳胶管和玻璃球是否完好。若乳胶管已老化，玻璃球过大（不易操作）或过小（漏水），应予更换。

碱管的洗涤方法与酸管相同。

3. 滴定管中操作溶液的加入

加入操作溶液前，应将试剂瓶中的溶液摇匀，并将操作溶液直接倒入滴定管中，不得借助其他容器（如烧杯、漏斗等）转移。用左手前三指持滴定管上部无刻度处（不要整个手握住滴定管），并可稍微倾斜；右手拿住细口瓶往滴定管中倒溶液，让溶液慢慢沿滴定管内壁流下。

先用操作溶液将滴定管润洗三次。应特别注意的是，一定要使操作溶液洗遍滴定管全部内壁。最后，将操作溶液倒入滴定管，直到充满至 0 刻度以上。

注意检查滴定管的出口管是否充满溶液，酸管出口管及旋塞是否透明。为排除酸管中的气泡，右手拿滴定管上部，并使滴定管稍微倾斜，左手迅速打开旋塞使溶液冲出（放入烧杯）。若气泡仍未能排出，可用手握住滴定管，用力上下抖动滴定管。在使用碱管时，装满溶液后，捏住玻璃球所在部位并使乳胶管向上弯曲，出口管斜向上，然后在玻璃球部位向一旁轻轻捏乳胶管，使溶液从管口喷出，再一边捏乳胶管一边把乳胶管放直，注意应在乳胶管放直后，再松开拇指和食指，否则出口管仍会有气泡（图 3-1），最后应将滴定管的外壁擦干。

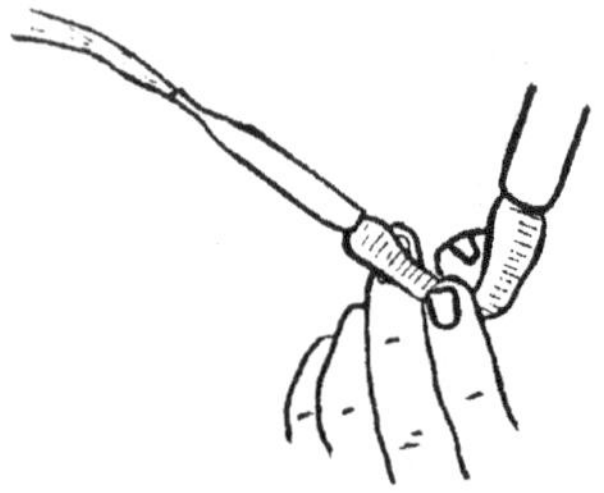

图 3-1　碱式滴定管排气方法

4. 滴定管读数注意事项

(1) 装入或放出溶液后，必须等 1～2min，使附着在内壁上的溶液流下来，再进行读数。如果放出溶液的速度较慢（例如，滴定到最后阶段，每次只加半滴溶液时），等 0.5～1min 方可读数。每次读数前要检查管壁是否挂水珠，管尖是否有气泡。

(2) 读数时用手拿滴定管上部无刻度处，使滴定管保持自由下垂。对于无色或浅色溶液，应读取弯月面下缘最低点。读数时，视线在弯月面下缘最低点处，且与液面水平（图 3-2）；溶液颜色太深时，可读液面两侧的最高点。若为乳白板蓝线衬背滴定管，应当取蓝线上下两尖端相对点的位置读数。无论哪种读数方法，都应注意初读数与终读数采用同一标准。

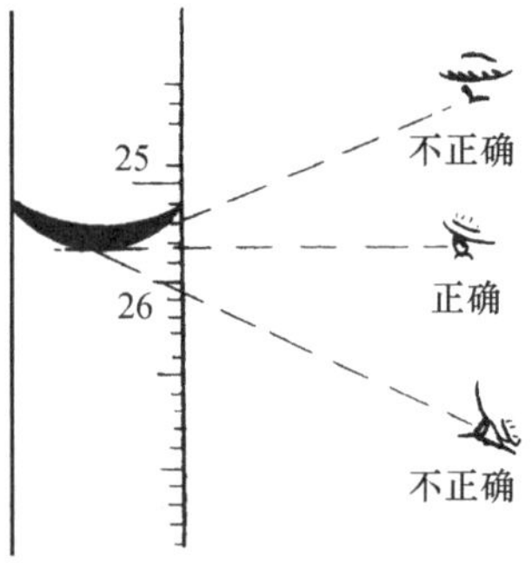

图 3-2　读数视线的位置

5. 滴定操作

进行滴定时，应将滴定管垂直地夹在滴定管架上。

滴定操作是定量分析的基本功，每位学生必须熟练掌握（图 3-3～图 3-6）。滴定时以白瓷板或白纸作背景，用锥形瓶或烧杯承接滴定剂。

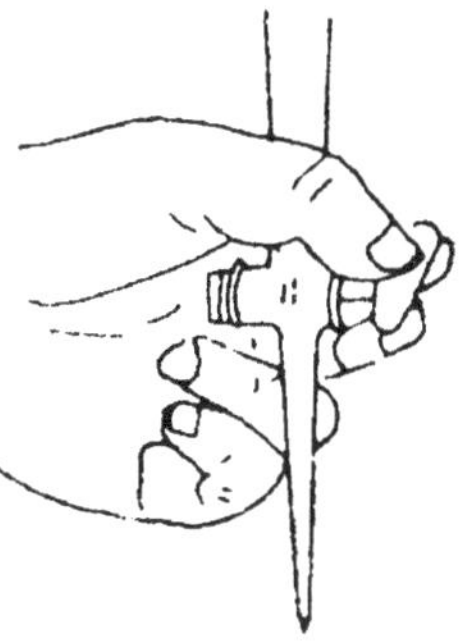

图 3－3　酸式滴定管的操作

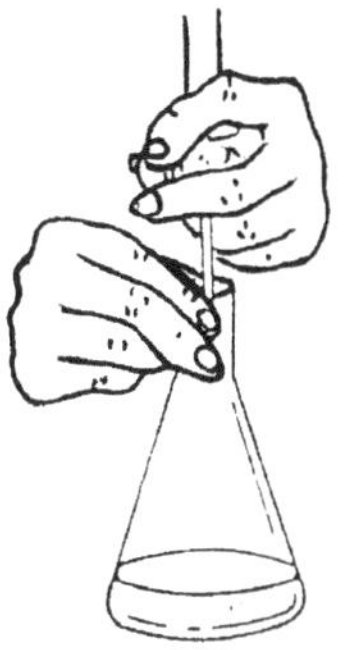

图 3－4　两手操作姿势

图 3－5　在烧杯中的滴定操作

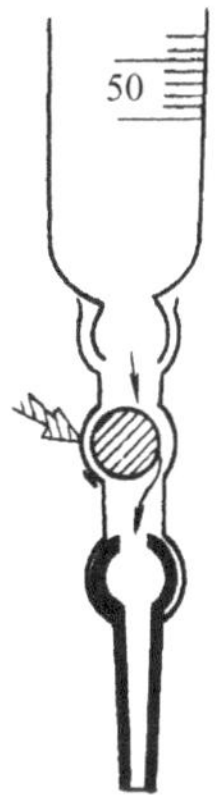

图 3－6　碱式滴定管的操作

使用酸管时，左手无名指和小指向手心弯曲，轻轻地贴着出口管，用其余三指控制旋塞的转动。注意不要向外拉旋塞，也不要使手心顶着旋塞末端而向前推动旋塞，以免使旋塞移位而造成漏液。

使用碱管时，左手无名指及小指夹住出口管，拇指与食指在玻璃球所在部位向一旁（左右均可）捏乳胶管，使溶液从玻璃球旁空隙处流出。

在锥形瓶中进行滴定时，用右手前三指拿住瓶颈，使滴定管的下端伸入瓶口约 1cm。左手按前述方法滴加溶液，右手运用腕力（注意：不是用胳膊晃动）摇动锥形瓶，边滴边摇。

滴定操作中应注意：滴定时，左手不能离开旋塞任其自流。开始时，滴定速度可稍快，但不要使溶液流成"水线"。接近终点（局部出现指示剂颜色转变）时，应改为每加一滴，都要注意观察液滴落点周围溶液颜色的变化。最后每加半滴即摇动锥形瓶，直至溶液出现明显的颜色变化即停止滴定。加半滴溶液的方法如下：微微转动旋塞，使溶液悬挂在出口管嘴上，形成半滴，用锥形瓶内壁将其沾落，再用洗瓶以少量蒸馏水吹洗瓶壁。用碱管滴加半滴溶液时，应先松开拇指与食指，将悬挂的半滴溶液沾在锥形瓶内壁上，再放开无名指与小指。这样可以避免出口管尖出现气泡。

在烧杯中进行滴定时不能摇动烧杯，应将烧杯放在白瓷板上，调节滴定管的高度，使滴定管下端伸入烧杯中心的左后方处，但不要靠壁过近。右手持玻璃棒在右前方搅拌溶液或用磁子搅拌。在左手滴加溶液的同时，玻璃棒应作圆周搅动。当加半滴溶液时，用玻璃棒下端承接悬挂的半滴溶液，放入溶液中搅拌。滴定过程中，玻璃棒上沾有溶液，不能随便拿出。

滴定结束后，滴定管内剩余的溶液应弃去，不得将其倒回原试剂瓶中，以免玷污整瓶操作溶液。随即洗净滴定管，倒夹在滴定管架台上备用。

3.1.2　吸管

吸管也是量出式仪器，一般用于准确量取一定体积的液体。

吸管的种类较多。无分度吸管通称移液管，它的中腰膨大，上下两端细长，上端刻有环形标线，膨大部分标有容积和标定时的温度。将溶液吸入管内，使液面与标线相切，再放出，则放出的溶液体积等于管上标示的容积。常用移液管的容积有 1mL、2mL、5mL、10mL、25mL、50mL 等多种。由于读数部分管径小，其准确性较高。

分度吸管又称吸量管，可以准确量取所需要的刻度范围内某一体积的溶液，但其准确度差一些。将溶液吸入，读取与液面相切的刻度（一般在零），然后将溶液放出至适当刻度，两刻度之差即为放出溶液的体积。

吸管在使用前应按下法洗到内壁不挂水珠：将吸管插入洗液中，用洗耳球将洗液慢慢吸至管容积 1/3 处，用食指按住管口，把吸管横置淌洗，然后将洗液放回原瓶。如果内壁严重污染，则应把吸管放入盛有洗液的大量筒或高型玻璃缸中，浸泡 15min 到数小时，取出后用自来水及纯水冲洗，用滤纸擦去管外的水。

移取溶液前，先用少量该溶液将吸管内壁润洗两三次。然后把管口插入溶液中（在移液过程中，注意保持管口在液面之下，以防吸入空气），用洗耳球把溶液吸至稍高于刻度处，迅速用食指按住管口。取出吸管，使管尖端靠着贮瓶口，用拇指和中指轻轻转动吸管，并减轻食指的压力，让溶液慢慢流出，同时平视刻度，到溶液弯月面下缘与刻度相切时，立即按紧食指（图 3-7）。然后使接收容器倾斜成 45°，将吸管移入容器中，使吸管垂直，管尖靠着容器内壁，放开食指，让溶液自由流出（图 3-8）。待溶液全部流出后，按规定再等 15s，取出吸管。在使用非吹出式吸管或无分度吸管时，切勿把残留在管尖的溶液吹出。吸管用毕应洗净，放在吸管架上。

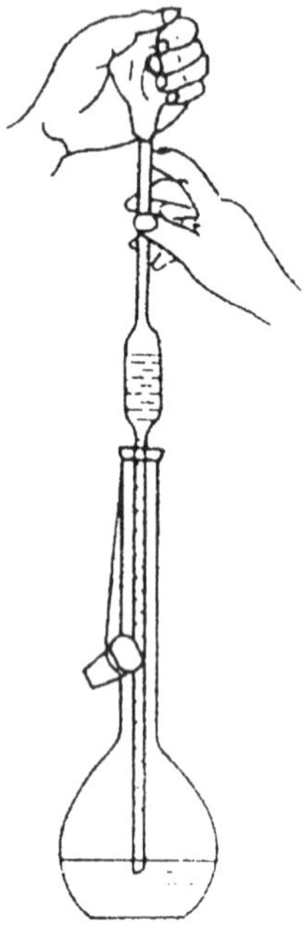

图 3-7　用洗耳球吸取溶液

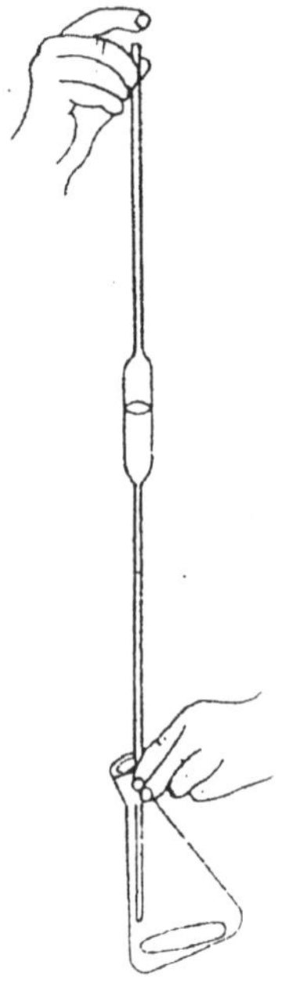

图 3-8　移液管的使用

3.1.3　容量瓶

容量瓶是一种细颈梨形的平底瓶，具磨口玻璃塞或塑料塞，瓶颈上刻有标线。瓶上标有容积和标定时的温度。当液体充满至标线时，瓶内所装液体的体积和瓶上标示的容积相同(量入式仪器)。常用的容量瓶有 10mL、25mL、50mL、100mL、250mL、500mL、1000mL 等多种规格，每种规格又有无色和棕色两种。容量瓶主要用于把精密称量的物质准确地配成一定容积的溶液，或将准确容积的浓溶液稀释成准确容积的稀溶液，这种过程通常称为“定容”。它常和吸管配合使用，可将某种物质溶液分成若干等份，用以进行平行测定。

容量瓶的洗涤原则和方法同前。

如果要由固体配制准确浓度的溶液，通常将固体准确称量后放入烧杯中，加少量纯水(或适当溶剂)使其溶解，然后定量地转移到容量瓶中。转移时(图 3-9)，用玻璃棒下端靠住瓶颈内壁，使溶液沿瓶壁流下。溶液流尽后，将烧杯轻轻顺玻璃棒上提，使附在玻璃棒、烧杯嘴之间的液滴回到烧杯中(切不可将烧杯随便拿开，以免有液滴从烧杯嘴外边流下而损失)。再用洗瓶挤出的水流冲洗烧杯数次，每次按上法将洗涤液完全转移到容量瓶中，然后用纯水稀释(注意:先用水将颈壁处浓溶液冲下)。当水加至容积的 2/3 处时，旋摇容量瓶，使溶液混合(注意:不能倒转容量瓶)。在加水至接近标线时，可以用滴管加水至弯月面最低点恰好与标线相切。盖紧瓶塞，一手食指压住瓶塞，另一手的拇、中、食三个手指托住瓶底，倒转容量瓶，使瓶内气泡上升到顶部，摇动数次，再倒过来，如此反复倒转摇动十余次，使瓶内溶液充分混合均匀(图 3-10)。为使容量瓶倒转时溶液不致漏出，瓶塞与瓶必须配套。

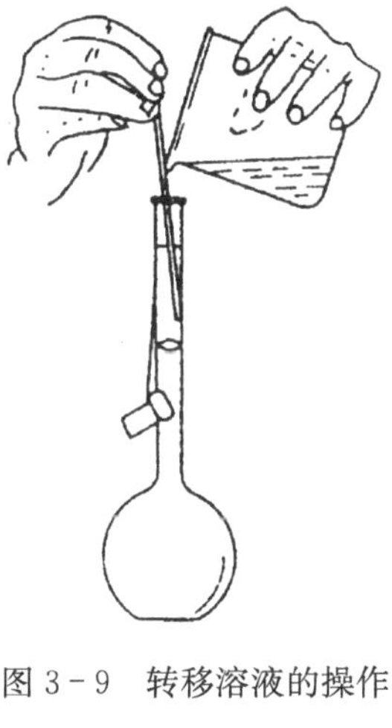

图 3-9　转移溶液的操作

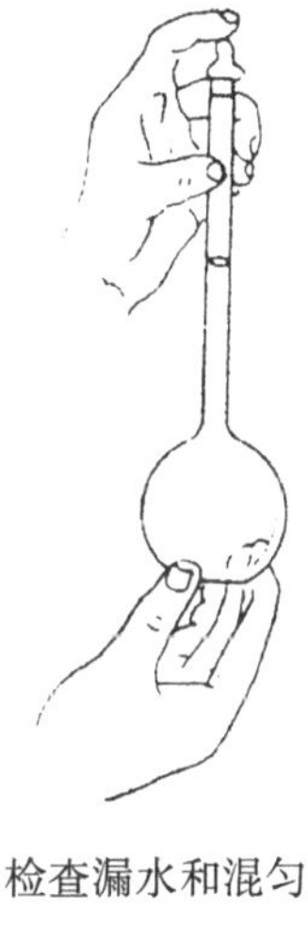

图 3-10　检查漏水和混匀溶液的操作

不宜在容量瓶内长期存放溶液(尤其是碱性溶液)。如溶液需使用较长时间，应将其转移入试剂瓶中，试剂瓶应预先经过干燥或用少量该溶液淌洗两三次。

温度对量器的容积有影响，使用时要注意溶液的温度、室温以及量器本身的温度。

3.1.4　量筒和量杯

量筒和量杯的精度低于上述几种量器，在实验室中常用来量取精度要求不高的溶液和蒸馏水。

3.1.5　微量进样器

微量进样器(微量注射器)一般有 1μL、5μL、10μL、25μL、50μL、100μL 等规格，是进行微量分析，特别是色谱分析实验中必不可少的取样、进样工具。

微量进样器是精密量器，使用时应特别小心，否则会损坏其准确度。使用前要用丙酮等溶剂洗净，以免干扰样品分析；使用后应立即清洗，以免样品中的高沸点组分沾污进样器。一般常用下述溶液依次清洗：5%的 NaOH 水溶液、蒸馏水、甲醇、乙醇、二氯甲烷，最后用真空泵抽干，保存于盒内。

使用微量进样器应注意以下几点：

(1) 进样器极易被损坏，应轻拿轻放。要随时保持清洁，不用时应放入盒内，不要随便来回空抽进样器，以免损坏其与器壁的气密性而影响取样。

(2) 每次取样前先抽取少许样再排出，如此重复几次，以润洗进样器。

(3) 取样时应多抽些试样于进样器内，并将针头朝上排除气泡，再将过量样品排出，保留需要的样品量。进样器内的气泡对体积定量影响很大，必须设法排除，将针头插入样品中，反复抽排几次即可，抽时慢些，排时快些。

(4) 取好样后，用滤纸将针头外所沾附的样品小心擦掉，注意切勿使针头内的样品流失。

(5) 色谱分析进样时，应以稳当的动作将进样器针头插入进样口，迅速进样后立即拔出(应注意用力不可过大，以免折弯进样器)，尽量保持每次针头内残留样品的体积一致。

3.2　称量仪器的使用

化学实验室最常用的称量仪器是天平。天平的种类很多，根据天平的平衡原理，可分为杠杆式天平、电磁力式天平及石英晶体微天平等；根据天平的使用目的，可分为分析天平和其他专用天平，如热天平(参见 13.11 节)、磁天平(参见 13.12 节)、气体密度天平等；根据天平的分度值大小，分析天平又可分为常量(0.1mg)、半微量(0.01mg)、微量(0.001mg)、超微量(0.0001mg)等。过去实验室中使用的天平多是杠杆式天平，如粗称样品的托盘天平(一般可称准至 0.1g)和精密的电光分析天平(可称准至 0.1mg)。随着电子技术的迅速发展，电子天平(电磁力式天平)以其操作简便、称量速度快、准确度高、智能化功能强的特点逐步取代了机械天平，并在高校、科研院所及企业中得到广泛应用。随着科技的发展，测量精度可达纳克级，比灵敏度为微克级的电子天平高 100 倍的石英晶体微天平(quartz crystal microbalance，QCM)(图 3－11)被越来越广泛地应用到科研实验中。石英晶体微天平利用石英晶体谐振器的压电特性，将石英晶振电极表面质量变化转化为石英晶体振荡电路输出电信号的频率变化，进而通过计算机等其他辅助设备获得高精度的数据。下面仅就目前高校基础实验室中常见的托盘天平和电子天平予以详细介绍。

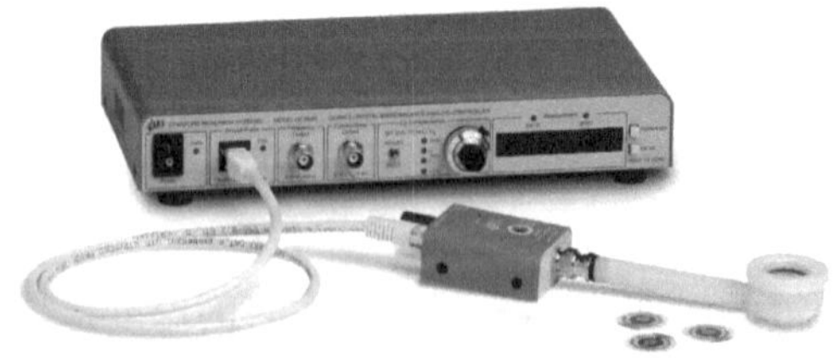

图 3－11　SRS QCM200 高灵敏度石英晶体微天平

3.2.1　托盘天平

托盘天平一般能称准至 0.1g。粗称(准确度要求不高)样品时常用的托盘天平如图 3－12 所示。10g 以上的砝码在砝码盒内,10g 以下的质量通过移动标尺上的游码计量。称量之前,先把指针调至中间位置(调节托盘下面的螺丝),该位置称为托盘天平的零点。称量时,将被称物置于左盘上,选择质量合适的砝码(根据指针在刻度盘中间左右摆动情况而定)放在右盘上,再用游码调节至指针正好停在刻度盘中间位置,这时指针所停的位置为天平的停点(零点与停点之间允许偏差 1 小格以内)。读取此时的砝码加游码的质量,即为被称物的质量。托盘天平能迅速称量物体的质量,但准确度不高。

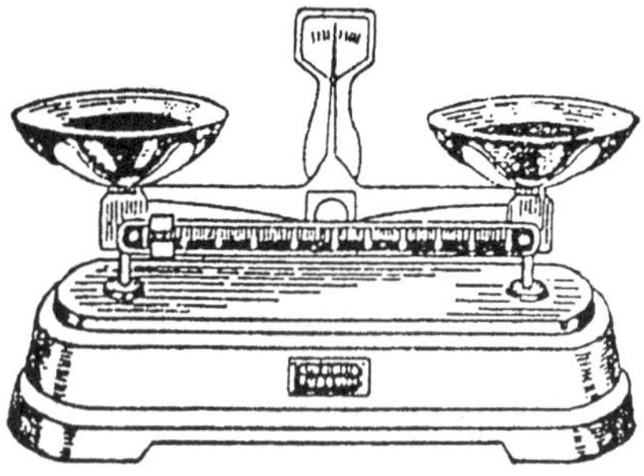

图 3－12　托盘天平

注意事项:称量完毕时应将游码拨到"0"位处,砝码放回盒内。

3.2.2　电子天平

1. 简介

电子天平是利用电磁力平衡的原理进行设计的,它实际上是测量地球对放在秤盘上物体引力(重力)的仪器。其测量结果与重力加速度密切相关。因此,大多数电子天平设有校准功能,可以根据天平的使用地点随时、随地实施重力加速度补偿校准。

2. 分类

电子天平按精度又可分为以下几类:

(1) 常量天平。称量一般在 100～200g,其分度值小于(最大)称量的 10^{-5}。

(2) 半微量天平。称量一般在 20～100g,其分度值小于(最大)称量的 10^{-5}。

(3) 微量天平。称量一般在 3～50g,其分度值小于(最大)称量的 10^{-5}。

(4) 超微量天平。称量一般为 2～5g,其标尺分度值小于(最大)称量的 10^{-6}。

3. 电子天平的一般使用方法

(1) 按一下开/关键,显示屏很快出现"0.0000g"(对于精度为万分之一的电子天平),如图 3－13所示;如果显示不是"0.0000g",则要按一下除皮/调零键调零。学生只允许按除皮/调零键,不要触动其他控制键。

(2) 将被称物轻轻放在秤盘中央位置上,可看见显示屏上的数字在不断变化,待数字稳定并出现质量单位"g"后,即可记录称量结果。

(3) 称量完毕,取下被称物,如果不久还要继续使用天平,应暂不按开/关键,天平将自动保持零位,或者按一下开/关键(但不可拔下电源插头),让天平处于待命状态,再称量时按一下开/关键即可使用。如果不再用天平,应拔下电源插头,盖上防尘罩。

4. 注意事项

(1) 如果天平长时间没有使用或移动过位置,再次使用前应进行一次校准。校准要在天

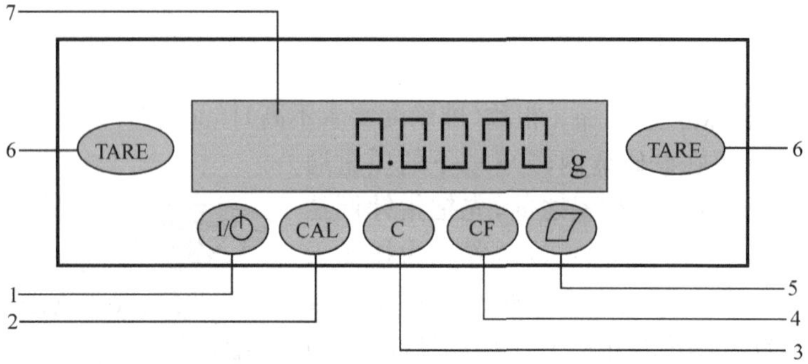

图 3-13　BS224S 型天平显示屏及控制板

1—开/关键；2—校准/调整键(CAL)；3—功能键(C)；4—清除键(CF)；5—打印键；
6—除皮/调零键(TARE)；7—质量显示屏

平通电预热 30min 以后进行。程序是：调整水平，按下开/关键，显示稳定后如不为零则按一下除皮/调零键，稳定地显示"0.0000g"后，按一下校准/调整键(CAL)，天平将自动进行校准，屏幕显示出"CAL"，表示正在进行校准。10s 左右，"CAL"消失，表示校准完毕，应显示出"0.0000g"，如果显示不为"0.0000g"，可按一下除皮/调零键，然后进行称量。

(2) 电子天平的体积较小，重量较轻，容易被碰移动而造成水平改变，影响称量结果的准确性。所以使用时应特别注意动作要轻缓，防止开门及放置被称物时动作过重，并应时常检查水平是否改变，注意及时调整水平。

(3) 要避免可能影响天平示值变动性的各种因素如空气对流、温度波动、容器不够干燥等。热的物体必须放在干燥器内冷却至室温后再进行称量。药品不能直接放在天平盘上称量。

3.2.3　试样的称取方法

用分析天平称取试样，一般采取两次称量法，即试样的质量由两次称量之差得出。如果分析天平能称准至 0.0001g，两次称量最大可能误差为 0.0002g，若称量物的质量大于 0.2g，则称量的相对误差小于 0.1%。因为两次称量中都可能包含着相同的天平误差(如零点误差)，当两次称量值相减时，误差可以大部分抵消，使称量结果准确可靠。常用的两次称量法有固定质量称量法和差减称量法。

1. 固定质量称量法

此法适用于称量在空气中没有吸湿性的试样，如金属、矿石、合金等。先将称量器皿(或硫酸纸)放在天平的秤盘上，显示稳定后，按除皮/调零键除皮使显示为零，然后用牛角勺将试样慢慢加入器皿(或硫酸纸)中。当所加试样与指定的质量相差不到 10mg 时，要非常小心地将盛有试样的牛角勺伸向器皿中心上方 2～3cm 处，勺的另一端顶在掌心上，用拇指、中指及掌心拿稳牛角勺，并以食指轻弹勺柄，将试样慢慢地抖入器皿中(图 3-14)，到显示屏示数为所需要的质量时停止。此步操作必须十分仔细，若不慎多加了试样，必须重称。

2. 差减称量法

此法不必固定某一质量，只需确定称量范围，常用于称量易吸水、易氧化或易与二氧化碳反应的物质。称取试样时，先将盛有样品的称量瓶置于天平盘上准确称量。然后，用左手以纸条(防止手上的油污粘到称量瓶壁上)套住称量瓶，将它从天平盘上取下，举在要放试样的容器(烧杯或锥形瓶)上方，右手用小纸片夹住瓶盖柄，打开瓶盖，将称量瓶一边慢慢地向下倾斜，一边用瓶盖轻轻敲击瓶口，使试样慢慢落入容器内，注意不要撒在容器外。如图 3－15 所示，当倾出的试样接近所要称取的质量时，将称量瓶慢慢竖起，再用称量瓶盖轻轻敲一下瓶口侧面，使沾附在瓶口上的试样落入瓶内，再盖好瓶盖。然后将称量瓶放回天平盘上称量，两次称得质量之差即为试样的质量。按上述方法可连续称取几份试样。

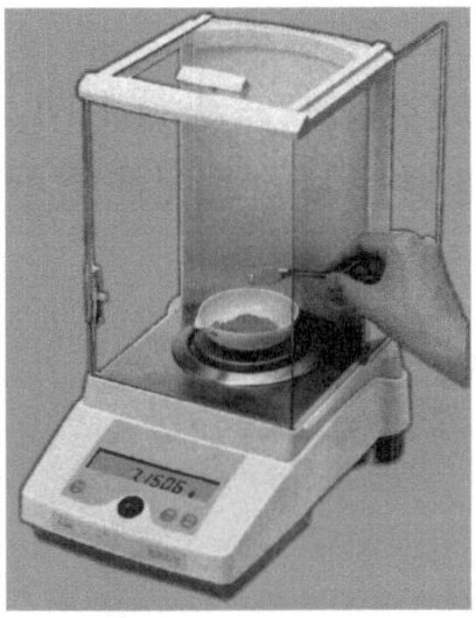

图 3－14　固定质量称量法

图 3－15　试样敲击的方法

3.3　加热与冷却

有些化学反应需要在较高温度下才能进行；许多实验操作，如溶解、蒸发、灼烧、蒸馏、回流等过程也需要加热。相反，一些放热反应，如果不及时除去反应所放出的热，就会使体系温度上升，使反应难以控制；有些反应的中间体在室温下不稳定，反应必须在低温下才能进行；此外，结晶等操作也需要降低温度以减小物质的溶解度，这些过程又都需要冷却。所以，加热和冷却是化学实验中经常遇到的基本实验操作。

3.3.1　加热装置

化学实验室中常用到的加热仪器有酒精灯、电炉、电加热套等。

1. 酒精灯

酒精灯由灯罩、灯芯和灯壶三部分组成，如图 3－16 所示。添加酒精时，应在灯熄灭情况下，牵出灯芯，借助漏斗将酒精注入，最多加入量为灯壶容积的三分之二。点燃酒精灯必须用火柴点燃，绝不能用另一个燃着的酒精灯点燃，以免洒落酒精引起火灾（图 3－17）。熄灭酒精灯时，用灯罩盖上即可（不能用嘴吹！），片刻后，还应将灯罩再打开一次，以免冷却后盖内负压使以后打开困难。

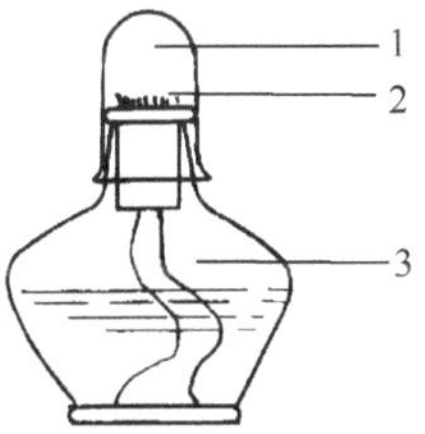

图 3－16　酒精灯

1—灯罩；2—灯芯；3—灯壶

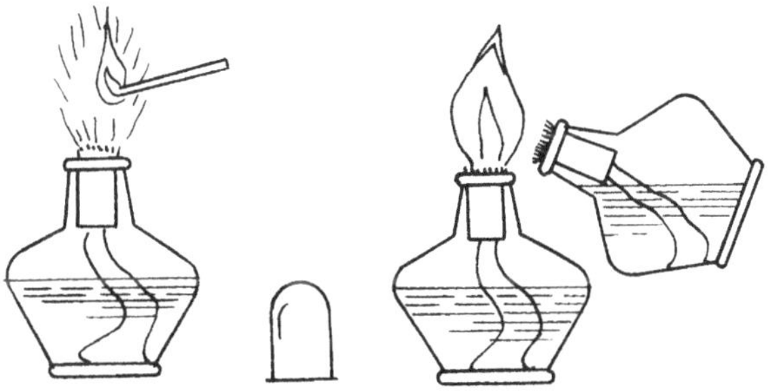

(a) 正确　　(b) 错误

图 3－17　点燃方法

酒精灯的加热温度通常为 400～500℃，适用于不需太高加热温度的实验。

2. 电加热装置

实验室中常用的电加热装置主要有电炉、电加热套、各式各样的恒温水浴装置，以及管式炉和马弗炉等。

电炉(图 3－18)有多种规格。使用时一般应在电炉丝上放一块石棉网，再放需要加热的仪器，这样加热更加均匀。温度的高低可以通过调节电阻控制。还应注意不要把加热的药品溅在电炉丝上，以免腐蚀或损坏电炉。

图 3－18　电炉

电加热套简称电热套(图 3－19)，是玻璃纤维包裹着电炉丝织成的“碗状”电加热器，温度高低由控温装置调节，最高温可达 400℃左右。它的容积大小一般与烧瓶的容积相匹配，从 50mL 起，有各种规格。用电热套加热有机反应时，由于不是明火，因此不易引起火灾，比较安全，热效率也高，有机实验中常用作蒸馏、回流等操作的热源。在蒸馏或减压蒸馏时，随着瓶内物质的减少，容易造成瓶壁过热，使蒸馏物被烤焦炭化。为避免这种情况发生，宜选用稍大一号的电热套，使烧瓶和电热套之间留有一定间隙，并设法使它能向下移动。随着蒸馏的进行，降低电热套的高度防止瓶壁局部过热。

图 3－19　电热套

管式炉(图 3－20)和箱式电炉(马弗炉)(图 3－21)都属于高温电炉，主要用于高温灼烧或进行高温反应，它们外形不同但组成类似，均由炉体和控温器两部分组成。加热元件是电热丝时，最高使用温度可以达到 950℃左右；如果用硅碳棒加热，最高使用温度可以达到 1300℃左右。测量这样高的温度，通常使用热电偶温度计，它由热电偶和毫伏表组成。一般将毫伏表的读数换算成温度数，这样可以直接从表的指针位置上读出温度。一般情况下，需要控制反应在某一温度下进行。只要把热电偶和温度控制器连接起来，就可组成自动温度控制器。使用时接通电源，开启加热开关，炉子开始升温，红色指示灯亮。此时有黑色指针指示炉内温度，另有一螺旋可调节红色指针到达设定温度。等炉温升到设定温度时，加热元件断电，绿色指示灯亮。炉温降低后又可自动进入加热状态。

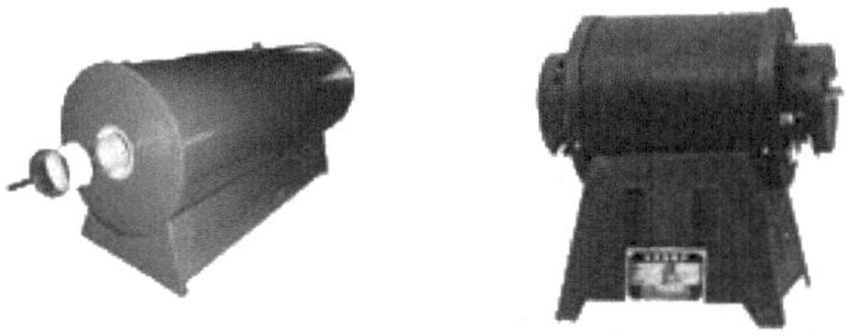

图 3-20　管式炉

图 3-21　马弗炉

管式炉内部为管式炉膛,炉膛中插入一根耐高温的瓷管或石英管,反应物放入瓷舟或石英舟,再将其放进磁管或石英管内。较高温度的恒温部分位于炉膛中部。固体灼烧可以在空气或其他气氛中进行,也可以进行高温下的气、固反应。在通入其他气氛气或反应气时,磁管或石英管的两端应该用带有导管的塞子塞上,以便导入气体和引出尾气。

马弗炉炉膛为正方形,打开炉门就可放入要加热的坩埚或其他耐高温容器。在马弗炉内不允许加热液体和其他易挥发的腐蚀性物质。如果要灰化滤纸或有机物成分,在加热过程中可打开几次炉门通空气进去。

3.3.2　加热操作

1. 直接加热

加热操作可分为直接加热和间接加热两种。直接加热是将被加热物直接放在热源中进行加热,如在煤气灯上加热试管或在马弗炉内加热坩埚等。

2. 间接加热

间接加热是先用热源将某些介质加热,介质再将热量传递给被加热物,这种方法称为热浴。常见的热浴方法有水浴、油浴等。热浴的优点是加热均匀,升温平稳,并能使被加热物保持一定温度。

(1) 水浴。水浴加热是在水浴锅中进行的。水浴锅(图 3-22)的盖子由一组大小不同的同心金属圆环组成,根据要加热的器皿大小去掉部分圆环,原则是尽可能增大容器受热面积而又不使器皿掉进水浴锅。水浴锅内放水,量不超过其容积的 2/3。下面用煤气灯等热源加热,热水或蒸汽即可使上面的器皿升温(图 3-23)。在水浴加热操作中,应尽可能使水浴中水的表面略高于被加热容器内反应物的液面,这样加热效果更佳。若要使水浴保持一定温度,在要求不太高的情况下,将水浴加热至所需温度后改为小火加热,也可用电子自动控温装置实现。若温度要求为不超过 100℃,可将水煮沸。加热时注意随时补充水浴锅中的水,切勿蒸干。

图 3-22　水浴锅

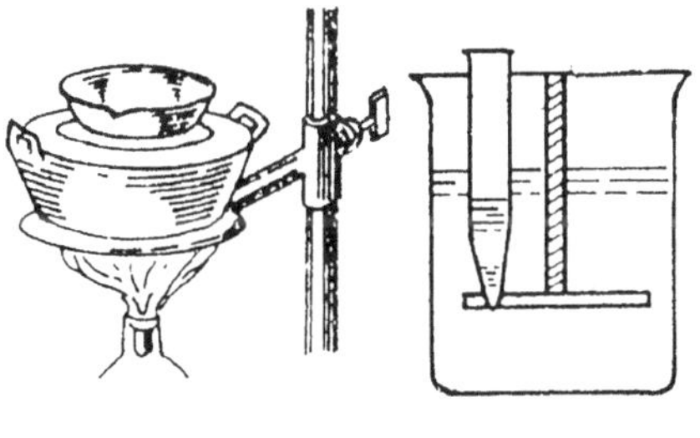

图 3-23　水浴加热

实验室也常用烧杯代替水浴锅。在烧杯中放一支架，可将试管放入，进行试管的水浴加热(图 3-23)；烧杯上放上蒸发皿，也可作为简易的水浴加热装置，进行蒸发浓缩。

较先进的水浴加热装置是恒温水浴槽，它采用电加热并带有自动控温装置，使用起来方便得多。

如果加热温度要稍高于 100℃，可以选用无机盐类的饱和水溶液作为热浴液。

(2) 油浴。用油代替水浴中的水即成油浴，一般使用温度可达 100～250℃。油浴所能达到的最高温度取决于所用油的种类。实验室中最常用的液体石蜡可加热至 200℃，温度再高也不分解，但易燃烧。甘油可加热至 220℃，温度再高会分解。硅油和真空泵油加热至 250℃仍较稳定。如果用石蜡代替油，加热温度可达 300℃，且冷却后变为固态，便于储藏。使用油浴时，应在油浴中放入温度计观测温度，以便调整加热电压，防止油温过高。使用油浴时要加倍小心，发现严重冒烟时要立即停止加热，防止油浴燃烧。还要注意不要让水滴溅入油浴锅。

在油浴锅内使用电热卷加热比用明火加热更为安全，再接入继电器和接触式温度计，就可以实现自动控制油浴温度。

3. 液体的加热

(1) 加热试管中的液体。加热试管中液体时，液体量不应超过试管容积的 1/3，还必须用试管夹夹持试管，管口稍向上倾斜(图 3-24)，注意管口不要对着别人和自己，以免被沸腾的溶液喷出烫伤。加热时，应先加热液体的中上部，再加热底部，并上下移动，使各部分液体均匀受热。

(2) 加热烧杯、烧瓶中的液体。加热时必须在仪器下面垫上石棉网(图 3-25)，使仪器受热均匀。加热烧瓶时还应该用铁夹将其固定。加热的液体量不应超过烧杯容积的 1/2 和烧瓶容积的 1/3。加热烧杯时还要适当搅拌以免暴沸，加热烧瓶时也要视情况放入 1～2 粒沸石。

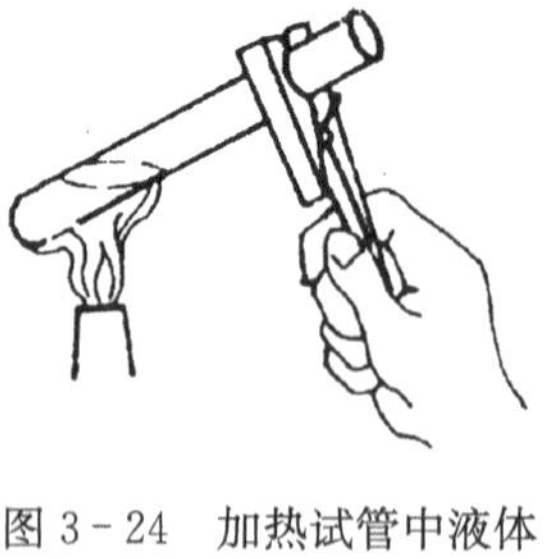

图 3-24　加热试管中液体

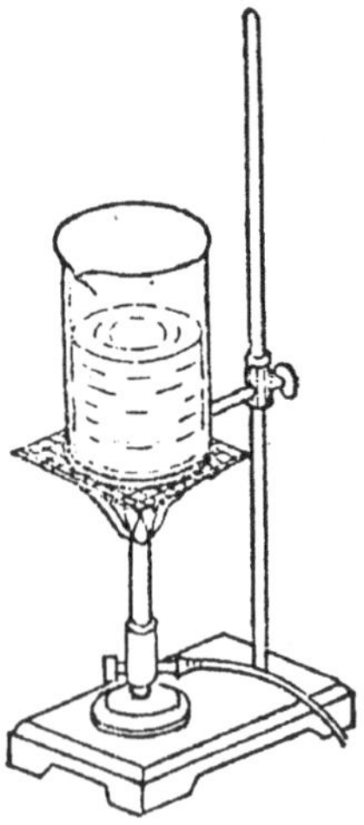

图 3-25　加热烧杯

(3) 蒸发、浓缩与结晶。蒸发、浓缩与结晶是物质制备实验中常用的操作之一，通过此步操作可将产品从溶液中提取出来。

例如，大部分无机化合物的溶解度随温度升高而增大，因此从溶液中析出晶体的主要方法是蒸发和冷却。蒸发掉过多的溶剂水，使溶液浓缩达到饱和或过饱和后析出；也可以采用冷却方法，直接降低物质的溶解度而使其析出。通常情况下，这两者是结合起来使用的。

蒸发浓缩通常在蒸发皿中进行，蒸发皿具有大的蒸发表面有利于液体的蒸发。里面所盛液体量不应超过其容量的 2/3。如果无机物对热稳定，可以用封闭电炉直接加热(应先均匀预热)，一般情况下采用水浴加热，使蒸发过程比较温和平稳。注意不要使瓷蒸发皿骤冷，以免炸裂。

蒸发程度应视物质的溶解度而定。若物质的溶解度随温度变化不大，为了获得较多的晶体，应在结晶析出后继续蒸发(如熬盐)。若物质在高温时溶解度很大而在低温时变小，又分为两种情况：若物质的溶解度大，应蒸发至溶液表面出现晶膜(液面上漂浮一层固体)，冷却即可析出晶体；若物质的溶解度小，则不必蒸发至出现晶膜，就可冷却结晶。某些结晶水合物在不同温度下析出时所带结晶水的数目不同，制备此类化合物时应注意满足其结晶条件。

在过饱和溶液中，加入一小粒晶体(称为“晶种”)、摩擦器壁或搅拌溶液，常可加速晶体析出。析出晶体的颗粒大小与结晶条件有关。如果溶液浓度高、快速冷却并加以搅拌，则会析出细小晶体，静置溶液并缓慢冷却则有利于大晶体生成。从纯度上看，快速生长的细小晶体纯度较高，因为晶体上不易裹带母液和其他杂质，而大块晶体的纯度较低。但细小晶体会形成稠厚的糊状物，挟带母液不易洗净，也会影响纯度的提高。

当第一次结晶的纯度不合要求时，可将晶体加入适量的蒸馏水溶解，再次进行蒸发、结晶，这样第二次得到的晶体的纯度就会更高，这种操作称为重结晶。根据纯度要求可以进行多次结晶。利用重结晶提纯物质，只适用于溶解度随温度上升而增大的物质，对于溶解度受温度影响小的物质则不适用。

4. 固体的加热

(1) 在试管中加热固体。在试管中加热固体，应该用铁架台和铁夹固定试管或用试管夹夹持试管，管口略向下倾斜(图 3-26)，以防止凝结在管口处的水珠倒流到灼热的管底使试管破裂。

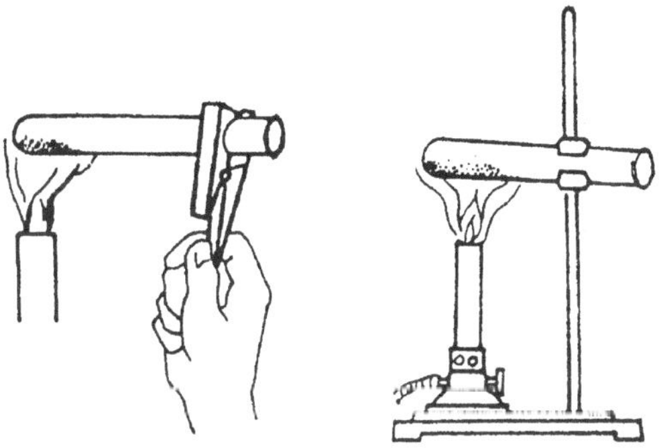

图 3-26　加热试管中固体

(2) 固体的灼烧。高温灼烧或熔融固体使用的仪器为坩埚。根据所装物料的性质及需加热的温度选用不同材质的坩埚(如瓷坩埚、氧化铝坩埚、金属坩埚等)。加热时，将坩埚置于泥三角上，用氧化焰灼烧(图 3-27)，不要使用还原焰以免坩埚外部结上炭黑。先用小火将坩埚均匀加热，然后加大火焰灼烧坩埚底部。根据实验要求控制灼烧温度和时间。夹取高温下的坩埚时，必须使用干净的坩埚钳，用前先在火焰上预热一下再夹取。坩埚钳使用后，应使尖端朝上(图 3-28)放在桌子上，以保证坩埚钳尖端洁净。

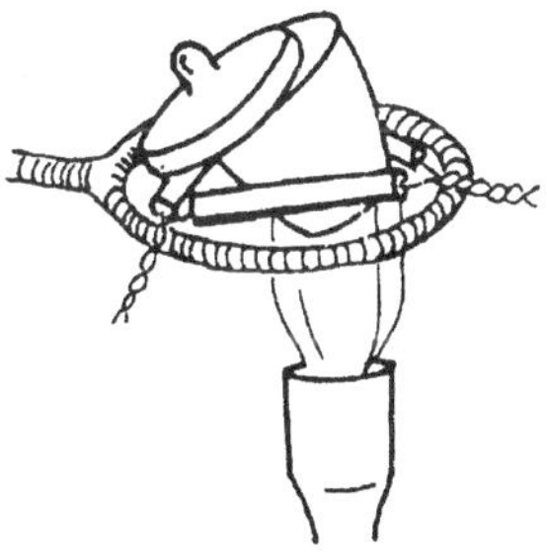

图 3-27　灼烧坩埚

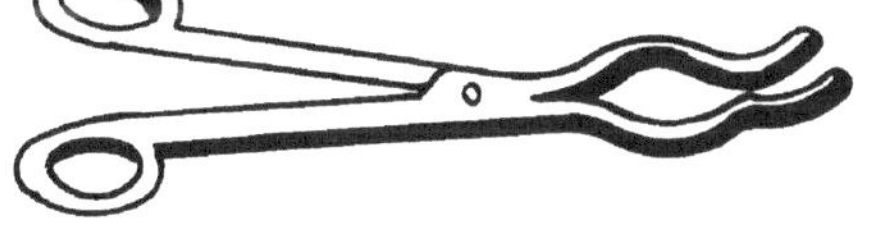

图 3-28　坩埚钳

用煤气灯灼烧温度一般可达 700～800℃，若需在更高温度下灼烧可使用马弗炉。用马弗炉可精确地控制灼烧温度和时间。

3.3.3 冷却方法

某些化学反应需要在低温条件下进行，另一些反应需要传递出产生的热量；有的制备操作如结晶、液态物质的凝固等也需要低温冷却，可根据所要求的温度条件选择不同的冷却剂（制冷剂）。

用水冷却是一种最简便的方法，可将被冷却物浸在冷水或流动的冷水中冷却（如回流冷凝器），使被冷却物的温度降到接近室温。

冰或冰水冷却剂，可得到 0℃的温度。

冰-无机盐混合物作冷却剂，可达到的温度为－40～0℃。制作冰盐冷却剂时要把盐研细后再与粉碎的冰混合，这样制冷的效果好。冰与盐按不同的比例混合能得到不同的制冷温度。例如，$CaCl_2 \cdot 6H_2O$ 与冰按质量比 1∶1、1.25∶1、1.5∶1、5∶1 比例混合，分别达到的最低温度为－29℃、－40℃、－49℃、－54℃。

干冰-有机溶剂冷却剂可获得－70℃以下的低温。干冰与冰一样，不能与被制冷容器的器壁有效接触，所以常与凝固点低的有机溶剂（作为热的传导体）一起使用，如丙酮、乙醇、正丁烷、异戊烷等。

利用低沸点的液态气体，可获得更低的温度，如液态氮（一般放在铜质、不锈钢或铝合金的杜瓦瓶中）可达到－195.8℃，而液态氦可达到－268.9℃的低温。

常用制冷剂及其最低制冷温度见表 3-1。

表 3-1 常见制冷剂及其最低制冷温度

制冷剂	最低制冷温度/℃	制冷剂	最低制冷温度/℃
冰-水	0	$CaCl_2 \cdot 6H_2O$-冰 1∶1	－29
NaCl-碎冰 1∶3	－20	$CaCl_2 \cdot 6H_2O$-冰 1.25∶1	－40.3
NaCl-碎冰 1∶1	－22	液氨	－33
NH_4Cl-冰 1∶4	－15	干冰	－78.5
NH_4Cl-冰 1∶2	－17	液氮	－196

注：表中物质的混合比例均指质量比。

使用液态气体时，为了防止发生低温冻伤事故，必须戴皮（或棉）手套和防护眼镜。一般低温冷浴也不要用手直接触摸制冷剂（可戴橡皮手套）。

应当注意，测量－38℃以下的低温时不能使用水银温度计（Hg 的凝固点为－38.87℃），应使用低温酒精温度计等。

此外，使用低温冷浴时，为防止外界热量的传入，冷浴外壁应使用隔热材料包裹覆盖。

3.4 干 燥

常用的干燥方法有下列几种：

(1) 气体的干燥。气体干燥可用固体干燥剂进行。一般在过滤器或干燥塔中放入干燥剂

(图 3－29),气体通过过滤器(干燥塔)进行干燥。为防止干燥剂在干燥过程中结块,可适当填充玻璃毛或石棉纤维。

不与硫酸反应的气体可通过洗气瓶用浓硫酸进行干燥。低沸点的气体可通过冷阱使其水分冻凝,分出水。

(2) 液体的干燥。选择合适的干燥剂,在不断的振荡下使水被干燥剂吸收。某些化合物与水形成共沸混合物。利用这一特点通过蒸馏,分离除去水分。

(3) 固体的干燥。固体的干燥一般采用自然干燥或用恒温真空干燥箱通过减压进行。干燥剂的选择通常要考虑:①干燥剂的干燥容量,容量越大,吸水越好;②不与被干燥物发生反应;③干燥剂的价格,越经济越好。表 3－2 列出了经常使用的干燥剂。

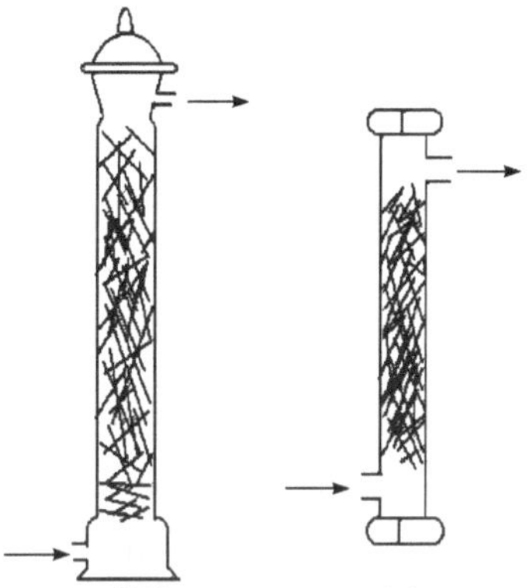

(a) 干燥塔　　(b) 过滤器

图 3－29　干燥塔与过滤器

表 3－2　常用干燥有机化合物的干燥剂

干燥剂	性质	适用化合物的范围	干燥剂	性质	适用化合物的范围
浓硫酸	强酸性	烃、卤烃	氢氧化钾	强碱性	烃、醚、胺、氨
五氧化二磷	酸性	烃、卤烃、醚	金属钠	强碱性	烃、醚、叔胺
氢氧化钠	强碱性	烃、醚、胺、氨	无水碳酸钾	碱性	醇、酮、酯、胺
氧化钙	碱性	低级醇、胺	无水硫酸钠	中性	醇、酮、醛、酸、酯、卤素、腈、酰胺、硝基化合物
无水氯化钙	中性	烃、烯、卤烃、酮、醚、硝基化合物	3Å、4Å、5Å 分子筛	中性	各类有机溶剂
无水硫酸镁	中性	醇、酮、醛、酸、酯、卤素、腈、酰胺、硝基化合物			

3.5　熔点的测定和温度计的校正

纯固体有机化合物一般有一定的熔点。一定的压力下,固态与熔融态之间的变化是非常敏锐的,自初熔到全熔温度不超过 1℃。如果含有杂质,熔点比纯物质低而且范围也比较宽。利用这一特点,通过熔点的测定,对于定性检验固体有机化合物的纯度及鉴别两个熔点相近的样品是否为同一化合物是有一定意义的。

3.5.1　熔点的测定方法

1. 显微熔点测定仪

显微熔点测定仪主要由显微镜、加热台及温度计三个部分组成,其优点是:可测定微量样品的熔点;可测定高熔点(可达 350℃)的样品;通过显微镜可观察样品在加热过程中变化的全过程,如结晶水的失去、多晶的变化及化合物的分解等。

2. 熔点的测定

(1) 将待测样品研细、干燥。

（2）装上温度计及保护套管。

（3）用尖嘴镊子取微量待测的干燥样品放在一盖玻片上，盖上另一盖玻片，用手轻压两玻璃片，使样品成为均匀薄薄的一层。然后把玻璃片放在熔点测定仪加热盘上，使样品对准加热盘中心的孔洞。

（4）调节显微镜上下、左右位置，在视场中找到被测样品的像，进一步调节对焦手轮和立柱锁紧手轮使被测样品位于目镜视场中央。调节镜头焦距，使样品清晰可见。

（5）打开控制箱电源开关，根据被测样品的大致熔融温度范围，确定升温方案，控制升温速度，当温度接近样品熔点时，升温速度每分钟不得超过 1℃。观察样品变化，当结晶棱角开始变圆时，表明熔化开始，结晶形状全部消失而变为小液滴时，表明完全熔化。记录开始熔化及完全熔化时的温度。

（6）测定完毕，停止加热，稍冷，用镊子取走圆玻璃盖及盖玻片，散热冷却以备再次使用。

3.5.2　温度计校正

市场新购买的温度计往往存在一定的误差，经常使用的温度计由于周期性加热冷却也会有一定的误差，需要对温度计的刻度进行校正。校正的方法如下：

（1）使用标准温度计进行对照，找出偏差值。

（2）用纯物质的熔点作为校正的标准。选择数种纯样品，测出它们的熔点。以测出的熔点作为纵坐标，与已知熔点的差数为横坐标，画出曲线（图 3－30）。这样在使用温度计时即可从曲线上读出温度计的校正读数。一些标准样品及熔点列于表 3－3，供校正温度计时选用。

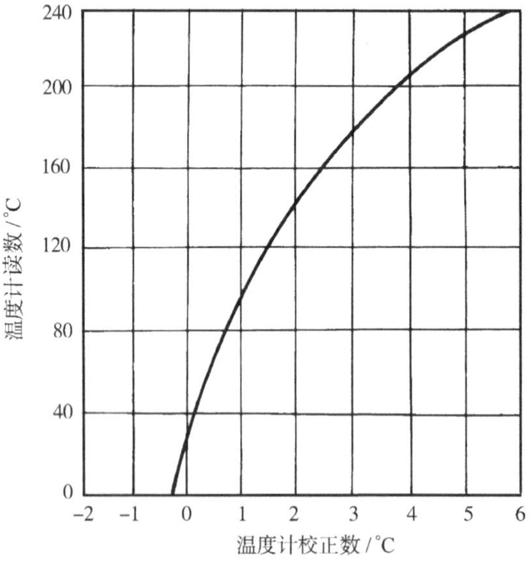

图 3－30　温度计校正图

表 3-3　常用标准样品及熔点

样品	熔点/℃	样品	熔点/℃	样品	熔点/℃
冰-水	0	萘	80.5	水杨酸	159
环己醇	25	间二硝基苯	90	蒽	216
1-萘胺	50	乙酰苯胺	114	蒽醌	286(升华)
二苯胺	53	苯甲酸	122		
苯甲酸苄酯	71	尿素	132		

零度的测定用蒸馏水和纯冰水的混合物。方法是将 20mL 蒸馏水放入试管中，用冰盐浴冷至蒸馏水部分结冰，搅拌使其形成冰-水混合物，将试管从冰盐浴中取出，再将温度计插入试管，恒定后温度即为 0℃。

第 4 章　化学实验中的分离与提取

4.1　固液分离

在化合物制备或分析的过程中，经常遇到固体与液体的分离问题。利用沉淀法进行重量分析，是固液分离的直接应用。本节将简要介绍常用的三种固液分离方法和重量分析的基本操作。

4.1.1　固液分离的方法

1. 倾泻法

当沉淀的相对密度较大或晶体颗粒较大时，静置后能较快沉降至容器底部，可用倾泻法（又称倾析法）进行分离和洗涤。

图 4-1　倾泻法

如图 4-1 所示，待固体沉降后将玻璃棒横放在烧杯嘴，使上层清液沿着玻璃棒缓慢倾入另一烧杯内，使沉淀与溶液分离。如需洗涤应充分搅拌后再沉降，重复以上操作两三遍，即可把沉淀洗净。

2. 过滤法

当沉淀和溶液的混合物通过过滤介质（如滤纸）时，沉淀留在滤纸上（称为滤饼），而溶液通过过滤器进入容器中，溶液称为滤液。这是固液分离最常用的一种操作方法。常用的过滤方法有常压过滤、减压过滤和热过滤。

（1）常压过滤。当沉淀物为胶体或细小晶体时，用此方法过滤较好。先取一张正方形滤纸，其边长约为漏斗直径的 2 倍，按图 4-2 所示，把滤纸折叠成四层，将滤纸的一角朝下放入漏斗中，将超出漏斗高度的滤纸折一痕迹，取出滤纸，在低于折痕 5mm 左右处将滤纸剪成扇形，把折叠成四层的滤纸展开成圆锥形（一边为三层，一边为一层），将三层滤纸一边的外层撕去一小角，保存在洁净干燥的表面皿上，待以后重量分析中擦烧杯用，如图 4-2 中的 5 所示。将滤纸放入漏斗中，用水润湿滤纸，使滤纸与 60°的漏斗内壁紧贴，用手指轻压滤纸，把气泡赶

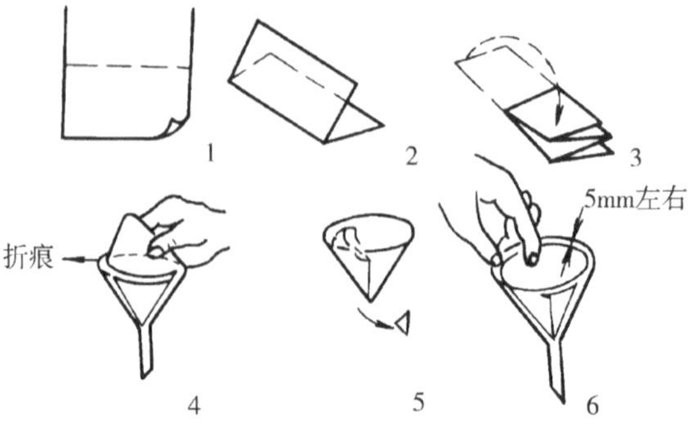

图 4-2　滤纸的折叠

掉，以防产生的气泡影响过滤速度。

过滤（图 4－3）时应注意如下几点：调整漏斗架的高度，使漏斗尖端紧靠在接收器的内壁，避免溶液溅出。用倾泻法将溶液沿玻璃棒在三层滤纸一侧缓慢倾入，注意液面高度应低于滤纸 2～3mm，以免少量沉淀因毛细作用超过滤纸上缘，造成损失。如沉淀需洗涤，应等溶液转移完毕，向盛有沉淀的容器中加入少量溶剂充分搅拌。等沉淀沉下后，再将上层溶液倒入漏斗，重复洗涤两三遍，最后将沉淀取出做进一步处理。洗涤沉淀时，要注意遵循“少量多次”的原则。这样既可将沉淀洗净，又尽可能地降低了沉淀的溶解损失。还需注意的是，过滤与洗涤必须相继进行，不能间断，否则沉淀干了就无法洗净（如果对沉淀的量要求较严格时，其操作过程请参见 4.1.2）。

图 4－3　常压过滤

（2）减压过滤（抽滤或真空过滤）。减压过滤是利用抽气泵使抽滤瓶中压强降低，达到固液分离的目的。此方法可加速过滤，并能使沉淀抽得较干燥。但需注意不宜用于过滤颗粒太小的沉淀和胶体沉淀。颗粒太小的沉淀易在滤纸上形成一层密实的沉淀，溶液不易透过，使抽滤速度减慢；而胶体沉淀易穿透滤纸，因此都达不到加速过滤的目的。

减压过滤操作连接如图 4－4 所示。用橡皮塞将布氏漏斗与吸滤瓶相连接。安装时布氏漏斗下端斜口正对吸滤瓶支管，用耐压橡皮管把吸滤瓶与安全瓶连接后再与真空泵相连。

图 4－4　减压过滤
1—布氏漏斗；2—吸滤瓶；3—抽气支管

过滤前，先剪好一张圆形滤纸，滤纸应比漏斗内径略小（但要能盖严漏斗小孔），用少量水润湿滤纸，打开真空泵，减压使滤纸与漏斗贴紧，然后开始抽滤。先用倾泻法将溶液沿玻璃棒倒入漏斗中，加入量不要超过漏斗容量的 2/3，最后将沉淀转移至布氏漏斗中。待抽至无液滴滴下时，停止抽滤。这时应先拔下连接吸滤瓶和真空泵的橡皮管，再关闭抽气系统，防止倒吸。取下漏斗倒扣在滤纸或表面皿上，用洗耳球吹漏斗下口，使滤纸和沉淀脱离漏斗，滤液则从吸滤瓶上口倾出，不能从支管倒出。

如沉淀需洗涤，在停止抽气后，用尽可能少的干净溶剂洗涤晶体，减少溶解损失。应边加溶剂，边用玻璃棒轻轻翻动，至所有晶体都被溶剂浸润为止（翻动时注意不要使滤纸松动）。再进行抽气，一般洗涤一两遍即可。

如过滤的溶液有强酸性或强氧化性，为了避免溶液和滤纸作用，应采用玻璃砂漏斗（图 4－5）。由于碱易与玻璃作用，因此玻璃砂漏斗不宜过滤强碱性溶液。操作基本要求如上述步骤。

（3）热过滤。如果在室温下溶液中的溶质便能结晶析出，而在实验中不希望发生此种现象，这时就要趁热过滤。常压热过滤漏斗是由铜质夹套和普通玻璃漏斗组成的（图4－6）。铜质夹套里装三分之二左右的热水，用煤气灯加热热水漏斗，等夹套内的水温升到所需温度便可以过滤热溶液。

图 4－5　玻璃砂漏斗

图 4－6　热过滤

3. 离心分离法

当被分离的溶液和沉淀的量很少时，用一般方法过滤会使沉淀粘在滤纸上难以取下，此时可用离心分离法代替过滤。本法分离速度快，而且有利于迅速判断沉淀是否完全。

离心分离法是将待分离的沉淀和溶液装在离心试管中，然后放入离心机中高速旋转，使沉淀集中在试管底部，上层为清液。通常使用的电动离心机如图 4－7 所示。离心操作时，应先将离心机的管套底部垫一些棉花，然后将盛有沉淀和溶液的离心试管放入离心机管套内，在与之相对称的另一管套内也放入盛有相等体积水的离心试管，使离心机在旋转时内臂保持平衡，否则易损坏离心机的轴。然后缓慢启动离心机的调速钮，逐渐加速。当停止离心时，应使离心机自然停止转动，决不能用手强制其停止。否则离心机很容易损坏，而且容易发生危险。

由于离心作用，沉淀紧密聚集于离心试管底部的尖端，溶液则变澄清。离心分离后，用滴管轻轻吸取上层清液，使之与沉淀分离（滴管末端不能接触沉淀，见图 4－8）。如需洗涤沉淀时，可将洗涤液滴入试管，用搅拌棒充分搅拌后，再进行离心分离，如此反复洗涤两三遍即可。检验是否洗净的方法是将一滴洗涤液放在点滴板上，加入适当试剂，检查是否还存在应分离出去的离子，决定是否还要进行洗涤。分离溶液用的胶帽滴管和玻璃棒，用后要立即用蒸馏水洗净，置于另一盛有蒸馏水的烧杯中待用。

图 4－7　电动离心机

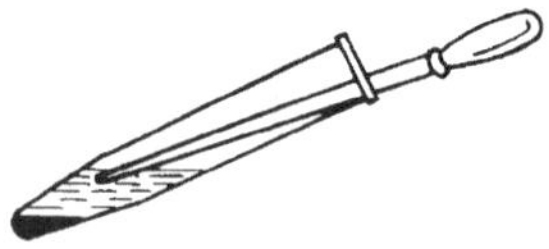

图 4－8　离心分离

4.1.2　重量分析的基本操作

重量分析主要用于如硅、硫、磷、钨、钼等元素含量较高试样的分析，准确度较高。一般需要将待测元素转化为难溶物沉淀，经过滤、洗涤、干燥恒量后得到其质量，从而求出被测组分的含量。

重量分析法的操作过程较长，试样的称取及溶解等操作与其他方法相同，只是应该注意，称取试样的量不应使得到的沉淀过多或过少，一般晶形沉淀不超过 0.5g，非晶形沉淀不超过

0.2g。下面简要介绍有关的基本操作。

1. 沉淀的制备

准备好干净的烧杯，杯的底部与内壁不应有纹痕。配上合适的玻璃棒与表面皿，按下列步骤进行沉淀操作：

(1) 准确称量一定量的试样，处理成为溶液。根据过量 10%～50%的比例计算出沉淀剂的实际用量。

(2) 制备晶形沉淀时，为了获得颗粒粗大的晶形沉淀，应将试样溶液适当地稀释并加热。左手拿滴管慢慢地滴加沉淀剂，滴管口要接近液面，以免溶液溅出。右手拿玻璃棒，边滴边充分地搅拌，防止沉淀剂局部过浓。

(3) 对于非晶形沉淀，要用浓的沉淀剂，快速加入到热的试液中，同时搅拌，这样容易得到紧密的沉淀。

(4) 加完沉淀剂后，检查沉淀是否完全。为此，将溶液放置片刻，待溶液完全清晰透明时，用滴管滴加一滴沉淀剂，观察滴落处是否出现浑浊。如出现浑浊，再补加沉淀剂，直至再加一滴不出现浑浊为止，再盖上表面皿。注意：玻璃棒要一直放在烧杯内，直至沉淀、过滤、洗涤结束后才能取出。

(5) 沉淀操作结束后，晶形沉淀可放置过夜，或将沉淀连同溶液加热一定时间进行陈化，再过滤。

2. 沉淀的过滤和洗涤

沉淀的过滤和洗涤必须连续进行，不能间隔，否则沉淀干了就无法洗净。对于需要灼烧称量的沉淀，应使用无灰定量滤纸过滤；需要烘干称量的沉淀，应采用微孔玻璃坩埚过滤。若采用滤纸，则其大小及紧密程度视沉淀的性质而定。例如，$BaSO_4$ 为晶形沉淀，用较小而致密的慢速滤纸(直径 9～11cm)过滤；$Fe_2O_3 \cdot xH_2O$ 为蓬松的胶状沉淀，难于过滤，则需采用较疏松的快速滤纸(11～12.5cm)。

(1) 滤纸的折叠与安放。过滤以前应将干燥洁净的漏斗置于漏斗架上，按“固液分离”部分介绍的方法折叠并放好滤纸。

漏斗颈靠近杯壁，滤液沿壁流下可避免冲溅。漏斗位置的高低，以过滤过程中漏斗的流液口不接触滤液为度。

(2) 沉淀的过滤和洗涤。过滤和洗涤沉淀一般用倾泻法(参见“固液分离”部分)。倾泻时，溶液应沿着一支垂直的玻璃棒(立于滤纸三层的上方)流入漏斗中，但勿接触滤纸。拿起盛沉淀的烧杯，使杯嘴贴着玻璃棒，缓慢地将烧杯倾斜，尽量不搅起沉淀，将上层清液缓慢地沿玻璃棒倾入漏斗中。停止倾倒时要使烧杯沿玻璃棒上提 1～2cm，同时逐渐扶正烧杯，再离开玻璃棒。此过程中应保持玻璃棒直立不动，绝不能让烧杯嘴离开玻璃棒，以防液滴沿烧杯嘴外壁流失。烧杯离开玻璃棒后，将玻璃棒放回烧杯，但勿靠在烧杯嘴处。用洗瓶或滴管加水或洗涤液，从上到下旋转冲洗杯壁，每次用 15mL 左右，然后用玻璃棒搅起沉淀以充分洗涤，再将烧杯斜放在白瓷砖边缘，使沉淀下沉并集中在烧杯一侧，这样易将上层清液倒出。澄清后再按前述方法过滤清液。洗涤的次数视沉淀的性质及杂质的含量而定。一般晶形沉淀洗两三次，非晶形沉淀洗五六次。洗涤应遵循“少量多次”的原则，即总体积相同的洗涤液应尽可能分多次洗涤，每次用量要少，而且每次加入洗涤液前应使前一次的洗涤液尽量流尽。

洗涤数次以后，用洁净的表面皿接取约 1mL 滤液，选择灵敏的定性反应检验沉淀是否洗净（注意：接取滤液时勿使漏斗下端触及下面烧杯中的滤液）。

（3）沉淀的转移。为了把沉淀全部转移到滤纸上，先用洗涤液将沉淀搅起，将悬浮液转移到滤纸上，这一步不能使沉淀损失。然后用洗瓶水冲下杯壁和玻璃棒上的沉淀，再行转移。这样操作几次基本上可以把沉淀完全转移至漏斗中。剩下极少量的沉淀，可以将烧杯向下倾斜着放在漏斗上方，烧杯嘴向着漏斗，将玻璃棒横架在烧杯口上，下端对着滤纸三层部位，用洗瓶的水从上到下冲洗杯壁，边冲边流入漏斗，注意防止漏斗中滤液充满。加热陈化过程往往会使一些细小沉淀沾附在烧杯壁上而用水冲不下来，可用折叠滤纸时撕下的纸角，将其放入烧杯壁的中上部位，用水润湿后先擦拭玻璃棒上的沉淀，再用玻璃棒按住此纸片自上而下旋转着擦壁上和杯底的沉淀，然后将此纸片放入漏斗中。

3. 沉淀的灼烧和恒量

（1）坩埚的准备。先将坩埚用自来水洗去污物，再于热盐酸中浸泡 10min 以上。依次用自来水和纯水刷洗干净，放在洁净的表面皿上，置于电热恒温干燥箱中烘干。烘干后的坩埚只能用坩埚钳取放在干净的表面皿、白瓷板或泥三角上，以免弄脏。使用坩埚时必须预先在与灼烧沉淀相同的条件下将空坩埚灼烧至恒量（因为灼烧会引起坩埚瓷釉组分的铁发生氧化而增重，某些其他组分被灼烧而减重）。灼热的坩埚放进干燥器后，先不要将干燥器完全盖严，留一小缝（约 2mm 宽即可，切不可留缝太大），让膨胀的气体逸出，约 1min 后盖严。在冷却过程中可开启两次干燥器盖。坩埚应在天平室内冷却到室温，空坩埚与有沉淀的坩埚每次进行冷却的条件必须基本相同。灼烧过的坩埚冷却到室温后易吸潮，必须快速称量。然后按上述方法再灼烧、冷却、称量，直到恒量（连续两次称得质量之差不超过沉淀质量的 1/1000）。

（2）沉淀的包裹。沉淀全部转移到滤纸上后，用玻璃棒将滤纸三层部分挑起两处，然后用洗净的拇指和食指将其取出。手指不要接触沉淀，包裹沉淀时不应把滤纸完全打开。若是晶形沉淀，应包得稍紧些，但不能用手指挤压沉淀。最后用不接触沉淀的那部分滤纸将漏斗内壁轻轻擦一下，把滤纸包的三层部分朝上放入已恒量的坩埚中。若包裹胶状蓬松的沉淀，可在漏斗中用玻璃棒将滤纸周边向内折，把锥体的开口封住，然后取出，倒过来尖朝上放入坩埚中。

（3）沉淀的灼烧。将放有沉淀的坩埚倾斜地架在泥三角上，坩埚底枕在泥三角的一个横边上，然后把坩埚盖半掩着倚于坩埚口，使火焰热气反射，有利于滤纸的烘干和炭化。先用小火来回加热坩埚，使其均匀而缓慢地受热，避免坩埚因骤热而破裂。然后将天然气灯置于坩埚盖中心下，利用反射焰将滤纸和沉淀烘干（要防止加热太猛引起沉淀的迸溅）。当滤纸被烘干后即开始冒烟，这时要防止着火，否则微小的沉淀颗粒可能飞溅损失。如果着火，立即用坩埚钳把坩埚盖轻轻盖住，火焰就会熄灭（不能用嘴吹）。

滤纸全部炭化后，掀起坩埚盖，放在白瓷板上，将天然气灯置于坩埚底部，逐渐加强火力，并使氧化焰包住坩埚，烧至红热，以便把炭完全烧掉，这一过程称为灰化。炭黑基本消失，沉淀现出本色后，稍稍转动坩埚，使沉淀在坩埚底轻轻翻动，借此可把沉淀各部分烧透，把包裹住的滤纸残片烧光，并把坩埚壁上的炭黑烧掉。把坩埚直立，用强火灼烧一定时间后停火。让坩埚在泥三角上稍冷（约 30s），再放到干燥器中冷却，称量。称量方法与称空坩埚时基本相同，连续两次称量的结果相差 0.3mg 以内为恒量。

（4）使用玻璃坩埚的操作。对于一些可以进行烘干的沉淀，应该用玻璃坩埚进行过滤。沉淀的过滤、洗涤和转移的操作与用滤纸过滤基本相同。所不同的是，负压不必很大，水泵或电动循环水泵均可。先用抽滤法将玻璃坩埚洗净，在指定温度下烘干至恒量。过滤时应减压后倾倒溶液，操作要一直在抽滤情况下进行。沾附在烧杯壁上的沉淀不可用滤纸去擦，只能用淀帚（玻璃棒下端套一段乳胶管）扫，然后用水冲洗淀帚，继续将烧杯中的沉淀冲洗至坩埚中。停止过滤时应先从安全瓶放气，常压后再取下坩埚，关闭水泵。细微并呈现浆状的沉淀不能用玻璃坩埚过滤，因其可能穿滤或堵塞坩埚砂板的细孔。装有沉淀的坩埚应在与空坩埚相同的条件下烘干至恒量。烘干沉淀时应注意烘箱温度的控制，一般应保持在指定温度的±5℃范围内。

4.2　重　结　晶

重结晶是分离提纯固体化合物的一种重要的、常用的分离方法。其原理是利用混合物中各组分在某种溶剂中溶解度不同或在同一种溶剂中不同温度时溶解度不同而使它们相互分离。例如，乙酰苯胺在 100mL 水中 25℃时溶解 0.56g，100℃时则溶解 5.2g。乙酰苯胺中夹杂的乙酸于 25℃时则全部溶解于水。通过一次或多次重结晶将杂质去掉，最后得到纯的产品。

4.2.1　溶剂的选择

正确选择溶剂对重结晶操作有很重要的意义。选择溶剂主要考虑被溶解物的组成与结构，即溶质往往易溶解于相似的物质中，极性物质易溶于极性溶剂，而难溶于非极性溶剂中，反之也一样，这是选择溶剂的主要依据。此外还应注意以下几点：

(1) 不与重结晶物质发生化学反应。

(2) 在高温时，重结晶物质在溶剂中溶解度大，而在低温时溶解度应该很小。

(3) 杂质不溶在热的溶剂中，或者是杂质在低温时极易溶在溶剂中，不随晶体一起析出。

(4) 容易与重结晶物分离。

常用的溶剂及其沸点见 2.6 节。

选择溶剂时除查阅资料外，有时还需要通过试验来确定。其方法是取 0.1g 欲重结晶的固体放入试管中，加入溶剂并不断地振荡。当加入 1mL 溶剂时，固体于室温下就溶解；或是加热至沸仍不溶解，逐渐补加溶剂到 3mL 至沸时固体仍不全溶解，这两种溶剂均不适用。如果加入 3mL 溶剂后，沸腾时固体全部溶解，而冷却后又无结晶析出或很少结晶，此种溶剂也不适用。只有当固体在沸腾时全部溶解，冷却后析出的结晶又快又多，此种溶剂才是最合适的溶剂。

如果很难选择出适宜的纯溶剂，可以考虑用混合溶剂。混合溶剂一般由两种能相互溶解的溶剂组成，被提纯物质易溶于其中一种溶剂，而难溶于另一种溶剂。先将被提纯物质溶于易溶溶剂中，沸腾时趁热逐渐加入难溶的溶剂，至溶液变浑浊，再加入少许易溶溶剂，溶液又变澄清（在此过程中维持溶液微沸）。放置，冷却，使结晶析出。

4.2.2　重结晶操作

重结晶物质的溶解过程通常是在圆底烧瓶或锥形瓶中进行的。为避免溶剂的挥发，在瓶上安装回流冷凝器。如果用水作溶剂，也可以用烧杯作容器，在烧杯上盖上一表面皿，表面皿凸面朝下，使蒸气冷凝后顺凸面回滴到烧杯里。

例如，称取粗乙酰苯胺 3g，放入 100mL 圆底烧瓶中，加入 1～2 粒沸石，再加 40mL 水，将回流冷凝器安装好，加热至水沸腾。如果溶液中有未溶解的固体或油状（熔融）物存在，可逐渐添加一定量的水，再继续加热至沸，直到所有固体在沸腾下刚刚全部溶解后，再加入约 2mL 水。

停止加热，待溶液稍冷后，在搅拌下慢慢加入约 0.1g 活性炭除去有色杂质和树脂状物。由于活性炭是多孔性的，在沸腾状态下加入会引起暴沸，因此在加活性炭前应使溶液稍冷却。一般活性炭加入量为固体量的 1%～5%。不要加多，否则产品会包在活性炭中而影响产量。加入活性炭后再煮沸 5～10min，趁热过滤。

过滤后的滤液冷却至室温，应有大量结晶析出。如果没有结晶析出，可用玻璃棒摩擦烧杯内壁或加入少量晶体作晶种促使其结晶。结晶完成后，用布氏漏斗抽滤分出母液，沉淀用少许溶剂（水）洗涤，抽净溶剂后用刮铲取出结晶，自然干燥，称量，计算回收率。

重结晶操作的关键是制备热的饱和溶液。溶剂加多了，不能形成饱和溶液，冷却后析出的结晶少；溶剂加少了，溶液将形成过饱和溶液，结晶析出很快，热过滤时大量的结晶析出并残存在漏斗中的滤纸上，降低产品的回收率。固体溶解后，多加少量的溶剂是为了减少热过滤过程中在滤纸中析出结晶，使热过滤顺利地进行。

4.3　升　　华

升华是提纯固体化合物的一种方法，即将具有较高蒸气压的固体物质在熔点以下加热，不经液态直接气化成蒸气，然后由蒸气冷凝直接变成固体的过程称为升华。

常见的具有升华特性的物质见表 4-1。

表 4-1　常见易升华物质

化合物	熔点/℃	熔点下的蒸气压/kPa
二氧化碳（固体）	−57	526.9
六氯乙烷	186	104
樟脑	179	49.3
碘	114	12
蒽	218	5.5
苯（固体）	5	4.8
邻苯二甲酸酐	131	1.2
萘	80	0.9
苯甲酸	122	0.8

虽然能升华的物质不是很多，但升华一般比蒸馏所需温度低，在纯化过程中物质不易被破坏。与结晶相比，升华产物的纯度往往比较高，且能方便地应用于少量物质。因此，在容易升华的物质中含有不挥发性杂质时，可以采用升华方法进行分离或精制。升华的缺点是操作时间长，损失也较大。

研究物质的三相平衡图（图 4-9）有助于深入地了解升华的原理。图 4-9 中，ST 是固相与气相平衡时的固相蒸气压曲线，TW 是液相与气相平衡时的液相蒸气压曲线。从图 4-9 可以看出，固体的蒸气压和液体的蒸气压均随温度的升高而增大。TV 是固相与液相的平衡曲线，表示压力对熔点的影响。不难看出，压力对熔点的影响极小。T 为三相点，在此点，固、液、气三相可同时共存。物质的熔点是在大气压下固、液两相平衡的温度，和三相点的温度有些差别，但差别通常只有几分之一摄氏度，所以一般可粗略地认为三相点的温度即为该物质的熔点。

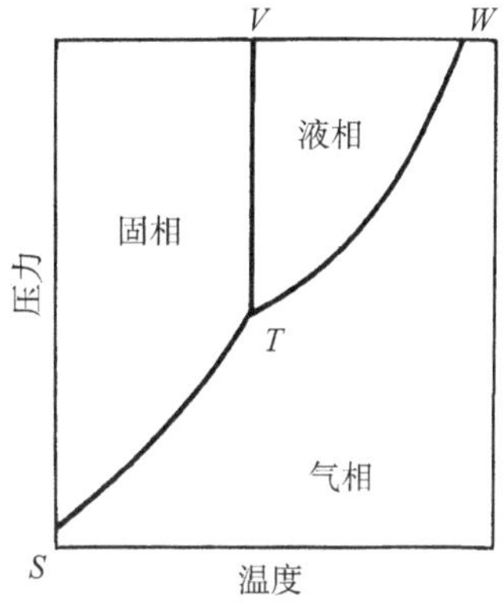

图 4－9　物质三相平衡图

不同物质的相图形状类似，但对应的温度和蒸气压的数据不相同，三相点的位置也有区别。

分析一下相图：从压力上看，如果在三相点以上的压力下加热，物质自固态经液态再变为气态；而在三相点以下的压力下加热时，物质可从固态直接变为气态，冷却时又可直接变为固态。从温度上看，在低于三相点温度时，物质只存在固、气两相变化，所以一般升华过程都是控制在熔点以下的温度进行。在熔点以下缓慢加热，使固体的蒸气压不超过三相点的蒸气压，此时固体就可以升华。

从升华的条件可以看出，在熔点以前，物质必须具有相当高的蒸气压，才会有好的升华效果，蒸气压越高，越易升华。例如，六氯乙烷（三相点温度 186℃，压力 104kPa）在 185℃时蒸气压已达 0.1MPa（100kPa），因而在低于 186℃的温度下很容易升华。樟脑（三相点温度 179℃，压力 49.3kPa）在 160℃时的蒸气压为 29.1kPa，这个蒸气压数据也不太小，只要缓慢加热，使温度低于 179℃，它就可以不经熔化而直接气化成气体，冷却后又变为固体，蒸气压可始终维持在 49.3kPa 以下，直至升华完毕。一般来讲，低于熔点温度时的蒸气压应至少不小于 2.7kPa，这样的物质才可能直接升华。

简单的升华装置由罩有漏斗的蒸发皿组成[图 4－10(a)]。漏斗的直径稍小，其颈部疏松地塞一些棉花。蒸发皿和漏斗间衬一张穿有许多小孔的圆形滤纸，可使固体的蒸气通过，而防止升华物质回落到蒸发皿中。图 4－10(b)也是常见的升华装置。常压下不易升华或升华较慢的物质采用减压升华（图 4－11），往往可以得到满意的效果。

在安装升华装置时应注意，从升华室到冷却面的距离应尽可能短，以便提高升华速度。将升华物研细，适当提高升华温度也能使升华加快。任何情况下，升华温度都要低于物质的熔点。

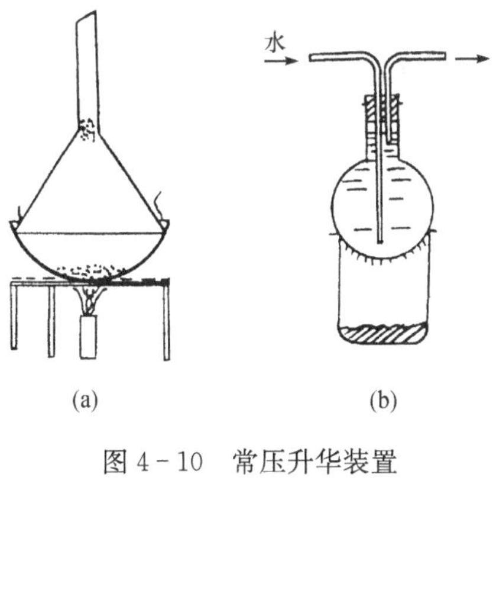

图 4－10　常压升华装置

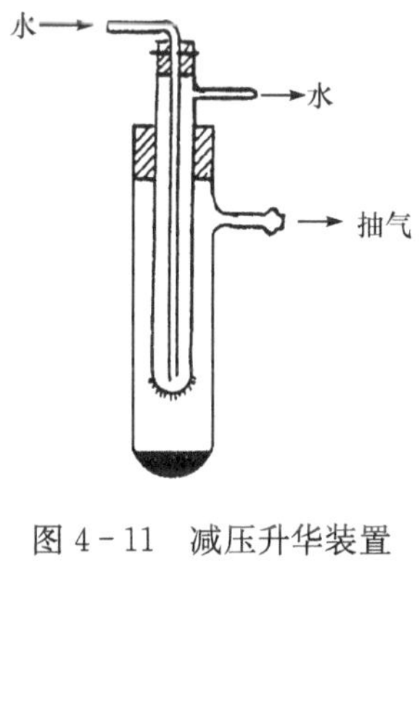

图 4－11　减压升华装置

4.4 蒸　馏

分离和纯化液体物质最重要的方法是蒸馏。在混合液中,若各组分的相对挥发能力存在差异,就能够借助蒸馏来进行分离。根据应用条件和分离对象,蒸馏分为简单蒸馏、分馏和水蒸气蒸馏三种类型。简单蒸馏和分馏既能在常压下进行,又可在一定真空度下进行,因而又有常压蒸馏和减压蒸馏之分。

4.4.1 简单蒸馏原理

液体分子有自表面逸出到气相的能力,同时,逸出的蒸气也可以返回液体。在一定温度下,两趋势达到平衡。此时,由蒸气产生的压力称为饱和蒸气压,简称蒸气压。一般来说,纯液体的蒸气压只是温度的函数,并随温度的升高而增大。当蒸气压增大到等于液面上大气压力时,液体内部开始气化,产生大量气泡而沸腾,沸腾时的温度称为沸点。在一定的外压下,纯液体的沸点为常数,这也是测量沸点的依据。

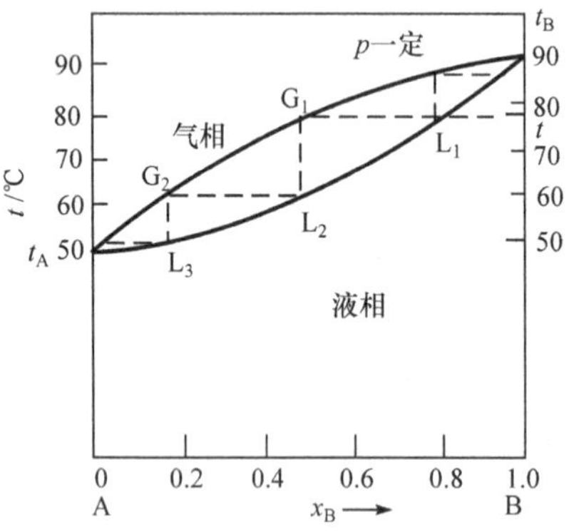

图 4-12　二组分理想混合溶液的沸点-组成图

液体混合物沸腾时,不同组分自液相逸出的能力不同,结果易挥发组分在平衡气相中的含量高于其在原液相中的含量。也就是说,液体混合物沸腾后,将蒸气再冷凝下来,结果易挥发组分得到了富集,这一过程称为简单蒸馏。利用 A、B 二组分理想混合物溶液的沸点-组成图(图 4-12)可以方便地说明上述过程。

图 4-12 中,横坐标为组成(摩尔分数),纵坐标为温度;左边为纯 A,沸点为 t_A,右边为纯 B,沸点为 t_B。由图 4-12 中可以看出,当组成为 $x_A=0.2(x_B=0.8)$的液体混合物受热时,随温度上升,直至沸点 t,混合液(组成为 L_1)开始沸腾,产生的蒸气具有相当于 G_1 的组分。显而易见,当 G_1 冷凝到 L_2 时(由图 4-12 可见,L_2 处 $x_B=0.5$),易挥发组分 A 由 $x_A=0.2$ 增加到 $x_A=0.5$,即得到了富集。但是,高沸点组分 B 的含量仍然相当高。这说明,一次简单的蒸馏过程不能将上述混合物彻底分离开。然而,在下面三种情况下,简单蒸馏分离混合物的效果是很理想的:由挥发组分和少量非挥发杂质组成的混合液;各组分挥发能力差别足够大(沸点差至少为 80℃)的混合液;从合成产物中蒸出溶剂。在选择简单蒸馏分离液体混合物时,应注意满足这些条件。

4.4.2 简单蒸馏操作

1. 蒸馏仪器

实验室中蒸馏操作所用的仪器有磨口圆底烧瓶、蒸馏头、冷凝管、接引管、接收器和温度计。圆底烧瓶的大小取决于被蒸馏液体的体积。一般装入的液体量不得超过烧瓶容量的2/3,也不要少于 1/3。装入液体量过多,加热沸腾时液体容易喷出。装的太少,较多的液体残液留在瓶内蒸发不出来。

为使温度计的水银球能够完全被蒸气包围,准确地测出蒸气的温度,温度计水银球的上端应与蒸馏头侧管的下壁在同一水平面上。

冷凝管与蒸馏头的侧管连接，起冷凝作用。通常被蒸馏物沸点在 140℃以下时用水冷凝管，高于 140℃时用空气冷凝管。蒸馏高度挥发性和易燃液体(如二氯甲烷)时，选用较长的冷凝管，使蒸气充分冷凝。

接引管连在冷凝管末端引导冷凝液至接收器。如果需要低压蒸馏或蒸馏易挥发易燃物质时，用带支管的接引管。支管可以连接橡胶管并与抽气装置相连，也可以使易挥发气体通过橡胶管导入水槽或室外。常用的接收器是锥形瓶，也可以用圆底烧瓶和其他细口瓶接收。

2. 蒸馏仪器的安装

一般安装仪器的原则是自下而上、从左到右顺序连接，且使仪器处于一个垂直平面内。例如，依次安装加热装置、圆底烧瓶、蒸馏头、冷凝管、接引管、接收瓶、尾气吸收装置，最后可装入磨口温度计或具有螺口接头的普通温度计，可参考图 4-13。

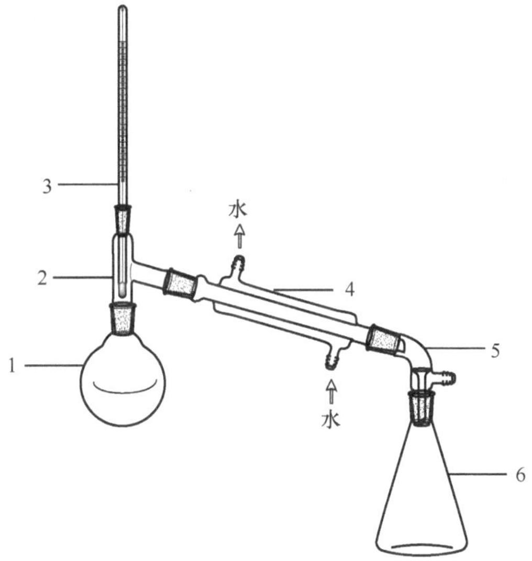

图 4-13　蒸馏装置

1—圆底烧瓶；2—蒸馏头；3—温度计；4—直形冷凝管；5—接引管；6—锥形瓶

加热装置可用调压电热套直接加热，电热套下面最好放有升降台，这样可通过调节升降台面的高度控制电热套与烧瓶的距离，从而迅速改变加热强度或停止加热。如使用水浴或油浴直接加热，可使用电接点温度计控制水浴或油浴的温度。烧瓶夹在使用前将夹口用橡胶管或石棉绳缠绕，防止夹口过硬损伤玻璃仪器。S 夹的开口一定要朝上使用，否则烧瓶夹容易脱落而损坏仪器。玻璃仪器接口的磨口处涂上少许凡士林，将仪器相接并轻轻地来回转动几次，使凡士林薄而均匀地涂在接口壁上，以保证仪器密封。为防止蒸馏过程中由于过热而产生暴沸致使液体冲出，甚至使仪器破裂，应在烧瓶中放入 2～3 粒沸石。沸石是多孔性物质，在加热过程放出小气泡，在不过热的情况下产生气泡源，形成气化中心，避免暴沸现象发生。应注意的是在沸腾停止或停止蒸馏时，原有的沸石即失效，若再次加热沸腾，应待液体温度冷却一段时间后，再补加沸石。蒸馏沸点在 140℃以下的液体物质时，一定要先开冷凝水，再加热蒸馏。

3. 蒸馏装置的拆卸

实验完毕后，首先将热源撤掉，关闭冷凝水，将温度计取下放好。拆卸仪器的顺序与安装时正相反。先把接收瓶取下放好，再取下接引管、冷凝管、蒸馏头，最后将圆底烧瓶取下。橡胶管在取下冷凝管后摘除，用过的仪器清洗后备用。

4. 蒸馏操作

见第 9 章 9.2.1，实验二十四。

4.5　分　　馏

当两种以上的液体混合物不能满足简单蒸馏的适用条件时，如沸点相差较小时（小于 80℃），用简单的蒸馏方法难以将其分离，此时应考虑用分馏方法。

4.5.1　分馏原理

分馏的基本原理与蒸馏相似，不同的只是在装置上多一个分馏柱，使气化、冷凝的过程由一次改为多次。简单地说，分馏即多次蒸馏。以下以苯-甲苯为例，说明二元理想溶液的分馏过程（图 4-14）。

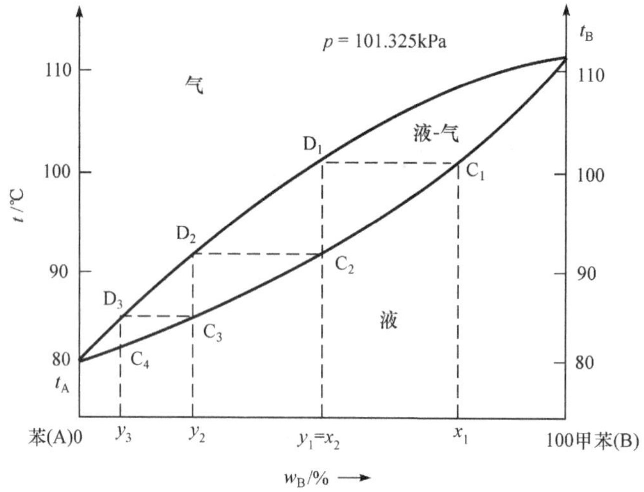

图 4-14　苯-甲苯体系温度-组成曲线

图 4-14 中 t_A、t_B 分别为苯、甲苯的沸点，上边和下边的曲线分别为气相线和液相线，相图被气相线、液相线分为三个区，各区的稳定相已标于图中。现假定将苯-甲苯混合液（其组成为 x_1）蒸馏。当蒸馏瓶中液体温度升高到总压力等于大气压时开始沸腾即 C_1 点，产生蒸气 D_1（组成为 y_1）；当 D_1 冷凝到 C_2 后，液相组成 $x_2=y_1$。经过一次蒸发-冷凝过程后，易挥发组分苯在蒸气中得到了富集，但此时还不是纯苯。也就是说，只用简单的蒸馏（一次蒸馏-冷凝）不能将沸点差较小的两组分分离完全。如果采用分馏柱，多次重复上述过程，即使 C_2 蒸发到 D_2，再冷凝至 C_3，……，最终接收瓶中会得到几乎纯净的苯。同时，蒸馏瓶内剩下接近 100% 的甲苯，甲苯再以纯液体形式蒸出。于是，两组分能被较好地分离开。

在上面的分析中，水平线段 C_1D_1、C_2D_2、C_3D_3 等表示蒸发过程；垂直线段 D_1C_2、D_2C_3 等表示冷凝过程。折线 $C_1D_1C_2$、$C_2D_2C_3$、… 相当于一次简单蒸馏或一次蒸发-冷凝过程。显然，折线的数目越多，分离效果越好。将折线的数目定义为理论塔板数，用来衡量分馏柱效率的高低。但必须指出,为了叙述方便,用许多分立的不连续的步骤来表明上述分馏过程。实际上进行的是连续的过程,是蒸气在通过分馏柱时连续地与组成变化着的液体接触,从而将液体加热蒸发,液体将蒸气冷凝。这些连续的过程一般是在柱中的各种填料上完成的。表 4-2 给出了不同沸点差的两组分混合液完全分离时所需要的理论塔板数,供实际工作参考。

表 4-2 分离不同沸点差的两组分混合液与所需理论塔板数

沸点差/℃	分离所需的理论塔板数	沸点差/℃	分离所需的理论塔板数
108	1	20	10
72	2	7	30
43	4	4	50
36	5	2	100

4.5.2 共沸混合物分馏简介

实际上,大多数液体混合物体系分子间相互作用复杂,不能当作理想体系处理。例如,在乙醇-水体系中,乙醇和水形成氢键,因此无论用具有多少块理论塔板的分馏柱也不能将乙醇和水完全分离。最终总会形成一种含 95.6%乙醇和 4.4%水的均相液体,其沸点为 78.2℃,比水或乙醇的沸点都低。像这种具有恒定组成和沸点的液体混合物称为共沸混合物,其行为类似一个纯化合物,组成无法用简单蒸馏或分馏操作改变。其中沸点较任一组分都低的,称为具有最低沸点的共沸混合物;反之,则称为具有最高沸点的共沸混合物。常见的共沸混合物列于表 4-3 和表 4-4。

表 4-3 常见的最低沸点共沸物

共沸混合物	组成(质量分数)	沸点/℃
乙醇-水	95.6% C_2H_5OH, 4.4% H_2O	78.2
苯-水	91.1% C_6H_6, 8.9% H_2O	69.4
甲醇-四氯化碳	20.6% CH_3OH, 79.4% CCl_4	55.7
乙醇-苯	32.4% C_2H_5OH, 67.6% C_6H_6	67.8
苯-水-乙醇	74.1% C_6H_6, 7.4% H_2O, 18.5% C_2H_5OH	64.9
甲醇-甲苯	72.4% CH_3OH, 27.6% $C_6H_5CH_3$	63.7
甲醇-苯	39.5% CH_3OH, 60.5% C_6H_6	58.3
环己烷-乙醇	69.5% C_6H_{12}, 30.5% C_2H_5OH	64.9
乙酸丁酯-水	72.9% $CH_3COOC_4H_9$, 27.1% H_2O	90.7
苯酚-水	9.2% C_6H_5OH, 90.8% H_2O	99.5

表 4-4 常见的最高沸点共沸物

共沸混合物	组成(质量分数)	沸点/℃
丙酮-氯仿	20% CH_3COCH_3, 80% $CHCl_3$	64.7
氯仿-甲乙酮	17% $CHCl_3$, 83% $CH_3COCH_2CH_3$	79.9
乙酸-二噁烷	77% CH_3COOH, 23% $C_4H_8O_2$	119.5
苯甲醛-酚	49% C_6H_5CHO, 51% C_6H_5OH	185.6

图 4-15 是乙醇-水体系的相图。通过分析不难看出，当对乙醇的质量分数低于恒沸组成(95.6%)的混合物进行分馏时，最终得到的是共沸混合物 V_3 和纯水，而不能得到纯乙醇。

通过类似分析，对具有最高恒沸点共沸混合物的分馏(图 4-16)，当混合物的组成在共沸物组成和纯 B 之间时，最终得到的是纯 B 和共沸混合物。

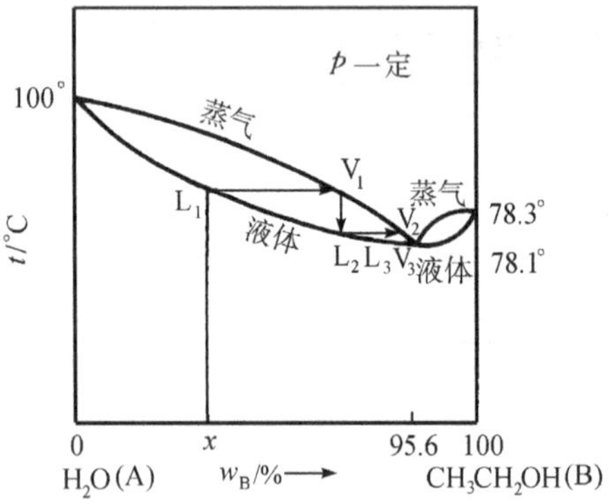

图 4-15　乙醇-水最低沸点相图

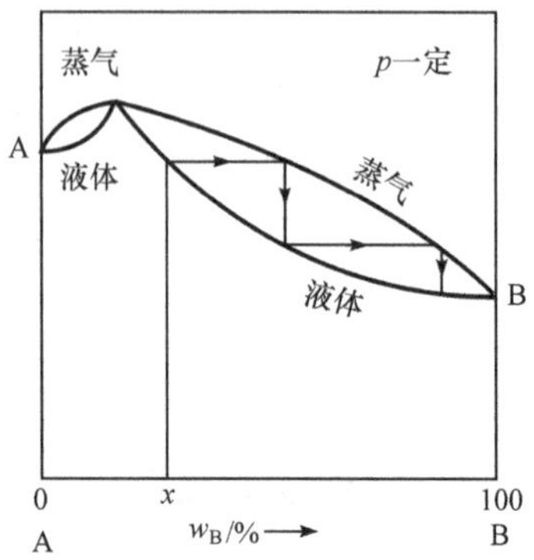

图 4-16　最高恒沸点相图

4.5.3　分馏柱与填料

实验室经常使用的分馏柱有维氏(Vigreux)分馏柱和填充式分馏柱(图 4-17)。维氏分馏柱的柱体由多组倾斜的刺状管组成，填充式分馏柱柱内可填充填料，以增加柱效率。常用的填料有短玻璃管、玻璃珠、瓷环或金属丝制成的圈状和网状填料，使用金属丝作填料时，要选择与待蒸馏物不发生作用的物质。当混合物受热，蒸气进入分馏柱时，由于柱外空气的冷却，使部分蒸气被冷凝。冷凝液流下来与上升的蒸气相遇时，二者之间进行热交换，使高沸点物冷凝，低沸点物蒸发。这样经多次液相与气相的热交换，使低沸点物不断上升而被蒸出，高沸点物不断回流到容器中，从而使沸点不同的物质分开。

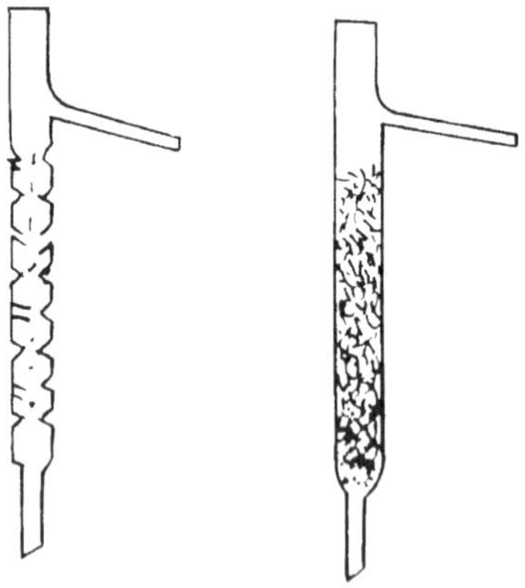

(a) 维氏分馏柱　　(b) 填充式分馏柱

图 4-17　分馏柱

为保证分馏效果，在操作过程中要注意以下两点：

(1) 在柱内保持一定温度梯度，理想的情况是柱底的温度与蒸馏瓶内液体沸腾时的温度接近，而柱顶温度接近于易挥发组分的沸点。可以通过调节加热温度控制回流比来保持柱内温度梯度和提高分离效率。回流比是指冷凝液流回蒸馏瓶的速度与柱顶蒸气通过冷凝管流出速度的比值。回流比越大，分离效果越好，一般回流比控制在 4∶1，即冷凝液流回蒸馏瓶每 4 滴，柱顶馏出液为 1 滴。

(2) 蒸馏较高沸点的物质时，为了维持柱内温度平衡，需要对分馏柱保温，如用石棉布将分馏柱包起来或缠绕一定匝数的电热丝等，以防止回流液体在柱内聚集(称为液泛)，减少液体和蒸气接触面积，或者使上升的蒸气将液体冲入冷凝管中，达不到分馏的目的。

若进行更精确地分离，可用精密分馏柱装置。精密分馏采用电加热回流及电控制保温装置。分馏时，可适时调节电炉温度和保温程度，以消除液泛及控制合适的回流比。

4.5.4　分馏操作

按图4-18安装分馏装置。准备三个锥形瓶，分别标好A、B、C，备用。将30mL丙酮-水的混合物倒入50mL圆底烧瓶里，加入两粒沸石，在水浴中进行分馏，收集56～62℃的馏分A。蒸馏时注意控制水浴的温度和蒸馏速度，当柱顶有蒸气时调节温度，使滴出速度在2～3s一滴为宜。要想很好地进行分馏必须注意以下几点：

(1) 分馏一定缓慢进行，控制好恒定的蒸馏速度。

(2) 要有相当量的液体自柱流回到容器内，保证合适的回流比。

(3) 尽量减少分馏柱的热量损失，必要时外加保温套或用石棉布保温。

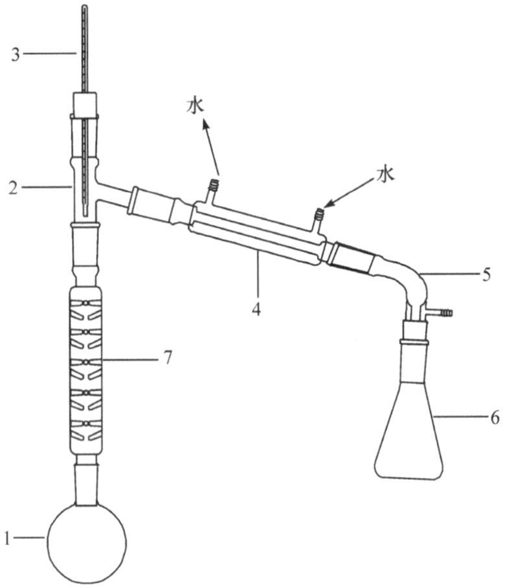

图4-18　分馏装置图

1—圆底烧瓶；2—蒸馏头；3—温度计；4—直形冷凝管；5—接引管；6—锥形瓶；7—维氏分馏柱

当低沸点组分蒸完后再渐渐升温蒸馏第二组分，收集62～95℃的馏分B。此时，如果水浴温度没有使馏出液滴出，可去掉水浴，直接用调压电热套加热。收集95～100℃的馏分C。当烧瓶中残留5～10mL液体时停止加热。分别量出A、B、C馏出液的体积，计算回收率。将馏分A倒回回收瓶。

也可以分馏以下几组化合物：

(1) 苯和甲苯。收集馏分A在80～85℃，B在85～91℃，C在91～99℃，D在99～105℃，E在105～110℃，F为残液。

(2) 四氯化碳和甲苯。收集馏分A在62～68℃，B在68～79℃，C在79～95℃，D在95～105℃，E在105～110℃，F为残液。

(3) 甲醇和水。收集馏分A在65～70℃，B在70～75℃，C在75～83℃，D在83～90℃，E在90～95℃，F为残液。

4.6 减压蒸馏

4.6.1 减压蒸馏原理

减压蒸馏用来分离具有高沸点(200℃以上)或在常压蒸馏时容易氧化、分解或聚合的物质。

液体的沸点是根据外界压力的变化而变化的。如果使压力降低,液体的沸点也就相应减小。在真空装置中,通过降低液体表面压力,使液体在低温下分离出来。这种降低压力进行蒸馏操作的方法就是减压蒸馏。减压蒸馏与常压蒸馏、分馏结合起来,连同后面介绍的水蒸气蒸馏,成为分离有机化合物的有力手段。

沸点与压力的关系可以从文献中查出,也可以通过图 4－19 中液体在常压下的沸点与减压下的沸点曲线近似地推出。例如,苯乙酮在常压下沸点为 202℃,求减压至 20mmHg (2.67kPa)的沸点。从图 4－19(b)线找出相当于 202℃的点,再从(c)线找出 20mmHg (2.67kPa)的点,通过连接上述两点并延伸到与(a)线相交的点就是苯乙酮在 20mmHg (2.67kPa)时的近似沸点,约 93℃。如果在 20～25mmHg(2.67～3.33kPa)进行减压蒸馏,压力每减少 1mmHg(0.133kPa),沸点将降低约 1℃,这样也可以粗略地估计相应压力的沸点。

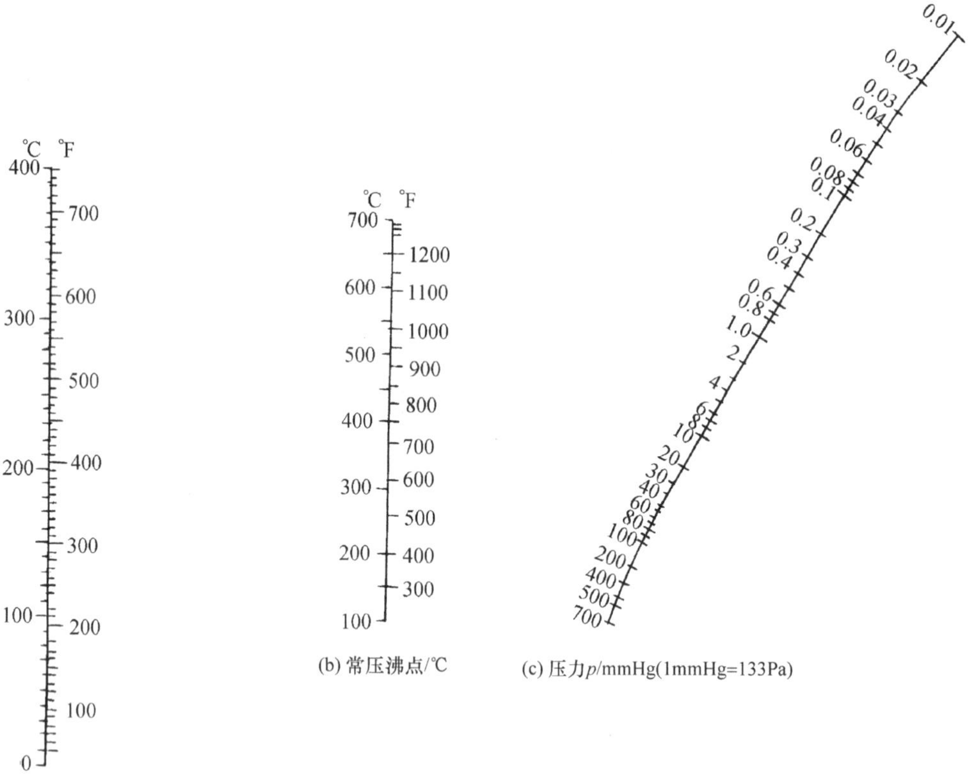

(a) 在压力p/mmHg时观察到的沸点/℃　(b) 常压沸点/℃　(c) 压力p/mmHg(1mmHg=133Pa)

图 4－19 压力-温度直线图

4.6.2 减压蒸馏装置及操作

1. 减压蒸馏装置

减压蒸馏装置通常由蒸馏装置、压力计、真空装置及附设保护装置组成(图 4－20)。

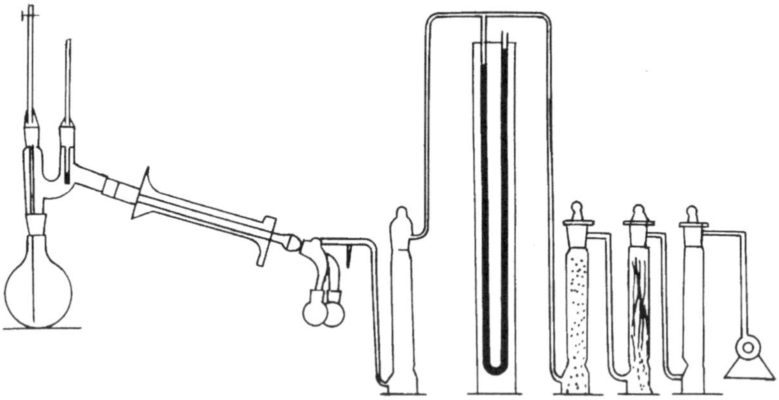

图 4-20　减压蒸馏装置

蒸馏装置由圆底烧瓶、克氏蒸馏头、冷凝管、双叉(或多叉)接引管及接收器组成。克氏蒸馏头的正管装毛细管(也可以用磁搅拌代替),侧管装温度计及连接冷凝管。毛细管下端要插到距瓶底 1～2mm 处,上口用乳胶管连接并装好调节进气用的夹子(霍夫曼夹),减压时调节进气夹使少量空气不断通过毛细管进入烧瓶,产生小的气泡,形成气化中心,这样可以防止暴沸。为防止乳胶管粘连,可在乳胶管内放一小段细金属丝。接收器要用圆底烧瓶,不可用平底烧瓶或锥形瓶,它们在减压时受力不均容易炸裂。压力计是测量系统内压力的一种仪器。通过压力计上的刻度可以量出系统中压力的数值。经常使用的压力计有封闭 U 形压力计(图 4-21)、开口 U 形压力计(图 4-22)和电测式压力计(参见 6.4.4)。封闭 U 形压力计一端是封闭的,另一端连接蒸馏装置和抽气装置,它可以直接读出系统内的压力,但填装水银比较困难。开口 U 形压力计的两个开口,一端连通大气,另一端通过 T 形管连接蒸馏装置和抽气装置。开动抽气装置,由于外界压力的影响,U 形管两边的水银液面将形成一定的高度差。记下高水银液面的读数和低水银液面的读数,用当时的大气压减去高低两液面读数之和,即

$$p_{系}=p-(A+B)$$

式中,p 为大气压;A、B 分别为高低水银液面的读数。计算得出的数值 $p_{系}$ 就是系统中的压力。

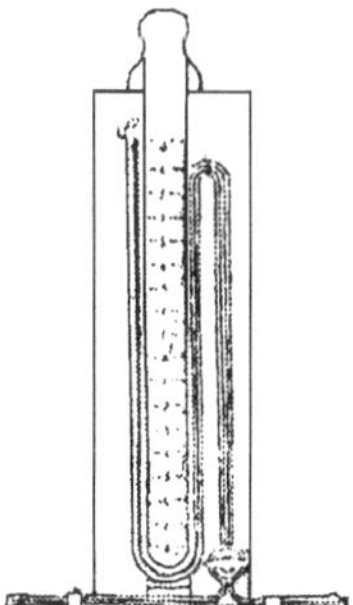

图 4-21　封闭 U 形压力计

图 4-22　开口 U 形压力计

通常使用真空泵抽气。为防止蒸馏过程中一些低沸点有机物、水、酸或碱性物质进入压力计和泵体,污染水银及泵油,影响真空度的测量,应在压力计和真空泵的前面安装保护装置。保护装置包括干燥塔、安全瓶等。干燥塔内填装防酸、防碱及干燥剂等吸附物质,安全瓶可用

吸滤瓶代替。蒸馏含有低沸点物时，在压力计前安装用冰-水或冰-盐冷却的冷阱，用来冷凝低沸点挥发物。

减压蒸馏装置中所有的磨口都要涂少许真空油脂，仪器要安装严密不能漏气。

2. 减压蒸馏操作

将减压蒸馏装置安装好后，试开机检查一下压力是否正常。停止抽气，将欲蒸馏物(如20mL粗乙酰乙酸乙酯)倒入烧瓶中，打开真空泵，同时调节毛细管上的进气夹子和连在接引管上的调节真空的调节夹子(或旋塞)，使毛细管始终保持有小气泡均匀进入烧瓶，压力计水银柱要缓缓地上升。

当达到所需压力时，固定好真空调节夹子，使压力保持稳定，再开始加热蒸馏。转动接引管，使一个接收器接收前馏分，当达到所需温度时再转动接引管，用另一个接收器接收目标馏分。

蒸馏完毕，首先将热源撤掉，同时调节两个夹子，使空气慢慢地进入装置中，使压力缓缓地恢复到常压状态，然后将真空泵电源断开，再拆卸仪器。

4.7 水蒸气蒸馏

4.7.1 水蒸气蒸馏原理

蒸馏和分馏技术适用于分离完全互溶的液体混合物，而分离完全不互溶物系，水蒸气蒸馏是一种较简便的方法。在完全不互溶物系(如氯苯和水形成的混合物)中，各组分的性质差别很大，基本上互不影响，其蒸气压与单独存在时一样，只与温度有关，不随另一组分的存在和数量变化。根据道尔顿分压定律，该物系的蒸气总压等于各组分蒸气压之和：

$$p = p_A^0 + p_B^0 \tag{4-1}$$

式中，p 为总的蒸气压；p_A^0、p_B^0 分别为水和不溶于水的物质的蒸气压。当总的蒸气压等于外界压力时沸腾，此时的温度即该混合物的沸点。由于总蒸气压恒大于任一组分的蒸气压，因此，混合物的沸点必定较任一组分的沸点低。这样在低于100℃的情况下，被蒸馏物就随水蒸气一同蒸出。因为两者不互溶，所以冷凝下来很容易分开。利用上述原理，将不溶于水的有机化合物和水一起蒸馏，不仅降低了物系的沸腾温度，而且能防止其分解，这种分离方法称为水蒸气蒸馏。水蒸气蒸馏的优点是能在低于100℃的温度下，较容易地得到高温下不稳定或沸点很高的物质，避免其在蒸馏过程中分解。同时，可用于从焦油状混合物中蒸出反应物。混合蒸气中各个分压之比等于它们的物质的量之比，即

$$\frac{p_B^0}{p_A^0} = \frac{n_B}{n_A} \tag{4-2}$$

式中，n_A、n_B分别为水和被分离物的物质的量，而 $n_A = m_A/M_A$，$n_B = m_B/M_B$，因此

$$\frac{m_B}{m_A} = \frac{n_B M_B}{n_A M_A} = \frac{p_B^0 M_B}{p_A^0 M_A} \tag{4-3}$$

式中，m 为质量；M 为相对分子质量；下标 A 表示水，B 表示被分离物质。

由此可以看出，两种物质在馏出液中的相对质量比与它们的蒸气压和相对分子质量的乘积成正比。

由于水具有较低的相对分子质量和较大的蒸气压，它们的乘积 $p_A^0 M_A$ 很小，这样就可能

分离较高相对分子质量和较低蒸气压的物质。以苯胺为例，苯胺沸点为 184.4℃，与水一起加热至 98.4℃ 时沸腾，此时水的蒸气压是 718mmHg(95.7kPa)，苯胺蒸气压是 42mmHg(5.6kPa)，水和苯胺的相对分子质量分别为 18 和 93，代入式(4-3)得

$$\frac{m_B}{m_A}=\frac{p_B^0 M_B}{p_A^0 M_A}=\frac{93\times 42}{18\times 718}=0.32$$

计算结果说明每蒸出 1g 水就可以同时蒸出 0.3g 苯胺。苯胺微溶于水，计算值是近似值。

水蒸气蒸馏必须具备以下几个条件：

(1) 有机物不溶于水或难溶于水。

(2) 有机物长时间在水中煮沸，不与水发生化学反应。

(3) 在近 100℃时化合物有一定的蒸气压，至少为 0.663～1.33kPa(5～10mmHg)。

4.7.2 水蒸气蒸馏装置与操作

水蒸气蒸馏装置如图 4-23 所示，主要由水蒸气发生器、三口瓶、冷凝管、蒸气导管及安全管组成。将三口瓶倾斜约 30°放在铁架台上，蒸气导管插入三口瓶的一个侧口，用胶塞固定，导管上口用橡胶管通过 T 形管连接在水蒸气发生器的出口，T 形管接上调节蒸气的调节夹(霍夫曼夹)，发生器上口装好安全管，当发生器中压力过大时，液面将沿安全管上升，从而调节发生器中的压力，使发生器在平稳的压力下产生蒸气。三口瓶另一侧口安装蒸馏头和空心塞，再连接好冷凝管及接收装置，中间口用胶塞堵严。整个装置要严密，防止蒸气冒出。蒸馏时发生器和三口瓶都需加热，安装的高度要合适。另外蒸气导管和 T 形管与发生器的连接要保持平行，距离越短越好，使蒸气不易冷凝。

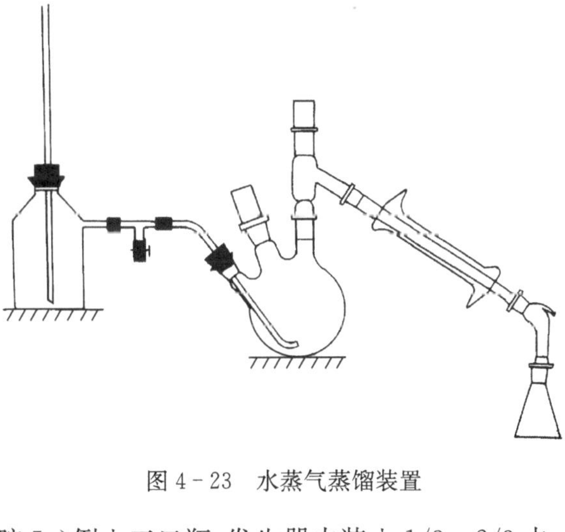

图 4-23 水蒸气蒸馏装置

把待蒸馏物质(苯胺 5g)倒入三口瓶，发生器内装入 1/3～2/3 水。打开调节夹，加热，使发生器里的水沸腾，再调紧调节夹，蒸气顺蒸气导管通入三口瓶。为防止蒸气进入三口瓶被大量地冷凝，三口瓶用小火加热，当三口瓶中的液体充分翻腾时将火源去掉。注意观察蒸馏的情况，适当调节火源及调节夹，使蒸馏在平稳的情况下进行，蒸馏速度为每秒2～3 滴。蒸馏接近完成时可用干净的表面皿放入少量清水，再接几滴馏出液，如果没有油状物且溶液澄清透明时可停止加热，打开调节夹，断开气源。馏出液用分液漏斗分离，量出蒸馏物的体积，计算回收率。

4.8 萃取分离

4.8.1 基本原理

在化学实验中，经常需要将固体物质或溶解(有时是悬浮)于一相中的物质转入另一相，达到分离、纯化或富集的目的，这种过程称为萃取或提取。固相物质的提取较为简单，以下主要就液相物质的萃取原理和方法进行讨论。

不同物质的结构和物理化学性质不同，因而对不同溶剂的亲疏性不同。当它们同时接触极性差别较大的两种互不相溶的溶剂时(如水与有机溶剂)，就会以一定比例在两相中分配，这种分配过程在一定条件下达到平衡。平衡时，组分 A 在有机相与水相中的浓度比(严格地讲应为活度比)称为分配系数，记为

$$K=\frac{[\mathrm{A}]_{有机}}{[\mathrm{A}]_{水}}$$

式中，$[\mathrm{A}]_{有机}$、$[\mathrm{A}]_{水}$分别为 A 在有机相和水相中的浓度，且 A 在两相中的存在形式相同。

有时，A 在两相中的存在形态是多样的，常因解离、缔合、配位或其他形式的化学反应而使情况复杂化。因此，又将 A 在两相中各种形态的浓度之和相比定义为分配比 D：

$$D=\frac{\sum[\mathrm{A}]_{有机}}{\sum[\mathrm{A}]_{水}}=\frac{(c_{\mathrm{A}})_{有机}}{(c_{\mathrm{A}})_{水}}$$

为了在实际工作中能定量地比较不同萃取体系中的分离效果，把溶质 A 在两相中的总含量之比称为萃取效率 E，并以百分数表示：

$$E=\frac{(c_{\mathrm{A}})_{有机}V_{有机}}{(c_{\mathrm{A}})_{有机}V_{有机}+(c_{\mathrm{A}})_{水}V_{水}}\times 100\%$$

经过简单变换，得到

$$E=\frac{D}{D+\dfrac{V_{水}}{V_{有机}}}\times 100\%$$

由此可见，D 值越大，萃取效率越高。在实际工作中，若采取等体积溶剂萃取($V_{水}/V_{有机}=1$)，即使 D 值较小，使用连续多次萃取过程也可以获得较高的萃取效率①。

以上就溶质 A 的简单情况进行了讨论。对于分配比分别为 D_{A} 和 D_{B} 的两种物质在两个液相中的分离过程，需要以分离因数 β 表示分离效果。在理想情况下，两种物质的分配情况互不影响，β 定义为

$$\beta=\frac{D_{\mathrm{A}}}{D_{\mathrm{B}}}$$

习惯上规定 $\beta\geqslant 1$，即用较大的分配比除以较小的分配比。不难理解，当 β 较大，即物质的分配比差别很大时，利用简单的萃取就能获得满意的分离效果。

其他物质在任何两相之间的萃取情况是类似的。应注意的是，这种物质交换的过程只发生在两相界面上。为了加速建立平衡过程，应当尽可能增大两相之间的界面。因此，萃取过程中要充分振荡盛有液体的容器，固体物质要充分研细。但在许多情况下，尤其是涉及固相时，

① 天津大学分析化学教研室. 1995. 实用分析化学. 天津：天津大学出版社。

真正的分配平衡过程是很难完全建立的。

4.8.2　实验方法

1. 固体物质的提取

将充分研细的固体物质与适当的溶剂一起放入分液漏斗中进行提取(操作方法见 4.8.3)。固体物质和溶剂也可以放入接好冷凝管的烧瓶中加热回流,然后趁热过滤剩余不溶物。再将提取液蒸发、浓缩,必要时重结晶纯化。为了使提取更完全,上述操作需要重复进行多次。这时最好使用提取器,图 4 - 24 所示的索氏提取器(Soxhlet extractor)就是常用的一种。把固体混合物放入用滤纸做成的套袋内,装入提取器进行提取。当烧瓶中的溶剂蒸气从冷凝管凝结下来时,滴到固体提取物上,被提取物就溶解在热的溶剂相中。溶剂升高到一定高度,会从侧面的虹吸管溢流回烧瓶。然后又重新蒸发、冷凝,变为新鲜溶剂,重复上述提取过程。最后,所要的提取物就会集中在下面的烧瓶里。

图 4 - 24　索氏提取器

2. 金属离子的液-液萃取

金属离子在水溶液中是以水合离子形式存在的。由于水的极性较强,用弱极性或非极性有机溶剂很难将水合金属离子萃取出来。一般常在水溶液中加入某种萃取剂,使之与被萃取物离子结合成不带电荷的、难溶于水而易溶于有机溶剂的中性分子。萃取剂的加入改变了被萃取物的状态和性质,使萃取过程由难变易。

许多有机试剂具有配位基团和成盐基团,能够和金属离子形成中性螯合物,使金属离子可以被有机溶剂萃取、分离或富集。形成的螯合物带有五元环或六元环,因而十分稳定。若选择的萃取剂本身分配系数小、形成的螯合物分配系数大而且较为稳定,这种萃取剂就能使金属离子的萃取效率显著提高。当然,对不同的金属离子,需要选择不同的萃取剂、有机溶剂,并控制不同的 pH 等条件,以达到较好的分离效果。

金属离子的萃取分离还可以通过加入配位剂,使金属离子形成配阴离了或配阳离子,再与带相反电荷的另一种离子缔合成疏水性的中性分子而被有机溶剂萃取。

在萃取碱土金属、稀有元素时,有时用两种或三种萃取剂协同作用,并形成三元配合物,能获得选择性好、灵敏度高的分离效果。

3. 有机物的萃取与洗涤

有机物的萃取与洗涤主要依据“相似相溶”原则,即根据不同有机物在不同溶剂中有不同的溶解度来进行。萃取指从混合物中提取所需要组分的过程,而洗涤的目的刚好相反,即从混合物中抽提出不需要的组分。两者的原理与操作过程完全相同。

4.8.3　萃取分离的操作

装入相当于分液漏斗体积 1/5～1/3 的被萃取物水溶液,再加入等体积的有机溶剂,全部液体在分液漏斗中所占的容积不应超过 2/3。如果有机溶剂易燃,必须首先将附近的明火全部熄灭。塞好塞后,一手压住顶部的塞子,一手握住旋塞,轻轻地振摇。然后将漏斗的出口管向上,小心地打开旋塞排气(释放压力)。振摇和排气必须交替地反复进行,直到分液漏斗内气体的空间被溶剂蒸气所饱和,才能将漏斗猛烈地振摇 1～2min。注意:如果处理液有强腐蚀性,操作时应采取防护措施。经过振摇后的溶液在放置时分成两相:下层溶液通过分液漏斗的旋塞放出,而上层溶液应从顶部的口中倾出。有时某些组分在萃取过程中会形成较稳定的乳浊液,一时又难以分层,这时可加入食盐,使溶液饱和,破坏乳浊液的稳定性。加入少量消泡剂或戊醇以及放置较长时间,也可以破坏已形成的乳浊液。

4.9 薄层色谱

4.9.1 概述

色谱法作为一种分离技术,是利用被分离混合物在相对运动的两相(流动相与固定相)中分配系数的微小差异,通过反复多次的分配过程,不同组分的行进速度有差异而被分离开的一种方法。

薄层色谱法又称薄板层析,是从经典柱色谱法和纸色谱法基础上发展起来的一种色谱技术,兼备柱色谱和纸色谱的优点,是快速分离和定性分析的一种很重要的实验技术。

4.9.2 薄层色谱分离法

1. 分离原理

薄层色谱属于吸附色谱过程,其流动相又称为展开剂或溶剂,固定相也称吸附剂。由于组分、流动相和固定相三者间既相互联系又存在吸附竞争的机制,使得薄层色谱法有很好的分离效能。

当带有组分的流动相接融固定相时,组分和流动相对固定相表面产生吸附竞争,并都可以被吸附。这里主要发生物理吸附,因而吸附过程是可逆的,且在一定条件下达到平衡状态。

由于流动相借助于毛细作用源源不断供给、上行,使得组分与流动相对固定相的暂时吸附平衡被破坏,即吸附的组分不断地被流动相解吸下来。解吸下来的组分立即溶解于流动相中并随之向前移动,当遇到新鲜的固定相表面时,又与流动相展开吸附竞争并再次建立瞬间平衡,这种过程反复交替地进行。通常组分中不同物质的结构和性能总是存在某方面的差异,因而分配系数不同。在上述吸附-解吸过程中,不同组分行进速度不同最终被分离开来。

2. 实验技术

(1) 固定相的选择。硅胶和氧化铝是薄层色谱常用的固定相,两者都属于极性吸附剂。硅胶的吸附性来源于表面的 Si—OH 基,主要用于分离酸性、中性有机物;氧化铝的吸附性来自铝原子上未成键的空轨道,多用于分离碱性或中性有机物。

市售的薄层色谱用硅胶有 60G、60GF_{254}、60H、60HF_{254}和 60$HF_{254+366}$等品种。其中"G"表示含有 13%硫酸钙(作为黏合剂);"H"表示不含硫酸钙;F_{254}表示含有 2%无机荧光物质,在 254nm 的紫外线照射下发出绿色荧光;F_{366}表示含 2%有机荧光剂,在 366nm 紫外线照射下发出绿色荧光。

类似地,薄层用氧化铝也有多种型号,选用时可查阅有关的试剂手册。

(2) 制板。上面介绍的硅胶或氧化铝虽含有无机黏合剂硫酸钙,但在实际使用时硬度不够,特别是需要用铅笔作记号时很不方便。为此,建议在制板时以 0.5%～1%的羧甲基纤维素钠(CMC)溶液代替水作溶剂与固定相调好,制成的板有较高强度,用铅笔作记号很方便。

(3) 点样。样品用易挥发性溶剂溶解后，用毛细玻管或微量注射器点于薄层板距下端约2cm处。样点直径要控制小于2mm，两个样点间、样点与边缘都要保持一定相对距离，以避免相互干扰和产生边缘效应。

有时样品浓度太稀可多点几次，但要等第一次样点溶剂挥发以后再点第二次。一根玻璃管需要点第二种样品时，要截去沾有第一种样品的一小段，还要把端口磨平。制备型色谱由于板面积较大，吸附剂层较厚，可以点成线状。

点好样品后，等溶剂挥发干净，就可以进行展开过程。

(4) 展开剂的选择。由于制板时已选定了固定相，因此展开剂的选择就成为影响分离效果的主要因素。选择展开剂时首先要考虑对被分离组分有一定溶解度和解吸能力。由于硅胶和氧化铝都是极性吸附剂，因此展开剂的极性越大，对吸附剂活性位的竞争吸附能力也越强，对已吸附组分的洗脱能力也越强，就能使试样在薄板上移动更远距离，产生较大 R_f 值。例如，在分离过程中常发现 R_f 值太小，说明展开剂极性不够，需要考虑加入一种(有时是几种)极性强的展开剂进行调控。这种混合展开剂往往能使分离效果显著地优于单一展开剂。

常用展开剂的洗脱力(由小至大)顺序：石油醚、环己烷、四氯化碳、二氯甲烷、氯仿、乙醚、四氢呋喃、乙酸乙酯(无水)、丙酮、正丁醇、乙醇、甲醇、水、冰醋酸、吡啶、有机酸等。以上只是大致的顺序，且对硅胶和氧化铝适用。但使用前必须做实验，以实验取得的第一手资料为准。

此外，展开过程中，要使展开缸内展开剂蒸气始终处于饱和状态。一般可用一块方形滤纸贴于缸壁上(下端浸于展开剂中)，盖好密封一段时间。取放薄层板要迅速。

(5) 显色。薄层板展开后，要等溶剂挥发掉才能显色。若固定相带荧光物质，用紫外灯照射显色就很方便。用碘蒸气熏，使之呈现黄-棕色可逆配合物也是常用的方法。显色后，用铅笔轻轻圈出样斑位置，计算 R_f 值。

3. 应用

薄层色谱的最大优点是简便、易行、快速，且分离效果好，在定性分析、定量分析、监测反应进程、制备纯样品、为柱色谱做条件实验等方面均可使用。

在定性分析中，主要依据 R_f 值。需要注意的是，在吸附剂、展开剂、薄层厚度、温度及其他操作条件尽量保持一致时的定性才有意义。最好用被测样品标准品于同样条件下做对照，还要至少改变展开剂极性后再复核一次结果才是可靠的。

有机反应的进程也能很方便地利用薄层色谱来监测。例如，从反应开始时，每隔一定时间，将反应液点在薄层上并展开(以原料纯品作对照)。经显色后，如果检测不到原料斑点说明反应已完全。如果除了产物之外，还有其他斑点，可能是副产物或中间体。由产物斑点面积大小还能定性地估计产率。

柱色谱操作简单易行，在实验室中常用来分离并制备一定量纯物质。其操作条件，如吸附剂和洗脱剂的选择、组分的流出顺序及流出组分的纯度等，都可以用薄层色谱探索和检验。薄层色谱快速、方便，摸索出的分离条件往往稍作改变即可用于柱色谱，因而常将两者结合使用，在定性、分离、制备一定数量的纯样品方面成为简便易行的方法。

第 5 章　化学实验中的基本原理与基本方法

5.1　混合离子的分离与鉴定

通过离子鉴定反应，可以确定试样中存在的离子种类，进而可以确定试样的化学组成。一种离子在溶液中能进行许多化学反应，但并不是任何一种化学反应都可以作为该离子的鉴定反应。鉴定反应通常具有一些独特的性质，一般为反应速率快、现象明显且灵敏度高、选择性好的反应，如溶液颜色改变的反应、沉淀的生成和溶解反应以及生成气体的反应。下面仅就离子分离与鉴定的基本原理和方法作简略介绍。

5.1.1　鉴定反应的灵敏度和选择性

1. 鉴定反应的灵敏度

要产生明显的反应现象，所需待鉴定离子量的多少反映了反应的灵敏程度。显然，所需离子的量越少，灵敏度就越高。

反应的灵敏度通常用“检出限量”和“最低检出浓度”表示。检出限量(绝对量)是指用某种反应可以检出某种离子的最小含量，通常用微克(μg)表示；最低检出浓度(相对量)是指能得到肯定结果时待鉴离子的最低浓度，用 1∶G 或 10^{-6}表示。例如，用 KSCN 鉴定 Fe^{3+} 的反应，若将 Fe^{3+} 稀释到 Fe^{3+} 与水的质量比为 1∶200000，至少要取 0.05mL 试液才能观察到血红色溶液的产生，试液少于 0.05mL 或浓度低于1∶200000，就观察不到血红色溶液，则这个鉴定反应的检出限量为 0.25μg，最低检出浓度为1∶200000或5×10^{-6}。通常要求鉴定反应的检出限量应小于 50μg，最低浓度应低于 1∶10000 或100×10^{-6}。

反应的灵敏度主要取决于反应物质的本性。改变反应条件也可以改变灵敏度，因此在分析中常利用各种方法来提高鉴定反应的灵敏度。例如，在水溶液中加入乙醇可降低无机化合物的溶解度，使沉淀更易析出以提高沉淀反应的灵敏度；加入不与水相溶的有机溶剂萃取某种有色的无机化合物，使其浓度增大，颜色加深，更加便于观察，也提高了该反应的灵敏度。

如果用某种鉴定反应鉴定某离子时得到否定的结果，表示该离子含量在检出限量或最低检出浓度以下。

2. 鉴定反应的选择性

鉴定反应的选择性是对与加入的试剂反应的离子种类多少而言的。在混合离子体系中，与加入的某鉴定试剂反应的离子种类越少，则这一鉴定反应的选择性就越高。如果鉴定试剂只与被检离子反应产生特殊现象，其他离子的存在对此毫无影响，这种选择性最高的反应称为该离子的特效反应。例如，在阳离子中，只有 NH_4^+ 与碱温热时有氨气逸出[①]：

$$NH_4^+ + OH^- \longrightarrow NH_3\uparrow + H_2O$$

---

① CN^- 与强碱温热时，也产生氨气：$CN^- + 2H_2O \longrightarrow HCOO^- + NH_3\uparrow$(碱性并加热)，可加入适量 Hg^{2+} 使其生成 $[Hg(CN)_4]^{2-}$ 而除去。

这一反应就是 NH_4^+ 的特效反应。但实际上特效反应并不多，只能尽量选用选择性好的反应作为鉴定反应，在进行鉴定之前做一些必要的工作，以消除其他离子对被检离子的干扰，提高离子鉴定反应的选择性。

离子间的相互干扰主要来自两个方面。其一，其他离子也与加入的鉴定试剂发生类似反应，产生类似的现象，影响了对被检离子的判断。例如，用 K_2CrO_4 鉴定 Ba^{2+} 时，如果溶液中有 Pb^{2+} 和 Sr^{2+} 存在，就不能肯定生成的黄色沉淀是 $BaCrO_4$，因为 $PbCrO_4$ 和 $SrCrO_4$ 都是黄色沉淀。如果生成物的颜色不同，则深色必然会掩盖浅色，浅色物质是否生成就难以判断；反之则不会造成影响。例如，Fe^{3+} 与 $K_4[Fe(CN)_6]$ 反应生成深蓝色沉淀，如果溶液中还含有 Cu^{2+}、Zn^{2+}、Pb^{2+}、Cd^{2+}，它们与 $K_4[Fe(CN)_6]$ 也发生反应，生成沉淀的颜色分别为红棕色、白色、白色和白色。因此，对于利用 $K_4[Fe(CN)_6]$ 鉴定 Fe^{3+}、Cu^{2+} 的反应来说，Cu^{2+}、Zn^{2+}、Pb^{2+}、Cd^{2+} 对 Fe^{3+} 的鉴定就无干扰，因为它们生成沉淀的颜色不能掩盖对蓝色的观察；Zn^{2+}、Pb^{2+}、Cd^{2+} 的存在也不会干扰 Cu^{2+} 的鉴定；而 Fe^{3+} 的存在就会对 Cu^{2+} 的鉴定形成干扰。其二，妨碍鉴定反应的正常进行。例如，用钼酸铵试剂鉴定 PO_4^{3-} 时，还原性离子（如 SO_3^{2-}、S^{2-}、$S_2O_3^{2-}$ 等）可将钼酸根离子还原为低氧化态的钼蓝（钼蓝是氧化值在 5～6 的钼的蓝色化合物），从而破坏钼酸铵试剂，影响 PO_4^{3-} 的鉴定。

3. 提高反应选择性的几种方法

(1) 控制溶液的酸度消除其他离子的干扰。许多沉淀物的生成都与溶液的酸度有关，因此控制溶液的酸度对沉淀反应非常重要。例如，用 K_2CrO_4 鉴定 Ba^{2+} 时，如果溶液中有 Sr^{2+} 存在，它与 Ba^{2+} 一样能与 CrO_4^{2-} 反应生成黄色的铬酸盐沉淀，从而干扰 Ba^{2+} 的鉴定。如果调整溶液的酸度，使反应在中性或弱酸性条件下进行，酸度的增大降低了 CrO_4^{2-} 的浓度，则不会产生 $SrCrO_4$ 沉淀；因为 $BaCrO_4$ 的溶度积比 $SrCrO_4$ 小，仍可产生沉淀，从而消除 Sr^{2+} 干扰，提高 Ba^{2+} 鉴定反应的选择性。

(2) 加入掩蔽剂消除其他离子的干扰。利用离子掩蔽的方法消除干扰离子，其主要方法之一是加入"掩蔽剂"——配位剂，使干扰离子与配位剂形成稳定的配合物，配合物的颜色应该是无色或颜色较浅，不会影响被检离子与鉴定试剂反应的现象；配合物还应该不与被检离子作用。

例如，用 KSCN 鉴定 Co^{2+} 时，Co^{2+} 与 SCN^- 反应生成艳蓝色的 $[Co(NCS)_4]^{2-}$：

$$Co^{2+} + 4SCN^- \longrightarrow [Co(NCS)_4]^{2-}$$

该离子在水溶液中不太稳定，如果用丙酮萃取则现象更明显。若溶液中含有 Fe^{3+}，由于 Fe^{3+} 与 SCN^- 反应生成血红色的 $[Fe(NCS)]^{2+}$，其颜色较深，妨碍对 $[Co(NCS)_4]^{2-}$ 的观察，干扰 Co^{2+} 的鉴定。可在溶液中加入 NH_4F（或 NaF）作为掩蔽剂，使 Fe^{3+} 与 F^- 形成更加稳定但无色的 $[FeF_6]^{3-}$ 而被掩蔽，而 F^- 不与 Co^{2+} 形成稳定的配合物，从而消除了 Fe^{3+} 对 Co^{2+} 的干扰。

离子掩蔽不仅在定性分析中应用，在定量分析中也会用到。

(3) 利用其他方法消除干扰离子。从混合离子的实际情况出发，具体问题具体分析，设法找到一些简单可行的方法来消除干扰离子。例如，用钼酸铵试剂鉴定 PO_4^{3-} 时，还原性离子（SO_3^{2-}、$S_2O_3^{2-}$、少量 S^{2-}）可干扰 PO_4^{3-} 的鉴定。通过在溶液中加入浓 HNO_3，使还原性离子被氧化而消除其干扰。

(4) 通过分离消除干扰离子。对于存在的干扰离子，如果不能找到以上较为简便的方法消除，则只能通过分离的手段，将干扰离子与被检离子分离。例如，用 $C_2O_4^{2-}$ 鉴定 Ca^{2+} 时，生成白色的 CaC_2O_4 沉淀，如果溶液中同时有 Ba^{2+}，Ba^{2+} 也发生同样的反应。为消除 Ba^{2+} 的干扰，可加入 K_2CrO_4，使 Ba^{2+} 生成 $BaCrO_4$ 沉淀并将其分离出来，以达到消除干扰的目的。

5.1.2 鉴定反应进行的条件

鉴定反应和其他化学反应一样，需要在一定的条件下才能进行。如果不满足其反应条件，反应可能根本不发生，或者得不到预期的效果，以致作出错误的判断。因此，进行鉴定反应时，必须掌握主要反应条件，包括反应介质的酸碱性、反应离子的浓度、反应温度以及催化剂、溶剂等。

1. 介质的酸碱性

为使鉴定反应顺利进行，必须控制反应介质的酸碱性，这是由鉴定试剂、被检离子的性质及反应产物的特性所决定的。

例如，用 CrO_4^{2-} 鉴定 Pb^{2+} 的反应不能在碱性介质或强酸性介质中进行，因为产物 $PbCrO_4$ 沉淀能溶于 NaOH 和 HNO_3：

$$PbCrO_4 + 4OH^- \longrightarrow [Pb(OH)_4]^{2-} + CrO_4^{2-}$$

$$PbCrO_4 + H^+ \longrightarrow Pb^{2+} + HCrO_4^-$$

在 HCl 和 H_2SO_4 介质中会有 $PbCl_2$ 和 $PbSO_4$ 沉淀生成而产生干扰。

2. 反应离子的浓度

为使鉴定反应的现象明显，要求溶液中被检离子和鉴定试剂必须达到一定的浓度。对于沉淀反应，不仅要求溶液中反应离子的浓度积超过该沉淀物的溶度积，而且要求反应析出足够量的沉淀以便于观察，这对溶解度大的沉淀物就更为重要。

例如，用钼酸铵试剂鉴定 PO_4^{3-}，反应产物磷钼酸铵能溶解在过量的磷酸盐溶液中。因此，为了保证生成黄色的磷钼酸铵沉淀，必须加入过量的钼酸铵试剂：

$$PO_4^{3-} + 12MoO_4^{2-} + 3NH_4^+ + 24H^+ \longrightarrow (NH_4)_3PO_4 \cdot 12MoO_3 \cdot 6H_2O + 6H_2O$$

3. 反应的温度和催化剂

反应温度对某些鉴定反应有较大影响。有些鉴定反应，特别是某些氧化还原反应，常温下反应速率较慢，必须加热才能进行；有些反应还需要加入催化剂。例如，用 $(NH_4)_2S_2O_8$ 鉴定 Mn^{2+} 的反应，就需要加入 Ag^+ 作催化剂并加热，才能得到紫红色的 MnO_4^- 溶液：

$$2Mn^{2+} + 5S_2O_8^{2-} + 8H_2O \longrightarrow 2MnO_4^- + 10SO_4^{2-} + 16H^+ \text{（加热，}Ag^+\text{催化）}$$

若没有 Ag^+ 催化，$S_2O_8^{2-}$ 只能将 Mn^{2+} 氧化成 $MnO(OH)_2$ 棕色沉淀。

4. 溶剂

为了提高鉴定反应的灵敏度，增加生成物的稳定性，某些鉴定反应要求在一定的有机溶剂中进行。例如，用 H_2O_2 鉴定 Cr(Ⅵ)的反应：

$$HCrO_4^- + 2H_2O_2 + H^+ \longrightarrow CrO(O_2)_2 + 3H_2O$$

生成的深蓝色过氧化铬不稳定，易分解为 Cr^{3+} 使蓝色消失，为了使 $CrO(O_2)_2$ 稳定，加入乙醚或戊醇萃取，并使反应在低温下进行，就能得到较好的效果。

5.1.3　分离方法

当混合离子中几种离子互相干扰，又不能用离子掩蔽等简便方法消除时，就必须用分离的方法，使互相干扰的离子彼此分离开，再设法一一鉴定。

溶液中离子分离的方法主要有以下几种。

1. 沉淀分离法

借助于形成沉淀与溶液分离的方法称为沉淀分离法。

在混合离子溶液中加入适当的试剂（沉淀剂），与被检离子或者干扰离子形成沉淀物，再经过离心分离，就可以使被检离子与干扰离子分离开。沉淀剂一般可使某些离子同时产生沉淀，在分析化学上也称为“组试剂”。如果通过一次沉淀过程仍不能使干扰离子分离，则应进一步选加其他试剂使溶液再次沉淀或使部分沉淀发生溶解，直至最终将被检离子与干扰离子分离开。离子鉴定反应是在溶液中进行的，如果被检离子形成了沉淀，一般需要使其溶解后再加以鉴定。

沉淀分离法的关键是要求被沉淀的离子能沉淀完全，而其余离子不会产生沉淀，这就要求选择好沉淀剂的种类、浓度及用量，还要掌握好沉淀反应进行的条件。为使某离子沉淀完全，一般应加稍过量的沉淀剂，但沉淀剂过多会造成不被沉淀的离子浓度降低，从而降低该离子鉴定反应的灵敏度。检验沉淀是否完全的方法是离心后再在清液中加入 1 滴沉淀剂，看是否还有沉淀生成。若不再产生沉淀，表示已经沉淀完全；若仍有新沉淀产生，则说明沉淀剂不够或原沉淀反应未进行完全，应视具体情况加以调整，使反应最终达到要求。

阳离子常用的沉淀剂有 HCl、H_2SO_4、H_2S、NaOH、$NH_3 \cdot H_2O$、$(NH_4)_2CO_3$ 以及 $(NH_4)_2S$ 等；阴离子常用的沉淀剂有 $BaCl_2$、HCl、$AgNO_3$ 等，这将在阴、阳离子分离鉴定的实验中详细介绍。

2. 挥发分离法

挥发分离法是使某些离子与特定试剂反应，生成易挥发的生成物而与其他离子分离的方法。例如，使 NH_4^+ 与碱反应（加热）生成 NH_3；CO_3^{2-}、S^{2-} 与酸反应生成 CO_2、H_2S 等气体从溶液中逸出，从而与其他离子分离。

3. 萃取分离法

萃取分离法是利用物质在互不相溶的两种溶剂中的溶解度不同，使物质从一种溶剂中转移至另一种溶剂中，从而达到分离的目的。例如，Br_2、I_2 易溶于 CCl_4 而难溶于水，在含有 Br_2、I_2 的溶液中加入 CCl_4 后振荡，它们大部分转移至 CCl_4 层，再经分液就使它们与原溶液分离。物质在两种不同溶剂中的溶解度差别越大，萃取分离的效果就越好。关于萃取过程的原理，参见 4.8 节。

5.1.4　离子分离与鉴定的原则和方法

1. 分别分析和系统分析

在已知组成的混合溶液中，若某一离子有特效反应，或其他离子的存在并不干扰此离子的鉴定，就可以取混合液直接鉴定该离子，这种分析方法称为分别分析。但是，特效反应和离子间完全无干扰的情况并不多。一般情况下，需要根据共存离子的特点，设计一个合理的分离方案，按一定的顺序进行分离后，再依次检出各个离子，这种分析方法称为系统分析。

2. 空白试验和对照试验

鉴定反应一般采用灵敏度较高的反应，但太灵敏的反应也可能造成离子的"过度检出"，即试样中并不存在某种离子，由于蒸馏水或所用试剂中含有微量的此种离子而被误认为试样中含有此种离子。这种错误可以通过空白试验纠正。空白试验就是用蒸馏水代替试液，在同样条件下进行试验。例如，某试样用 HCl 酸化后，用 KSCN 法鉴定 Fe^{3+}，结果得到浅红色溶液，说明有微量铁存在，但不知此 Fe^{3+} 是试样中固有的，还是蒸馏水或所用试剂带入的。经空白试验，若得到与鉴定反应同样的浅红色，就不能说明原试样中一定含有 Fe^{3+}；若鉴定反应的红色比空白试验的红色深，则说明试样中的确含有微量的 Fe^{3+}。

进行对照试验可以检查试剂是否失效或鉴定反应条件是否正确。对照试验是用已知含该离子的溶液代替试液，在同样条件下进行试验。例如，用 $SnCl_2$ 溶液鉴定 Hg^{2+} 时，若不出现白色至灰黑色沉淀，一般认为试液中不含有 Hg^{2+}，但应考虑到 $SnCl_2$ 是否被空气氧化而失效。用少量 Hg^{2+} 溶液做对照试验，如果也未出现灰黑色沉淀，说明 $SnCl_2$ 溶液已经失效，应重新配制后再用其进行鉴定。若对照试验出现灰黑色沉淀，就可以确定原试液中的确不含有 Hg^{2+}。

空白试验和对照试验不仅可以辅助离子鉴定判断，而且在定量分析中也常用到，其基本原理是一致的。

3. 已知离子混合液的分析

拟定分析方案的原则：

(1) 在混合离子溶液中，如果某个离子在鉴定时不受其他离子的干扰，则可直接取试液进行该离子的分别分析，而不需要进行系统分析。若干扰离子可通过简单方法消除，也应尽量创造条件进行分别分析。

(2) 如果溶液中离子间的干扰无法用简单方法排除，则需要根据具体情况确定合理的分离方案进行系统分析。

4. 未知试样的分析

实际工作中常遇到的是对未知试样的分析，分析工作的难度就更大。对未知试样的分析，一般先进行初步试验，用以确定可能存在的离子和不可能存在的离子。然后根据可能存在的离子，设计出最佳的分析方案，经分析后确定最终的分析结果，这样做可以简化分析工作。

一般未知试样可按下列步骤进行初步试验。

(1) 根据试样的物理性质和试液的酸碱性判断。

如果试样是固体，可观察试样是否是均一的，大致有多少种晶体，结合各种晶体的结晶形状和光泽、固体化合物的特征颜色等初步判断试样的组成。常见的无机化合物的颜色如下(参见 14.5 节)：

黑色 CuO，FeO，Ni_2O_3，MnO_2，FeS，CoS，NiS，CuS，Ag_2S，HgS，PbS，Bi_2S_3 等

棕褐色 Co_2O_3，SnS，Ag_2O，Bi_2O_3，PbO_2 等

蓝色 铜的水合物盐，钴的碱式盐和无水盐等

绿色　镍盐，亚铁盐，铬盐，亚铬酸盐，锰酸盐，某些铜盐等

黄色　铬酸盐，HgO，CdS，SnS_2，As_2S_3，PbI_2 等

红色　Fe_2O_3，Cu_2O，HgO，Pb_3O_4 等

粉红色　锰盐，水合钴盐等

紫色　高锰酸盐，高铁酸盐，一些铬盐等

根据试样的溶解性也可以初步判断试样的组成。首先看其是否溶于水，若溶于水，则根据试液的 pH、试液的颜色等就可以作出初步判断。易溶于水的盐主要有钠盐，钾盐，硝酸盐，亚硝酸盐（$AgNO_2$ 除外），乙酸盐，钡、锶、铅以外的硫酸盐，银、铅、汞、亚铜以外的氯化物、溴化物、碘化物等。如果试液呈强酸性，则易被酸分解的离子如 S^{2-}、$S_2O_3^{2-}$、SO_3^{2-}、NO_2^-、CO_3^{2-} 就不可能存在。如果试样难溶于水，依次用稀 HCl、浓 HCl、稀 HNO_3、浓 HNO_3 和王水处理，根据其溶解情况可作出粗略判断。

(2) 从化学性质鉴别。

根据试样与常用试剂[如 HCl、H_2SO_4、NaOH、$NH_3 \cdot H_2O$、H_2S、$(NH_4)_2S$、$(NH_4)_2CO_3$、$BaCl_2$、$AgNO_3$ 等]的反应情况可预测哪些离子可能存在，哪些离子不可能存在。常见阳、阴离子与常用试剂的反应情况见第 14 章。

对于阴离子的检测，还常借助于是否发生氧化还原反应，判断试液中“氧化性离子”或“还原性离子”是否存在。

试液中一般不可能同时存在很多离子，经过上述初步试验后留下来需要进一步确证的离子就不会太多。这时再根据具体情况，设计合理的分析方案，进行最后的确证。

5.2　定量分析的一般步骤

定量分析的任务是测定物质中某种组分的含量。定量分析主要包括以下几个步骤：试样的抽取和制备、试样的分解以及分析方法的选择。

5.2.1　试样的抽取和制备

在定量分析中，常需测定大量物料中某些组分的平均含量。但在实际分析时，只能称取几克、十分之几克或更少的试样进行分析。取这样少的试样所得的分析结果，要求能反映整批物料的真实情况，即分析试样的组成必须能代表全部物料的平均组成。所以，在进行分析之前，必须了解试样来源，明确分析目的，做好试样的采取和制备。试样的采取应具有高度的代表性，否则分析结果再准确也是毫无意义的。

所谓试样的采取和制备，指先从大批物料中采取最初试样（原始试样），然后再制备成供分析用的最终试样（分析试样）。通常遇到的分析对象，其形态和均匀性会有不同，分析前要依据不同的被测物料使用不同的取样方法。

对于金属或金属制品试样，其组成比较均匀，取样量可适当少些。

对于液体试样，其组成也比较均匀，应根据具体情况采取不同的方法抽样。对于装在大容器里的物料，只要在贮槽的不同深度取样后混合均匀即可作为分析试样。对于其他情况，读者可以依此类推。

对于大气试样，可根据被测组分在空气中存在的状态（气态或气溶胶）、浓度以及测定方法的灵敏度，采用集气法或富集法取样。

不均匀物料(如煤炭、矿石、土壤等)的颗粒大小、硬度和组成都有很大差异。若物料采用输送带运送,可在输送带的不同横断面取样;若用车船运输,可先随机抽取部分车厢或船舱,再于车厢或船舱的不同部位多点取样;若物料堆放成锥形,应从不同的高度取样。取样的份数越多,试样越具有代表性,但处理试样的难度将增加。

5.2.2　试样的分解

在分析试样时常需将试样先分解制成溶液再进行分析(湿法分析)。分解试样时要注意:试样分解必须完全,在分解制成的溶液中不能有原试样的残渣;试样分解过程中待测组分不应挥发损失;不应引入被测组分和干扰物质。

常用的无机物分解方法有溶解和熔融两种。溶解是将试样溶解在水、酸或其他溶剂中,常用的溶剂有盐酸、硝酸、硫酸、高氯酸、磷酸、氢氟酸、王水、氢氧化钠等。熔融是将试样和固体熔剂混合,在高温下加热,使待测组分转变为可溶于水和酸的化合物,根据所用的熔剂性质可分为酸熔法、碱熔法、还原熔融法和半熔融法。

溶解有机物应根据相似相溶原理。测定有机物中的无机元素时,需将有机物预先分解除去(有机物的存在会严重干扰无机组分的测定)。试样分解方法有干法和湿法两种。干法分解试样主要有定温灰化法和氧瓶燃烧法。湿法分解试样可用浓硫酸、硝酸或二者混合酸处理试样,加热消化使有机物氧化成二氧化碳和水而除去,金属元素转变为硫酸盐或硝酸盐,非金属元素转变为相应的阴离子。

5.2.3　分析方法的选择

选择分析测定的方法应根据试样的种类和测定要求确定。通常对成品分析的准确度要求较高,而中间控制分析则要求简便快速;对于常量组分的测定,要求测定的相对误差为千分之几,宜选择化学分析(滴定分析或重量分析)和电位滴定法;而对于微量组分的测定,要求测定的灵敏度较高,宜采用仪器分析法,如分光光度法、电位分析法、气相色谱分析和原子吸收分光光度法等。这些方法虽然误差稍大,一般为百分之几,但对微量组分来说,其测定准确度还是能满足要求的。

选择测定方法还应考虑共存组分的影响。这是分析工作中较复杂的环节,既要注意了解共存组分对测定的干扰情况,还要考虑干扰组分的大致含量。对于微量、少量的干扰组分可采用掩蔽的方法消除其影响;而对于较大量存在的干扰组分,则必须事先经过沉淀、萃取、离子交换等分离操作,然后才可进行测定。

第 6 章　基本物理量的测定技术

6.1　密度的测量

密度是一个用于定量地描述物质特性的物理量。密度数值在工业、农业、国防、医药卫生及科研中是必不可少的基础物理数据，密度测量对于从事或将要从事化学、化工、材料、轻工、石油等工作的人员是必须掌握的实验基本技能。

6.1.1　密度定义

一定条件（温度、压力）下，物质的质量与其体积之比称为质量密度，简称为密度，其定义式为

$$\rho = m/V \tag{6-1}$$

式中，m 为物质的质量；V 为物质的体积；ρ 为密度。单位为 $kg \cdot m^{-3}$，为了使用方便，还常用 $g \cdot cm^{-3}$。

每种物质的密度在一定温度、压力下为常数，与该物质所构成的系统的形状、质量以及体积无关，物质系统可以是单一物质构成，也可由多种物质构成，而且可为气、液、固某一聚集状态。

在许多领域中，习惯使用相对密度（relative density）来表达物质的特性。相对密度是指在同一条件下，某物质 B 的密度 ρ_B 与另一参考物质 A 的密度 ρ_A 之比，用符号 d 表示，由于是两物质的密度之比，故 d 是量纲为一的量，其定义式为

$$d = \rho_B/\rho_A \tag{6-2}$$

对固体与液体一般选用某参考温度（一般用 4℃或 20℃）下的纯水作为参考物质。对气体则多采用 T=273.16K、p=100kPa 条件下的干燥空气为参考物质。

由式(6-2)可知，因一物质的密度值与温度有关，所以当 ρ_A 的温度为 t_1、ρ_B 的温度为 t_2 时，则表示 d 时应将 ρ_A、ρ_B 的温度标明，即 ρ_{A,t_1}、ρ_{B,t_2}，而且 d 应写为 $d_{t_2}^{t_1}$。例如，20℃的乙醇相对 4℃纯水的相对密度 d 应写为 d_4^{20}。

6.1.2　用密度瓶法测量液体的密度

在密度测量中，液体密度的测量应用更多、更普遍。以下介绍在化学实验室中最常用的测定液体密度的方法——密度瓶法。

1. 测量原理

密度瓶法是基于密度定义式，即测量待测物质的体积与质量而计算出其密度。其具体操作是，在空气中用天平称量干燥的空密度瓶，再在空气中称量装有已知密度的标准液体（t℃，一般用纯水）的密度瓶，最后在空气中称量装有与标准液体积相同的待测液（t℃）的密度瓶。根据三次称量可列出以下方程计算所测液体的密度：

$$\rho_1=\frac{(m_3-m_1)(\rho_W-\rho_{空})}{m_2-m_1}+\rho_{空} \tag{6-3}$$

式中，$\rho_{空}$ 为空气在室温下的密度；ρ_W 为标准液(纯水)在恒温槽中温度恒定为 t℃时的密度；ρ_1 为待测液体在恒温槽中温度恒定为 t℃时的密度；m_1 为盛满空气的空密度瓶的质量；m_2 为在 t℃下标准液装至密度瓶的标线时密度瓶与标准液的质量之和；m_3 为在 t℃下待测液装至密度瓶的标线时密度瓶与待测液的质量之和。

2. 密度瓶的类型与特点

密度瓶是一种在一定温度和规定标线下具有一定容积的称量仪器。根据测量要求大体可以分成单管式[图6－1(a)、(b)]与双管式[图 6－1(c)]两类。下面介绍几种实验室常用的密度瓶。

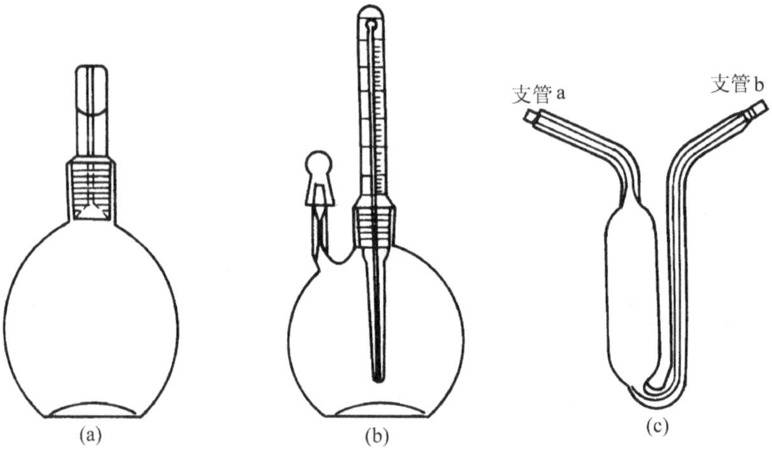

图 6－1　测量液体密度常用的密度瓶类型

(1) 毛细管塞式密度瓶。图 6－1(a)是最常用的一种单管毛细管密度瓶，也称为盖・吕萨克式密度瓶。这种密度瓶为梨形，也可为球形，上面是一支用毛细管制成的、与瓶口磨口连接的管塞，磨口管塞上有的带标线，有的不带标线。若使用不带标线的密度瓶，在测量时液面高度以瓶塞口为准。其容积一般有 5mL、10mL、25mL、50mL、100mL 等规格。

(2) 带温度计的密度瓶。图 6－1(b)是瓶内带有温度计的单管式密度瓶，温度计与瓶口间用磨口连接，侧管是毛细管，直径约 1.5mm，毛细管上端是一尖顶盖，顶盖上有一排气孔。这种密度瓶有三种规格：在 20℃下瓶标线容积有 10mL、25mL 与 50mL。温度计有 10～30℃和 30～60℃两种，其最小分度值为 0.5℃。这种密度瓶的优点是可以直接测量瓶内液体温度，避免了瓶内、外的温差带来的误差。另外，此瓶具有毛细管特点，适用于要求高精度液体密度的测量。

6.2　真空的获得与测量

6.2.1　真空获得与测量的基础知识

真空是指在一定空间内压力低于大气压的气体状态。用真空度来表示真空技术中真空状态下气体的稀薄程度。气体越稀薄、压力越低，表示真空度越高(好)；反之，则称真空度低

(差)。表示真空度的方法通常有两种:一种用绝对压力表示,即绝对真空度,是以绝对真空作为压力的零基准点,用单位面积所受压力值来表示;另一种用相对压力表示,即相对真空度,是指被测对象的绝对压力与测量地点大气压的差值,一般为负数。故真空度是用压力的单位来量度。按 SI 单位制与我国法定计量单位规定,压力的单位是帕斯卡(Pascal),简称帕,符号 Pa。但最先使用的真空度单位是毫米汞柱高度,即 mmHg,至今仍被一些部门使用。

真空区域划分为:真空度为 10^5～10^3 Pa 称粗真空,真空度为 10^3～10^{-1} Pa 称低真空,真空度为 10^{-1}～10^{-6} Pa 称高真空,真空度小于等于 10^{-6} Pa 称超高真空。

6.2.2　真空的获得

1. 真空泵简介

真空技术应用在许多领域中,人们根据不同需要研制了各式各样的抽气设备(真空泵)与抽气方法,它们依据的原理各异,结构与形状差别很大。归纳起来大致有以下五类:

(1) 利用气体本身具有压缩与膨胀性能而获得真空的泵,这种泵是利用机械运动(转动或滑动)使工作室的容积周期性变化而达到抽气目的,称这类真空泵为机械真空泵,如实验室常用的旋片式油封机械真空泵、往复式机械真空泵等。

(2) 利用高速定向运动蒸气流与被抽气体分子进行能量交换而获得真空的泵,如汞、油蒸气扩散泵。

(3) 利用将气体电离成离子并在电场的作用下做定向运动而进行抽气的泵,称离子泵。

(4) 利用物质对气体进行物理吸附或化学吸附作用而降低真空系统中压力的泵,有吸附泵、低温泵等。

(5) 利用某些气体与固体(吸气金属或合金)发生化学反应而令气体分子牢固地与固体结合,这样获得真空的泵有钛升华泵、锆铝吸气剂泵等。

下面介绍实验室应用最广的油封机械真空泵。

2. 油封机械真空泵

油封机械真空泵是指利用油密封运动部件,依靠机械运动令排气腔体容积周期性变化而使气体从系统中排出的真空泵。这类真空泵常用的有旋片泵、滑片泵、柱塞泵、罗茨泵,在此只介绍实验最常用的旋片泵。

1) 单级旋片泵结构与工作原理

(1) 结构。如图 6-2 所示,单级旋片泵主要由定子、刮板(旋片的统称)、转子组成,只有一个工作室。定子上部开有进气口与出气口,定子的出气口上有一单向排气阀门,它的作用是只允许气体从泵腔中排出,而防止气体返回泵腔中,整个阀门浸在油中,以隔断该出气口与大气直接相通。外壳顶部有加油口,下部有排油口,侧面有油液面视窗,视窗上刻有一水平线,泵运转时,油

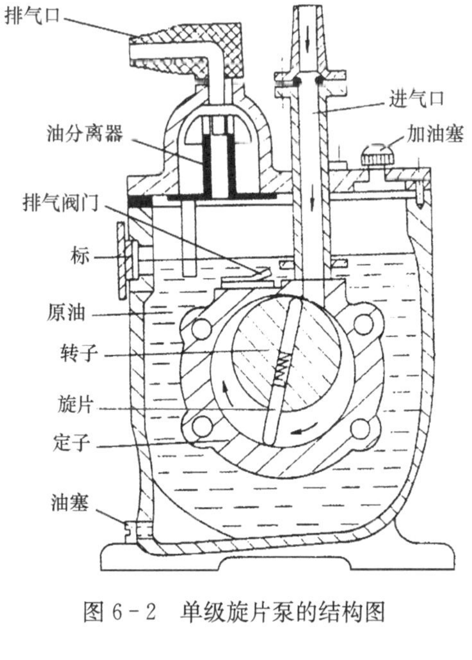

图 6-2　单级旋片泵的结构图

面应保持在刻线位置。转子偏心放置在定子内，它的表面与定子顶部互相紧密接触，接触线处在进气口与出气口之间。转子上开有槽，槽中装有两块刮板，两刮板间放有弹簧，其作用是将刮板沿径向外推，使刮板边缘紧贴于定子内表面。转子的轴通过轴承支撑在密封定子端板上。当转子旋转一周时，每个刮板吸入气体与排出气体各一次，即转子转一周完成两次吸气与两次排气过程。

(2) 工作原理。从旋片泵结构可知，由于转子偏心放置，转子上装有两片刮板而将泵腔分成了三部分：从进气管到刮片之间的空间称为吸气空间；由排气阀至另一刮板之间的空间称为排气空间；两片刮板之间的空间称为膨胀、压缩空间。当刮板处于垂直位置，则泵腔就分隔成出气与进气两个空间，如图 6-3(a)。但不管刮板处于什么位置，进气口与出气口始终都是分隔状态的。旋片泵能抽气的原理，用图 6-3 可以很好地说明。设开始时刮板处在垂直位置，其中一个刮片在上，另一刮片在下，如图 6-3(a)，吸气过程未开始。当转子顺时针旋转，刮板通过进气口后，吸气空间随刮板做圆周转动而逐渐增大，需抽空系统内的气体被吸入至吸气空间，而令系统压力降低；当另一刮板转动至刚好将进气口封死，系统气体不再被抽，已被吸入的气体处于膨胀压缩空间内，且吸气量达最大；刮板继续转动，则封在刮片间的气体开始被压缩，其压力不断增大，当气体压力能克服排气阀门片弹力、泵油层的重力以及大气压之和时，气体就顶开排气阀，穿过油层而排至大气中；排气结束后，刮片回到垂直位置，只是两刮片交换了位置。

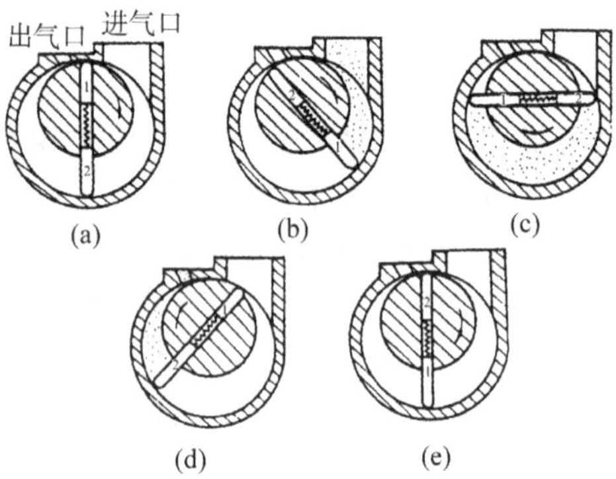

图 6-3 旋片泵工作原理示意图

旋片泵主要用于抽除真空密封容器中的干燥气体或含少量可凝性蒸气的气体，不能应用于含氧过高、有爆炸性的、对金属有腐蚀作用的气体，更不能用于含有颗粒状物料或与泵油能进行反应的气体。

2) 使用旋片泵的注意事项

使用前要检查泵油油面是否到视窗的油标线位置。泵接通电源后必须检查旋片泵的旋转方向，若反方向旋转，刮片就会将泵油压入被抽系统内，造成真空系统严重污染。

应按泵的要求选择符合规定的机械泵油。要按规定向泵内注入机械泵油，即油面应在观察窗的规定位置，油量过多则运转时泵油从排气口向外喷溅，油量不足则造成密封不严而导致泵内气体渗漏。

机械泵要停止工作时，应首先将真空系统与旋片泵间的阀门关闭，同时打开放气阀令大气通过进气口进入泵中，然后关掉泵电源。否则停泵后，因真空系统处于真空状态，而泵的出气端处于大气压下，空气会从出气口进入并将泵油压至真空系统内，使真空系统被泵油污染。为了避免这种回油现象，应在安装时与进气口相连的管道上装放气阀(一般为三通阀)。

泵长时间运转时，要注意泵油的温度不得高于 75℃，否则因泵油黏度过小而导致其密封性差，造成气体渗漏，降低真空度。

6.2.3 真空的测量

测量某一特定稀薄气体(或蒸气)压力时使用的仪器或仪表称为真空计。由于真空的测量范围很宽，因用途不同而真空度的范围可由 $10^{-13} \sim 10^{5}$ Pa，目前尚无一种真空计能测量如此宽的真空度范围，因此对应不同的真空区域有不同测量范围的真空计。下面介绍目前在实验室中仍在使用的液柱 U 形真空计。

液柱 U 形真空计是利用 U 形玻璃管中的液(汞、油等)柱的高度差来测量稀薄气体压力(真空度)的装置。液柱 U 形真空计分开式与闭式两种，更多采用的是闭式 U 形真空计，将 U 形管的一端封死并抽真空后，再灌入工作液(汞、274 硅油)，就构成了闭式 U 形真空计，如图 6－4 所示。测量时，将其开口端接被测真空系统。设开口处压力为 p，Pa，密封端处压力为 p_0，Pa，则应有

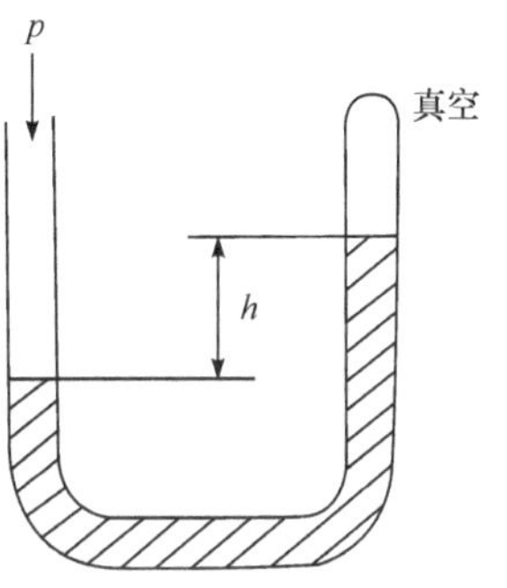

图 6－4 闭式 U 形真空计

$$p = 133.32\frac{\rho}{\rho_{Hg}}h + p_0 \tag{6-4}$$

式中，h 为工作液的液柱差，m；ρ 为测量温度下工作液的密度，kg · m^{-3}；ρ_{Hg} 为汞在同温下的密度，kg · m^{-3}。如工作液是汞，则式(6－4)改写为

$$p = 133.32h_{Hg} + p_0 \tag{6-5}$$

式中，p_0 值的大小取决于密闭端所抽到的极限压力与工作液的饱和蒸气压。在室温下，汞的饱和蒸气压 $p_{Hg}^{*} < 10^{-1}$ Pa，274 硅油 $p_{Si}^{*} < 10^{-5}$ Pa，所抽取的极限压力一般低于 10^{-2} Pa，故 p_0 与 p 相比可忽略，于是式(6－5)变为

$$p = 133.32h_{Hg} \tag{6-6}$$

由式(6－6)可知，只要测出 h_{Hg} 就可得到被抽系统的真空度。

6.2.4 真空检漏

真空系统是由真空泵、管道、被抽系统、测量仪表及阀门等部件组装而成的，实验中由于种种原因产生漏气现象是常见的。漏气是指真空泵的性能符合要求，工作正常，但系统的真空度达不到要求。真空系统安装完毕后，均应进行检漏，然后视漏气程度采取更换零部件或修补等措施。

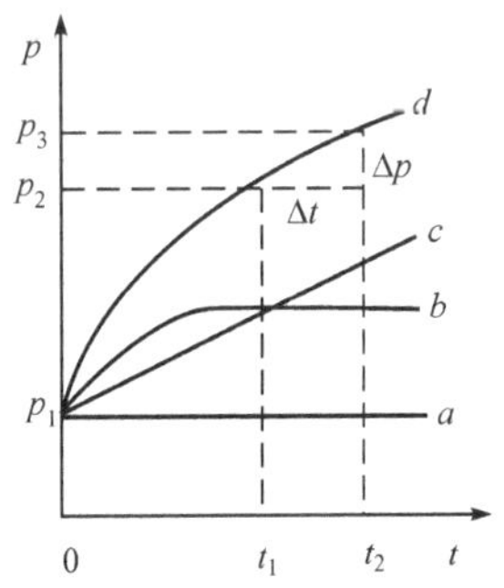

图 6－5 封闭系统压力-时间曲线

1. 漏气的判断

实际真空系统如真空泵抽不到所要求的真空度时，除系统漏气外，也可能是泵工作不正常或系统内存在放气源(如液滴、污垢物)所致。到底是何原因，需进行判断。常用判断方法之一是绘制压力-时间曲线。首先将整个真空系统连通，启动真空泵，使整个系统达到可能达到的最低压力，然后将真空泵切断，由连接在系统上的真空计读出并记录压力随时间的变化，绘制成曲线，如图 6－5 所示。根据曲线的形状即可判断系统情况。图 6－5 中曲线 a 为系统的压力始终保持最低压力 p_1，说明系统既不漏气，也无放气源放气。真空系统达不到要求压力，其根本原因在于泵本身工作不正常。曲线 b 反映了切断真空泵后，系统压力上升较快，达一定数值后趋于稳定，这种情况说明系统内存在放气源。曲线 c 为直线上升，说明是漏气。曲线 d 表示开始压力上升较快，然后逐渐变慢，最后接近为斜率一定的直线，这说明放气源的放气与漏气同时存在。压力上升较快一般是由漏气与放气

共同造成的，之后放气速率逐渐降低并达饱和后，系统压力上升只与漏气有关，故为直线。

在实际工作中，不应忽略系统内放气源的存在，特别对于高真空系统，要根据实际需要决定是否消除放气源。

2. 漏检的原则

当判断系统漏气后，就应着手寻找漏气孔的所在位置。必要时，还需估计漏气孔的大小。如何尽快地找到漏气孔的位置，有以下几条实际经验：

(1) 将系统进行分段检漏。将真空系统抽至所能达到的最高真空度后，立即关闭系统所有隔断阀，将系统分为若干部分。然后首先检查装有真空计部分是否漏气，如不漏则由近而远使各部分依次与装真空计部分相连通，哪一部分连通后出现真空度下降，就可判断这一部分一定存在漏气孔，这是最常用的漏检原则。

(2) 寻找漏气孔应有重点。通过分段检漏只能确定哪些部分存在漏气孔，还需进一步找出漏气孔的确切位置。漏气多发生在阀门、真空系统各部分连接处、经过整修的位置、接口、规管电极引出线等部分，而容器与管道的主体壁面很少漏气。

(3) 应从真空系统本身的内部结构与要求，选择相适宜的检漏方法，否则会因检漏方法不当而造成系统内部的污染甚至破坏。

(4) 不能忽略内部的大放气源。当采用各种适当检漏方法证实系统不漏气后，系统真空度仍下降，此时就应注意系统内部是否存在较大放气源。

3. 检漏方法

检漏方法一般分为加压检漏法与真空检漏法。加压检漏法又分打气检漏法与水压法两种，其中打气检漏法是最常用的方法，下面扼要介绍这一方法。

将高于大气压力的干燥且干净的空气或氮气充入真空系统中，在真空系统的外表面上认为有可能漏气的部位处，用小刷子涂上一层肥皂液，如有气泡出现，则说明该位置确实漏气。

此法检漏的注意事项：要切实了解被检容器与连接部分是否能承受正压以及能承受多大压力；加压要适当，以防止爆炸事件发生；检漏前应仔细地清除检漏部位表面的油污、粉尘等，再洗净、干燥。用肥皂水作指示物则肥皂液要浓度合适，不得有污染物。皂液太稀易于流动和滴落，可能因大漏孔处皂液不足无法形成气泡而发生漏检；皂液太稠则透明度差，不利于对小漏气孔观察而造成漏检。肥皂液如夹有污染物，则易堵塞漏气孔而造成漏检。

6.3 压力的测定

6.3.1 概述

压力一般是指流体的压强，以垂直并均匀作用在单位面积上的力来定义，是表示强度的力学量。

在工业和科研中，常用以下几种不同的压力概念：大气压力、绝对压力、表压(力)、疏空压力和真空度(概念参见 6.2.1 节)，如图 6-6 所示。

(1) 大气压力。大气压力是指地球表面的空气柱重量所产生的平均压力，常用符号 p_b 表示。它随地球纬度、海拔和气象情况而变，也随时间而变化。

(2) 绝对压力。绝对压力是以绝对真空作零基准表示的压力，即被测流体作用在容器单

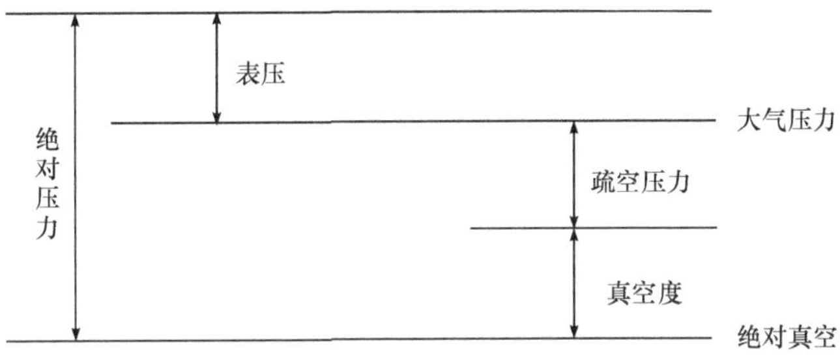

图 6-6　压力的种类及关系

位面积上的全部压力，常以符号 p_a 表示，它表明了测定点的真正压力。

(3) 表压。表压是以大气压力为零基准且超过大气压力的压力数值，即一般压力表所指示的压力，常用符号 p 表示，它等于绝对压力与大气压力之差。

(4) 疏空压力(也称真空表压力，负压)。疏空压力是以大气压力为基准且低于大气压力的压力数值，即大气压力与绝对压力之差，常用符号 p_h 表示。

6.3.2　液柱式压力计——U 形管压力计

1. 概述

液柱式压力计是最早用来测量压力的仪表之一，由于其结构简单、制造容易、测量精度较高和价格便宜，至今在计量、实验、科研上仍广泛应用。

根据结构形式液柱式压力计可分为 U 形管压力计、单管式压力计、倾斜式压力计等，见图 6-7，因实验室一般用 U 形管压力计，故予以重点介绍。

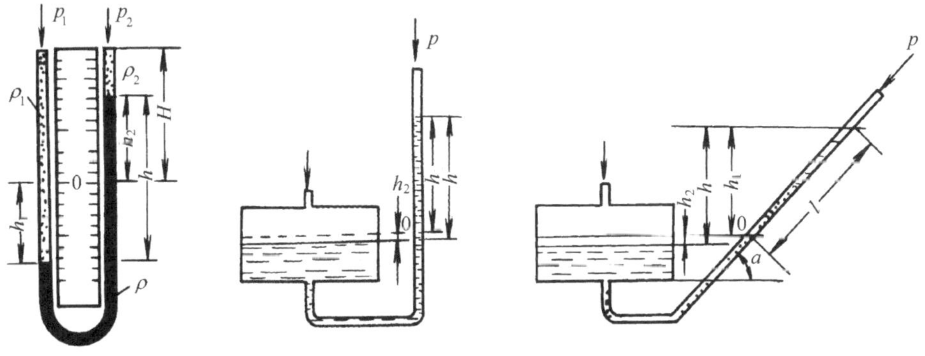

(a) U形管压力计　(b) 单管式压力计　(c) 倾斜式压力计

图 6-7　液柱式压力计结构示意图

如图 6-7(a)所示，U 形管压力计是由内径均匀的 U 形玻璃管(也有金属管)安装在镶有刻度标尺的支承板上构成的。U 形管内灌有密度适宜的液体(工作介质)。如果管两端均接大气压力，则两管内工作介质的液面处于同一水平位置，若左管端与被测压力(p_1)端相连，右管端与大气压力端相连(p_2)，当被测压力 p_1 大于大气压力 p_2[图 6-7(a)]时，左管内的液面下降，而右管内的液面上升，直到压力计内的液面不再移动，即管内液面达到平衡，此时和大气压力端相连的液面与被测压力端相连的液面的高度差为 h，根据流体静力平衡原理得

$$p_1 - p_2 = \rho g h \tag{6-7}$$

式中，p_1 为被测量绝对压力；p_2 为大气压力；h 为和大气压力端相连的工作介质液面与和被测压力端相连的工作介质液面的高度差；ρ 为工作介质的密度；g 为重力加速度。

式(6-7)中的 p_1-p_2 实为被测量的表压力，故式(6-7)也是U形管压力计测量表压力的计算公式。由此式可知，工作液体的密度随温度而变，因此即使测量同一压力，其液柱 h 也将随温度而变化。重力加速度 g 是与测量地点的纬度和海拔高度有关的量，故在被测压力、温度都相同时，液柱差 h 将随测量地点的不同而不同。由此可见，为了保证U形管液体压力计的测量精度，需要对读数进行温度和重力加速度的修正。

从式(6-7)还可知，被测压力的大小和管截面积的大小无关，但当管径较小时，工作液体易与玻璃发生毛细现象，故通常采用管径为5～8mm的管，以减小毛细现象带来的误差。一般U形管液体压力计要读取左右两管的液面，从理论上说，若两管的内径完全相同，则一管液面下降的高度等于另一管液面上升的高度，这样只需读任一管的液面即可，但实际的U形管压力计的两管内径是不可能处处相等的，因此一般需对U形管液体压力计的两液面同时读数。

对于常用的U形管汞压力计，为避免汞的挥发，一般用硅油对U形管两端的汞进行液封，由于压力计两端硅油柱不等长，也会形成一定的压差，则用下式进行修正：

$$p_1-p_2=\rho gh+\rho' g(l_2-l_1)$$

式中，p_1 为被测量绝对压力；p_2 为大气压力；h 为和大气压力端相连的汞柱液面与和被测压力端相连的汞柱液面的高度差；ρ 为汞的密度；g 为重力加速度；ρ' 为硅油的密度；l_1 和 l_2 分别为和被测压力端相连的硅油柱的高度及和大气压力端相连的硅油柱的高度。

2. 液柱式压力计的修正

液柱式压力计一般用液柱的高度表示压力值的大小，但是在不同的环境温度和不同的地点，即使测得同一工作液体的液柱高度相同，实际压力值也有可能不同，为了能够采用液柱高度作压力单位，统一规定以标准状态下的液柱高度为准，即重力加速度值为9.80665m · s^{-2}，汞的密度是用0℃下的值，水的密度是用4℃时的值。实际测量中，很难满足上述的标准状态，因此在精密测量中，必须就温度和重力加速度进行修正。还有，液柱式压力计的刻度和校验均在20℃下进行，所以压力计的读数要化为20℃时的值。

1) 温度的修正

主要是工作液体的密度和刻度标尺的长度因温度变化而改变，从而引起读数误差。

(1) 密度的修正。现有一液柱式压力计处于某温度 t 下，测量一压力 p，其相应液柱高度为 h_t，工作液体密度为 ρ_t，同一压力计在标准温度 t_0 下，测同一数值压力 p，其相应液柱高度为 h_0，此时工作液体密度为 ρ_0，设液体的体膨胀系数为 α_V，则

$$\rho_t[1+\alpha_V(t-t_0)]=\rho_0 \tag{6-8}$$

由于同一压力计在同一地点测量同一数值压力，故有

$$\rho_t g h_t=\rho_0 g h_0 \tag{6-9}$$

所以

$$h_t=h_0\rho_0/\rho_t \tag{6-10}$$

将式(6-8)代入，整理得

$$h_t=h_0[1+\alpha_V(t-t_0)] \tag{6-11}$$

若将温度 t 下的液柱高 h_t 换成标准状态时的液体高 h_0，则

$$h_0=h_t/[1+\alpha_V(t-t_0)] \tag{6-12}$$

(2) 刻度标尺的修正。由于标尺刻度是指 20℃下的刻度，当温度为 t 时，标尺的刻度也将发生变化，因此温度 t 下的液柱高度中包含了这一误差在内，设 α 为标尺的线膨胀系数，则因标尺受温度影响而引起的误差 Δ 为

$$\Delta = h_t[1+\alpha(t-20)] \tag{6-13}$$

综合上述两项修正，可得温度修正项为

$$h_0 = h_t[1+\alpha(t-20)]/[1+\alpha_V(t-t_0)] \tag{6-14}$$

2) 重力加速度的修正

重力加速度的标准值 $g_H=9.80665\text{m}\cdot\text{s}^{-2}$ 是指在纬度 45°处海平面上的值，因此在精密测量时，必须进行纬度与海拔高度引起的仪表表示值误差修正。设压力测量地点的纬度为 ϕ，海拔高度为 H，液柱式压力计在标准温度下的示值为 h_0，要换算为 $\phi=45°$、$H=0$ 处的值 h_s，可按式(6-20)计算：

$$h_s = h_0(1-0.0026\cos 2\phi-0.00000031H) \tag{6-15}$$

倘若测量地点的重力加速度值 g_ϕ 已知，则由 h_s 和 h_0 有

$$h_s = h_0 g_\phi / g_H \tag{6-16}$$

综合上述修正，得到

$$h_s = \frac{h_t g_\phi[1+\alpha(t-20)]}{g_H[1+\alpha_V(t-t_0)]} \tag{6-17}$$

式中，h_s 为工作液体在标准温度、重力加速度值为 $9.80665\text{m}\cdot\text{s}^{-2}$、标尺刻度温度为 20℃下的仪表液柱高度；$h_t$ 为仪表处于温度 t 时的液柱高度；g_ϕ 为在测量地点的重力加速度，即在纬度为 ϕ、海拔高度 H 的重力加速度；g_H 为标准重力加速度；α 为标尺的线膨胀系数；α_V 为工作液体的体膨胀系数；t_0 为标准温度，汞等取 0℃，水取 4℃；t 为测量压力时，压力仪表所处的环境温度。

3. 汞气压计

1) 气压计的构造

实验室最常用的是福丁(Fortin)式气压计，属于液柱式压力计的一种，其外部构造如图 6-8(a)所示。

气压计的上部外层为一黄铜管，管顶端为一圆环，管上部有一长方形的孔，用以观察汞柱高度。铜管内装有长为 90cm、内径为 6mm 的垂直放置玻璃管，管内充有汞，汞顶端以上的玻璃管是封闭的，且为真空，下端稍细，直插入气压计底部的汞槽中，见图 6-8(b)。在铜管上装有以下部件：

(1) 刻度标尺。刻度标尺刻在长方形孔的一边，是气压计读数的整数部分。

(2) 游标。游标装在长方形孔中。旋转管制游标螺旋，可使游标上下移动，用以读出气压计读数的小数后的最后读数。

(3) 温度计。温度计装在铜管中部，且固定在铜管与玻璃管之间。

气压计下部的详细结构如图 6-8(b)所示，外层是由一铜管和一截短玻璃筒构成，内装汞槽，槽的上部有棕榈木的套管固定在槽盖上。在木套管与玻璃管连接处用羚羊皮紧紧包住，空气可以从皮孔出入而汞不会溢出。汞槽的底部为一羚羊皮囊，其下端由可调节螺旋支托，通过旋动气压计铜管底部的调节螺旋，就能调节槽内汞面的高低。在汞槽上部装有一倒置的象牙针，针尖是刻度标尺的零点。读数时，必须使槽内汞面正好与针尖相接触。

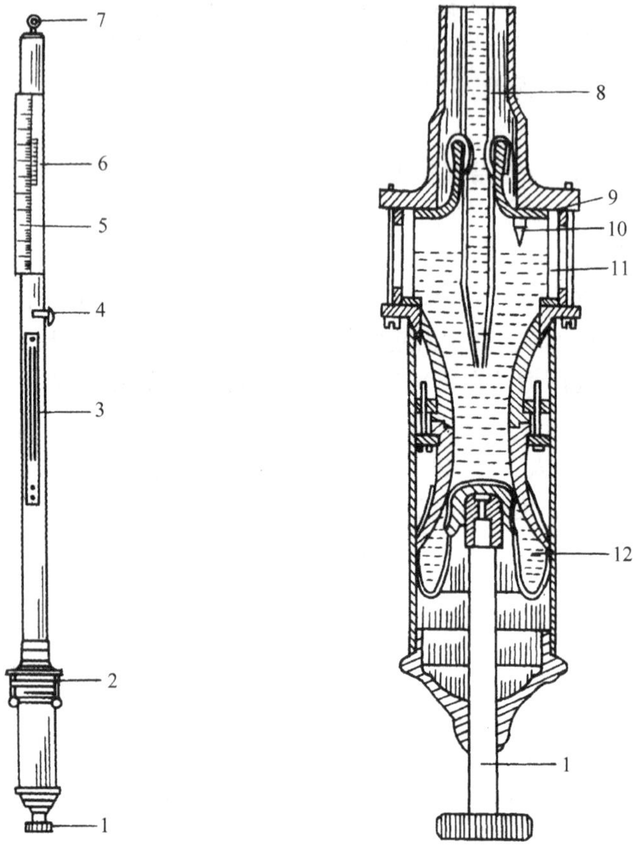

(a) 气压计的构造图　　(b) 气压计下部放大图

图 6-8　汞气压计

1—调节螺旋；2—汞槽；3—温度计；4—管制游标螺旋；5—刻度标尺；6—游标；7—顶端圆环；8—玻璃管；9—木套管；10—象牙针；11—玻璃筒；12—羚羊皮囊

2）使用方法

（1）先读出温度计的温度，即为环境温度，再检查气压计是否垂直放置，需在垂直放置时才能读数。

（2）调节汞槽中的汞截面。旋转调节螺旋以升高槽内汞面，利用汞槽后面的白瓷片反光，注视汞面与象牙针之间的空隙，直到这空隙因汞面的上升而恰好消失为止。

（3）调节游标。转动游标的螺旋，令游标尺基面高于汞柱端面，然后，再慢慢旋动该螺旋令游标下落，直到游标的基面恰好和汞柱凸面顶端相切。

（4）读数。以 kPa 作刻度单位的大气压计为例：

读整数部分时，先看游标的零线在刻度标尺的位置，如恰与标尺上某一刻度相合，则刻度数即为气压计读数。如果游标零线在标尺两刻度之间，如[101]与[102]之间，那么气压计读数的整数部分即为[101]，再由游标上的刻度确定其小数部分。

读小数部分时，在游标与标尺的刻度中，找出游标上某一刻度恰与标尺上某一刻度相合者，则游标读数即为小数部分。

（5）读数后转动气压计底部的调节螺旋，使汞面下降到与象牙针完全脱离。

注意：在旋转调节螺旋时，汞柱凸面凸出较多，下降时凸面凸出少些。为使读数正确，在旋转调节螺旋时，要轻弹一下黄铜外管的上部，使汞面凸出正常。

大气压计与其他液柱式压力计一样，需进行温度、重力加速度的修正。

由于福丁式气压计仍使用汞与玻璃管，故同样具有易碎与污染环境的缺点，目前有被电测式气压计替代的趋势。电测式气压计原理见 6.4.3 节。

6.4　温度的测量

温度是在热平衡时表征物体冷热程度的物理量。物体的温度通过温度计测量，实验室中常用的温度计有如下几种。

6.4.1　玻璃液体温度计

玻璃液体温度计是在玻璃管内封入汞或其他有机液体，利用封入液体的热膨胀进行测量的一种温度计，属于膨胀式温度计。

1. 玻璃液体温度计的结构

玻璃液体温度计因所用场合不同，在结构上各有差异。但测温原理是相同的，故其主要组成部分是相同的，即均由感温泡、感温液、中间泡、安全泡、毛细管、主刻度、辅刻度等组成，其结构如图 6－9所示。

玻璃温度计从结构上分为棒式、内标式及外标式三种，实验室所用的玻璃温度计基本上为棒式，因为这种温度计的温度标尺直接刻在毛细管上，标尺与毛细管之间在测温过程中不会发生位移，所以测温精度较高。图 6－9 所示的便是棒式温度计。

棒式温度计按所用的感温液是汞或其合金(汞-铊等)还是有机液体而分为汞温度计和有机液体温度计。另外，还根据温度计测量某介质温度时，是需将温度计的整个液柱与感温泡浸入被测介质中，还是只需将温度计插入温度计本身标定的固定浸没位置而分为全浸式与局浸式两种。

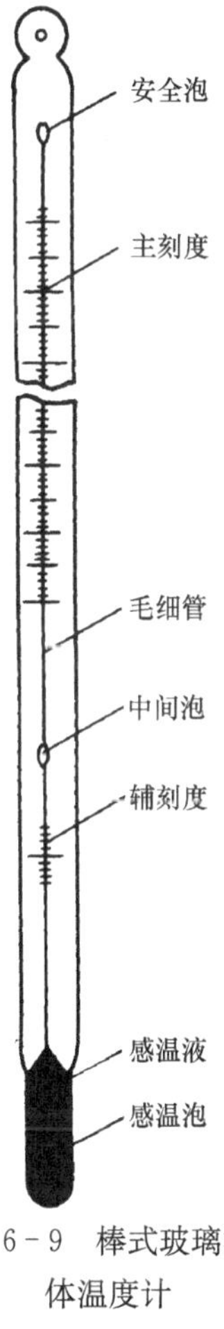

图 6－9　棒式玻璃液体温度计

2. 玻璃液体温度计的测量误差分析

玻璃液体温度计在测量温度时，由于温度计本身的缺陷、环境条件、读数方法以及使用期限不同等影响，所测的温度值产生一定的误差，其中包括：

(1) 零点位移。这是由于温度计的玻璃虽经人工老化处理，但玻璃热后效仍难完全消除，当温度计长期使用时其零点逐渐升高，并升至某一限度为止，主要原因是感温泡的体积发生收缩。因此，对于精密测量用的玻璃温度计的零点位置要经常检查，如发现零点位置有变化，则应把位移修正值 d 加到以后的所有读数上：

$$d = a - b \tag{6-18}$$

式中，a 为检定证书中给出的零点位置；b 为新的零点位置。

(2) 浸入深度误差。精密玻璃温度计大多数为全浸式，即温度计液柱与感温泡与被测温度均匀一致时，温度示值才正确。当液柱一部分露出时，会使读数产生误差 Δt：

$$\Delta t = h\alpha_V(t - t_m) \tag{6-19}$$

式中，α_V 为感温介质对玻璃的体膨胀系数之差，称视膨胀系数，当感温介质为汞时，$\alpha_V=0.00016℃^{-1}$，当感温介质为有机液体时，$\alpha_V=0.0010℃^{-1}$；h 为液柱露出高度，mm；t 为温度计所指示的读数，℃；t_m 为露出部分的环境平均温度，℃。

由式(6-19)可知，计算修正值 Δt 需知温度计露出液柱的平均温度 t_m。如图 6-10 所示，将一支辅助玻璃温度计的感温泡绑在露出介质表面液柱长度的中间，实验时从辅助温度测出所用的温度计表面温度，并认为这一读数值就是露出液柱的环境平均温度。

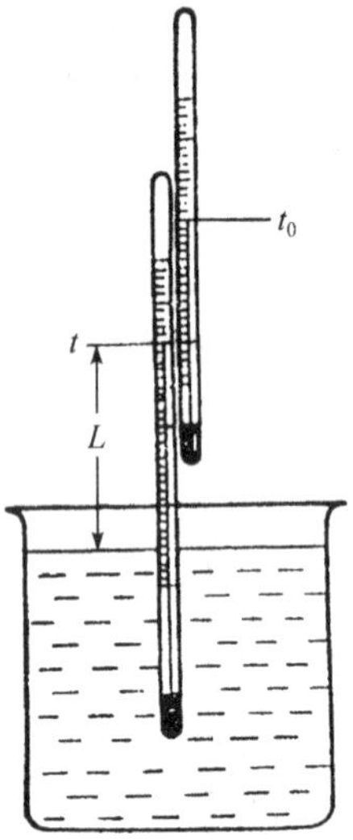

图 6-10 温度计的液柱露出端修正测量示意图

(3) 液柱断裂或挂壁的影响。由于工作液体夹杂气泡或搬运不慎等原因造成的毛细管中液柱断裂，如不注意将引起极大的误差，因此在使用温度计前必须检查有无液柱断裂现象。

(4) 时间滞后误差。液体温度计测温属于接触法，所以温度计与被测物体达热平衡需经一定时间，称为时间滞后效应。时间滞后误差大小与温度计种类、长短、感温泡壁厚、形状有关，并且与被测温度周围状态有关(液体、气体的种类及是否混合良好)，所以用玻璃液体温度计测量温度时，要有足够的稳定时间，否则会产生很大的误差。若被测温度是变化的，则因温度计热惰性而使测温精度大为降低。

(5) 标尺位移。在内标尺温度计中，标尺与毛细管往往会产生一定的相对位移，原因是内标尺与温度计玻璃的热膨胀系数不同或者标尺固定位置发生变化，而且变化很大时，则此温度计就不能使用。

此外还有修正误差、读数误差和压力误差等。

3. 玻璃液体温度计的校验方法

除对修复后的温度计进行校验外，对一般正常的温度计也需要定期校验(1 次/2 年)。玻璃液体温度计采用标准仪器比较的方法进行校验。检验工作玻璃温度计的标准仪器一般为二等标准汞温度计或二等标准铂电阻温度计，也可用标准铜-康铜热电偶。用比较法进行检验时，必须保证标准仪器与被检温度计在同一温度下处于热平衡。这就要求造成这同一温度所应用的液体槽中各处的温度尽可能相同。常用的恒温装置如表 6-1 所示。

表 6-1 玻璃液体温度计校验的恒温介质及应用范围

名称	测温介质	应用范围
低温酒精槽	酒精＋干冰	－100～0℃
水冰点器	冰＋水混合物	0℃
水槽	水	1～95℃
油槽	38#、52#、65#气缸油	100～300℃
盐槽	55% KNO_3＋45% $NaNO_3$	300～500℃

检验时必须采取升温校验。因为有机液体与管壁间的附着力、汞与管壁间的摩擦力等作用，易在下降时造成读数失真，温度上升的速度不得超过 0.1℃ · min^{-1}，即足够缓慢。每支玻璃温度计的校验点不应少于 3 个，除标尺上限和下限外，中间可取一点。具有零点的玻璃温度计的校验点必须包括零点，两相邻校验点的间隔，对于分度值 0.1℃ 的为 10℃；对于分度值 0.2℃的为 20℃；对于分度值为 0.5℃的为 50℃；对于分度值 1℃、2℃、5℃、10℃的为 100℃。

4. 特殊的玻璃温度计——贝克曼温度计

1）贝克曼温度计的结构、特点

贝克曼温度计是玻璃汞温度计的一种，属于内标式。这种温度计的结构如图 6－11 所示，主要由感温泡（汞球）、毛细管、主标尺、副标尺、备用泡（汞储槽）等组成。这种温度计与一般玻璃汞温度计有以下不同：

贝克曼温度计的感温泡与一般玻璃温度计感温泡的作用（储存感温液及感受温度）相同，但又有其特殊之处。该温度计的感温泡远大于一般汞温度计感温泡，储存汞量多，而且感温泡的汞量能随测温范围不同进行增减。若所测温度范围属较高温度时，则可将感温泡中超过测温范围值汞量通过毛细管转移至备用泡中。反之，则可将备用泡所储汞经毛细管移回感温泡中。贝克曼温度计的主标尺与一般温度计不同，其测量范围一般只有 0～5℃与 0～6℃两种，最小分度值为 0.01℃，如用放大镜读数，可估读到 0.002℃。因此，该温度计的主标尺值用于指示被测介质的温度变化值，而不能指示被测介质的实际温度值。

由上所介绍的贝克曼温度计结构可知，该温度计的特点为测定精度较高，能准确读至 0.01℃，估读到 0.002℃，专用于温差的精密测量；测量温度范围可以调节，即只用一支温度计就能满足 －20～125℃温差测量的需要。

2）调节方法

由于贝克曼温度计是用于测温差，且测量范围只有 0～5℃（或 6℃），因此调节操作应首先明确所需调节温差的范围以及是升温还是降温的过程，这样才能在测量时使毛细管中汞柱液面处在合适位置，以保证实验顺利进行。例如，有无机盐溶于水（该水温已预先用一般玻璃温度计测出为 20℃），且已知过程是降温约 2.5℃，那么应如何对贝克曼温度计进行调节？其操作步骤如下：

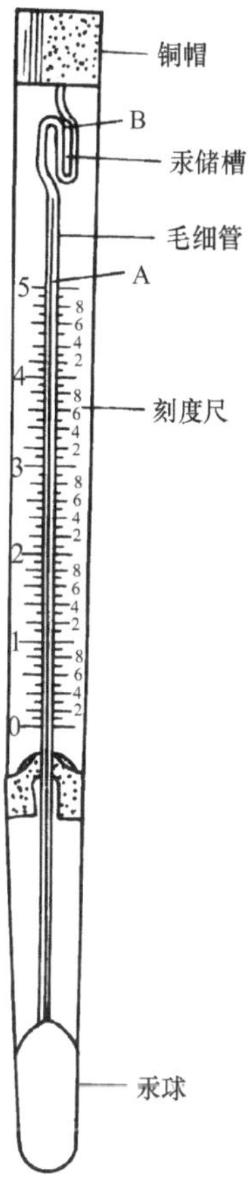

图 6－11　贝克曼温度计

（1）用手握住贝克曼温度计的中部，并将温度计倒置，利用重力使备用泡中汞与毛细管内的汞柱相连接，当接上后应立即小心缓慢地将温度计重新恢复正置的状态，垂直放在专用木架上。注意此时备用泡的汞与毛细管的汞柱应相连。如断开，则重新操作至相连为止。

（2）根据实验测量要求，调节毛细管内汞柱的汞面至适宜读数。例如，测量 20℃的水中加入无机盐后降温（约为 2.5℃）的温差精确值。开始测量时的初始温度为 20℃，而且为降温过程，当将贝克曼温度计插入 20℃系统中时，其毛细管汞面应在刻度“3”以上为宜，因为只要温度下降不超过 3℃，均能处于主标尺读数范围。但如选在刻度“1”就不能满足要求了。如何使

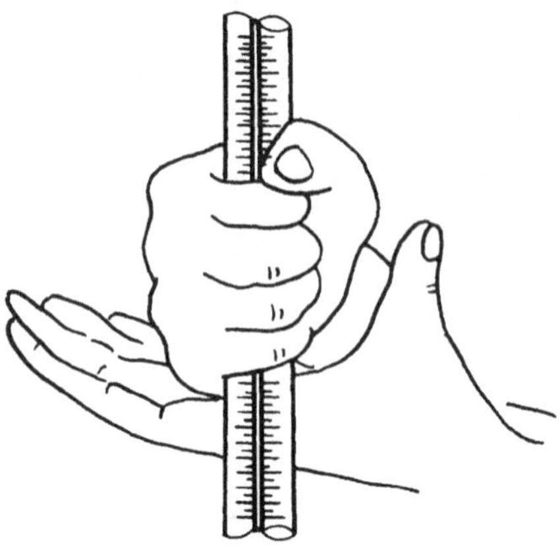

图 6-12　拍打贝克曼温度计的示意图

汞柱面处于刻度“3”以上？此时应将完成步骤 1 的温度计轻轻插入水温已调节到需要温度的恒温水浴中。而恒温浴水温是这样确定的，当贝克曼温度计汞柱面设定在刻度“3”时，则从刻度“3”至毛细管汞与备用泡相接处的汞柱相当于 4.5℃，即刻度“3”至“5”为 2℃，而刻度“5”至汞柱与备用泡相接处(图中 B 点)为 2.5℃(也偶有 1.5℃)，即恒温浴的水温需调至 24.5℃(20+2+2.5)。温度计在恒温浴中恒温 5min 以上，迅速将温度计取出，按图 6-12 所示，用左手掌拍右手腕(注意：拍击时应离开桌子，以免碰坏温度计汞柱)，靠振动的力量使汞柱与备用泡中汞在 B 点处断开。将汞断开的温度计插入 20℃的水中，观察汞柱面是否处在刻度“3”的位置。如低于 3℃时，则应重新调整水浴温度再进行调节。

6.4.2　热电偶温度计

热电偶温度计是以热电偶为传感器的一种温度计，是由热电偶、连接导线和电气测量仪表组成。常用于测量 100～1300℃的温度，在特殊情况下可以测量 2800℃的高温或 2K 的低温。它具有结构简单、精密度高、使用方便、尤其适用于远距离测量和自动控制等优点。

从原理上虽然任意两种成分不同的金属均可构成热电偶，但要成为能在实验室或工业生产过程中作为测温用的热电偶，则对热电极材料有一定的要求：

(1) 物理和化学性能稳定，即在高温下不发生晶形转换或蒸发，在测温范围内不发生氧化或还原，不会被腐蚀。

(2) 热电动势数值大，且与温度的关系呈简单的函数关系，最好呈线性关系。在测定范围内即使长期使用，其热电动势能保持不变。

(3) 复制性好，易于机械加工。

(4) 电阻温度系数小。

我国根据科技与生产的需要，选择了八种热电偶作为标准化热电偶，同时还确定四种热电偶为非标准热电偶，以备标准化热电偶满足不了要求时选用。实验室常用的为以下三类。

铜-康铜(T 型)：使用范围为－200～300℃，在－200～0℃稳定性甚佳，能在真空、惰性气体、氧化、还原及潮湿的氛围中使用。该热电偶价格低廉，而且在适用范围内测量灵敏度很高。但要注意：热端温度高于 0℃时，铜为正极，康铜为负极。若冷端保持 0℃，而热端低于 0℃时，则电动势的极性会发生变化。

镍铬-康铜(E 型)：使用范围为－200～800℃，宜在惰性或氧化性的氛围中使用，但不能用于还原性气氛，其耐热和抗氧化性能均优于铜-康铜(K)与铁-康铜(J)，灵敏性高。

镍铬-镍硅(K 型)或(N 型)：使用范围为－500～1300℃。此类热电偶灵敏度较高，稳定性好。只能用于惰性或氧化性气氛中，不宜用于还原性或含硫的气氛。

6.4.3　电测式测温、测压仪器

近年来，实验室中的玻璃贝克曼温度计、汞柱玻璃温度计以及 U 形管汞压力计(或真空计)等逐渐被电测式的测压、测温仪代替。这是因为上述汞玻璃仪器存在易破损、易污染环境、

读数不准以及不能实现自动化操作等缺点。相反，电测试仪器则无上述的缺点，故应用日益广泛。

电测式仪器一般由传感器、测量电路和电性指示仪表三部分构成。如图 6－13 所示，传感器是将被测的非电参数物理量（如力、压力、位移、温度及流量等）转换成与这些非电参物理量相对应的、易于精确处理的电参量（如电阻、电压、电流、电感、电容等），并将其输出的一种装置。

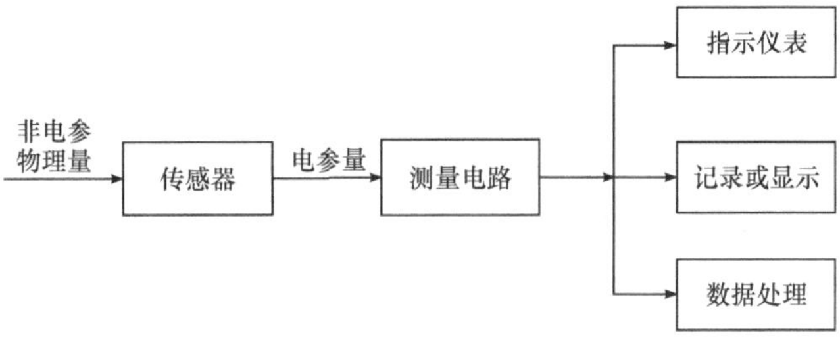

图 6－13　电测式测温、测压仪器的组成示意图

下面介绍几种目前实验室常用的电测式仪器：

1. 电测式温差测定仪

电测式温差测定仪主要代替玻璃贝克曼温度计，常用的有以下两种：

1) SWC-Ⅱ数字贝克曼温度计

(1) 结构。该温度计由一支棒状的传感器（又称探头）与数字显示式仪表（SWC-Ⅱ数字贝克曼温度计，见图 6－14）组成，既可测量温度，又可测量温差。温度测量范围为－50～150℃（可扩展至±199.99℃），温度测量分辨率为 0.01℃。温差测量的温差基温范围与温度测量范围相同，温差测量范围为基温±20℃，而温差测量分辨率为 0.001℃。

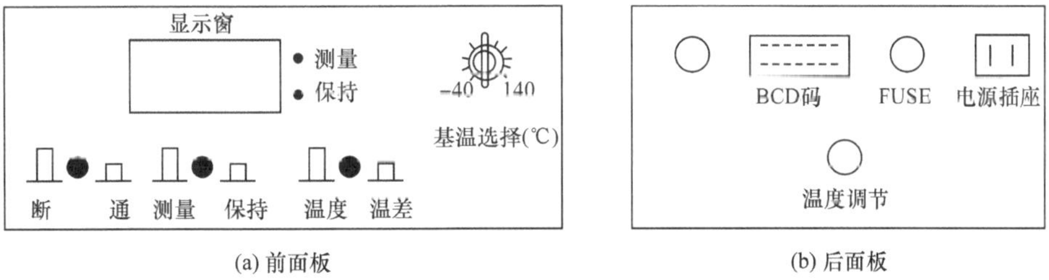

图 6－14　SWC-Ⅱ数字贝克曼温度计结构示意图

(2) 使用方法。将后面板的电源插头插在 220V 的电源插座上，再将探头插入被测物中，其深度应大于 50mm，然后将前面板上的“断·通”钮按为（⊥）状态。测量温差时，首先需将后面板上“温度○温差”的钮按为（⊥）状态，此时数字显示器末位显示“·”，表明仪器处在测温差状态。再将前面板“测量·保持”钮按为测量状态。然后按被测系统的实际测量温度，旋转“基温选择”钮以确定基温，但要求读数的绝对值尽可能的小（获得有效数字的位数最多），记录显示器的读数，并设为 T_1。然后进行实验，此时，数值显示器所显示的动态数值设为 T_2，则实验前后的温度差 $\Delta T=T_2-T_1$。例如，已将探头插在温度为 15.5℃的水中，若从可测量温差的最大范围考虑，应将基温钮上刻度转至为 20℃为宜，可测量温差范围为 0～40℃，此时显

示器上显示−4.500左右，表示所测系统温度比基温约低 4.500℃。当将基温钮上刻度转至0℃时，则显示器显示 15.500 左右的数值，可测温差范围为−20～20℃。注意：测得某一系统的温差时，在未完成温差测量之前，基温不能改变。

当要测量被测系统的温度数值时，只需将后面板上“温度 · 温差”钮按为(温度)状态，则显示器显示的数值便为被测系统的温度，且数值的末尾显示“℃”。

当被测系统的温度或温差变化很快而无法读数时，可将前面板上“测量 · 保持”钮按在(保持)位置，这样便于记录数据，读数完毕后，应再按一次钮，则回到“测量”(⊥)位置，然后跟踪测量。

2) JDW-3F 型精密温差测量仪

精密温差测量仪也是目前代替玻璃贝克曼温度计的电测式测温差仪器之一。该仪器只能测温差，温差范围为±20℃时，读数可估计到±0.001℃。能在−20～120℃温度范围内测量温度差，如被测系统的温度超出此范围，则不能使用。

(1) JDW-3F 型精密温差测量仪结构如图 6 - 15 所示。

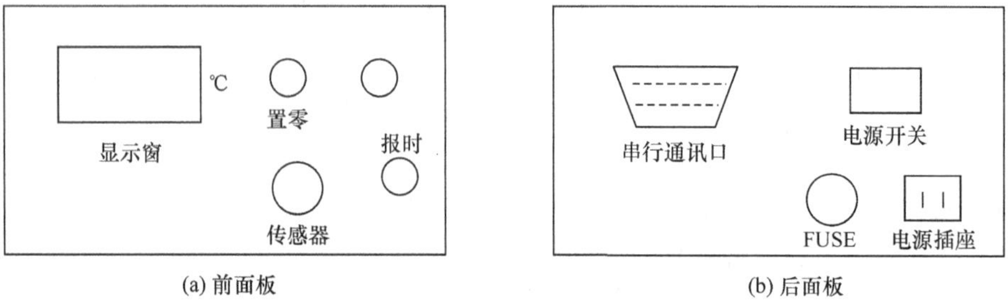

图 6 - 15　JDW-3F 型精密温差测量仪

(2) 使用方法。将测温探头插入被测系统中，要有一定的深度。插上电源插头，打开后面板的电源开关，显示器随即发亮，约预热 5min，显示器显示一数值，待显示器数值稳定后，按下“设定”钮(置零钮)，约 2s 后，显示器自动显示为 0.000℃左右，这表明将被测系统的温度 T_0(初值)设定为 0.000℃左右。进行实验后，系统的温度改变为 T_1(显示器的读数)，则系统在实验前后的温度差 $\Delta T = T_1 - T_0$，因已设定 $T_0 = 0.000$，所以 $\Delta T = T_1$，即显示器显示的数值便是系统前后的温差。注意：在按下“设定”钮之前，探头一定要按要求插入被测系统中，而且显示器所显示数值必须稳定之后才能按下该钮，不得在探头插入被测系统之前就按该钮。另外，为保证仪器的测量精度和跟踪范围，每次测量的初始值 T_0 应设定在 0.000℃左右。如不能将 T_0 设定为零，也可在−10～10℃设定为某一数值。

2. 电测式测压仪

电测式测压仪目前在实验室已广泛应用于压力或真空度的测量，以代替传统用的水银 U 形管压力计、福丁式气压计等。常用有以下类型：

1) AMP-2C/2D 型数字式气压表

(1) 技术指标。AMP-2C 型与 AMP-2D 型适用于−20～40℃的环境温度，AMP-2C 型的量程为 101.3kPa ± 20.0kPa，而 AMP-2D 型的量程为 101.30kPa ± 20.00kPa，分辨率为 0.1kPa(AMP-2C 型)、0.01kPa(AMP-2D 型)。

(2) 使用方法。该仪器应放置在空气流动尽可能小、不易受到干扰的地方。使用时，接通仪器的电源开关，必须预热 15min，显示窗显示的数值为大气压力，单位为 kPa。

2) DP-A 精密数字压力计

(1) 技术指标。压力测量范围为－150～150kPa，压力测量分辨率为 10Pa、1Pa，使用温度范围为－10～50℃，压力过载能力为 2 倍最大额定压力。

(2) 仪器结构。如图 6－16 所示，前面板上“单位”键是根据测压范围来选择所显示压力数值的单位。当仪器接通电源时，则 kPa 的指示灯点亮，表示测得压力值以 kPa 为单位。若想以 mmHg 或 mmH_2O 为压力单位，只需按下“单位”键即可。“采零”键是为了自动扣除压力传感器零压力值(零点飘移)，所以，每测试一次之后需按一下“采零”键，显示窗显示为“0000”，以保证测试时所显示的压力值确为被测系统的压力值。“复位”键是为了令仪器返回起始状态而设置的。一按此键，仪表立即返回起始状态，故在正常测试中不应按此键。

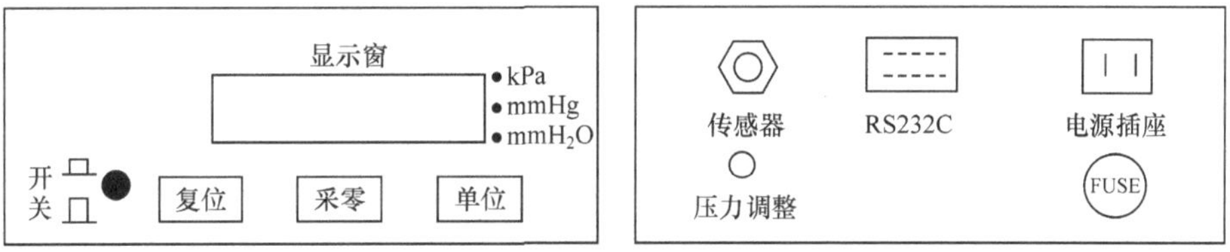

(a) 前面板 (b) 后面板

图 6－16 DP-A 精密数字压力计

(3) 使用方法。首先进行等压及气密性检查，缓慢加压至满量程，若 1min 内显示的数值不变，说明传感器和检测系统无泄漏。确认无泄漏后，泄压至零，在全量程反复进行等压操作两三次后才可进行正式测试。在测试之前应按“采零”键，以消除压力传感器的零点飘移，显示窗显示为“0000”，且每测量一次均需按一下“采零”键。仪器采零后便可接通被测系统，此时显示窗显示的数值便为被测系统压力值。测量结束后，必须泄压至零后才可以关掉电源开关。

3) DMP-2C 型数字式微压差测量仪

此仪器只能测量压差变化不大的实验，如本书中的“用最大气泡压力法测量液体的表面张力”使用的便是此仪器。

(1) 技术指标。测量压差的范围是－10～10kPa，压差分辨率为 1Pa，压差最大值显示持续时间为 1.5s，使用的环境温度为－20～40℃。

(2) 使用方法。用软管将仪器后面板上记号为 L 的接头与被测系统相连接，如已经连接好则只需检查一下有无脱落。插上电源插头，打开仪器的电源开关，预热 5min 后方可使用。当显示器显示数值稳定后，按一下“校零”键，则仪器显示为零，表示将被测系统的起始压力设定为零。实验测定时，显示窗显示的数值便为被测系统的实验过程中的压力与系统的起始压力之差。当数值达最大值后并开始下降时，则该最大值保留显示约 1s。

第二部分 实 验

第7章 基本操作与基本原理验证性实验

实验一 单、多相离子平衡

实验目的

(1) 深入了解同离子效应对弱电解质解离平衡的影响、多相离子平衡中溶度积规则及应用。

(2) 认识缓冲溶液的作用，加深理解盐类水解及其影响因素。

(3) 掌握试管的使用(加入试剂、加热液体等)和用指示剂检测溶液性质等基本操作。

实验原理

1. 弱电解质在溶液中的解离平衡及其移动

解离平衡是由弱电解质在水溶液中发生部分解离所建立的化学平衡。常见的弱电解质包括一元弱酸、一元弱碱和多元弱酸、多元配离子等。在一元弱电解质溶液(如 HOAc)中存在下列解离平衡：

$$HOAc \rightleftharpoons H^+ + OAc^-$$

在这种平衡体系中，各组分都处于均匀的溶液相中，因此又称为单相离子平衡。

根据平衡移动的原理，在上述体系中加入与弱电解质含有相同离子的易溶强电解质(如在上例中加入含有 H^+ 或 OAc^- 的易溶强电解质)，解离平衡即向生成弱电解质(HOAc)的方向移动，使弱电解质(HOAc)的解离度降低，这种效应称为同离子效应。

向弱酸及其盐(如 HOAc-NaOAc)或弱碱及其盐(如 $NH_3 \cdot H_2O$-NH_4Cl)组成的混合溶液中，加入少量酸、碱或加水稀释时，混合溶液的 pH 基本保持不变。这种在一定程度上能对外来的酸或碱的影响起到抵消、缓冲作用的溶液称为缓冲溶液。由弱酸-弱酸盐组成缓冲溶液的 pH，可由下式计算：

$$pH = pK_a^\ominus - \lg(c_{弱酸}/c_{弱酸盐})$$

同样，由弱碱-弱碱盐组成缓冲溶液的 pH，由下式计算：

$$pH = pK_w^\ominus - pK_b^\ominus + \lg(c_{弱碱}/c_{弱碱盐})$$

除上述弱酸-弱酸盐、弱碱-弱碱盐组成的缓冲溶液以外，由多元弱酸形成的两种不同酸度的盐如 $NaHCO_3$-Na_2CO_3、NaH_2PO_4-Na_2HPO_4 等混合溶液同样具有缓冲作用，其 pH 也可由前一式得出。

选择缓冲溶液时，为使缓冲溶液对酸碱都有较大的缓冲能力，所选择弱酸的 pK_a 应尽可能接近缓冲溶液的 pH；选择弱碱的 pK_b 应接近缓冲溶液的 pOH。

2. 盐类水解平衡及其移动

盐类水解是由组成盐的离子(阳离子或阴离子)和水电离出来的 OH^- 或 H^+ 作用,生成弱碱或弱酸的过程,其结果使溶液呈酸性或碱性。盐类水解是一个可逆反应,水解度一般不大,其大小主要取决于盐的本身性质及外部条件的影响,如温度、浓度等。水解生成的弱酸或弱碱越弱,水解产物的溶解度越小,对应盐的水解度就越大。升高温度或稀释溶液等都可使盐类的水解度增大。

3. 难溶电解质的多相离子平衡及其移动

难溶强电解质(用通式 A_mB_n 表示)与其溶解在溶液中相应的离子所建立的化学平衡,即溶解与沉淀之间的多相离子平衡,称为溶解平衡。与单相离子平衡不同的是,在多相离子平衡体系中,有的组分是固相,有的组分是液相,分处在不同相中。其离子平衡式为

$$A_mB_n(s) \rightleftharpoons mA^{n+} + nB^{m-}$$

在一定温度下的饱和溶液中,难溶电解质各相应离子浓度幂的乘积为一常数,称为难溶强电解质的溶度积常数,简称溶度积,用 $K_{sp}^{\ominus}$ 表示:

$$K_{sp}^{\ominus} = [c(A^{n+})/c^{\ominus}]^m \cdot [c(B^{m-})/c^{\ominus}]^n$$

以后为了书写简便,省略 $c^{\ominus}$。

设某难溶电解质溶液中在某时刻各相应离子浓度幂的乘积为 J:

$$J = c^m(A^{n+}) \cdot c^n(B^{m-})$$

根据溶度积可以判断沉淀的生成和溶解:

$J > K_{sp}^{\ominus}$　溶液过饱和,有沉淀析出

$J = K_{sp}^{\ominus}$　溶液为饱和溶液

$J < K_{sp}^{\ominus}$　溶液未饱和,无沉淀析出

如果在多相离子平衡体系中,加入某种试剂与平衡体系中的某种离子结合,使该离子浓度降低,导致难溶电解质的 J 小于溶度积,则难溶电解质就溶解。

如果在某一溶液中,同时含有两种或两种以上的离子都能与所加入的试剂(沉淀剂)反应生成难溶电解质时,沉淀的先后次序取决于所需沉淀剂离子浓度的大小,需要沉淀剂离子浓度小的先沉淀,需要沉淀剂离子浓度大的后沉淀。这种先后沉淀的现象称为分步沉淀。

根据平衡移动原理,将一种难溶电解质转化为另一种难溶电解质的过程称为沉淀的转化。一般来说,溶解度较大的难溶电解质容易转化为溶解度较小的难溶电解质。对于类型相同的难溶电解质,也可以利用溶度积的相对大小判断沉淀能否转化,溶度积相差越大,沉淀转化得越完全。

仪器和药品

见实验步骤。

实验步骤

1. 同离子效应

从下列试剂:HOAc (0.1mol · L^{-1})、$NH_3 \cdot H_2O$ (0.1mol · L^{-1})、NH_4OAc(s)、酚酞、

甲基橙、甲基红中，选择适当试剂（指示剂的变色范围见附录部分），设计两组实验，验证同离子效应能够使弱酸、弱碱解离平衡发生移动，解离度降低。设计方案要求写出选择的试剂（包括浓度、用量）及操作步骤等，并进行实验。下面给出一组实验方案为例，另一组由学生自己设计。

实验方案举例：验证同离子效应能够使弱酸 HOAc 的解离平衡发生移动，解离度降低。

在试管中加入 0.1mol·L^{-1} HOAc 2mL，再加入甲基橙指示剂 1～2 滴，摇匀，观察溶液的颜色，然后分盛两支试管，在其中一支试管中加入少量 $NH_4OAc(s)$，摇动试管以促进溶解，观察溶液颜色的变化并与另一支试管比较。在实验报告中可简写为

<table>
<tr><th colspan="2">实验操作</th><th>现象</th><th>反应式或解释</th><th>结论</th></tr>
<tr><td colspan="2">0.1mol·L^{-1} HOAc ＋ 甲基橙
(2mL)　　(1～2滴)</td><td>溶液呈橙红色</td><td>$HOAc \rightleftharpoons H^+ + OAc^-$</td><td rowspan="3">加入 $NH_4OAc(s)$使 HOAc 解离度减小，解离平衡左移</td></tr>
<tr><td rowspan="2">上溶液分成两份</td><td>(1) 留作比较</td><td></td><td></td></tr>
<tr><td>(2) 加入少量 $NH_4OAc(s)$</td><td>溶液变为黄色</td><td>溶液酸性减弱</td></tr>
</table>

2. 缓冲溶液

在试管中加入 0.1mol·L^{-1} HOAc 和 0.1mol·L^{-1} NaOAc 各 3mL，配制成 HOAc-NaOAc 缓冲溶液。加入百里酚蓝指示剂（表 7-1-1）数滴，混合后观察溶液的颜色。然后把溶液分装在四支试管中（使体积大致相同），在其中三支试管中分别加入 0.1mol·L^{-1} HCl、0.1mol·L^{-1} NaOH 和蒸馏水各 5 滴，观察溶液颜色是否变化（与原配制的缓冲溶液的颜色比较）。再在已加入 HCl、NaOH 的试管中，分别继续加入过量的 0.1mol·L^{-1} HCl、NaOH，观察溶液的颜色变化。根据实验现象对缓冲溶液的缓冲能力作出说明。

表 7-1-1　百里酚蓝指示剂的变色范围

pH	<2.8	2.8～8.0	8.0～9.6	>9.6
颜色	红	黄	绿	蓝

3. 盐类水解平衡及其移动

(1) 用 pH 试纸分别检验 0.1mol·L^{-1}的 Na_2CO_3、$Al_2(SO_4)_3$、NaCl 溶液的 pH，并以去离子水做空白实验。写出水解反应的离子方程式。

(2) 用 pH 试纸分别检验 0.1mol·L^{-1}的 Na_3PO_4、Na_2HPO_4、NaH_2PO_4溶液的 pH。解释 pH 不同的原因。

(3) 浓度、温度、酸度对水解平衡的影响。

(i) 在试管中加入少量 $Fe(NO_3)_3$ 晶体，用去离子水溶解后，观察溶液的颜色。然后将其分装在三支试管中，第一支留作比较用，第二支试管中滴加数滴 2mol·L^{-1} HNO_3 并摇匀，第三支试管用小火加热。观察溶液颜色的变化并解释。

(ii) 在试管中加入 0.1mol·L^{-1} $BiCl_3$ 1 滴，滴加水稀释，观察白色沉淀的产生。再逐滴加入 2mol·L^{-1} HCl 至沉淀刚刚消失为止（酸量不可加入过多），加水稀释，观察现象。解释并写出水解反应的离子方程式。

(4) 能水解盐类之间的相互反应。

(i) 在试管中加入 10% Na_2SiO_3 5 滴，再加入 0.5mol · L^{-1} NH_4Cl 1mL，摇匀后观察现象。解释并写出反应的离子方程式。

(ii) 用 $Al_2(SO_4)_3$(0.1mol · L^{-1})、$NaHCO_3$(0.5mol · L^{-1}) 设计一个实验，证明能够相互促进水解的盐类可发生完全水解。

4. 沉淀的生成、溶解和转化

(1) 在两支试管中各加入 5 滴 0.1mol · L^{-1}的 $Pb(NO_3)_2$ 溶液，然后向两支试管中分别加入 5 滴 1mol · L^{-1}和 0.01mol · L^{-1} KCl 溶液，观察有无白色沉淀生成(不产生沉淀的留作下一实验使用)。

(2) 在上面实验未产生沉淀的试管中加入 0.01mol · L^{-1} KI 溶液，观察现象。对以上实验现象进行解释，并写出离子反应方程式。

(3) 设计一组实验，制备 $Mg(OH)_2$ 并证明它能溶于非氧化性稀酸和铵盐，对实验进行解释。

(4) 用下列试剂设计一组实验，验证沉淀转化的规律：K_2CrO_4(0.1mol · L^{-1})、$AgNO_3$(0.1mol · L^{-1})、NaCl(0.1mol · L^{-1})、Na_2S(0.1mol · L^{-1})。

(5) 利用本实验提供的试剂设计一个实验，验证分步沉淀的规律。

选做实验

利用本实验提供的试剂设计一个实验，配制 pH 近似于 7 的缓冲溶液(要求对酸、碱的缓冲能力相近)，并验证。

思考题

(1) Na_2HPO_4、NaH_2PO_4 均属酸式盐，为什么后者的水溶液呈弱酸性，而前者却呈弱碱性?

(2) 如何配制 $SnCl_2$、$Bi(NO_3)_3$、$SbCl_3$、Na_2S 溶液?

(3) 如何从测得的一元弱酸盐(如 NaOAc)的 pH，求算阴离子(如 OAc^-)的水解常数和对应弱酸(如 HOAc)的解离常数?

(4) 如何通过计算选择实验步骤 1 中的指示剂?

实验二　氧化还原反应

实验目的

(1) 加深了解电极电势与氧化还原反应的关系，巩固掌握氧化型、还原型物质的浓度以及介质的酸碱性对电极电势和氧化还原反应的影响。

(2) 学习离心分离、沉淀洗涤、气体性质检验等基本操作。

实验原理

物质氧化还原能力的强弱与其本性有关，一般可从相应电对的电极电势高低来判断。电极电势越高，表示氧化还原电对中氧化型物质的氧化能力越强，还原型物质的还原能力越弱；

电极电势越低，表示氧化还原电对中还原型物质的还原能力越强，氧化型物质的氧化能力越弱。

根据氧化剂和还原剂所对应电对电极电势的相对大小，可以判断氧化还原反应进行的方向、次序和程度。

如果在某水溶液体系中同时存在多种氧化剂（或还原剂），都能与加入的还原剂（或氧化剂）发生氧化还原反应且反应速率都很快，则反应的次序应是首先在电极电势差值最大的两个电对所对应的氧化剂与还原剂之间发生。

当氧化剂和还原剂所对应的电极电势相差较大时，通常直接用标准电极电势 $E^{\ominus}$ 判断反应能否发生。若两者的标准电极电势相差不大时，则应考虑浓度对电极电势的影响。对有 H^+ 或 OH^- 参加电极反应的电对，还必须考虑 pH 对电极电势和氧化还原反应的影响。

仪器和药品

见实验步骤。

实验步骤

1. 电极电势与氧化还原反应的关系

(1) 在试管中加入 0.1mol · L^{-1} KI 0.5mL 和 0.1mol · L^{-1} $FeCl_3$ 2～3 滴，观察现象，写出离子反应方程式。再加入 CCl_4 0.5mL，充分振荡后观察 CCl_4 层的颜色。

(2) 用 0.1mol · L^{-1} KBr 代替 0.1mol · L^{-1} KI，进行同样的实验，观察现象。

(3) 在两支试管中分别加入碘水、溴水各 0.5mL，再加入 0.1mol · L^{-1} $FeSO_4$ 数滴及 CCl_4 0.5mL，振荡后观察现象。写出有关反应的离子方程式。

根据(1)、(2)、(3)实验结果，比较 Br_2/Br^-、I_2/I^-、Fe^{3+}/Fe^{2+} 三个电对电极电势的相对大小，说明电极电势与氧化还原反应方向的关系。

(4) 在试管中加入 0.1mol · L^{-1} $FeCl_3$ 4 滴和 0.1mol · L^{-1} $KMnO_4$ 2 滴，摇匀后往试管中逐滴加入 0.1mol · L^{-1} $SnCl_2$，并不断摇动试管。待 $KMnO_4$ 溶液刚褪色后，加入 1 滴 KSCN 溶液，观察现象，再继续滴加 0.1mol · L^{-1} $SnCl_2$，观察溶液颜色的变化。解释实验现象，并写出离子反应方程式。

2. 浓度、酸度对氧化还原的影响

(1) 用 MnO_2(s)、HCl(浓、1mol · L^{-1}两种浓度)、KI-淀粉试纸设计一组实验，验证浓度、酸度对氧化还原反应的影响。

(2) 用碘水、NaOH(6mol · L^{-1})、H_2SO_4(3mol · L^{-1}) 设计一组实验，验证介质的酸碱性对氧化还原反应方向的影响，写出离子反应方程式。

(3) 在两支试管中各加入 0.1mol · L^{-1} $Fe_2(SO_4)_3$ 1mL、CCl_4 0.5mL，然后向其中一支中加入 H_2O 1mL、0.1mol · L^{-1} KI 1mL；另一支加入 10% NH_4F（可与 Fe^{3+} 形成难解离的 $[FeF_6]^{3-}$ 配离子）1mL，摇动试管，再加入 0.1mol · L^{-1} KI 1mL，振荡后观察 CCl_4 层颜色。解释实验现象有何不同，写出有关反应方程式。

(4) 介质的酸碱性对氧化还原反应产物的影响

用 $KMnO_4$ (0.01mol · L^{-1})、Na_2SO_3 (0.1mol · L^{-1})、H_2SO_4 (3mol · L^{-1})、

$NaOH(6mol \cdot L^{-1})$设计一组(三个)实验，证明 $KMnO_4$ 在不同介质(酸性、碱性、中性)中被还原的产物不同。写出离子反应方程式。

3. 氧化还原的相对性

(1) 在离心试管中加入 $0.1mol \cdot L^{-1}$ $Pb(NO_3)_2$ 0.5mL，再加入 $0.1mol \cdot L^{-1}$ Na_2S 1～2滴，搅拌，观察沉淀的颜色。离心分离，弃取溶液，用水洗涤沉淀一两次，加入3% H_2O_2，不断搅拌观察沉淀颜色的变化。说明 H_2O_2 在反应中起什么作用，写出离子反应方程式。

(2) 用 $KMnO_4(0.1mol \cdot L^{-1})$、$H_2SO_4(3mol \cdot L^{-1})$、$H_2O_2(3\%)$设计一个实验，证明 H_2O_2 还具有还原性。

4. 催化剂对氧化还原反应的影响

在两支试管中分别加入 $0.01mol \cdot L^{-1}$ $KMnO_4$ 0.5mL 和 $3mol \cdot L^{-1}$ H_2SO_4 几滴，并在其中一支试管内加入 Fe^{3+} 盐几滴，摇匀，在两支试管中同时加入一小匙 Zn 粉，比较两份溶液颜色变化的先后情况。写出离子反应方程式。

选做实验

用$(NH_4)_2Fe(SO_4)_2(0.1mol \cdot L^{-1})$、碘水、$CCl_4$、$AgNO_3(0.1mol \cdot L^{-1})$、KSCN 溶液设计一个实验，验证沉淀生成对氧化还原反应的影响[提示：通过生成沉淀，降低某一离子的浓度，使 $E(I_2/I^-)$增大]。

思考题

(1) 从实验步骤3的结果，说明 H_2O_2 在什么情况下可作氧化剂？在什么情况下可作还原剂？

(2) 从实验步骤4的结果，分析氧化还原反应进行程度的大小和反应速度的快慢，是否必然一致？为什么？

(3) 介质的酸碱性对哪些氧化还原反应有影响？怎样影响？$KClO_3$、$K_2Cr_2O_7$ 等为什么必须在酸性介质中才有强氧化性？怎样用实验证明？

实验三　物质结构和性质的关系

实验目的

(1) 了解原子光谱与原子结构的关系。
(2) 熟悉物质极性、磁性与物质结构的关系。
(3) 认识物质溶解性的一般规律及离子极化对物质溶解性的影响。

实验原理

1. 原子光谱

量子力学原子模型认为，电子在原子核外具有确定能量的原子轨道上运动，它们可以用量子数 n、l 和 m 的合理组合来描述，其能级是量子化的。

通常情况下，原子的所有核外电子尽可能处于能量最低的原子轨道上，称为“基态原子”。基态原子受到高温加热、电火花或电弧作用，一个或多个电子吸收能量跃迁到高能级轨道，这种状态下的原子称为“激发态原子”。它不稳定，在极短时间（10^{-8}～10^{-7} s）内，处于高能级轨道上的电子回迁至较低或最低的能级轨道上，并以光子的形式放出能量。所发出的光的频率（ν）或波长（λ）取决于跃迁时两轨道能级（E）之差：

$$\Delta E = E_2 - E_1 = h\nu = hc/\lambda$$

式中，h 为普朗克常量，$h=6.626\times10^{-34}$ J · s；c 为光速，$c=2.998\times10^{8}$ m · s^{-1}。

由于原子轨道具有不连续的特定的能量，因此原子光谱是具有特征波长的线状光谱。不同元素的原子轨道能级不同，所以不同元素的光谱线也不相同，每种元素都有自己固有特征的原子光谱，可以用光谱进行元素的定性、定量分析。氢原子光谱在可见光范围内有红色 H_α、蓝绿 H_β、蓝 H_γ、紫 H_δ 等，见图 7－3－1。它们是电子分别从 $n=3$、4、5、6 的能级轨道回迁到 $n=2$ 的能级轨道时所发出的光谱线。氢原子光谱在红外光谱区、紫外光谱区的光谱线，肉眼无法观测到。

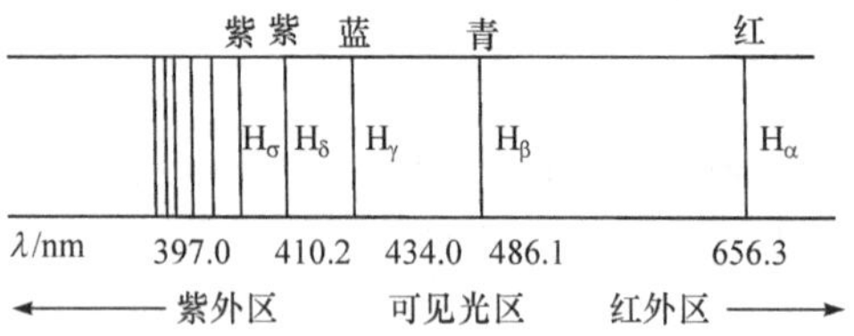

图 7－3－1　氢原子光谱

产生和记录原子光谱的专用仪器为原子发射光谱仪，主要由发光、分光和谱线摄像装置组成。观测原子光谱的简易装置可用发光装置和分光镜组成。从氢光灯、钠光灯等放电管发出的光，经狭缝进入分光镜，不同波长的光通过棱镜时受到不同的折射，就能从分光镜中观看到具有特征波长（颜色）的光谱线。

2. 物质的磁性

磁性是物质的一种基本属性，源于原子的磁性。从理论上讲，任何物质都具有或强或弱的磁性。原子的磁性包括电子自旋磁矩、电子轨道磁矩及核磁矩。核磁矩是核磁共振技术的基础，但它比电子磁矩小 3 个数量级，因此一般可忽略不计。

材料的磁性质与其微观磁结构（磁有序）有关，因而可将磁性分为无序磁性和有序磁性两类。抗磁性（或称反磁性）和顺磁性属于无序磁性，铁磁性、亚铁磁性和反铁磁性属于有序磁性。

抗磁性物质的宏观特征是在磁场中受到微弱的排斥力，即在对抗磁场方向或磁场减弱方向受力，磁化强度与外加磁场方向相反，磁化率为负值。从微观上讲，抗磁性是电子轨道磁矩和磁化磁场相互作用产生的，故所有物质都具有抗磁性。但因产生的磁矩很小（为 10^{-6}～10^{-2} cm^3 · g^{-1}），故只有物质内原子、离子或分子的固有磁矩等于零时才能观察到。抗磁质指固有磁矩为零的物质，常见的有铜、金、金刚石、铋、水、惰性气体及绝大多数有机材料及生物材料等。

相反，顺磁性物质在磁场中会受到微弱的吸引力，磁化强度与外加磁场方向相同，磁化率 $X>0$，为 10^{-2} cm^3 · g^{-1}。顺磁性物质的每个分子都有永久磁矩，因热运动而使磁矩混乱地分布，因而无宏观净磁矩。在外场作用下，原子磁矩部分克服热扰动而偏向外场，获得净磁矩。

有序磁性包括铁磁性和反铁磁性，铁、钴、镍、钆（Gd）及其合金多为铁磁性物质，其特点是磁化率大（X 为 10^{-2}～10^{6} cm^3 · g^{-1}），且不恒定，可随磁场强度变化而变化；外场消失后可保持部分磁性。每种铁磁质有一临界温度[居里（Curie）温度]，高于此温度即突变为顺磁质。

顺磁性物质的磁性主要来源于电子的自旋运动产生磁矩，同一轨道上自旋方向相反的两个电子产生的磁矩相互抵消。因此，物质的磁性与组成物质的原子、分子或离子中的电子自旋运动有关。如果物质中正、反两种自旋状态的电子数相等（所有电子均已成对），它们的磁效应相互抵消，该物质就表现为抗磁性。如果物质中正、反两种自旋状态的电子数不相等（含有成单电子），总磁效应不能相互抵消，物质就具有磁性，称为顺磁性物质。成单电子数越多，顺磁性越强。

例如，Fe^{3+} 的价层电子构型为 $3d^5$，在 $Fe_2(SO_4)_3$ 中有 5 个未成对电子，因此它是顺磁性物质。Fe^{2+} 的价层电子构型为 $3d^6$，在 $K_4[Fe(CN)_6]$ 中，中心离子采取 d^2sp^3 杂化轨道与 CN^- 形成配位键，所有电子都已成对，属于抗磁性物质。

顺磁性物质受外磁场吸引，抗磁性物质不受外磁场作用。

物质磁性大小可用磁矩（μ）表示，抗磁性物质的磁矩 $\mu=0$，顺磁性物质的磁矩 $\mu>0$。磁矩 μ 可以通过磁天平测定。

3. 键的极性和物质的极性

正、负电荷中心重合在一起的分子称为“非极性分子”，正、负电荷中心不重合的分子称为“极性分子”。在极性分子中，分子的一端呈现正电性，反向端呈现负电性。在双原子分子中，分子的极性与键的极性相一致。在由极性键构成的多原子分子中，分子极性取决于与中心原子相结合的原子种类是否相同和分子结构是否对称。例如，直线形的 CO_2、正四面体形的 CCl_4、CH_4 是非极性分子；而“V”字形的 H_2O、H_2S，三角锥形的 NH_3 和四面体形的 CH_3Cl 为极性分子。极性分子在电场作用下，会发生异极相吸的现象，而非极性分子不受电场影响。例如，水流通过电场就会发生偏斜，而 CCl_4 液流则不受电场影响。

化学键的性质和分子的极性对物质的许多性质，如解离性、水解性（指广义的水解）、溶解性、导电性、熔点、沸点、硬度等性质都有影响。以溶解性为例，影响物质溶解性的因素很多，但主要是“相似相溶”规律，即极性物质相对地易溶于极性溶剂，而非极性物质相对地易溶于非极性溶剂而难溶于极性溶剂。例如，$K_2Cr_2O_7$ 是离子型化合物，H_2O 是极性物质，I_2 和 CCl_4 是非极性物质，所以 $K_2Cr_2O_7$ 易溶于 H_2O 而难溶于 CCl_4，相反，碘易溶于 CCl_4 而难溶于水。

4. 离子极化对物质性质的影响

离子相互极化作用的强弱一般取决于正离子的极化力和负离子的变形性，这两者均与离子的电荷、半径及外层电子构型有关。离子间极化作用越强，会使键型由离子键向共价键过渡，也会使离子化合物向共价化合物转化，从而使物质的性质，如解离性、溶解度等发生相应变化。例如，AgX 中由于 Ag^+ 为 18 电子构型，极化力强，Cl^-、Br^-、I^- 的变形性较强，而且变形性随 Cl^-、Br^-、I^- 的顺序递增，故在 AgX 中：由于 F^- 的变形性小，AgF 基本上属于离子化合物，易溶于水；而 AgCl 就以共价键为主，难溶于水；AgCl、AgBr、AgI 的溶解度依次下降。

仪器和药品

仪器：钠（及汞、氢、氖）光灯、分光镜、电磁铁、静电起电器、滴定管、试管、点滴板、酒精灯等。

药品：CCl_4、$KClO_3$（$0.1mol\cdot L^{-1}$）、KCl（$0.01mol\cdot L^{-1}$，$0.1mol\cdot L^{-1}$）、NaCl（$0.1mol\cdot L^{-1}$）、$AgNO_3$（$0.1mol\cdot L^{-1}$）、I_2（s）、KI（s，$0.01mol\cdot L^{-1}$）、$K_2Cr_2O_7$（s）、$Ca(NO_3)_2$（$0.5mol\cdot L^{-1}$）、$CaCl_2$（$0.1mol\cdot L^{-1}$）、KF（$0.01mol\cdot L^{-1}$，$0.1mol\cdot L^{-1}$）、

$Pb(NO_3)_2$(0.1mol · L^{-1})、K_2CrO_4(0.1mol · L^{-1})。

实验步骤

1. 原子光谱的观察

用分光镜观察 H、Na、Hg、Ne 等元素的原子光谱，记下各原子光谱主谱线的颜色。

2. 物质磁性的测定

用电磁铁装置定性地试验 $Fe_2(SO_4)_3$ 和 $K_4[Fe(CN)_6]$ 的磁性。

把两支透明塑料管的一端封死，分别装入 $Fe_2(SO_4)_3$ 和 $K_4[Fe(CN)_6]$ 粉末，密封管口。然后用细线拴住塑料管的一端，挂在电磁铁的中间，如图 7-3-2 所示。准备好后，合上电键，观察 $Fe_2(SO_4)_3$ 和 $K_4[Fe(CN)_6]$ 被磁极吸引的情况，并解释。

3. 键的类型和物质的极性

1) 键的类型

在点滴板的四个圆穴内分别加入 0.1mol · L^{-1} $KClO_3$、0.1mol · L^{-1} KCl、0.1mol · L^{-1} NaCl 溶液和 CCl_4 各 1 滴，再各滴加 0.1mol · L^{-1} $AgNO_3$ 溶液 1 滴，观察现象。根据化学键的类型，解释实验结果。

2) 物质的极性与物质性质的关系

(1) 在酸式滴定管中装入 CCl_4 液体，将滴定管的管口靠近静电起电器上的电极，在滴定管的下面放置一个大烧杯，以接收流下来的液体，装置如图 7-3-3 所示。

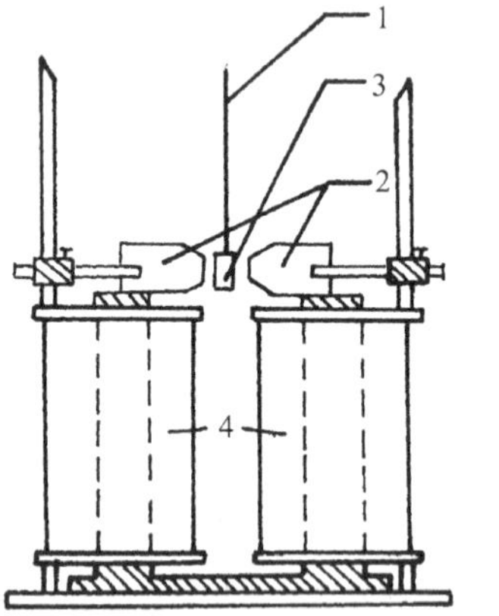

图 7-3-2　物质磁性检验示意图

1—细线；2—锥形电磁铁；3—装实验物质的塑料管；4—电磁铁

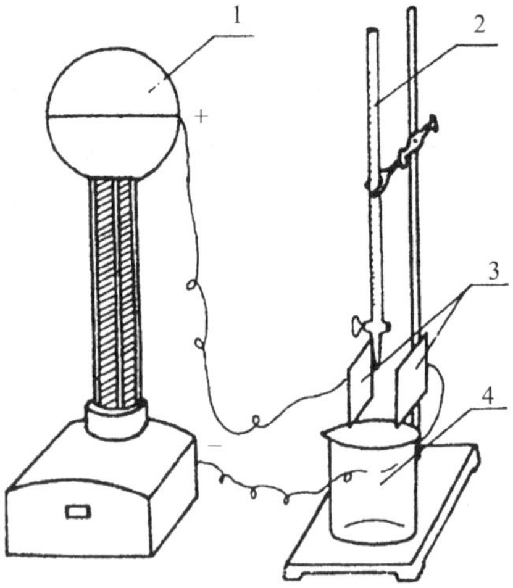

图 7-3-3　分子极性测定示意图

1—静电起电器；2—滴定管；3—电极；4—烧杯

打开滴定管的活塞，使管中的液体流下，然后合上静电起电器的电源开关，使电极周围产生电场，观察 CCl_4 液流方向是否发生偏转。再用蒸馏水代替 CCl_4，进行同样的实验，观察水流方向是否发生偏转。根据实验结果，给出水和 CCl_4 的极性比较结论。

(2) 在两支干燥的试管中，各加入一小粒碘晶体，然后在一支试管中加入少量 CCl_4，在另一支试管中加入少量 H_2O，观察碘的溶解情况及溶液的颜色。

在加水的试管中再加入少许 KI 固体，充分摇动后，观察溶解情况有何变化。(注：发生反应 $I_2+I^- \rightleftharpoons I_3^-$)

(3) 在两支干燥的试管中，各加入少许 $K_2Cr_2O_7$ 晶体，然后向一支试管中加入少量 CCl_4 液体，在另一支试管中加入少量 H_2O，观察 $K_2Cr_2O_7$ 的溶解情况及溶液颜色。

根据实验(2)、(3)的结果，对 I_2 和 $K_2Cr_2O_7$ 分别在 CCl_4 和 H_2O 中的溶解度大小加以解释。

4. 晶格能大小对物质溶解度的影响

在两支试管中各加入少量 $0.5mol \cdot L^{-1}$ $Ca(NO_3)_2$ 溶液，然后向一支试管中加入 $0.1mol \cdot L^{-1}$ KF溶液，在另一支试管中加入 $0.1mol \cdot L^{-1}$ KCl 溶液，观察现象。写出离子反应方程式，并加以解释。

5. 离子极化对物质溶解度的影响

(1) 在两支试管中各加入少量 $0.1mol \cdot L^{-1}$ $AgNO_3$ 溶液，然后在一支试管中加入几滴 $0.01mol \cdot L^{-1}$ KF 溶液，在另一支试管中加入几滴 $0.01mol \cdot L^{-1}$ KCl 溶液，观察现象。写出有关的离子反应方程式。

(2) 在两支试管中各加入少量 $0.1mol \cdot L^{-1}$ $Pb(NO_3)_2$ 溶液，然后在一支试管中加入几滴 $0.01mol \cdot L^{-1}$ KCl 溶液，在另一支试管中加入几滴 $0.01mol \cdot L^{-1}$ KI 溶液，观察现象。写出离子反应方程式。

(3) 在两支试管中各加入少量 $0.1mol \cdot L^{-1}$ K_2CrO_4 溶液，然后在一支试管中加入几滴 $0.1mol \cdot L^{-1}$ $CaCl_2$ 溶液，在另一支试管中加入几滴 $0.1mol \cdot L^{-1}$ $Pb(NO_3)_2$ 溶液，观察现象。写出离子反应方程式。

根据(1)、(2)、(3)的实验结果，说明离子极化对物质溶解度的影响。

思考题

(1) 原子光谱为什么是线状光谱而不是连续光谱？为什么不同元素的原子有不同的原子光谱？

(2) 在 $K_3[Fe(CN)_6]$中，Fe^{3+} 也是采取 d^2sp^3 杂化轨道与 CN^- 形成配位共价键。试分析 $K_3[Fe(CN)_6]$的磁性。

(3) 影响离子极化力和变形性的因素有哪些？离子极化作用对物质的键型、溶解度有何影响？

实验四　平衡原理综合实验

(1) 在不借用其他试剂(水除外)的情况下，鉴别下列两组失去标签的试剂。

(i) 溶液：$Bi(NO_3)_3$、HCl、H_2SO_4、$BaCl_2$、NaCl。

(ii) 固体：无水 $CuSO_4$、Na_2CO_3、NaCl、$MgCl_2$、$BiCl_3$。

(2) 在以下提供的试剂范围内选择试剂，设计实验，实现下列变化，写出应出现的实验现象和离子反应方程式。

试剂：$KMnO_4$(0.1mol·L^{-1})、$KClO_3$(饱和)、$FeCl_3$(0.1mol·L^{-1})、氯水、碘水、H_2O_2(3%)、Na_3AsO_4(0.1mol·L^{-1})、KI(0.1mol·L^{-1},0.01mol·L^{-1})、$FeSO_4$(0.1mol·L^{-1})、$Cr_2(SO_4)_3$(0.1mol·L^{-1})、$SnCl_2$(0.1mol·L^{-1})、KBr(0.1mol·L^{-1})、KSCN(0.1mol·L^{-1})、CCl_4、H_2SO_4(2mol·L^{-1},6mol·L^{-1})、NaOH(2mol·L^{-1},6mol·L^{-1})。

(i) 改变介质条件，提高氧化剂的氧化能力。

(ii) 改变介质条件，提高还原剂的还原能力。

(iii) 改变介质条件，转变氧化还原反应进行的方向。

(iv) 证明氧化还原反应进行有先后次序，先发生在电极电势差值大的两电对之间的反应。

(3) 用 $Pb(NO_3)_2$、Na_2SO_4、Na_2CO_3、KI、Na_2S 试剂，设计 $PbSO_4$ 沉淀能多次转化的实验。

(4) 设计合理方案，除去下列溶液中的杂质离子(不能引入二次杂质)。

(i) $MnSO_4$ 溶液(含有少量 Fe^{2+}、Cu^{2+}等)。

(ii) $ZnSO_4$ 溶液(含有少量 Fe^{2+}、Cu^{2+}、Cd^{2+}、Ni^{2+}等)。

(5) 配制 0.1mol·L^{-1} $Bi(NO_3)_3$ 溶液 50mL，计算试剂用量，并选择实验仪器，写出实验步骤。

第 8 章　重要元素及化合物性质实验

实验五　p 区非金属重要化合物的性质

实验目的

（1）进一步掌握下列化合物的性质：

次氯酸盐及氯酸盐的氧化性。

过氧化氢的性质，硫化氢的还原性和硫化物的溶解性。

亚硫酸、硫代硫酸、亚硝酸及其盐的性质。

（2）掌握 X^-、S^{2-}、SO_3^{2-}、$S_2O_3^{2-}$、NH_4^+、NO_2^-、NO_3^-、PO_4^{3-} 的鉴定方法，Cl^-、Br^-、I^- 混合离子及 S^{2-}、SO_3^{2-}、$S_2O_3^{2-}$ 混合离子的分离与鉴定。

（3）了解氯、氯酸盐、硫化氢、氮的氧化物的毒性及安全知识。

实验原理

p 区重要非金属化合物性质简介列于表 8－5－1 及表 8－5－2。

表 8－5－1　过氧化氢、硫化氢、硫化物的性质

物质	主要性质	反应举例
过氧化氢	（1）弱酸性，与碱发生中和反应	$Ba(OH)_2 + H_2O_2 \longrightarrow BaO_2 + 2H_2O$
	（2）不稳定性，易分解成 H_2O 和 O_2	$2H_2O_2 \xrightarrow{MnO_2} 2H_2O + O_2\uparrow$
	（3）既有氧化性，又有还原性，但以氧化性为主	$PbS + 4H_2O_2 \longrightarrow PbSO_4 + 4H_2O$ $2MnO_4^- + 5H_2O_2 + 6H^+ \longrightarrow 2Mn^{2+} + 5O_2\uparrow + 8H_2O$
硫化氢	有毒，有强还原性	$H_2S + 2Fe^{3+} \longrightarrow 2Fe^{2+} + S\downarrow + 2H^+$ $H_2S + 4Cl_2 + 4H_2O \longrightarrow H_2SO_4 + 8HCl$
硫化物	除碱金属（包括 NH_4^+）的硫化物外，大多数硫化物难溶于水，并具有特征颜色。根据在酸中的溶解情况，可将硫化物分为四类：	
	（1）可溶于稀 HCl 的硫化物	ZnS（白色）、MnS（肉色）、FeS（黑色）等
	（2）难溶于稀 HCl，能溶于浓 HCl 的硫化物	CdS（黄色）、PbS（黑色）等
	（3）难溶于浓 HCl，能溶于 HNO_3 的硫化物	CuS（黑色）、Ag_2S（黑色）等
	（4）难溶于 HNO_3，只溶于王水的硫化物	HgS（黑色）等

表 8-5-2　氯、硫、氮的部分含氧酸及其盐的性质

族	物质	氧化值	主要性质	反应举例
ⅦA	次氯酸盐	+1	有强氧化性	$ClO^- + HCl(浓) + H^+ \longrightarrow Cl_2\uparrow + H_2O$
	氯酸盐	+5	在酸性介质中有强氧化性	$ClO_3^- + 6I^- + 6H^+ \longrightarrow Cl^- + 3I_2 + 3H_2O$
ⅥA	亚硫酸及其盐	+4	(1) 亚硫酸热稳定性差，易分解 (2) 既有氧化性又有还原性，但以还原性为主	$H_2SO_3 \longrightarrow SO_2\uparrow + H_2O$ $2MnO_4^- + 5SO_3^{2-} + 6H^+ \longrightarrow$ $2Mn^{2+} + 5SO_4^{2-} + 3H_2O$ $SO_3^{2-} + 2H_2S + 2H^+ \longrightarrow 3S\downarrow + 3H_2O$
	硫代硫酸及其盐	+2	(1) 硫代硫酸极不稳定，易分解 (2) 具有还原性，为中强还原剂，与强氧化剂(如 Cl_2、Br_2 等)作用被氧化成硫酸盐；与较弱氧化剂(如 I_2 等)作用被氧化成连四硫酸盐 (3) 硫代硫酸根有很强的配位能力，与许多金属离子形成配位化合物	$S_2O_3^{2-} + 2H^+ \longrightarrow S\downarrow + SO_2\uparrow + H_2O$ $S_2O_3^{2-} + 4Cl_2 + 5H_2O \longrightarrow$ $2SO_4^{2-} + 8Cl^- + 10H^+$ $2S_2O_3^{2-} + I_2 \longrightarrow S_4O_6^{2-} + 2I^-$ $AgBr + 2S_2O_3^{2-} \longrightarrow [Ag(S_2O_3)_2]^{3-} + Br^-$
	过二硫酸及其盐（结构中含有—O—O—）	+6	(1) 过硫酸盐的热稳定性差，受热易分解 (2) 具有强氧化性	$K_2S_2O_8 \longrightarrow K_2SO_4 + SO_2\uparrow + O_2\uparrow$ $2Mn^{2+} + 5S_2O_8^{2-} + 8H_2O \xrightarrow[\triangle]{Ag^+}$ $2MnO_4^- + 10SO_4^{2-} + 16H^+$
ⅤA	亚硝酸及其盐	+3	(1) 亚硝酸极不稳定，易分解 (2) 既有氧化性又有还原性，但以氧化性为主。亚硝酸盐溶液只有在酸性介质中才显示氧化性	$2HNO_2 \rightleftharpoons N_2O_3 + H_2O$ (蓝色) $\longrightarrow NO\uparrow + NO_2\uparrow$ (棕色) $2NO_2^- + 2I^- + 4H^+ \longrightarrow 2NO\uparrow + I_2 + 2H_2O$ $2MnO_4^- + 5NO_2^- + 6H^+ \longrightarrow$ $2Mn^{2+} + 5NO_3^- + 3H_2O$

仪器和药品

仪器：试管、离心试管、封闭式电炉、恒温水浴锅、离心机等。

药品：$KMnO_4$ (0.01mol · L^{-1})、H_2O_2 (3%)、KI (0.01mol · L^{-1}, 0.1mol · L^{-1})、$ZnSO_4$(0.2mol · L^{-1})、$CdSO_4$(0.1mol · L^{-1})、$(NH_4)_2S$(0.1mol · L^{-1})、$CuSO_4$ (0.1mol · L^{-1})、$Hg(NO_3)_2$(0.1mol · L^{-1})、$FeSO_4$(0.2mol · L^{-1})、KNO_3(0.1mol · L^{-1})、$BaCl_2$(0.1mol · L^{-1})、Na_3PO_4 (0.01mol · L^{-1})、$(NH_4)_2CO_3$(12%)、$Na_2S_2O_3$(0.1mol · L^{-1})、Na_2SO_3 (0.5mol · L^{-1})、$NaNO_2$(饱和，0.1mol · L^{-1})、$AgNO_3$(0.1mol · L^{-1})、H_2S(饱和)、$KClO_3$(饱和)、HCl (1mol · L^{-1},6mol · L^{-1},浓)、H_2SO_4(1mol · L^{-1},6mol · L^{-1},浓)、NaOH(2mol · L^{-1})、HNO_3(6mol · L^{-1},浓)、碘水、氯水、CCl_4、HOAc(2mol · L^{-1})、MnO_2(s)、Zn 粉、KI-淀粉试纸、奈斯勒试剂、对氨基苯磺酸、α-萘胺、钼酸铵、$Na_2[Fe(CN)_5NO]$，以及浓度分别为 0.1mol · L^{-1}、0.1mol · L^{-1}、0.03mol · L^{-1}的 Cl^-、Br^-、I^-混合液。

实验步骤

1. H_2S 的还原性

用 $KMnO_4$ 溶液、稀 H_2SO_4 和 H_2S 水溶液设计一个实验，证明 H_2S 能被 $KMnO_4$ 氧化，观察现象，写出离子反应方程式。

2. H_2O_2 的性质

用 3% H_2O_2、0.01mol·L^{-1}KI、0.01mol·$L^{-1}$$KMnO_4$、1mol·$L^{-1}$ H_2SO_4、MnO_2(s)设计三个实验，分别验证 H_2O_2 具有氧化性、还原性和易分解的特性，写出实验步骤，观察各自的实验现象，写出对应的离子反应方程式。

3. 硫化物的溶解性

(1) 用离心试管取 1mL 0.2mol·L^{-1} $ZnSO_4$ 溶液，滴加 3～4 滴 0.1mol·L^{-1} $(NH_4)_2S$ 溶液，观察现象。离心分离，弃去溶液，将沉淀洗涤两次后，滴加1mol·L^{-1} HCl 溶液，观察沉淀是否溶解。写出有关现象的离子反应方程式。

(2) 仿照 ZnS 试验制备 CdS 沉淀，观察沉淀的颜色。离心分离并洗涤沉淀两次后，将沉淀分为两份，分别试验 CdS 在 1mol·L^{-1} HCl 和 6mol·L^{-1} HCl 溶液中的溶解情况。写出有关现象的离子反应方程式。

(3) 自制少量 CuS 沉淀，试验其在 6mol·L^{-1} HCl 和 6mol·L^{-1} HNO_3 溶液中的溶解情况。写出有关现象的离子反应方程式。

(4) 自制少量 HgS 沉淀，试验其在 6mol·L^{-1} HNO_3 和王水(1 体积浓 HNO_3 和 3 体积浓 HCl 混合)中的溶解情况。写出有关现象的离子反应方程式。

根据实验结果，讨论四种硫化物的溶解性。

4. 氯、硫、氮的含氧酸及其盐的性质

1) 次氯酸盐和氯酸盐的氧化性

(1) NaClO 的制备。取氯水 0.5mL，滴加 2mol·L^{-1} NaOH 至溶液呈碱性，保留溶液用于下面实验。写出离子反应方程式。

(2) NaClO 的氧化性。取上述 NaClO 溶液，加入数滴浓 HCl，观察现象，并用 KI-淀粉试纸检验所放出的气体。写出离子反应方程式。

(3) 设计一个实验，验证 $KClO_3$ 在酸性介质中才具有强氧化性的事实。写出实验步骤、观察到的实验现象和离子反应方程式。

2) 亚硫酸及其盐的氧化还原性

(1) 取 0.5mol·L^{-1} Na_2SO_3 溶液 0.5mL，用 1mol·L^{-1} H_2SO_4 酸化后滴加 5～6 滴饱和 H_2S 水溶液，观察现象。写出离子反应方程式。

(2) 以碘水为氧化剂，试验 Na_2SO_3 的还原性，观察现象并写出离子反应方程式。

3) 硫代硫酸及其盐的性质

(1) 取 0.1mol·L^{-1} $Na_2S_2O_3$ 溶液 1mL，滴加 1mol·L^{-1} H_2SO_4，观察现象，并用 $KMnO_4$ 试纸(自制)检验放出的气体。写出离子反应方程式。

(2) 以碘水、氯水为氧化剂，试验 $Na_2S_2O_3$ 的还原性，并用 $BaCl_2$ 溶液检验产物。观察现象并写出各自的离子反应方程式。

4) 亚硝酸及其盐的性质

(1) 取 10 滴饱和 $NaNO_2$ 溶液，滴加 $1mol \cdot L^{-1}\ H_2SO_4$，观察溶液的颜色和液面上方气体的颜色。写出离子反应方程式。

(2) 用 $0.1mol \cdot L^{-1}\ NaNO_2$、$0.01mol \cdot L^{-1}\ KMnO_4$、$0.1mol \cdot L^{-1}$ KI 和 $1mol \cdot L^{-1}\ H_2SO_4$ 设计两个实验，验证 $NaNO_2$ 的氧化性和还原性。观察实验现象，并写出相应的离子反应方程式。

5. Cl^-、Br^-、I^- 混合液的分离与鉴定

取 2～3 滴 Cl^-、Br^-、I^- 混合液，加入 1 滴 $6mol \cdot L^{-1}\ HNO_3$ 酸化，再加入 $0.1mol \cdot L^{-1}\ AgNO_3$ 溶液至沉淀完全(检验方法：在离心分离后，在清液中再加入 1 滴 $AgNO_3$，应该不再产生沉淀)，离心分离，弃去溶液。用蒸馏水洗涤沉淀两次。在沉淀中加入 1mL 12% $(NH_4)_2CO_3$ 溶液，充分搅拌，离心分离。在清液中加入 $6mol \cdot L^{-1}\ HNO_3$，有白色沉淀析出，表示有 Cl^-。沉淀用蒸馏水洗涤两次后，在沉淀中加入 5 滴蒸馏水及少量 Zn 粉，充分搅拌并微热。离心分离，弃去沉淀，取出清液。在清液中滴加 5 滴 CCl_4，然后缓慢滴加氯水并不断振荡，CCl_4 层显紫红色，表示有 I^-。继续滴加氯水，紫红色褪去，并显示棕黄(或棕红)色，表示有 Br^-。

6. S^{2-}、$S_2O_3^{2-}$、NH_4^+、NO_2^-、NO_3^-、PO_4^{3-} 的鉴定

1) S^{2-} 的鉴定

在点滴板的圆穴内先加入 1 滴 $0.1mol \cdot L^{-1}\ (NH_4)_2S$ 溶液，再加入 1 滴 1% $Na_2[Fe(CN)_5NO]$溶液，观察现象。

2) $S_2O_3^{2-}$ 的鉴定

在点滴板上加入 1 滴 $0.1mol \cdot L^{-1} Na_2S_2O_3$ 溶液，再加入 2 滴 $AgNO_3$ 溶液，观察沉淀由白变黄变棕最后变黑的现象。写出离子反应方程式。

3) NH_4^+ 的鉴定

在点滴板上加入 1 滴 NH_4Cl 溶液，再加入 1 滴奈斯勒试剂，观察现象。

4) NO_2^- 的鉴定

在点滴板上加入 1 滴 $0.01mol \cdot L^{-1}\ NaNO_2$ 溶液(用 $0.1mol \cdot L^{-1}\ NaNO_2$ 溶液稀释制备)，用 1 滴 $2mol \cdot L^{-1}$ HOAc 酸化，再加入对氨基苯磺酸和 α-萘胺各 1 滴，观察现象。

注意：NO_2^- 浓度过大时，产生黄色溶液或出现褐色沉淀。

5) NO_3^- 的鉴定

在试管中加入 0.5mL $0.2mol \cdot L^{-1} FeSO_4$ 溶液，再加入 5 滴 $0.1mol \cdot L^{-1} KNO_3$ 溶液，摇匀后，将试管斜持，沿管壁慢慢加入约 1mL 浓 H_2SO_4。由于浓 H_2SO_4 相对密度比水大，溶液分成两层。观察浓 H_2SO_4 和溶液交界面处棕色环的出现。

注意：NO_2^- 可发生同样反应，Br^-、I^- 存在时生成游离的 Br_2 和 I_2，与环的颜色相似，妨碍鉴定，必须除去。

6) PO_4^{3-} 的鉴定

在试管中加入 5 滴 0.1mol·L^{-1} Na_3PO_4 溶液，再加入约 0.5mL 钼酸铵试剂(为什么要加过量?)，在水浴上加热，观察现象。写出离子反应方程式。

选做实验

分离并鉴定 S^{2-}、SO_3^{2-}、$S_2O_3^{2-}$ 混合液。(方案可参考“实验七　常见阴离子的分离与鉴定”。)

安全知识

(1) Cl_2 是黄绿色并具有窒息臭味的毒气，有强烈的刺激性和氧化性，吸入人体内会强烈刺激呼吸道黏膜，引起咳嗽和哮喘，甚至导致呼吸中枢被麻痹和肺部化学性烧伤。

(2) 液溴为暗红色液体，易气化。Br_2 蒸气对呼吸系统有强烈刺激性。液溴有很强的腐蚀性，能灼伤皮肤，严重时使皮肤溃烂，取用时应戴橡胶手套。溴水腐蚀性低于液溴。皮肤上沾有溴水时，应该先用大量水冲洗后，再用酒精洗涤。

(3) $KClO_3$ 是强氧化剂，不能与易燃物质一起保存。它与 S、P 的混合物是炸药(不允许在一起研磨、冲击和加热)。$KClO_3$ 易分解，不宜高温烘干或烤干。完成实验后，剩余的 $KClO_3$ 应回收。

(4) H_2S 是无色有腐蛋臭味的气体，极毒，吸入后引起头疼、眩晕、延髓中枢麻痹。

(5) 所有的氮氧化物都有毒，尤以 NO_2 为甚，它能严重损害黏膜和神经系统，引起呼吸道的刺激性症状和炎症，可能发生各种程度的支气管炎、肺炎和肺水肿等。NO_2 中毒尚无特效药治疗，一般用吸入氧气以助呼吸并助血液循环系统解毒。HNO_3 的分解产物或还原产物多为氮的氧化物。

凡是产生有毒、有刺激性气体(如 Cl_2、Br_2、N_2O、NO、NO_2、SO_2、H_2S 等)的实验，均应在通风橱内进行。

思考题

(1) 在氧化还原反应中，能否用 HNO_3、HCl 作为反应的酸性介质？为什么？

(2) 用 KI-淀粉试纸检验 Cl_2 时，试纸先变蓝色，但在 Cl_2 中时间较长时，蓝色又褪去，为什么？

(3) 如何区别 $NaNO_2$ 和 $NaNO_3$？

(4) Ag^+ 与 $S_2O_3^{2-}$ 作用时，什么情况下生成 $Ag_2S_2O_3$？什么情况下生成 $[Ag(S_2O_3)_2]^{3-}$？

实验六　p 区金属元素重要化合物的性质

实验目的

(1) 掌握锑、铋、锡、铅氢氧化物的酸碱性，铅盐的难溶性，Sn(Ⅱ)的还原性和 Pb(Ⅳ)、Bi(Ⅴ)的氧化性。

(2) 掌握锑、铋、锡、铅的硫化物及锑、锡的硫代酸盐的性质。

(3) 掌握 Sb^{3+}、Bi^{3+}、Sn^{2+}、Pb^{2+} 的鉴定反应。

实验原理

p 区金属元素重要化合物性质简介列于表 8-6-1 及表 8-6-2。

表 8-6-1　锑、铋、锡、铅氢氧化物的酸碱性

锑、铋的氢氧化物		锡、铅的氢氧化物	
$Sb(OH)_3$（白色） 两性	H_3SbO_4（白色） 两性偏酸	$Sn(OH)_2$（白色） 两性	$Sn(OH)_4$（白色） 两性，以酸性为主
$Bi(OH)_3$（白色） 弱碱性	Bi_2O_5（红色） 不稳定，易分解为 $Bi_2O_3+O_2$ 弱酸性	$Pb(OH)_2$（白色） 两性偏碱	$Pb(OH)_4$（棕色） 两性偏酸
碱性增强（↓）；酸性增强（→）		碱性增强（↓）；酸性增强（→）	

表 8-6-2　Sb(Ⅲ)、Bi(Ⅲ)、Sn(Ⅱ)的还原性和 Bi(Ⅴ)、Pb(Ⅳ)的氧化性

物质	氧化还原性递变规律		反应举例
Sb(Ⅲ) Bi(Ⅲ) 和 Bi(Ⅴ)	还原性减弱（→） Sb(Ⅲ) 既有氧化性，又有还原性，但均较弱 $E^{\ominus}(Sb^{3+}/Sb)$ $=0.212V$ $E^{\ominus}(SbO_4^{3-}/SbO_2^-)$ $=-0.59V$ Sb(Ⅴ) 在酸性介质中有氧化性，但不强 氧化性增强（→）	Bi(Ⅲ) 既有氧化性，又有还原性，在碱性介质中可被强氧化剂氧化 $E^{\ominus}(Bi^{3+}/Bi)$ $=0.320V$ $E^{\ominus}(NaBiO_3/Bi^{3+})$ $=1.8V$ Bi(Ⅴ) 在酸性介质中有强氧化性	(1) Sb(Ⅲ)氧化还原性 $2Sb^{3+}+3Sn \longrightarrow 2Sb\downarrow$(黑色)$+3Sn^{2+}$ $[Sb(OH)_4]^- + 2[Ag(NH_3)_2]^+ + 2OH^- \longrightarrow$ $[Sb(OH)_6]^- + 2Ag\downarrow$(黑色)$+4NH_3$ ——鉴定 Sb^{3+} 的反应 (2) Bi(Ⅲ)的还原性和 Bi(Ⅴ)的氧化性 $Bi(OH)_3+Cl_2+3OH^-+Na^+ \longrightarrow$ $NaBiO_3\downarrow$(棕黄色)$+2Cl^-+3H_2O$ $NaBiO_3+6HCl$(浓)$\longrightarrow BiCl_3+NaCl+Cl_2\uparrow+3H_2O$ $5NaBiO_3+2Mn^{2+}+14H^+ \longrightarrow$ $2MnO_4^-$(紫红色)$+5Bi^{3+}+5Na^++7H_2O$ ——鉴定 Mn^{2+} 的反应
Sn(Ⅱ) 和 Pb(Ⅳ)	还原性减弱（→） Sn(Ⅱ) 强还原性，在碱性介质中还原性更强 $E^{\ominus}(Sn^{4+}/Sn^{2+})$ $=0.15V$ $E^{\ominus}([Sn(OH)_6]^{2-}/[Sn(OH)_4]^{2-})$ $=-0.93V$ Sn(Ⅳ) 氧化性增强（→）	Pb(Ⅱ) $E^{\ominus}(PbO_2/Pb^{2+})$ $=1.46V$ Pb(Ⅳ) 在酸性介质中有强氧化性	(1) Sn(Ⅱ) 的还原性 $2HgCl_2+Sn^{2+}+4Cl^- \longrightarrow Hg_2Cl_2\downarrow$(白色)$+[SnCl_6]^{2-}$ $Hg_2Cl_2+Sn^{2+}$(过量)$+4Cl^- \longrightarrow$ $2Hg\downarrow$(黑色)$+[SnCl_6]^{2-}$ ——鉴定 Sn^{2+} 和 Hg^{2+} 的反应 $2Bi^{3+}+3[Sn(OH)_4]^{2-}+6OH^- \longrightarrow$ $2Bi\downarrow$(黑色)$+3[Sn(OH)_6]^{2-}$ ——鉴定 Bi^{3+} 的反应 (2) Pb(Ⅳ)的氧化性 PbO_2+4HCl(浓)$\longrightarrow PbCl_2+Cl_2\uparrow+2H_2O$

铅盐中只有 $Pb(NO_3)_2$ 和 $Pb(OAc)_2$ 易溶于水，其他均难溶，分析化学上常依此作为 Pb^{2+} 鉴定和分离的依据。在 Pb^{2+} 溶液中加入 CrO_4^{2-} 生成黄色沉淀是 Pb^{2+} 的鉴定反应。常见

铅盐性质如下：

Pb^{2+} +
- $2Cl^-$ ⟶ $PbCl_2$↓（白色）（易溶于热水、NH_4OAc、浓 HCl）
- $2I^-$ ⟶ PbI_2↓（黄色）（易溶于浓 KI 溶液）
- CrO_4^{2-} ⟶ $PbCrO_4$↓（黄色）（易溶于稀 HNO_3、浓 HCl、浓 NaOH）
- SO_4^{2-} ⟶ $PbSO_4$↓（白色）（易溶于 NH_4OAc 和热、浓 H_2SO_4）
- CO_3^{2-} ⟶ $PbCO_3$↓（白色）（易溶于稀酸）

p 区金属元素硫化物的性质列于表 8－6－3。

表 8－6－3 Sb(Ⅲ)、Sb(Ⅴ)、Bi(Ⅲ)、Sn(Ⅱ)、Sn(Ⅳ)、Pb(Ⅱ)硫化物的性质

硫化物		Sb_2S_3	Sb_2S_5	Bi_2S_3	SnS	SnS_2	PbS
颜色		橙红	橙红	黑色	棕色	黄色	黑色
试剂	Na_2S	Na_3SbS_3	Na_3SbS_4	—	—	Na_2SnS_3	—
	Na_2S_2	Na_3SbS_4	Na_3SbS_4＋S	—	Na_2SnS_3	Na_2SnS_3＋S	—
	HCl	$SbCl_3$＋H_2S	$SbCl_3$＋H_2S＋S	$BiCl_3$＋H_2S	$SnCl_2$＋H_2S	$H_2[SnCl_6]$＋H_2S	$H_2[PbCl_4]$＋H_2S
	NaOH	Na_3SbO_3＋Na_3SbS_3	Na_3SbO_4＋Na_3SbS_4	—	—	Na_2SnO_3＋Na_2SnS_3	—

仪器和药品

仪器：试管、离心试管、封闭式电炉、恒温水浴锅、离心机等。

药品：$SbCl_3$（0.1mol·L^{-1}）、$Bi(NO_3)_3$（0.1mol·L^{-1}）、$SnCl_2$（0.5mol·L^{-1}）、$Pb(NO_3)_2$(0.1mol·L^{-1})、$AgNO_3$（0.1mol·L^{-1}）、$MnSO_4$（0.1mol·L^{-1}）、$HgCl_2$（0.1mol·L^{-1}）、KI(0.1mol·L^{-1})、K_2CrO_4(0.1mol·L^{-1})、NH_4OAc（2mol·L^{-1}）、$SnCl_4$（0.1mol·L^{-1}）、$(NH_4)_2S$(0.5mol·L^{-1})、H_2S(饱和)、NaOH（2mol·L^{-1}，6mol·L^{-1}）、$NH_3·H_2O$(2mol·L^{-1})、HCl(浓，2mol·L^{-1})、HNO_3(6mol·L^{-1})、H_2SO_4(2mol·L^{-1})、氯水、$NaBiO_3$(s)、PbO_2(s)、锡箔、KI-淀粉试纸、浓度均为 0.1mol·L^{-1}的 Sb^{3+} 和 Bi^{3+} 混合液。

实验步骤

1. 氢氧化物的生成和性质

(1) 用 0.1mol·$L^{-1}$$SbCl_3$ 和 2mol·L^{-1}NaOH 制备少量 $Sb(OH)_3$ 沉淀，观察沉淀的颜色。将沉淀分为两份，分别试验在 2mol·L^{-1}HCl 和 2mol·L^{-1}NaOH 溶液中的溶解情况。写出离子反应方程式。

(2) 制备少量 $Bi(OH)_3$ 沉淀，并试验在 2mol·L^{-1}HCl 和 6mol·L^{-1}NaOH 溶液中的溶解情况。写出离子反应方程式。

(3) 制备少量 $Sn(OH)_2$、$Pb(OH)_2$ 沉淀，并试验在酸、碱中的溶解情况[试验$Pb(OH)_2$的碱性时应该用什么酸？为什么？]。写出离子反应方程式。

根据实验结果，比较 $Sb(OH)_3$ 和 $Bi(OH)_3$、$Sn(OH)_2$ 和 $Pb(OH)_2$ 酸碱性的强弱。

2. Sb(Ⅲ)的氧化还原性

(1) 在一小片光亮的 Sn 片或 Sn 箔上，加 1 滴 0.1mol·$L^{-1}$$SbCl_3$ 溶液，观察 Sn 片颜色的

变化。写出离子反应方程式。

(2) 在试管中加入少量 0.1mol · L^{-1} $SbCl_3$ 溶液，滴加过量的 6mol · L^{-1} NaOH，直至生成的沉淀又溶解。在另一支试管内加入少量 0.1mol · L^{-1} $AgNO_3$，然后加入 2mol · L^{-1} $NH_3 \cdot H_2O$至生成的沉淀又溶解。将两支试管的溶液混合，观察现象。写出对应的离子反应方程式。

上述两个反应均可作为鉴定 Sb^{3+} 的反应。

3. Bi(Ⅲ)的还原性和 Bi(Ⅴ)的氧化性

(1) 试管中加入 0.1mol · L^{-1} $Bi(NO_3)_3$ 溶液 0.5mL，再加入数滴 6mol · L^{-1} NaOH 和氯水少许，在水浴上加热，观察棕黄色沉淀的生成。离心分离并洗涤沉淀，将所得沉淀留作下面实验用。写出反应的离子方程式。

(2) 取上面自制的 $NaBiO_3$ 固体，加入少量浓 HCl，观察现象并鉴别气体产物(产物是什么？应该用什么方法检验？此实验应该在什么地方操作？)。写出离子反应方程式。

(3) 取 1～2 滴 0.1mol · L^{-1} $MnSO_4$ 溶液，用几滴 6mol · L^{-1} HNO_3 酸化，然后加入少量的 $NaBiO_3$ 固体，观察溶液颜色的变化，并写出离子反应方程式。此实验是 Mn^{2+} 的鉴定反应。

4. Sn(Ⅱ)的还原性和 Pb(Ⅳ)的氧化性

(1) 取 0.1mol · L^{-1} $HgCl_2$ 溶液 0.5mL，逐滴加入 0.5mol · L^{-1} $SnCl_2$ 溶液，观察现象(注意沉淀颜色的变化)，写出离子反应方程式。此反应为鉴定 Hg^{2+} 和 Sn^{2+} 的反应。

(2) 制取少量 $Na_2[Sn(OH)_4]$ 溶液(如何制备)，然后再滴加 0.1mol · L^{-1} $Bi(NO_3)_3$ 溶液，观察现象，写出离子反应方程式。此反应为鉴定 Bi^{3+} 的反应。

(3) 取少量 PbO_2 固体，加入 1mL 浓 HCl，观察现象，并检验气体产物。写出离子反应方程式。

5. 难溶性铅盐的生成

(1) 制备少量 $PbCl_2$ 沉淀，观察沉淀的颜色，并将沉淀分为两份，分别试验它在热水和浓 HCl 中的溶解情况。

(2) 制备少量 PbI_2 沉淀，观察沉淀的颜色，并试验它在过量 KI 溶液中的溶解情况。

(3) 制备少量 $PbCrO_4$ 沉淀，观察沉淀的颜色，这是鉴定 Pb^{2+} 的反应。试验 $PbCrO_4$ 在 6mol · L^{-1} HNO_3 和 6mol · L^{-1} NaOH 溶液中的溶解情况。

(4) 制备少量 $PbSO_4$ 沉淀，观察沉淀的颜色，并试验它在 NH_4OAc 溶液中的溶解情况。

6. Sb(Ⅲ)、Bi(Ⅲ)、Sn(Ⅱ)、Sn(Ⅳ)、Pb(Ⅱ)的硫化物

(1) Sb(Ⅲ)、Sn(Ⅳ)硫化物和硫代酸盐的生成和性质。在两支离心试管中，分别加入 1～2 滴(注意不要加多)0.1mol · L^{-1} $SbCl_3$ 和 0.1mol · L^{-1} $SnCl_4$ 溶液，再各加入几滴饱和 H_2S 水溶液，观察生成沉淀的颜色。离心分离，在沉淀中各加入 0.5mol · L^{-1} $(NH_4)_2S$ 的溶液，观察现象。再加入少量 2mol · L^{-1} HCl 溶液，观察现象。写出相应的离子反应方程式。

(2) Bi(Ⅲ)、Sn(Ⅱ)、Pb(Ⅱ)的硫化物。制备少量 Bi(Ⅲ)、Sn(Ⅱ)、Pb(Ⅱ)的硫化物，观察沉淀的颜色。离心分离，在沉淀中各加入适量的 0.5mol · L^{-1} $(NH_4)_2S$ 溶液，观察沉淀是否溶解。

根据以上实验结果，比较 Sb_2S_3 和 Bi_2S_3、SnS 和 SnS_2 的酸碱性。

选做实验

(1) 用 $MnSO_4$ 溶液作还原剂，设计一个实验证明 PbO_2 的氧化性。

(2) 用合适的试剂，分离并鉴定下列混合离子：Sb^{3+}、Bi^{3+}。

取混合液 3～4 滴，加入几滴 6mol · L^{-1}NaOH 溶液(稍过量)，离心分离。取出上层清液，用 2mol · L^{-1} H_2SO_4 酸化后，滴 1 滴到 Sn 箔上，Sn 箔变黑，表示有 Sb^{3+}。在沉淀中加入 2 滴 2mol · L^{-1}NaOH，再加入 1 滴 0.1mol · L^{-1} $SnCl_2$ 溶液，出现黑色沉淀，表示有 Bi^{3+}。

同学可再设计其他方案，分离并鉴定上述混合离子。

安全知识

As、Sb、Bi、Pb 及其化合物都是有毒物质，其中 As_2O_3(砒霜)和胂(AsH_3)及其他可溶性砷化物、铅的可溶性化合物均是剧毒物质。因此，实验用到这些物质时取用量要少，切勿与伤口接触。实验后，废液应倒入指定的回收瓶中统一处理。实验后一定要洗手。若不慎中毒，应立即就医治疗。有效的砷的解毒方法是服用新配制的氧化镁与硫酸铁溶液强烈摇动后形成的氢氧化铁悬浮液，也可用乙二硫醇(HS—CH_2—CH_2—SH)解毒。铅化合物中毒可用 $Na_2S_2O_3$(一般是静脉注射 10% $Na_2S_2O_3$)或 KI 等解毒，反应为

$$Pb^{2+} + S_2O_3^{2-} \longrightarrow PbS_2O_3$$

$$PbS_2O_3 + H_2O \longrightarrow PbS + H_2SO_4$$

$$Pb^{2+} + 2I^- \longrightarrow PbI_2$$

思考题

(1) 应怎样配制 $SnCl_2$ 溶液？

(2) 在实验步骤 3(3)中，如果多加了 $MnSO_4$，会出现什么现象？

(3) 通过什么实验，可以证明 Pb_3O_4 中含有 Pb(Ⅱ)与 Pb(Ⅳ)？

实验七　常见阴离子的分离与鉴定

实验目的

(1) 掌握一些常见阴离子的性质和鉴定反应。

(2) 了解阴离子分离与鉴定的一般原则，掌握常见阴离子分离与鉴定的原理和方法。

实验原理

有关混合离子分离与鉴定的基本知识参见“混合离子的分离与鉴定”部分。

许多非金属元素可以形成简单的或复杂的阴离子，如 S^{2-}、Cl^-、NO_3^- 和 SO_4^{2-} 等，许多金属元素也可以以复杂阴离子的形式存在，如 VO_3^-、CrO_4^{2-}、$Al(OH)_4^-$ 等。所以，阴离子的总数很多。常见的重要阴离子有 Cl^-、Br^-、I^-、S^{2-}、SO_3^{2-}、$S_2O_3^{2-}$、SO_4^{2-}、NO_3^-、NO_2^-、PO_4^{3-}、CO_3^{2-} 等十几种，这里主要介绍它们的分离与鉴定的一般方法。

许多阴离子只在碱性溶液中存在或共存，一旦溶液被酸化，它们就会分解或相互间发生反

应。酸性条件下易分解的有 NO_2^-、SO_3^{2-}、$S_2O_3^{2-}$、S^{2-}、CO_3^{2-}，酸性条件下氧化性离子 NO_3^-、NO_2^-、SO_3^{2-} 可与还原性离子 I^-、SO_3^{2-}、$S_2O_3^{2-}$、S^{2-} 发生氧化还原反应。还有些离子易被空气氧化，如 NO_2^-、SO_3^{2-}、S^{2-} 易被空气氧化成 NO_3^-、SO_4^{2-} 和 S 等，分析不当也容易造成错误。

由于阴离子间的相互干扰较少，实际上许多离子共存的机会也较少，因此大多数阴离子分析都采用分别分析的方法，只有少数相互有干扰的离子才采用系统分析法，如 S^{2-}、SO_3^{2-}、$S_2O_3^{2-}$ 和 Cl^-、Br^-、I^- 等。为了解溶液中离子存在情况，有必要对阴离子进行系统分组，但分组的主要目的不是用于离子分离，而是用于预先确定哪些离子存在。阴离子有不同的分组方法，这里只介绍其中一种，见表 8－7－1。

表 8－7－1　常见阴离子的分组

组别	构成各组的阴离子	组试剂	特性
第一组(挥发组)	S^{2-}、SO_3^{2-}、$S_2O_3^{2-}$、CO_3^{2-}、NO_2^- 等	HCl	在酸性介质中形成挥发性酸或易分解的酸
第二组(钙、钡盐组)	SO_4^{2-}、PO_4^{3-}、SiO_3^{2-}、AsO_4^{3-} 等	$BaCl_2$ (中性或弱碱性介质)	钙盐、钡盐难溶于水
第三组(银盐组)	Cl^-、Br^-、I^- 等	$AgNO_3$ HNO_3	银盐难溶于水和稀 HNO_3
第四组(易溶组)	NO_3^-、ClO_3^-、CH_3COO^- 等	无组试剂	银盐、钙盐、钡盐等均易溶于水

常见阴离子的鉴定反应及它们与常用试剂的反应见附录 14.2 和附录 14.4。

混合阴离子分离与鉴定举例：

[例 8.1]　SO_4^{2-}、NO_3^-、Cl^-、CO_3^{2-} 混合液的定性分析。

(分析：由于这四个离子在鉴定时互相无干扰，均可采用分别分析法)

分析方案：

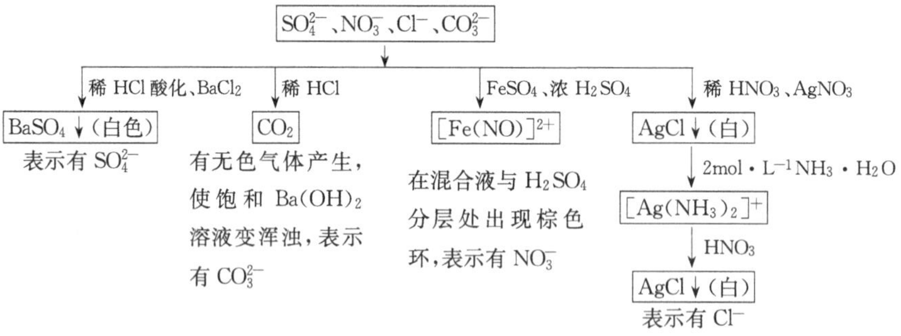

问题：该混合溶液呈中性、酸性还是碱性？为什么？

[例 8.2]　S^{2-}、SO_3^{2-}、$S_2O_3^{2-}$ 混合液的分离与鉴定。

(分析：SO_3^{2-}、$S_2O_3^{2-}$ 对 S^{2-} 的鉴定无干扰，S^{2-} 可采用分别分析法；如果采用加酸分解法鉴定 SO_3^{2-}、$S_2O_3^{2-}$，则两者相互干扰，不采用此鉴定法时两者不互相干扰，只受 S^{2-} 干扰，因此分析 SO_3^{2-}、$S_2O_3^{2-}$ 时应将 S^{2-} 除去。方法是选用 $PbCO_3$ 或 $CdCO_3$ 作沉淀剂，它们可将 S^{2-} 转化为相应的硫化物沉淀，而 SO_3^{2-}、$S_2O_3^{2-}$ 则不被转变，仍留在溶液中。)

分析方案：

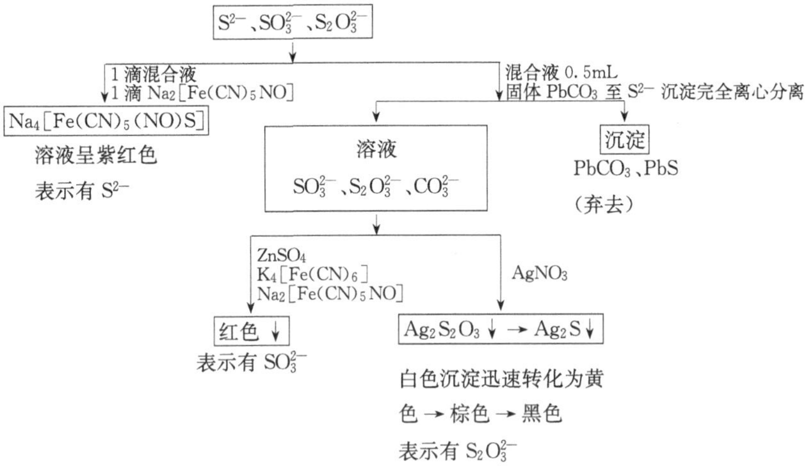

问题：(1) 此混合溶液能否采用“分别分析法”进行离子鉴定？为什么？

(2) 加固体 $PbCO_3$ 除去 S^{2-} 时，如何检验 S^{2-} 是否完全除去？如果除不净 S^{2-}，对鉴定有何影响？

仪器和药品

仪器：试管、离心试管、点滴板、滴管、封闭式电炉、恒温水浴锅、离心机等。

药品：$BaCl_2$（0.1mol · L^{-1}）、$AgNO_3$（0.1mol · L^{-1}）、KI（0.1mol · L^{-1}）、$ZnSO_4$（0.1mol · L^{-1}）、$KMnO_4$（0.01mol · L^{-1}）、$(NH_4)_2CO_3$（1mol · L^{-1}）、$FeSO_4$（0.5mol · L^{-1}）、$Ba(OH)_2$（饱和）、H_2SO_4（3mol · L^{-1}，浓）、HCl（6mol · L^{-1}）、HNO_3（6mol · L^{-1}）、钼酸铵、$Na_2[Fe(CN)_5NO]$、$K_4[Fe(CN)_6]$、淀粉-碘溶液、氯水、CCl_4、Zn 粉、$PbCO_3$(s)、pH 试纸。

浓度均为 0.1mol · L^{-1} 的阴离子混合液：CO_3^{2-}、SO_4^{2-}、NO_3^-、PO_4^{3-} 一组；Cl^-、Br^-、I^- 一组；S^{2-}、SO_3^{2-}、$S_2O_3^{2-}$、CO_3^{2-} 一组；未知阴离子混合液可配 5～6 个离子一组。

实验步骤

1. 已知阴离子混合液的分离与鉴定

按例题格式，设计出合理的分离鉴定方案，分离鉴定下列三组阴离子：

(1) CO_3^{2-}、SO_4^{2-}、NO_3^-、PO_4^{3-}。

(2) Cl^-、Br^-、I^-。

(3) S^{2-}、SO_3^{2-}、$S_2O_3^{2-}$、CO_3^{2-}。

2. 未知阴离子混合液的分析

某混合离子试液可能含有 CO_3^{2-}、NO_2^-、NO_3^-、PO_4^{3-}、S^{2-}、SO_3^{2-}、$S_2O_3^{2-}$、SO_4^{2-}、Cl^-、Br^-、I^-，按下列步骤进行分析，确定试液中含有哪些离子。

1) 初步试验

(1) 用 pH 试纸测试未知试液的酸碱性。如果溶液呈酸性，哪些离子不可能存在？如果试液呈碱性或中性，可取试液数滴，用 3mol · L^{-1} H_2SO_4 酸化并水浴加热。若无气体产生，表

示 CO_3^{2-}、NO_2^-、S^{2-}、SO_3^{2-}、$S_2O_3^{2-}$ 等不存在；如果有气体产生，则可根据气体的颜色、气味和性质初步判断哪些阴离子可能存在。

（2）钡组阴离子的检验。在离心试管中加入几滴未知液，加入 1～2 滴 $1mol \cdot L^{-1}$ $BaCl_2$ 溶液，观察有无沉淀产生。如果有白色沉淀产生，可能有 SO_4^{2-}、SO_3^{2-}、PO_4^{3-}、CO_3^{2-} 等（$S_2O_3^{2-}$ 的浓度大时才会产生 BaS_2O_3 沉淀）。离心分离，在沉淀中加入数滴 $6mol \cdot L^{-1}$ HCl，根据沉淀是否溶解，进一步判断哪些离子可能存在。

（3）银盐组阴离子的检验。取几滴未知液，滴加 $0.1mol \cdot L^{-1}$ $AgNO_3$ 溶液。如果立即生成黑色沉淀，表示有 S^{2-} 存在；如果生成白色沉淀，迅速变黄变棕变黑，则有 $S_2O_3^{2-}$。但 $S_2O_3^{2-}$ 浓度大时，也可能生成 $Ag(S_2O_3)_2^{3-}$ 不析出沉淀。Cl^-、Br^-、I^-、CO_3^{2-}、PO_4^{3-} 都与 Ag^+ 形成浅色沉淀，如有黑色沉淀，则它们有可能被掩盖。离心分离，在沉淀中加入 $6mol \cdot L^{-1}$ HNO_3，必要时加热。若沉淀不溶或只发生部分溶解，则表示有可能 Cl^-、Br^-、I^- 存在。

（4）氧化性阴离子检验。取几滴未知液，用稀 H_2SO_4 酸化，加 CCl_4 5～6 滴，再加入几滴 $0.1mol \cdot L^{-1}$ KI 溶液。振荡后，CCl_4 层呈紫色，说明有 NO_2^- 存在（若溶液中有 SO_3^{2-} 等，酸化后 NO_2^- 先与它们反应而不一定氧化 I^-，CCl_4 层无紫色不能说明无 NO_2^-）。

（5）还原性阴离子检验。取几滴未知液，用稀 H_2SO_4 酸化，然后加入 1～2 滴 $0.01mol \cdot L^{-1}$ $KMnO_4$ 溶液。若 $KMnO_4$ 的紫红色褪去，表示可能存在 SO_3^{2-}、$S_2O_3^{2-}$、S^{2-}、Br^-、I^-、NO_2^- 等还原性离子。如果有还原性离子反应，则用淀粉-碘溶液再进一步检验是否存在强还原性离子。如果能使淀粉-碘溶液的蓝色褪去，表示可能存在 S^{2-}、SO_3^{2-}、$S_2O_3^{2-}$ 等。

根据(1)～(5)实验结果，判断有哪些离子可能存在，并将结果填入表 8-7-2 中。

表 8-7-2　阴离子的初步试验

阴离子	pH 试验	稀 H_2SO_4 试验	$BaCl_2$ 试验	$AgNO_3$ 试验	氧化性离子试验	还原性离子试验		综合分析
						$KMnO_4$ 试验	淀粉-碘试验	
SO_4^{2-}								
SO_3^{2-}								
$S_2O_3^{2-}$								
S^{2-}								
PO_4^{3-}								
CO_3^{2-}								
NO_2^-								
NO_3^-								
Cl^-								
Br^-								
I^-								

2）确证性试验

根据初步试验结果，对可能存在的阴离子进行确证性试验。

思考题

(1) 离子鉴定反应具有哪些特点?
(2) 使离子鉴定反应正常进行的主要反应条件有哪些?
(3) 什么是反应的灵敏度? 什么是反应的选择性? 提高反应选择性的一般方法有哪些?
(4) 何为空白试验,何为对照试验? 各有什么作用?
(5) 某阴离子未知溶液经初步试验结果如下:
(i) 酸化时无气体产生。
(ii) 加入 $BaCl_2$ 时有白色沉淀析出,再加 HCl 后又溶解。
(iii) 加入 $AgNO_3$ 有黄色沉淀析出,再加 HNO_3 后发生部分沉淀溶解。
(iv) 试液能使 $KMnO_4$ 紫色褪去,但与 KI、淀粉-碘溶液无反应。
试指出:哪些离子肯定不存在? 哪些离子肯定存在? 哪些离子可能存在?

实验八　d 区元素重要化合物的性质(一)

实验目的

(1) 掌握铬、锰主要化合物的性质。
(2) 掌握 Cr^{3+}、Mn^{2+} 的鉴定反应。

实验原理

铬、锰重要化合物性质简介。

1. 铬的重要化合物的性质

Cr(Ⅲ)、Cr(Ⅵ)的氧化物及其水合物的酸碱性列于表 8-8-1 中。

表 8-8-1　Cr(Ⅲ)、Cr(Ⅵ)的氧化物及其水合物的酸碱性

氧化值	+3	+6
氧化物	Cr_2O_3(绿色)	CrO_3(橙红色)
氧化物的水合物	$Cr(OH)_3$(灰绿色)	H_2CrO_4(黄色)
	两性氢氧化物	强酸性
	$[Cr(OH)_4]^-$ 热稳定性差,加热完全水解,生成水合氧化铬沉淀 $2[Cr(OH)_4]^- + (x-3)H_2O \longrightarrow Cr_2O_3 \cdot xH_2O + 2OH^-$ (亮绿色)　　　　(灰绿)	在溶液中 CrO_4^{2-} 和 $Cr_2O_7^{2-}$ 存在平衡,碱性溶液中以 CrO_4^{2-} 为主,酸性溶液中以 $Cr_2O_7^{2-}$ 为主 $2CrO_4^{2-} + 2H^+ \rightleftharpoons Cr_2O_7^{2-} + H_2O$ (黄色)　　　　(橙红色)

Cr(Ⅲ)化合物的还原性和 Cr(Ⅵ)化合物的氧化性比较可见铬的电势图。

$$E_A^\ominus/V \quad Cr_2O_7^{2-} \xrightarrow{1.33} Cr^{3+} \xrightarrow{-0.74} Cr$$

$$E_B^\ominus/V \quad CrO_4^{2-} \xrightarrow{-0.12} Cr(OH)_4^- \xrightarrow{-1.2} Cr$$

从铬的电势图可知:

(1) 在碱性介质中，$[Cr(OH)_4]^-$ 易被氧化成 CrO_4^{2-}，CrO_4^{2-} 一般不显氧化性。

$$2[Cr(OH)_4]^- + 3H_2O_2 + 2OH^- \longrightarrow 2CrO_4^{2-} + 8H_2O$$

(2) 在酸性介质中，Cr^{3+} 比较稳定，只能被强氧化剂（如 $KMnO_4$、$K_2S_2O_8$ 等）氧化成 $Cr_2O_7^{2-}$；$Cr_2O_7^{2-}$ 有强氧化性，$K_2Cr_2O_7$ 是常用的强氧化剂。

$$Cr_2O_7^{2-} + 3H_2O_2 + 8H^+ \longrightarrow 2Cr^{3+} + 3O_2\uparrow + 7H_2O$$

$$10Cr^{3+} + 6MnO_4^- + 11H_2O \longrightarrow 5Cr_2O_7^{2-} + 6Mn^{2+} + 22H^+$$

2. 锰的重要化合物的性质

锰的氧化物及其水合物的性质列于表 8－8－2 中。

表 8－8－2 氧化物及其水合物的性质

氧化值	+2	+4	+6	+7
氧化物	MnO （绿色）	MnO_2 （棕色）		Mn_2O_7 （黑绿色油状液体）
氧化物的水合物	$Mn(OH)_2$ （白色）	$MnO(OH)_2$ （棕黑色）	H_2MnO_4 （绿色）	$HMnO_4$ （紫红色）
酸碱性	碱性	两性	酸性	强酸性
氧化还原稳定性	不稳定，易被空气中的氧氧化成 MnO(OH)，进一步氧化成 $MnO(OH)_2$	稳定，在酸性介质中有强氧化性，碱性介质中有还原性	不稳定，易发生歧化反应	不稳定，易分解为 MnO_2 和氧气

锰化合物的氧化还原性比较可见锰的电势图。

$$E_A^\ominus/V \quad MnO_4^- \xrightarrow{+0.564} MnO_4^{2-} \xrightarrow{+2.235} MnO_2 \xrightarrow{+0.95} Mn^{3+} \xrightarrow{+1.488} Mn^{2+} \xrightarrow{-1.17} Mn$$

MnO_4^- —— MnO_2：+1.68；MnO_2 —— Mn^{2+}：+1.23；MnO_4^- —— Mn^{2+}：+1.51

$$E_B^\ominus/V \quad MnO_4^- \xrightarrow{+0.564} MnO_4^{2-} \xrightarrow{+0.60} MnO_2 \xrightarrow{-0.2} Mn(OH)_3 \xrightarrow{+0.1} Mn(OH)_2 \xrightarrow{-1.55} Mn$$

MnO_4^- —— MnO_2：+0.588；MnO_2 —— $Mn(OH)_2$：−0.05

从锰的电势图可知：

(1) 在酸性介质中，Mn^{3+} 和 MnO_4^{2-} 均不稳定，易发生歧化反应；在中性和碱性介质中也歧化，但趋势小，速度慢。MnO_4^{2-} 只能稳定存在于强碱性介质中。

$$2Mn^{3+} + 2H_2O \longrightarrow Mn^{2+} + MnO_2\downarrow + 4H^+$$

$$3MnO_4^{2-} + 4H^+ \longrightarrow 2MnO_4^- + MnO_2\downarrow + 2H_2O$$

(2) 在碱性介质中，$Mn(OH)_2$ 易被氧化成 $MnO(OH)_2$；Mn^{2+} 在酸性介质中稳定，只有强氧化剂（如 $NaBiO_3$、PbO_2 等）才能将 Mn^{2+} 氧化成 MnO_4^-。

$$2Mn(OH)_2 + O_2 \longrightarrow 2MnO(OH)_2$$

$$5PbO_2 + 2Mn^{2+} + 4H^+ \longrightarrow 2MnO_4^- + 5Pb^{2+} + 2H_2O$$

(3) MnO_2 在酸性介质中有强氧化性，还原产物为 Mn^{2+}；在碱性介质中有还原性，可被氧化剂(如 O_2、$KClO_3$、KNO_3 等)氧化成 MnO_4^{2-}。

$$MnO_2 + 4HCl(浓) \xrightarrow{\triangle} MnCl_2 + Cl_2\uparrow + 2H_2O$$

$$3MnO_2 + KClO_3 + 6KOH \xrightarrow{共熔} 3K_2MnO_4 + KCl + 3H_2O$$

(4) $KMnO_4$ 具有强氧化性,在酸性介质中氧化能力更强,是最常用的强氧化剂。它的还原产物因溶液的酸碱性不同而异(表 8-8-3)。

表 8-8-3　不同条件下 $KMnO_4$ 的还原产物

溶液	酸性	中性或弱碱性	强碱性
还原产物	Mn^{2+}	MnO_2	MnO_4^{2-}

仪器和药品

仪器:试管、试管夹、离心试管、烧杯、点滴板、小量筒、酒精灯、离心机等。

药品:$KMnO_4$(0.01mol · L^{-1})、H_2SO_4(3mol · L^{-1},6mol · L^{-1})、$CrCl_3$(0.1mol · L^{-1})、K_2CrO_4(0.1mol · L^{-1})、$K_2Cr_2O_7$(0.1mol · L^{-1})、$AgNO_3$(0.1mol · L^{-1})、$BaCl_2$(0.1mol · L^{-1})、$MnSO_4$(0.1mol · L^{-1})、$Pb(NO_3)_2$(0.1mol · L^{-1})、$NaNO_2$(0.1mol · L^{-1})、Na_2SO_3(0.1mol · L^{-1})、KSCN(0.1mol · L^{-1})、H_2S(0.1mol · L^{-1})、H_2O_2(3%)、NaOH(2mol · L^{-1},6mol · L^{-1})、NH_3 · H_2O(0.5mol · L^{-1})、HCl(2mol · L^{-1},浓)、HOAc(6mol · L^{-1})、乙醚、MnO_2(s)、$NaBiO_3$(s)、pH 试纸。

浓度均为 0.1mol · L^{-1}的 Cr^{3+}、Mn^{2+}、Fe^{3+}混合溶液;浓度均为 0.1mol · L^{-1},标签分别为 1、1′的 $SnCl_2$ 和 $MnSO_4$,2、2′的 K_2CrO_4 和 $FeCl_3$,3、3′的 $MnSO_4$ 和 $MgSO_4$。

实验步骤

1. 铬的化合物

(1) $Cr(OH)_3$ 的生成和性质。

(i) 制备少量的 $Cr(OH)_3$,观察沉淀的颜色,并用实验证明 $Cr(OH)_3$ 的两性。写出离子反应方程式。

(ii) 用实验证明$[Cr(OH)_4]^-$ 加热易完全水解的事实。观察现象,写出离子反应方程式。

(2) Cr(Ⅲ)的还原性和 Cr^{3+} 的鉴定。自制少量的$[Cr(OH)_4]^-$溶液,然后加入几滴 3% H_2O_2 溶液,微热,观察溶液颜色的变化,保留溶液作 1(6)实验用。写出离子反应方程式。

Cr^{3+}的鉴定:在点滴板上滴加一滴上述溶液,加 1 滴稀 HOAc,再加入 1 滴 $Pb(NO_3)_2$ 溶液,观察黄色沉淀的产生。

(3) Cr(Ⅲ)盐的水解。在 0.5mL 0.1mol · L^{-1} $CrCl_3$ 溶液中,滴加 0.5mol · L^{-1} Na_2CO_3 溶液至有沉淀生成。离心分离并洗涤沉淀,用实验证实沉淀是 $Cr(OH)_3$ 而不是 $Cr_2(CO_3)_3$。写出离子反应方程式并解释实验结果。

(4) CrO_4^{2-} 和 $Cr_2O_7^{2-}$ 在水溶液中的平衡和相互转化。选用合适试剂,使 $Cr_2O_7^{2-}$ 先转变成 CrO_4^{2-},再转变回 $Cr_2O_7^{2-}$。观察现象,写出相互转化的平衡关系式。

(5) $K_2Cr_2O_7$ 的氧化性。选择两种合适的还原剂,做两个实验,验证 $K_2Cr_2O_7$ 在酸性介质中才具有强氧化性。观察实验现象并写出各自的离子反应方程式。

提示:所选还原剂被氧化后的产物以无色或浅色为好(为什么),酸化 $K_2Cr_2O_7$ 溶液能否用稀 HCl，为什么？

(6) 过氧化铬的生成——Cr(Ⅵ)的鉴定。取实验步骤 1(2)所制得的 CrO_4^{2-} 溶液，加入 0.5mL 乙醚，用 3mol · L^{-1} H_2SO_4 酸化，然后滴加 3% H_2O_2，摇动试管，观察乙醚层颜色的变化。写出离子反应方程式。

(7) 难溶性铬酸盐的生成。

(i) 用 0.1mol · L^{-1} 的 $AgNO_3$、$BaCl_2$、$Pb(NO_3)_2$、K_2CrO_4 溶液制备少量的 Ag_2CrO_4、$BaCrO_4$、$PbCrO_4$ 沉淀，观察各沉淀的颜色。

(ii) 在点滴板上用 pH 试纸测定 0.1mol · L^{-1} $K_2Cr_2O_7$ 溶液的 pH。然后在 $K_2Cr_2O_7$ 溶液中分别加入 $BaCl_2$、$AgNO_3$ 溶液，观察沉淀的颜色，并测试溶液的 pH。写出有关的离子反应方程式，并解释溶液 pH 变化的原因。

2. 锰的化合物

(1) $Mn(OH)_2$ 的生成和性质。用 0.1mol · L^{-1} 的 $MnSO_4$ 溶液制备适量的 $Mn(OH)_2$ 沉淀。将沉淀分为两份，一份在空气中放置，另一份加入 3% H_2O_2 溶液，观察沉淀颜色的变化。写出有关的离子反应方程式。

(2) MnS 的生成。取 0.1mol · L^{-1} $MnSO_4$ 溶液数滴，加入 0.1mol · L^{-1} H_2S 水溶液，观察有无沉淀生成。然后再逐滴加入 2mol · L^{-1} $NH_3 \cdot H_2O$，观察现象。写出离子反应方程式并解释实验现象。

(3) Mn(Ⅱ)的还原性和 Mn(Ⅳ)、Mn(Ⅶ)的氧化性。用固体 MnO_2、浓 HCl、0.01mol · L^{-1} $KMnO_4$、0.1mol · L^{-1} $MnSO_4$ 设计两个实验(要用到所给的全部试剂)，验证 MnO_2 和 $KMnO_4$ 的氧化性。写出对应的离子反应方程式。

(4) MnO_4^{2-} 的生成和性质。

(i) 取 0.5mL 0.01mol · L^{-1} $KMnO_4$ 溶液，加入数滴 6mol · L^{-1} NaOH 溶液，再加入少量固体 MnO_2，微热，观察溶液颜色的变化。离心分离，保留溶液作下面实验用。写出离子反应方程式。

(ii) 取上述实验所得的 K_2MnO_4 溶液，分盛于两支试管中。在一支试管中加少量水，另一支试管中加少量 3mol · L^{-1} H_2SO_4，观察现象，写出离子反应方程式。说明 MnO_4^{2-} 稳定存在的介质条件。

选做实验

(1) 分离并鉴定 Cr^{3+}、Mn^{2+}、Fe^{3+} 的混合液。取混合液 1 滴，加入 0.1mol · L^{-1} 的 KSCN 溶液，显血红色，表示有 Fe^{3+}。再取混合液 2 滴，用 2 滴 6mol · L^{-1} HNO_3 酸化，再加入少量 $NaBiO_3$ 固体，溶液显紫红色，表示有 Mn^{2+}。取混合液 3～4 滴，加入几滴 6mol · L^{-1} NaOH，再加入几滴 3% H_2O_2，搅拌反应后离心分离，取上层清液，用 HOAc 酸化后再加入 0.1mol · L^{-1} $Pb(NO_3)_2$ 溶液，出现黄色沉淀，表示有 Cr^{3+}。

(2) 用最简便的方法，区别下列三组失去标签的溶液：

(i) $SnCl_2$ 和 $MnSO_4$。

(ii) K_2CrO_4 和 $FeCl_3$。

(iii) $MnSO_4$ 和 $MgSO_4$。

安全知识

铬的化合物均有毒，Cr(Ⅵ)毒性最大，不仅对消化道和皮肤有强刺激性，而且有致癌作用；Cr(Ⅲ)次之，能导致蛋白凝聚；Cr(Ⅱ)和金属 Cr 毒性较小。如何更好地处理含铬的工业废水是需要解决的环境问题之一。实验时取用量要少，实验后应倒入指定的废液回收容器内统一处理。

思考题

(1) 洗液是用 $K_2Cr_2O_7$ 溶液和浓 H_2SO_4 配制的，它为什么能洗涤仪器？红色的洗液使用一段时间后变为绿色就失效了，为什么？

(2) 在 $KMnO_4$ 溶液中如果有 Mn^{2+} 或 MnO_2 存在时，对其稳定性有何影响？

(3) 在强碱性介质中，用还原剂还原 $KMnO_4$ 应得到绿色的 K_2MnO_4 溶液。如果还原剂加多了，会出现什么现象？

实验九　d 区元素重要化合物的性质(二)

实验目的

(1) 掌握 Fe(Ⅱ)、Co(Ⅱ)、Ni(Ⅱ)化合物的还原性和 Fe(Ⅲ)、Co(Ⅲ)、Ni(Ⅲ)化合物的氧化性及其递变规律。

(2) 掌握 Fe、Co、Ni 的主要配位化合物的性质及其在定性分析中的应用。

(3) 掌握 Fe^{2+}、Fe^{3+}、Co^{2+}、Ni^{2+} 的分离与鉴定。

实验原理

铁、钴、镍重要化合物性质简介。

1. 铁系元素的氢氧化物

铁系元素氧化值为+2 的氢氧化物的还原性列于表 8-9-1。

表 8-9-1　铁系元素氧化值为+2 的氢氧化物的还原性

$M(OH)_2$	空气	中强氧化剂(如 H_2O_2)	强氧化剂(如 Cl_2、Br_2)	反应举例
$Fe(OH)_2$(白色)	$Fe(OH)_3$ 反应迅速	$Fe(OH)_3$	$Fe(OH)_3$	$4Fe(OH)_2+O_2+2H_2O \longrightarrow 4Fe(OH)_3$
$Co(OH)_2$(粉红色)①	CoO(OH) 反应缓慢	CoO(OH)	CoO(OH)	$2Co(OH)_2+H_2O_2 \longrightarrow 2CoO(OH)+2H_2O$
$Ni(OH)_2$(绿色)	不作用	不作用	NiO(OH)	$2Ni(OH)_2+Cl_2+2OH^- \longrightarrow 2NiO(OH)+2Cl^-+2H_2O$

① 在 $CoCl_2$ 溶液中加少量碱时生成的碱式盐沉淀 Co(OH)Cl 为蓝色。

$Fe(OH)_2$ 极易被空气氧化，在制备时所用溶液应除去氧并避免受热，在空气中很快由白色变灰绿，最终变为红棕色的 $Fe(OH)_3$。$Co(OH)_2$ 较稳定，$Ni(OH)_2$ 稳定。还原性依

$Fe(OH)_2$、$Co(OH)_2$、$Ni(OH)_2$ 的顺序递减。

铁系元素氧化值为+3的氢氧化物的反应列于表8-9-2。

表8-9-2 铁系元素氧化值为+3的氢氧化物的反应

$M(OH)_3$	H_2SO_4	浓 HCl	反应举例
$Fe(OH)_3$ (红棕色)	Fe^{3+}	Fe^{3+}	$Fe(OH)_3+3H^+ \longrightarrow Fe^{3+}+3H_2O$
$CoO(OH)$ (褐色)	$Co^{2+}+O_2$	$[CoCl_4]^{2-}+Cl_2$	$4CoO(OH)+8H^+ \longrightarrow 4Co^{2+}+O_2\uparrow+6H_2O$ $2CoO(OH)+6H^++10Cl^- \longrightarrow 2[CoCl_4]^{2-}+Cl_2\uparrow+4H_2O$
$NiO(OH)$ (黑色)	$Ni^{2+}+O_2$	$[NiCl_4]^{2-}+Cl_2$	$4NiO(OH)+8H^+ \longrightarrow 4Ni^{2+}+O_2\uparrow+6H_2O$ $2NiO(OH)+6H^++10Cl^- \longrightarrow 2[NiCl_4]^{2-}+Cl_2\uparrow+4H_2O$

$M(OH)_3$ 在酸性溶液中均具有氧化性，氧化性依 $Fe(OH)_3$、$CoO(OH)$、$NiO(OH)$ 的顺序而递增。

2. 铁系元素的盐类

常见的Fe(Ⅱ)盐有 $FeSO_4$ 和 $FeCl_2$，它们的水溶液呈浅绿色。$FeSO_4$ 常用作还原剂，在空气中它的复盐比较稳定，因而常用 $(NH_4)_2Fe(SO_4)_2$ 代替 $FeSO_4$。Fe^{2+} 在酸性介质中比在碱性介质中稳定，所以在配制和保存 Fe^{2+} 溶液时应加入足够浓度的酸，并加入几颗铁钉：

$$2Fe^{3+}+Fe \longrightarrow 3Fe^{2+}$$

Fe(Ⅲ)盐主要有 $FeCl_3$、$Fe(NO_3)_3$ 等，在强酸性溶液中，Fe^{3+} 呈浅紫色，其水溶液常因水解而呈黄色。Fe^{3+} 有中强氧化性，可将 $SnCl_2$、KI、H_2S 等还原剂氧化。

常见的钴、镍盐有 $CoCl_2$、$NiSO_4$ 等，水合 Co^{2+} 呈粉红色，水合 Ni^{2+} 呈绿色。Co^{3+}、Ni^{3+} 因有强氧化性，它们的盐极少并且在溶液中不能存在。

3. 铁系元素常见的配位化合物

铁系元素常见的配位化合物见表8-9-3。

表8-9-3 铁系元素常见的配位化合物

	Fe^{2+}	Fe^{3+}	Co^{2+}	Ni^{2+}
$NH_3\cdot H_2O$	$Fe(OH)_2 \xrightarrow{(O_2)} Fe(OH)_3$	$Fe(OH)_3$	$[Co(NH_3)_6]^{2+} \xrightarrow{(O_2)} [Co(NH_3)_6]^{3+}$	$[Ni(NH_3)_6]^{2+}$
CN^-	$[Fe(CN)_6]^{4-}$	$[Fe(CN)_6]^{3-}$①	$[Co(CN)_5(H_2O)]^{3-}$	$[Ni(CN)_4]^{2-}$
SCN^-	$Fe(OH)_2 \xrightarrow{(O_2)} Fe(OH)_3$	$[Fe(NCS)_n]^{3-n}$ $n\leqslant 6$	$[Co(NCS)_4]^{2-}$	$[Ni(NCS)]^+$ 不稳定

① Fe^{3+} 有氧化性，CN^- 有还原性，不能用二者直接反应生成 $[Fe(CN)_6]^{3-}$，一般可用 Cl_2 氧化 $[Fe(CN)_6]^{4-}$ 而得。

Fe^{3+} 还与 F^- 形成比 $[Fe(NCS)]^{2+}$ 更加稳定但无色的 FeF_6^{3-}，Co^{2+} 与 F^- 不形成稳定的配位化合物，因此在 Fe^{3+}、Co^{2+} 混合离子鉴定时可用 NH_4F 作掩蔽剂将 Fe^{3+} 掩蔽。

形成配位化合物后会改变电对的电极电势。例如

$$E^\ominus(Fe^{3+}/Fe^{2+})=0.77V, E^\ominus\{[Fe(CN)_6]^{3-}/[Fe(CN)_6]^{4-}\}=0.36V$$

$$E^{\ominus}(Co^{3+}/Co^{2+})=1.8V, E^{\ominus}\{[Co(NH_3)_6]^{3+}/[Co(NH_3)_6]^{2+}\}=0.02V$$

水溶液中，Co^{2+}稳定；氨合物中，$[Co(NH_3)_6]^{2+}$易被空气氧化成$[Co(NH_3)_6]^{3+}$：

$$4[Co(NH_3)_6]^{2+}(\text{土黄色})+O_2+2H_2O \longrightarrow 4[Co(NH_3)_6]^{3+}(\text{红棕色})+4OH^-$$

4. 离子鉴定

Fe^{2+}　加赤血盐，出现蓝色沉淀：

$$Fe^{2+}+K^++[Fe(CN)_6]^{3-} \longrightarrow KFe[Fe(CN)_6]\downarrow$$

Fe^{3+}　(1) 加黄血盐，出现蓝色沉淀：

$$Fe^{3+}+K^++[Fe(CN)_6]^{4-} \longrightarrow KFe[Fe(CN)_6]\downarrow$$

(2) 加 KSCN，溶液变血红色：

$$Fe^{3+}+nSCN^- \longrightarrow [Fe(NCS)_n]^{3-n}(n\leqslant 6)$$

Co^{2+}　加浓 KSCN，并用丙酮或戊醇萃取，溶液呈宝石蓝色：

$$Co^{2+}+4SCN^- \longrightarrow [Co(NCS)_4]^{2-}$$

Ni^{2+}　在氨性介质中加丁二酮肟，出现鲜红色沉淀：

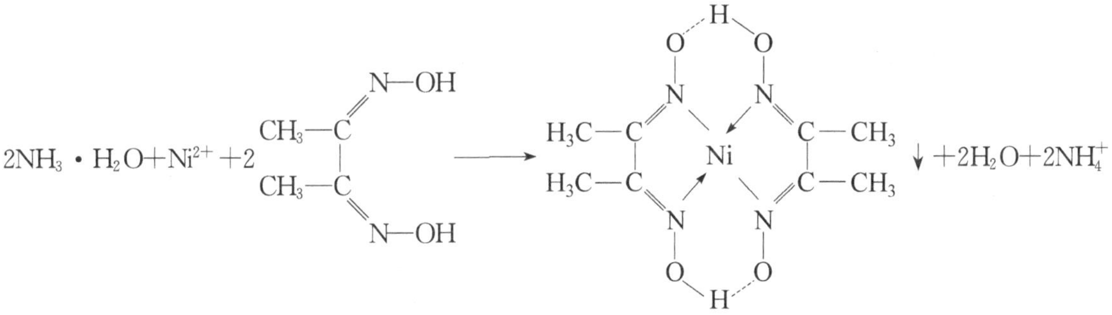

丁二酮肟　　　　二(丁二酮肟)合镍(Ⅱ)

仪器和药品

仪器：试管、试管夹、离心试管、点滴板、小量筒、离心机等。

药品：$KMnO_4$ (0.1mol · L^{-1})、$K_2Cr_2O_7$ (0.1mol · L^{-1})、$CoCl_2$ (0.1mol · L^{-1})、$NiSO_4$(0.1mol · L^{-1})、KI(0.1mol · L^{-1})、$SnCl_2$ (0.1mol · L^{-1})、$FeCl_3$ (0.1mol · L^{-1})、$Pb(NO_3)_2$(0.1mol · L^{-1})、KSCN(0.1mol · L^{-1}, s)、$K_4[Fe(CN)_6]$(0.1mol · L^{-1})、$K_3[Fe(CN)_6]$(0.1mol · L^{-1})、丁二酮肟、H_2O_2 (3%)、$FeSO_4$ (0.5mol · L^{-1})、$NH_3 \cdot H_2O$(6mol · L^{-1})、HOAc(6mol · L^{-1})、NaOH(6mol · L^{-1})、H_2SO_4 (6mol · L^{-1})、HCl(浓)、溴水、碘水、CCl_4、丙酮、$(NH_4)_2Fe(SO_4)_2 \cdot 6H_2O$(s)、$NH_4F$ (NaF)(s)、KI-淀粉试纸。

实验步骤

1. Fe(Ⅱ)、Co(Ⅱ)、Ni(Ⅱ)化合物的还原性

(1) Fe(Ⅱ)化合物的还原性。

(i) 设计并完成实验，证明 $FeSO_4$ 在酸性介质中能被 $KMnO_4$ 氧化，观察现象并写出离子反应方程式。

(ii) 在一支试管中，加入 1mL 蒸馏水和几滴稀 H_2SO_4，煮沸以除去溶于其中的氧气(为什么?)。待冷却后，加入少量$(NH_4)_2Fe(SO_4)_2 \cdot 6H_2O$ 固体，使其溶解，制得$(NH_4)_2Fe(SO_4)_2$溶液。

在另一支试管中加入 $6mol \cdot L^{-1}$ NaOH 溶液 3mL，煮沸以除去溶于其中的氧气。待冷却后，用滴管吸取 NaOH 溶液，插入$(NH_4)_2Fe(SO_4)_2$溶液(至试管底部)慢慢放出 NaOH 溶液(注意:整个操作都要避免将空气带入溶液)。观察白色 $Fe(OH)_2$ 沉淀的生成。摇动放置一段时间，观察沉淀颜色的变化，写出离子反应方程式。

(2) Co(Ⅱ)化合物的还原性。在试管中加入 $0.1mol \cdot L^{-1}$ $CoCl_2$ 溶液 0.5mL，滴加 $6mol \cdot L^{-1}$ NaOH 溶液，观察现象。将沉淀分盛于两支试管中，一支试管中的沉淀放置片刻，观察沉淀颜色的变化;在另一支试管中加入数滴 3% H_2O_2溶液，观察沉淀颜色的变化，将沉淀保留作 2(2)实验用。写出离子反应方程式。

(3) Ni(Ⅱ)化合物的还原性。在两支试管中分别制备少量的 $Ni(OH)_2$ 沉淀，观察沉淀的颜色。然后在一支试管中加入 3% H_2O_2 溶液，在另一支试管中加入几滴溴水，观察沉淀颜色的变化有何不同。将制得的 NiO(OH)沉淀保留作 2(3)实验用。写出离子反应方程式。

2. Fe(Ⅲ)、Co(Ⅲ)、Ni(Ⅲ)化合物的氧化性

(1) 自制少量 $Fe(OH)_3$沉淀(选用什么试剂?)，然后加入浓 HCl，观察现象(有无 Cl_2 产生? 应该怎样检验?)。再加入 0.5mL CCl_4 和 1 滴 $0.1mol \cdot L^{-1}$ KI 溶液，观察 CCl_4 层颜色的变化。写出有关反应的离子方程式。

(2) 用实验 1(2)制得的 CoO(OH)沉淀，加入少量浓 HCl，观察现象，并检验所产生的气体。写出离子反应方程式。

(3) 用实验 1(3)制得的 NiO(OH)沉淀，加入少量浓 HCl，观察现象，并检验所产生的气体。写出离子反应方程式。

根据实验比较 $Fe(OH)_2$、$Co(OH)_2$、$Ni(OH)_2$ 还原性的强弱和 $Fe(OH)_3$、CoO(OH)、NiO(OH)氧化性的强弱。

3. 铁、钴、镍的配合物

(1) 设计一组利用生成配合物反应的实验鉴定下列离子，观察现象并写出各自的离子反应方程式:① Fe^{2+};② Fe^{3+};③ Fe^{3+} 和 Co^{2+} 混合液中的 Co^{2+}。

提示:实验③中应注意，由于$[Co(NCS)_4]^{2-}$ 在水溶液中不稳定，鉴定时要加饱和 KSCN 溶液或固体 KSCN，并加入丙酮萃取;Fe^{3+} 对 Co^{2+} 的鉴定反应有干扰，应选用何种试剂将 Fe^{3+} 掩蔽?

(2) 在点滴板上加 1 滴 $0.1mol \cdot L^{-1}$ $NiSO_4$溶液、1 滴 $6mol \cdot L^{-1}$ $NH_3 \cdot H_2O$，再加入 1 滴 1%丁二酮肟，观察鲜红色沉淀的生成。

(3) 氨合物。

(i) 取 1mL $FeCl_3$ 溶液，滴加 $6mol \cdot L^{-1}$ $NH_3 \cdot H_2O$ 直至过量，观察沉淀是否溶解。

(ii) 在两支试管中分别加入 0.5mL 浓度均为 $0.1mol \cdot L^{-1}$的 $CoCl_2$溶液和 $NiSO_4$ 溶液。然后再分别加入过量的 $6mol \cdot L^{-1}$ $NH_3 \cdot H_2O$，观察现象。静置片刻，再观察溶液颜色有无变化。写出有关的离子反应方程式。

根据实验比较$[Co(NH_3)_6]^{2+}$、$[Ni(NH_3)_6]^{2+}$氧化还原稳定性的相对大小。

选做实验

(1) 分离并鉴定 Fe^{3+}、Cr^{3+}、Ni^{2+} 的混合物(分离鉴定操作可按下面示意图进行)。

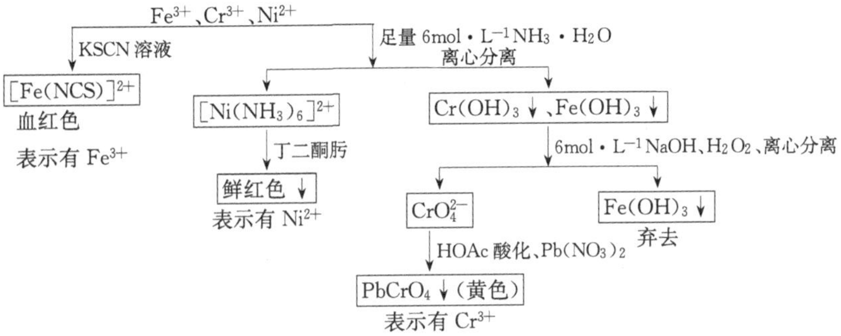

(2) 选用两种合适的氧化剂,验证 Fe^{2+} 的还原性,观察现象并写出离子反应方程式。

(3) 选用两种合适的还原剂,验证 Fe^{3+} 的氧化性,观察现象并写出离子反应方程式。

思考题

(1) 在碱性介质中氯水能够把 $Ni(OH)_2$ 氧化成 NiO(OH),而在酸性介质之中NiO(OH)又能将 Cl^- 氧化成 Cl_2,二者有无矛盾? 为什么?

(2) 试解释以下现象:

(i) Fe^{3+}能将 I^- 氧化成 I_2,而$[Fe(CN)_6]^{3-}$则不能。

(ii) $[Fe(CN)_6]^{4-}$能将 I_2还原成 I^-,而 Fe^{2+}则不能。

(3) 已知铁系元素的电势图为

$$E_A^{\ominus}/V:\quad Fe^{3+}\xrightarrow{0.77}Fe^{2+}\xrightarrow{-0.44}Fe$$

$$Co^{3+}\xrightarrow{1.8}Co^{2+}\xrightarrow{-0.28}Co$$

$$NiO_2\xrightarrow{1.93}Ni^{2+}\xrightarrow{-0.23}Ni$$

$$E_B^{\ominus}/V:\quad Fe(OH)_3\xrightarrow{-0.56}Fe(OH)_2\xrightarrow{-0.877}Fe$$

$$CoO(OH)\xrightarrow{0.2}Co(OH)_2\xrightarrow{-0.73}Co$$

$$NiO(OH)\xrightarrow{0.48}Ni(OH)_2\xrightarrow{-0.66}Ni$$

O_2/OH^- 电对的电极电势:酸性溶液中 $E_A^{\ominus}(O_2/H_2O)=1.229V$,中性溶液 $E^{\ominus}(O_2/H_2O)=0.815V$,碱性溶液中 $E_B^{\ominus}(O_2/OH^-)=0.401V$。

试判断:

(i) Fe、Co、Ni 在酸性溶液中以哪种离子形式稳定存在?

(ii) 在酸性、碱性溶液中,Fe(Ⅱ)、Co(Ⅱ)、Ni(Ⅱ)中的哪几种物质容易被空气中的氧氧化?

实验十　ds 区元素重要化合物的性质

实验目的

(1) 掌握 Cu^{2+}、Ag^{+}、Zn^{2+}、Cd^{2+}、Hg^{2+}、Hg_2^{2+} 与 NaOH 和 $NH_3 \cdot H_2O$ 的反应。

(2) 掌握上述离子的重要配合物及其性质。

(3) 掌握 Cu(Ⅰ)和 Cu(Ⅱ)、Hg(Ⅰ)和 Hg(Ⅱ)的相互转化条件。

(4) 掌握 Cu^{2+}、Ag^{+}、Zn^{2+}、Hg^{2+} 的鉴定反应。

实验原理

ds 区元素重要化合物性质简介

1. Cu^{2+}、Ag^{+}、Zn^{2+}、Cd^{2+}、Hg^{2+}、Hg_2^{2+} 与 NaOH、$NH_3 \cdot H_2O$ 和 KI 的反应(表 8-10-1)

表 8-10-1　各离子与 NaOH、$NH_3 \cdot H_2O$ 和 KI 的反应

离子		Cu^{2+}	Ag^{+}	Zn^{2+}	Cd^{2+}	Hg^{2+}	Hg_2^{2+}
试剂	适量 NaOH	$Cu(OH)_2\downarrow$ (浅蓝色)	$Ag_2O\downarrow$ (暗棕)	$Zn(OH)_2\downarrow$ (白色)	$Cd(OH)_2$ (白色)	$HgO\downarrow$ (黄)	$HgO+Hg\downarrow$ (黑)
	过量 NaOH	$[Cu(OH)_4]^{2-}$ (需浓碱) (亮蓝色)	不变	$[Zn(OH)_4]^{2-}$ (无色)	不变	不变	不变
	适量 $NH_3 \cdot H_2O$	碱式盐↓ (浅蓝)	$Ag_2O\downarrow$	$Zn(OH)_2\downarrow$	$Cd(OH)_2\downarrow$	$Hg(NH_2)Cl\downarrow$ (白色)①	$Hg(NH_2)Cl\downarrow+Hg\downarrow$ (黑)
	过量 $NH_3 \cdot H_2O$	$[Cu(NH_3)_4]^{2+}$ (深蓝色)	$[Ag(NH_3)_2]^{+}$ (无色)	$[Zn(NH_3)_4]^{2+}$ (无色)	$[Cd(NH_3)_4]^{2+}$ (无色)	不变	不变
	适量 KI	$CuI\downarrow+I_2$ (白色)	$AgI\downarrow$ (黄)	—	—	$HgI_2\downarrow$ (棕红)	$Hg_2I_2\downarrow$ (浅绿)
	过量 KI	不变	不变	—	—	$[HgI_4]^{2-}$ (无色)	$[HgI_4]^{2-}+Hg\downarrow$ (黑)

① 硝酸汞与氨水反应则生成 $HgO \cdot NH_2HgNO_3$ 白色沉淀。

2. Cu(Ⅰ)与 Cu(Ⅱ)的相互转化

铜的电势图：　$E_A^\ominus/V$　$Cu^{2+} \xrightarrow{0.153} Cu^{+} \xrightarrow{0.521} Cu$

(1) Cu^{+} 自动歧化成 Cu^{2+} 和 Cu，在溶液中不能存在。Cu(Ⅰ)只能存在于难溶的化合物(如 Cu_2O、Cu_2S、CuCl 等)或难解离的配合物{如 $[Cu(CN)_2]^-$ 等}中。

(2) 若使 Cu(Ⅱ)转变成 Cu(Ⅰ)，除加还原剂外，还应使 Cu(Ⅰ)生成难溶物或配合物。例如，在热的浓 HCl 中或 NaCl-HCl 体系中，用 Cu 粉还原 $CuCl_2$，可以得到 $[CuCl_2]^-$，用水稀释就得到难溶性的 CuCl：

$$Cu^{2+}(\text{蓝色}) + Cu + 4Cl^- \xrightarrow{\triangle} 2[CuCl_2]^-(\text{无色})$$

$$2[CuCl_2]^- \xrightarrow{\text{稀释}} 2CuCl\downarrow(\text{白色}) + 2Cl^-$$

总反应为

$$Cu^{2+} + Cu + 2Cl^- \longrightarrow 2CuCl\downarrow$$

反应之所以能够进行，是因为在$[CuCl_2]^-$或 CuCl 中，Cu^+浓度降低，使$E(Cu^{2+}/Cu^+)$升高，$E(Cu^+/Cu)$下降，最终使两者大小顺序颠倒，使反歧化反应得以进行。例如

$$E_A^{\ominus}/V \quad Cu^{2+} \overset{0.51}{\text{———}} CuCl \overset{0.17}{\text{———}} Cu$$

3. Hg(Ⅰ)和 Hg(Ⅱ)的相互转化

汞的电势图：　$E_A^{\ominus}/V \quad Hg^{2+} \overset{0.920}{\text{———}} Hg_2^{2+} \overset{0.7973}{\text{———}} Hg$

(1) Hg_2^{2+} 不会自动歧化，在溶液中能稳定存在，并且可用金属汞直接还原 Hg(Ⅱ)化合物来制备 Hg(Ⅰ)化合物。

(2) 使 Hg(Ⅰ)转变成 Hg(Ⅱ)，除可用氧化方法外，还可利用 Hg_2^{2+} 的歧化。当 Hg^{2+} 形成难溶物或难解离的配合物时，Hg^{2+} 的浓度就会降低，造成 $E(Hg^{2+}/Hg_2^{2+})$数值下降，当它数值低于 0.7973V 时，Hg_2^{2+} 歧化反应就能发生。例如

$$Hg_2Cl_2 + 2NH_3\cdot H_2O \longrightarrow Hg(NH_2)Cl\downarrow + Hg\downarrow + NH_4Cl + 2H_2O$$

$$2Hg_2(NO_3)_2 + 4NH_3\cdot H_2O \longrightarrow HgO\cdot NH_2HgNO_3\downarrow + 2Hg\downarrow + 3NH_4NO_3 + 3H_2O$$

$$Hg_2^{2+} + S^{2-} \longrightarrow HgS\downarrow + Hg\downarrow$$

$$Hg_2^{2+} + 2OH^- \longrightarrow HgO\downarrow + Hg\downarrow + H_2O$$

$$Hg_2I_2 + 2I^- \longrightarrow [HgI_4]^{2-} + Hg$$

4. Cu^{2+}、Ag^+、Zn^{2+}、Hg^{2+}的鉴定反应

Cu^{2+}　加黄血盐，产生红棕色沉淀：

$$2Cu^{2+} + [Fe(CN)_6]^{4-} \longrightarrow Cu_2[Fe(CN)_6]\downarrow$$

Ag^+　见 Cl^-。

Zn^{2+}　强碱性介质中，加二苯硫腙，水层呈粉红色。

Hg^{2+}　见 Sn^{2+}。

仪器和药品

仪器：试管、离心试管、烧杯、酒精灯、点滴板、离心机、恒温水浴锅等。

药品：$CuSO_4$（0.1mol·L^{-1}）、$CuCl_2$（1mol·L^{-1}）、$ZnSO_4$（0.1mol·L^{-1}）、$AgNO_3$（0.1mol·L^{-1}）、$CdSO_4$（0.1mol·L^{-1}）、$Hg(NO_3)_2$（0.1mol·L^{-1}）、$Hg_2(NO_3)_2$（0.1mol·L^{-1}）、$Na_2S_2O_3$（0.1mol·L^{-1}）、NH_4Cl（0.1mol·L^{-1}）、NaCl（0.1mol·L^{-1}，饱和溶液）、KBr（0.1mol·L^{-1}）、KI（0.1mol·L^{-1}）、Na_2S（0.2mol·L^{-1}）、$Pb(NO_3)_2$（0.1mol·L^{-1}）、HCl（2mol·L^{-1}，6mol·L^{-1}，浓）、$NH_3\cdot H_2O$（2mol·L^{-1}，6mol·L^{-1}）、NaOH（2mol·L^{-1}，6mol·L^{-1}，40%）、$K_4[Fe(CN)_6]$、二苯硫腙、淀粉溶液、饱和 H_2S 溶液。

浓度均为 0.1mol·L^{-1}的 Zn^{2+}、Cd^{2+}、Cu^{2+}的混合液；浓度均为 0.1mol·L^{-1}的$AgNO_3$、$ZnSO_4$、$CdSO_4$、$Hg(NO_3)_2$、$Hg_2(NO_3)_2$ 溶液，分别贴标签为 1～5。

实验步骤

1. 氢氧化物的生成和性质

(1) 制备少量的 $Cu(OH)_2$ 沉淀，观察沉淀的颜色。将沉淀分盛于三支试管中，在一支试管中加 2mol · L^{-1} HCl，在一支试管中加 6mol · L^{-1} NaOH，将另一支试管加热，观察现象。写出离子反应方程式。

(2) 制备 $Zn(OH)_2$ 沉淀，通过实验证明它是两性氢氧化物，观察现象，并写出离子反应方程式。

(3) 在四支试管中分别加入少量 $AgNO_3$、$CdSO_4$、$Hg(NO_3)_2$、$Hg_2(NO_3)_2$ 溶液，再分别滴加 2mol · L^{-1} NaOH，观察每个沉淀的颜色。继续加过量6mol · L^{-1} NaOH 溶液，观察沉淀是否溶解。写出离子反应方程式。

根据实验结果对 Cu(Ⅱ)、Ag(Ⅰ)、Hg(Ⅱ)氢氧化物的热稳定性作出结论。

2. 配合物的生成和性质

1) 氨合物的生成和性质

(1) 在三支试管中分别加入少量的 $CuSO_4$、$ZnSO_4$、$CdSO_4$ 溶液，再分别滴加 2mol · L^{-1} $NH_3 \cdot H_2O$(不要过量)，观察沉淀的颜色。再继续加入过量的 6mol · L^{-1} $NH_3 \cdot H_2O$，观察现象。保留$[Cu(NH_3)_4]^{2+}$做下面实验用。写出离子反应方程式。

(2) 在两支试管中分别加入少量 $Hg(NO_3)_2$、$Hg_2(NO_3)_2$ 溶液，分别滴加2mol · L^{-1} $NH_3 \cdot H_2O$直至过量，观察现象。写出离子反应方程式。

(3) 取所制的$[Cu(NH_3)_4]^{2+}$溶液分盛于三支试管，在一支试管中加入 2 滴 2mol · L^{-1} NaOH，另一支试管中加入 2 滴 0.2mol · L^{-1} Na_2S，在第三支试管中逐滴加入 2mol · L^{-1} HCl，观察现象，写出离子反应方程式。

2) 银的配合物

(1) 制取少量的 AgCl 沉淀，分盛于两支试管。在一支试管中加入 2mol · L^{-1} $NH_3 \cdot H_2O$，另一支试管中加入 0.1mol · L^{-1} $Na_2S_2O_3$ 溶液，观察 AgCl 沉淀的溶解情况。写出对应的离子反应方程式。

(2) 制取少量的 AgBr 和 AgI 沉淀，按照上面实验的方法试验它们在 $NH_3 \cdot H_2O$ 和 $Na_2S_2O_3$ 溶液中的溶解情况。写出对应的离子反应方程式。

根据实验结果，对 AgX 的溶解情况作出结论。

3) 汞的配合物

(1) 取 0.1mol · L^{-1} $Hg(NO_3)_2$溶液 2 滴(切勿取多)，滴加几滴 0.1mol · L^{-1}KI 溶液，观察沉淀的颜色，继续加入过量的 KI 溶液，观察现象。写出离子反应方程式。

(2) 在上步所得的溶液中，加入数滴 40% NaOH 溶液，即制得奈斯勒试剂。

在点滴板上加 1 滴 NH_4Cl 溶液，再加 1～2 滴自制的奈斯勒试剂，观察现象。写出离子反应方程式。

(3) 用 0.1mol · L^{-1} $Hg_2(NO_3)_2$ 做与(1)同样的实验。观察现象并写出离子反应方程式。比较(1)、(3)实验，与 KI 反应时，$Hg(NO_3)_2$ 与 $Hg_2(NO_3)_2$ 有何不同?

3. Cu(Ⅱ)的氧化性

1) CuCl 的生成和性质

取少量 Cu 粉，加入 $1mol \cdot L^{-1} CuCl_2$ 溶液 10 滴、饱和 NaCl 溶液 8 滴和浓 HCl 2 滴，小火加热至溶液近似无色，停止加热，把溶液全部倒入盛有约 50mL 水的小烧杯中(注意剩余的铜粉不要倒入烧杯)，观察白色沉淀的生成。

在两支试管中分别加入 $2mol \cdot L^{-1} NH_3 \cdot H_2O$ 和浓 HCl，用滴管排出空气后插入小烧杯底部吸取少许 CuCl 沉淀，再插入 $NH_3 \cdot H_2O$ 或浓 HCl 底部后放出 CuCl，观察 CuCl 与 $NH_3 \cdot H_2O$和浓 HCl 的反应。写出对应的离子反应方程式。

2) CuI 的生成

取 $0.1mol \cdot L^{-1} CuSO_4$ 溶液 0.5mL，滴加 $0.1mol \cdot L^{-1}$ KI 溶液，离心分离。取出 1 滴清液，用蒸馏水稀释后，加淀粉溶液检验溶液中是否有 I_2 生成。洗涤沉淀，观察沉淀的颜色。写出离子反应方程式。

4. 分离并鉴定 Zn^{2+}、Cd^{2+}、Cu^{2+} 的混合液

分离并鉴定 Zn^{2+}、Cd^{2+}、Cu^{2+} 的混合液，并与每个离子的个别鉴定反应进行对照。

选做实验

(1) 有五瓶失去标签的无色液体，分别含有 Ag^+、Zn^{2+}、Cd^{2+}、Hg^{2+}、Hg_2^{2+}，试选用一种试剂将它们鉴别出来。

(2) 制取少量 AgCl、$PbCl_2$、Hg_2Cl_2 沉淀，对比它们与热水、$NH_3 \cdot H_2O$ 的作用，总结分离它们的方法。

思考题

(1) Cu(Ⅰ)和 Cu(Ⅱ)各自稳定存在和相互转化的条件是什么?

(2) CuCl 溶于 $NH_3 \cdot H_2O$(或浓 HCl)后生成的产物常呈蓝色(或黄色)，为什么?

(3) 在 $CuSO_4$溶液中加入 KI 溶液为何能产生 CuI 沉淀，而加入 KCl 溶液后却不能产生 CuCl 沉淀?

(4) 应该怎样配制和保存 $Hg_2(NO_3)_2$ 溶液?

实验十一　常见阳离子的分离和鉴定

实验目的

掌握常见阳离子分离与鉴定的原理和方法。

实验原理

有关离子分离鉴定的一般知识参见"混合离子的分离与鉴定"部分，常见阳离子的鉴定反应及其与常用试剂的反应见附录 14.1 和附录 14.3。

金属元素较多，因而由它们形成的阳离子数目也较多。最常见的阳离子有二十余种。在阳离子的鉴定反应中，相互干扰的情况较多，很少能采用分别分析法，大都需要采用系统分析法。

完整且经典的阳离子分组法是硫化氢系统分组法，根据硫化物的溶解度不同将阳离子分成五组(表 8－11－1)。此方法的优点是系统性强，分离方法比较严密；不足之处是组试剂 H_2S、$(NH_4)_2S$ 有臭味并有毒，分析步骤也比较繁杂。在分析已知混合阳离子体系时，如果能用其他方法分离干扰离子，则最好不用或少用硫化氢系统。常用的非硫化氢系统的离子分离方法是利用氯化物、硫酸盐是否沉淀，氢氧化物是否具有两性，以及它们能否生成氨配合物等。

表 8－11－1　常见阳离子的分组

分组根据	硫化物不溶于水			硫化物溶于水	
	稀酸中形成硫化物沉淀		稀酸中不形成硫化物沉淀	碳酸盐不溶	碳酸盐易溶
	氯化物不溶	氯化物易溶			
离子	Ag^+，Hg_2^{2+} (Pb^{2+})	Pb^{2+}，Cu^{2+}，Cd^{2+}，Hg^{2+}，Bi^{3+}，Sn^{2+}，Sn^{4+}，As(Ⅲ，Ⅴ)，Sb(Ⅲ，Ⅴ)	Fe^{3+}，Fe^{2+}，Al^{3+}，Cr^{3+}，Mn^{2+}，Zn^{2+}，Co^{2+}，Ni^{2+}	Ca^{2+}，Sr^{2+}，Ba^{2+}	K^+，Na^+，NH_4^+，Mg^{2+}
组别	盐酸组	硫化氢组	硫化铵组	碳酸铵组	可溶组
组试剂及主要条件	适量稀 HCl	$0.3mol \cdot L^{-1}$ HCl 下通 H_2S	$(NH_4Cl + NH_3 \cdot H_2O)$ 下通 H_2S	$(NH_3 \cdot H_2O + NH_4Cl)$ $(NH_4)_2CO_3$	—

绝大多数金属的氯化物易溶于水，只有 $AgCl$、Hg_2Cl_2、$PbCl_2$ 难溶；$AgCl$ 可溶于 $NH_3 \cdot H_2O$；$PbCl_2$ 的溶解度较大，并易溶于热水，在 Pb^{2+} 浓度大时才析出沉淀。

绝大多数硫酸盐易溶于水，只有 Ca^{2+}、Sr^{2+}、Ba^{2+}、Pb^{2+}、Hg_2^{2+} 的硫酸盐难溶于水；$CaSO_4$ 的溶解度较大，只有当 Ca^{2+} 浓度很大时才析出沉淀；$PbSO_4$ 可溶于 NH_4OAc。

能形成两性氢氧化物的金属离子有 Al^{3+}、Cr^{3+}、Zn^{2+}、Pb^{2+}、Sb^{3+}、Sn^{2+}、Sn^{4+}、Cu^{2+}。在这些离子的溶液中加入适量 NaOH 时，出现相应的氢氧化物沉淀；加入过量 NaOH 后它们又会溶解成多羟基配离子。其中 $Cu(OH)_2$ 的酸性较弱，溶于碱时需要加入浓的 NaOH 溶液。其他的金属离子，除 Ag^+、Hg^{2+}、Hg_2^{2+} 加入 NaOH 后生成氧化物沉淀外，其余均生成相应的氢氧化物沉淀。值得注意的是，$Fe(OH)_2$ 和 $Mn(OH)_2$ 的还原性很强，在空气中极易被氧化成 $Fe(OH)_3$ 和 $MnO(OH)_2$。

在 Ag^+、Cu^{2+}、Cd^{2+}、Zn^{2+}、Co^{2+}、Ni^{2+} 溶液中加入适量 $NH_3 \cdot H_2O$ 时，形成相应的碱式盐或氢氧化物(Ag^+ 形成氧化物)沉淀，它们全都溶于过量 $NH_3 \cdot H_2O$，生成相应的氨配离子；其中 $[Co(NH_3)_6]^{2+}$ 易被空气氧化成 $[Co(NH_3)_6]^{3+}$。其他的金属离子，除 $HgCl_2$ 生成 $HgNH_2Cl$，Hg_2Cl_2 生成 $HgNH_2Cl + Hg$ 外，绝大多数在加入氨水时生成相应的氢氧化物沉淀，并且不会溶于过量氨水。

许多过渡元素的水合离子具有特征颜色，熟悉离子及某些化合物的颜色也会对离子的分析鉴定起良好的辅助作用。

混合阳离子分离鉴定举例：

[例 8.3]　NH_4^+、Co^{2+}、Na^+、Fe^{3+} 混合液的分离与鉴定。

(分析：用焰色反应或用乙酸铀酰锌鉴定 Na^+，其他离子无干扰；用奈斯勒试剂鉴定 NH_4^+，Co^{2+}、Fe^{3+} 均干扰，若采用加碱加热放出氨气的特效反应时，其他离子无干扰；Fe^{3+} 对 Co^{2+} 鉴定有干扰，但可采用离子掩蔽法消除，Co^{2+} 不干扰 Fe^{3+} 的鉴定)

分析方案：

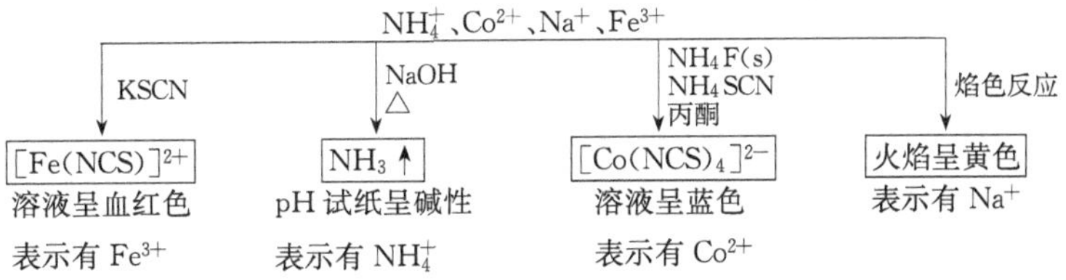

[例 8.4]　Ag^+、Cu^{2+}、Al^{3+}、Fe^{3+}混合液的分离与鉴定。

(分析：Ag^+可采用分别分析法鉴定；Fe^{3+}在Cu^{2+}浓度低时，也可用 KSCN 进行分别分析；鉴定Cu^{2+}、Al^{3+}时，应将Fe^{3+}分离出去)

分析方案：

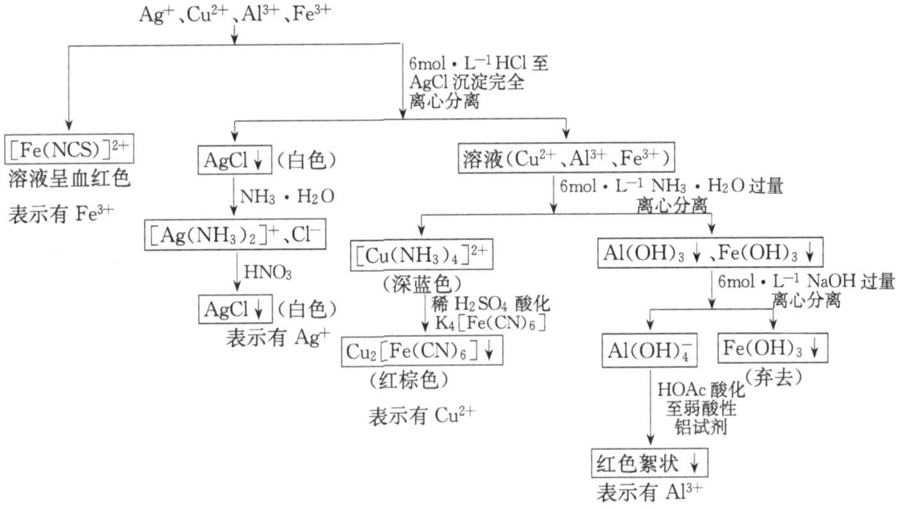

问题：(1) 如果Cu^{2+}的浓度大，Fe^{3+}能否采用分别分析法进行鉴定？

(2) 混合液中的Cu^{2+}能否在创造条件下采用分别分析法进行鉴定？

(3) 试设计另一方案对上述混合液进行分离与鉴定。

仪器和药品

仪器：试管、离心试管、点滴板、离心机、搅拌棒等。

药品：NaOH($2mol\cdot L^{-1}$，$6mol\cdot L^{-1}$)、$NH_3\cdot H_2O$($6mol\cdot L^{-1}$)、HCl($2mol\cdot L^{-1}$，$6mol\cdot L^{-1}$)、H_2SO_4($2mol\cdot L^{-1}$)、HOAc($6mol\cdot L^{-1}$)、KSCN(s，$0.1mol\cdot L^{-1}$)、K_2CrO_4($0.1mol\cdot L^{-1}$)、$SnCl_2$($0.2mol\cdot L^{-1}$)、H_2S(饱和溶液)、$K_4[Fe(CN)_6]$、奈斯勒试剂、铝试剂、二苯硫腙、丁二酮肟、NH_4F(s)等。

实验步骤

按例题格式，设计出合理的分离鉴定方案，分离鉴定下列三组阳离子混合液：

(1) Ag^+、Pb^{2+}、Fe^{3+}、Ni^{2+}。

(2) Ba^{2+}、Fe^{3+}、Co^{2+}、Al^{3+}。

(3) NH_4^+、Cu^{2+}、Zn^{2+}、Hg^{2+}。

思考题

(1) 用沉淀方法分离混合离子时，如何检验离子的沉淀是否已经完全？

(2) 何为分别分析？何为系统分析？各在什么情况下使用？

(3) 拟定混合离子分离鉴定方案的原则是什么？

实验十二　元素性质综合实验

(1) 用实验证明 Pb_3O_4 是混合氧化物。

(2) 用实验区别下列各对物质：

(i) $ZnSO_4$ 和 $Al_2(SO_4)_3$。

(ii) NaCl 和 NaBr。

(iii) $SbCl_3$ 和 $BiCl_3$。

(iv) PbO_2 和 MnO_2。

(3) 今有下列八种失去标签的液体试剂，要求在不借用其他试剂的条件下加以鉴别：

$AgNO_3$、K_2CrO_4、$Pb(NO_3)_2$、$FeCl_3$、$Ni(NO_3)_2$、NaOH、NH_4SCN、KNO_3

(4) 分离并鉴定下列两组离子，每组必须按四个离子全部存在来设计完整、正确的分离鉴定方案，再根据实验结果确定有哪几个离子存在。

(i) 可能含有 Fe^{3+}、Mn^{2+}、Cr^{3+}、Ni^{2+}。

(ii) 可能含有 CO_3^{2-}、SO_4^{2-}、PO_4^{3-}、I^-。

第 9 章　制备实验

9.1　无机制备

实验十三　去离子水的制备

实验目的

（1）了解用离子交换法制取纯水的原理和方法。

（2）学习电导率仪的使用方法。

（3）掌握水中无机杂质离子的定性鉴定方法。

实验原理和操作

自来水经过离子交换树脂处理后，称为离子交换水。因为溶于水的杂质离子被去掉，所以又称为去离子水。去离子水的纯度很高，常温下的电阻率可达 $5\times10^{6}\,\Omega\cdot cm$ 以上。

离子交换树脂是一种人工合成的高分子化合物，其主要组成部分是交联成网状的立体的高分子骨架，另一部分是连在其骨架上的许多可以被交换的活性基团。树脂的骨架特别稳定，不受酸、碱、有机溶剂和一般弱氧化剂的作用。当它与水接触时，能吸附并交换溶解在水中的阳离子和阴离子。根据交换的离子种类的不同，离子交换树脂可分为阳离子交换树脂和阴离子交换树脂两大类。每种树脂都有型号不同的几种类型，它们的性能略有区别，可根据用途来选择所需树脂。

阳离子交换树脂含有酸性的活性基团，如磺酸基—SO_3H、羧基—COOH 和酚羟基—OH，酸性基团上的 H^+ 可以和水溶液中的其他阳离子进行交换（称为 H 型）。因为磺酸是强酸，所以含磺酸基的树脂又称为强酸性阳离子交换树脂，可用 R—SO_3H 表示，其中 R 代表树脂中网状骨架部分。R—COOH 和 R—OH 均为弱酸性阳离子交换树脂。前者交换速率快，与所有阳离子均可交换，能在中性、酸性和碱性溶液中使用，而后者的交换能力受外界酸度影响较大，羧基在 pH＞4、酚羟基在 pH＞9.5 时才有离子交换能力，但其选择性较好，可用于分离不同强度的有机碱。

阴离子交换树脂含有碱性的活性基团，如含有季铵基—$N(CH_3)_3^+$ 的强碱性阴离子交换树脂 R—$N(CH_3)_3^+OH^-$，含有叔胺基—$N(CH_3)_2$、仲胺基—$NH(CH_3)$、氨基—NH_2 的弱碱性阴离子交换树脂 R—$NH(CH_3)_2^+OH^-$、R—$NH_2(CH_3)^+OH^-$ 和R—$NH_3^+OH^-$，它们所含的 OH^- 均可与水溶液中的其他阴离子进行交换（称为 OH 型）。前者可在中性、酸性和碱性介质中与强酸或弱酸的酸根离子交换，广泛用于处理水和分析化学领域中；而后者在碱性介质中就失去交换能力。

制备去离子水时，通常使用强酸性阳离子交换树脂和强碱性阴离子交换树脂，并预先将它们分别处理成 H 型和 OH 型。交换过程通常是在离子交换柱中进行的。自来水先经过阳离子树脂交换柱，水中的阳离子（Na^+、Ca^{2+}、Mg^{2+}等）与树脂上的 H^+ 进行交换：

$$R—SO_3^- H^+ + Na^+ \rightleftharpoons RSO_3^- Na^+ + H^+$$

$$2R—SO_3^- H^+ + Ca^{2+} \rightleftharpoons (RSO_3^-)_2 Ca^{2+} + 2H^+$$

$$2R—SO_3^- H^+ + Mg^{2+} \rightleftharpoons (RSO_3^-)_2 Mg^{2+} + 2H^+$$

交换后，树脂变成“钠型”、“钙型”或“镁型”，水具有弱酸性。然后再将水通过阴离子树脂交换柱，水中的杂质阴离子（Cl^-、SO_4^{2-}、HCO_3^- 等）与树脂上的 OH^- 进行交换：

$$RN(CH_3)_3^+ OH^- + Cl^- \rightleftharpoons RN(CH_3)_3^+ Cl^- + OH^-$$

$$2RN(CH_3)_3^+ OH^- + SO_4^{2-} \rightleftharpoons [RN(CH_3)_3^+]_2 SO_4^{2-} + 2OH^-$$

交换后，树脂变成“氯型”等，交换下来的 OH^- 和 H^+ 中和：

$$H^+ + OH^- \longrightarrow H_2O$$

从而将水中的可溶性离子全部去掉。

交换后水质的纯度高低与所用树脂的量以及流经树脂时水的流速等因素有关。一般树脂量越多，流速越慢，得到的水的纯度就越高。

必须指出，上述离子交换过程是可逆的。交换反应主要向哪个方向进行，与水中两种离子（如 H^+ 与 Na^+，OH^- 与 Cl^-）的浓度有关。当水中杂质离子较多，而树脂上的活性基团上的离子都是 H^+ 或 OH^- 时，水中的杂质离子被交换占主导地位；如果水中杂质离子减少而树脂上活性基团又大量被杂质离子占领时，则水中的 H^+ 和 OH^- 反而会把杂质离子从树脂上交换下来。由于交换反应的这种可逆性，因此只用阳离子交换柱和阴离子交换柱串联起来处理后的水，仍然会含有少量的杂质离子。为提高水质，可使水再通过一个由阴、阳离子交换树脂均匀混合的“混合柱”，其作用相当于串联了很多阳离子交换柱与阴离子交换柱，而且在交换柱层任何部位的水都是中性的，从而降低逆反应的可能性。

树脂使用一定时间后，活性基团上的 H^+、OH^- 分别被水中的阳、阴离子交换，从而失去了原先的交换能力，称为“失效”。利用交换反应的可逆性使树脂重新复原，恢复其交换能力，这个过程称为“洗脱”或“再生”。

阳离子交换树脂的再生是加入适当浓度的酸（一般用 5%～10%的盐酸），其反应为

$$RSO_3^- Na^+ + H^+ \rightleftharpoons RSO_3^- H^+ + Na^+$$

阴离子交换树脂的再生是加入适当浓度的碱（一般用 5%的 NaOH），其反应为

$$RN(CH_3)_3^+ Cl^- + OH^- \rightleftharpoons RN(CH_3)_3^+ OH^- + Cl^-$$

再生后的树脂可以重新使用。混合离子交换树脂用饱和食盐水充分浸泡，由于密度不同，阴离子树脂浮在上面，阳离子树脂沉在下面。从而将其分离，然后再分别进行再生。

实验前，实验室应先将离子交换树脂浸泡好，并将阳离子交换树脂预处理成 H 型，将阴离子交换树脂处理成 OH 型。本实验过程为装柱→制备去离子水→再生树脂→再制备去离子水，依次循环。

1. 装柱

实验用的离子交换柱用玻璃管制成，管下端拉成尖嘴，接上橡胶管，用霍夫曼夹子控制水的流速。

交换柱的树脂层中不能有气泡，否则会造成水或溶液断路和树脂层的紊乱。因此，在装柱和操作过程中，必须使树脂一直浸泡在水或溶液中。柱中的液体流出时，树脂上方应保持一定高度的液层，切勿使液层下降到树脂面以下，否则，再加液体时，树脂层就会出现气泡。

装树脂时，先用少量玻璃纤维松散地塞在柱子的底部，以防树脂漏出。将柱的出液口夹住，向柱中注入少量蒸馏水。将所需离子交换树脂先放在烧杯中，再用滴管将树脂连同水一起慢慢加入柱中。

2. 树脂的再生

树脂再生装置如图 9－13－1 所示。

阳(阴)离子交换树脂用 2mol·L^{-1} HCl(2mol·L^{-1} NaOH)溶液进行再生，所用酸(碱)溶液的体积为需再生树脂体积的 6～10 倍。

等树脂上方的水面接近树脂面时，将酸(碱)液滴入树脂柱中，控制好上、下两个夹子，使树脂上方有一层酸(碱)液，并以每秒约 1 滴的流速使酸(碱)液通过树脂。酸(碱)液流经树脂层的时间应不少于 20min，流速快时可关闭酸(碱)液出口，使树脂在酸(碱)液中浸泡至所需时间。待酸(碱)液滴至液面接近树脂层时，用蒸馏水洗涤树脂，可先快速后慢速，最后使流出液至近中性为止。

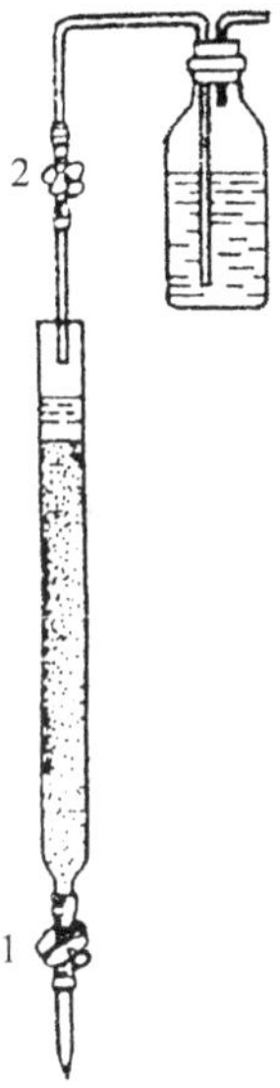

图 9－13－1　树脂再生装置
1—出液控制夹；2—进液控制夹

3. 测定电导率

用电导率仪测定水样的电导率(表 9－13－1)，电导率仪的使用方法见 13.10 节。

表 9－13－1　水样电导率参考值

水样	自来水	蒸馏水	去离子水	高纯水
电导率/(μS·cm^{-1})	50～500	1.0～50	0.8～4	0.055

4. 水中无机杂质离子的定性检验

Ca^{2+}：①取 1mL 水，加入 1 滴 6mol·L^{-1}NaOH 和 1 滴钙指示剂[注1]，如溶液显红色，表示有 Ca^{2+}；②取 1mL 水，加入 2 滴 2mol·L^{-1} HOAc 和 3～4 滴饱和$(NH_4)_2C_2O_4$溶液，如产生白色沉淀，表示有 Ca^{2+}。

$$Ca^{2+} + C_2O_4^{2-} \longrightarrow CaC_2O_4 \downarrow$$

Mg^{2+}：在 1mL 水中加 1 滴 6mol·L^{-1}NaOH 和 1 滴镁指示剂[注2]，如有天蓝色沉淀，表示有 Mg^{2+}。

Cl^-：在 1mL 样品中，加入 2 滴 2mol·$L^{-1}$$HNO_3$ 酸化，再加入 2 滴 0.1mol·$L^{-1}$$AgNO_3$，如有白色沉淀，表示有 Ag^+。

SO_4^{2-}：在 1mL 样品中，加入 2 滴 1mol·L^{-1} $BaCl_2$，如有白色沉淀，表示有 SO_4^{2-}。

仪器和药品

仪器：试管、滴管、烧杯、微型烧杯、量筒、电导率仪、离子交换柱、霍夫曼夹、橡胶管、玻璃纤维、铁丝等。

药品：732# 强酸性阳离子交换树脂、717# 强碱性阴离子交换树脂、HCl（$2mol\cdot L^{-1}$）、NaOH（$2mol\cdot L^{-1}$，$6mol\cdot L^{-1}$）、HNO_3（$2mol\cdot L^{-1}$）、$BaCl_2$（$0.1mol\cdot L^{-1}$）、$AgNO_3$（$0.1mol\cdot L^{-1}$）、镁指示剂、钙指示剂或 HOAc（$2mol\cdot L^{-1}$）、$(NH_4)_2C_2O_4$（饱和溶液）。

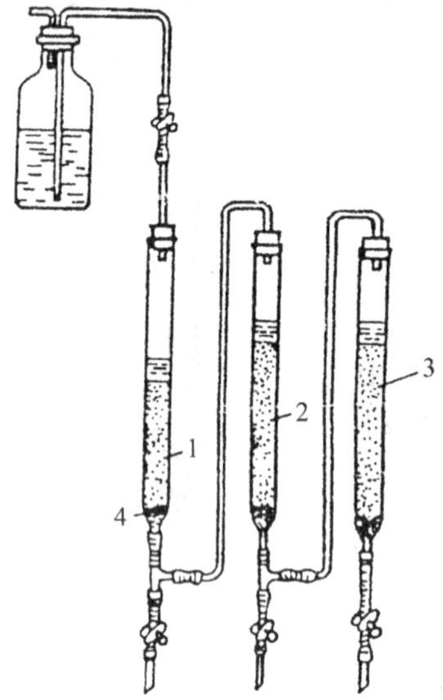

图 9-13-2 树脂交换装置
1—阳离子交换柱；2—阴离子交换柱；
3—混合离子交换柱；4—玻璃纤维

实验步骤

1. 装柱

按图 9-13-2 所示，将离子交换柱装好并串联起来。

装树脂时，先用少量玻璃纤维松散地塞在柱子的底部，防止树脂漏出。将柱的出液口夹住，向柱中注入少量蒸馏水。将所需树脂先放在烧杯中，再用滴管将树脂连同水一起慢慢加入柱中。

阳离子交换柱装入约 1/2 体积的树脂，阴离子交换柱装入约 2/3 体积的树脂，装混合离子交换柱时，应先将阴、阳离子交换树脂按体积比为 2∶1 混合均匀后，再装入约 2/3 体积的树脂。

在装柱和连接过程中，应注意树脂层和两柱间的连接管内不得留有气泡，以免液体流动不通畅和树脂层紊乱。树脂必须一直浸泡在水中或溶液中，当有液体流出时，树脂上方应保持一定高度的液层，切勿使液层下降到树脂面以下，否则再加液体时会产生气泡。

多取的树脂不要倒回原瓶，应分别倒入各种树脂回收瓶。

2. 离子交换与水质检验

依次使自来水水样流经阳离子树脂交换柱、阴离子树脂交换柱和混合离子树脂交换柱，控制流速为 2～3 秒 1 滴。弃去前面所接收的约 20mL 水后开始接收水样，按装置从后向前的顺序，依次接收流经阳离子、阴离子及混合离子交换柱流出水（去离子水）；流经阳离子、阴离子交换柱流出水；流经阳离子交换柱流出水；以及自来水四个水样，进行下面的测试。

(1) 测定四个水样的电导率。

(2) 检验四个水样中的 Ca^{2+}、Mg^{2+}、Cl^- 和 SO_4^{2-}。

Ca^{2+}：①取 1mL 水，加入 1 滴 $6mol\cdot L^{-1}$ NaOH 和 1 滴钙指示剂[注1]，观察反应现象；②取 1mL 水，加入 2 滴 $2mol\cdot L^{-1}$ HOAc 和 3～4 滴饱和 $(NH_4)_2C_2O_4$ 溶液，观察反应现象。

$$Ca^{2+} + C_2O_4^{2-} \longrightarrow CaC_2O_4\downarrow$$

Mg^{2+}：在 1mL 水中加 1 滴 $6mol\cdot L^{-1}$ NaOH 和 1 滴镁指示剂[注2]，观察反应现象。

Cl^-：在 1mL 样品中，加入 2 滴 $2mol\cdot L^{-1}$ HNO_3 酸化，再加入 2 滴 $0.1mol\cdot L^{-1}$ $AgNO_3$，观察反应现象。

SO_4^{2-}：在 1mL 样品中，加入 2 滴 $1mol\cdot L^{-1}$ $BaCl_2$，观察反应现象。

将检测结果填入表 9-13-2。

表 9-13-2　实验记录表

水样	电导率/($\mu S \cdot cm^{-1}$)	Ca^{2+}	Mg^{2+}	Cl^-	SO_4^{2-}
去离子水					
流经阳、阴离子交换柱流出水					
流经阳离子交换柱流出水					
自来水					

根据实验检测结果得出结论。

3. 再生

做完以上实验后，按前面所述方法将阳、阴离子交换树脂进行再生处理，以便其他人继续使用。再生后请教师检查。

若本班所装树脂是经其他班使用的回收树脂，则实验过程为装柱→再生→制备与测定。

注释

［注 1］　游离的钙指示剂呈蓝色，在 pH＞12 的碱性溶液中，与 Ca^{2+} 结合呈红色。在此 pH 下，Mg^{2+} 因形成 $Mg(OH)_2$ 沉淀而不干扰 Ca^{2+} 的检验。

［注 2］　镁试剂是一种染料，在酸性溶液中呈黄色，碱性溶液中呈红紫色，被氢氧化镁吸附后呈天蓝色，因此反应必须在碱性溶液中进行。

思考题

(1) 离子交换法制备去离子水的原理是什么？
(2) 为什么经阳离子交换树脂处理后的自来水，电导率比原来大？
(3) 用电导率仪测定水纯度的根据是什么？

实验十四　试剂氯化钠的制备

实验目的

(1) 通过氯化钠提纯，熟悉盐类溶解度的知识及其在无机物提纯中的应用。
(2) 掌握加热、溶解、过滤(常压过滤和减压过滤)、蒸发、结晶和干燥等基本操作。
(3) 学习用目视比色法和比浊法进行限量分析的原理和方法。

实验原理

纯度较高的氯化钠(如试剂级和医用级别)是由粗食盐提纯制备的。粗食盐中含有泥沙和 K^+、Ca^{2+}、Mg^{2+}、Fe^{3+}、SO_4^{2-} 和 CO_3^{2-} 等杂质。不溶性杂质可经溶解和过滤除去。由于氯化钠的溶解度随温度的变化很小，难以用重结晶的方法纯化，需用化学方法进行离子分离，通过选用合适的试剂将 Ca^{2+}、Mg^{2+}、Fe^{3+} 和 SO_4^{2-} 等可溶性杂质离子生成不溶性化合物而除去。具体方法是先在粗食盐的饱和溶液中加入稍微过量的 $BaCl_2$ 溶液，则 Ba^{2+} 生成不溶 $BaSO_4$：

$$Ba^{2+} + SO_4^{2-} \longrightarrow BaSO_4 \downarrow$$

过滤除去 $BaSO_4$ 沉淀。再在溶液中加入 $NaCO_3$ 溶液，则

$$Ca^{2+} + CO_3^{2-} \longrightarrow CaCO_3 \downarrow$$

$$2Mg^{2+} + 2CO_3^{2-} + H_2O \longrightarrow [Mg(OH)]_2CO_3 \downarrow + CO_2 \uparrow$$

$$2Fe^{3+} + 3CO_3^{2-} + 3H_2O \longrightarrow 2Fe(OH)_3 \downarrow + 3CO_2 \uparrow$$

$$Ba^{2+} + CO_3^{2-} \longrightarrow BaCO_3 \downarrow$$

过滤不仅除去 Ca^{2+}、Mg^{2+}、Fe^{3+}，还将前面过量的 Ba^{2+} 一起除去。过量的 Na_2CO_3 用 HCl 中和后除去。其他少量可溶性杂质(如 KCl)和上述沉淀剂不发生作用，但由于 KCl 的溶解度比 NaCl 大，将母液蒸发浓缩后，NaCl 析出，而 KCl 留在母液中。

提纯后的 NaCl 进行杂质 Fe^{3+} 和 SO_4^{2-} 的限量分析。限量分析是将被分析物配成一定浓度的溶液，与标准系列溶液进行目视比色或比浊，以确定杂质含量范围。如果被分析溶液颜色或浊度不深于某一标准溶液，则杂质含量就低于某一规定的限度。这种分析方法称为限量分析。

在上述目视比色法中标准系列法较为常用。其方法为利用一套由相同玻璃材料制造的一定体积和形状的比色管，把一系列不同量的标准溶液依次加入各比色管中，并分别加入等量的显色剂和其他试剂，再稀释至同等体积，即配成一套颜色由浅至深的标准色阶。把一定量的被测物质加入另一同规格的比色管中，在同样条件下显色，并稀释至同等体积，摇匀后将比色管的塞子打开，并和标准色阶进行比较。比较时应从管口垂直向下观察，这样观察的液层比从比色管侧面观察的液层要厚得多，能提高观察的灵敏度。如被测溶液与标准系列中某一溶液的颜色深度相同，则被测溶液就等于该标准溶液的浓度；如介于相邻两种标准溶液之间，则可取这两种标准溶液的平均值。这种测定方法的思路，也体现在后面的许多成分分析实验中。

仪器和药品

仪器：托盘天平、普通化学天平、离心机、烧杯、玻璃棒、滴管、普通漏斗、布氏漏斗、吸滤瓶、蒸发皿、洗瓶、移液管、比色管、滤纸、剪刀、火柴、石棉网。

药品：粗食盐、$BaCl_2(1mol \cdot L^{-1})$、20%$NaCO_3$、$HCl(2mol \cdot L^{-1})$、pH 试纸、25% $BaCl_2$、25% KSCN、$HCl(3mol \cdot L^{-1})$。

实验步骤

1. 氯化钠的制备

1) 除去 SO_4^{2-}

在托盘天平上称取 20g 粗食盐，研细后倒入 150mL 烧杯中，加水 65mL，用玻璃棒搅拌，并加热使其溶解。然后趁热边搅拌边逐滴加入 $1mol \cdot L^{-1}$ $BaCl_2$ 溶液，要求将溶液中全部的 SO_4^{2-} 转化为 $BaSO_4$ 沉淀。由于 $BaCl_2$ 的用量随粗食盐的来源不同而异，因此应通过实验确定最少用量。为了检验沉淀是否完全，用离心试管取 2mL 溶液，在离心机上离心分离，分离后在上层清液中加入一滴 $BaCl_2$ 溶液，如仍有沉淀产生，表明 SO_4^{2-} 尚未除尽，需往烧杯中补加 $BaCl_2$ 溶液。如此操作并反复检验，直到在上层清液中加入一滴 $BaCl_2$ 溶液后，不再产生白色沉淀，表明 SO_4^{2-} 已除尽，记录所用 $BaCl_2$ 溶液的量。沉淀完全后，继续加热 5min，以使沉淀颗粒长大而易于沉降，用普通漏斗常压过滤。

2）除去 Ca^{2+}、Mg^{2+}、Ba^{2+}

将滤液加热至沸，用小火保持微沸，边搅拌边滴加 20% Na_2CO_3 溶液，使 Ca^{2+}、Mg^{2+}、Ba^{2+} 都转化为难溶碳酸盐或碱式碳酸盐沉淀，并检验 Ca^{2+}、Mg^{2+}、Ba^{2+} 是否沉淀完全，在此过程中注意补充蒸馏水，保持原体积，防止 NaCl 析出。当沉淀完全后，记录 Na_2CO_3 溶液的用量。进行第二次常压过滤。

3）除去多余的 CO_3^{2-}

往滤液中滴加 2mol · L^{-1} HCl，调 pH≈6，记录所用 HCl 的体积。将滤液倒入蒸发皿中，微火蒸发使 CO_3^{2-} 转化为 CO_2 逸出。

4）蒸发、浓缩、制备试剂 NaCl

将蒸发皿中的溶液微火蒸发、浓缩至稠粥状（切勿蒸干），趁热进行减压过滤，将 NaCl 结晶尽量抽干。

5）干燥

将结晶移入蒸发皿中，在石棉网上用小火烘炒，用玻璃棒不断翻动，防止结块。当无水蒸气逸出后，改用大火烘炒数分钟，即得到洁白、松散的 NaCl 晶体。冷却至室温，产品称量，计算产率。

2. 产品纯度的检验

本实验只进行 Fe^{3+}、SO_4^{2-} 的限量分析。

1）Fe^{3+} 的限量分析

在酸性介质中，Fe^{3+} 与 SCN^- 生成血红色配合物 $[Fe(NCS)]^{2+}$，颜色的深浅与 Fe^{3+} 浓度成正比。

在天平上称取 3.00g NaCl 产品，放入 25mL 比色管中，加 10mL 蒸馏水使之溶解，再加入 2.00mL 25% KSCN 溶液和 2mL 3mol · L^{-1} HCl，然后稀释到 25mL（比色管刻度线），摇匀。

按以下用量配制标准系列（由实验室提供）：在三支编号的 25mL 比色管中，分别加入浓度为 0.01mg · mL^{-1} 的 Fe^{3+} 标准溶液 0.30mL、0.90mL 和 1.50mL，并加入 25% KSCN 2.00mL 和 3mol · L^{-1} HCl 2.00mL，用蒸馏水稀释至刻度并摇匀，即得 Fe^{3+} 标准系列溶液，其浓度相当于 NaCl 产品 Fe^{3+} 的含量。优级纯（一级）试剂，内含 Fe^{3+} 1×10^{-6}mol · L^{-1}；分析纯（二级）试剂，内含 Fe^{3+} 3×10^{-6} mol · L^{-1}；化学纯（三级）试剂，内含 Fe^{3+} 5×10^{-6}mol · L^{-1}。

将试样溶液与标准溶液进行目视比色，确定试剂的等级。

2）SO_4^{2-} 的限量分析

试样中微量的 SO_4^{2-} 与 $BaCl_2$ 溶液作用，生成白色难溶的 $BaSO_4$，溶液发生混浊。溶液的混浊度与 SO_4^{2-} 浓度成正比，因此借比浊法可以对 SO_4^{2-} 进行限量分析。

称取 1.00g NaCl 产品，放入 25mL 比色管中，加入 10mL 蒸馏水使之溶解，再加入 1mL 3mol · L^{-1} HCl 和 3.3mL 25% $BaCl_2$ 溶液，用水稀释至刻度，摇匀。

按以下用量配制标准系列（由实验室提供）：在三支编号的 25mL 比色管中，分别加入浓度为 0.01mg · mL^{-1} SO_4^{2-} 标准溶液 1.00mL、2.00mL 和 5.00mL，并各加入 25% $BaCl_2$ 3mL 和 3mol · L^{-1} HCl 1mL，用蒸馏水稀释至刻度并摇匀，即得 SO_4^{2-} 标准系列溶液，其浓度相当于 NaCl 产品 SO_4^{2-} 的含量。优级纯（一级）试剂，内含 1×10^{-5}mol · L^{-1} SO_4^{2-}；分析纯（二级）试剂，内含 2×10^{-6}mol · L^{-1} SO_4^{2-}；化学纯（三级）试剂，内含 5×10^{-5}mol · L^{-1} SO_4^{2-}。

将试样与标准溶液进行比浊，确定试样的等级。

思考题

（1）除去 Ca^{2+}、Mg^{2+} 和 SO_4^{2-} 时，为什么先加 $BaCl_2$ 溶液，然后要将 $BaSO_4$ 过滤掉后再加 Na_2CO_3 溶液？在什么情况下 $BaSO_4$ 可能转化为 $BaCO_3$？

（2）如何除去过量的 $BaCl_2$、Na_2CO_3？

（3）在蒸发浓缩结晶时为什么不能将溶液蒸干？

（4）在检验产品纯度时，能否用自来水溶解 NaCl？为什么？

实验十五　硫酸亚铁铵的制备

实验目的

（1）掌握复盐的一般特征和制备方法。

（2）熟练掌握水浴加热、蒸发、结晶和减压过滤等基本操作。

（3）巩固产品限量分析的方法。

（4）了解微型实验的优点。

实验原理

硫酸亚铁铵又称莫尔盐，是浅蓝绿色单斜晶体。作为复盐，硫酸亚铁铵在空气中比一般亚铁盐稳定，不易被氧化，易溶于水难溶于乙醇。在定量分析中 $(NH_4)_2Fe(SO_4)_2 \cdot 6H_2O$ 常用作氧化还原滴定法的基准物。

本实验首先用过量的 Fe 与稀 H_2SO_4 反应制得 $FeSO_4$ 溶液：

$$Fe + H_2SO_4 \longrightarrow FeSO_4 + H_2\uparrow$$

然后利用复盐 $(NH_4)_2Fe(SO_4)_2 \cdot 6H_2O$ 的溶解度比组成它的简单盐的溶解度都小的性质（表 9-15-1），由等物质的量的 $FeSO_4$ 与 $(NH_4)_2SO_4$ 在水溶液中相互作用，生成溶解度较小的复盐 $(NH_4)_2Fe(SO_4)_2 \cdot 6H_2O$：

$$FeSO_4 + (NH_4)_2SO_4 + 6H_2O \longrightarrow (NH_4)_2Fe(SO_4)_2 \cdot 6H_2O$$

表 9-15-1　溶解度表[g·(100g H_2O)$^{-1}$]

物质	溶解度				
	10℃	20℃	30℃	50℃	70℃
$FeSO_4 \cdot 7H_2O$	20.5	26.6	33.2	48.6	56.0
$(NH_4)_2SO_4$	73.0	75.4	78.0	84.5	91.9
$(NH_4)_2Fe(SO_4)_2 \cdot 6H_2O$	18.1	21.2	24.5	31.3	38.5

仪器和药品

仪器：托盘天平、普通化学天平、布氏漏斗、吸滤瓶、锥形瓶、烧杯、蒸发皿、移液管、比色管、表面皿、封闭式电炉。

药品：碎铁片（或铁屑）、Na_2CO_3（10%）、H_2SO_4（3mol·L^{-1}）、$(NH_4)_2SO_4$(s)、乙醇

(95%)、KSCN(1mol·L^{-1})、Fe^{3+}(0.1000mg·mL^{-1})标准溶液、pH试纸、滤纸。

实验步骤

1. 常量实验

(1) 碎铁片的预处理。粗称4.0g铁片(或铁屑)(用哪种天平?)放入150mL锥形瓶中,加入20mL 10%Na_2CO_3溶液,放在石棉网上小火加热至沸,以除去铁片上的油污。用倾泻法倾出碱液,将碎铁片水洗至中性。

(2) $FeSO_4$的制备。在盛有处理过碎铁片的锥形瓶中加入20mL 3mol·L^{-1} H_2SO_4溶液,水浴中加热。注意控制Fe与H_2SO_4的反应不要过于激烈,反应后期补充水分保持溶液原有体积,避免硫酸亚铁析出。等反应速度明显减慢时(约需30min),趁热减压过滤,分离溶液和残渣。如果发现滤纸上有$FeSO_4·7H_2O$晶体析出,可用热蒸馏水溶解,然后用2mL 3mol·L^{-1} H_2SO_4洗涤没有反应完的Fe和残渣,洗涤液合并至反应液中(加酸的目的是什么?)。过滤后将滤液转移至蒸发皿内,没有反应完的铁片用碎滤纸吸干后称量,计算参加反应的Fe的质量。

(3) $(NH_4)_2Fe(SO_4)_2·6H_2O$的制备。根据反应消耗Fe的质量(或生成$FeSO_4$的质量),计算制备$(NH_4)_2Fe(SO_4)_2·6H_2O$所需$(NH_4)_2SO_4$的量,考虑到$FeSO_4$在过滤等操作中的损失,$(NH_4)_2SO_4$用量可按生成$FeSO_4$理论产量的80%计算,按计算结果称取$(NH_4)_2SO_4$固体,配成饱和溶液(如何配制?)加入$FeSO_4$溶液中,混合均匀后在水浴上加热(火不能太大),蒸发浓缩至溶液表面出现晶膜。自然冷却至室温,即可得到浅蓝绿色的$(NH_4)_2Fe(SO_4)_2·6H_2O$晶体。减压过滤,将液体尽量抽干,用95%乙醇洗涤晶体,抽滤,晶体用滤纸吸干,称量,计算产率。母液与乙醇洗涤液必须分别回收。

(4) 产品中Fe^{3+}的限量分析。产品的主要杂质是Fe^{3+},根据Fe^{3+}与硫氰化钾形成血红色配离子$[Fe(NCS)]^{2+}$颜色的深浅,用目视比色可确定其含Fe^{3+}的级别。

称取1.00g产品(用哪种天平?),放入25mL比色管中,用少量不含O_2的蒸馏水(将蒸馏水用小火煮沸10min以除去所溶解的O_2,盖上表面皿待冷却后使用)溶解。用两支1mL移液管分别取3mol·L^{-1} H_2SO_4与1mol·L^{-1} KSCN溶液各1.00mL加入到比色管中,再加不含O_2的蒸馏水至刻度,摇匀,与标准溶液(由实验室提供)进行比较。根据比色结果,确定产品中Fe^{3+}含量所对应的级别(表9-15-2)。

表9-15-2 不同等级$(NH_4)_2Fe(SO_4)_2·6H_2O$中Fe^{3+}含量

规格	一级	二级	三级
含Fe^{3+}量/mg	0.05	0.1	0.2

标准溶液的配制:依次用移液管量取每毫升含Fe^{3+} 0.010mg的标准溶液0.50mL、1.00mL、2.00mL。分别加到三支25mL比色管中,各加入1.00mL 3mol·L^{-1} H_2SO_4和1.00mL 1mol·L^{-1}KSCN溶液。最后用蒸馏水稀释至刻度,摇匀。

2. 微型实验

(1) 微型仪器。微型锥形瓶(15mL)、微型烧杯(10mL)、微型布氏漏斗(口径ϕ=20mm、容积V=5mL)、吸滤瓶(ϕ=19mm、V=20mL)、蒸发皿(10mL)、洗耳球(代替真空泵)、点滴板、多功能铁架台、封闭式电炉。

(2) 试剂用量。碎铁片(或铁屑)0.5g、预处理用的碱(10% Na_2CO_3)3mL、反应酸($3mol \cdot L^{-1} H_2SO_4$) 2.5mL、洗涤酸($3mol \cdot L^{-1} H_2SO_4$)0.3mL、$(NH_4)_2SO_4$(C. P.)用量根据反应中消耗 Fe 的质量的 80%计算。

(3) 碎铁片的预处理。粗称 0.5g 铁片(或铁屑)(用哪种天平?)放入 15mL 锥形瓶中,加入 3mL 10% Na_2CO_3 溶液,放在石棉网上小火加热至沸,以除去铁片上的油污。用倾泻法倾出碱液,将碎铁片水洗至中性。

(4) $FeSO_4$ 的制备。在盛有处理过碎铁片的锥形瓶中加入 3mL $3mol \cdot L^{-1} H_2SO_4$ 溶液,水浴中加热。注意控制 Fe 与 H_2SO_4 的反应不要过于激烈,反应后期补充水分保持溶液原有体积,避免硫酸亚铁析出。等反应速度明显减慢时(约需 15min),趁热减压过滤,分离溶液和残渣。如果发现滤纸上有 $FeSO_4 \cdot 7H_2O$ 晶体析出,可用热蒸馏水溶解,然后用 0.5mL $3mol \cdot L^{-1} H_2SO_4$ 洗涤没有反应完的 Fe 和残渣,洗涤液合并至反应液中(加酸的目的是什么?)。过滤完后将滤液转移至蒸发皿内,没有反应完的铁片用碎滤纸吸干后称量,计算参加反应的 Fe 的质量。

(5) $(NH_4)_2Fe(SO_4)_2 \cdot 6H_2O$ 的制备。根据 Fe 的质量的 80%计算制备 $(NH_4)_2Fe(SO_4)_2 \cdot 6H_2O$ 所需 $(NH_4)_2SO_4$ 的量,按计算结果称取 $(NH_4)_2SO_4$ 固体,配成饱和溶液(如何配制?),加入 $FeSO_4$ 溶液中,混合均匀后在水浴上加热(火不能太大),蒸发浓缩至溶液表面出现晶膜。自然冷却至室温,即可得到浅蓝绿色的 $(NH_4)_2Fe(SO_4)_2 \cdot 6H_2O$ 晶体。减压过滤,将液体尽量抽干,取出晶体用滤纸吸干,称量,计算产率。母液回收。

(6) 产品纯度检验。定性检验产品中 Fe^{3+}(如何鉴定?)。

思考题

(1) 在制备 $FeSO_4$ 过程中,为什么开始时需 Fe 过量,并用水浴加热? 而后又将溶液调节至强酸性?

(2) 如果制备 $FeSO_4$ 溶液时有部分被氧化,应如何处理才能制得较纯的硫酸亚铁?

(3) 为什么检验产品中 Fe^{3+} 的含量时,要用不含氧的蒸馏水溶解产品?

实验附注 微型化学实验简介

微型化学实验是以尽量少的化学试剂,在微型化的仪器装置中进行实验来获取化学信息的实验方法。其确切定义和试剂用量的界限,目前国际上尚无公认的说法。一般来说,其试剂用量是常规实验的 $\frac{1}{1000} \sim \frac{1}{10}$。

纵观化学发展史,化学实验试剂和样品的用量,随着科学技术的发展、实验仪器精确程度的提高而逐渐减少,在化学教学实验中也存在这种趋势。在有机合成中,通常按试剂用量的多少分为常量、半微量和微量三种。微型化学实验是 20 世纪 80 年代化学实验方法的重要变革之一。早在 20 世纪 40 年代,半微量有机合成、半微量定性分析在教学中的应用出现了一个高潮;1975 年美籍华裔学者马祖胜(T. S. Ma)等总结有机实验微型化的经验,编著了《化学中的微型操作》一书;Mayo 等自 1982 年先后在美国几所大学中探索采用微型化学实验的方法,1986 年由他们编著的《微型有机化学实验》出版;其他作者也陆续出版了一些有关微型有机实验的书籍,微型化学实验仪器的研制也得以开展,至今美国已有数百所院校采用微型化学实验。我国从 1988 年开始对微型化学实验的研究工作，被列入国家高教司高教研究中心的科研计划，立足国内教学实际，开展试验的研究和推广工作。

微型化学实验具有试剂用量少、仪器装置微小等特点，因此比常规实验有许多长处：节省试剂（一般可节约 90%以上）可降低实验的成本；有毒试剂用量的减少，减少了对环境的污染，降低了“三废”处理费用，增强了学生的环保意识；危险性实验试剂量的减少，使化学实验室安全程度得到提高，火灾伤害等意外事故显著减少。此外，微型化学实验还具有实验现象明显、操作简便、快速和节省学时等优点，可在有限的时间内完成更多的实验教学内容，利于加强对学生的训练和培养。当然它不能完全替代常规实验，有些基本操作的训练还要靠常规实验来进行；微型化学实验仪器的形状、尺寸与操作和实际生产工艺差距较大，通过微型化学实验探索得到的反应条件，应进行放大试验后才可考虑生产应用；用微型化学实验方法制备物质产率偏低（仪器沾附等损耗相对于原料的比例较大）等，因此对微型化学实验的操作技巧要求较高。全面了解微型化学实验的优点和不足，有利于扬长避短，合理地运用微型化学实验。

实验十六　四碘化锡的制备及最简式的确定

实验目的

（1）学习利用非水溶剂（石油醚）的无机合成方法制备四碘化锡。

（2）根据有限试剂（I_2）的量和金属（Sn）的消耗量确定四碘化锡的最简式。

（3）了解微型化学实验及掌握回流、水浴加热等基本操作。

实验原理

四碘化锡是橙红色的针状晶体，密度 4.48g · cm^{-3}，熔点 144.5℃，沸点364.5℃，180℃时有较大的蒸气压。溶于水、较易水解，在热水中可被分解。易溶于二硫化碳、四氯化碳、苯和热的石油醚等有机溶剂中，在冷的石油醚中溶解度较小。在乙醇等溶液中，四碘化锡与碱金属的碘化物作用生成 $M_2[SnI_6]$黑色晶状化合物。

四碘化锡容易水解，不宜在水溶液中制备，一般采用干法合成，即在加热条件下锡与碘蒸气进行反应，或利用非水溶剂的合成方法进行制备。可被选用的非水溶剂有四氯化碳、乙酸等，本实验采用低沸点的石油醚作为溶剂（沸点 60～90℃），它是含碳较少的烷烃（主要为戊烷、己烷）混合物，属于惰性溶剂。制备的简要过程是将碘溶解在石油醚中，在加热的条件下与锡片反应而制得：

$$Sn+2I_2 \longrightarrow SnI_4$$

仪器和药品

仪器：分析天平、圆底烧瓶（30mL 标准磨口）、球形冷凝管、烧杯（250mL，30mL）、温度计、电热套及铁架台等加热时使用的器具。

药品：石油醚（60～90℃）、锡箔、碘、$AgNO_3$（0.1mol · L^{-1}）、$Pb(NO_3)_2$（0.1mol · L^{-1}）、饱和 KI 溶液、丙酮等。

实验步骤

1. 四碘化锡的制备

用分析天平在已洗净、烘干的 30mL 圆底烧瓶(标准磨口)中准确称取0.5000g晶体碘,再准确称取 0.2000g 锡箔,并将其剪成碎片后加入烧瓶中,再加入 10mL 石油醚。按图 9-16-1 装配好球形冷凝管等反应装置,在水浴上加热使反应混合物沸腾。控制水浴温度为 85～95℃,调节冷凝水的流量,使含碘石油醚的冷凝液不高于冷凝管的三分之一部位,保持回流状态直至反应完全(至冷凝下来的石油醚液滴由紫色变为无色)。停止加热后撤掉水浴,待不沸腾后取下冷凝管,趁热用倾泻法把溶液倒入 30mL 洁净、干燥的小烧杯内,将未反应的锡片留在烧瓶内。烧瓶内壁及剩余锡箔上沾有的 SnI_4 晶体,可用 1～2mL 热石油醚洗涤,洗涤液合并到上述小烧杯内,将其放到冰浴中冷却、结晶。结晶完成后用倾泻法把上层清液(母液石油醚)沿玻璃棒小心倒入回收瓶,最后将盛有结晶的小烧杯置于水浴上干燥,称量产品,计算产率。

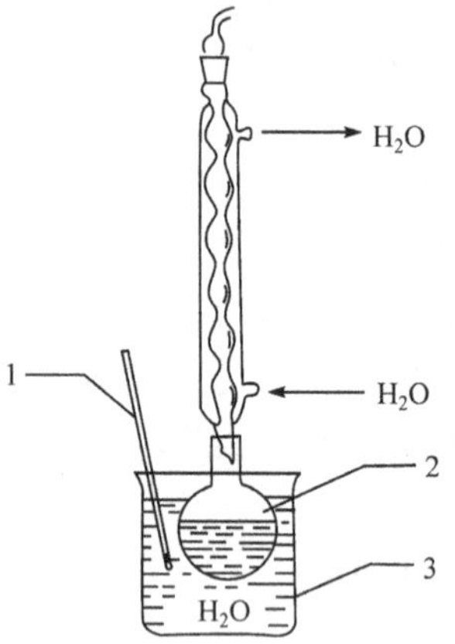

图 9-16-1 SnI_4 制备装置图

1—温度计;2—圆底烧瓶;3—烧杯

2. 四碘化锡最简式的确定

将装有剩余锡箔的烧瓶放到水浴上加热,以挥发掉残留的溶剂,再将剩余的锡片倒出称量。根据金属锡的消耗量和碘的用量,计算各反应物物质的量的比值,确定碘化锡的最简式。

3. 性质实验

(1) 取少量 SnI_4 加入 2mL 蒸馏水,用 pH 试纸检验溶液的酸碱性(保留)。

(2) 将上述溶液分装于两支试管中,其中一支加入几滴 0.1mol · L^{-1} $AgNO_3$,另一支加入几滴 0.1mol · L^{-1} $Pb(NO_3)_2$,观察现象并写出离子反应方程式。

(3) 取少量 SnI_4 加入丙酮溶解,分装于两支试管中。其中一支加入几滴水,另一支加入等量的饱和 KI 溶液,观察现象并进行解释。

思考题

(1) 如沸腾过于激烈、冷凝效果又差,碘与石油醚蒸气从冷凝管逸出或回流的液滴仍有颜色就停止反应,会对实验结果有何影响?

(2) 本实验以哪一种原料过量为好? 为什么?

(3) 实验中不用水浴加热而直接用小火加热可否? 为什么?

实验十七 五水合硫酸铜的制备

实验目的

(1) 学习以废铜和工业硫酸为主要原料制备 $CuSO_4 \cdot 5H_2O$ 的原理和方法。

(2) 掌握并巩固无机制备过程中灼烧、水浴加热、减压过滤、结晶等基本操作。

实验原理

$CuSO_4 \cdot 5H_2O$ 俗称蓝矾、胆矾，是蓝色透明三斜晶体。在空气中缓慢风化。易溶于水，难溶于无水乙醇。加热时失水，加热至 258℃时失去全部结晶水而成为白色无水$CuSO_4$。无水 $CuSO_4$ 易吸水变蓝，利用此特性可检验某些液态有机物中微量的水。

$CuSO_4 \cdot 5H_2O$ 用途广泛，如用于棉及丝织品印染的媒染剂、农业的杀虫剂、水的杀菌剂、木材防腐剂、铜的电镀等。同时，大量用于有色金属选矿（浮选）工业、船舶油漆工业及其他化工原料的制造。

$CuSO_4 \cdot 5H_2O$ 的生产方法有多种，如电解液法、废铜法、氧化铜法、白冰铜法、二氧化硫法。工业上常用电解液法：将电解液与铜粉作用后，经冷却、结晶、分离、干燥而制得。本实验选择以废铜和工业硫酸为主要原料制备 $CuSO_4 \cdot 5H_2O$ 的方法，先将铜粉灼烧成氧化铜，然后将氧化铜溶于适当浓度的硫酸中。反应如下：

$$2Cu + O_2 \xrightarrow{\text{灼烧}} 2CuO(\text{黑色})$$

$$CuO + H_2SO_4 \longrightarrow CuSO_4 + H_2O$$

由于废铜及工业硫酸不纯，制得的溶液中除含生成的硫酸铜外，还含有其他一些可溶性或不溶性的杂质。不溶性杂质在过滤时可除去，对于可溶性杂质 Fe^{2+} 和 Fe^{3+}，一般需用氧化剂（如 H_2O_2）将 Fe^{2+} 氧化为 Fe^{3+}，然后调节 pH 并控制至 3（注意不要使溶液的pH≥4，若 pH 过大，会析出碱式硫酸铜的沉淀，影响产品的质量和产量），再加热煮沸，使 Fe^{3+} 水解为 $Fe(OH)_3$ 沉淀而除去。反应如下：

$$2Fe^{2+} + 2H^+ + H_2O_2 \longrightarrow 2Fe^{3+} + 2H_2O$$

$$Fe^{3+} + 3H_2O \xrightarrow[\triangle]{pH=3} Fe(OH)_3 \downarrow + 3H^+$$

蒸发除去杂质的 $CuSO_4$ 溶液，冷却结晶，减压过滤后得到蓝色$CuSO_4 \cdot 5H_2O$。

仪器和药品

仪器：分析天平、封闭式电炉、瓷坩埚、坩埚钳、泥三角、铁架台、布氏漏斗、吸滤瓶、烧杯、点滴板、玻璃棒、量筒、蒸发皿、滤纸、剪刀。

药品：废 Cu 粉、H_2SO_4（3mol · L^{-1}）、H_2O_2（3%）、$K_3[Fe(CN)_6]$（0.1mol · L^{-1}）、$CuCO_3$（C. P.）、pH 试纸。

实验步骤

1. 氧化铜的制备

洗净的瓷坩埚经充分灼烧、干燥并冷却，在分析天平上称取 3.0g 废 Cu 粉放入瓷坩埚内。将瓷坩埚置于泥三角上，用煤气灯氧化焰小火微热，使瓷坩埚均匀受热，待 Cu 粉干燥后，加大火焰用高温灼烧，并不断搅拌，搅拌时必须用坩埚钳夹住瓷坩埚，以免打翻瓷坩埚或使瓷坩埚从泥三角上掉落。灼烧至 Cu 粉完全转化为黑色 CuO(20～30min)，停止加热并冷却至室温。

2. 粗 $CuSO_4$ 溶液的制备

将冷却后的 CuO 倒入 100mL 小烧杯中，加入 18mL 3mol · L^{-1} H_2SO_4（工业纯），微热使

之溶解，过滤除去未反应的铜粉等残渣。

3. $CuSO_4$ 溶液的精制

在粗 $CuSO_4$ 溶液中，滴加 2mL 3% H_2O_2，将溶液加热，检验溶液中是否还存在 Fe^{2+}(如何检验?)。当 Fe^{2+} 完全氧化后，慢慢加入 $CuCO_3$ 粉末，同时不断搅拌直到溶液 pH=3，在此过程中，要不断地用 pH 试纸测试溶液的 pH，控制溶液 pH=3，再加热至沸(为什么?)。趁热减压过滤，将滤液转移至洁净的烧杯中。

4. $CuSO_4 \cdot 5H_2O$ 晶体的制备

在精制后的 $CuSO_4$ 溶液中，滴加 $3mol \cdot L^{-1}$ H_2SO_4 酸化，调节溶液至 pH=1 后，转移至洁净的蒸发皿中，水浴加热，蒸发至液面出现晶膜时停止。在室温下冷却至晶体析出。然后减压过滤，晶体用滤纸吸干后，称量，计算产率。

思考题

(1) 在粗 $CuSO_4$ 溶液中 Fe^{2+} 杂质为什么要氧化为 Fe^{3+} 后再除去？为什么要调节溶液的 pH=3？pH 太大或太小有何影响？

(2) 为什么要在精制后的 $CuSO_4$ 溶液中调节 pH=1 使溶液呈强酸性？

(3) 蒸发、结晶制备 $CuSO_4 \cdot 5H_2O$ 时，为什么刚出现晶膜即停止加热而不能蒸干溶液？

(4) 如何清洗瓷坩埚中的残余物 Cu 和 CuO 等？

(5) 固液分离有哪些方法？根据什么情况选择固液分离的方法？

实验十八　硫代硫酸钠标准溶液的配制和标定

实验目的

(1) 掌握间接碘法的测定原理。

(2) 掌握硫代硫酸钠标准溶液的配制、保存和标定方法。

(3) 熟悉应用淀粉指示剂准确地判断滴定终点。

实验原理

结晶的 $Na_2S_2O_3 \cdot 5H_2O$ 一般均含有少量 S、Na_2SO_3、Na_2SO_4、Na_2CO_3、NaCl 等杂质，同时还容易风化和潮解，需采用间接法配制。

$Na_2S_2O_3$ 溶液易受空气中的 O_2、溶解在水中的 CO_2、微生物和光照等作用而分解。它在微碱性介质中较稳定。配制溶液时，为了减少溶解在水中的 CO_2 和杀死水中的微生物，应用新煮沸的冷蒸馏水配溶液，并加入少量 Na_2CO_3，其浓度约为 0.02%，维持溶液的微碱性，以防止 $Na_2S_2O_3$ 分解。日光能促使 $Na_2S_2O_3$ 溶液分解，所以 $Na_2S_2O_3$ 溶液应储于棕色瓶中，放置暗处，经 8～14 天后再标定。长期保存的溶液，应每隔一定时间重新标定。如果发现溶液变浑(表示有 S 析出)，应该过滤后再标定，或者另配溶液。若保存得好，可两个月标定一次。

标定 $Na_2S_2O_3$ 溶液，常选用强氧化剂如 KIO_3、$KBrO_3$ 或 $K_2Cr_2O_7$ 等作基准物，这些物质均能与 KI 反应析出定量的 I_2，反应为

$$IO_3^- + 5I^- + 6H^+ = 3I_2 + 3H_2O$$

$$BrO_3^- + 6I^- + 6H^+ \xlongequal{} 3I_2 + 3H_2O + Br^-$$

$$Cr_2O_7^{2-} + 6I^- + 14H^+ \xlongequal{} 2Cr^{3+} + 3I_2 + 7H_2O$$

用 $Na_2S_2O_3$ 溶液滴定析出的 I_2：

$$I_2 + 2S_2O_3^{2-} \xlongequal{} S_4O_6^{2-} + 2I^-$$

以淀粉为指示剂，蓝色消失即为终点。

仪器和药品

仪器：分析天平、台秤、碱式滴定管、锥形瓶、移液管、容量瓶、烧杯。

药品：固体 $Na_2S_2O_3 \cdot 5H_2O$(A. R.)、固体 Na_2CO_3(A. R.)、固体 $K_2Cr_2O_7$ (A. R.)、固体 KI(A. R.)、HCl($6mol \cdot L^{-1}$)。

0.5%淀粉溶液：称取可溶性淀粉 0.5g，加入少量水搅拌成悬浮状，然后在搅拌下将此悬浮液逐滴加到 100mL 沸水中，继续煮沸 1～2min 至溶液透明为止，冷却后使用。淀粉溶液易腐败，可加入少量防腐剂如 HgI_2、$ZnCl_2$ 等。

实验步骤

1. $0.1mol \cdot L^{-1}$ $Na_2S_2O_3$ 溶液的配制

称取计算好的 $Na_2S_2O_3 \cdot 5H_2O(s)$，溶于 500mL 新煮沸的冷蒸馏水中，加入约 0.1g（米粒大小）Na_2CO_3[注1]，摇匀后保存于棕色瓶中，在暗处放置 7～14 天后进行标定。

2. $0.1mol \cdot L^{-1}$ $Na_2S_2O_3$ 溶液的标定

准确称取计算量的 $K_2Cr_2O_7$ 基准物，置于 500mL 锥形瓶中[注2]，加水 25mL 使之溶解，再加入 1.8g 固体 KI 和 $6mol \cdot L^{-1}$ HCl 5mL，盖上表面皿，在暗处放置 5min[注3]。加入 100mL 水[注4]，立即用 $0.1mol \cdot L^{-1}$ $Na_2S_2O_3$ 溶液滴定到呈浅黄绿色。加入 0.5%淀粉溶液 5mL[注5]，并用尽量少的蒸馏水冲洗内壁（为什么?），继续滴定至蓝色恰好变为绿色，即为终点[注6]。平行测定三次，计算 $Na_2S_2O_3$ 溶液的准确浓度。

注释

[注 1] 空气中的 CO_2 溶解于溶液中，可促使 $Na_2S_2O_3$ 分解：

$$Na_2S_2O_3 + H_2CO_3 \longrightarrow NaHCO_3 + NaHSO_3 + S\downarrow$$

这一分解作用一般在配制成溶液最初几天内进行。加入 Na_2CO_3 后，生成的 $NaHCO_3$ 使 $Na_2S_2O_3$ 分解受到抑制。

[注 2] 因 I_2 容易挥发损失，在碘量法实验中，最好使用碘量瓶。

[注 3] $K_2Cr_2O_7$ 与 KI 的反应需在足够浓度、适当的酸度和一定的反应时间条件下才能进行得较完全。过量的 KI 与 $K_2Cr_2O_7$ 在上述条件下大约 5min 才能完成反应。

[注 4] 生成的 Cr^{3+} 呈蓝绿色，妨碍终点观察，滴定前预先将溶液稀释，可使 Cr^{3+} 浓度降低，蓝绿色变浅，以利于观察终点颜色的变化。同时稀释也使溶液的酸度降低，避免因酸度过大，I^- 易被空气中的 O_2 氧化。

[注 5] 淀粉指示剂不宜加入过早，应尽量在接近终点前加入，否则大量的 I_2 将与淀粉结

合成蓝色物质，被结合的 I_2 不易与 $Na_2S_2O_3$ 反应，因而使滴定发生误差。

[注 6] 滴定不可超过终点，因为过量的 $Na_2S_2O_3$ 在酸性溶液中会分解，无法返滴定。滴定结束后溶液因放置会变蓝色，如果不是很快变蓝(5～10min)，是空气氧化所致；如果很快变蓝，说明 $K_2Cr_2O_7$ 与 KI 作用不完全，溶液稀释过早，遇此情况，实验应重做。

思考题

(1) 如何配制和保存 $Na_2S_2O_3$ 溶液？

(2) 在配制 $Na_2S_2O_3$ 标准溶液时，所用的蒸馏水为何要先煮沸并冷却后才能使用？

(3) 以 $K_2Cr_2O_7$ 标定 $Na_2S_2O_3$ 溶液的浓度时为何要加入 KI？为何要在暗处放置 5min？

(4) 滴定前为何要稀释？淀粉指示剂为何要在接近终点时加入？

实验十九 硫酸铜中铜含量的测定

实验目的

(1) 掌握间接碘法测定铜的原理和方法。

(2) 进一步了解氧化还原滴定法的特点。

实验原理

Cu^{2+} 在微酸性溶液中(pH=3～4)可以被 I^- 还原为难溶性的 CuI 沉淀，同时析出 I_2，其定量反应式为

$$2Cu^{2+}+4I^- \xlongequal{} 2CuI\downarrow +I_2$$

生成的 I_2 用 $Na_2S_2O_3$ 标准溶液滴定，以淀粉溶液为指示剂，滴定至溶液的蓝色刚好消失即为终点。

反应必须在弱酸性溶液中才能定量进行。在强酸性溶液中，I^- 易被空气氧化，产生过多的 I_2，$Na_2S_2O_3$ 也会被分解：

$$S_2O_3^{2-}+2H^+ \xlongequal{} SO_2\uparrow +S\downarrow +H_2O$$

在碱性溶液中，I_2 会发生歧化反应，Cu^{2+} 可能水解，$S_2O_3^{2-}$ 也可能发生如下的副反应：

$$S_2O_3^{2-}+4I_2+10OH^- \xlongequal{} 2SO_4^{2-}+8I^-+5H_2O$$

因此一般将溶液的酸度控制在 pH=3～4。

由于 CuI 易吸附少量的 I_2，使分析结果偏低，因此可在滴定接近终点时加入 KSCN，使 CuI 沉淀($K_{sp}^{\ominus}=1.1\times10^{-12}$)转化为溶解度更小的 CuSCN 沉淀($K_{sp}^{\ominus}=4.8\times10^{-15}$)，从而把吸附的碘释放出来，提高测定结果的准确度。

仪器和药品

仪器：分析天平、碱式滴定管、锥形瓶、量筒。

药品：$Na_2S_2O_3$(0.1mol·L^{-1})标准溶液、固体 KI(A. R.)、固体 $CuSO_4\cdot5H_2O$(C. P. 或自制的)、KSCN 溶液(10%)、H_2SO_4(1mol·L^{-1})、淀粉溶液(0.5%)。

实验步骤

准确称取 $CuSO_4$ 试样若干克置于 250mL 锥形瓶中，加入 5mL 1mol·L^{-1} H_2SO_4 和

100mL 水使之完全溶解(或吸取相当量的 $CuSO_4$ 试液于锥形瓶,加水 25mL),加入 1.2g 固体 KI,立即用 $Na_2S_2O_3$ 标准溶液滴定至呈浅黄色。然后加入 5mL 0.5% 淀粉溶液,继续滴至呈浅蓝色。加入 10%KSCN 溶液 10mL,振摇数秒后,溶液又转为深蓝色,再用 $Na_2S_2O_3$ 标准溶液滴至蓝色恰好消失即为终点,此时溶液为浅灰色或白色悬浮液[注]。平行测定三次,计算试样的含铜量。

注释

[注] 加入 KSCN 溶液不能过早,加入后要剧烈摇动,有利于沉淀的转化和释放出吸附的碘,接近终点时滴定剂要一滴或半滴加入。

思考题

(1) 溶解 $CuSO_4$ 时,为什么要加 H_2SO_4? 可以用 HNO_3 或 HCl 吗?

(2) 碘量法测定 Cu 时,为什么要在弱酸性介质中进行?

(3) 本实验加入 KSCN 的目的是什么? 为什么不能过早加入?

实验二十 硫酸铜中结晶水及其脱水温度的测定

实验目的

(1) 了解化合物中结晶水含量测定的原理和方法。

(2) 进一步熟悉分析天平的使用,掌握研钵、干燥器等仪器的使用及砂浴加热、恒量等基本操作。

(3) 初步了解热重、差热分析的原理和方法,学习使用差热天平。

(4) 利用差热天平测定硫酸铜中的结晶水。了解硫酸铜中五个结晶水热稳定性的差异与空间结构的关系。

实验原理

硫酸铜结晶水的测定方法很多,本实验介绍两种方法:重量法、热重及差热分析方法。

1. 重量法

很多离子型的盐类从水溶液中析出时,常含有一定量的结晶水(或称水合水)。结晶水与盐类结合得较牢固,但受热到一定温度时,会脱去结晶水的一部分或全部。$CuSO_4 \cdot 5H_2O$ 晶体在不同温度下可逐步脱水,颜色随着水的含量不同由蓝色变为浅蓝色,最后为白色或灰白色。$CuSO_4 \cdot 5H_2O$ 晶体按下列反应逐步脱水①:

$$CuSO_4 \cdot 5H_2O \xrightarrow{48℃} CuSO_4 \cdot 3H_2O + 2H_2O$$

$$CuSO_4 \cdot 3H_2O \xrightarrow{99℃} CuSO_4 \cdot H_2O + 2H_2O$$

$$CuSO_4 \cdot H_2O \xrightarrow{218℃} CuSO_4 + H_2O$$

① 在不同无机化学教科书和有关手册中,$CuSO_4 \cdot 5H_2O$ 逐步脱水的温度数据相差较大。本数据取自刘建民、马泰儒《$CuSO_4 \cdot 5H_2O$ 加热过程中的行为》一文(《大学化学研讨会论文集》,北京大学出版社,1990 年 10 月:128~129)。

本实验是采取把一定量的结晶水合物(不含吸附水)置于已灼烧至恒量的坩埚中,加热到较高温度(以不超过被测定物质的分解温度为限),脱水后将坩埚移入干燥器中冷却到室温,取出称量。由结晶水合物高温加热前后的质量减少值计算出水合硫酸铜中含结晶水的百分率,由加热前后的质量变化求得每摩尔硫酸铜晶体中所含结晶水的物质的量,从而确定结晶水合物的化学式。

2. 热重及差热分析法

本实验使用微机差热天平,同时进行热重(TG)、差热分析(TGA)、微分热重数据采集,分别进行数据处理。在进行数据处理时,利用每步失去的质量(mg)、失重百分数计算出每步失水的个数及所含结晶水的总数,最后直接进行多功能绘图,将热重曲线、差热曲线、微分热重曲线绘制在同一张图上,以便相互对照进行综合分析,得到比较准确的实验结果。应当注意的是,当样品的升温速率不同,或样品的粒度不同时,会得到不同的热重曲线和不同的失水温度。

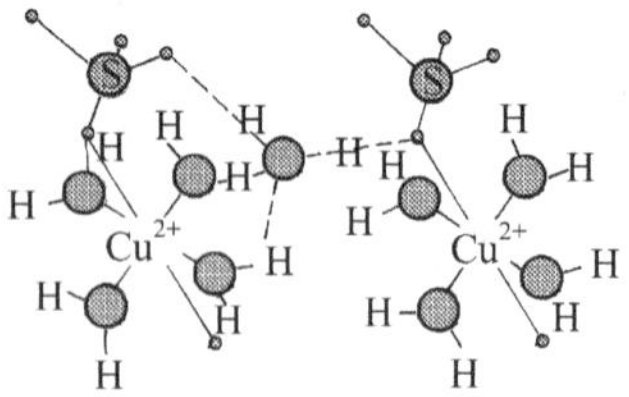

图 9-20-1　$CuSO_4 \cdot 5H_2O$ 的结构

硫酸铜中失去结晶水的过程分三个阶段,与其结构有关。如图9-20-1所示:四个水分子以平面四边形配位在 Cu^{2+} 的周围,第五个水分子以氢键与硫酸根结合,SO_4^{2-} 在平面四边形的上下,形成不规则的八面体。四个与 Cu^{2+} 配位的水分子中,有两个与第五个水分子也形成一个氢键。

结合实验可分析硫酸铜中五个结晶水失去的难易程度及先后次序。

仪器和药品

仪器:差热天平、分析天平、酒精灯、坩埚及盖、坩埚钳、泥三角、研钵、干燥器、砂浴、温度计、碎滤纸。

药品:$CuSO_4 \cdot 5H_2O$。

重量法实验步骤

1. 恒量坩埚

将一洗净的坩埚及盖置于泥三角上,用小火烘干,然后用氧化焰灼烧至红热。将坩埚冷却至红热消失后,再用坩埚钳将其移入干燥器中,冷却至室温(注意:热坩埚放入干燥器以后,一定要在短时间内将干燥器的盖子打开一两次,以免造成负压难以打开)。用分析天平称量。重复灼烧、冷却、称量,直至恒量。

2. 水合硫酸铜的脱水

(1) 用天平称取 1.5g 自制水合硫酸铜晶体,放入研钵中研细后用牛角勺将其转移至已恒量的坩埚中,均匀铺一层,用分析天平准确称量坩埚及水合硫酸铜的总质量,减去已恒量坩埚的质量,即为水合硫酸铜的质量。

(2) 将已称量的内装水合硫酸铜晶体的坩埚置于砂浴中,使其 3/4 体积埋入沙内,再在靠近坩埚的沙中插入一支温度计,其末端应与坩埚底部大致处于同一水平。

(3) 加热砂浴至 210℃,然后慢慢升温至 280℃左右。当坩埚内粉末由蓝色全部变为白色时，停止加热(需 15～20min)。用干净的坩埚钳将坩埚移入干燥器内，冷却至室温。

(4) 用干净滤纸碎片将坩埚外壁揩干净后，在分析天平上称量坩埚及脱水硫酸铜的总质量(注意称量时间不宜过长，否则无水硫酸铜会吸收空气中的水分使称量不准)。重复砂浴加热、冷却、称量，直至“恒量”(本实验要求两次称量之差≤1mg)。实验后将无水硫酸铜倒入回收瓶中。

将实验数据填入表 9-20-1 中。

表 9-20-1 实验数据表

空坩埚质量/g			空坩埚＋硫酸铜样品的质量/g	加热后坩埚＋失水样品质量/g			$CuSO_4 \cdot 5H_2O$ 样品质量/g	样品中结晶水的质量/g
第一次称量	第二次称量	平均值		第一次称量	第二次称量	平均值		

3. 数据处理

由实验所得数据，计算每摩尔硫酸铜结晶水的物质的量(计算出结果后，四舍五入取整数)。确定水合硫酸铜的化学式。

每摩尔硫酸铜中结晶水的物质的量：__________。

水合硫酸铜的化学式：__________。

热重差热分析法实验步骤

(1) 仪器通电预热。先检查测量(电控)箱，TG 量程选择开关应在 500mg 挡，DTA、DTG 输入短路开关(zero)均置零(按下状态)，温控箱的电炉加热开关(heating)必须处于关的位置(未按下状态，指示灯不亮)。然后按下测量箱和温控箱上的电源开关，预热 30min。

(2) 样品称量。在分析天平上准确称量空坩埚，用镊子将坩埚夹取到天平箱外，用试样匙装入 5～10mg 已研细的样品(坩埚装样后，可轻蹾几下)，再放回天平上准确称量，记下数据。

(3) 放置样品坩埚。凡是从天平样品座上取下或装上坩埚时，TG 量程一定旋到 500mg 挡，DTG 开关(zero)置零(按下状态)。在放置坩埚前，先提升高温炉，双手托住高温炉下部两侧的左右托板，慢慢向上抬起，待副导柱脱离上隔板后，以主导柱为旋转中心，逆时针旋转炉体 90°，轻放后使炉子停在此位置上。此时可看到天平样品座组件(注意保护好!)及顶部的热偶板，其中一侧已放置装好参比物的坩埚(参比物是在试温区内对热高度稳定的物质，如 α-Al_2O_3)，另一侧为试样热偶板，将装好试样的坩埚用镊子夹住，手不要抖动，轻轻放在上面(以免损坏天平!)。装好坩埚后，用双手托住高温炉下部的左右托板，顺时针旋转回原位置，待副导柱对准上隔板的柱孔时，再轻轻放下高温炉，样品及高温炉即装好。

(4) 开冷却水。

(5) 测量箱各量程开关的选择。将 TG 的“mg”按钮按下，TG 量程选择开关旋转至 10mg 挡，TG 显示开关处于按下状态，用电调零电位器调解使显示表为零或附近正值，DTA 量程开关选择 100μV 挡。天平稳定后 DTG 量程开关旋转至 10mV · min^{-1} 挡。最后按下 DTA、DTG 测量开关。

(6) 打开计算机，输入参数。先按下显示器开关，再开主机电源。进入热分析数据采集程序，根据程序进行操作。当提示是否减空白时，选择不减空白的方法，键入“N”。当进入设置操作者、操作日期和试验参数菜单时，按要求输入各种参数和DTA量程、TG量程、DTG量程、样品质量等，试样序号可向教师询问。当进入温度设置菜单后，输入起始温度（$T_0 = 15℃$）；r为升温速率，输入“5”（5℃ · min^{-1}）；μ为最高升温温度（upper temperature controlled），输入350；h为保持时间（holding time），不需要保持时间。根据提示操作，即进入数据采集的提示；按键“1”可重新输入，按“2”键继续，显示当前炉温，并提示下一步：如按空格键则采样开始（注意先不要按空格键！）。

(7) 电炉升温。观察温控仪偏差表的指针，用下方的旋钮将其调到中线左侧附近，再按下电炉开关“Heating”键，最后按下计算机键盘空格键，电炉开始升温，计算机屏幕显示由四个坐标轴组成的框图。每隔0.25℃或0.5℃采集一次数据，随着采样点增加，在屏幕上形成四条曲线，从上至下依次为TG、DTA、DTG、T曲线。

(8) 停止升温。升温达到设定的最高温度时，会自动停止采样。未达到时可进行人为干预（停止采样），方法是按“C”键，采样停止后即转入数据存储程序。本实验当炉温到达200多度，第三步失水完成后（TG已出现明显的平台）即可人为停止采样。即刻按电炉加热键，指示灯灭，停止加热。将其他键复原：TG量程开关转到500mg挡，DTG、DTA输入开关（zero）置零，最后关上测量箱、温控箱的电源。

(9) 数据存储。停止采样后，屏幕提示“B磁盘是否准备好？”，按“Y”键，后又提示按“S”键准备存储，再按任何键存储开始。存储时屏幕显示磁盘正在存储操作，B驱动器灯亮。灯灭表示数据存储完毕并提示“转入菜单吗？”，按“Y”键回到采样主菜单。

(10) 数据处理。返回采样主菜单后，键入“6”则进入热分析数据处理菜单。分别按“1”、“2”、“3”键，依次进行TG数据处理、DTG数据处理、温度处理。当进入TG处理时，因本样品分三个阶段失水，因此需依次进行三次处理，分别选择三个处理区间，即失水前后的四个平台。由于第一段失水的滞后与第二段失水有些交叉，所以平台不明显，只能看到曲线的拐点（参考DTA、DTG曲线现象较明显），应当以此拐点作为第二个平台进行数据处理。每次处理时都将放大系数键入“1”倍，处理后会显示出起始温度T_i、外推起始温度T_e和终止温度T_c、失重量、失重百分数（记录各数据）。在DTG的数据处理中，只测一个点即失水速率最大的点（峰值最高点），为此可将左光标定在基线上，右光标定在峰值最高处。温度的处理是针对DTA曲线的，因分三段失水所以需要依次进行三次处理，每次处理都将处理区间定在各段的左右基线上。当数据处理结束后，再返回到采样主菜单。

(11) 多功能绘图。打开绘图仪电源开关，放置好记录笔、绘图纸（A4复印纸）。当返回采样主菜单后键入“8”，进入多功能绘图菜单，再键入“1”，进入TG-DTG-DTA绘图程序。输入图形放大倍数“1”倍，绘图仪自动绘图，打印出数据。绘图结束后，收好记录笔，归位。先关闭计算机主机，再关闭显示器，再将绘图仪关闭。

(12) 待温度降至室温关闭冷却水。

数据处理

根据打印的数据分别计算第三步、第二步、第一步失去结晶水的个数，写出每步失水的外推初始分解温度（T_e），并与结构对照，分析这五个结晶水的不同热稳定性。

思考题

(1) 为什么在水合硫酸铜结晶水的测定中，用砂浴加热并控制温度在280℃左右？

(2) 为什么加热后的坩埚一定要放在干燥器内冷却至室温才能称量?

(3) 为什么要进行重复的灼烧操作? 什么叫恒量? 其作用是什么?

(4) 在热重、差热分析时对测定样品的质量有什么要求? 如果样品装得太多、太厚,对实验有何影响?

(5) 在热重、差热分析时,升温速率如果太快,对实验有何影响?

(6) 哪些因素会影响硫酸铜结晶水测定的准确性?

实验二十一　磷系列化合物的制备

实验要求

每个学生任选一组题目,进行实验方案的设计与制备。

(1) 以工业磷酸和碳酸钠(s)为原料设计合理的制备方案,制备 4.0g $NaH_2PO_4 \cdot 2H_2O$(理论量),再以此为原料制备$(NaPO_3)_6$。

(2) 以工业磷酸和碳酸钠(s)为原料设计合理的制备方案,制备 3.0g $Na_2HPO_4 \cdot 12H_2O$(理论量),再以此为原料制备 $Na_4P_2O_7 \cdot 10H_2O$。

实验方案应包括实验步骤、计算主要原料的用量、最佳实验条件(温度、浓度、pH 等条件)及所选择的实验仪器等,并用流程图简单表示之。

制得产物后,要求观察晶形并做性质检验:用低倍显微镜观察 $Na_2HPO_4 \cdot 12H_2O$、$Na_4P_2O_7 \cdot 10H_2O$ 或 $NaH_2PO_4 \cdot 2H_2O$ 晶体的晶形。试验焦磷酸盐与金属离子(如 Cu^{2+}、Cd^{2+})易形成配合物的性质,并与 Na_2HPO_4 溶液进行比较。

实验提示

1. $NaH_2PO_4 \cdot 2H_2O$ 的性质与制备

$NaH_2PO_4 \cdot 2H_2O$ 是无色斜方晶系晶体,极易溶于水,难溶于醇、醚,在潮湿的空气中易潮解而结块,在水中的溶解度见表 9-21-1。由表 9-21-1 可知,在温度低于 40℃条件下,由饱和溶液中结晶才能得到 $NaH_2PO_4 \cdot 2H_2O$。在 100℃以上可失去结晶水,加热至 225～250℃脱水生成酸式焦磷酸钠($Na_2H_2P_2O_7$),350～400℃ 脱水生成$(NaPO_3)_6$。磷酸二氢钠在工业上有广泛的应用,如锅炉水处理、电镀、制革、染料助剂及医药、云母片砌合等,也是制备六偏磷酸钠和缩聚磷酸钠的原料。

表 9-21-1　磷酸二氢钠在水中的溶解度$[g \cdot (100g\ H_2O)^{-1}]$

温度/℃	0	10	20	30	40	50	60	70	80	90	100
$NaH_2PO_4 \cdot 2H_2O$	75.3	90.9	110.8	138.5	179.7						
$NaH_2PO_4 \cdot H_2O$						182.4					
NaH_2PO_4							179.3	190.3	207.3	225.3	246.6

控制适当的 pH,由 H_3PO_4 与 Na_2CO_3(或 NaOH)反应,可以制得 $NaH_2PO_4 \cdot 2H_2O$,也可以由 Na_2HPO_4 与 H_3PO_4 反应而制得:

$$2H_3PO_4 + Na_2CO_3 \longrightarrow 2NaH_2PO_4 + CO_2\uparrow + H_2O$$

2. $Na_2HPO_4 \cdot 12H_2O$ 的性质与制备

$Na_2HPO_4 \cdot 12H_2O$ 是无色透明单斜晶系棱形晶体，在空气中易风化，易溶于水难溶于乙醇，在水中溶解度见表 9－21－2。由表 9－21－2 可知，当温度低于 30℃ 时，可得到 $Na_2HPO_4 \cdot 12H_2O$ 结晶。100℃以上时，磷酸氢二钠失去结晶水成为无水物，250℃ 时脱水生成焦磷酸钠。该化合物广泛用于锅炉软水剂、鞣革、木材、纸张的防火剂、釉药、焊药、油漆颜料以及医药、食品等行业，也是制取焦磷酸钠及其他磷酸盐的原料。

表 9－21－2 磷酸氢二钠在水中的溶解度[g·(100g H_2O)$^{-1}$]

温度/℃	0	10	20	30	40	50	60	70	80	90	100
$Na_2HPO_4 \cdot 12H_2O$	4.2	9.1	17.3	52.5							
$Na_2HPO_4 \cdot 7H_2O$					97.8						
$Na_2HPO_4 \cdot 2H_2O$						151.4	156.5	166.3	174.4	194.2	
Na_2HPO_4											102.2

制备 $Na_2HPO_4 \cdot 12H_2O$ 可由 H_3PO_4 与 Na_2CO_3(或 NaOH)反应，控制适当的 pH 而得：

$$H_3PO_4 + Na_2CO_3 \longrightarrow Na_2HPO_4 + CO_2\uparrow + H_2O$$

3. $(NaPO_3)_6$ 的性质与制备

$(NaPO_3)_6$ 为无色透明玻璃状或白色粒状晶体，有较强的吸湿性，易溶于水(溶解速度慢)，难溶于有机溶剂。在温水、酸或碱溶液中易水解形成正磷酸盐。与一些重金属或碱土金属离子作用生成沉淀，若$(NaPO_3)_6$ 过量可形成配合物而溶解。其制备方法一般是以 $NaH_2PO_4 \cdot 2H_2O$ 为原料，经过脱水、灼烧、然后急剧冷却而制得。

$$2NaH_2PO_4 \xrightarrow{\triangle} Na_2H_2P_2O_7 + H_2O$$

$$3Na_2H_2P_2O_7 \xrightarrow{\triangle} (NaPO_3)_6 + 3H_2O$$

4. $Na_4P_2O_7 \cdot 10H_2O$ 的性质与制备

$Na_4P_2O_7 \cdot 10H_2O$ 为无色单斜晶系晶体，易溶于水和酸，难溶于醇和氨水，在水中的溶解度见表 9－21－3。由表 9－21－3 可知，当温度低于 76℃ 时，可得到 $Na_4P_2O_7 \cdot 10H_2O$ 结晶。加热易脱水成无水物，水溶液煮沸即水解为 Na_2HPO_4。碱土金属及铜、银等金属离子与 $Na_4P_2O_7$ 反应生成沉淀，加入过量 $Na_4P_2O_7$ 可使其形成配合物而溶解。$Na_4P_2O_7$ 与 Ag^+ 生成 $Ag_4P_2O_7$ 白色沉淀，而磷酸盐与 Ag^+ 反应生成 Ag_3PO_4 黄色沉淀，常以此鉴定 $P_2O_7^{4-}$ 和 PO_4^{3-}。

表 9－21－3 焦磷酸钠在水中的溶解度[g·(100g H_2O)$^{-1}$]

温度/℃	0	20	30	50	60	70	76	82	89	96
$Na_4P_2O_7 \cdot 10H_2O$	2.24	5.22	7.04	13.98	19.75	27.49	33.04			
$Na_4P_2O_7$								35.13	32.65	31.15

$Na_4P_2O_7$ 一般采用焦化法进行制备。将磷酸氢二钠熔融、脱水、缩合可制得无水焦磷酸钠。再将其溶于水，在适当条件下结晶而制得：

$$2Na_2HPO_4 \xrightarrow{\triangle} Na_4P_2O_7 + H_2O$$

思考题

(1) 制备 $NaH_2PO_4 \cdot 2H_2O$ 和 $Na_2HPO_4 \cdot 12H_2O$ 时，结晶开始析出的温度应分别控制在什么温度以下？为什么？

(2) 制备 $Na_4P_2O_7$ 和 $(NaPO_3)_6$ 时，怎样检验缩合反应是否完全？

实验二十二　硫代硫酸钠的制备

实验要求

(1) 以 Na_2SO_3 和 S 粉为原料，制备 10g $Na_2S_2O_3 \cdot 5H_2O$。

(2) 计算原料用量。

(3) 设计出合理的制备方案，正确选择所用仪器，并绘出制备流程框图。

(4) 经老师修改方案后，进行实验制备 $Na_2S_2O_3 \cdot 5H_2O$。

(5) 计算产率。取少量产品，试验其还原性、不稳定性和配位性，观察现象并写出相应的离子反应方程式。

实验提示

$Na_2S_2O_3 \cdot 5H_2O$(俗称海波、大苏打)为无色透明单斜晶体，无臭，味咸，相对密度 1.729(17℃)，33℃以上在干燥空气中易风化，56℃熔于结晶水，100℃失去结晶水。易溶于水，难溶于乙醇，水溶液加酸会导致其分解。硫代硫酸钠有较强的还原性和配位能力，可用于照相行业的定影剂，洗染业、造纸业的脱氯剂，定量分析中的还原剂。制备方法主要有两种：亚硫酸钠法和硫化钠法。

亚硫酸钠法是用亚硫酸钠(近饱和)溶液与硫磺共煮：

$$Na_2SO_3 + S \longrightarrow Na_2S_2O_3$$

硫化钠法是以物质的量之比为 2∶1 的 Na_2S 和 Na_2CO_3 配成混合溶液，再向其中通入 SO_2：

$$2Na_2S + Na_2CO_3 + 4SO_2 \longrightarrow 3Na_2S_2O_3 + CO_2$$

溶液浓缩后冷却至室温即可得到 $Na_2S_2O_3 \cdot 5H_2O$ 晶体。

本实验采用亚硫酸钠法。

参考数据

(1) Na_2SO_3 在 40～80℃的溶解度约为 $28g \cdot (100g\ H_2O)^{-1}$。

(2) $Na_2S_2O_3$ 的溶解度见表 9-22-1。

表 9-22-1　$Na_2S_2O_3$ 的溶解度

温度/℃	0	20	40	60	80	100
溶解度/[$g \cdot (100g\ H_2O)^{-1}$]	52.5	70.0	102.6	206.7	248.8	266.0

思考题

(1) 硫磺粉不易与水浸润，应采用什么办法使其易与 Na_2SO_3 溶液反应？

(2) 分离过量的硫磺粉采用什么方法好？

实验二十三　活性氧化锌的制备

实验要求

(1) 以菱锌矿粉(主要成分为碳酸锌，以 ZnO 计含 ZnO 约 40%，并含有铁、铜、铅、镍、镉、锰等杂质)、工业硫酸、碳酸钠为主要原料，采用碱式碳酸锌分解法制备 ZnO 4.0g(理论量)。已有粗略方案，请查阅有关资料充实、完善方案的内容(包括还要选用哪些原料试剂、主要原料的用量、试剂的浓度、反应条件温度、pH 以及实验仪器的选用等)。

$$\text{菱锌矿粉}\xrightarrow[\text{浓度?}]{+H_2SO_4}ZnSO_4(\text{粗})\xrightarrow[\text{除铁 pH=?}]{+KMnO_4}\xrightarrow[\text{除重金属}]{+Zn}\text{纯制的 }ZnSO_4\text{ 溶液}\xrightarrow{+Na_2CO_3}$$

$$ZnCO_3\cdot 2Zn(OH)_2\cdot 2H_2O\downarrow\xrightarrow[\text{温度?}]{\text{灼烧}}\longrightarrow ZnO$$

(2) 设计分析产品中 ZnO 含量的测定方案。要求以 $0.05mol\cdot L^{-1}$ EDTA 为标准溶液，以铬黑 T 为滴定分析指示剂设计分析方案，并对产品进行分析。

实验提示

ZnO 为白色或浅黄色球形微细粉末，难溶于水和醇，易溶于稀酸、NaOH 和 NH_4Cl 溶液。在空气中缓慢吸收 CO_2 及水蒸气形成碳酸锌。

ZnO 制备方法很多，工业上常用氢氧化锌或碳酸锌、碱式碳酸锌分解法等。例如，碱式碳酸锌在加热 300℃ 以上即可分解，但为了提高分解反应速率，温度一般控制在 600～800℃。

$$ZnCO_3\cdot 2Zn(OH)_2\cdot 2H_2O\xrightarrow{\triangle}3ZnO+CO_2\uparrow+4H_2O\uparrow$$

思考题

(1) 溶矿浸取后，用 $KMnO_4$ 氧化 Fe^{2+} 进行除铁，浸取液的 pH 应控制在什么范围？如何检验铁已基本除尽？

(2) 采用什么方法除掉铅等重金属离子而又不会引进二次杂质？

9.2　有机制备

实验二十四　蒸馏和减压蒸馏

蒸　馏

实验目的

(1) 掌握通过蒸馏分离和提纯物质的方法。

(2) 掌握实验仪器的选用、实验装置的安装和拆卸过程。

实验原理

见本书第 4 章 4.4.1。

仪器和药品

仪器：电加热套、100mL 圆底烧瓶、蒸馏头、直形冷凝器、接引管、温度计、锥形瓶等。

药品：工业乙醇 30mL。

实验步骤

依照本书第 4 章 4.4.2 的要求，按图 4－13 安装实验装置。将量取的 30mL 工业乙醇通过长颈漏斗加到 100mL 圆底烧瓶中，放入 2～3 粒沸石，装好温度计(注意温度计水银球的位置)。通入冷凝水后(下进水、上出水)开始加热。开始加热时，电压可稍高，当液体接近沸腾时，调低电压使蒸气平稳上升至包裹温度计水银球，然后再调节电压控制蒸馏速度，以馏出液每秒 1～2 滴为宜。当温度计读数达到并稳定在 77℃左右时，取下盛有前馏分的接收瓶，换上洁净干燥的接收瓶，收集 78℃左右的稳定馏分(纯液体的沸点范围在 0.5～1℃)。如果不再有馏出液流出，温度下降，说明乙醇组分已蒸完，停止蒸馏。记录开始收集乙醇馏分时的温度和收集最后一滴乙醇馏分的温度。另外，当烧瓶中仅剩有少量残液时，应当停止蒸馏，以避免烧瓶干烧发生破裂或引发其他安全事故。

实验完毕，撤去热源，关闭冷凝水，再按照第 4 章 4.4.2 的要求，依序拆卸实验仪器。取下接收器，将收集的馏出液用量筒量出体积，记录回收量并计算回收率。馏出液倒入回收瓶中以便回收利用。

思考题

(1) 为什么蒸馏时最好控制馏出液的速度为 1～2 滴/秒?

(2) 为什么在蒸馏时蒸馏瓶所盛液体的量一般不应超过容积的 2/3，也不应少于 1/3?

(3) 如果液体具有恒定的沸点，能否认为该液体是纯净的物质?

减压蒸馏

实验目的

(1) 了解减压蒸馏的基本原理和应用范围。

(2) 掌握减压蒸馏仪器的安装和减压蒸馏操作方法。

实验原理

见本书第 4 章 4.6.1。

仪器和药品

仪器：磁力搅拌电加热套、圆底烧瓶、克氏蒸馏头、直形冷凝器、双叉(或多叉)接引管、磁转子、磨口温度计、压力计、真空泵及保护装置等。

药品：乙酰乙酸乙酯粗品 20mL。

实验步骤

依照本书第 4 章 4.6.2 图 4－20 安装减压蒸馏装置(注意：仪器的所有磨口位置都要涂少许真空油脂以保证系统不漏气；可在圆底烧瓶中放入磁转子，用磁搅拌替代毛细管的气化中心作用)。安装完毕后，开启磁搅拌，观察搅拌是否正常，关闭安全瓶上连接的旋塞，开启真空泵检查装置系统的气密性，观察能否达到实验所要求的真空度，如果真空保持情况良好，说明系统密封性好。然后缓慢打开安全瓶上的旋塞，通大气，使系统内外压力相等。

通过长颈漏斗在烧瓶中加入 20mL 乙酰乙酸乙酯粗品(一般装入的液体量不超过烧瓶容量的 2/3，也不要少于 1/3)。

开启真空泵，逐渐关闭安全瓶上连接的旋塞，从压力计上观察系统内压力大小，如果压力过低，小心旋转活塞慢慢引进少量空气，使系统达到所要求的压力，当达到所要求压力且压力稳定后，通入循环冷却水，开始加热，慢慢升温，当液体沸腾后，调节热源控制蒸馏速度维持在 1～2 滴/秒，蒸馏过程中密切注意温度计和压力计的读数变化。使用一个接收器(注意：不可用平底容器作接收器)，接收前馏分，当达到所需温度时转动接引管，用另一个接收器接收目标馏分，记录好压力与温度。

蒸馏结束后，先停止加热，撤去热源，缓慢旋开安全瓶上连接的旋塞，使空气慢慢进入装置中，使系统内的压力缓缓恢复到常压状态(注意：不可直接关闭真空泵，以防倒吸)，然后关闭真空泵，停通冷却水，按照第 4 章 4.4.2 的要求，依序拆卸实验仪器。

取下接收器，量体积(或称量)，计算产率。馏出液倒入回收瓶中以便回收利用。

思考题

(1) 如何检查减压系统的气密性？

(2) 减压蒸馏时为什么需要吸收保护装置？

(3) 开始减压蒸馏时，为什么要先抽气再加热？而结束时要先移开热源，再停止抽气？

实验二十五　环己烯的制备

实验目的

(1) 掌握浓硫酸催化环己醇脱水制备环己烯的原理和方法。

(2) 学习分馏原理及分馏柱的使用方法。

实验原理

实验室中通常可用浓硫酸或浓磷酸催化环己醇脱水制备环己烯。本实验以浓硫酸为催化剂来制备环己烯。反应是可逆的，为了使反应完全，最好不断地将生成的烯(沸点较低)从反应体系中蒸出。实验中采取的措施是，边反应边蒸出反应生成的环己烯和水形成的二元共沸物(沸点 70.8℃，含水 8.93%)。但是原料环己醇也能和水形成二元共沸物(沸点 97.8℃，含水 80%)。为了使产物以共沸物的形式蒸出而又不夹带原料环己醇，本实验采用分馏装置，并控制柱顶温度不超过 90℃。

主反应式：

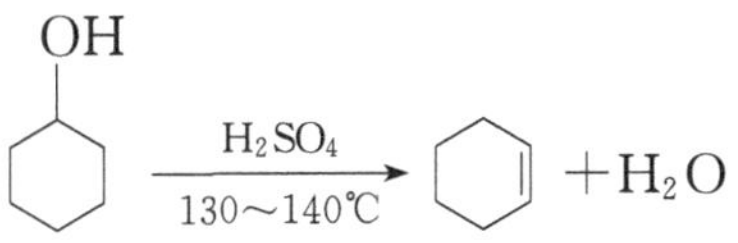

一般认为该反应为 E1 机理，整个反应是可逆的，反应机理如下：

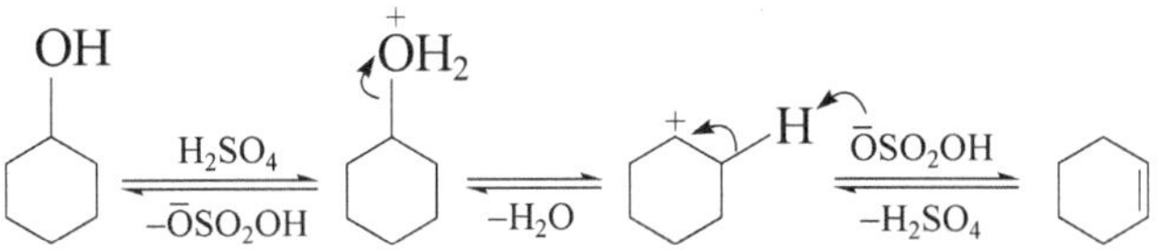

仪器和药品

仪器：磁力搅拌电加热套、圆底烧瓶、分馏柱、蒸馏头、直形冷凝管、接引管、锥形瓶、温度计。

药品：环己醇 9.6g(10mL，0.096mol)、浓硫酸 1mL、氯化钠、无水氯化钙、10%碳酸钠水溶液。

实验步骤

环己烯制备分馏装置与蒸馏装置如图 9－25－1 所示。

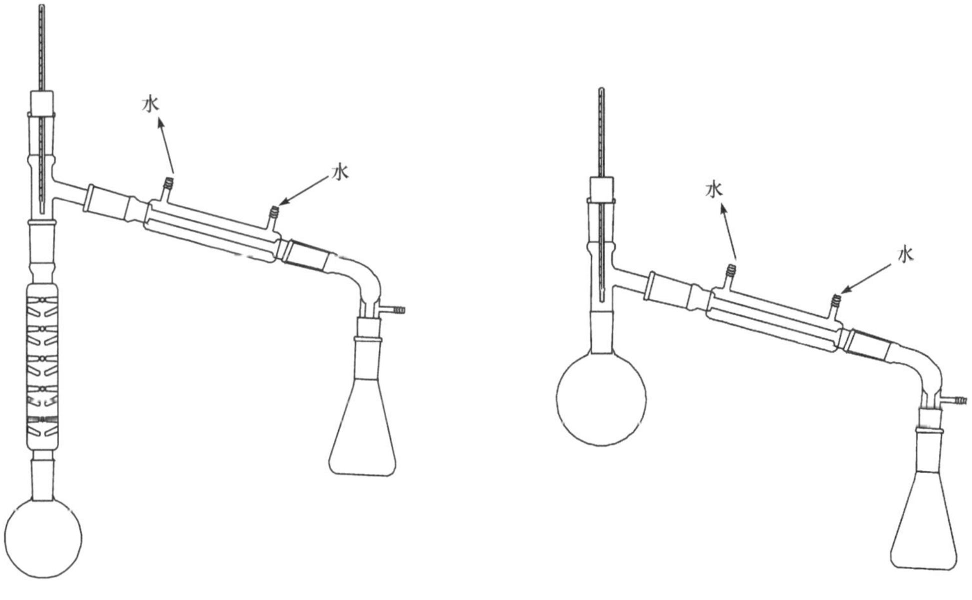

(a) 分馏装置　　(b) 蒸馏装置

图 9－25－1　环己烯制备分馏装置与蒸馏装置

在 50mL 干燥的圆底烧瓶中，加入 10mL 环己醇及一枚磁子，在搅拌下[注1]加入1mL浓硫酸[注2]，装好分馏装置，加热至沸，调节电压，控制温度计读数不超过 90℃，缓慢蒸出环己烯及水的混浊液体[注3]。当无液体馏出时，可适当加大电压，当有白雾状物生成或温度计读数开始下降或剩有少量残余液体时停止加热。

将馏出液用氯化钠饱和后，用 10%碳酸钠溶液中和微量的酸，转入分液漏斗中分液。上层的粗产物自分液漏斗的上口倒入干燥的锥形瓶中，加入无水氯化钙干燥。待液体清亮后，将干燥后的产物滤入干燥的圆底烧瓶中，常压蒸馏，收集 80～84℃的馏分。

纯环己烯沸点为 83℃，$n_D^{20}=1.447$，$d_4^{20}=0.810$。

检验与测试

（1）溴的四氯化碳溶液试验。在试管内放入 1mL 5%的溴的四氯化碳溶液，然后一滴一滴地滴加上述产品，同时摇动试管，观察颜色变化。

（2）高锰酸钾溶液实验。将 5 滴上述产品和 2mL 水加入试管，滴加 0.1%高锰酸钾溶液，同时摇动试管，观察颜色变化。

（3）测产品的红外光谱图和核磁共振氢谱，并与 2.8.4 中介绍的网站上查到的标准谱图对照。

注释

[注 1] 环己醇在常温下是黏稠状液体，应与浓硫酸充分混合，以防止局部炭化。

[注 2] 也可以用 85%的磷酸为催化剂，用量为 5mL。磷酸氧化能力比硫酸弱得多，减少了氧化副反应。

[注 3] 反应过程中不仅环己烯与水形成共沸物，而且环己醇与水以及环己醇与环己烯之间都能形成共沸物，所以分馏速度不可过快。分馏柱温顶部温度不可过高，以避免将未反应的环己醇蒸出。

思考题

（1）在粗制的环己烯中，加入氯化钠使水层饱和的目的是什么？

（2）在反应终止前，出现的白雾状物是什么？

（3）在本实验中用氯化钙作干燥剂，除了能吸收水分外，还有什么作用？

参考文献

Coleman G H，Johnstone H F. 1925. Cyclohexene. Org. Synth.，5：33.

实验二十六　乙酰水杨酸的制备

实验目的

（1）了解乙酰水杨酸的制备原理和方法。

（2）熟悉重结晶、减压过滤、熔点测定等基本操作。

实验原理

乙酰水杨酸（阿司匹林，aspirin）是应用广泛的解热、镇痛和抗炎药。它副作用较小，是少数几种经受住时间考验的药物，在体内还具有抗血栓的作用，可用于预防心脑血管疾病。

本实验采用邻羟基苯甲酸（水杨酸）与乙酸酐或乙酰氯在乙酸钠催化下制备乙酰水杨酸。反应式为

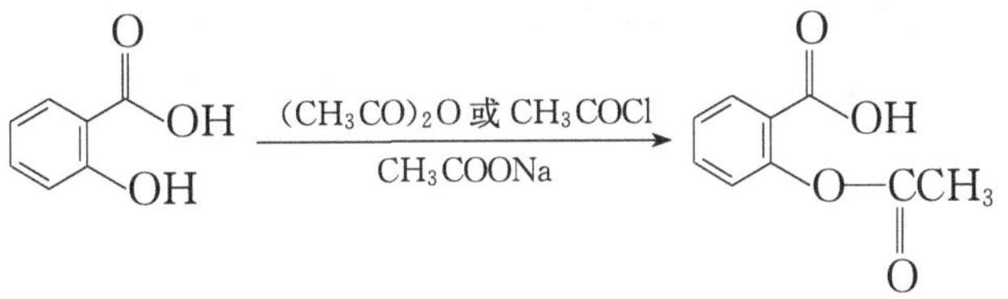

乙酸酐法反应机理：

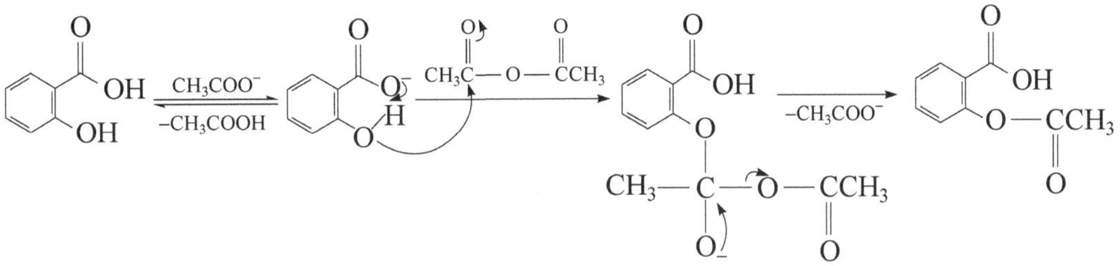

乙酰氯法反应机理：

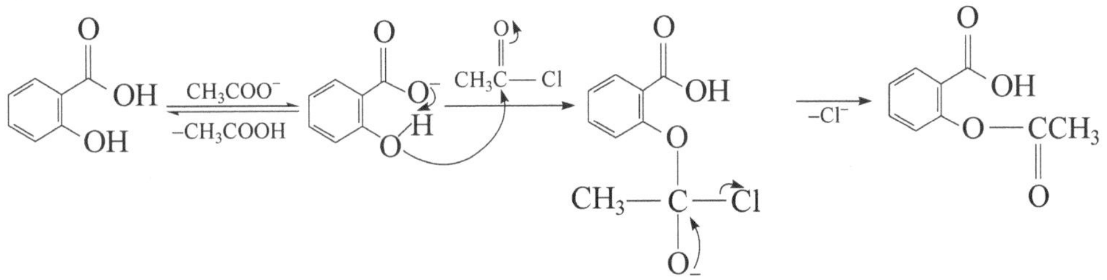

仪器和药品

仪器：①乙酸酐法：磁力搅拌电加热套、100mL 圆底三口烧瓶、球形冷凝管、吸滤瓶、漏斗、磁子、温度计、无水 $CaCl_2$ 干燥管；②乙酰氯法：磁力搅拌电加热套、100mL 圆底烧瓶、球形冷凝管、吸滤瓶、漏斗、磁子、滴液漏斗、无水 $CaCl_2$ 干燥管。

药品：①乙酸酐法：水杨酸 7.0g(0.05mol)、新蒸的乙酸酐 8mL(0.08mol)、无水乙酸钠 1g；②乙酰氯法：水杨酸 7.0g(0.05mol)、无水乙酸钠 5.4g(0.066mol)，THF 10mL、新蒸的乙酰氯 4.0mL(0.056mol)、体积比 1∶1 乙醇水溶液。

实验步骤

1. 乙酰水杨酸的制备

(1) 乙酸酐法。如图 9－26－1 所示，在装有温度计、球形冷凝管(上接氯化钙干燥管)的 100mL 圆底三口烧瓶中，加入干燥的水杨酸 7.0g(0.050mol)、无水乙酸钠[注1] 1g(0.012mol)，再加入新蒸的乙酸酐 8mL(0.080mol)。封闭侧口，缓慢开动磁力搅拌[注2]，缓慢加热，65℃时水杨酸逐渐溶解，控制瓶内温度在 70℃左右反应 30min[注3]。稍冷后，在不断搅拌下将反应液倒入 100mL 冷水中，并用冰水浴冷却 15min。抽滤，冰水洗涤[注4]，得乙酰水杨酸粗产品。

(2) 乙酰氯法。如图 9－26－2 所示，在 100mL 圆底烧瓶中，加入干燥的水杨酸7.0g(0.050mol)、无水乙酸钠 5.4g(0.066mol)、THF 10mL 和一枚磁子。上口安装一个恒压滴液漏斗，在其中加入新蒸的乙酰氯 4.0mL(0.056mol)[注1]，上面加氯化钙干燥管。缓慢开动磁力搅拌[注2]，小心滴加乙酰氯，反应放热，固体水杨酸逐渐溶解而反应物变成乳状，约 15min 滴加完毕。将滴液漏斗更换为球形冷凝管(上面接 $CaCl_2$ 干燥管)，加热回流 40min[注3]。稍冷后，取下圆底烧瓶在水泵减压下旋蒸除去 THF 至干，然后在固体物中加入 50mL 冷水，搅拌使固体变为细小颗粒并使其中无机盐溶解。抽滤，用冷水洗涤[注4]，得乙酰水杨酸粗产品。

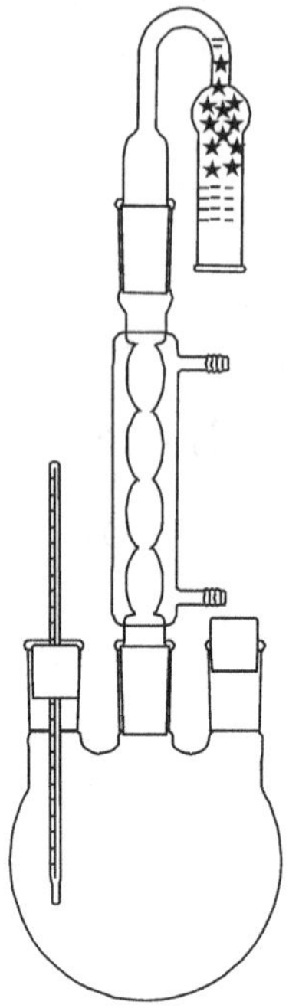

图 9-26-1　乙酸酐法装置

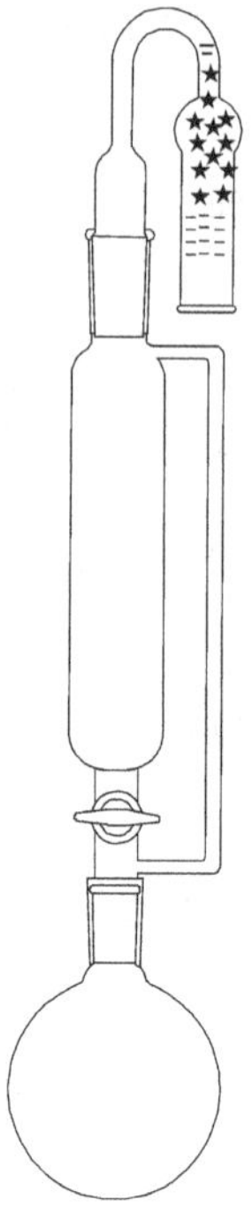

图 9-26-2　乙酰氯法装置

2. 重结晶

将上述任何一种方法所得粗产品转至 100mL 圆底烧瓶中，装好回流装置，向烧瓶内加入 15mL 50%乙醇水溶液，加热溶解[注5]。然后趁热过滤，热滤液置冰水浴或冰箱中冷却至−5～0℃，抽滤，得无色晶体乙酰水杨酸，称量，计算产率(最高能达到 6.4g)，测熔点[注6]。

乙酰水杨酸熔点：135℃。

检验与测试

(1) 检验产品中是否还有未反应的水杨酸，可利用水杨酸属酚类物质可与三氯化铁发生颜色反应的特点，取几粒结晶加入盛有 3mL 水的试管中，加入 1～2 滴 1% $FeCl_3$ 溶液，观察有无颜色反应(紫色)。

(2) 测产品的红外光谱图和核磁共振谱，并与 2.8.4 中介绍的网站上查到的标准谱图对照。

注释

[注 1] 仪器要全部干燥，药品使用前经干燥处理。水杨酸预先在真空干燥箱中100℃烘干 2h 密闭存放，无水乙酸钠预先在真空干燥箱中 125℃烘干 2h 密闭存放，称取要迅速，防止吸潮。乙酸酐或乙酰氯最好使用新蒸馏的。

[注 2] 搅拌速度要适当，尽量勿使固体物质溅到瓶壁上。

[注 3] 可以用三氯化铁的水溶液测定，当反应物遇到三氯化铁的水溶液时不呈现明显紫色表明反应已经达到终点。

[注 4] 用冰水可以避免乙酰水杨酸水解，并减少溶解损失。

[注 5] 溶解时间不宜过长，温度不宜过高，完全溶解即可。产品也可以用约 20mL 乙酸乙酯重结晶。

[注 6] 产品乙酰水杨酸易受热分解，熔点不明显，它的分解温度为 128～135℃，因此重结晶时不宜长时间加热。产品采取自然晾干。用毛细管测熔点时宜先将浴液加热至 120℃ 左右，再放入样品管测定。

思考题

(1) 为什么要使用新蒸馏的乙酸酐或乙酰氯？

(2) 本实验乙酸酐法也可以用硫酸催化，写出硫酸催化的反应机理。

(3) 为什么控制反应温度在 70℃左右？反应温度过高主要有哪些副产物生成？

(4) 乙酸、苯甲酸、乙酰水杨酸、水杨酸的 pK_a 值分别是 4.75、4.19、3.48、2.97。请解释它们酸性强弱的原因。

参考文献

Chakraborti A K, Lalima S, Rajesh G, et al. 2003. Electrostatic catalysis by ionic aggregates: scope and limitations of $Mg(ClO_4)_2$ as acylation catalyst. Tetrahedron, 59(39): 7661-7668.

实验二十七　正丁醚的制备

实验目的

(1) 掌握低碳链伯醇分子间脱水制单醚的反应原理和实验方法。

(2) 掌握分水器的安装和使用方法。

实验原理

在酸催化下，伯醇分子间脱水是制备单醚的常用方法。用硫酸作催化剂，正丁醇在较低温度下主要发生分子间脱水得到正丁醚，而在较高温度下主要发生分子内脱水得到丁-1-烯，这是因为分子内脱水比分子间脱水活化能高。因此控制适当的温度是本实验的关键。

主反应：

$$2CH_3CH_2CH_2CH_2OH \xrightarrow[<135℃]{H_2SO_4} (CH_3CH_2CH_2CH_2)_2O$$

副反应：

$$CH_3CH_2CH_2CH_2OH \xrightarrow[>135℃]{H_2SO_4} CH_3CH_2CH{=}CH_2$$

主反应机理为

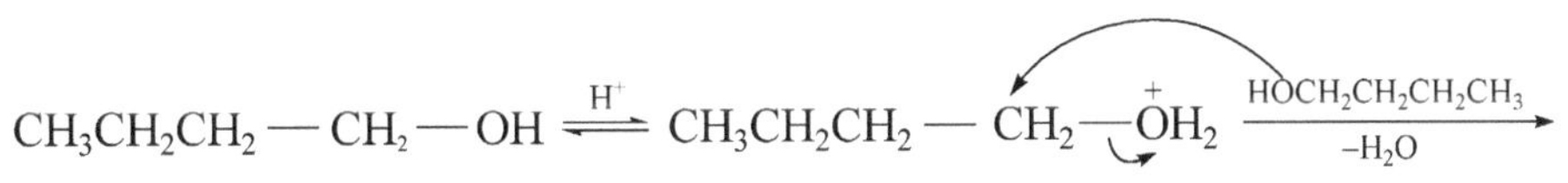

$$CH_3CH_2CH_2CH_2-\overset{+}{\underset{\displaystyle H}{\underset{|}{O}}}-CH_2CH_2CH_2CH_3 \xrightarrow{-H^+}$$

$$CH_3CH_2CH_2CH_2-O-CH_2CH_2CH_2CH_3$$

副反应机理为

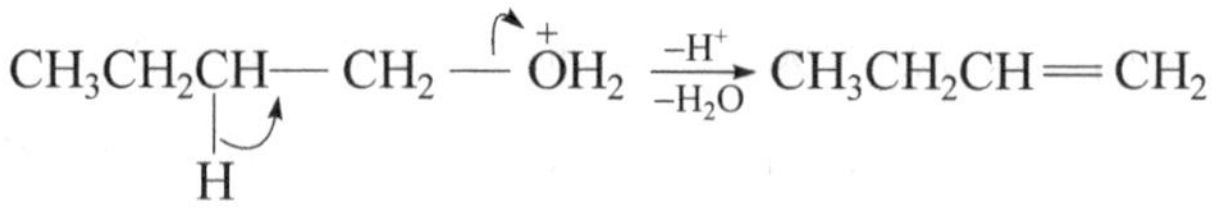

仪器和药品

仪器：磁力搅拌电加热套、磁子、圆底三口烧瓶，分水器、球形冷凝管、分液漏斗、温度计(200℃)、圆底烧瓶、蒸馏头、直形冷凝管、接引管、锥形瓶。

药品：正丁醇 11.1g(13.7mL，0.15mol)、浓硫酸 1.0mL、50%硫酸、无水氯化钙。

实验步骤

反应装置如图 9-27-1 所示。在 100mL 圆底三口烧瓶中加入 13.7mL 正丁醇、一枚磁子，装好分水装置和温度计，缓缓开动搅拌，从另外一侧口小心地加入 1.0mL 浓硫酸，用磨口空心塞塞好。向分水器内小心加水[注1]至支管下面约 0.5cm 处，用记号笔标记此液面，然后放出 1.35mL 水。控制加热，保持瓶内液体微沸，开始回流，控制温度不超过 135℃。待分水器中水面上升至刻度[注2]时表示反应已基本完成(约需 1h)。当温度达到 135℃时，停止加热[注3]。反应液冷却后，把混合物连同分水器里的水一起倒入内盛 7mL 水的分液漏斗中，充分振摇。静置后，分去水层。粗产物用 50% H_2SO_4 洗涤两次(每次 3mL)，再用 5mL 水洗涤两次。有机层转移至干燥的锥形瓶中，用无水氯化钙干燥。将干燥后的粗产品倒入圆底烧瓶中蒸馏(注意不要把氯化钙倒入瓶中!)，收集139～142℃的馏分。称量产品，计算产率。

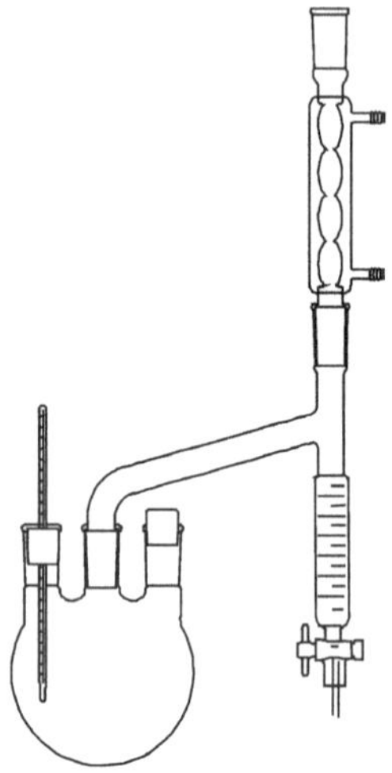

图 9-27-1　分水装置

纯正丁醚为无色透明液体，沸点 140℃，$d_4^{20}=0.7689$，$n_D^{20}=1.3992$。

检验与测试

测试产品的折射率和红外光谱图，并与 2.8.4 中介绍的网站上查到的标准谱图对照。

注释

[注 1] 加水要小心，勿使水通过支管而流入反应瓶。

[注 2] 本实验利用恒沸混合物蒸馏方法分出反应生成的水。在反应过程中，正丁醚、正丁醇和水可以形成三元恒沸物，沸点为 90.6℃，含正丁醚 35.5%、正丁醇 34.6%、水 29.9%。此外，正丁醇和水也可以形成二元恒沸物，共沸点为 92.7℃，含水 42.5%；正丁醚和水也可以形成二元恒沸物，共沸点为 92.9℃，含水 33%。这些含水的恒沸物冷凝后，在分水器中分层。上层主要是正丁醇和正丁醚，流回反应器；下层主要是水，留在分水器中。按反应式计算，生成水

的量约为 1.35g，但是实际分出水的体积略大于理论计算量，因为水中会溶有少量正丁醇，而且有正丁醇分子内脱水的副反应发生，多生成一倍的水。

[注3] 反应开始回流时，因为有恒沸物的存在，温度不可能马上达到 135℃。但随着水被蒸出，温度逐渐升高，最后达到 135℃以上，即应停止加热。如果温度过高或加热时间过长，副反应增加，反应物颜色变深，发生炭化。

思考题

(1) 粗产品为什么使用 50%硫酸洗涤?

(2) 如果想利用四氯化碳和水的共沸作用除去反应生成的水，请设计合适的分水器。四氯化碳的密度为 $1.594g \cdot cm^{-3}$。四氯化碳和水的二元共沸物，沸点为 66.8℃，含水 4.1%。

实验二十八 正丁醛的制备

实验目的

(1) 掌握醇氧化制备醛的方法。

(2) 熟悉分馏柱的使用。

实验原理

在酸性重铬酸盐的氧化下，伯醇可以被氧化生成相应的醛，所生成的醛可以继续被氧化为相应的羧酸。试验中可以利用醛比同碳数的醇和羧酸沸点低的特点，将生成的醛边反应边蒸馏出来，以防止其被继续氧化。

主反应：

$$CH_3CH_2CH_2CH_2OH \xrightarrow[H_2SO_4]{Na_2Cr_2O_7} CH_3CH_2CH_2CHO$$

b. p. 116～118℃　　　　b. p. 75℃

副反应：

$$CH_3CH_2CH_2CH_2OH \xrightarrow[H_2SO_4]{Na_2Cr_2O_7} CH_3CH_2CH_2COOH$$

b. p. 162℃

$$2CH_3CH_2CH_2CH_2OH \xrightarrow[H_2SO_4]{Na_2Cr_2O_7} CH_3CH_2CH_2COOC_4H_9\text{-}n$$

b. p. 164～165℃

仪器和药品

仪器：磁力搅拌电加热套、圆底三口烧瓶、滴液漏斗、维氏分馏柱、蒸馏头、接引管、分液漏斗、温度计、圆底烧瓶、烧杯、锥形瓶、直形冷凝管。

药品：正丁醇 22.2g(28mL，0.3mol)、重铬酸钠 30g(0.13mol)、浓硫酸 22mL、无水硫酸镁。

实验步骤

按图 9-28-1 安装仪器。

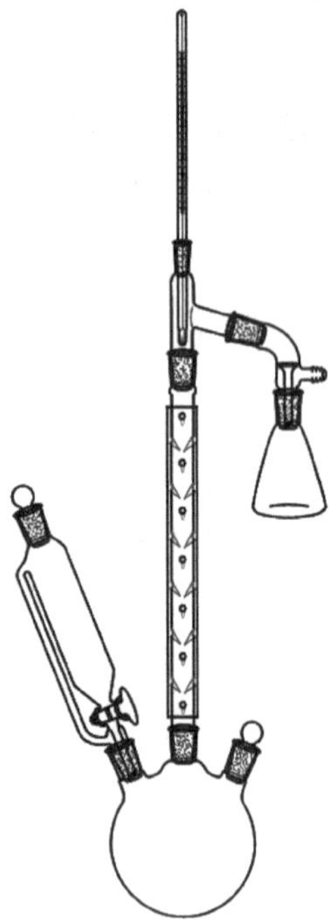

图 9-28-1　滴加分馏装置

氧化剂溶液的配制：在 250mL 烧杯中将 30g 重铬酸钠溶于 165mL 水中。在搅拌和冷却下，缓缓加入 22mL 浓硫酸。

氧化反应：向 250mL 圆底三口烧瓶里加入 28mL 正丁醇，放入一枚磁子。将配制好的氧化剂溶液倒入滴液漏斗中(可分数次加入)。将正丁醇加热至微沸，当蒸气上升达到分馏柱底部时，开始滴加氧化剂溶液，控制滴加速度(约在 20min 内加完)，使分馏柱顶部的温度不超过 80℃为宜，使生成的正丁醛不断馏出[注1]。由于氧化反应是放热反应，在滴加氧化剂时要随时注意温度变化，控制柱顶温度在 72～85℃。

当氧化剂全部加完后，继续缓慢加热 15～20min。收集所有在 95℃以下馏出的粗产物。

将粗产物倒入分液漏斗中，分去水层。把上层的油状物倒入干燥的小锥形瓶中，加入 1～2g 无水硫酸镁干燥。

将澄清透明的粗产物倒入 50mL 圆底烧瓶中，加入几粒沸石，安装好蒸馏装置。在电加热套上缓慢加热蒸馏，收集70～80℃的馏分[注2]。

纯正丁醛为无色透明液体，沸点 74.8℃，$d_4^{20}=0.8016$，$n_D^{20}=1.3843$。

检验与测试

由于正丁醛的碳链较长，不溶于水，因此它虽然能与苯肼和 2,4-二硝基苯肼反应，但是没有明显沉淀或变色现象。因此，最好采取测试产品的折射率、红外光谱图或核磁共振谱的方法检验，并与 2.8.4 中介绍的网站上查到的标准谱图对照。

注释

[注 1] 正丁醛和水一起蒸出。接收瓶要用冰浴冷却。正丁醛和水形成二元恒沸混合物，其沸点为 68℃，恒沸物含正丁醛 94%。

[注 2] 绝大部分正丁醛应在 73～76℃馏出。正丁醛应保存在棕色的磨口玻璃瓶内。如果需要回收正丁醇，可以继续蒸馏，收集 80～120℃的馏分。

思考题

(1) 制备正丁醛有哪些方法？
(2) 为什么本实验中正丁醛的产率低？
(3) 为什么采用无水硫酸镁作干燥剂？

实验二十九　苯乙酮的制备

实验目的

(1) 掌握弗里德尔-克拉夫茨(Friedel-Crafts)酰基化反应。
(2) 掌握空气冷凝管的使用和减压蒸馏操作方法。

实验原理

弗里德尔-克拉夫茨反应是指芳香烃在无水三氯化铝等催化剂存在下，同卤代烷、酰氯或酸酐作用，在苯环上发生亲电取代反应而引入烷基或酰基的反应。由于烷基是致活基团，因此烷基化很难停留在单烷基化阶段。而酰基是致钝基团，反应可以停留在一酰化阶段，通常用来制备芳香酮。当苯环上含有一个取代基时，酰化主要发生在对位。用酰氯作酰化剂，氯化铝用量为酰化剂物质的量的 1.1～1.2 倍；而用酸酐作酰化剂，氯化铝用量为酰化剂物质的量的 2.2～2.5 倍(一般认为生成的苯乙酮和乙酸会各配位一分子三氯化铝)。反应式：

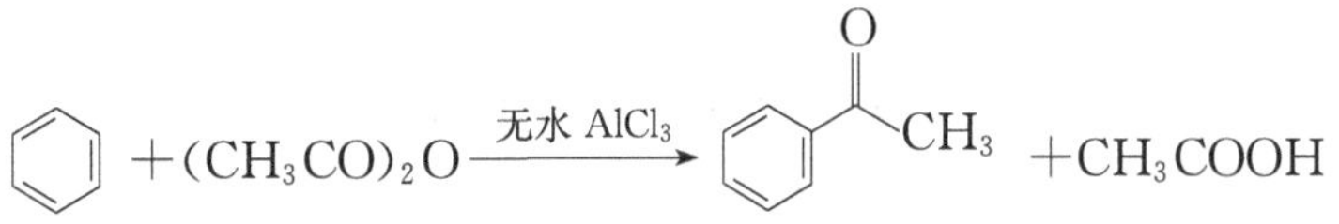

仪器和药品

仪器：电加热套、圆底三口烧瓶、球形冷凝管、滴液漏斗、氯化钙干燥管、分液漏斗、圆底烧瓶、温度计。

药品：苯 35g[注1](40mL，0.45mol)、无水三氯化铝[注2] 20g(0.15mol)、乙酸酐6.5g(6mL，0.063mol)、浓硫酸、浓盐酸、5%氢氧化钠溶液。

实验步骤

按图 9-29-1 安装仪器，在 250mL 圆底三口烧瓶的中间口装配机械搅拌。一侧口装恒压滴液漏斗，另一侧口装球形冷凝管(上口装上氯化钙干燥管并连接氯化氢气体吸收装置)。本实验所用的药品必须是无水的，所用的仪器必须是干燥的[注3]。

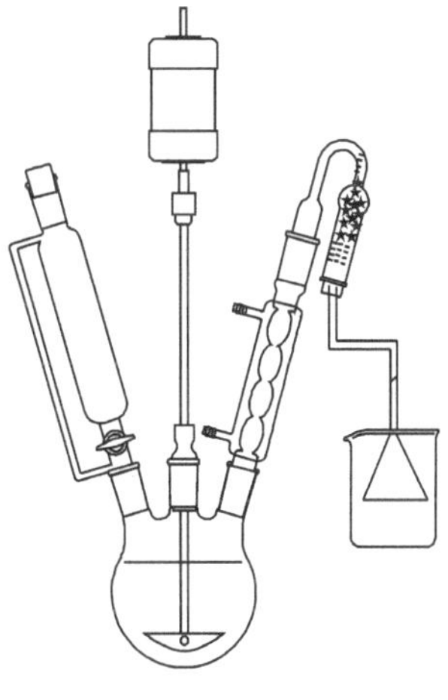
图 9-29-1 苯乙酮制备装置图

在烧瓶中迅速加入 20g 无水三氯化铝和 30mL 苯，在滴液漏斗中放入 6mL 新蒸馏过的乙酸酐和 10mL 苯的混合液。在搅拌下慢慢滴加乙酸酐的苯溶液。反应很快开始，放出氯化氢气体，三氯化铝逐渐溶解，体系温度自行升高。控制滴加速度，使苯缓缓地回流。加料时间约需 20min。加完乙酸酐后，关闭滴液漏斗旋塞，用电加热套缓慢加热，保持缓缓回流 1h[注4]。

将圆底三口烧瓶用冰水浴冷却至 5～10℃，在不断搅拌下小心滴加 80mL 20%盐酸溶液，直到固体溶解。如果圆底三口烧瓶中仍有固体存在，再适当补加 20%盐酸直到固体完全溶解。用分液漏斗分出苯层，水层用 30mL 苯分两次萃取。合并苯溶液，用 20mL 5%氢氧化钠溶液洗涤，再用水洗涤。分出苯层，用无水硫酸镁干燥。

将含苯的粗产物放入 100mL 圆底烧瓶中，加入 1～2 粒沸石，常压蒸出溶剂苯。当温度升至 140℃左右时，停止加热。稍冷后用循环水泵继续减压蒸馏，收集 92～96℃/2.66kPa，或 101～105℃/4.00kPa，或 116～120℃/8.00kPa 的馏分[注5]。

纯苯乙酮是无色油状液体，熔点 20℃，沸点 202℃，$d_4^{20}=1.026$，$n_D^{20}=1.5372$。

检验与测试

（1）碘仿反应。将 5 滴新制的苯乙酮加入 0.5mL 碘溶液（由 1.3g 碘、3.5g 碘化钾和 10mL 水研磨而成）中，滴加 10%NaOH 溶液，并不停振荡直到棕色消失，观察现象。如无沉淀，可以在 50～60℃温水中温热后再观察。

（2）测试产品折射率和红外谱图，并与 2.8.4 中介绍的网站上查到的结果对照。

注释

［注 1］本实验最好用无噻吩的苯。苯的纯化参见本书 2.6.2。

［注 2］无水三氯化铝暴露在空气中，极易吸水分解而失效，应当用新升华过的或包装严密的试剂。称取时动作要迅速，块状的无水三氯化铝在称取前需在研钵中迅速地研细。

［注 3］仪器或药品不干燥将严重影响实验结果或使反应难以进行。

［注 4］增长回流时间，还可以提高产率。

［注 5］苯乙酮也可以进行常压蒸馏，需要更换空气冷凝管，收集 196～202℃的馏分。

思考题

（1）为什么用过量的苯和无水三氯化铝？

（2）为什么缓慢加乙酸酐？

参考文献

Adams R, Noller C R. 1925. *p*-Bromoacetophenone. Org. Synth., 5: 17.

实验三十　苯甲酸的制备

实验目的

（1）了解相转移催化剂的催化原理，掌握相转移催化氧化制备苯甲酸的方法。

（2）学习机械搅拌装置的安装和使用。

（3）掌握抽滤、重结晶等基本操作。

实验原理

烷基苯可以被强氧化剂如高锰酸钾、重铬酸钾/硫酸等氧化为苯甲酸。采用高锰酸钾为氧化剂时，高锰酸钾溶在水相，而烷基苯为有机相，两相互不溶解，反应速度很慢。本实验加入少量二乙二醇二甲醚为相转移催化剂，两分子二乙二醇二甲醚可配位一个钾离子（图 9－30－1），所形成配离子极性中心在分子内部，分子外部具有亲油性，可以进入有机相。高锰酸根离子通过静电吸引也被拉入有机相进行氧化反应，而后氧化生成的苯甲酸根离子又被带回水相。这样，双（二乙二醇二甲醚）配钾离子就像“公共汽车”一样，在两相之间往返，不断把高锰酸根运送到有机相，而把生成的苯甲酸根运回水相。这类能够在两相之间运送离子从而加速反应的化合物称为相转移催化剂，其他如冠醚、长链季铵盐等化合物也是常用的相转移催化剂。

反应式：

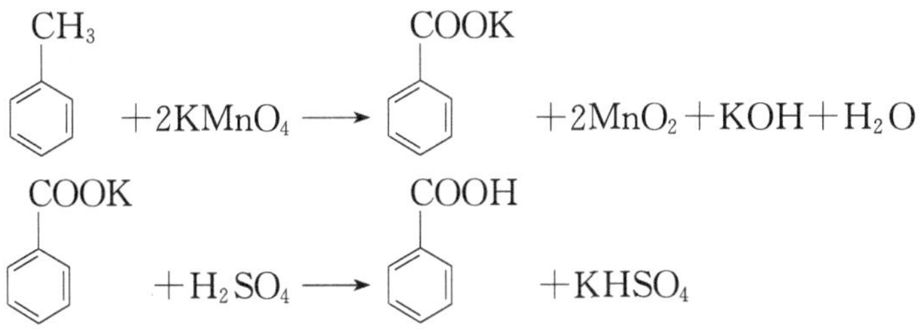

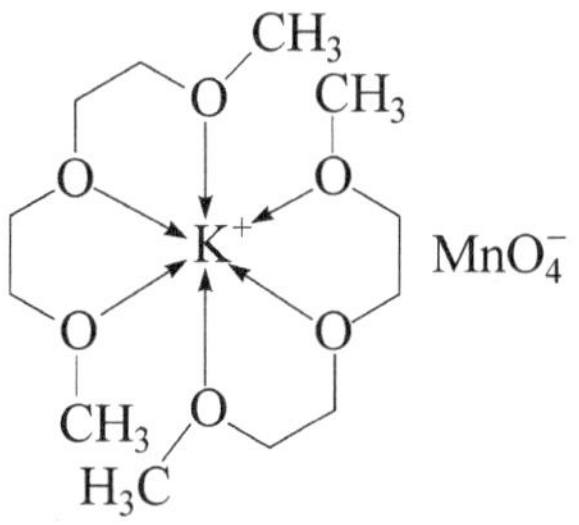

图 9-30-1 二乙二醇二甲醚与钾离子配位示意图

苯甲酸有阻止发酵和食物腐败的作用，在国内常用作食物和饮料的防腐剂（但有些国家认为它有毒，禁止使用）。工业上常用甲苯在含钴、锰化合物催化下由空气直接氧化制备苯甲酸。例如

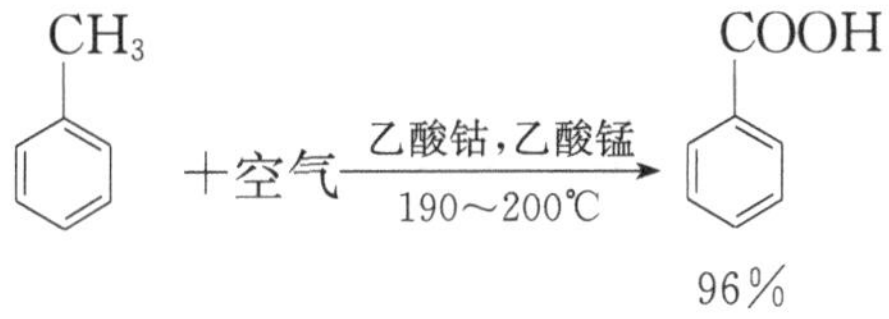

仪器和药品

仪器：电加热套、圆底三口烧瓶、球形冷凝管、搅拌装置。

药品：甲苯 2.3g (2.7mL，0.025mol)、高锰酸钾 8g (0.051mol)、4%的二乙二醇二甲醚水溶液 4mL、50% H_2SO_4、$NaHSO_3$。

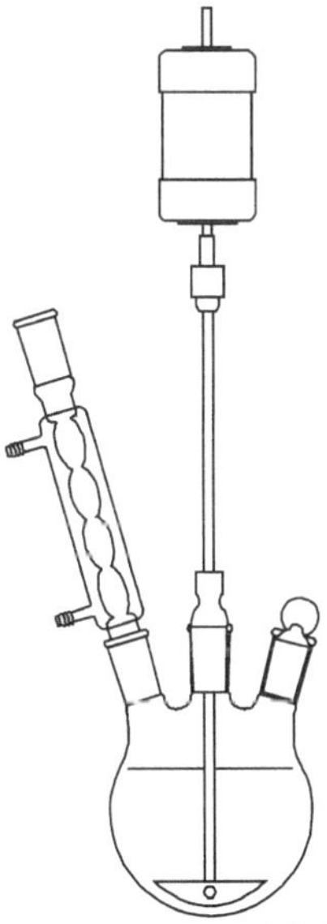

图 9-30-2 电动搅拌装置

实验步骤

按图 9-30-2 所示安装仪器，在 250mL 圆底三口烧瓶上装好机械搅拌、球形冷凝管，将 8g 高锰酸钾（加入时勿将其粘在圆底三口烧瓶的磨口处）、100mL 水、4mL 4%的二乙二醇二甲醚水溶液、2.7mL 甲苯依次加入圆底三口烧瓶中，搅拌下回流 1～1.5h，停止加热，稍微冷却。若反应混合物仍呈紫红色，在搅拌下缓慢加入少量饱和亚硫酸氢钠溶液（约 5mL）[注1]，使紫红色消失[注2]。抽滤，滤去二氧化锰沉淀。若滤液仍有颜色，可再加入少量饱和亚硫酸氢钠溶液，使其褪色。无色溶液用 50%硫酸酸化，析出白色晶体。冷却至室温，抽滤，干燥。若需要得到高纯度的产品，可用水作溶剂进行重结晶[注3]。

纯的苯甲酸为无色针状晶体，熔点：122.4℃。

注释

[注 1] 也可以加入少量甘油，但是甘油反应较激烈，需要特别小心。

[注 2] 停止搅拌，将反应混合物静置片刻后，观察上层溶液是否紫色消失呈水白色。

[注 3] 苯甲酸在水中的溶解度为

温度/℃	4	18	75
溶解度/[g·(100g H_2O)$^{-1}$]	0.10	0.27	2.2

思考题

（1）反应完毕，反应混合物尚呈紫红色，为什么要加入少量亚硫酸氢钠？

（2）在实验室里，还可以用什么方法制备苯甲酸？

实验三十一　乙酰苯胺的制备

实验目的

（1）掌握由芳胺和羧酸直接制备酰胺的方法。

（2）巩固重结晶、减压抽滤和热过滤等实验技术。

（3）学会利用分馏装置进行制备反应。

实验原理

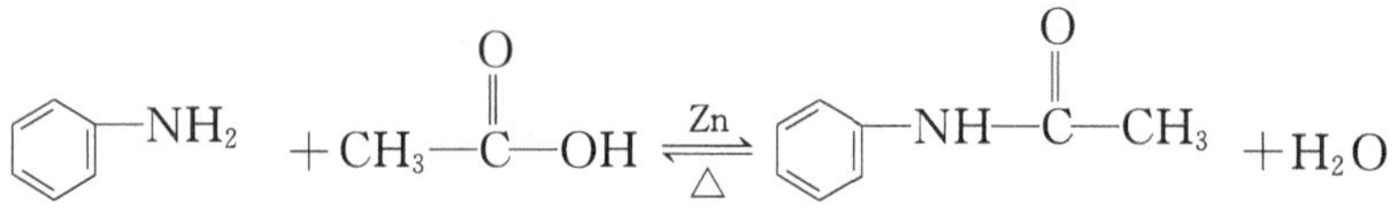

芳香胺与脂肪胺均为弱碱性的有机化合物，其中伯胺和仲胺可与酰化试剂反应，生成酰胺。把伯胺和仲胺转化为酰胺的试剂有酰氯（如乙酰氯）和酸酐（如乙酸酐）。这两种试剂的特点是均可在室温下将胺酰化，产率很高，反应条件温和。而酯在加热条件下只能与脂肪族伯胺反应，可以制备相应酰胺。将羧酸和胺混合后加热脱水是制备酰胺的一种比较经济的方法，但要求羧酸和酰胺对热稳定。本实验即用此方法合成乙酰苯胺。通过加热把生成的水从反应体系蒸出，使平衡向生成酰胺方向移动。

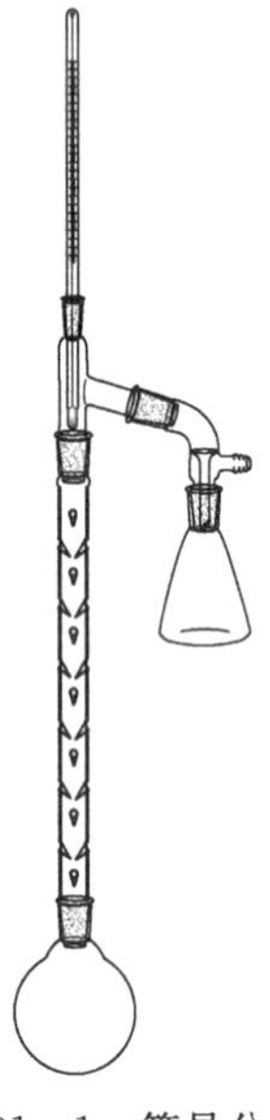

图 9-31-1　简易分馏装置（乙酰苯胺的制备）

仪器和药品

仪器：磁力搅拌电加热套、50mL 圆底烧瓶、磁子、维氏分馏柱、蒸馏头、直形冷凝管、温度计、接引管、烧杯。

药品：苯胺 5.1g（约 5mL，0.055mol）、乙酸 8.3g（8mL，0.132mol）、锌粉、活性炭。

实验步骤

按图 9-31-1 在 50mL 干燥的圆底烧瓶上装好分馏柱、蒸馏头、温度计、接引管和接收瓶。

圆底烧瓶中加入 5mL 新蒸过的苯胺[注1]和 8mL 乙酸，再加入少量锌粉[注2]，在圆底烧瓶上依次安装维氏分馏柱、蒸馏头、温度计、接引管和锥形瓶，在电热套上加热至沸腾。控制电压，保持温度在 105～110℃，使反应生成的水充分蒸出而乙酸尽量留在反应体系中，经 40～60min，当圆底烧瓶中出现白雾或温度计读数下降

(温度计读数下降到90℃以下时,调大电压,数分钟后温度仍不能上升)时,说明反应已达到终点,停止加热。

在搅拌下将反应物缓慢倒入盛有100mL水的烧杯中,继续搅拌并冷却烧杯,使粗乙酰苯胺完全析出。用布氏漏斗抽滤,固体再用5~10mL冷水洗涤,除去多余的酸。

将粗乙酰苯胺移入烧杯中,加入100~120mL水,加热沸腾。如仍有油珠状物[注3]需补充水,直到油珠在沸腾下全部溶解后再加入5mL水[注4]。稍冷,在搅拌下加入0.5g活性炭[注5],再煮沸约5min,趁热进行过滤[注6]。滤液冷至室温,乙酰苯胺呈片状晶体析出。减压过滤,尽量除去晶体中的水,产品放在表面皿上干燥。

纯乙酰苯胺为白色片状晶体,熔点114℃。

检验与测试

可以测试样品的红外光谱,并与图9-31-2中谱图对照。

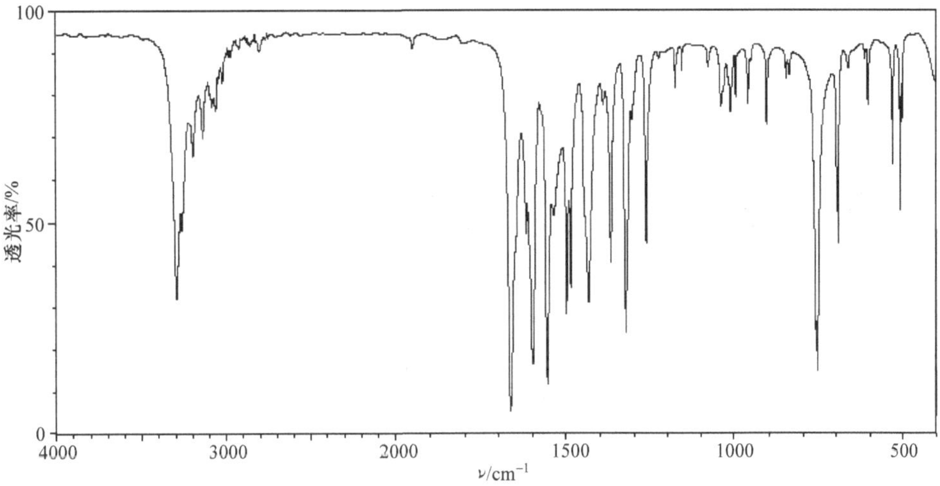

图9-31-2 乙酰苯胺的红外光谱

注释

[注1] 久置的苯胺易氧化成深色,实验前应该先蒸馏一次,否则将影响产品的产量和质量。

[注2] 锌粉主要防止苯胺在反应中被氧化。注意不能加得太多,否则会形成氢氧化锌不利于后处理。

[注3] 油珠为熔融状态的含水乙酰苯胺。乙酰苯胺在100mL水中的溶解度为25℃,0.563g;80℃,3.5g;100℃,5.2g。

[注4] 为防止溶液过饱和,加入一定量的水有利于热过滤。

[注5] 加入活性炭时,一定要将溶液冷却至沸点以下,以免发生暴沸而溢出造成损失。

[注6] 进行热过滤时,使用扇形滤纸可以增大母液与滤纸的接触面积,加快过滤速度;短颈热滤漏斗必须先在水浴中充分预热,尽量减少产物在滤纸上结晶析出。用布氏漏斗代替热滤漏斗更方便、快捷,产率高。使用前要将布氏漏斗放在热水中浸泡,抽滤时稍微减压即可。最好使用双层滤纸,以防抽破。

思考题

(1) 本实验应注意什么才能使反应完全？
(2) 重结晶操作中，应注意哪些事项才能使产率提高、质量好？

实验三十二　对甲苯磺酸钠的制备

实验目的

(1) 了解芳香族化合物磺化的基本原理、方法及温度对反应的影响。
(2) 了解盐析的原理和同离子效应的概念。
(3) 进一步巩固回流、减压过滤、重结晶等基本操作。

实验原理

烷基苯在磺化剂作用下进行磺化是一个可逆反应。甲苯在低温下磺化主要得到1∶1的邻位和对位磺化产物的混合物，属动力学控制；于较高的温度进行磺化反应，由于空间效应，主要得到热力学稳定的对位产物。磺化产物与碳酸氢钠形成磺酸钠盐。利用同离子效应，通过补加氯化钠进行盐析，使生成的对甲苯磺酸钠从水溶液中析出。

同离子效应指在某种盐溶液中加入另外一种廉价的且与前者有相同离子的盐，可以减小前者的溶解度并使其从溶液中析出的现象。例如，在吡啶盐酸盐溶液中加入氯化钠可以使吡啶盐酸盐析出(相同离子都是氯离子)。又如，高级脂肪酸钠的水溶液中加入氯化钠，也可以促使前者析出(相同离子是钠离子)。

盐析一般指在水溶液中加入无机盐类，增加溶剂的极性，降低某种溶质的溶解度而使其析出的过程。例如，在制备乙酸乙酯的后处理过程中，采用饱和碳酸钠溶液、饱和氯化钠溶液和饱和氯化钙溶液都是为了降低乙酸乙酯在水中的溶解度，减少后处理过程损失。又如，向某些蛋白质溶液中加入某些无机盐溶液后，可以使蛋白质凝聚而从溶液中析出。

主反应：

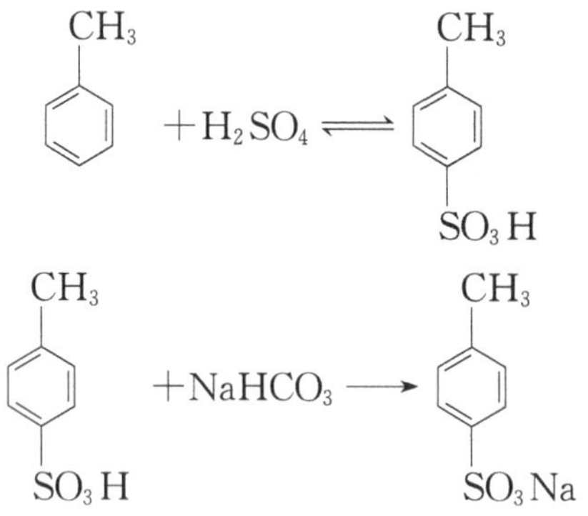

副反应：

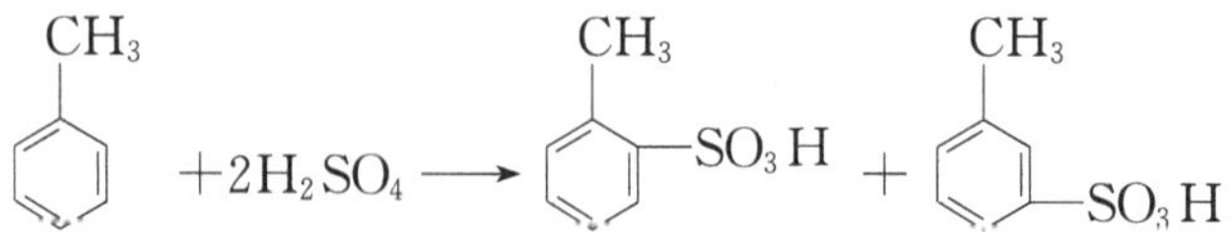

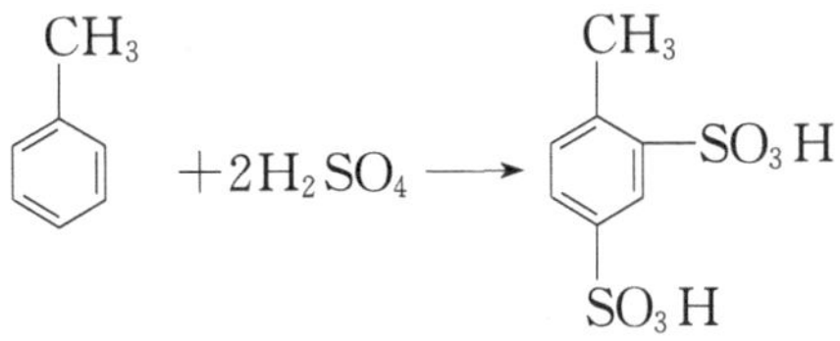

仪器和药品

仪器：磁力搅拌电加热套、100mL 圆底烧瓶、球形冷凝管、烧杯、吸滤瓶、布氏漏斗。

药品：甲苯 14g(16mL，0.15mol)、浓硫酸 18g(10mL，0.19mol)、碳酸氢钠、氯化钠、活性炭。

实验步骤

在 100mL 圆底烧瓶中加入一枚磁子、16mL 甲苯和 10mL 浓硫酸，装好磁力搅拌电加热套和球形冷凝管。搅拌并加热至沸，保持在微沸状态下进行反应[注1]。反应约 1h 后，甲苯几乎消失，当冷凝管中的回流液滴很少时，停止加热。将反应物倒入盛有 50mL 水的烧杯中，用几毫升热水洗涤烧瓶，洗涤液也倒入烧杯中，取出磁子。在不断搅拌下分批加入 8g 粉状碳酸氢钠，中和部分酸[注2]。然后加入 15g 精盐，加热至沸，使固体盐完全溶解。如有固体杂质，趁热过滤。滤液冷至室温，待析出晶体后进行减压过滤，滤去水分。将粗产品放入 50mL 水中，加热使其完全溶解。加入 13g 精盐，加热至沸，使盐完全溶解。稍冷，加入约 1g 活性炭脱色。趁热过滤，冷却。对甲苯磺酸钠晶体析出后，减压过滤。将得到的产物在自然状态下晾干。

注释

[注 1] 磺化反应是可逆的。磺化反应温度不同，生成的主要产物也不同。低温(0℃)属于动力学控制，生成邻位和对位异构体含量接近 1∶1 的混合物。高温下磺化反应很容易达成热力学平衡，主要生成热力学稳定的对位异构体。更高温度，则发生二次磺化。

[注 2] 加 $NaHCO_3$ 中和部分酸液时，应分批并在不断搅拌下加入，以防产生大量的 CO_2 气泡逸出烧杯。

思考题

(1) 为什么在反应过程中需要搅拌？

(2) 本实验加入氯化钠过多或过少对实验有什么影响？

实验三十三　肉桂酸的制备

实验目的

(1) 掌握肉桂酸的制备方法，了解柏琴(Perkin)反应的反应原理。

(2) 熟悉水蒸气蒸馏、脱色、重结晶等有机化学实验的操作技术。

实验原理

本实验利用柏琴反应合成肉桂酸。在碱(KOAc、NaOAc 或 K_2CO_3)的催化下，苯甲醛与

乙酸酐缩合生成肉桂酸的盐,再经酸化制取肉桂酸。反应机理如下:

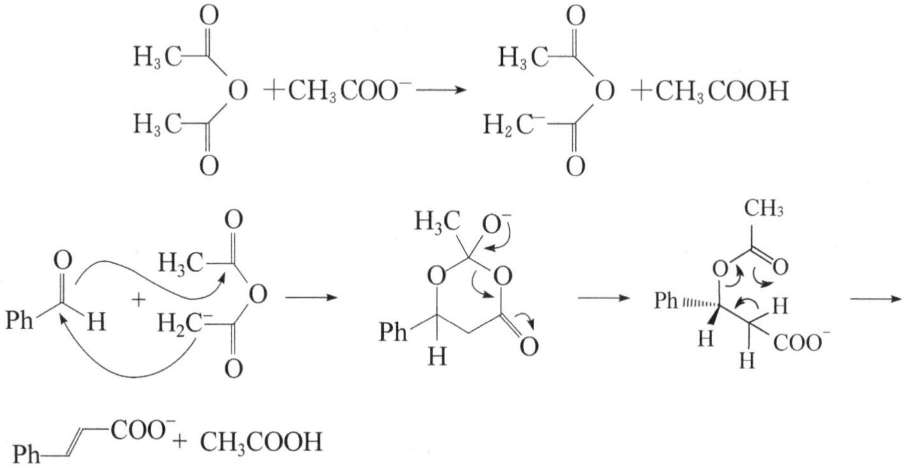

即

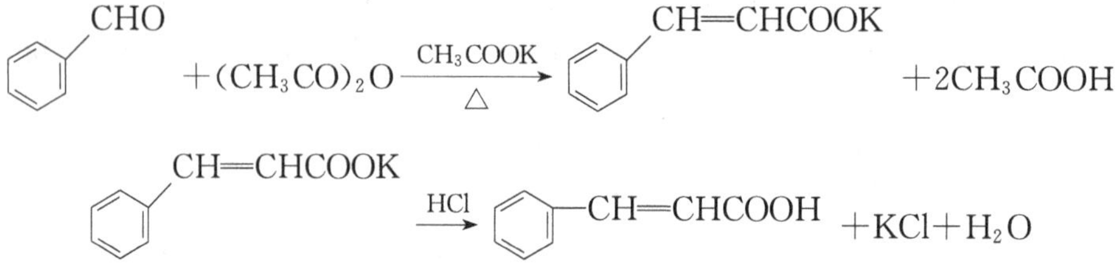

本实验的主要副反应有乙酸酐的水解和苯甲醛在碱性条件下的歧化反应。

$$(CH_3CO)_2O \xrightarrow[\triangle]{H_2O} 2CH_3COOH$$

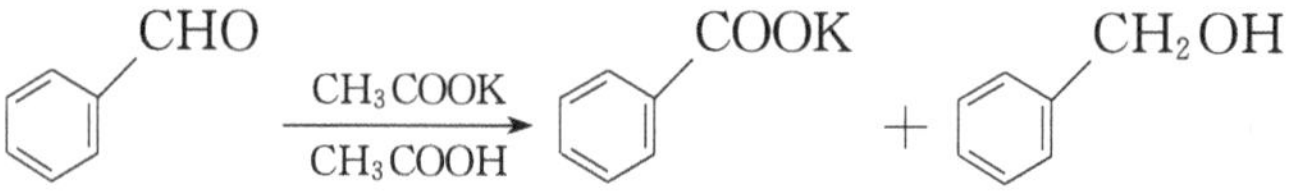

仪器和药品

仪器:磁力搅拌电加热套、250mL 圆底三口烧瓶、球形冷凝管、直形冷凝管、水蒸气蒸馏装置、温度计(0～250℃ 或 0～300℃)。

药品:新蒸苯甲醛 3.2g(3mL,0.03mol)、无水乙酸钾 3g (0.03mol)、乙酸酐 6.0g(5.5mL,0.06mol)、饱和碳酸钠溶液、浓盐酸、活性炭。

实验步骤

在装有温度计、球形冷凝管的 250mL 圆底三口烧瓶中加入一枚磁子、3g 研细的无水乙酸钾[注1]、3mL 苯甲醛和 5.5mL 乙酸酐,侧口用胶塞封紧。小心开动磁力搅拌,调整温度计使水银球大部分在液面下。调节电热套电压,加热回流 1h,回流过程中维持反应温度在 165～170℃。

反应完毕后,降温到 100℃ 以下,加入 20mL 水,然后缓慢地加入饱和碳酸钠溶液[注2],直至反应混合物显微碱性。改装成蒸馏装置,对反应混合物进行水蒸气蒸馏,直至无油状物蒸出。稍冷,在残余液中加入少量活性炭,煮沸几分钟[注3],用预热好的布氏漏斗减压过滤[注4],

滤液用 5mL 浓盐酸酸化至显强酸性。冷却，待肉桂酸结晶全部析出后，减压过滤，用少量冷水淋洗产品，用玻璃塞挤压出水分，自然干燥得产品。粗产品可用 30%乙醇水溶液重结晶。

本实验制备的肉桂酸主要为反式异构体。纯的反式肉桂酸为无色晶体，熔点 135.6℃。

注释

[注 1] 柏琴反应为无水反应，所用仪器必须充分干燥(一般用烘箱或气流烘干器烘干)。

[注 2] 此步可以用固体碳酸钠或碳酸钾，但不能用氢氧化钠代替。

[注 3] 使用活性炭脱色时，要防止煮沸时间过长，造成脱附现象发生，反而脱色效果不佳。

[注 4] 进行热过滤时，用布氏漏斗代替热滤漏斗更方便、快捷，产率高。使用前要将布氏漏斗放在热水中浸泡。稍微减压即可，最好使用双层滤纸，以防抽破。

思考题

(1) 进行柏琴反应时，使用久置苯甲醛会有什么问题？

(2) 不能用氢氧化钠代替碳酸钠的原因是什么？

(3) 本实验用水蒸气蒸馏除去什么？是否有其他方法？

(4) 苯甲醛分别与丙二酸二乙酯、乙醛和过量丙酮反应得到什么产物？如何进一步合成肉桂酸？

(5) 写出苯甲醛在乙酸钾存在下歧化反应的机理。

实验三十四　苯甲醇与苯甲酸的制备

实验目的

(1) 掌握无 α-氢原子的醛在浓强碱溶液中的歧化反应及原理。

(2) 进一步熟悉萃取操作。

实验原理

无 α-氢原子的醛在浓的强碱溶液中进行坎尼扎罗(Cannizzaro)歧化反应，一分子醛被氧化成羧酸盐，经酸化后得到羧酸，同时另一分子醛被还原成醇。反应式：

$$2PhCHO + NaOH \longrightarrow PhCOONa + PhCH_2OH$$

$$PhCOONa \xrightarrow{HCl} PhCOOH$$

反应机理：

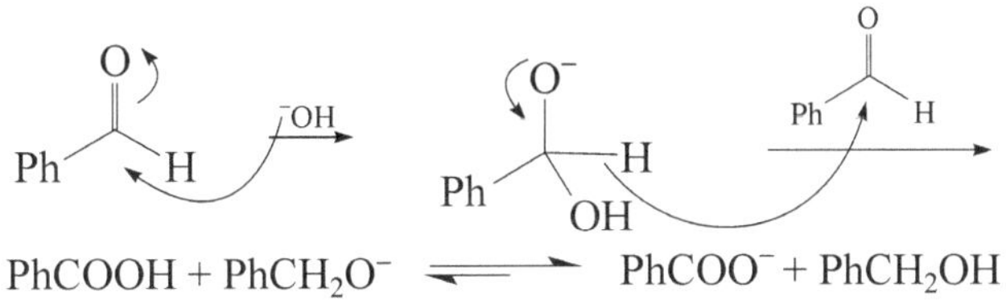

仪器和药品

仪器：电动搅拌器、电加热套、圆底三口烧瓶、球形冷凝管、分液漏斗、布氏漏斗、吸滤瓶。

药品：氢氧化钠 8g(0.2mol)、苯甲醛 10.5g (10mL，0.1mol)、甲苯、饱和亚硫酸氢钠溶液、10%碳酸钠溶液、浓盐酸。

实验步骤

在 250mL 圆底三口烧瓶上安装电动搅拌器和球形冷凝管，加入 8g 氢氧化钠和 30mL 水，稍冷，加 10mL 新蒸过的苯甲醛[注]，将侧口用塞子塞住(图 9-34-1)。搅拌下电加热套加热回流 1h。当苯甲醛油层几乎消失，反应物透明时停止加热。

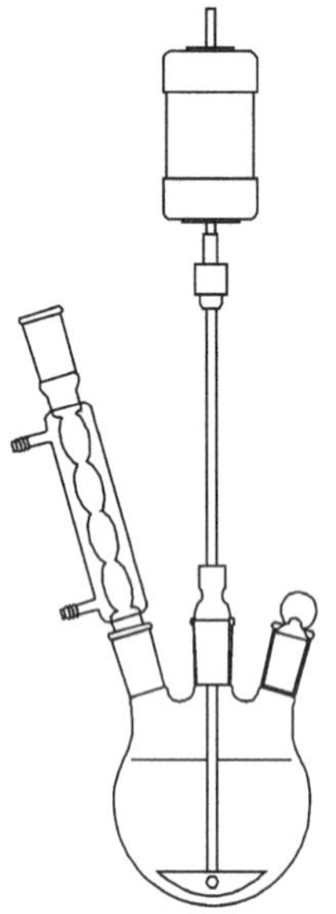
图 9-34-1 电动搅拌装置

1. 苯甲醇的制备

反应物冷却后倒入分液漏斗中，用 30mL 甲苯分三次萃取。分出的萃取液合并，倒入另一分液漏斗中，水层保存作下步实验。

用 5mL 饱和亚硫酸氢钠溶液洗涤萃取液，分出水层。再依次用 10mL 10%碳酸钠溶液和 10mL 水洗涤，每次洗涤后均需将水相分净。最终甲苯层从分液漏斗上口倒入干燥的磨口锥形瓶中，加入无水硫酸钠干燥约 15min。

干燥后的甲苯溶液小火加热进行蒸馏，蒸出甲苯，回收。然后改用空气冷凝器进行蒸馏，收集 204～206℃馏分，即为苯甲醇，产量 3～4g。

纯苯甲醇为无色液体，沸点 205℃，$d_4^{20}=1.0453$，$n_D^{20}=1.5403$。

2. 苯甲酸的制备

将上述第一步中保存的水溶液在不断搅拌下慢慢加入浓盐酸酸化至弱酸性。冷却后将析出的苯甲酸晶体进行抽滤，用少量的水洗涤一次，再抽干。粗产品用水进行重结晶，产量 4～5g。

注释

[注] 苯甲醛长期放置易被空气氧化形成苯甲酸。

思考题

(1) 甲苯萃取时甲苯层在上层还是下层？

(2) 萃取液用饱和亚硫酸氢钠溶液洗涤的目的是什么？用碳酸钠溶液洗的目的是什么？如果不用碳酸钠洗，在蒸馏苯甲醇时可能会有什么副反应发生？

(3) 苯甲醛在低温和浓氢氧化钠存在下，可能生成苯甲酸苄酯，写出反应机理。

(4) 写出下列产物在浓碱存在下的产物。

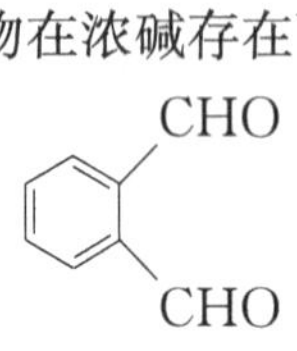

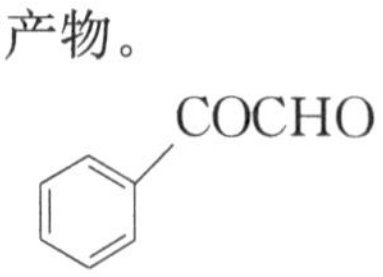

OHCCHO

实验三十五 天然色素的提取及薄层色谱分析——绿色化学实验Ⅰ

实验目的

(1) 了解“绿色化学”的概念。

(2) 了解合成苯乙烯-丙烯酸酯类共聚物的方法。

(3) 掌握用表面活性剂提取天然产物的方法。

(4) 掌握薄层色谱分析的原理和基本方法。

实验原理

用适合的萃取液提取天然物质，再利用薄层色谱进行分离。薄层色谱是色谱分析的一种方法，和柱色谱一样属于固液吸附色谱。其基本原理是利用混合物中各组分的吸附(分配)的不同，或其他亲和作用性能的差异，通过在两相之间的分配使混合物各组分得到分离。

仪器和药品

仪器：圆底三口烧瓶、圆底烧瓶、回流冷凝管、机械搅拌、烧杯、展开瓶、载玻片、毛细管。

药品：丙烯酸、丙烯酸丁酯、苯乙烯、正丁醇、蒸馏水、氢氧化钠、过硫酸钾、番茄酱、磷酸、GF254 硅胶板、石油醚。

实验步骤

1. 苯乙烯-丙烯酸酯共聚物(CPS)的合成

在 250mL 圆底三口烧瓶中加入 25.0g 丙烯酸、5.0g 丙烯酸丁酯、10.0g 苯乙烯、50mL 正丁醇和 100mL 蒸馏水，然后依次加入 2.0g 氢氧化钠、1.0g 过硫酸钾，装上机械搅拌和回流冷凝管，在加热套上加热回流 1h(注意回流速度不要太快，三口瓶不要和加热套直接接触)。冷却后得到白色的黏稠状液体待用。

2. 天然色素的提取

番茄和胡萝卜中都含有红色色素——番茄红素和黄色色素——β-胡萝卜素，这些都属于类胡萝卜素。它们的结构为

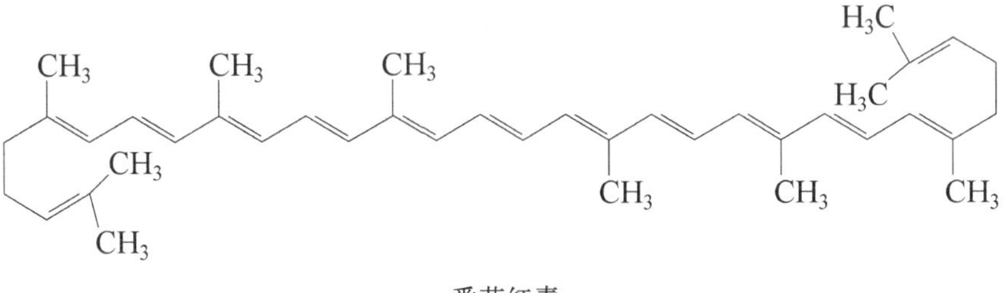

番茄红素

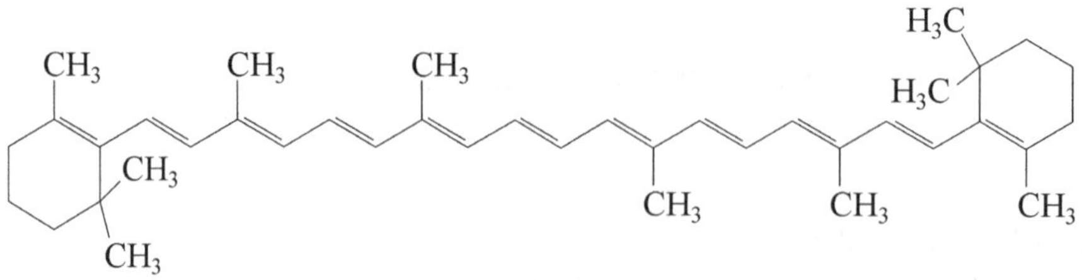

β-胡萝卜素

在 100mL 烧杯中加入 40mL 水，0.5g CPS，4.0g 番茄酱，搅拌均匀后倒入 100mL 圆底烧瓶中，加入磁子，装上回流冷凝管，搅拌回流 20min，停止加热。冷却至室温后，将烧瓶中液体减压过滤，得到的滤液倒入烧杯中，加入 85%的磷酸调节溶液的 pH=1。搅拌使沉淀充分析出，减压过滤，得到红色沉淀。

3. 薄层色谱分析

薄层色谱使用样品量少（0.01μg 到几微克），操作简单快速，可用来分离（精制）、鉴别样品，特别适用于挥发性小以及在高温下易发生变化的化合物的分析。它所使用的条件也是用于柱色谱的先导。

薄层色谱通过制浆、涂片、点样、展开及显色几个步骤完成，以下主要介绍点样及展开的操作。

(1) 点样。在活化好的薄层板下端约 1cm 处的边上轻轻地用铅笔划一道起始线。用一根内径约 1mm 的毛细管吸取制备好的试样。吸取的试样不要太多，防止样点扩散。在起始线的中央轻轻地接触薄层板，点样要迅速，接触即刻移开。待样点溶剂挥发后再重复点样三四次。样点直径不要超过 2mm，太大会出现拖尾现象。如果在一块薄层板上点两个以上的样点要分开距离。样点点好后就可以展开。

(2) 展开。为使混合物的组分能满意地分开，应选好合适的展开剂。展开剂的选择主要根据样品的极性、溶解度和吸附剂的活性等因素考虑，一般通过实验确定。本实验选择的展开剂是乙酸乙酯和石油醚（体积比 1∶50）的混合液。

将展开剂倒入展开瓶或合适的广口瓶中，使液面在样点的下方，不要接触到样点，否则样点会被溶入展开剂中无法进行展开。

将薄层板小心斜放在展开瓶中盖好盖，观察展开剂通过毛细管作用沿板上行。此时溶剂上行很快，必须留心观察。当展开剂上行至距离涂层顶端约 5mm 时，将薄层板小心取出，用铅笔作好溶剂前沿的位置记号。样点各组分随展开剂上行的同时被展开在不同高度而形成各个有色斑点，取斑点的中心位置做好标记。如果斑点没有颜色就用显色法使斑点显示出来。一种方法是在色谱缸中或密闭的容器中放入几粒碘，把展开后的薄层板放入，待斑点明显时取出做好标记。另一种方法是带有荧光的硅胶可用紫外灯照射观察斑点。如果以上两种方法均不能显色，则考虑用磷钼酸或高锰酸钾等溶液进行显色。

4. 比移值的计算

比移值 R_f 是表示色谱图上斑点位置的数值，用来鉴定未知的化合物。因某个特定化合物所移动的距离与溶剂前沿所移动的距离相比是一个恒定数值。任何一种特定的化合物的 R_f 值是一个常数，由于在操作过程中不可能完全准确地重复所测定的条件，因此 R_f 值不易重复，但参考已知数据作相对的比较还是有一定意义的。

R_f 值计算如下：

$$R_f = a/b = \text{样点所移动的距离/溶剂前沿移动的距离}$$

式中，a、b 的意义见图 9-35-1：

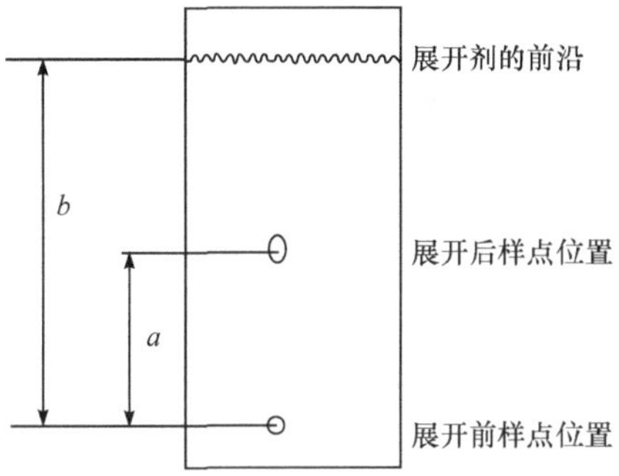

图 9-35-1 薄层色谱分析结果

第二块板重复做一次，选择较好的一块板进行测量并计算 R_f 值。

实验三十六 反式-1,2-二苯乙烯的制备

实验目的

(1) 掌握维悌希(Wittig)反应原理和制备二苯乙烯的方法。

(2) 掌握季鏻盐的制备方法。

(3) 掌握半微量实验的操作方法。

实验原理

1. 季鏻盐的制备

三苯基膦与苄基氯反应生成季鏻盐：

$$(C_6H_5)_3P + ClCH_2C_6H_5 \longrightarrow (C_6H_5)_3\overset{+}{P}CH_2C_6H_5 \; Cl^-$$

2. 维悌希反应

季鏻盐在强碱作用下失去一分子卤化氢形成稳定的磷叶立德(ylide)，此分子中碳与磷形成 p-d 轨道重叠的 π 键，具有很强的极性，碳上带有负电荷，故而磷叶立德是一种很强的亲核试剂，可与醛、酮的羰基发生亲核加成反应，最后消去三苯基氧膦产生烯烃。此反应称为维悌希反应。

维悌希反应有一定立体选择性。由于此反应中季鏻盐和苯甲醛反应中有两个苯基，空间位阻作用较大，因此形成的 1,2-二苯乙烯以反式为主，但仍会有一定量的顺式异构体。

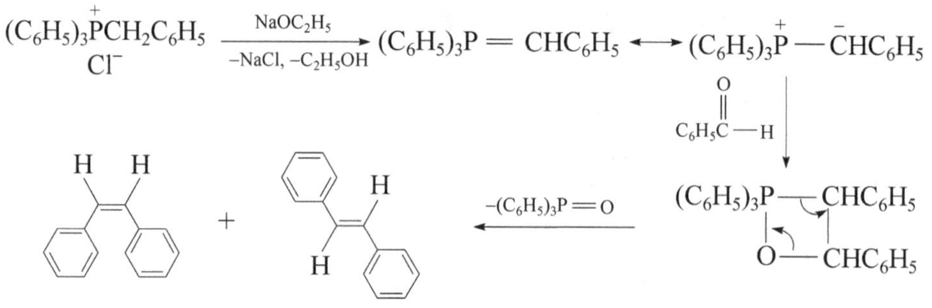

顺式-1,2-二苯乙烯　　反式-1,2-二苯乙烯

仪器和药品

仪器：25mL 圆底烧瓶（两个）、氯化钙干燥管、直形和球形冷凝管、玻璃布氏漏斗、磨口锥形瓶、滴管、量筒、磁力搅拌电加热套。

药品：三苯基膦[注1]、氯化苄[注2]、二甲苯、氯仿、金属钠、苯甲醛、无水乙醇、无水乙醚。

实验步骤

在 25mL 圆底烧瓶中加入 0.4g (1.5mmol) 三苯基膦和 0.5mol · L^{-1}氯化苄的氯仿溶液 3mL，装上带有干燥管的球形冷凝管，搅拌加热回流 40min。拆去球形冷凝管，换上简单蒸馏装置蒸去氯仿，析出白色固体。加入 3mL 二甲苯，用带乳胶头的吸管小心地、少量分批地将析出的白色固体和溶剂转移到铺有一层滤纸的玻璃布氏漏斗上进行减压过滤，分别用 1mL 二甲苯（两次）和 2mL 乙醚洗涤白色固体，收集此季鏻盐到预先干燥并称量的 50mL 圆底烧瓶中，记录产品质量，然后进行下一步反应。

在已装有季鏻盐的 50mL 圆底烧瓶中加入 0.75mol · L^{-1}苯甲醛的无水乙醇溶液2mL，搅拌下用干燥的吸管快速滴加新鲜制备的 1 .5mol · L^{-1}的乙醇钠[注3]溶液 1mL，然后立即装上氯化钙干燥管，室温下搅拌 20min 后，再加入 2mL 水，此时会有白色固体[注4]析出。通过玻璃布氏漏斗抽滤，收集并称量白色固体，即得反式- 1,2 -二苯乙烯。

纯反式- 1,2 -二苯乙烯，熔点 122～124℃。

注释

[注 1] 三苯基膦有毒，如与皮肤接触应立即用肥皂和水充分洗净。

[注 2] 氯化苄对眼睛有强烈刺激作用，如沾在皮肤上要用大量水冲洗，再用肥皂擦洗。

[注 3] 乙醇钠溶液可以统一制备。在 100mL 圆底烧瓶中加入 50mL 无水乙醇和 1.75g 切成小块的金属钠，装上球形冷凝管和氯化钙干燥管，直到金属钠完全消失，即得乙醇钠溶液。

[注 4] 反式- 1,2 -二苯乙烯分子无极性，在水中溶解度较小。在 60%乙醇溶液中三苯氧膦可溶解，不会析出，而反式- 1,2 -二苯乙烯大部分可以析出，在溶液中还有一部分顺式- 1,2 -二苯乙烯。

思考题

(1) 用维悌希反应制备烯烃有哪些特点？反应机理怎样？

(2) 由醛酮制备烯烃还可以通过哪些途径？

实验三十七 溴乙烷的制备[注1]

实验目的

(1) 学习并掌握用醇和氢卤酸反应制取卤代烷的原理和基本操作。

(2) 学习低沸点化合物的制备、分离和提纯方法。

实验原理

溴化钠与硫酸反应生成氢溴酸,醇在硫酸催化下和氢溴酸作用可以生成溴代烷。

反应式:

$$NaBr + H_2SO_4 \longrightarrow HBr + NaHSO_4$$

$$C_2H_5OH + HBr \xrightleftharpoons{H_2SO_4} C_2H_5Br + H_2O$$

副反应:

$$2C_2H_5OH + HBr \xrightarrow{H_2SO_4} H_5C_2OC_2H_5 + H_2O$$

$$C_2H_5OH \xrightarrow{H_2SO_4} CH_2{=}CH_2 + H_2O$$

反应机理如下:

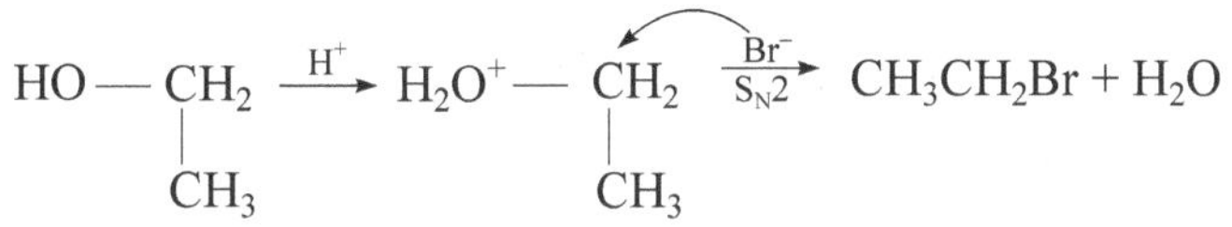

仪器和药品

仪器:电加热套、100mL 圆底烧瓶、蒸馏头、直形冷凝管、接引管、锥形瓶两个、分液漏斗、50mL 圆底烧瓶。

药品:乙醇 7.9g(10mL,0.165mol)、无水溴化钠 13g (0.126mol)、浓硫酸($d_4^{20}=1.84$)19mL、亚硫酸氢钠。

实验步骤

向一锥形瓶内先加入 9mL 水,在冷却和振荡下,慢慢加入 19mL 浓硫酸,冷却后再缓慢加入 10mL 乙醇。向 100mL 圆底烧瓶内加入 13g 无水溴化钠[注2],按图 9-37-1 装好普通蒸馏装置,蒸馏装置接引管末端浸入锥形瓶中液面之下,接引管抽气口装上气球缓冲装置。将冷却好的稀硫酸和乙醇混合液通过长颈漏斗加入圆底烧瓶内,迅速盖上塞子。缓慢加热(电压<150V),可观察到溴化钠表面有气泡产生。控制电压大小,慢慢蒸出反应油状物[注3]。当剩余固体不多时可适当加大电压,使反应完全直到无油滴蒸出。

将锥形瓶中大量的水先倾倒出一部分,剩余部分与馏出液一起用分液漏斗分离。将下层的溴乙烷粗品放入干燥的锥形瓶中,在冰水冷却下逐滴加入浓硫酸,振荡至溴乙烷层澄清并分层,约需 4mL 浓硫酸。用干燥的分液漏斗小心将硫酸分出,溴乙烷层从分液漏斗上口倒入干燥的 50mL 圆底烧瓶中。装好干燥的蒸馏装置进行蒸馏,蒸出溴乙烷,收集37～40℃的馏分。记录产品状态、实际沸程、产量和产率。

纯净溴乙烷为无色液体,沸点 38.2℃,$d_4^{20}=1.4612$,$n_D^{20}=1.4242$。

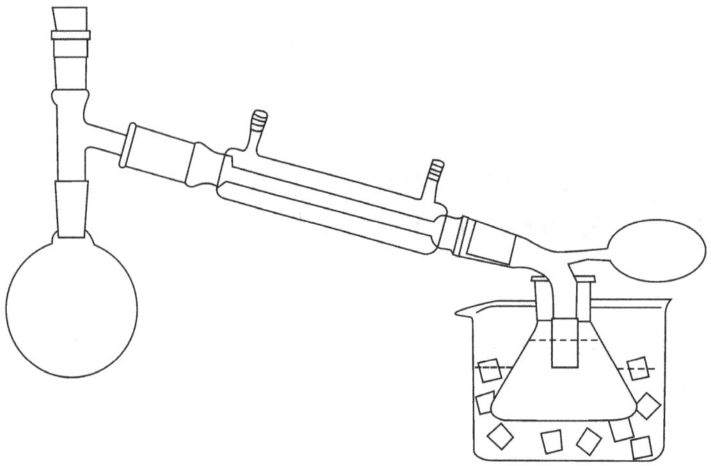

图 9-37-1　制备溴乙烷反应装置图

检验与测试

1. 硝酸银乙醇溶液实验

多数卤代烃可与硝酸银作用生成卤化银沉淀：

$$RX + AgNO_3 \longrightarrow AgX\downarrow + RONO_2$$

取 0.5mL 硝酸银乙醇溶液，放入干净的试管中，加入 2 滴新制的溴乙烷样品，振荡后静置 3min，观察有无沉淀。如果不析出沉淀，在水浴中温热 2～3min，再观察现象。

2. 碘化钠的丙酮溶液试验

多数氯代烃或溴代烃可与碘化钠反应生成氯化钠或溴化钠：

$$RCl + NaI \xrightarrow{\text{丙酮}} RI + NaCl\downarrow$$

$$RBr + NaI \xrightarrow{\text{丙酮}} RI + NaBr\downarrow$$

此外，可以通过折射率、气相色谱或 ^{1}HNMR 测试溴乙烷纯度。

注释

［注 1］本实验及“苯乙醚的制备”实验既可单独开设，也可以组成一个系列实验。

［注 2］如用含有结晶水的 NaBr，应将含水量扣除；如果溴化钠粘在瓶口，一定在加乙醇时将其冲下去或用纸擦拭掉，否则会导致体系密闭不严，溴乙烷泄露。

［注 3］如果油状物为棕黄色，说明溴被分解出来。可以加入亚硫酸氢钠除去颜色。

思考题

(1) 制备溴乙烷时为什么加入一定量的水？

(2) 本实验中，在制备溴乙烷的反应中和粗产物的处理都用到硫酸，各自的目的是什么？

(3) 本实验中，为什么反应物间物质的量比不是 1∶1？在计算产率时，选用何种原料为依据？

(4) 如何判断装置的气密性？

(5) 实验以什么作为反应终点？这有什么依据？

(6) 本实验极易产率不高，分析其原因。

(7) 为了减少溴乙烷的挥发，实验中采取了哪些措施？

参考文献

Kamm O, Marvel C S. 1921. Allcyl and Alkylene Bromides. Org. Synth. ,1:3.

实验三十八 苯乙醚的制备

实验目的

(1) 掌握醚的威廉森(Williamson)合成法及反应原理。

(2) 进一步熟悉磁力搅拌器的使用方法。

实验原理

苯酚与氢氧化钠作用形成苯酚钠，苯酚钠与溴乙烷发生 S_N2 反应生成苯乙醚。威廉森合成方法可以合成单醚，也可以合成混醚。在该反应中，亲核试剂是酚氧负离子或烷氧负离子，所用卤代烃最好是不容易发生消除反应的伯卤代烃，活性次序是碘代烃>溴代烃>氯代烃。

反应式：

$$PhOH + NaOH \longrightarrow PhONa + H_2O$$

$$PhONa + CH_3CH_2Br \longrightarrow PhOCH_2CH_3 + NaBr$$

副反应：

$$CH_3CH_2Br + NaOH \longrightarrow CH_3CH_2OH + NaBr$$

$$CH_3CH_2Br + NaOCH_2CH_3 \longrightarrow CH_3CH_2OCH_2CH_3$$

仪器和药品

仪器：磁力搅拌电加热套、球形冷凝管、圆底烧瓶、蒸馏头、温度计、直形冷凝管。

药品：苯酚乙醇溶液(由 500g 苯酚和 500mL 乙醇配制而成，相对密度约 0.99)、氢氧化钠、溴乙烷(实验四十三制备)、饱和氯化钠溶液、无水氯化钙。

实验步骤

称量 5g 氢氧化钠，加入 100mL 圆底烧瓶中，然后依次加入 20mL 苯酚乙醇溶液和实验四十三制备的溴乙烷，迅速装上球形冷凝管，加热搅拌回流 1h。此时可见烧瓶中有大量的白色固体生成，停止加热，改装成蒸馏装置，蒸出 10mL 液体(主要是乙醇、未反应的溴乙烷)。停止蒸馏后，在烧瓶中加入 30mL 10%的氢氧化钠溶液，搅拌到烧瓶中固体全部溶解。

将烧瓶中液体倒入分液漏斗中静置分层，分出上层有机物，用无水硫酸钠干燥。干燥好的有机物在干燥的蒸馏装置中进行简单蒸馏，收集 167～173℃的馏分。

纯苯乙醚为无色液体，沸点 169.8℃，$d_4^{20}=0.967$，$n_D^{20}=1.5074$。

思考题

(1) 反应过程中产生的大量白色固体是什么？

（2）加入 30mL 10%氢氧化钠溶液的目的是什么？

（3）如果你是一个化工工艺工程师，针对苯乙醚的生产，你想用何种方法改进工艺，以降低生产成本、减少环境污染？请画出改进后的工艺流程简图。

实验三十九　溴苯的制备[注1]

实验目的

（1）掌握芳烃卤代的原理和制备方法。

（2）掌握电动搅拌器的使用和气体吸收操作。

实验原理

芳香族卤代物是指卤素直接和苯环相连接的化合物，它的制法和卤代烷不同，一般是用卤素（氯或溴）在三卤化铁或铁粉催化下与芳香族化合物作用，通过芳香化合物的亲电取代反应将卤原子直接引入芳环。当使用铁粉时，铁粉先和卤素作用生成三卤化铁，所以真正的催化剂仍然是三卤化铁。

反应的机理如下：

$$2Fe + 3Br_2 \longrightarrow 2FeBr_3$$

$$FeBr_3 + Br_2 \rightleftharpoons Br^+[FeBr_4]^-$$

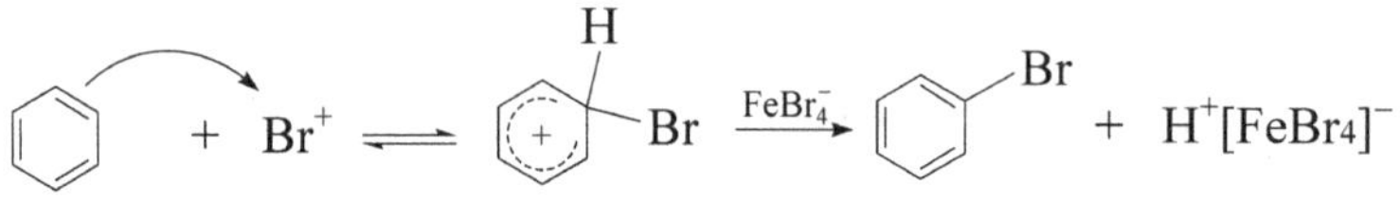

$$H^+[FeBr_4]^- \longrightarrow FeBr_3 + HBr$$

该反应开始前通常有一个诱导期，开始时反应不明显，过一段时间后反应进行很剧烈。为了避免反应过于剧烈和减少副产物二溴代苯的生成，必须将溴慢慢地滴加到过量的苯中。三卤化铁很容易水解失效，所以反应时所用的试剂和仪器都应该是无水和干燥的。

主反应：

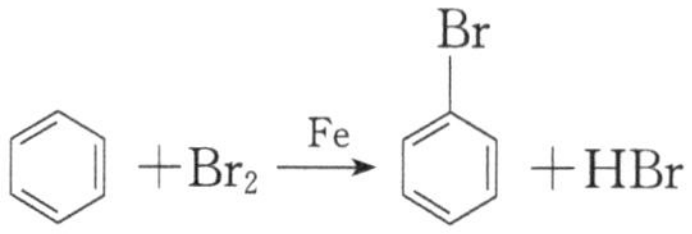

主要副反应：

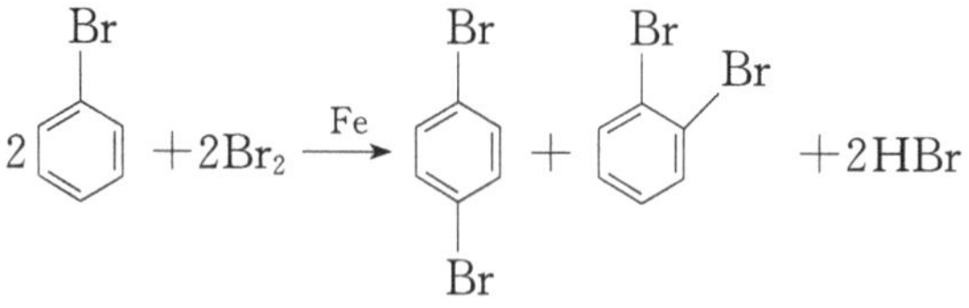

仪器和药品

仪器：250mL 圆底三口烧瓶、电加热套、电动搅拌器、恒压滴液漏斗、球形冷凝管、布氏漏斗、空气冷凝管、气体吸收装置一套、分液漏斗。

药品：苯（无水）10g（11.5mL，0.13mol）、溴 15.6g（5mL，0.1mol）、铁粉或铁屑 0.25g、饱和亚硫酸氢钠溶液、无水氯化钙。

实验步骤

在干燥的250mL圆底三口烧瓶[注2]上分别安装电动搅拌器、球形冷凝管和恒压滴液漏斗，在冷凝管顶端连接溴化氢气体吸收装置[注3]。向圆底三口烧瓶内加入11.5mL苯和0.25g铁屑，滴液漏斗中加入5mL溴[注4]。

在圆底三口烧瓶中先滴入1mL溴，片刻后反应即开始(必要时可用电吹风稍微加热)，可观察到有溴化氢气体逸出。然后在搅拌下慢慢滴入其余的溴，使溶液保持微沸[注5](约25min加完)。加完溴后，再用电加热套加热15min，直到无溴化氢气体逸出。向反应瓶内加入15mL水，搅拌1min，将反应物倒入分液漏斗中(勿使铁屑倒入)，分出有机层。粗产物依次用10mL饱和亚硫酸氢钠溶液和10mL水各洗涤一次。分出有机相并用无水氯化钙干燥。干燥好的粗产物进行蒸馏，收集140～170℃的馏分[注6]。将此馏分再蒸一次[注7]，收集154～160℃的馏分。

纯溴苯的沸点为156℃，$d_4^{20}=1.4952$，$n_D^{20}=1.5602$。

注释

[注1] 本实验与“三苯甲醇的制备”实验可以组成一个系列实验。

[注2] 实验仪器必须干燥，否则反应开始很慢，甚至不发生反应。实验开始前应检查仪器装置是否严密，滴液漏斗必须涂好凡士林。

[注3] 冷凝管顶端连接一弯管，引入到盛水的锥形瓶，但管口要稍稍离开水面，防止倒吸。

[注4] 溴对皮肤的腐蚀性极强，取溴必须在通风橱中进行，要戴好防护镜和手套，注意不要吸入溴蒸气，更不能滴到手上！量取溴的一个简便方法是，先通过漏斗将溴加入到酸式滴定管中，固定好，然后根据需要直接加到恒压滴液漏斗中。

[注5] 溴加入速度过快则反应剧烈，二溴苯产量增加，同时由于较多的溴和苯随溴化氢逸出而降低溴苯产量。

[注6] 蒸馏残液中含有邻二溴苯与对二溴苯。将残液趁热倒在表面皿上，凝固后用滤纸吸去邻二溴苯。固体用乙醇重结晶：将固体置于25mL锥形瓶中，在热水浴加热下滴入乙醇，直至固体全部溶解后，再多加乙醇0.5～1mL，稍冷后，加少许活性炭，在水浴上微热半分钟，然后用置有折叠滤纸的小漏斗过滤。滤液冷却后即析出白色片状结晶，用玻璃布氏漏斗抽滤，产物干燥后测熔点。纯粹对二溴苯的熔点为87.3℃。

[注7] 二次蒸馏可除去夹杂的少量苯，得较纯的溴苯。

思考题

(1) 在实验中，如何尽量减少二溴化物的生成？在本实验中如果生成3g二溴化物，那么溴苯的最高产量是多少？

(2) 在本实验反应完成后先加入15mL水，能除去什么？

(3) 用亚硫酸氢钠溶液洗涤的目的是什么？

(4) 苯和溴中如果含水，对本反应有什么影响？

实验四十 三苯甲醇的制备

实验目的

(1) 学习并了解格利雅(Grignard)试剂的制备及格利雅反应。

(2) 掌握无水、无氧反应条件的控制。

实验原理

卤代烃在无水的醚中与金属镁作用,生成烃基卤化镁 RMgX,即为格利雅试剂。格利雅试剂可以与羧酸酯依次进行亲核取代和亲核加成反应,得到烃氧基卤化镁,后者酸化即得叔醇。

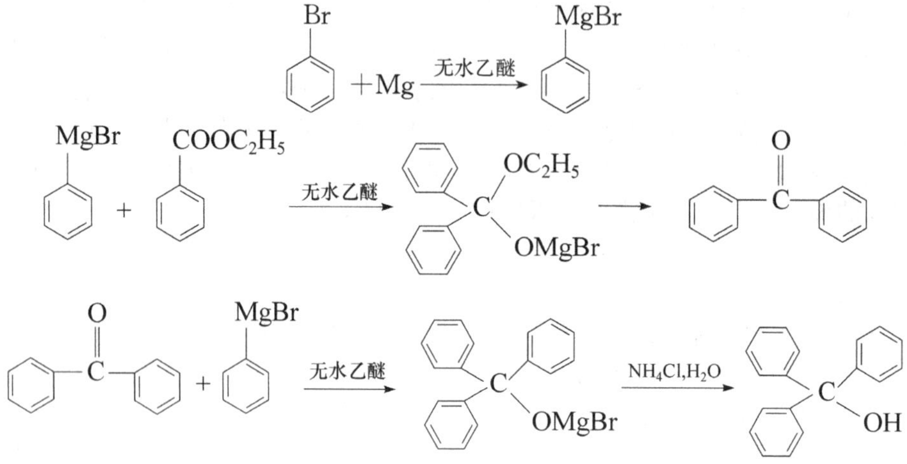

仪器和药品

仪器:磁力搅拌电加热套、100mL 圆底三口烧瓶、球形冷凝管、恒压滴液漏斗、温度计、分液漏斗、氯化钙干燥管、锥形瓶等。

药品:镁屑 1.5g、溴苯 10.5g (7mL, 0.068mol)、无水乙醚 30mL(21.2g)、苯甲酸乙酯 4mL (4.2g,0.016mol)、碘少量、氯化铵等。

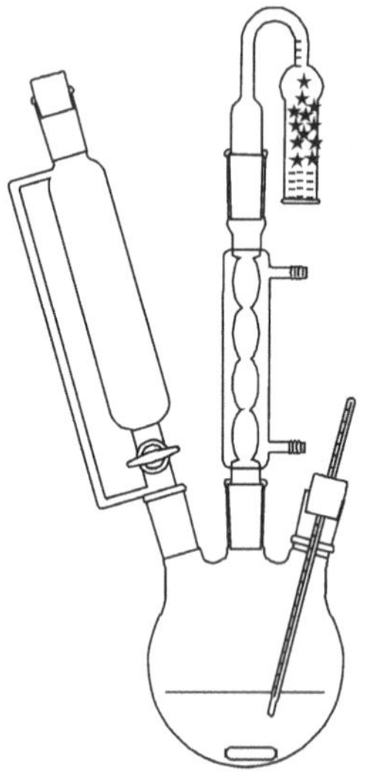

图 9-40-1 三苯甲醇制备装置

实验步骤

如图 9-40-1 所示,在 100mL 圆底三口烧瓶中间口上装球形冷凝管(上方加干燥管)[注1],一侧口上装恒压滴液漏斗。在圆底三口烧瓶中加入 1.5g 镁屑[注2]和一枚磁子,在滴液漏斗下方加入 1~2 粒碘(勿搅动)[注3],装好温度计。另取 7mL 溴苯溶于 20mL 无水乙醚中,加入恒压滴液漏斗中,使装置严密。先滴加 5mL 混合液于圆底三口烧瓶中,片刻即发生反应,碘的颜色逐渐消失。如仍不反应,可适当加热促其反应。当反应开始后,开动搅拌,将剩余的溴苯乙醚溶液慢慢滴入,保持反应液微沸[注4]。滴加完毕后,调节加热电压,继续保持微沸直到镁屑消失。

用冰水浴冷却圆底三口烧瓶,搅拌下将 4mL 苯甲酸乙酯与 10mL 无水乙醚混合液自恒压滴液漏斗逐滴加入。滴加完毕,加热回流 0.5h。

稍冷后,通过滴液漏斗向圆底三口烧瓶中慢慢加入 30mL 饱和氯化铵水溶液[注5,注6]。将反应混合物倒入分液漏斗中，分出醚层并加入到 100mL 圆底烧瓶中，加入 30mL 水和几粒沸石，进行水蒸气蒸馏，蒸出乙醚、未反应的溴苯和联苯，直到无油状物蒸出。此时圆底烧瓶中三苯甲醇呈固体析出，冷却后，减压过滤并用水淋洗固体两三次。粗产物用 80%乙醇重结晶，得到白色棱状三苯甲醇结晶。

纯三苯甲醇的熔点为 160～163℃。

注释

［注 1］本实验必须无水操作，各反应仪器和试剂必须充分干燥或除水后使用。

［注 2］镁屑最好是新刨制的。如使用表面有氧化层的镁屑，可用 5%盐酸溶液浸泡几分钟，再依次用水、乙醇、无水乙醚洗涤，抽干即可。

［注 3］由于溴苯与镁反应不易引发，故加入少量碘引发反应。

［注 4］为防止反应过于激烈以及生成偶联副产物，滴加溴苯乙醚溶液不宜过快。

［注 5］饱和氯化铵水溶液由 7.5g 氯化铵和 32mL 水配制而成。

［注 6］开始滴加氯化铵水溶液时放热比较剧烈，因此要慢慢滴加以防乙醚冲出。如反应瓶中仍有絮状氢氧化镁没有溶解，可以加入适量稀盐酸使其溶解，但盐酸不宜过量。

思考题

(1) 在制备格利雅试剂时溴苯一次加入是否可以？其后果怎样？

(2) 在制备格利雅试剂时有哪些副反应？如何避免？

(3) 本实验采用氯化铵溶液分解加成产物，还可以采用什么试剂？

(4) 本实验水解前要求试剂、仪器必须干燥原因是什么？应采取什么办法？

(5) 在制备苯基溴化镁时，采取什么措施引发反应？还可以用什么方法？

(6) 用混合溶剂进行重结晶时，何时加入活性炭为宜？采用何种溶剂洗涤结晶？

实验四十一 乙酸乙酯的制备[注1]

实验目的

(1) 通过乙酸乙酯的制备加深对酯化反应的理解和可逆反应的调控。

(2) 掌握回流、蒸馏以及液体洗涤、分离和干燥的操作方法。

实验原理

有机酸和醇在强酸催化下发生可逆的酯化反应生成酯：

$$CH_3-\overset{\overset{\large O}{\|}}{C}-OH + C_2H_5OH \overset{H^+}{\rightleftharpoons} CH_3-\overset{\overset{\large O}{\|}}{C}-OC_2H_5 + H_2O$$

对于乙酸和乙醇的酯化反应来讲，其平衡常数约为 4，即用等物质的量的乙酸和乙醇进行反应，达到平衡后只有三分之二的原料转变为乙酸乙酯(产率最高只有 66.7%)。为使平衡向右移动，提高产率，生产过程中常采用增加某种价格较低廉的原料(醇或酸)的用量或不断将产物酯或水蒸出的办法。当原料沸点都比水高时，不断蒸出反应生成的水是最佳选择。例如，乙酸和丁醇酯化制备乙酸丁酯，常用浓硫酸、氯化氢、对甲苯磺酸等作催化剂。反应按如下机理进行：

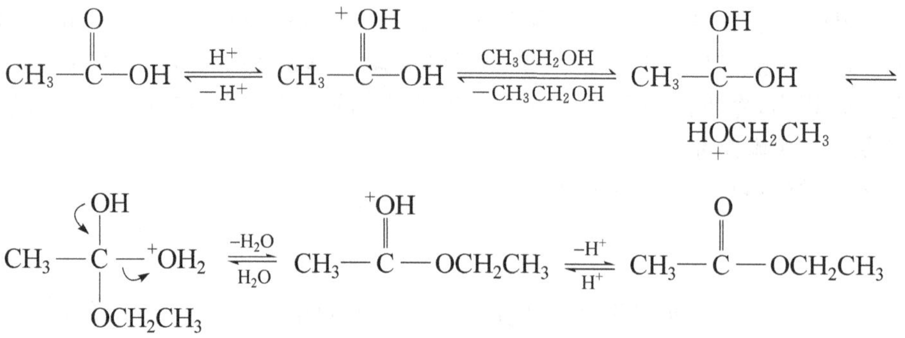

也有用强酸性阳离子交换树脂、硫酸氢钠、杂多酸等固体酸作催化剂，固体酸容易通过过滤分离，可以反复使用，比较绿色环保，但反应速度较慢是其弱点。若用浓硫酸作催化剂，其用量是醇的 0.1%～0.5% 即可。增加氢离子浓度或升高温度能缩短动态平衡建立的时间。本实验使用了较多的浓硫酸，一是为了缩短反应时间；二是浓硫酸在起催化作用的同时还可吸收反应生成的水，有利于平衡向右移动和酯的生成。

因为本实验使用了较多硫酸，易引起以下副反应：

$$CH_3CH_2OH \xrightarrow{H^+} CH_2{=}CH_2 + H_2O$$

$$2CH_3CH_2OH \xrightarrow{H^+} CH_3CH_2OCH_2CH_3 + H_2O$$

仪器和药品

仪器：电加热套、圆底烧瓶两个、球形冷凝管、直形冷凝管、蒸馏头、接引管、分液漏斗、锥形瓶两个、温度计。

药品：乙酸 14.7g(14mL，0.25mol)、无水乙醇 18.2g(23mL，0.39mol)、浓 H_2SO_4 3mL、饱和 Na_2CO_3 溶液、饱和 NaCl 溶液、饱和 $CaCl_2$ 溶液、无水 $MgSO_4$ 或无水 Na_2SO_4。

实验步骤

将 14mL 乙酸、23mL 无水乙醇及 3mL 浓 H_2SO_4 依次加入干燥的 100mL 圆底烧瓶中，再加 2～3 粒沸石。将球形冷凝管安装在圆底烧瓶上[注2]，用电加热套加热至沸腾，回流 1.0h。

经回流后的反应混合物中，除产品外，还有没有反应完的乙醇、乙酸和少量副产物(如乙醚、亚硫酸等)。稍冷后将回流装置改成蒸馏装置，用电加热套加热进行蒸馏，直到没有馏出液或蒸馏头处温度计温度读数达到 90℃时停止蒸馏。将馏出液倒入分液漏斗中，加入 15mL 饱和碳酸钠溶液，小心振荡洗涤，不时地倒转分液漏斗并缓缓从分液漏斗的下旋塞放出 CO_2 气体。洗好后，打开分液漏斗上口的塞子，将分液漏斗放在铁环上静置，使其中的混合液分层。从分液漏斗下口分出水溶液。酯层用 pH 试纸检查，如仍呈酸性，再重复上述操作(用饱和碳酸钠溶液洗涤)，直到酯层不显酸性为止。用 15mL 饱和氯化钠溶液洗去残余的碳酸钠溶液，再用 20mL 氯化钙溶液洗去残余的乙醇[注3]。酯层从分液漏斗上口倒入干燥的磨口锥形瓶中，再加入 2～3g 无水硫酸镁[注4]进行干燥。

干燥好的有机层通过漏斗倒入 50mL 干燥的圆底烧瓶中(为防止干燥剂倒入烧瓶中，可在漏斗中放入一小块滤纸或棉团)，再次进行蒸馏。用事先称好质量的干燥细口瓶或锥形瓶收集 73～79℃的馏分[注5]。

检验与测试

乙酸乙酯纯度检测可以通过测试气相色谱，可以测折射率或IR，并与2.8.4中介绍的网站上查到的数据或标准谱图对照。

注释

[注1] 本实验和“1-溴丁烷的制备”、“乙酰乙酸乙酯的制备”、“正丁基乙酰乙酸乙酯的制备”及“正戊基甲基酮(2-庚酮)的制备”共同组成一个多步综合性实验。

[注2] 也可以采用滴加的方法制备。在三口瓶中，放入3mL乙醇，在搅拌下慢慢加入3mL浓硫酸。三口瓶的一侧口装好滴液漏斗，剩余的乙醇和14mL乙酸倒入漏斗中混合；另一侧口安装好蒸馏装置；中间瓶口安装温度计。加热三口瓶并保持在120～125℃，然后调节加料速度，使和蒸出酯的速度接近相等。滴加完毕，继续加热，直到不再有馏出液蒸出为止。分离、干燥及蒸馏如前。

[注3] 由于乙酸乙酯与乙醇等形成共沸物，见表9-41-1，因此必须使用饱和氯化钙溶液洗涤。氯化钙可以与乙醇形成配合物溶于水中被分出，在洗涤时每步必须分净再进行下一步洗涤，以防止沉淀析出影响分离。

表9-41-1 乙酸乙酯与水或醇形成二元和三元共沸物的组成及沸点

共沸点/℃	质量分数/%		
	乙酸乙酯	乙醇	水
70.2	82.6	8.4	9.0
70.38	91.53		8.47
71.8	69.2	30.8	

[注4] 加入到粗酯中的硫酸镁的量视具体情况而定，加入硫酸镁后摇动锥形瓶，如果硫酸镁变成糊状，仍需继续添加；如呈颗粒状，表示硫酸镁已经足够。

[注5] 如果沸点偏低，在排除温度计误差的前提下，表明酯中有残余的醇没有洗去或最后干燥不充分。

思考题

(1) 硫酸在实验中起什么作用?

(2) 用浓氢氧化钠溶液代替饱和碳酸钠溶液来洗涤馏液可以吗?

(3) 酯化反应有什么特点? 在实验中如何创造条件促使酯化反应尽量向生成物方向进行?

(4) 本实验若采用乙酸过量的做法是否合适? 为什么?

(5) 蒸出的粗乙酸乙酯中主要有哪些杂质? 如何除去?

实验四十二 1-溴丁烷的制备

实验目的

(1) 掌握用醇与氢卤酸反应制备卤代烷的原理和方法。

(2) 巩固回流、蒸馏、分液和干燥等基本操作。

(3) 了解酸性气体的吸收，树立绿色化学理念。

实验原理

溴化钠与硫酸反应生成氢溴酸，丁醇在硫酸催化下和氢溴酸作用可以生成1-溴丁烷。

主反应：

$$NaBr + H_2SO_4 \longrightarrow HBr + NaHSO_4$$

$$n\text{-}C_4H_9OH + HBr \rightleftharpoons n\text{-}C_4H_9Br + H_2O$$

副反应：

$$n\text{-}C_4H_9OH \xrightarrow{H_2SO_4} C_2H_5CH{=}CH_2 + H_2O$$

$$2n\text{-}C_4H_9OH \xrightarrow{H_2SO_4} n\text{-}C_4H_9OC_4H_9\text{-}n + H_2O$$

$$HBr + H_2SO_4 \longrightarrow Br_2 + SO_2 + H_2O$$

本实验主反应为可逆反应，提高产率的措施是使 HBr 过量，并用 NaBr 和 H_2SO_4 代替 HBr，边生成 HBr 边参与反应，这样可提高 HBr 的利用率。反应物 H_2SO_4 还起到催化脱水作用。反应中，为防止反应物醇被蒸出，采用了回流装置。由于 HBr 有毒害，为防止 HBr 逸出污染环境，需安装气体吸收装置。回流后再进行粗蒸馏，一方面使生成的产品1-溴丁烷分离出来，便于后面的洗涤操作；另一方面，粗蒸过程可进一步使醇与 HBr 的反应趋于完全。

粗产品中含有未反应的醇和副反应生成的醚，用浓 H_2SO_4 洗涤可将它们除去，因为二者能与浓 H_2SO_4 形成鎓盐：

$$C_4H_9OH + H_2SO_4 \longrightarrow [C_4H_9\overset{+}{O}H_2]HSO_4^-$$

$$C_4H_9OC_4H_9 + H_2SO_4 \longrightarrow [C_4H_9\underset{H}{\overset{+}{O}}C_4H_9]HSO_4^-$$

如果1-溴丁烷中含有正丁醇，蒸馏时会形成沸点较低的前馏分(1-溴丁烷和正丁醇的共沸混合物沸点为98.6℃，含正丁醇13%)，而导致精制品产率降低。

仪器和药品

仪器：装置见图9-42-1。磁力搅拌电加热套、100mL圆底烧瓶、球形冷凝管、漏斗、分液漏斗、蒸馏头、温度计、直形冷凝管、接引管、磁转子等。

药品：正丁醇 5g (6.2mL，0.068mol)、无水溴化钠 8g (0.077mol)、浓硫酸 10mL (0.18mol)、碳酸钠溶液(10%)、无水氯化钙。

实验步骤

在100mL圆底烧瓶中加入10mL水和一枚磁转子，开启搅拌并缓慢加入10mL浓硫酸，水浴冷至室温。再依次加入6.2mL正丁醇、8.0g研细的无水溴化钠[注1]，安装球形冷凝管，上口接一气体吸收装置(图9-42-1)，用自来水作吸收液。调节电压缓慢加热[注2]，待固体溶解后开启搅拌，保持缓慢回流30min。

反应完成后，稍冷，卸下球形冷凝管，改为蒸馏装置，蒸出粗产品正溴丁烷，仔细观察馏出液，直到无油滴蒸出为止[注3]。

将馏出液转入分液漏斗中，将油层从下面放入一个干燥的小锥形瓶中，分两次加入3～

4mL 浓硫酸，充分摇匀，如果混合物发热，可用冷水浴冷却。

将混合物转入干燥分液漏斗中，静置分层，放出下层的浓硫酸。有机相依次用等体积的水、10%碳酸钠溶液、水洗涤后，将下层 1-溴丁烷粗品转入干燥的锥形瓶中，加入 2g 左右的粒状无水氯化钙干燥，间歇摇动锥形瓶，至溶液澄清。

将干燥后的 1-溴丁烷粗品转入干燥蒸馏装置中蒸馏，收集 99～102℃的馏分。

纯 1-溴丁烷为无色液体，沸点 101.6℃，$d_4^{20}=1.275$，$n_D^{20}=1.439$。

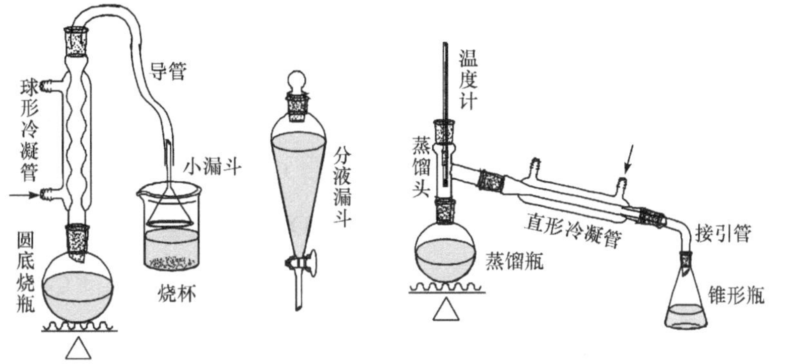

图 9-42-1　1-溴丁烷制备实验装置图

检验与测试

检验方法与溴乙烷相同。

注释

[注 1] 如用含有结晶水的 NaBr，应将含水量扣除并相应减少加水量；如果溴化钠粘在瓶口，要擦拭干净，防止回流过程中溴丁烷挥发。

[注 2] 开始加热时，不要加热过猛，否则反应生成的 HBr 来不及反应就会逸出，另外反应混合物的颜色也会很快变深。操作情况良好时，油层仅呈浅黄色，冷凝管顶端应无明显的 HBr 逸出。

[注 3] 用装一定水的干净烧杯接收几滴馏出液，如无油珠，表明应该结束蒸馏。

思考题

(1) 如果加料顺序为先加溴化钠与浓硫酸，再加其他原料，可以吗？为什么？

(2) 用浓硫酸洗涤粗 1-丁烷时为什么用干燥分液漏斗？

(3) 说明各步骤洗涤的作用。

实验四十三　乙酰乙酸乙酯的制备

实验目的

(1) 掌握克莱森(Claisen)酯缩合反应及互变异构现象。

(2) 掌握无水操作及减压蒸馏等操作。

实验原理

含有 α-氢的酯在碱性催化剂存在下，能和另一分子酯发生克莱森酯缩合反应，生成β-酮酸酯，乙酰乙酸乙酯就是通过这个反应制备的。其催化剂是乙醇钠，由金属钠和残留在乙酸乙酯中的少量乙醇（少于 2%）作用产生。乙酰乙酸乙酯的生成经过如下一系列平衡反应：

$$C_2H_5OH + Na \longrightarrow C_2H_5ONa + 1/2H_2$$

$$CH_3COOC_2H_5 + C_2H_5O^- \rightleftharpoons {}^-CH_2COOC_2H_5 + C_2H_5OH$$

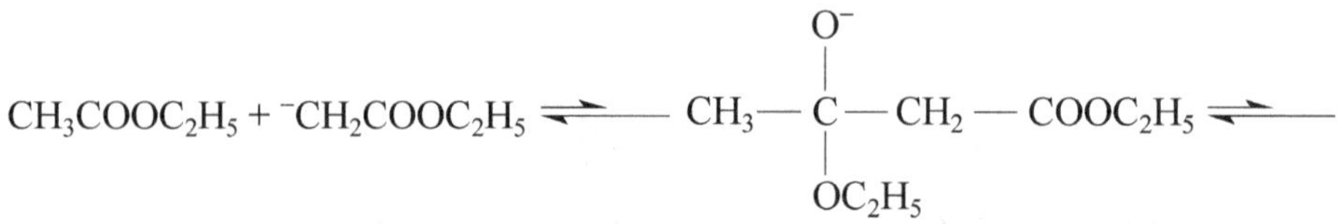

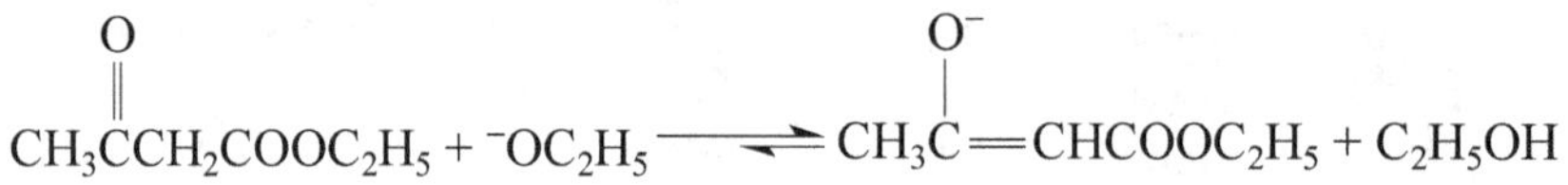

随着反应的进行，不断生成醇，所以反应能不断地进行下去，直至金属钠消耗完。

本实验要求反应系统是无水的，因为水的存在可造成钠的损失和 NaOH 的产生，后者会使酯发生皂化，降低反应的产率。

通常，在该反应中酯是过量的，其中一部分发生反应成为乙酰乙酸乙酯，一部分作为溶剂。如果钠过量，乙酸乙酯可以被还原并缩合成 3-羟基-2-丁酮：

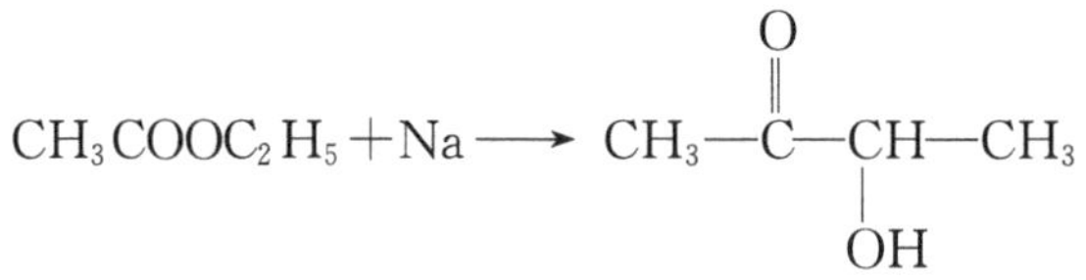

金属钠在使用时通常使用钠珠或钠丝，使其与酯的接触面尽可能大些。本实验将金属钠切成细薄片，也是为了提高反应速率。但注意要动作迅速，防止金属钠被空气氧化。

仪器和药品

仪器：磁力搅拌电加热套、圆底烧瓶、球形冷凝管、直形冷凝管、分液漏斗、磨口锥形瓶、减压蒸馏装置。

药品：乙酸乙酯 22.5g (25mL，0.26mol)、金属钠 1.5g (0.065mol)、乙酸溶液(50%)、饱和氯化钠水溶液、无水硫酸镁、碳酸钙溶液。

实验步骤

本实验所用的药品必须是无水的，所用仪器必须是干燥的。

取 100mL 干燥的圆底烧瓶，加入 25mL 乙酸乙酯、磁子，迅速加入切成细薄片的 1.5g 金属钠[注1]并装好球形冷凝管（上口连接一个氯化钙干燥管），搅拌加热回流。为防止反应过于剧烈，要控制加热电压，保持反应物微沸状态并有缓慢回流。等金属钠全部作用完后[注2]，停止加热。此时，反应混合物呈透明橘红色偶尔有绿色荧光的液体，同时有黄白色沉淀物（均为烯醇盐）析出。待反应混合物稍冷后，在搅拌和冷水浴下，缓慢加入 9mL 50%乙酸溶液[注3]，加入 20mL 饱和氯化钠溶液，使反应混合物成弱酸性，固体沉淀物溶解。

用分液漏斗分出上层酯层，用10mL 5%碳酸钠溶液中和，分出酯层，倒入干燥的磨口锥形瓶中。加入无水硫酸镁干燥。将干燥好的粗乙酰乙酸乙酯倒入干燥的50mL圆底烧瓶中，加入1～2粒沸石，加热，常压蒸馏蒸出乙酸乙酯，倒入回收瓶中。将常压蒸馏装置改成减压蒸馏装置，用循环水泵进行减压蒸馏[注4]。减压蒸馏开始时应缓慢加热，待残留的低沸物蒸出时再加大电压。待温度计温度基本稳定后，收集乙酰乙酸乙酯[注5]。所收集的馏分的沸点可根据表9-43-1所对应的压力而定。

表9-43-1 乙酰乙酸乙酯沸点与压力的关系表

压力/kPa	1.67	1.87	2.40	3.87	5.33	6.00	10.67
沸点/℃	71	74	79	88	92	94	100

纯乙酰乙酸乙酯为无色液体，沸点180.8℃，$d_4^{20}=1.023$，$n_D^{20}=1.4174$。

注释

[注1] 金属钠遇水即燃烧、爆炸，所以使用时应注意防止与水接触。在称取及切割钠时应当迅速。由于金属钠颗粒的大小直接影响反应的快慢，因此在切去表面氧化层后，应把金属钠切成薄片，再立刻移入盛有乙酸乙酯的瓶中，尽量缩短金属钠与空气接触的时间。

[注2] 金属钠全部作用完所需时间取决于钠的颗粒大小，如有少量的钠未反应，则下一步要小心地分批缓慢加入50%乙酸溶液。

[注3] 用乙酸酸化时，应避免加入量过量，否则会增加酯在水中的溶解度而降低产率。

[注4] 乙酰乙酸乙酯在常温下蒸馏时很容易分解而降低产量，故采取减压蒸馏。

[注5] 本实验最好连续进行，间隔时间过长会降低产率。

思考题

(1) 为什么本实验要求所用的仪器都应是干燥的？否则会有何影响？

(2) 加入50%乙酸溶液及饱和氯化钠水溶液的目的是什么？

(3) 为什么用乙酸酸化，而不用稀盐酸或稀硫酸酸化？为什么要调到弱酸性，而不是中性？

(4) 酸化过程开始析出的少量固体是什么？

(5) 为什么用减压蒸馏的方式纯化乙酰乙酸乙酯？

实验四十四 正丁基乙酰乙酸乙酯和2-庚酮的制备

实验目的

(1) 了解乙酰乙酸乙酯在合成中的应用。

(2) 掌握乙酰乙酸乙酯烃基取代、碱性水解和酸化脱羧的原理及实验操作。

(3) 进一步熟练掌握蒸馏、减压蒸馏、萃取的基本操作。

实验原理

2-庚酮发现于成年工蜂的颈腺中，是一种警戒信息素，也是臭蚁属蚁亚科小黄蚁的警戒信息素。当小黄蚁嗅到2-庚酮时，迅速改变行走路线，四处逃窜。2-庚酮微量存在于丁香油、肉桂油和椰子油中，具有强烈的水果香气，可用于制作香精。它的合成是由乙酰乙酸乙酯和乙醇钠反应，首先生成乙酰乙酸乙酯的负离子，该负碳离子与正溴丁烷进行S_N2反应，得到正丁基乙酰乙酸乙酯，经氢氧化钠催化水解，再进行酸化脱羧后，得到最终产物2-庚酮。

仪器和药品

仪器：磁力搅拌电加热套、球形冷凝管、恒压滴液漏斗、25mL圆底三口烧瓶、分液漏斗、吸滤瓶、锥形瓶。

药品：乙酰乙酸乙酯1.95g(0.015mol)、无水乙醇7.5mL、金属钠0.4g、正溴丁烷2.3g(0.017mol)、盐酸、5%氢氧化钠水溶液、50%硫酸、石蕊试纸、二氯甲烷、40%氯化钙水溶液、无水硫酸镁。

实验步骤

1. 正丁基乙酰乙酸乙酯的制备

在装有磁力搅拌电加热套、冷凝管和滴液漏斗的干燥100mL圆底三口烧瓶中，加入7.5mL无水乙醇，在冷凝管上方装干燥管[注1]，将0.4g金属钠碎片分批加入[注2]，以维持反应不间断进行为宜，保持反应液呈微沸状态。待金属钠全部作用完后，加入0.2g碘化钾粉末[注3]，塞住圆底三口烧瓶的另一口，开动搅拌器，室温下滴加1.95g(1.9mL)乙酰乙酸乙酯[注4]，加完后继续搅拌、回流10min。然后，慢慢滴加2.3g(1.9mL)正溴丁烷，约15min加完，使反应液缓慢地回流3～4h，直至反应完成。此时反应液呈橘红色，并有白色沉淀析出。为了测定反应是否完成，可取1滴反应液点在湿润的红色石蕊试纸上，如果仍呈红色，说明反应已经完成。

将反应物冷至室温，过滤，除去溴化钠晶体，用2.5mL无水乙醇洗涤2次。蒸馏除去过量乙醇。然后冷至室温，加入稀盐酸(12.5mL水加0.15mL浓盐酸)，将反应物转移至分液漏斗中，分去水层，用水洗涤有机层，并用无水硫酸钠干燥，滤除干燥剂，减压蒸馏，收集107～112℃/17kPa(13mmHg)馏分，产量约为1.5g。

2. 2-庚酮的制备

在25mL锥形瓶中加入12.5mL 5%氢氧化钠水溶液和1.5g正丁基乙酰乙酸乙酯，装上冷凝管和磁力搅拌装置，室温剧烈搅拌3.5h。然后在电磁搅拌下慢慢滴加2.3mL50%硫酸[注5]，此时有二氧化碳气泡放出。当二氧化碳气泡不再逸出时，将混合物倒入25mL烧瓶中，进行简易水蒸气蒸馏，使产物和水一起蒸出，直至无油状物蒸出，约蒸出6.5mL馏出液。在馏出液中溶解颗粒状氢氧化钠，直至红色石蕊试纸显示刚呈碱性为止。用分液漏斗分出下面水层，得到酮层。将水层放回分液漏斗，用3mL二氯甲烷萃取水层两次，萃取液在水浴上蒸除二氯甲烷，得到残留的2-庚酮。合并酮溶液，用2mL 40%的氯化钙水溶液洗涤2次，无水硫酸镁干燥，蒸馏，收集145～152℃的馏分，即得2-庚醇，产品为无色透明液体，产量约为0.5g。

纯2-庚酮为无色液体，微溶于水，沸点151℃，$d_4^{20}=0.82$，$n_D^{20}=1.4110$。

注释

[注1] 仪器和乙醇中有水，会降低产率。

[注 2] 金属钠遇水放出氢气,并放热,使用时注意安全。

[注 3] 加入碘化钾可加速反应的进行。

[注 4] 乙酰乙酸乙酯储存时间长时会出现部分分解,使用前需减压蒸馏重新纯化。

[注 5] 滴加速度不宜过快,否则酸分解时逸出大量二氧化碳而冲料。

思考题

(1) 写出各步反应式及反应机理。

(2) 在正丁基乙酰乙酸乙酯的制备中,为什么加入碘化钾可加速反应的进行?

(3) 脱羧后进行蒸馏可看作一个简单的水蒸气蒸馏过程。在蒸出的约 6.5mL 馏出液中,除 2-庚酮和水外,主要还含有其他什么物质?在后面的操作中是如何除去的?

(4) 实验中可能会得到一些二烷基丙酮衍生物副产物,写出反应式。

实验四十五　苯甲酸乙酯的制备

实验要求

(1) 合成路线按苯甲醇→苯甲酸→苯甲酸乙酯的顺序进行。

(2) 写出各步反应式。

(3) 列出仪器药品,画出每步装置图。

(4) 写出实验步骤。

(5) 制订检验鉴定方法。

基准量:0.02mol 原料。

纯苯甲酸乙酯为无色液体,沸点 212.4℃,$d_4^{20}=1.05$,$n_D^{20}=1.5000$。

实验四十六　香豆素的绿色催化合成——绿色化学实验Ⅱ

乙醇的生物合成

实验目的

(1) 学习用可再生生物质资源来制备常用化工原料。

(2) 对酶催化反应有一定的了解。

实验原理

发酵是利用酵母中的酶把糖转化成二氧化碳和乙醇的过程,发酵是厌氧过程,需要在无氧的情况下进行。啤酒、葡萄酒和大多数白酒都是通过发酵方法生产的。蔗糖是最常见的糖类化合物,也是一种可再生原料,本实验用它作原料经过发酵来合成乙醇。目前 90%以上的化学品都是从石油衍生得来的。石油的有限度供给使人们认识到发现和开发替代性能源和原材料的必要性,因而用可再生生物质作原料来生产化学品越来越受重视。本实验用蒸馏的办法从一种生物发酵反应混合物中分离出乙醇。

仪器和药品

仪器:常压蒸馏装置、250mL 圆底烧瓶、4 号橡皮塞(一个孔)、弯曲的玻璃管、试管、软木垫圈、绘图纸、布氏漏斗、压力表、霍夫曼夹、U 形管。

药品：蔗糖、磷酸氢二钠、酵母、氢氧化钙(石灰水)、乙醇、硅藻土、0.5mol · L^{-1} 氟化钠溶液、矿物油、生石灰、无水硫酸铜。

实验步骤

1. 生物合成及乙醇蒸馏

在一个含有 25mL 水的 250mL 圆底烧瓶里加入酵母 1.8g，再加入 0.18g 磷酸氢二钠并摇动。在 75mL 水中加入 25.8g 的蔗糖并混合均匀，加入圆底烧瓶中。盖上一个带有弯曲玻璃管的单孔橡皮塞，把玻璃管插入含有饱和氢氧化钙水溶液(通称石灰水)的试管内(图 9-46-1)，注意管口在石灰水面以下超过 0.5cm，观察气泡的出现。把实验装置留在桌面上，一直等到下一个实验。

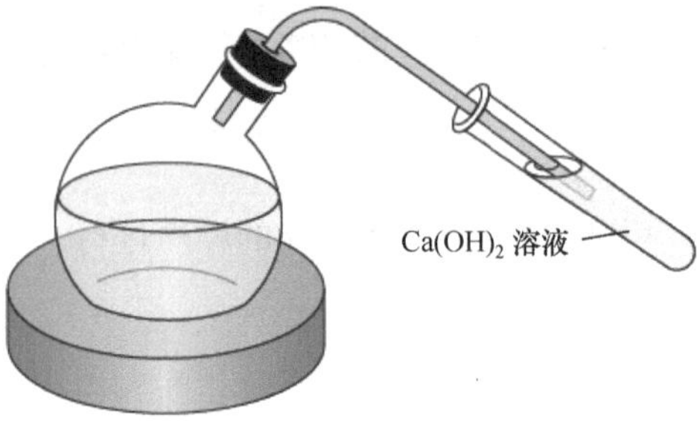

图 9-46-1 蔗糖发酵实验的装置

在布氏漏斗中放一层硅藻土(约 5g)，用水清洗并丢弃滤瓶中的清洗液。慢慢把发酵的混合物倒到硅藻土上，用相当于通常一半的压力抽吸使之过滤。滤液中含有乙醇、水、细胞残余物和其他有机化合物。用简单蒸馏方法把分离的乙醇在 78℃温度下作为共沸液收集。

2. 无水乙醇的制备

将 25mL 95%乙醇、7.5 g 生石灰装入圆底烧瓶，摇匀后用橡皮塞塞紧并放置过夜。将上述圆底烧瓶加上球形冷凝管、干燥管后在电热套上加热回流 2 h。回流结束后，待反应体系稍冷，将其改装成蒸馏装置。用电加热套加热蒸馏出无水乙醇。用量筒计量，计算回收率。

对比实验：取后馏分 1mL 于小试管中，加入无水硫酸铜，观察现象。用 95%乙醇作对比实验，并得出结论。

思考题

(1) 列出五个不同的纯化过程。指出每个过程的物质消耗和能量消耗。评估每一过程的“绿色性”。

(2) 什么是共沸？指出在 78℃时乙醇-水共沸液的组分。

(3) 怎样制备无水乙醇？

(4) 指出另外两种可再生性原材料。查找使用其中一个作为原材料的工业过程的文献。

7-羟基-4-甲基香豆素的非均相催化合成

实验目的

(1) 了解非均相催化反应及固相催化剂。

(2) 学习使用固体酸催化剂催化合成香豆素的方法。

实验原理

有机化学中有很多酸催化的反应。酸催化剂能够把羟基转化成一个更好的离去基团(H_2O)或把羰基质子化,使之成为一个更好的亲电试剂。水溶性酸(如硫酸)具有强腐蚀性,且在反应结束后常需要烦琐的工序将其从产物中分离出来,而固体酸催化剂经过简单的过滤就可以容易地实现分离。固体酸催化剂与反应物不在同一相,因而称为非均相催化剂,非均相催化是绿色化学中的一个重要研究方向。

Amberlyst-15 是一种固体树脂,其表面连有羧基官能团。使用时,把其小球或颗粒悬浮在反应混合物中,而不是溶解到反应溶液中。反应在液固相界面被催化。当反应原料转化成产物以后,用过滤的办法把酸催化剂从溶液中分出来,简便、节能。本实验使用 Amberlyst-15 作催化剂,通过 Pechmann 反应从间苯二酚和乙酰乙酸乙酯来合成 7-羟基-4-甲基香豆素(图 9-46-2)。香豆素衍生物广布于自然界,它们被广泛地应用在制药、农药及香料生产中。

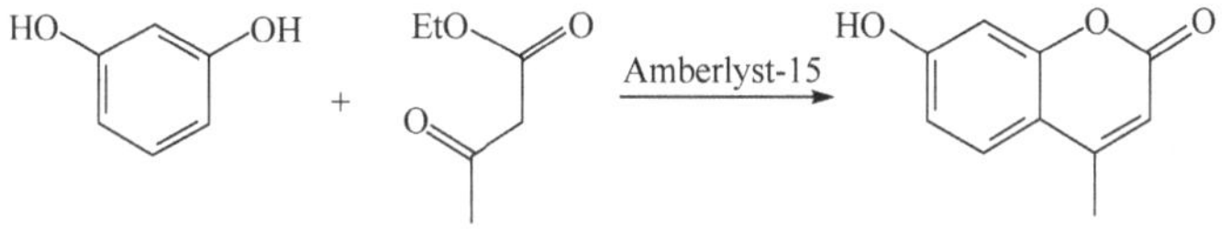

图 9-46-2　7-羟基-4-甲基香豆素的合成

仪器和药品

仪器:100mL 圆底烧瓶、布氏漏斗、电磁搅拌器、回流冷凝管、吸滤瓶、滤纸、减压蒸馏装置一套。

药品:间苯二酚、乙酰乙酸乙酯、甲苯、Amberlyst-15(强酸型阳离子交换树脂)、甲醇。

实验步骤

在 100mL 圆底烧瓶中加入 1.1g 间苯二酚、1.27mL 乙酰乙酸乙酯、15mL 甲苯和 1g 固体酸催化剂 Amberlyst-15。放入磁子,装上回流冷凝管,然后在搅拌的情况下缓慢加热并回流 45min。把反应混合物冷却到室温,加入 20mL 热甲醇溶解灰白色产物。减压过滤,将酸催化剂从反应混合物中分离出来。减压蒸馏除去溶剂。用甲醇-水重结晶产物,得到 7-羟基-4-甲基香豆素的白色固体,其熔点为 180～182℃。计算产率,分析该反应的原子经济性。

思考题

(1) 这个实验中所产生的副产物是什么醇?

(2) 怎样才能使该实验更"绿色"?

实验四十七 相转移催化法合成扁桃酸

实验目的

(1) 掌握产生卡宾的方法。

(2) 学会利用卡宾中间体进行有机合成。

(3) 学会采用相转移催化剂(PTC)催化反应速度的方法。

(4) 巩固有机合成中的重结晶分离方法。

实验原理

1. 相转移催化反应

在有机合成中常遇到有水相和有机相参加的非均相反应,这些反应速度慢、产率低、条件苛刻,有些甚至不能发生。1965 年,Makosza 首先发现一类化合物具有使水相中的反应物转入有机相中的特性,从而加快了反应速度、提高了产率、简化了操作,并使一些不能进行的反应顺利进行,发展了相转移催化反应这一新的合成方法。近十年来,相转移催化在有机合成中应用日趋广泛。

常用的相转移催化剂主要有两类:

(1) 盐类化合物:季铵盐、季鏻盐、叔锍盐,其中以三乙基苄基氯化铵(TEBA)和四丁基硫酸氢铵(TBAB)最为常用。在这类化合物中,烃基是油溶性基团,若烃基太小,则油溶性差。

(2) 冠醚:常用的有 18-冠-6、二苯并 18-冠-6、二环已烷并 18-冠-6。冠醚具有和某些金属离子配位的性能而溶于有机相,如 18-冠-6 与氰化钾水溶液中的 K^+ 配位,而与配离子形成离子对的 CN^- 也随之进入有机相。

2. 卡宾反应

卡宾($:CH_2$ 或 $:CR_2$)和二氯卡宾($:CCl_2$)是非常活泼的反应中间体,其活泼性源于卡宾价电子层只有 6 个电子。卡宾是一种强的亲电试剂,其特征反应有碳氢键间的插入反应和对 $C=C$ 和 $C\equiv C$ 的顺式加成反应,形成三元环状化合物。二氯卡宾也可对 $C=O$ 加成。产生卡宾的方法有:重氮化合物的光或热分解,三氯乙酸钠的热分解,最重要、最有应用价值的是在 50%氢氧化钠水溶液中氯仿的 α-消除反应。

3. 利用卡宾和相转移催化剂催化合成扁桃酸

扁桃酸(苦杏仁酸)可作为治疗尿路感染的消炎药物和某些合成的中间体,也是用于测定某些金属离子的试剂。它含有一个手性碳原子 $C_6H_5—CH(OH)COOH$。化学方法合成的是外消旋体,用旋光的碱可拆分为具有旋光性的组分。

本实验利用三乙基苄基氯化铵作为相转移催化剂,将苯甲醛、氯仿和氢氧化钠在同一反应器中进行混合,通过卡宾加成反应直接生成目标产物。需要指出的是,用化学方法合成的扁桃酸是外消旋体,只有通过手性拆分才能获得对映异构。

反应式为

$$HCCl_3 + NaOH \longrightarrow \begin{matrix} Cl \\ Cl \end{matrix}\rangle C: + NaCl + H_2O$$

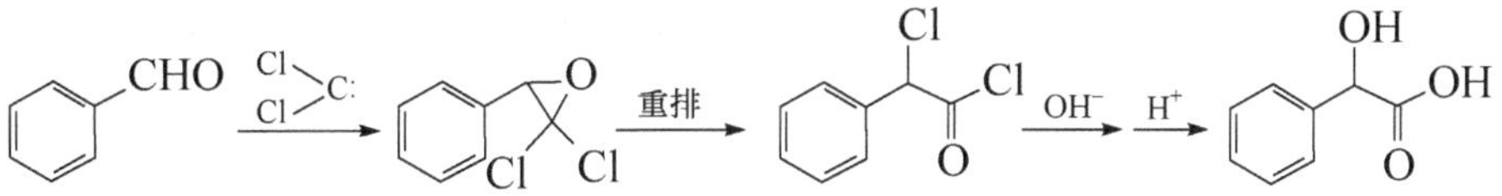

仪器和药品

仪器:100mL 圆底烧瓶、250mL 四口瓶、电磁搅拌器、回流冷凝管、温度计、机械搅拌装置、恒压滴液漏斗、减压蒸馏装置、水泵、熔点仪、干燥器。

药品:苄基氯、1,2-二氯乙烷、三乙胺、二氯甲烷、苯甲醛、氢氧化钠、氯仿、硫酸、无水硫酸钠、甲苯、石油醚(30~60℃)、乙醚。

实验步骤

1. 相转移催化剂 TEBA 的制备

在装有回流冷凝管及干燥管的 100mL 圆底烧瓶中,加入 5.5mL(6.4g,0.05mol)苄基氯,19mL 1,2-二氯乙烷和 7mL(0.05mol)三乙胺,加热回流电磁搅拌 1.5h。冷却后,析出晶体,抽滤,用少量(大约 12mL)无水乙醚洗涤,白色结晶烘干后称量,计算产率。季铵盐易吸潮,烘干的产品应放到干燥器中保存。

2. 二氯卡宾反应合成扁桃酸

在 250mL 装有机械搅拌装置、回流冷凝管、恒压滴液漏斗和温度计的四口瓶中,加入 10.1mL(10.6g,0.1mol)新蒸的苯甲醛、1.0g TEBA 和 16mL(24g,0.2mol)氯仿。开动搅拌、加热,待温度上升至 50~60℃,慢慢滴加配制的 50%的氢氧化钠溶液(19g 氢氧化钠溶于 19mL 水)。滴加过程中控制反应温度在 60~65℃,约需 1h 加完。加完后,反应温度控制在 65~70℃继续搅拌 1h,当反应液 pH 接近中性时方可停止反应。冷却后,将反应液用 160mL 水稀释,搅拌 1min,倒入分液漏斗中,乙醚萃取两次(20mL/次),合并乙醚萃取液,倒入指定容器待回收乙醚。此时水层为亮黄色透明状,用 50%硫酸酸化至 pH 为 2~3 后,再用 40mL 乙醚萃取,共两次,合并酸化后的乙醚萃取液,用无水硫酸钠干燥。常压蒸馏乙醚,减压蒸馏进一步除去残留乙醚,得粗产物,称量。

将粗产物用甲苯进行重结晶(每克粗产物约需 5mL 甲苯),趁热过滤,母液在室温下放置使结晶慢慢析出。冷却后抽滤,并用少量石油醚(30~60℃)洗涤促使其快干。称量、测熔点、测红外光谱并指出其主要吸收带的归属。

思考题

(1) 本实验反应过程中为什么必须保持充分的搅拌?

(2) 本实验中若不加季铵盐会产生什么后果?

(3) 反应结束后,为什么要先用水稀释? 后用乙醚萃取,目的是什么?

(4) 反应液经酸化后为什么再次用乙醚萃取?

第 10 章　定量分析、分离与仪器分析实验

10.1　基 本 实 验

实验四十八　盐酸标准溶液的配制和标定

实验目的

(1) 了解标准溶液的直接和间接配制方法。

(2) 掌握差减法称量技术和滴定管的正确使用。

(3) 了解酸碱指示剂的选择和滴定终点的正确判断。

实验原理

标准溶液是指浓度确切已知并可用来滴定的溶液，一般采用直接法和间接法来配制。通常，只有基准物质才能用直接法配制标准溶液，而其他的物质只能用间接法配制。基准物质应符合下列要求：

(1) 组成应与它的化学式完全相符。

(2) 纯度在 99.9%以上。

(3) 在一般情况下应该很稳定。

(4) 最好有较大的摩尔质量。

直接法：准确称取一定量的基准物质，溶解后，定量地转移至一定体积的容量瓶中，稀释定容，摇匀。溶液的浓度可通过计算直接得到。

间接法：先配制近似于所需浓度的溶液，然后用基准物质(或已经用基准物质标定过的标准溶液)来标定其准确浓度。

本实验用到的浓 HCl 易挥发，浓度不确定，应采用间接法先配制成近似浓度的溶液，然后用基准物质标定其准确浓度。

无水碳酸钠和硼砂等常用作标定酸的基准物质。用无水碳酸钠作基准物时，先于 180℃下干燥 2～3h，然后置于干燥器内冷却备用。标定反应如下：

$$Na_2CO_3 + 2HCl = 2NaCl + CO_2\uparrow + H_2O$$

当反应达到化学计量点时，溶液的 pH 为 3.9，可用甲基橙作指示剂。用硼砂($Na_2B_4O_7 \cdot 10H_2O$)标定酸时，其反应如下：

$$Na_2B_4O_7 + 2HCl + 5H_2O = 4H_3BO_3 + 2NaCl$$

计量点时反应产物为 H_3BO_3($K_{a_1} = 5.8\times10^{-10}$)和 NaCl，溶液的 pH 为 5.1，可用甲基红作指示剂。

硼砂基准物质的制作方法：在水中重结晶(结晶析出温度在 50℃以下)，析出的晶体于室温下曝露在相对湿度 60%～70%的空气中，干燥 24h，即可获得符合要求的硼砂。干燥的硼砂结晶必须保存在密闭的瓶中，以防失水。

酸碱指示剂都具有一定的变色范围，HCl 的滴定突跃范围 pH 为 4～10，应当选用在此范

围内变色的指示剂如甲基橙(变色范围 3.1～4.4)或酚酞(变色范围 8.0～9.6)等来指示滴定终点。

仪器和药品

仪器:分析天平、酸式滴定管、试剂瓶、锥形瓶、量筒。

药品:浓 HCl、无水 Na_2CO_3(基准物质)、0.1%甲基橙指示剂。

实验步骤

(1) 0.1mol · L^{-1} HCl 溶液的配制。

计算配制 1000mL 0.1mol · L^{-1} HCl 需多少浓 HCl(12mol · L^{-1})。用 10mL 量筒量取并倒入 1000mL 试剂瓶中,用蒸馏水稀释至 1000mL,盖上玻璃塞,摇匀,贴上标签。

(2) HCl 标准溶液的标定。

在分析天平上用差减法准确称取 0.11～0.17g 无水 Na_2CO_3 三份(其质量按消耗 20～30mL 0.1mol · L^{-1} HCl 计),分别置于已标好号的三只 250mL 锥形瓶中,各加水 50mL,溶解后加入一滴甲基橙,分别用欲标定的 HCl 溶液滴定,边滴边摇,近终点时应逐滴或半滴加入,直至滴加半滴或一滴 HCl,恰使溶液由黄色转变为橙色即为终点[注]。记下滴定管读数。用同样方法滴定另外两份 Na_2CO_3。

根据 Na_2CO_3 的质量和所消耗的 HCl 溶液的体积计算出 HCl 标准溶液的浓度,求出三份标定结果的平均值,相对偏差应小于 0.3%。

数据记录

实验数据记入表 10-48-1 中。

表 10-48-1　实验记录表

	Ⅰ	Ⅱ	Ⅲ
Na_2CO_3 质量/g			
V_{HCl}初读数/mL			
V_{HCl}终读数/mL			
V_{HCl}/mL			
c_{HCl}/(mol · L^{-1})			
$\bar{c}_{HCl}$/(mol · L^{-1})			
相对偏差			

注释

[注] 用无水 Na_2CO_3 标定 HCl 时,由于反应本身产生 H_2CO_3,会使滴定突跃不明显,致使指示剂颜色变化不够敏锐,因此在接近滴定终点之前,最好把溶液加热至沸,并摇动以赶走 CO_2,冷却后再滴定。

思考题

(1) 如何计算称取基准物 Na_2CO_3 的质量范围？称得太多或太少对标定有何影响？

(2) 作为标定的基准物应该具备哪些条件？

(3) 溶解样品时所加水的体积是否需要准确量取？为什么？

(4) 用 Na_2CO_3 作基准物标定 HCl 时，为什么用甲基橙作指示剂？能用酚酞吗？为什么？

(5) 无水 Na_2CO_3 如果保存不当吸有少量水分，对标定 HCl 溶液的浓度有何影响？写出 HCl 标准溶液浓度的计算公式。

实验四十九　混合碱的测定

实验目的

(1) 了解双指示剂法测定混合碱中各组分含量的原理。

(2) 了解混合指示剂的使用及其优点。

(3) 掌握混合碱中总碱度测定的方法。

实验原理

混合碱是 Na_2CO_3 与 NaOH 或 $NaHCO_3$ 与 Na_2CO_3 的混合物。可用 HCl 标准溶液滴定法测定同一份试样中各组分的含量。根据滴定过程中 pH 变化的情况，选用两种不同的指示剂分别指示第一、第二化学计量点的到达，称为“双指示剂法”。此法简便、快捷，在生产实际中应用广泛。

双指示剂法的具体步骤如下：

(1) 在混合碱试液中加入酚酞指示剂(显什么颜色?)。用 HCl 标准溶液滴定至酚酞指示剂刚好发生颜色变化(如何变化?)。此时，试液中的 NaOH 完全被中和，而 Na_2CO_3 被中和了一半。反应式如下：

$$NaOH + HCl = NaCl + H_2O$$

$$Na_2CO_3 + HCl = NaHCO_3 + NaCl$$

设此时所消耗的 HCl 标准溶液的体积为 V_1(mL)。

(2) 在上述混合液中加入甲基橙指示剂，继续用 HCl 滴定，滴至甲基橙刚好变色(如何变?)，即为终点。反应式如下：

$$NaHCO_3 + HCl = NaCl + CO_2\uparrow + H_2O$$

设此步所消耗的 HCl 标准溶液的体积为 V_2(mL)。

(3) 根据 V_1、V_2 可以判断出混合碱的组成，并计算出各组分的浓度。

(i) 当 $V_1 > V_2$ 时，试液为 NaOH 与 Na_2CO_3 的混合物(为什么?)，NaOH 及 Na_2CO_3 的质量浓度为

$$\rho(NaOH) = c(HCl)(V_1 - V_2)M(NaOH)/V_{试液}$$

$$\rho(Na_2CO_3) = c(HCl)\ V_2 M(Na_2CO_3)/V_{试液}$$

(ii) 当 $V_1 < V_2$ 时，试液为 Na_2CO_3 与 $NaHCO_3$ 的混合物(为什么?)，则 Na_2CO_3 与 $NaHCO_3$ 的质量浓度为

$$\rho(Na_2CO_3)=c(HCl)\ V_1 M(Na_2CO_3)/V_{试液}$$

$$\rho(NaHCO_3)=c(HCl)(V_2-V_1)M(NaHCO_3)/V_{试液}$$

(iii) 如果要求测定混合碱的总碱量，通常以 Na_2O 的含量表示总碱度，计算式如下：

$$\rho(Na_2O)=c(HCl)(V_2+V_1)M(Na_2O)/(2V_{试液})$$

上列各式中 ρ 表示各组分的含量，单位为 $g \cdot L^{-1}$。

双指示剂法中，由于酚酞变色不很敏锐，人眼观察这种颜色变化的灵敏性稍差些，因此也常选用甲酚红-百里酚酞混合指示剂代替[注1]，终点时溶液的颜色由紫色变为玫瑰色，此混合指示剂变色敏锐。

仪器和药品

仪器：酸式滴定管、移液管、锥形瓶、量筒、洗耳球。

药品：混合碱试样、0.1mol · L^{-1} HCl 标准溶液、0.1%甲基橙指示剂、0.1%酚酞指示剂。

实验步骤

用移液管移取已配好的混合碱试样 25.00mL 于 250mL 容量瓶中，加水稀释至刻线。摇匀后，吸取 25.00mL 于锥形瓶中[注2]，加一滴酚酞指示剂，以 0.1mol · L^{-1} HCl 标准溶液滴至酚酞恰好褪色，记下消耗 HCl 的体积(V_1)。然后加一滴甲基橙指示剂，继续滴定至溶液由黄色变为橙色[注3]，记下第二次消耗 HCl 标准溶液体积(V_2)，平行测定三次。

根据所消耗 HCl 标准溶液的体积 V_1 与 V_2，判断试样的组成，并计算各组分的含量及精密度。

注释

[注 1] 甲酚红和百里酚蓝混合指示剂是按照 0.1%甲酚红与 0.1%百里酚蓝体积比 1∶6 的比例混合配制成的。甲酚红的变色范围为 6.7(黄)～8.4(红)，百里酚蓝的变色范围为 8.0(黄)～9.6(蓝)，混合后变色点的 pH=8.3，酸色呈黄色，碱色呈紫色。pH=8.2 时为玫瑰色，pH=8.4 时为紫色，终点时的颜色变化为由紫色变为玫瑰色，变色敏锐。

[注 2] 配制混合碱时，可放入一定量的惰性物质，以避免因操作不当造成各组分质量分数积累数超过 100%。

[注 3] 近终点时，一定要充分摇动，以防止形成 CO_2 的过饱和溶液而使终点提前到达。

思考题

(1) 如欲测定混合碱液的总碱度，应采用何种指示剂？试拟出测定步骤以及以 Na_2O ($g \cdot L^{-1}$)表示的总碱度的计算公式。

(2) 采用双指示剂法测定混合碱，在同一份溶液中测定，试判断下列 5 种情况下混合碱中存在的成分是什么？

①$V_1=0$　②$V_2=0$　③$V_1>V_2$　④$V_1<V_2$　⑤$V_1=V_2$

(3) 用 HCl 标准溶液测定混合碱时，取完一份试液就要立即滴定，若在空气中放置一段时间后再滴定，将会给测定结果带来什么影响？

(4) 测定混合碱滴定达到第一个化学计量点前，由于滴定速度过快，摇动不均匀，对混合碱组分含量的测定结果将会带来什么影响?

实验五十 EDTA 标准溶液的配制和标定

实验目的

(1) 掌握配位滴定的原理,了解配位滴定的特点。

(2) 学习 EDTA 标准溶液的配制和标定方法。

(3) 了解金属指示剂的特点,熟悉二甲酚橙、钙指示剂的使用及其终点颜色的变化。

实验原理

乙二胺四乙酸(简称 EDTA),难溶于水,通常用 EDTA 二钠盐,并采用间接法配制标准溶液。标定 EDTA 溶液的基准物有 Zn、ZnO、$CaCO_3$、Cu、$MgSO_4 \cdot 7H_2O$、Hg、Ni、Pb 等。

用于测定 Pb^{2+}、Bi^{3+} 含量的 EDTA 溶液可用 ZnO 或金属 Zn 作为基准物进行标定。以二甲酚橙作指示剂,在 pH=5~6 的溶液中,二甲酚橙指示剂(XO)本身显黄色,而与 Zn^{2+} 的配合物呈紫红色。EDTA 能与 Zn^{2+} 形成更稳定的配合物,当用 EDTA 溶液滴至近终点时,EDTA会把与二甲酚橙配位的 Zn^{2+} 置换出来而使二甲酚橙游离,因此溶液由紫红色变为黄色。其变色原理可表达如下:

$$\text{XO(黄色)} + Zn^{2+} = \text{ZnXO(紫红色)}$$

$$\text{ZnXO(紫红色)} + \text{EDTA} = \text{Zn-EDTA(无色)} + \text{XO(黄色)}$$

EDTA 溶液若用于测定石灰石或白云石中 CaO、MgO 的含量及测定水的硬度,最好选用 $CaCO_3$ 作基准物标定。这样基准物和被测组分含有相同的组分,使得滴定条件一致,可以减小误差。首先将 $CaCO_3$ 用 HCl 溶解后,制成 Ca 标准溶液,调节酸度至 pH≥12,以钙指示剂作指示剂,用 EDTA 滴至溶液由酒红色变为纯蓝色。

仪器和药品

仪器:分析天平、酸式滴定管、移液管、锥形瓶、容量瓶、烧杯、试剂瓶。

药品:① 以 ZnO 为基准物时所用试剂有乙二胺四乙酸二钠(A. R.)、ZnO(A. R.)、六次甲基四胺(20%)、二甲酚橙指示剂(0.2%)、HCl(1∶1);② 以 $CaCO_3$ 为基准物时所用试剂有 $CaCO_3$(A. R.)、氨水(1∶1)、NaOH 溶液(10%)、1%钙指示剂(固体指示剂)、乙二胺四乙酸二钠(A. R.)、Mg 溶液(溶解 1g $MgSO_4 \cdot 7H_2O$ 于水中,稀释至 200mL)。

实验步骤

(1) 0.02mol · L^{-1} EDTA 标准溶液的配制。

称取乙二胺四乙酸二钠 3.8g 溶于 200mL 温水中,冷却后稀释至 0.5L,摇匀,如混浊应过滤后使用,并储存于 500mL 试剂瓶中。

(2) 以 ZnO 为基准物标定 EDTA 溶液。

(i) Zn 标准溶液的配制。准确称取 ZnO 基准物 0.35~0.5g 于 150mL 烧杯中,用数滴水润湿后,盖上表面皿,沿烧杯壁滴加 3mL 1∶1 HCl,待完全溶解后冲洗表面皿和杯壁,定量转移至 250mL 容量瓶中,加水稀释至刻度,摇匀,计算其准确浓度。

(ii) EDTA 标准溶液的标定。用移液管移取 Zn 标准溶液 25.00mL 于 250mL 锥形瓶中,加水 20mL，加两滴二甲酚橙指示剂，然后滴加六次甲基四胺溶液直至溶液呈现稳定的紫红色后，再多加 3mL[注1]，用 EDTA 溶液滴至溶液由紫红色刚变为亮黄色即达终点。

(3) 以 $CaCO_3$ 为基准物标定 EDTA 溶液。

(i) 钙标准溶液的配制。准确称取 120℃干燥过的 $CaCO_3$ 0.5～0.6g 于 150mL 烧杯中，加少量水润湿，盖上表面皿，沿烧杯壁滴加[注2]2～3mL 1∶1 HCl，待 $CaCO_3$ 完全溶解后，加热近沸，冷却后淋洗表面皿，再定量转入 250mL 容量瓶中，稀释定容，摇匀。

(ii) EDTA 标准溶液的标定。用移液管移取 25.00mL 钙标准溶液于 250mL 锥形瓶中，加水 25mL、镁溶液 2mL[注3]、10% NaOH 溶液 5mL 及少量(约米粒大小)钙指示剂，摇匀后用 EDTA 标准溶液滴至由酒红色恰变为纯蓝色即为终点。

(4) 数据处理。

按要求记录并表述实验结果。

注释

[注 1] 用六次甲基四胺作缓冲剂时，由于它在酸性溶液中能生成质子化的六次甲基四胺 $(CH_2)_6N_4H^+$，此共轭酸与过量 $(CH_2)_6N_4$ 构成缓冲溶液，能使溶液的酸度稳定在 pH=5～6。

[注 2] 目的是防止反应过于激烈而产生 CO_2 气泡，使 $CaCO_3$ 飞溅损失。

[注 3] 加入少量的 Mg^{2+} 并不干扰钙的测定，反而能使终点比 Ca^{2+} 单独存在时更敏锐。当 Ca^{2+}、Mg^{2+} 共存时，终点由酒红色变为纯蓝色，而当 Ca^{2+} 单独存在时则由酒红色变为紫蓝色。

思考题

(1) 通常使用乙二胺四乙酸二钠盐配制 EDTA 标准溶液，为什么不用乙二胺四乙酸？

(2) 以金属锌为基准物，二甲酚橙为指示剂标定 EDTA 溶液的浓度时，溶液的酸度应控制在何 pH 范围？若溶液为强酸性，应如何调节？

(3) 用 $CaCO_3$ 作基准物，以钙指示剂指示终点标定 EDTA 浓度时，应控制溶液的酸度为多大？为什么？如何控制？

(4) 用 $CaCO_3$ 作基准物标定 EDTA 溶液时，为什么要加入少量的镁溶液？

(5) 配位滴定法和酸碱滴定法相比有哪些不同？操作中应注意哪些问题？

实验五十一　铅、铋混合液中铅、铋含量的连续测定

实验目的

(1) 掌握以控制溶液的酸度来进行多种金属离子连续测定的原理和方法。

(2) 熟悉二甲酚橙的应用和终点颜色变化。

实验原理

Bi^{3+}、Pb^{2+} 虽然均能与 EDTA 形成稳定的配合物，但是其稳定性有相当大差别(它们的 $\lg K$ 值分别为 27.94 和 18.04)，因此可利用控制溶液酸度的方法进行连续滴定。

在测定中均以二甲酚橙为指示剂。二甲酚橙属于三苯甲烷显色剂，易溶于水，它有七级酸式解离，其中 H_7In 至 H_3In^{4-} 呈黄色，H_2In^{5-} 至 In^{7-} 呈红色。由于各组分的比例随溶液的酸

度变化，所以它们在溶液中的颜色也随酸度而改变。在 pH<6.3 时呈黄色，pH>6.3 时呈红色。二甲酚橙与 Bi^{3+}、Pb^{2+} 形成的配合物呈紫红色，它们的稳定性小于 Bi^{3+}、Pb^{2+} 和 EDTA 所形成的配合物。

测定时，先调节溶液的酸度为 pH≈1，滴定 Bi^{3+}，终点时溶液由紫红色变为黄色。然后用六次甲基四胺调节溶液的 pH 为 5～6，滴定 Pb^{2+}，终点时溶液由紫红色变为亮黄色。

仪器和药品

仪器：酸式滴定管、锥形瓶、移液管。

药品：EDTA 标准溶液（0.02mol · L^{-1}）、二甲酚橙溶液（0.4%）、六次甲基四胺溶液（20%）、Bi^{3+} 和 Pb^{2+} 未知溶液。

实验步骤

(1) Bi^{3+} 的滴定。用 10mL 移液管吸取试液置于 250mL 锥形瓶中，用量筒加入 10mL 水（此时溶液的酸度为 pH≈1[注1]）和 1 滴二甲酚橙指示剂。用 EDTA 标准溶液滴定，在近终点前应放慢滴定速度，每加 1 滴，摇动并注意观察是否变色，直至溶液由紫红色变为橙色，滴定剂改为半滴加入，溶液由橙色突变为黄色，即为终点。

(2) Pb^{2+} 的滴定。在滴定 Bi^{3+} 后的溶液中补加 1 滴二甲酚橙指示剂[注2]，并逐滴滴加六次甲基四胺至溶液呈现稳定的紫红色时，再多加 3mL，此时溶液的 pH 为 5～6，然后以 EDTA 标准溶液滴定至溶液由紫红色突变为亮黄色即为终点。

按上述操作平行测定三次，正确地表达混合试液中 Bi^{3+} 和 Pb^{2+} 质量浓度的测定结果。

注释

[注 1] 酸度已由实验室技术人员调好，在滴定 Bi^{3+} 时，学生不必再调节酸度。水不可多加，防止 Bi^{3+} 水解。

[注 2] 由于滴定 Bi^{3+} 后，试液的体积增大了，故需补加指示剂。

思考题

(1) 本试验能否先在 pH=5～6 的溶液中滴定 Pb^{2+} 的含量，调节溶液 pH≈1 后，再滴定 Bi^{3+} 的含量？

(2) 用于滴定 Bi^{3+}、Pb^{2+} 的 EDTA 标准溶液，应用何种基准物来标定？为什么？

(3) 在滴定 Bi^{3+} 时，如溶液的 pH 过大或过小（超出要求的 pH 范围），可能会对分析结果造成什么影响？实验中可能会出现什么异常现象？

(4) 试述二甲酚橙指示剂的作用原理。为什么滴定 Bi^{3+}、Pb^{2+} 都可用二甲酚橙作指示剂？

(5) 滴定时若 10mL 试样中 Bi^{3+}、Pb^{2+} 的总质量为 G(g)，试列出计算 Bi^{3+} 和 Pb^{2+} 的质量分数的算式。若以 g · L^{-1} 表示 Bi^{3+} 和 Pb^{2+} 的含量，其算式又如何表达？

实验五十二 石灰石中钙、镁含量的测定

实验目的

(1) 掌握配位滴定法测定石灰石中 Ca、Mg 含量的方法和原理。

(2) 巩固配位滴定中指示剂的选择和应用。

实验原理

石灰石的主要成分是 $CaCO_3$，同时也含有一定量的 $MgCO_3$ 及少量的 Al、Fe、Si 等杂质。按照经典方法，需用碱性熔剂熔融分解试样，制成溶液，分离除去 SiO_2 和 Fe^{3+}、Al^{3+} 等，然后测定钙和镁，这样步骤繁琐。若试样中含酸不溶物较少，通常用酸溶解试样，不经分离直接用 EDTA 标准溶液进行滴定。

试样溶解之后，Ca^{2+}、Mg^{2+} 共存于溶液中，然后以铬黑 T 为指示剂，用EDTA进行滴定。在 pH＝6.3～11.3 的水溶液中，铬黑 T 本身呈蓝色，它与 Ca^{2+}、Mg^{2+} 形成的配合物呈紫红色，滴定至由紫变蓝即为终点。

本实验是在 pH＝10 时，以铬黑 T 作指示剂，用 EDTA 标准溶液滴定溶液中的 Ca^{2+} 和 Mg^{2+} 两种离子总量。于另一份试液中，调节 pH＞12 时，Mg^{2+} 生成 $Mg(OH)_2$ 沉淀，加入钙指示剂，用 EDTA 标准溶液单独测定 Ca^{2+}，然后由总量减去钙量，即得镁量。

测定钙、镁时，对不同试样，掩蔽干扰离子的方法不尽相同。在酸性条件下，加入三乙醇胺和酒石酸钾钠以掩蔽试液中 Fe^{3+}、Al^{3+}，然后碱化；在碱性条件下可用 KCN 掩蔽 Cu^{2+}、Zn^{2+} 等重金属离子[注1]；对于 Cu^{2+}、Ti^{2+}、Cd^{2+}、Bi^{3+} 等重金属离子的干扰不易消除，加入铜试剂(DDTC)，掩蔽效果较好。

仪器和药品

仪器：酸式滴定管、锥形瓶、移液管、容量瓶、烧杯。

药品：EDTA 标准溶液(0.02mol · L^{-1})、HCl 溶液(1∶1)、NaOH 溶液(10%)、钙指示剂(1%)、铬黑 T 指示剂(1%)、$NH_3 \cdot H_2O$-NH_4Cl 缓冲溶液(pH＝10)、三乙醇胺水溶液(1∶2)。

实验步骤

(1) 试液的制备。准确称取试样 0.25～0.3g 于 250mL 烧杯中，加少量水湿润，盖上表面皿，沿烧杯壁滴加 1∶1 HCl 4～6mL，微热使之溶解[注2]。冷却后定量地转入 250mL 容量瓶中，用水稀释定容，摇匀备用。

(2) 钙、镁总量的测定。准确吸取试样 25.00mL 于锥形瓶中，加 20mL 水、5mL 三乙醇胺，摇匀。加入 10mL $NH_3 \cdot H_2O$-NH_4Cl 缓冲溶液，摇匀。最后加入少许铬黑 T 指示剂，然后用 EDTA 标准溶液滴定至溶液由紫红色变为蓝色，即为终点。记下体积读数，平行测定三次。

(3) 钙含量的测定。准确吸取 25.00mL 试液于锥形瓶中，加 20mL 水、5mL 三乙醇胺溶液，摇匀。再加入 10mL NaOH 溶液[注3]、钙指示剂少许(米粒大小)，摇匀后，用EDTA标准溶液滴定至溶液由红色恰变为蓝色，即为终点。记下体积读数，平行测三次。

(4) 含量计算。根据 EDTA 溶液的浓度和所消耗的体积，分别计算试样中 MgO 和 CaO 的质量分数并求出有关误差。

注释

[注 1] 用来掩蔽 Fe^{3+} 等的三乙醇胺必须在酸性溶液中加入，然后碱化，否则 Fe^{3+} 已生成

$Fe(OH)_3$ 沉淀而不易被掩蔽；KCN 是剧毒物，只允许在碱性溶液中使用，若加入酸性溶液中，则产生剧毒的 HCN 气体逸出，对人体有严重危害。

[注 2] 如试样用酸溶解不完全，则残渣可用 Na_2CO_3 熔融，再用酸浸取，浸取液与试液合并。在一般分析工作中，残渣作为酸不溶物处理，可不必考虑。

[注 3] 测定钙时，若形成大量 $Mg(OH)_2$ 沉淀，将吸附 Ca^{2+}，会使钙的结果偏低。为了克服此不利因素，可加入淀粉-甘油、阿拉伯树胶或糊精等保护胶，基本可消除吸附现象，其中以糊精的效果较好。5%糊精溶液的配制方法如下：

将 5g 糊精溶于 100mL 沸水中，稍冷，加入 5mL 10%NaOH，摇匀。加入3～5滴 K-B 指示剂，用 EDTA 溶液滴定至蓝色。临用时配制，使用时加 10～15mL 于试液中。

思考题

(1) 为什么掩蔽 Fe^{3+}、Al^{3+} 时要在酸性条件下加入三乙醇胺？用 KCN 掩蔽 Cu^{2+}、Zn^{2+} 等是否也可以在酸性条件下进行？

(2) 用酸溶解石灰石试样前为什么要用少量水润湿？滴加 HCl 溶液时应怎样操作？如何检查试样是否完全溶解？

(3) 试述配位滴定法测定石灰石中钙和镁含量的原理，并写出计算公式。

(4) 将烧杯中已溶解好的试样转移到容量瓶以及稀释到刻线时，应怎样操作？需注意什么？

实验五十三 $KMnO_4$ 标准溶液的配制和标定

实验目的

(1) 掌握 $KMnO_4$ 标准溶液的配制和标定方法。

(2) 了解氧化还原滴定中控制反应条件的重要性。

实验原理

市售的 $KMnO_4$ 常含有少量杂质，如硝酸盐、硫酸盐或氯化物等。$KMnO_4$ 的氧化能力强，易和水中的有机物、空气中的尘埃及氨等还原性物质作用，并能自行分解，见光则分解得更快。因此采用间接法配制 $KMnO_4$ 标准溶液，并放在棕色瓶内避光保存。若加热煮沸，放置几天后再过滤出 MnO_2，避光保存更好。

标定 $KMnO_4$ 溶液常用 $Na_2C_2O_4$ 作基准物。$Na_2C_2O_4$ 不含结晶水，容易精制。用 $Na_2C_2O_4$ 标定 $KMnO_4$ 溶液的反应如下：

$$2MnO_4^- + 5C_2O_4^{2-} + 16H^+ = 2Mn^{2+} + 10CO_2\uparrow + 8H_2O$$

反应开始较慢，待溶液中产生 Mn^{2+} 后，由于 Mn^{2+} 的催化作用使反应加快。滴定温度应控制在 75～85℃，不应低于 60℃，否则反应速率太慢。但温度太高，草酸又将分解。由于 MnO_4^- 为紫红色，Mn^{2+} 无色，因此滴定时可利用 MnO_4^- 本身的颜色指示滴定终点。

仪器和药品

仪器：台秤、分析天平、酸式滴定管、锥形瓶、烧杯、漏斗、量筒、试剂瓶(棕色)。

药品：$KMnO_4$(A. R.)、$Na_2C_2O_4$(A. R.)、H_2SO_4($1mol\cdot L^{-1}$)。

实验步骤

(1) 0.02mol · L^{-1} $KMnO_4$ 标准溶液的配制。称量计算量的 $KMnO_4$ 固体溶于适量[注1]的水中，盖上表面皿，加热至沸并保持微沸状态 15～20min。冷却后，在暗处放置7～10 天。然后用玻璃砂芯漏斗或玻璃棉过滤除去 MnO_2 等杂质。滤液储存于洁净的棕色试剂瓶中，摇匀，放置暗处保存。若溶液煮沸后在水浴上保持 1h[注2]，冷却后过滤，则不必放置 7～10 天，可立即标定浓度。

(2) $KMnO_4$ 溶液浓度的标定。准确称取经烘干的分析纯 $Na_2C_2O_4$ 基准物若干克置于锥形瓶中，加入 10mL 水使之溶解，再加 1mol · L^{-1} H_2SO_4 溶液 30mL[注3]，加热至 75～85℃[注4]（开始冒蒸气时的温度），立即用待标定的 $KMnO_4$ 溶液进行滴定[注5]。开始滴定的速度应当很慢（加入一滴 $KMnO_4$ 待紫色消失后，再加另一滴），待溶液中产生 Mn^{2+} 后，反应速率加快，可适当快滴，但仍必须是逐滴加入[注6]，直至溶液呈粉红色并且半分钟内不褪色即为终点[注7]。注意滴定结束时的温度应不低于 60℃。

平行测定三次，根据称取的 $Na_2C_2O_4$ 质量和所消耗的 $KMnO_4$ 溶液的体积，计算 $KMnO_4$ 溶液的浓度。

注释

[注 1] 根据测定的需要，可配制 500mL 或 1000mL $KMnO_4$ 溶液。

[注 2] 加热及放置时，均应盖上表面皿，以免落入尘埃和有机物。

[注 3] $KMnO_4$ 作氧化剂，通常是在强酸性溶液中反应，滴定过程中若发现产生棕色混浊（为何物?）现象，是酸度不足引起的，应立即加入 H_2SO_4 补救。若已达到终点，这时加酸已经无效，应该重做。

[注 4] 在室温下，$KMnO_4$ 与 $C_2O_4^{2-}$ 之间反应缓慢，需将溶液加热，但温度不能太高，否则引起 $H_2C_2O_4$ 分解：

$$H_2C_2O_4 = CO_2\uparrow + CO\uparrow + H_2O$$

[注 5] $KMnO_4$ 色深，液面弯月面不易看出，读数时应以液面的最高线为准（读液面的边缘）。

[注 6] 若滴定速度过快，部分 $KMnO_4$ 在热溶液中按下式分解：

$$4KMnO_4 + 2H_2SO_4 = 4MnO_2 + 2K_2SO_4 + 2H_2O + 3O_2\uparrow$$

[注 7] $KMnO_4$ 滴定终点不太稳定，这是由于空气中含有还原性气体及尘埃等杂质，能使 $KMnO_4$ 慢慢分解，使微红色消失，所以经过 30s 不褪色即可认为已达到终点。

思考题

(1) 配制 $KMnO_4$ 标准溶液时，为什么要把 $KMnO_4$ 溶液煮沸一定时间和放置数天？配好的 $KMnO_4$ 溶液为什么要过滤后才能保存？是否可用滤纸过滤？

(2) 配制好的 $KMnO_4$ 溶液为什么要装在棕色玻璃瓶中放置暗处保存？如果没有棕色瓶应怎么办？

(3) 用 $Na_2C_2O_4$ 标定 $KMnO_4$ 溶液的浓度时，为什么必须在过量的硫酸（硝酸或盐酸可以吗?）存在下进行？酸度过高或过低有无影响？为什么要加热到 75～85℃后才能进行滴定？溶液温度过高或过低有什么影响？

(4) 本实验的滴定速度应如何掌握？为什么第一滴 $KMnO_4$ 溶液加入后，红色褪去很慢，以后褪色较快？

(5) 装 $KMnO_4$ 溶液的烧杯放置较久后，杯壁上常有棕色沉淀物(是什么?)不易洗净，应怎样洗涤？

实验五十四　石灰石中钙含量的测定

实验目的

(1) 掌握高锰酸钾法测定石灰石中钙含量的原理和方法。

(2) 学习沉淀分离的基本知识和掌握沉淀、过滤及洗涤等操作。

实验原理

石灰石是工业生产中的重要原材料之一。石灰石中钙含量的测定主要采用配位滴定法和高锰酸钾法。前者比较简便，但干扰也较多；后者干扰少，准确度高，但较费时。本实验采用高锰酸钾法。首先将试样溶解，然后将 Ca^{2+} 沉淀为 CaC_2O_4，将沉淀滤出并洗净后，用稀 H_2SO_4 溶液溶解，再用 $KMnO_4$ 标准溶液滴定 $C_2O_4^{2-}$，根据所消耗的 $KMnO_4$ 标准溶液的体积计算出试样中 Ca 的含量。主要反应为

$$Ca^{2+} + C_2O_4^{2-} = CaC_2O_4 \downarrow$$

$$CaC_2O_4 + H_2SO_4 = CaSO_4 + H_2C_2O_4$$

$$2MnO_4^- + 5H_2C_2O_4 + 6H^+ = 2Mn^{2+} + 10CO_2 \uparrow + 8H_2O$$

若石灰石中硅含量很低，其中的 Ca 可被 HCl 分解完全，而大部分石灰石中都有一部分 Ca 以硅酸盐形式存在，不能被 HCl 分解完全。因此，通常石灰石的分解是采用碱性熔剂熔融的方法制成试液，分离除去 SiO_2 和 Fe^{3+}、Al^{3+} 后，再测定钙，但步骤较繁琐。本实验选用含硅量很低的石灰石试样，可以直接用盐酸溶解制成试液。对含有 Fe^{3+} 和 Al^{3+} 等干扰离子的试样，可加入柠檬酸铵进行掩蔽后再测定。

为使测定结果准确，要采取以下措施：

(1) 要得到 Ca^{2+} 与 $C_2O_4^{2-}$ 之间 1∶1 的计量关系，应使试液酸度控制在 pH=4，因为酸度高时 CaC_2O_4 沉淀不完全，酸度低则会有 $Ca(OH)_2$ 或碱式草酸钙沉淀产生。

(2) 要得到颗粒较大、便于洗涤的沉淀，可采用在酸性溶液中加入 $(NH_4)_2C_2O_4$，再滴加氨水，用逐步中和以求缓慢地增大 $C_2O_4^{2-}$ 浓度的方法进行沉淀。沉淀完全后再稍加陈化，以使沉淀颗粒长大，避免穿滤。

(3) 必须彻底洗去沉淀表面及滤纸上的 $C_2O_4^{2-}$ 和 Cl^-。

仪器和药品

仪器：分析天平、酸式滴定管、烧杯、漏斗、量筒。

药品：$KMnO_4$ 标准溶液(0.02mol·L^{-1})、HCl 溶液(6mol·L^{-1})、H_2SO_4 溶液(1mol·L^{-1})、$NH_3 \cdot H_2O$(3mol·L^{-1})、$(NH_4)_2C_2O_4$ 溶液(0.25mol·L^{-1})、$(NH_4)_2C_2O_4$ 溶液(0.1%)、甲基橙指示剂(0.1%)、柠檬酸铵(10%)、$AgNO_3$ 溶液(0.1mol·L^{-1})、HNO_3 溶液(2mol·L^{-1}，滴瓶装)。

实验步骤

(1) 试样的溶解。准确称取石灰石试样 0.1～0.2g 置于 400mL 烧杯中，滴加几滴水润湿[注1]，盖上表面皿，沿烧杯壁缓慢滴入 6mol · L^{-1} HCl 溶液 8～10mL，同时不断轻摇烧杯使试样溶解[注2]。待停止发泡后，小火加热煮沸 2min。冷却后用水淋洗表面皿和烧杯内壁，使飞溅部分进入溶液中。

(2) 沉淀的制备。在试样溶液中加入 5mL 10%柠檬酸铵溶液[注3]和 120mL 水，加入 2 滴甲基橙指示剂(溶液是什么颜色?)，再加入 15～20mL 0.25mol · L^{-1} $(NH_4)_2C_2O_4$[注4]。加热至 70～80℃，在不断搅拌下缓慢滴加 3mol · L^{-1} NH_3 · H_2O 至溶液刚刚变成黄色[注5]，盖上表面皿，静置过夜[注6](或者将溶液置于水浴上加热 30min，同时用玻璃棒搅拌，冷却)。

(3) 沉淀的过滤和洗涤。在漏斗上放好滤纸，并做成水柱，将陈化后的溶液以倾泻法过滤。用冷的 0.1% $(NH_4)_2C_2O_4$ 溶液洗涤[注7]沉淀三四次，再用水洗涤至滤液不含 Cl^-、$C_2O_4^{2-}$ 为止。在洗涤接近完成时，可用表面皿接取滤液约 1mL，加入 3 滴 $AgNO_3$ 溶液，混匀后放置 1min，如无混浊现象证明已洗涤干净。注意在过滤和洗涤过程中，应尽量使沉淀留在烧杯中(参见 4.1.1)。

(4) 沉淀的溶解和滴定。将带有沉淀的滤纸小心展开并贴在原储存沉淀的烧杯内壁上(沉淀向杯内)，用 50mL 1mol · L^{-1} H_2SO_4 溶液将滤纸上的沉淀洗入烧杯内，用水稀释至 100mL，加热至 75～85℃后，用 0.02mol · L^{-1} $KMnO_4$ 溶液滴至溶液刚好呈现粉红色。再将滤纸浸入溶液中[注8]，用玻璃棒搅拌，若溶液褪色，再滴入 $KMnO_4$ 溶液，直至浅粉色刚出现并经 30s 不褪色，即为终点。计算试样中钙的质量分数。

注释

[注 1] 先用少量水润湿，以免加 HCl 溶液时产生的 CO_2 将试样粉末带出。

[注 2] 如试样不能溶尽，可加热帮助溶解，如仍有少量酸不溶物不溶解，应按以下方法制取试液：称取 0.5～1g 试样，加少量水润湿后盖上表面皿，缓缓滴加 6mol · L^{-1} HCl 溶液 35mL，停止发泡后，微沸 2min，冷却后，仔细将全部物质转入 250mL 容量瓶中，加水稀释至刻度，摇匀，静置，使少量酸不溶物沉降。准确吸取 50.00mL 清液进行分析。如酸不溶物较多且对分析精度要求较高时，则应按碱熔法制取试液后分析。

[注 3] 若试样中含有 Fe^{3+}、Al^{3+} 等杂质，需加入柠檬酸铵配位掩蔽 Fe^{3+}、Al^{3+}，以免生成胶体和共沉淀，其用量视 Fe 和 Al 的含量多少而定。

[注 4] 甲基橙显红色说明溶液呈酸性。在酸性溶液中，加入 $(NH_4)_2C_2O_4$ 溶液后，不应产生沉淀。若此时生成沉淀，说明溶液的酸性不足，这时应在搅拌下滴加 6mol · L^{-1} HCl 至沉淀溶解。但勿多加 HCl，否则用氨水调节 pH 时用量较大。

[注 5] 调节 pH 至 3.5～4.5，使 CaC_2O_4 沉淀完全，MgC_2O_4 不沉淀。

[注 6] 放置过夜的目的是使沉淀陈化，以便获得颗粒粗大的晶形沉淀。但对 Mg 含量高的试样不宜久置，以免后沉淀。这时应将沉淀置水浴上保温 30min，并随时搅拌，用这种方式可以代替放置，使沉淀陈化。

[注 7] 先用沉淀剂稀溶液洗涤，利用同离子效应，降低沉淀的溶解度，以减小溶解损失，并且洗去大量杂质。

[注 8] 在酸性溶液中滤纸消耗 $KMnO_4$ 溶液，接触时间越长，消耗越多，因此只能在滴定

至终点前才能将滤纸浸入溶液中。

思考题

(1) 沉淀 CaC_2O_4 时，为什么要采用先在酸性溶液中加入沉淀剂 $(NH_4)_2C_2O_4$，而后滴加 $NH_3 \cdot H_2O$ 中和的方法使 CaC_2O_4 沉淀析出？加入甲基橙指示剂的目的是什么？

(2) 本实验制备晶形 CaC_2O_4 沉淀的主要操作条件是什么？

(3) 什么是倾泻法过滤？其优点是什么？

(4) 洗涤 CaC_2O_4 沉淀时，为什么先用稀 $(NH_4)_2C_2O_4$ 溶液洗，然后用水洗？为什么要洗到滤液中不含 Cl^-、$C_2O_4^{2-}$？怎样判断 Cl^-、$C_2O_4^{2-}$ 洗净没有？

(5) CaC_2O_4 沉淀生成后为什么要陈化？如果将带有 CaC_2O_4 沉淀的滤纸一起投入烧杯中，以 H_2SO_4 处理后再用 $KMnO_4$ 溶液滴定，这样操作对结果有什么影响？

实验五十五　邻二氮菲分光光度法测定微量铁

实验目的

(1) 学习如何确定分光光度法的实验条件。

(2) 掌握通过绘制吸收曲线确定最大吸收波长和利用标准曲线进行定量的方法。

(3) 熟悉 722S 型分光光度计的结构和使用方法。

实验原理

可见分光光度法进行定量分析时，要经过取样、溶解、显色及测量等步骤。显色反应受多种因素的影响。例如，为了使反应进行完全，应当确定显色剂加入量的合适范围，溶液的酸度既影响显色剂各种形式的浓度(为什么?)，又影响金属离子的存在状态，从而影响显色反应生成物的组成。不同的显色反应，生成稳定有色化合物所需的时间不同，达到稳定后能维持的时间也不大相同。许多显色反应在室温下能很快完成，有的则需要加热才能较快进行。此外，加入试剂的顺序、离子的氧化态、干扰物质的影响等均需要加以研究，以便拟定合适的分析方案，使测定既准确又迅速。本实验通过对 Fe(Ⅱ)-邻二氮菲显色反应的条件实验，学习如何拟定一个分光光度分析实验的测定条件。

邻二氮菲作显色剂测定微量铁(Ⅱ)的灵敏度高，选择性好。在 pH＝2～9 的溶液中，Fe^{2+} 与邻二氮菲生成极稳定的橙红色配合物，反应式如下：

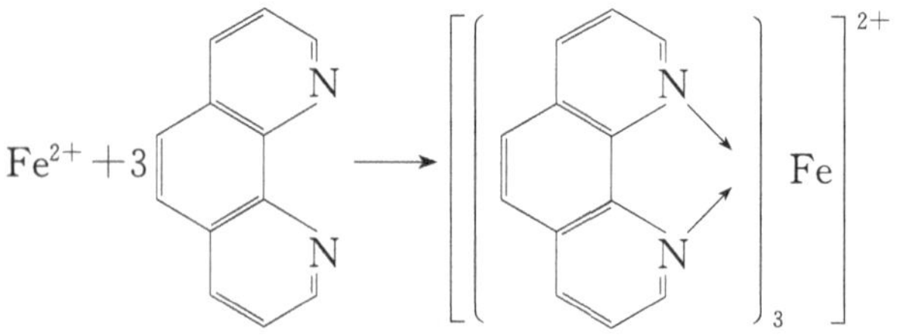

该配合物 $\lg K_{稳} = 21.3$ (20℃)，在 510nm 波长下有最大吸收，其摩尔吸光系数 $\varepsilon_{510} = 1.1 \times 10^4$。

邻二氮菲也能与 Fe(Ⅲ)生成 3∶1 的淡蓝色配合物，其 $\lg K_{稳} = 14.10$。因此，在显色前应先用盐酸羟胺($NH_2OH \cdot HCl$)将 Fe^{3+} 还原为 Fe^{2+}，反应式为

$$2Fe^{3+}+2NH_2OH\cdot HCl\xrightarrow{pH<3}2Fe^{2+}+N_2\uparrow+2H_2O+4H^++2Cl^-$$

测定时，控制溶液酸度在 pH＝2～9 较为适宜。酸度较高时，反应进行较慢；酸度太低，则 Fe^{2+} 水解，影响显色。

仪器和药品

仪器：722S 型分光光度计、pHS－2 型或其他型号酸度计、玻璃电极、饱和甘汞电极。

药品：$100\mu g\cdot mL^{-1}$铁标准溶液[准确称取 0.8634g 铁铵钒 $NH_4Fe(SO_4)_2\cdot 12H_2O$ 于小烧杯中，加入 20mL $6mol\cdot L^{-1}$ HCl 和少量水，溶解后定量转移至 1L 容量瓶中，用水稀释定容，摇匀]、邻二氮菲水溶液（0.12%）（用前配制）、盐酸羟胺水溶液（10%）（用前配制）、HOAc-NaOAc缓冲溶液（pH＝4.5）[称取分析纯 $NaOAc\cdot 3H_2O$ 32g 溶于适量水中，加入 $6mol\cdot L^{-1}$ HOAc 68mL，稀释至 500mL]、HCl 溶液（$2mol\cdot L^{-1}$）、NaOH 溶液（$0.4mol\cdot L^{-1}$）。

实验步骤

(1) $25.0\mu g\cdot mL^{-1}$铁标准溶液的配制。准确吸取 25.00mL $100\mu g\cdot mL^{-1}$铁标准溶液至 100mL 容量瓶中，用水稀释定容，摇匀。

(2) 条件实验。

(i) 吸收曲线的绘制。吸取 $25.0\mu g\cdot mL^{-1}$铁标准溶液 3.00mL 于 50mL 容量瓶中，加入 1mL 10%盐酸羟胺溶液，摇匀。2min 后，加入 HOAc-NaOAc 缓冲溶液 5mL、0.12%邻二氮菲 2mL，用水稀释定容。在 722S 型分光光度计上用 1cm 比色皿，以空白溶液为参比，在波长 470～550nm 每隔 10nm 测定一次吸光度[注1]。然后以吸光度为纵坐标，波长为横坐标绘制吸收曲线，在吸收曲线上找出进行测定的最适宜波长。以下条件试验和测定工作均在此选定波长下进行。

(ii) 有色溶液的稳定性。按上一步骤配制邻二氮菲铁溶液后，用 1cm 比色皿，每隔一段时间（3min，30min，1h，1.5h，2h）测定一次吸光度值。绘制出吸光度-时间曲线，找出稳定值时间范围。

(iii) 显色剂浓度的影响。取 7 个 50mL 容量瓶，准确吸取 $25.0\mu g\cdot mL^{-1}$铁标准溶液 3.00mL 加入各容量瓶中，分别加入 1mL 10%盐酸羟胺溶液，放置 2min 后，加入 HOAc-NaOAc 缓冲溶液 5mL，然后分别加入 0.12%邻二氮菲 0.20mL、0.40mL、0.60mL、1.00mL、1.50mL、2.00mL、3.00mL，用水稀释定容，摇匀。用 1cm 比色皿，以水为参比，分别测定各溶液的吸光度。然后以加入邻二氮菲的体积为横坐标，相应的吸光度值为纵坐标，绘制出吸光度-显色剂用量曲线，从而确定显色剂最适宜的量。

(iv) 溶液酸度的影响。准确吸取 4.00mL $25.0\mu g\cdot mL^{-1}$铁标准溶液于 100mL 容量瓶中，加入 $2mol\cdot L^{-1}$ HCl 溶液 10mL、10%盐酸羟胺溶液 10mL，放置 2min 后，加入 0.12%邻二氮菲 20mL，以水稀释定容，摇匀。

取 7 个 50mL 容量瓶，准确吸取上述溶液 5.00mL 置于各容量瓶中，各加入 $0.4mol\cdot L^{-1}$ NaOH 溶液 0.00mL、1.00mL、2.00mL、4.00mL、5.00mL、7.00mL 及 9.00mL[注2]，以水稀释定容，摇匀。用 1cm 比色皿，以水为参比，测定各溶液的吸光度。然后用酸度计分别测定各溶液的 pH。绘制吸光度- pH 曲线，找出适宜的 pH 范围。

（3）铁含量的测定。

（i）制作标准曲线。取 6 个 50mL 容量瓶，分别加入 0.00mL、1.00mL、2.00mL、3.00mL、4.00mL 和 5.00mL 25.0μg · mL^{-1}铁标准溶液，各加入 10%盐酸羟胺溶液 1mL，摇匀后放置 2min。再各加 HOAc-NaOAc 缓冲溶液 5mL、0.12%邻二氮菲溶液 2mL，以水稀释定容，摇匀。以空白溶液为参比[注3]，用 1cm 比色皿在选定波长下测定各溶液的吸光度。绘制标准曲线。

（ii）试液中含铁量的测定。准确吸取 10.00mL 未知试液于 50mL 容量瓶中，按上述操作进行显色[注4]，定容，并测定其吸光度。从标准曲线上查出试液铁含量[注5]，并计算原试液铁含量，以 μg · mL^{-1}表示测定结果。

注释

［注 1］每更换一次波长，均需要重新用参比溶液调节透光率至 100%，再测定溶液的吸光度。

［注 2］加入 NaOH 的量，应使各溶液的 pH 从小于 2 开始逐渐增加至 12 以上。如 NaOH 的加入量不合适，可以酌情调整到上述要求。

［注 3］试剂中往往含有极微量的铁，因此在绘制标准曲线时，以空白溶液作为参比。进行条件实验时，目的是比较某种条件对吸光度大小的影响，所以可直接用蒸馏水作参比。

［注 4］试液的显色应与标准系列显色同时进行，这样显色时间能够一致。

［注 5］标准曲线的横坐标以 50mL 溶液中所含标准铁溶液的体积表示铁含量，这样处理数据较为方便。

思考题

（1）在显色之前，为什么要预先加入盐酸羟胺和 HOAc-NaOAc 缓冲溶液？

（2）测量吸光度时，为什么要选择参比溶液？选择参比液的原则是什么？

（3）实验中哪些试剂的加入量必须很准确？哪些可不必很准确？

（4）为什么绘制工作曲线和测定试样应在相同条件下进行？这里主要指哪些条件？

（5）吸收曲线和标准曲线有何区别？各有何实际意义？

（6）分光光度法测定时，一般读取吸光度值。该值取什么范围为好？为什么？如何控制被测溶液的吸光度值在此范围内？

实验五十六 离子选择性电极法测定水中氟含量

实验目的

（1）掌握离子选择性电极法测定离子含量的原理和方法。

（2）掌握标准曲线法和标准加入法的适用条件。

（3）了解使用总离子强度调节缓冲溶液的意义和作用。

（4）熟悉氟电极和饱和甘汞电极的结构和使用方法。

（5）掌握离子计/酸度计的使用方法。

实验原理

饮用水中氟含量的高低对人体健康有一定影响，氟的含量太低易患龋齿，过高则会发生氟中毒现象，适宜含量为 0.5mg · L^{-1}左右。因此，监测饮用水中氟离子含量至关重要。氟离子选择性电极法已被确定为测定饮用水中氟含量的标准方法。

离子选择性电极是一种电化学传感器，它可将溶液中特定离子的活度转换成相应的电位信号。氟离子选择性电极的敏感膜为 LaF_3 单晶膜(掺有微量 EuF_2，利于导电)，电极管内装有 0.1mol · L^{-1} NaCl-NaF 组成的内参比溶液，以 Ag-AgCl 作内参比电极。当氟离子选择电极(指示电极)与饱和甘汞电极(参比电极)插入被测溶液中组成工作电池时，电池的电动势 E 在一定条件下与 F^- 活度的对数值呈线性关系：

$$E = K - S\lg a(F^-)$$

式中，K 值在一定条件下为常数；S 为电极线性响应斜率(25℃时为 0.059V)。当溶液的总离子强度不变时，离子的活度系数为一定值，工作电池电动势与 F^- 浓度的对数呈线性关系：

$$E = K' - S\lg c(F^-)$$

为了测定 F^- 的浓度，常在标准溶液与试样溶液中同时加入相等的足够量的惰性电解质以固定各溶液的总离子强度。

试液的 pH 对氟电极的电位响应有影响。在酸性溶液中 H^+ 与部分 F^- 形成 HF 或 HF_2^- 等在氟电极上不响应的形式，从而降低了 F^- 的浓度。在碱性溶液中，OH^- 在氟电极上与 F^- 产生竞争响应，此外 OH^- 也能与 LaF_3 晶体膜发生如下反应：

$$LaF_3 + 3OH^- \longrightarrow La(OH)_3 + 3F^-$$

由此产生的干扰电位响应使测定结果偏高，因此测定需要在 pH=5～6 的溶液中进行，常用缓冲溶液 HOAc-NaOAc 来调节。

氟电极的优点是对 F^- 响应的线性范围宽(10^{-6}～1mol · L^{-1})，响应快，选择性好。但能与 F^- 生成稳定配合物的阳离子如 Al^{3+}、Fe^{3+} 等以及能与 La^{3+} 形成配合物的阴离子会干扰测定，通常可用柠檬酸钠、EDTA、磺基水杨酸或磷酸盐等加以掩蔽。

使用氟电极测定溶液中氟离子浓度时，通常是将控制溶液酸度、离子强度的试剂和掩蔽剂结合起来考虑，即使用总离子强度调节缓冲溶液(TISAB)来控制最佳测定条件。本实验的 TISAB 的组成为 NaCl、HOAc-NaOAc 和柠檬酸钠。

在本实验中，分别选用了标准曲线法和标准加入法进行定量测定。当待测试样组成已知或较简单时，宜选用标准曲线法，尤其在样品数日较多的例行分析中更能显示出优越性。若对试样组成不甚了解，或样品组成较复杂，配制组成相近的标准系列溶液就有困难。此时为得到较高准确度就应采用标准加入法。同时，该法只需一种标准溶液，操作简便快速。

仪器和药品

仪器：pHS-3B 型酸度计、氟离子选择性电极、饱和甘汞电极、电磁搅拌器。

药品：100μg · mL^{-1}氟标准溶液(准确称取于 120℃干燥 2h 后冷却的分析纯 NaF 0.221g 于烧杯中，加入少量水使之溶解并定量地转移至 1000mL 容量瓶中，稀释定容，摇匀，储存于塑料瓶中)、10.0μg · mL^{-1}氟标准溶液(将上述储备液定量稀释 10 倍)、总离子强度调节缓冲溶液(TISAB)[于 1000mL 烧杯中加入 500mL 去离子水、57mL 冰醋酸、58g NaCl 及 12g 柠檬酸钠($Na_3C_6H_5O_9 \cdot 2H_2O$)，搅拌至溶解。将烧杯置于冷水浴中，缓缓滴加 6mol · L^{-1} NaOH 溶液，直至溶液的 pH 为 5.0～5.5(用酸度计测定)，冷却至室温，转入 1000mL 容量瓶中，用去离子水稀释定容并摇匀]。

实验步骤

(1) 酸度计的调试。参阅酸度计的使用方法。

(2) 标准曲线法。

(i) 氟标准溶液系列的配制。准确移取 10.0μg·mL^{-1} 氟标准溶液 1.00mL、4.00mL、7.00mL、10.00mL、13.00mL 分别放入 5 个 100mL 容量瓶中，各加入 TISAB 10mL，用去离子水稀释定容，摇匀，即得到浓度分别为 0.10μg·mL^{-1}、0.40μg·mL^{-1}、0.70μg·mL^{-1}、1.00μg·mL^{-1}、1.30μg·mL^{-1} 氟离子的标准溶液。

(ii) 标准曲线的绘制。将上述配好的标准溶液分别倒入 50mL 小塑料杯中，将准备好的氟离子选择性电极[注1]和饱和甘汞电极[注2]浸入溶液中[注3]，在电磁搅拌下，读取平衡电位值[注4]。测量的顺序由稀到浓，在转换溶液时，用水冲洗电极，再用滤纸吸去附着溶液。

在半对数坐标纸上作电位-浓度图，即得标准曲线。

(iii) 试样中氟含量的测定。吸取含氟量小于 10.0μg·mL^{-1} 的水样 50.00mL 于 100mL 容量瓶中，加入 10mL TISAB，用去离子水稀释定容，摇匀。

将氟离子选择性电极和饱和甘汞电极置于盛有去离子水的小塑料杯中，用磁子搅拌溶液以清洗电极，直至所测电位与起始的空白电位值接近时，拿出电极。用滤纸吸干电极表面的水，再插入盛有未知水样的塑料杯中，在电磁搅拌下读取平衡电位值 E_1，根据 E_1 从工作曲线上查得氟含量并计算出水样的含氟量(μg·mL^{-1})。

(3) 标准加入法。

(i) 准确吸取 50.00mL 水样于 100mL 容量瓶中，再准确加入 1.00mL 100 μg·mL^{-1} 氟标准溶液、10mL TISAB，并用去离子水稀释定容，摇匀。

(ii) 将氟离子选择性电极和饱和甘汞电极插入盛有上述溶液的小塑料杯中，在电磁搅拌下测其平衡电位值 E_2，再根据 E_1 和 E_2 计算出水样中的氟含量：

$$c_x = \frac{c_s V_s}{V_0}\left(10^{\frac{E_2-E_1}{S}} - 1\right)^{-1}$$

注释

[注 1] 氟离子选择性电极使用前需用去离子水浸泡活化过夜，或在 10^{-3} mol·L^{-1} NaF 溶液中浸泡 1～2h，再用去离子水洗至空白电位值为 300mV 左右，方可使用。电极的单晶膜切勿与坚硬物碰擦，晶片上如沾有油污，用脱脂棉依次蘸酒精、丙酮轻拭，再用去离子水洗净。电极使用后，应清洗至空白电位值，然后浸泡在水中。长久不用时，风干后保存。电极内装有电解质溶液，为防止晶片内附着气泡而使电路不通，在电极使用前，使晶片朝下，轻击电极杆以排除晶片上可能附着的气泡。

[注 2] 饱和甘汞电极在使用前应拔去加 KCl 溶液小口处的橡皮塞，以保持足够的液压差，使 KCl 溶液只能向外渗出，同时检查内部电极是否已浸于 KCl 溶液中，否则应补加。电极下端的橡皮套也应取下。饱和甘汞电极使用后，应再将两个橡皮套分别套好，装入电极盒内，防止盐桥液流出。

[注 3] 安装电极时，两只电极不要彼此接触，电极下端离杯底应有一定的距离，以防止转动的磁子碰击电极下端。

[注 4] 在稀溶液中，氟电极响应值达到平衡的时间较长，需等待电位值稳定后再读数。

思考题

(1) 标准加入法为什么要加入比欲测组分浓度大很多的标准溶液?

(2) 氟电极在使用前应该怎样处理?使用后应该怎样保存?

(3) TISAB 溶液包含哪些组分?各组分的作用怎样?

(4) 氟离子选择性电极测得的是 F^- 的浓度还是活度?如果要测定 F^- 的浓度,应该怎么办?

(5) 测定 F^- 浓度时为什么要控制在 $pH \approx 5$,pH 过高或过低有什么影响?

实验五十七　恒电流电解法测定铜含量

实验目的

(1) 掌握恒电流电解法的理论知识。

(2) 学会应用恒电流电解法测定铜的分析方法。

实验原理

在硫酸酸性介质中,当有恒电流通过惰性 Pt 电极时,两电极上发生电极反应:

$$\text{阴极}\quad Cu^{2+} + 2e^- \longrightarrow Cu\downarrow$$

$$\text{阳极}\quad H_2O \longrightarrow \frac{1}{2}O_2 + 2H^+ + 2e^-$$

铜在阴极网上析出,通过称量阴极网电解前后的质量,便可得知 Cu 的含量。

仪器和试剂

仪器:44B 型双联电解分析器、铂阴极网、铂螺旋状阳极各一支、250mL 烧杯四个、电磁搅拌子、电子天平、电吹风、表面皿、烘箱。

试剂:工业 $CuSO_4 \cdot 5H_2O$、1∶1 H_2SO_4、1∶1HNO_3、无水乙醇、蒸馏水。

实验步骤

1. 电极的准备

将铂网阴极及螺旋状铂阳极用温热的 1∶1HNO_3 溶液及蒸馏水浸洗,再用无水乙醇洗一次,然后置于洁净的小烧杯内,放入 105~110℃烘箱中干燥并使其恒量,记下电极的质量。若只测量 Cu 含量不必称量阳极。

2. 硫酸铜试样的溶解

称取 $CuSO_4 \cdot 5H_2O$ 4~6g,加约 100mL 蒸馏水溶解后,再加 10mL 1∶1 H_2SO_4,用水稀释至 150mL,供电解用(注意:只有完全溶解后才能做电解实验)。

3. 仪器的准备

(1) 将电解仪上的电流调节钮旋到起始位置,搅拌开关置于“停”处,直流电源开关拨至“断”处,接好直流电源,插上交流电源插头。

（2）电极的安装。将阳极（螺旋状铂电极）安装在“（＋）极”架上，旋紧固定螺钉，然后再将阴极（铂网电极）安装在“（－）极”架上，旋紧固定螺钉。

4. 电解操作

（1）将烧杯置于带有加热电炉的托盘上，烧杯内放入搅拌子，将电极浸入试液至网状电极露出液面 1cm 处。

（2）打开直流电源开关，将电解仪上的电源极性闸刀拨至“正电流”位置。

（3）开启搅拌开关。

（4）旋转电流调节电钮至电流表读数为 2A 左右（电压为 2～4V）。

（5）在电解过程中，随时观察电流表，电流应保持在 2A 左右。若有变动，应作调节；在电解过程中，温度应保持在 40℃（用加热系统控制）。

（6）当溶液中 Cu^{2+} 的淡蓝色全部消失后（约 1h），将烧杯向上移动少许或注入少量蒸馏水使部分裸露的电极表面进入溶液。继续电解 10min，观察阴极表面上是否有铜析出，若无铜析出，则表示电解完全。否则应继续电解，直至电解完全。

（7）电解完全后，关闭搅拌器，在不切断直流电源的情况下，取下盛装试液的烧杯，并以盛有蒸馏水的烧杯浸洗电极两三次，或用蒸馏水冲洗电极。

（8）将电源极性闸刀开关拨至“断”位置，关闭直流电源开关和交流电源开关。

（9）依次小心取下阴极和阳极，用蒸馏水洗净后并用无水乙醇浸洗一次，用吹风机吹干，将阴极和电解铜置于洁净的表面皿上，放入烘箱内于 110℃烘 5min，称量，再放入烘箱内烘 2min，烘至恒量，记下数据。

（10）测定完毕后，将阴极浸入 1∶1 HNO_3 溶液中加热使铜溶解完全，然后用蒸馏水清洗干净，烘干并称量，其质量应与使用前完全相同。

数据处理

$$试样含铜量=\frac{m_2-m_1}{m_{样}}\times 100\%$$

式中，m_2 为电解完成后阴极的质量，g；m_1 为电解前阴极的质量，g；$m_{样}$ 为分析试样的质量，g。

实验附注

（1）电解时电解温度不超过 40℃，温度高会产生海绵状含有氧化铜的黑色沉淀。

（2）若需要特别精确结果，可用原子吸收分光光度法测定电解后的试液中残余铜含量，测出铜量加上电解析出的铜量，即为试液中的总铜量。

（3）洗带铜的铂网电极应采用新的乙醇溶液。

（4）称量电解后带铜铂网电极应放在已称量的小烧杯内，以防铂网电极上的铜末掉下，使测定结果偏低。

（5）用 1∶1 HNO_3 浸洗带铜铂网电极应在通风橱内进行，因有大量的 NO_2 气体产生。

思考题

要想得到牢固、致密、纯净的分析物，在实验中应注意哪些实验条件？

实验五十八　原子吸收光谱法测定自来水中钙、镁的含量

实验目的

（1）熟悉原子吸收光谱仪的结构及其使用方法。

（2）掌握应用标准曲线法测定钙、镁含量的方法，加深理解原子吸收光谱法的基本原理。

实验原理

原子吸收光谱法主要用于定量分析，它是基于从光源中辐射出的待测元素的特征谱线通过试样的原子蒸气时，被蒸气中待测元素的基态原子吸收，使透过的谱线强度减弱。在一定的条件下，其吸收程度与试液中待测元素的浓度成正比，即$A=Kc$。

本实验采用标准曲线法测定水中钙、镁的含量，即先测定已知浓度的各待测离子标准溶液的吸光度，分别绘制成吸光度-浓度标准曲线。再于同样条件下测定水样中各待测离子的吸光度，从标准曲线上即可查出水样中各待测离子的含量。

仪器和药品

仪器：ICE 3300 原子吸收光谱仪、空气压缩机、乙炔钢瓶、Ca 空心阴极灯、Mg 空心阴极灯、容量瓶。

药品：金属镁或 $MgCO_3$（G. R.）、无水 $CaCO_3$（G. R.）、浓 HCl（G. R.）、HCl 溶液（$1mol \cdot L^{-1}$）。

标准溶液的配制：

（1）钙标准储备液（$1000\mu g \cdot mL^{-1}$）。准确称取在 110℃下烘干 2h 的无水$CaCO_3$ 0.625g 于 100mL 烧杯中，用少量水润湿，盖上表面皿，从烧杯嘴滴加 $1mol \cdot L^{-1}$ HCl 溶液，直至完全溶解，然后定量地转移至 250mL 容量瓶中，用水稀释定容，摇匀。

（2）钙标准溶液（$100\mu g \cdot mL^{-1}$）。准确吸取上述钙标准储备液 10.0mL 于 100mL 容量瓶中，加 $6mol \cdot L^{-1}$ HCl 2mL，用水稀释定容，摇匀。

（3）镁标准储备液（$1000\mu g \cdot mL^{-1}$）。准确称取金属镁 0.250g 于 100mL 烧杯中，盖上表面皿，从烧杯嘴滴加 5mL $6mol \cdot L^{-1}$ HCl 溶液，使之溶解。然后定量地转移至 250mL 容量瓶中，用水稀释定容，摇匀。

（4）镁标准溶液（$50\mu g \cdot mL^{-1}$）。准确吸取上述镁标准储备液 5.00mL 于 100mL 容量瓶中，用水稀释定容，摇匀。

实验步骤

（1）实验条件见表 10－58－1。

表 10－58－1　测定钙、镁的实验条件

测定条件	Ca	Mg
吸收线波长/nm	422.7	285.2
灯电流(最适合的)	75％	75％
燃烧器高度/mm	50	50
燃气流速/($L \cdot min^{-1}$)	1.4	1.0

（2）调试仪器。

（3）配制标准系列。

（i）钙标准溶液系列。准确吸取 2.00mL、4.00mL、6.00mL、8.00mL、10.0mL $100\mu g \cdot mL^{-1}$的钙标准溶液分别置于 5 个 100mL 容量瓶中，分别加入 $6mol \cdot L^{-1}$ HCl 2mL，用水稀释定容，摇匀。

（ii）镁标准溶液系列。准确吸取 $50\mu g \cdot mL^{-1}$的镁标准溶液 1.00mL、2.00mL、3.00mL、4.00mL、5.00mL 分别置于 5 个 100mL 容量瓶中，分别加 $6mol \cdot L^{-1}$ HCl 2mL，用水稀释定容，摇匀。

（4）配制自来水样。准确吸取适量（视未知钙、镁的浓度而定）自来水置于 100mL 容量瓶中，加入 $6mol \cdot L^{-1}$ HCl 2mL，用水稀释定容，摇匀。

（5）标准系列和水样的测定。以水为参比，然后依次对标准系列和水样进行测定。测定某一种元素时应换用该种元素的空心阴极灯作为光源，分别测定不同浓度标准溶液和水样中的钙、镁的吸光度。

分别以各金属元素的浓度为横坐标，所测得的吸光度值为纵坐标，绘制标准曲线。从对应的标准曲线上查得各自的浓度，然后根据水样的稀释倍数计算水样中钙、镁的含量（以 $\mu g \cdot mL^{-1}$为单位）。

思考题

（1）简述原子吸收光谱仪的基本原理。

（2）原子吸收光谱法为何要用待测元素的空心阴极灯作光源？能否用氢灯或钨灯代替？为什么？

（3）通过实验，你认为原子吸收光谱分析的优点是什么？

实验五十九　原子吸收光谱法测定含铜废液中铜的含量

实验目的

（1）进一步熟悉原子吸收分光光度计的结构、作用及其使用方法。

（2）掌握应用标准加入法进行定量分析。

实验原理

若试样中基体成分不确切或十分复杂，则无法配制与试样组成相似的标准溶液，不能用标准曲线法进行测定，这时可采用标准加入法。其操作过程为，首先配制浓度为 c_x、c_x+c_o、c_x+2c_o、c_x+3c_o、c_x+4c_o 的标准溶液（其中 c_x 为试样的浓度，c_o 为标准溶液的浓度），分别测定其吸光度值。然后以吸光度 A 对待测元素标准溶液加入量作图，所得曲线反向延长后与横坐标的交点即为被测试样的浓度。本实验采用标准加入法测定 Cu 废液中的 Cu 含量。

仪器和药品

仪器：ICE 3300 原子吸收光谱仪、空气压缩机、乙炔钢瓶、铜空心阴极灯、容量瓶。

药品：铜标准储备液（$1000\mu g \cdot mL^{-1}$）[准确称取光谱纯铜粉 1.000g 溶于 1∶1 HNO_3 中，用去离子水稀释至 1L 并摇匀]、铜标准溶液（$100\mu g \cdot mL^{-1}$）[准确吸取 10.0mL 上述储备液于

100mL 容量瓶中，用水稀释定容，摇匀]、1∶1 HNO_3。

实验步骤

(1) 调试仪器。

(2) 配制标准系列。取 5 个 50mL 容量瓶，分别加入 100μg · mL^{-1} 铜标准溶液 0.00mL、0.50mL、1.00mL、1.50mL、2.00mL，1∶1 HNO_3 1mL，未知液 10.0mL，用去离子水稀释定容，摇匀。另取 1 个 50mL 容量瓶，加入 1mL 1∶1 HNO_3 和 10.0mL 未知液，用去离子水稀释定容并摇匀，配成空白溶液。

(3) 标准系列和试样的测定。以空白溶液为参比，选择灯电流 3mA，燃烧器高度 3mm，乙炔压力为 1.96×10^4 Pa 的贫燃火焰，在 324.8nm 的波长位置分别测定各溶液的吸光度值。测定完成后即可在屏幕上显示出测定的数据和图形，并给出样品溶液中 Cu 的含量(以 μg · mL^{-1} 表示，注意将屏幕上显示的测定结果乘以未知液的稀释倍数)。

将实验结果与教师给出的准确含量比较，讨论可能产生误差的实验环节。

思考题

(1) 紫外-可见分光光度计的分光系统被安放在吸收池的前面，而原子吸收光谱仪的分光系统放在原子化系统的后面，为什么?

(2) 在原子吸收分析法中，为什么要采用锐线光源? 本实验中所采用的是什么光源?

(3) 在原子吸收光谱分析法中，通常在什么情况下采用标准加入法进行测定?

(4) 本实验如改用标准曲线法测定，则实验应该如何进行?

实验六十　有机化合物紫外-可见吸收光谱的测定及其影响因素

实验目的

(1) 掌握双光束紫外-可见分光光度计的仪器构造和使用。

(2) 学习紫外吸收光谱的绘制方法。

(3) 理解取代基对物质吸收光谱的影响。

(4) 理解溶剂的酸碱性对物质的吸收光谱的影响。

实验原理

有机化合物分子结构中，有成键的 σ 电子和 π 电子，不成键的 n 电子，此外还有未成键的 σ^* 反键和 π^* 反键轨道。各种分子轨道能量高低的顺序为：$\sigma<\pi<n<\pi^*<\sigma^*$

在基态分子中，成键电子占据成键轨道，未成键的孤对电子占据非键轨道。分子吸收紫外或可见辐射后，电子由基态的成键轨道或非键轨道跃迁至激发态的反键轨道。经常遇到的跃迁有 $\sigma\rightarrow\sigma^*$、$n\rightarrow\sigma^*$、$\pi\rightarrow\pi^*$ 和 $n\rightarrow\pi^*$ 四种类型，如图 10-60-1 所示。

其中 $\sigma\rightarrow\sigma^*$ 跃迁吸收波长在 150nm 左右，属真空紫外区；$n\rightarrow\sigma^*$ 跃迁吸收波长小于 200nm，称为末端吸收，一般在近紫外区没有明显吸收；而 $\pi\rightarrow\pi^*$ 跃迁吸收波长在 200nm 左右，在近紫外区；$n\rightarrow\pi^*$ 跃迁吸收波长最长，大于 200nm，在紫外至可见光区(表 10-60-1)。有机化合物的紫外可见光谱法的分析是以后两类跃迁为基础的。这两类跃迁都要求化合物中含有不饱和官能团以提供 π 轨道。

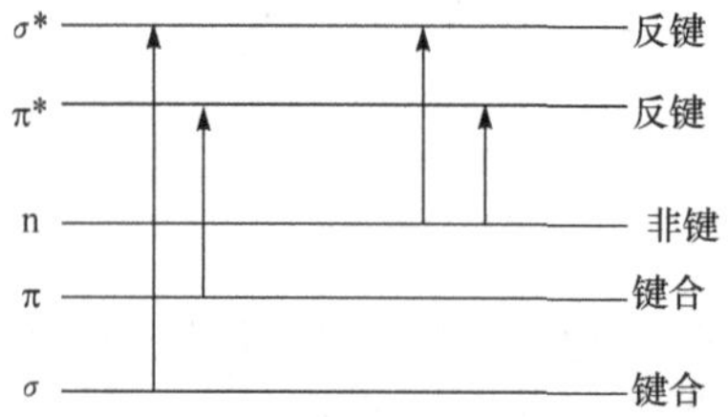

图 10-60-1　有机化合物分子外层电子的跃迁类型

表 10-60-1　各类电子跃迁与吸收峰波长的关系

跃迁类型	吸收峰波长
$\sigma\rightarrow\sigma^*$	~150nm
$n\rightarrow\sigma^*$	<200nm
$\pi\rightarrow\pi^*$	~200nm
$n\rightarrow\pi^*$	200~400nm

本实验是对苯系化合物紫外-可见吸收光谱的测定。苯具有环状共轭体系，在紫外区有三个吸收谱带：E1 带、E2 带和 B 带，这些吸收带都是 $\pi\rightarrow\pi^*$ 电子跃迁产生的。当苯环上的氢被助色团取代后，苯环共轭程度发生改变，因此苯的吸收光谱会发生变化，即吸收带向长波方向移动，复杂的 B 吸收带变得简单化。溶剂对紫外吸收光谱的吸收峰的波长、强度及形状都可能产生影响，这种现象被称为溶剂效应。造成这种影响的原因可能是溶剂和溶质间形成氢键，可能是由于溶剂的偶极作用使溶质的极性增强，也可能是酸碱性的影响，但其实质也是改变了化合物的共轭程度，改变电子跃迁的能级差。

仪器和药品

仪器：TU-1901 双光束紫外-可见分光光度计，1cm 石英吸收池。

药品：苯酚，对硝基苯酚，H_2O，NaOH。

实验步骤

1. 溶剂性质对吸收光谱的影响

配制浓度为 0.09mmol · L^{-1}的苯酚溶液，其溶剂分别为去离子水和 0.1mol · L^{-1} NaOH 溶液。在 1cm 石英吸收池，加入待测溶液至吸收池 2/3 高度处，以相应的溶剂作参比，绘制各溶液在 200~500nm 的吸收光谱。记录各苯酚溶液的吸收光谱，找出其最大吸收波长，并进行对比。

2. 取代基对吸收光谱的影响

配制浓度为 0.09mmol · L^{-1}的对硝基苯酚溶液，溶剂为 0.1mol · L^{-1} NaOH。用 1cm 石英吸收池，以相应的溶剂作参比，绘制溶液在 200~500nm 的吸收光谱。记录对硝基苯酚氢氧化钠溶液的吸收光谱，找出其最大吸收波长，并与苯酚氢氧化钠溶液进行对比。

思考题

(1) 产生紫外光谱的电子跃迁有哪些类型?

(2) 影响紫外吸收光谱的因素有哪些?

实验六十一　气相色谱法分析空气中的氧、氮含量

实验目的

(1) 熟悉气相色谱仪的基本结构,掌握气相色谱分析的基本原理和基本操作技术。

(2) 学习利用保留时间进行定性的方法。

(3) 学习峰面积的测量和用归一化法进行定量的方法。

实验原理

气相色谱法是一种很好的分离方法和定量测试手段,常用的定量分析法主要有归一化法、内标法和校正曲线法。本实验用归一化法进行定量分析。

使用归一化法定量应分别求出样品中所有组分的峰面积 A_i(或峰高 h_i)和相对校正因子 f_i,然后依次求出各组分的质量分数 w_i。

$$w_i = \frac{A_i f_i}{\sum_{i=1}^{n} A_i f_i} \times 100\%$$

归一化法的优点是①简便、准确;②操作条件变化对结果影响不大。但此法在实际应用上需满足下述条件:

(1) 混合物所有组分必须都出峰,不能有不流出或不产生信号的组分。

(2) 必须测出所有峰的峰面积(或峰高),并知道其相对校正因子。

本实验是测定空气中的氧、氮。由于空气中其他组分含量很少,因此在测定氧、氮含量时可用归一化法近似计算。又因为氧、氮的校正因子彼此很接近,在公式中可以约去。计算氧、氮质量分数的公式可以简化为

$$w(O_2) = \frac{A(O_2)}{A(O_2)+A(N_2)} \times 100\%$$

$$w(N_2) - 1 - w(O_2)$$

仪器和药品

仪器:102G 气相色谱仪、连接六通阀的 0.5mL 定量进样管、2m×ϕ 4mm 不锈钢填充柱、秒表两只、刻度放大镜一个、透明米尺一把。

药品:纯氧气球胆一个、纯氮气球胆一个、空气球胆一个、氢气(储存于钢瓶中)。

实验操作条件

气化室温度:室温	柱温:室温	固定相:5Å 分子筛
热导池检测室温度:室温	桥流:180mA	
载气:H_2(流速:90mL · min^{-1})	衰减:自选	

实验步骤

(1) 按操作规程启动仪器,直到基线走直。

(2) 绘制转子流量计的流速校正曲线。

(i) 载气流速的测定方法。将皂膜流量计与热导池检测器出口用橡皮管连接起来。用手指捏住流量计末端的橡皮头使皂液液面上升至载气入口，即可产生一个皂膜沿管壁上升。气体流速正好等于皂膜上升速度，用秒表记下皂膜通过一定体积刻度管所需的时间，即可得到载气流速，单位为 $mL \cdot min^{-1}$。

(ii) 调节转子流量计转子的高度至某一刻度(共做六个点，分别为 15、20、25、30、35、40 刻度处)，用皂膜流量计测得相应的流速。以后每改变一次高度，测一次流速。然后以转子高度为纵坐标，载气流速为横坐标，绘制流速校正曲线。

(3) 空气中氧、氮的定性、定量测定。

(i) 定性测定。将球胆中的纯氧气通过 0.5mL 定量阀进样[注]，在进样的同时按动秒表，直至柱后出现最大峰，记下保留时间。以同样方法取球胆中的纯氮气 0.5mL 进样，测出氮气的保留时间。每个试样平行测两次，取两次测定的平均值作为试样的保留时间。要求同一试样两次测得的保留时间相差不超过 1s，否则重做。

将装有空气的球胆通过 0.5mL 定量阀进样，用两只秒表分别记录各组分峰的保留时间。用纯氧、纯氮的保留时间来判断所记录的两个峰中，哪个是氧峰，哪个是氮峰。

(ii) 定量测定。用刻度放大镜和透明米尺测量空气样品中各组分的峰高及半峰宽，求出每个峰的面积：

$$A = hY_{1/2}$$

用归一化法求出空气中氧、氮的质量分数。

(4) 载气流速对组分分离的影响。

其他条件不变，使载气流速分别保持在 $90mL \cdot min^{-1}$(此点已做)和 $180mL \cdot min^{-1}$ 的条件下，测定 0.5mL 空气试样，比较两组峰间距及保留时间的变化，定性说明载气流速的改变对组分分离程度及分析速度的影响。

(5) 温度对组分分离的影响。

固定载气流速为 $90mL \cdot min^{-1}$，气化室为室温，柱温 40℃，检测器温度 50℃，仪器稳定后测定 0.5mL 空气试样。并与步骤(4)所测结果相比较，观察组分保留时间和峰间距的变化，定性说明温度的改变对组分分离程度及分析速度的影响。

注释

[注] 每次进样前应以欲进样的纯气体清洗定量管三次。

思考题

(1) 气相色谱的定性和定量分析的依据是什么？

(2) 气相色谱仪的主要部件有哪些？各有什么作用？

实验六十二　醇系物的气相色谱分析

实验目的

(1) 掌握气相色谱分析的基本操作，熟悉气相色谱的定性方法。

(2) 学习用峰面积的归一化法进行醇系物的定量分析。

实验原理

由各种醇组成的混合物是工业生产中常见的混合物之一，利用气相色谱法分析各组分含量是简单、快捷且灵敏度较高的一种分析方法。本实验中，用氢火焰离子化检测器，以毛细管柱为分析柱，在一定条件下可以对模拟醇系列混合物实现分离及定量分析。未知的混合物试样由乙醇、正丙醇、正丁醇组成。由于每种物质均可出峰，因此用面积归一化法进行定量分析较为方便。此外，以纯物质进样可以进行定性鉴定。

仪器和药品

仪器：CP-3800 气相色谱仪、空气压缩机、氢气钢瓶、氮气钢瓶、微量进样器、分析天平、试剂瓶、色谱柱 CP-Sil 43 CB 25m×0.53mm×0.25μm（固定相为 25%氰丙基- 25%苯基硅氧烷- 50%二甲基硅氧烷的聚合物）。

药品：无水乙醇、正丙醇、正丁醇（均为分析纯）。

实验操作条件

氮气为载气，分流比为 10∶1；柱温箱温度 100℃；气化室温度 180℃；检测器温度 200℃；空气流速 300mL·min^{-1}；氢气流速 30mL·min^{-1}；隔垫吹扫 2mL·min^{-1}；尾吹 25mL·min^{-1}。

实验步骤

(1) 混合样的配制。首先用分析天平准确称量出试剂瓶的质量，然后逐一准确称出加入混合物中每种物质的质量，盖好塞子后摇匀备用。计算每种组分的质量分数作为标准值。

(2) 进样。用微量注射器[注1]吸取纯试剂无水乙醇 0.5μL，注入已经达到平衡状态的气相色谱仪中[注2]，测定无水乙醇的保留时间 t_{R1}。用同样方法，可以得到正丙醇、正丁醇的保留时间。当仪器再次达到平衡状态时，取混合物 1μL 进样，当色谱峰全部出完后，比较混合物与纯物质的保留时间，确定混合试样中各组分的归属。

(3) 色谱图处理。根据步骤(2)中所得的混合物的色谱图，首先将杂质峰除去[注3]，然后对其进行积分，即可得到各组分的面积。

数据处理

(1) 用面积归一化法进行定量分析，计算各组分的质量分数：

$$\omega_i = \frac{A_i f_i}{\sum_{i=1}^{n} A_i f_i} \times 100\%$$

式中，A_i 为色谱峰面积；f_i 为相对质量校正因子[注4]，值见表 10-62-1。

表 10-62-1　各纯物质的相对校正因子（氢火焰离子化检测器）

组分	乙醇	丙醇	丁醇
f_i	0.41	0.54	0.59

(2) 将分析结果与原称样计算值相比较,计算测定的相对误差。

注释

[注 1] 微量注射器应用待测物质清洗三次后再使用,推动注射杆(一根很细的金属丝,极易弯曲变形)时注意防止其弯曲变形影响使用。

[注 2] 进样时应快速,尽量缩短时间,但同时应防止针头变形和推进杆弯曲。

[注 3] 由于试剂含有微量杂质而引起的很小杂质峰,在本实验中忽略不计。

[注 4] 使用氢火焰离子化检测器面积相对校正因子时,由于影响因素较多,最好在实际条件下重新测定。

思考题

如果已知死时间 t_M=________ s,根据实测数据可以计算出哪些物理量?根据这些物理量能得到哪些结论?请深入思考。

10.2 设计实验

实验六十三　漂粉精中有效氯和固体总钙量的测定

实验要求

工业品漂粉精的分子式为 $3Ca(OCl)_2 \cdot 2Ca(OH)_2$,其中有效氯和固体总钙含量是影响产品质量的两个关键指标,准确地测定其含量是很重要的。要求学生自拟方案,用碘量法测定有效氯,配位滴定法测定固体总钙。

设计方案要求写出:

(1) 每种方法的原理及注意事项。

(2) 所需仪器及试剂。

(3) 操作步骤(包括样品的处理,各种试剂的配制方法)。

(4) 计算式(包括样品的取样量,测定结果的表示)和误差来源分析。

实验提示

(1) 漂粉精中次氯酸盐具有氧化能力,常以有效氯来表示。有效氯是指次氯酸盐酸化时放出的氯:

$$Ca(OCl)_2 + 4H^+ \xlongequal{} Ca^{2+} + Cl_2 + 2H_2O$$

漂粉精的质量以有效氯的量为指标,以有效氯的百分含量表示漂粉精的漂白能力。

测定漂粉精中有效氯可在酸性溶液中进行,用次氯酸盐与碘化钾反应析出定量的碘,然后用 $Na_2S_2O_3$ 标准溶液滴定生成的碘:

$$Ca(OCl)_2 + 4KI + 4H^+ \xlongequal{} CaCl_2 + 4K^+ + 2I_2 + 2H_2O$$

$$I_2 + 2Na_2S_2O_3 \xlongequal{} Na_2S_4O_6 + 2NaI$$

(2) 从漂粉精的分子式不难看出,钙是主要成分。用 EDTA 标准溶液测定钙,调节溶液的 pH≥12,以钙指示剂作指示剂,用 EDTA 标准溶液滴定至溶液由酒红色变为纯蓝色。由于漂粉精中的次氯酸盐能使钙指示剂褪色,因此在加入钙指示剂之前,应先加入 10% $NaNO_2$ 溶液 10mL，再加 10% NaOH 溶液 5mL 调节溶液的 pH。

(3) EDTA 标准溶液可用 $CaCO_3$ 为基准物进行标定。钙标准溶液的配制方法如下：准确称取 $CaCO_3$ 基准物 0.5～0.6g 于 150mL 烧杯中，加少量水润湿，盖以表面皿，从烧杯嘴中滴加 2～3mL 1∶1 HCl，待 $CaCO_3$ 完全溶解后，加热近沸，冷却后，淋洗表面皿，再定量转移至 250mL 容量瓶中定容。

第 11 章　基本物理量与物化参数的测定实验

11.1　基本物理量的测定

实验六十四　摩尔气体常量的测定

实验目的

(1) 学习一种测定摩尔气体常量的方法，掌握理想气体状态方程式和分压定律的应用；了解分析天平的基本构造，掌握正确的称量方法。

(2) 掌握有效数字的基本知识。

实验原理

在理想气体状态方程式 $pV=nRT$ 中，若能通过实验测定一定物质的量 n 的气体的 p、V、T，则可计算出摩尔气体常量 R。

本实验通过金属铝置换盐酸中的氢产生的氢气量来测定 R 值，其反应式为

$$2Al+6HCl \longrightarrow 2AlCl_3+3H_2\uparrow$$

称取一定量的铝与过量盐酸反应，在一定的温度和压力下，测量被置换出来的氢气体积及其物质的量。实验时的温度与压力可分别由温度计和压力计测得。由于氢气是在水面上收集，因此在氢气中混有饱和水蒸气。查出该温度下水的饱和蒸气压，根据分压定律：

$$p=p(H_2)+p(H_2O)$$

$$p(H_2)=p-p(H_2O)$$

将各项数据代入气体状态方程式中即可求出 R 值：

$$R=p(H_2)\cdot V(H_2)/n(H_2)T$$

利用此法也可以测定在一定温度和标准状态下，气体的摩尔体积和金属的摩尔质量等。

仪器和药品

仪器：托盘天平、电子分析天平、气体常数的测定装置一套、玻璃棒、滴管、洗瓶、烧杯、量筒、表面皿。

药品：铝箔(纯度：99.95%)、HCl($8mol\cdot L^{-1}$)。

实验步骤

1. 样品称量

(1) 粗称一块表面皿的质量(熟悉托盘天平的使用方法)，然后在电子分析天平上准确称量，记录称量结果。

(2) 取一块 25～30mg 的铝箔放在已知质量的表面皿中，准确称取铝箔和表面皿的总质量，两次所称质量之差即为铝箔的质量，记录在实验报告上。铝箔留作测定摩尔气体常量用。

2. 摩尔气体常量的测定

(1) 按图 11-64-1(a)装好仪器。取下仪器上的反应管(离心试管),然后移动水准瓶使量气管中的水面略低于零刻度的位置,固定好水准瓶。

(2) 在反应管中用滴管加入 3mL $8mol \cdot L^{-1}$盐酸(注意不要使酸沾在管壁上),将称好的铝箔沾少许水紧贴在反应管壁上[切勿与盐酸接触,如图 11-64-1(b)],固定反应管,塞紧橡皮塞。

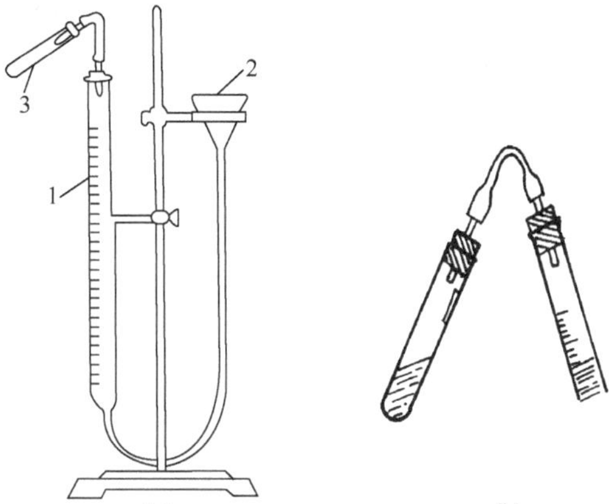

图 11-64-1 气体常数的测定
1—量气管;2—水准瓶;3—反应管

(3) 检查仪器是否漏气(为什么要检查?)。方法如下:塞紧装置中所有橡皮塞后,将水准瓶向下移动一段距离,使水准瓶内液面与量气管内液面维持一定的液面差,固定水准瓶。如果量气管内的液面基本保持不移动,说明仪器不漏气,可以进行实验。

(4) 调整水准瓶液面与量气管液面在同一水平面上。并使量气管中的水面略低于零刻度的位置(为什么?)。准确读出量气管内液面的刻度 V_1,然后倾斜反应管,使铝箔落入盐酸溶液中,再将反应管放回原处,反应随即发生,量气管内液面开始下降。为了不使量气管内压力增加而造成漏气,在水面下降的同时,应随时向下移动水准瓶,使水准瓶内液面始终低于反应管内的液面。反应停止后,固定水准瓶,待反应管冷却至室温后,调整水准瓶内液面,使之与量气管内液面在同一水平面上,准确读取反应后量气管内液面的刻度 V_2。

(5) 记下实验时的温度和大气压。

数据记录和处理

(1) 摩尔气体常量测定数据记录。

铝箔的质量 $m(Al)=$______ g,铝箔的物质的量 $n(Al)=$______ mol;

反应产生的氢气的物质的量 $n(H_2)=$______ mol;

反应前量气管中液面读数 $V_1=$______ mL;

反应后量气管中液面读数 $V_2=$______ mL;

氢气体积 $V(H_2)=V_2-V_1=$______ mL;

室温______℃,$T=$______ K,大气压 $p=$______ Pa;

温度 T 时水的饱和蒸气压 $p(H_2O)=$______ Pa;

氢气的分压 $p(H_2)=$______ Pa。

(2) 相对误差:

$$R=\frac{p(H_2)V(H_2)}{n(H_2)T}=\_\_\_\_\_\_$$

$$\text{相对误差}(\%)=\frac{R(\text{测定})-R(\text{理论})}{R(\text{理论})}\times 100\%=\_\_\_\_\_\_$$

(3) 分析误差产生的原因。

思考题

(1) 量气管内气压是否等于氢气的压力？为什么？

(2) 盐酸的浓度和用量是否必须准确量取？

(3) 利用本实验的装置和操作还可以测定物质的哪些物理量？写出简单原理和计算方法及需测量的数据。

(4) 铝与盐酸作用完毕后，为什么要等试管冷却至室温后方可读数？

实验六十五 恒温槽的调节及黏度测定

实验目的

(1) 掌握恒温槽的构造及恒温原理，掌握恒温槽的安装、调节和使用。

(2) 绘制恒温槽灵敏度曲线。

(3) 掌握用乌氏黏度计测定黏度的方法。

实验原理

恒温技术在物理化学实验中非常重要，因为物质的物理性质，如折射率、黏度、蒸气压、表面张力以及化学反应速率常数等的测定，均需在恒温下进行。

如何保持温度恒定呢？其方法之一是利用物质的相变温度的恒定性，如利用水和冰的混合物、各种蒸气浴等，虽然这种方法简便易行，但对温度的选择却有一定的限制。

实际上实验室是根据需要的恒温程度，而使用不同规格的恒温槽。根据所需恒定温度范围的不同，可以选取不同的工作物质：一般在 0～100℃多采用水浴（为避免水分蒸发，50℃以上的恒温水浴常在水面加一层液体石蜡）；高于 100℃低于 300℃的恒温槽常采用液体石蜡、甘油或豆油作介质；至于高温恒温槽则可用砂浴、盐浴、金属浴或空气恒温槽。

恒温槽由浴槽、感温元件（常用电接点水银温度计）、控温元件（常用电子继电器）、加热元件（电加热丝）、搅拌器等组成，有时为了控制加热元件的功率而连接调压变压器。其装置示意图如图 11－65－1 所示。

恒温槽之所以能保持温度相对稳定，主要靠感温元件、控温元件和加热元件三个部件配合工作而达到。首先通过感温元件将温度波动转化为电信号或其他信号输送给控温元件，再由控制元件发出指令，让加热元件加热或停止加热。其简单恒温原理图如图11－65－2所示。

当浴槽温度低于设定值时，线路Ⅱ是通路，加热器工作，此时红灯指示，浴槽温度上升；当温度升高到设定值时，电接点温度计接通，由于线圈的电磁作用减弱将衔铁放开，线路Ⅱ即断开，加热器便停止加热，此时红灯灭，绿灯亮；当浴槽温度再低于设定值时，感温元件断开，电磁作用增强，此时衔铁又被吸下，使线路Ⅱ又成通路，指示用的红绿灯也相应发生交替变化。正因此过程反复地进行，而使恒温槽维持在所需恒定的温度。

综上所述，恒温状态是通过一系列部件的作用，相互配合而获得的，因此不可避免地存在各种滞后效应，如温度传递、继电器和加热器等的滞后。所以在选择各部件时，对其灵敏度有一定要求的同时，还应该注意各部件在恒温槽中的布局是否合理。布局原则是，加热器、搅拌器和电接点温度计的位置应相互接近，使被加热液体能立即搅拌均匀，并流经电接点温度计，

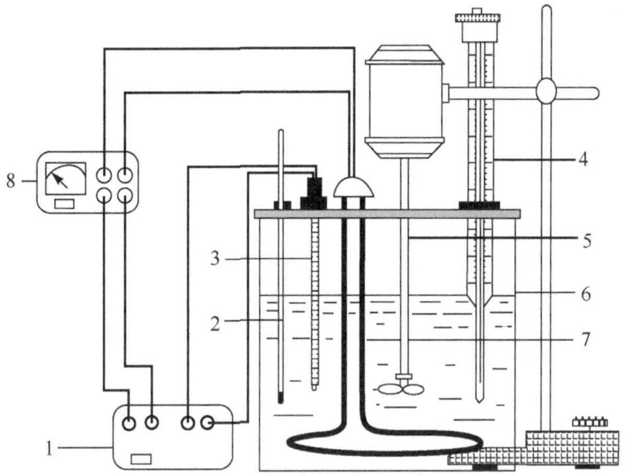

图 11-65-1　恒温槽装置示意图

1—电子继电器；2—精密温度计；3—电接点温度计；4—贝克曼温度计；5—搅拌器；6—浴槽；7—电加热器；8—调压变压器

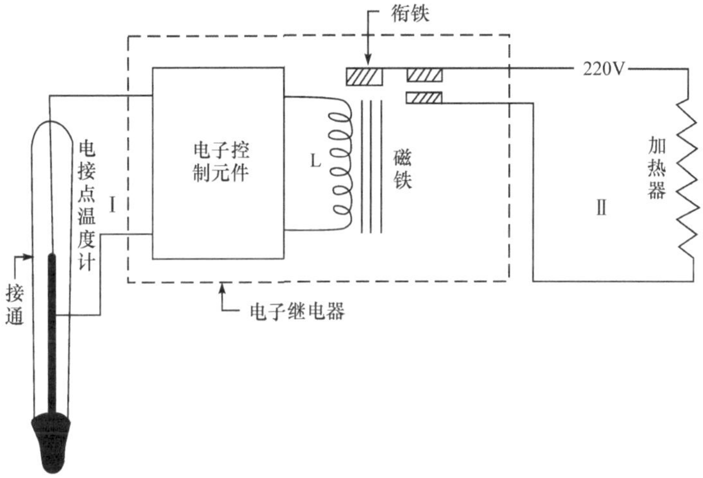

图 11-65-2　恒温槽控温工作示意图

及时进行温度控制。测量系统不宜放在边缘。

恒温槽恒温效果通常用恒温槽灵敏度 t_F 衡量。恒温槽灵敏度 t_F 是指在规定温度下的槽内温度的波动情况。其计算式如下：

$$t_F = \pm \frac{t_1 - t_2}{2}$$

式中，t_1 为槽温达指定温度停止加热后，恒温槽达到的最高温度；t_2 为槽温达指定温度后，因散热而降低到的最低温度。

若实验时测取恒温槽温度波动值随时间而变的情况，并以测得温度值为纵坐标、时间为横坐标作曲线，称为恒温槽在指定温度下的灵敏度曲线（温度-时间曲线）。

仪器和药品

恒温槽一套（包括玻璃缸、电动搅拌器、1/10℃温度计、电加热器、电接点温度计各一件）、电子继电器一台、自耦变压器一台、乌氏黏度计一支(附两支乳胶短管及弹簧夹一个)、铁架台一个、停表一只、蒸馏水、无水乙醇(A.R.)。

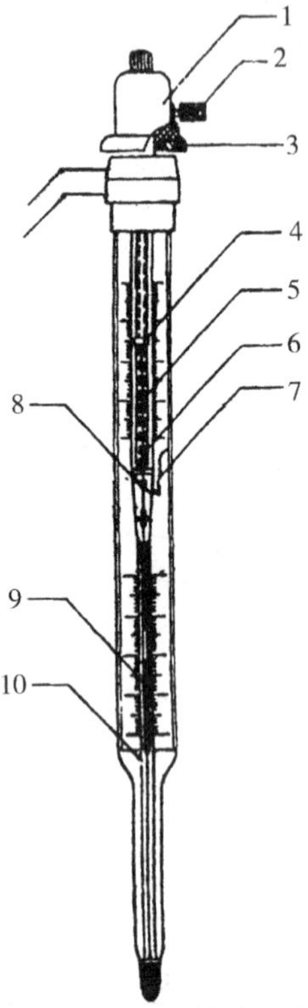

图 11-65-3　电接点温度计

1—调节帽;2—固定螺丝;3—磁铁;4—螺母;5—钨丝;6—调节螺杆;7—钨丝接点;8—铂弹簧;9—水银柱;10—钨丝接点

构成恒温槽主要部件简介如下:

(1) 感温元件。目前实验室常用的感温元件是电接点温度计,如图 11-65-3 所示。温度计的下半段是一支普通水银温度计,上半段是控制用的指示装置。在温度计的毛细管中装有一根可上下移动的金属丝 5,并与上半段的螺杆 6 相连,螺杆可随温度计顶端的永久磁铁 3 而旋转,螺杆上有一个螺母 4 带动金属丝 5 沿螺杆 6 向上或向下移动。在接点温度计中有两根导线,其一与金属丝在接点 7 相连,另一根与水银在接点 10 相连,这两根导线的另一端则与控温元件相连。

调节温度时,先松开磁铁上的螺丝 2,转动调节帽 1,使螺母 4 的上端面调到比设定值低1～2℃,若设定值为 30℃,则调到 28～29℃处,这时金属丝 5 的下端位于温度计下半段的相应处。当水银柱上升到恰与金属丝接触,加热器停止加热。但由于水银接点温度计的温度标尺刻度不够准确,需用另一支 1/10℃温度计作为指示温度计,以便准确测量恒温槽的温度,并观察其与设定温度的偏差值,不断调节金属丝的位置,直到指示温度计达到设定温度 30℃为止。

(2) 控温元件。电子控温元件一般采用电子继电器,它是由电子控制元件和继电器组成。电子继电器的控温原理示意图如图 11-65-2 所示。

电子继电器由电子控制元件和继电器组成。在恒温过程中,由于温度不断波动,电接点温度计时而接通时而断开,引起电子控制元件内的三极管栅极电位发生变化,栅极电位变化的结果影响流过线圈 L 电流的变化。电流大时,电磁铁磁性加大,吸引衔铁,使加热回路接通;电流小时,衔铁自动弹开,停止加热。

(3) 加热器。常用的是电加热器,加热器功率的大小根据恒温槽的大小和需要温度的高低来选择。一般为容量 20L,恒温在 25℃的小型恒温槽,用 100W 的电加热器调节温度即可。加热器要热惰性小,面积大。

(4) 搅拌器。搅拌器以电动机带动,搅拌电动机的大小和功率视恒温槽的大小而定,一般选用功率为 40W 的电动搅拌器,用变速器调节搅拌速度,使浴槽内水温尽可能均匀。

实验步骤

1. 恒温槽调节及灵敏度测定

在玻璃浴槽中放入约 3/4 容积的水,按前面实验原理所述,根据设定温度调节电接点温度计,接通电源,调变压器输出电压为 220V,开动搅拌器(中速搅拌)和电子继电器,开始加热,此时继电器指示红灯。加热过程中,注意仔细观察温度计的温度上升情况,在指示温度比设定值低 0.4～0.5℃时,立即调节电接点温度计至继电器恰好红灯灭而绿灯亮的位置,观察因加热器余热使槽温上升是否达到要求，否则再进行调节，直至槽温刚好在设定温度值上下波动稳定为止，此时电接点温度计的金属丝与水银面正好处于通断的临界状态，这一状态可由继电器中衔铁的离合及红绿指示灯的亮灭来判断。

待恒温槽内温度调节至温度波动稳定后，便可测定槽内温度的波动值，作出灵敏度曲线并计算灵敏度 t_F。

测定电热器两种加热电压下恒温槽的灵敏度曲线。用 220V 和 110V 加热电压分别测定。每隔 0.5min 读一次温度值，每条曲线应记录三四个最高(或最低)峰。

2. 黏度测定

1) 黏度测定原理

液体流动时各液层的流速是不同的，两液层间存在着相对运动，产生内摩擦力 F，该力的大小与两液层间的速度差 dv 及两液层接触面面积 A 成正比，而与两液层间距 r 成反比，可用式(11－65－1)表示：

$$F=\eta A\frac{dv}{dr} \tag{11-65-1}$$

式中，η 为比例系数，称为黏度系数(或黏度)。可见液体的黏度是液体内摩擦力的度量，是物质重要性质之一。

黏度测定可在毛细管中进行。设液体在一定压力差 p 推动下，以层流形式流过半径为 R、长度为 l 的毛细管时，其黏度可通过式(11－65－2)计算：

$$\eta=\frac{\pi R^4 p}{8Vl}t \tag{11-65-2}$$

式中，η 为黏度，Pa·s；p 为毛细管两端的压力差，N·m^{-2}；R 为毛细管半径，m；t 为一定体积的液体流经毛细管的时间，s；V 为 t 时间内流过毛细管的液体体积，m^3；l 为毛细管的长度，m。

由于式中 R、p 数值不易测定，因此 η 值一般用相对方法求得。设两种液体在本身重力作用下分别流经同一毛细管，且流出的体积相等，则它们的绝对黏度分别为

$$\eta_1=\frac{\pi R^4 t_1 p_1}{8Vl} \tag{11-65-3}$$

$$\eta_2=\frac{\pi R^4 t_2 p_2}{8Vl} \tag{11-65-4}$$

$$p=\rho g h \tag{11-65-5}$$

式中，ρ 为液体密度，kg·m^{-3}；g 为重力加速度，m·s^{-2}；h 为液柱高度，m。由式(11－65－3)、式(11－65－4)联解可得出相对黏度 η_r：

$$\eta_r=\frac{\eta_1}{\eta_2}=\frac{p_1 t_1}{p_2 t_2} \tag{11-65-6}$$

将式(11－65－5)代入式(11－65－6)得

$$\eta_r=\frac{\rho_1 t_1}{\rho_2 t_2}=\frac{\eta_1}{\eta_2} \tag{11-65-7}$$

$$\eta_1=\eta_2\frac{\rho_1 t_1}{\rho_2 t_2} \tag{11-65-8}$$

液体 1 为被测液体，液体 2 为参考液体(一般用水作参考液体)。实验测出体积相同的两液体流经同一毛细管所需的时间 t_1、t_2，由手册查出 η_2、ρ_1、ρ_2 值，便可求出液体 1 的黏度 η_1。

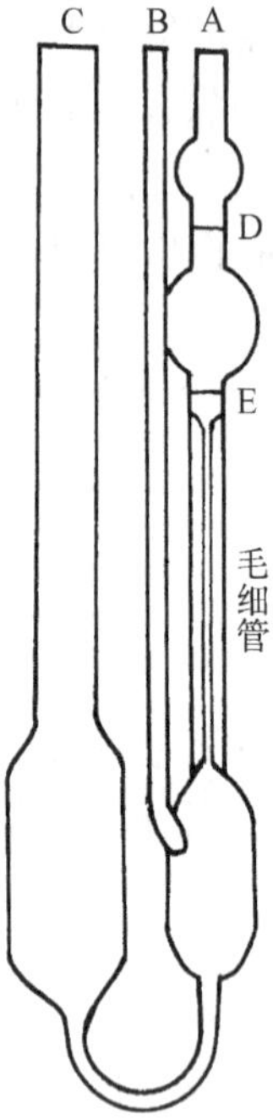

图 11-65-4　乌氏黏度计

本实验测定无水乙醇的绝对黏度。所用毛细管黏度计为乌氏黏度计，其结构见图 11-65-4。

在国际单位制中，黏度的单位用 $N \cdot m^{-2} \cdot s$，即 $Pa \cdot s$(帕·秒)，习惯上常用 P(泊)或 cP(厘泊)表示。其换算关系为

$$1P = 0.1Pa \cdot s$$

$$1cP = 10^{-3} Pa \cdot s$$

2) 黏度测定步骤

(1) 调节恒温槽温度为 30℃，灵敏度应能达到±0.1℃。

(2) 在洗净烘干的黏度计支管 A、B 上套上短乳胶管，从管 C 装入适量无水乙醇(以不超过 A、B 管的接口处为宜)，然后用铁架固定黏度计并垂直置于恒温槽中恒温 15min。

(3) 恒温后，夹紧 B 管上的乳胶管，用洗耳球在 A 管口将液体吸至高于刻度线 D 后，松开夹子，并令 A、B 两管与大气相通，待 A 管中液面下降至刻度线 D 时，立即开动停表记录液面从刻度线 D 降到刻度线 E 的时间 t_1，重复测三次，偏差不得超过 0.2s。

(4) 用少量蒸馏水反复清洗黏度计，特别注意洗净毛细管部位，然后装入适量蒸馏水，重复步骤(3)操作，记录时间 t_2。

数据记录与处理

(1) 灵敏度测定。

设定温度____℃，加热电压____ V。

每隔 30s 记录一次温度，至少记录到 3 个最高(或最低)峰值。将记录的数据列成表格(自己设计表格)。以时间为横坐标，温度计读数为纵坐标，分别绘制加热元件外加电压为 220V 和 110V 的两条灵敏度曲线，并分别求出相应的灵敏度，讨论加热器功率大小对灵敏度影响。

(2) 黏度测定。

实验温度：__________℃

将乙醇和水流经乌氏黏度计的时间记录于表 11-65-1 中，并计算乙醇的黏度。

表 11-65-1　乙醇和水流经乌氏黏度计的时间

t/s	t_1	t_2	t_3	$t_{平均}$	$\rho/(kg \cdot m^{-3})$	$\eta/(Pa \cdot s)$
乙醇						
水						

思考题

(1) 简述恒温槽的恒温原理。

(2) 恒温槽的灵敏度受哪些因素影响？

(3) 从实验结果分析加热功率对恒温槽灵敏度的影响。应怎样选择加热功率？

(4) 黏度计上的支管 B 起什么作用？

(5) 一同学在实验中为节省时间，于同一恒温槽中用两支黏度计分别测定水与乙醇的流下时间，并用此测定结果计算乙醇黏度，你认为是否应效仿？

实验六十六　凝固点降低法测定摩尔质量

实验目的

（1）通过萘的摩尔质量测定掌握用凝固点降低法测定溶质摩尔质量的原理。

（2）掌握凝固点的测定技术。

实验原理

在一定压力下，固液两相平衡时的温度称为凝固点（或熔点）。溶液的凝固点不仅与外压有关，还和液态溶液的组成以及析出固态物质的组成有关。在溶质与溶剂不生成固态溶液的条件下，当溶剂中溶有少量溶质形成稀溶液时，从溶液中析出固态纯溶剂的温度会低于纯溶剂在同样外压下的凝固点，即凝固点降低。当溶剂的种类和数量确定后，溶剂凝固点降低值仅取决于溶剂中溶质分子的数目，因此稀溶液的凝固点降低是稀溶液的依数性之一。凝固点降低法是测定溶质摩尔质量的一种简单而又比较准确的方法之一。

图 11－66－1 说明了凝固点降低的原理。图中三条曲线均为在一定外压（如大气压力）下凝聚相中溶剂 A 的蒸气压曲线。液态纯溶剂 A 的蒸气压与固态纯溶剂的蒸气压相交于 o 点，该点所对应的温度 T_f^* 为纯溶剂 A 在该外压下的凝固点；根据拉乌尔定律，溶液中溶剂的蒸气压曲线应位于液态纯溶剂的蒸气压曲线下方，它和固态纯溶剂的蒸气压曲线相交于 a 点，该点所对应的温度 T_f 即是在该外压下从该组成的溶液中析出固态纯溶剂时的凝固点，并且 $T_f < T_f^*$。

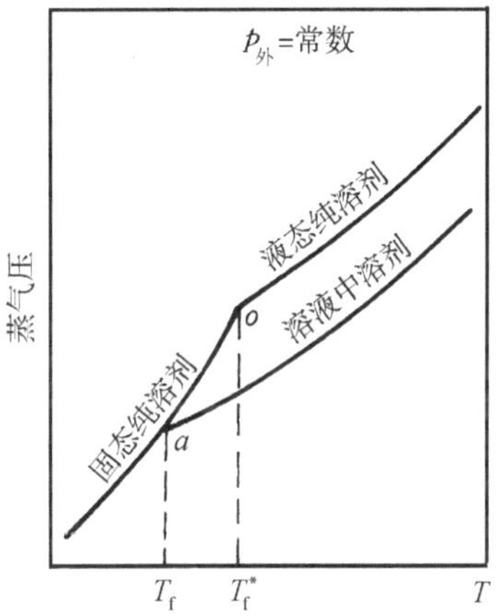

图 11－66－1　凝固点降低的原理图

根据热力学推导可以证明，当溶质与溶剂在液相完全互溶而固相完全不互溶（不生成固溶体），而且形成的是稀溶液时，凝固点降低值的大小只与溶质在溶液中的粒子数目有关而与其本性无关。根据热力学的相平衡条件，设在标准压力 $p^\ominus$ 下，溶液中溶剂 A 的化学势 $\mu_A(l, T_f, p^\ominus)$ 与所析出纯固体溶剂的化学势 $\mu_A(s, T_f, p^\ominus)$ 相等，即

$$\mu_A(l, T_f, p^\ominus) = \mu_A(s, T_f, p^\ominus) = \mu_A^\ominus(s)$$

再根据
$$\mu_A(l, T_f, p^\ominus) = \mu_A^\ominus(l) + RT\ln a_A$$

于是
$$\mu_A^\ominus(s, T_f, p^\ominus) = \mu_A^\ominus(l) + RT\ln a_A$$

移项得
$$\mu_A^\ominus(s) - \mu_A^\ominus(l) = RT\ln a_A$$

式中，差值为标准压力、T_f 下，1mol 纯溶剂 A 由液相转移到固相的吉布斯自由能变 $\Delta G^\ominus$。根据 $\Delta G^\ominus = \Delta H^\ominus - T\Delta S^\ominus$，有 $\Delta G_m^\ominus(T_f) = \Delta H_m^\ominus(T_f) - T_f\Delta S_m^\ominus(T_f)$，经推证得

$$-\ln a_A \approx \frac{\Delta H_{m,f}(A)}{RT_f} \times \frac{\Delta T_f}{T_f^*} \tag{11-66-1}$$

式中，$\Delta T_f = T_f^* - T_f$，为标准压力下纯溶剂凝固点与溶液凝固点之差。若溶液为稀溶液，且溶液中只有一种溶质 B，其既不缔合也不解离时，将 $\ln a_A$ 以级数展开并取第一项，可得

$$\Delta T_f = K_f b_B \tag{11-66-2}$$

式中，K_f 为某溶剂 A 的凝固点降低常数，单位 $K \cdot mol^{-1} \cdot kg$；$b_B$ 为溶质 B 的质量摩尔浓度，单位 $mol \cdot kg^{-1}$。

若实验称取质量为 m_A 的溶剂和质量为 m_B 的溶质配制成一稀溶液，则按质量摩尔浓度的定义，有

$$b_B = \frac{m_B/M_B}{m_A} \times 1000 \tag{11-66-3}$$

将式(11-66-3)代入式(11-66-2)中，整理可得

$$M_B = \frac{K_f m_B}{\Delta T_f m_A} \times 1000 \tag{11-66-4}$$

由式(11-66-4)可知，若已知 K_f 的值，测出溶液的凝固点降低值 ΔT_f，即可求得溶质 B 的摩尔质量 M_B，此处 M_B 单位为 $g \cdot mol^{-1}$。

但应注意，若溶质在溶液中有解离、缔合、溶剂化和配合物生成时，则用凝固点降低法测得的摩尔质量为表观摩尔质量而不是溶质真正的摩尔质量。此时式(11-66-4)不再适用。但可用来研究溶液的其他一些性质，如电解质的电离度、溶质的缔合度、活度和活度系数等。

通常ΔT_f的测定是通过分别测定纯溶剂与稀溶液的凝固点得到。本实验测定凝固点采用冷却曲线法。即将已知浓度的溶液(或纯溶剂)逐步冷却，记录一定时刻的系统的温度，并绘出系统温度随时间的变化曲线，及冷却曲线(如图 11-66-2)。纯溶剂的凝固点是其液-固共存的平衡温度。将纯溶剂逐步冷却时，在未凝固之前温度将随时间均匀下降，开始凝固后由于放出的凝固热补偿了热损失，体系将保持液-固两相共存的平衡温度不变，直到全部凝固再继续均匀下降，如图 11-66-2a。但在实际过程中经常发生过冷现象，其冷却曲线如图 11-66-2b所示。无论哪种情况，冷却曲线中的水平段所对应的温度即为纯溶剂的凝固点 T_f^*。溶液的凝固点会随浓度的改变发生变化，当溶液中有固态溶剂析出时，随着剩下溶液的浓度不断增大，溶液的凝固点会逐渐下降，冷却曲线上得不到温度不变的水平线段。当系统中溶液与固态溶剂处于平衡时，其冷却曲线如图 11-66-2c；考虑到溶剂较多，通过控制过冷程度，使析出的晶体很少，就可以以过冷回升的温度作凝固点，用起始浓度代替平衡浓度，一般不会产生大的误差，如图 11-66-2d。如果过冷太甚，凝固的溶剂过多，溶液的浓度变化过大，则出现 11-66-2e 图的情况，此时若采用过冷回升的温度作凝固点，这样测定的结果会偏低，但可采用外推法进行校正得到凝固点，如图 11-66-2e 所示。

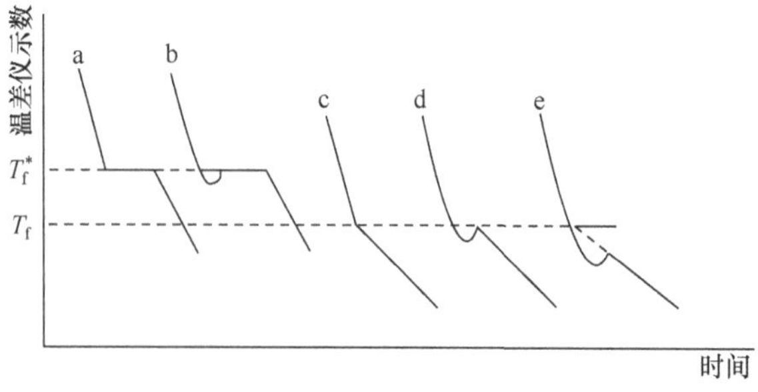

图 11-66-2　冷却曲线

因为稀溶液的凝固点降低值不大，所以温度的测量要用较精密的测温仪器。本实验用精密电子温差测量仪，其具体使用方法可参见 6.4.3。

仪器和药品

仪器：凝固点测定装置一套(图 11－66－3)、精密电子温差测量仪一台(或玻璃贝克曼温度计一支)、电子天平一台(公用)、25mL 移液管一支。

药品：环己烷(A. R.)、萘(A. R.)。

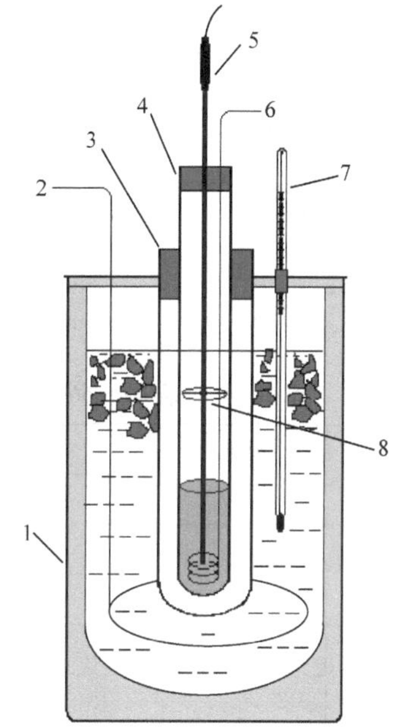

图 11－66－3　凝固点测定装置

1—保温瓶；2—外搅拌器；3—外套管；4—内管；5—电子温差测量仪探头(或玻璃贝克曼温度计)；6—内搅拌器；7—普通温度计；8—定位圈

实验步骤

(1) 准备冷浴。取适量的自来水放入保温瓶内的塑料浴杯中，加入碎冰调节冷浴温度，使其温度低于被测液体凝固点 2～3℃，因此需经常用外搅拌器搅拌杯中冰水混合物，并适时向杯中补充碎冰。

(2) 接通精密电子温差测量仪的电源，预热5min，待显示窗显示的数值稳定后，按下“置零”按钮，则显示窗显示为 0.000℃左右，表示将此时的温度设定为 0.000℃左右。若将此值作为测温基准，则在下述实验过程中不得再按“置零”按钮。若用玻璃贝克曼温度计，其使用方法参见 6.4.1。

(3) 记录室温，并在该室温下用移液管取 25mL 环己烷置于干燥的内管中，按图11－66－3所示，安装电子温差测量仪的测温探头(或玻璃贝克曼温度计)和内搅拌器，调节测温探头的顶端(或玻璃贝克曼温度计的感温水银球)置于环己烷液体的中心部位，调节内搅拌器的位置，使之能顺利上下搅拌，并在搅拌时不与探头或内管壁发生摩擦。

(4) 环己烷凝固点的粗测。打开精密电子温差测量仪的报时开关(一般 10～15s 报时一次)，将内管直接放入冷浴中，缓慢上下移动内搅拌器，使环己烷温度逐渐下降，观察测量仪显示的温度读数，当所显示的数值基本不变时，其对应温度为环己烷的近似凝固点，记录下此数值。

(5) 环己烷凝固点的精测。取出内管，用手温热之，令内管的结晶刚好全部融化(温度略高于凝固点即可)，将内管放入外套管中固定好并重新置于冷浴中，慢慢搅拌，使环己烷温度均匀下降，当显示窗显示值比环己烷近似凝固点高 0.5℃时，每 10～15s 记录一次显示窗显示的数值，当显示值比近似凝固点低 0.2～0.3℃时，急速搅拌液体，促使结晶析出。当温度开始回升后立即改为缓慢搅拌，直至显示窗显示值维持一段时间相对稳定后又继续降低，再记录五六个数值即可。此稳定值对应的温度即为环己烷的凝固点。使结晶融化，重复测定一两次，分别绘出它们的冷却曲线，求出凝固点的平均值即为环己烷的凝固点。

(6) 萘溶液凝固点的测定。用分析天平称取 0.10～0.15g 萘，小心投入内管的环己烷中，注意不要让萘粘在管壁上，立即塞好管口，搅拌使萘完全溶解。按上述实验步骤(4)测定萘溶液凝固点的粗测值。再按实验步骤(5)精确测量该萘溶液的凝固点 2～3 次。由于溶液的凝固点是随溶液浓度变化而改变的，因此在精测凝固点时，当析出纯溶剂晶体后，随溶液浓度增大，溶液温度将继续下降，但其随时间变化的速率因结晶析出而变缓，在温度随时间的变化率变缓后，约测 6 个读数点。绘出冷却曲线，用外推法求出萘溶液的凝固点。

环己烷密度可用公式 $\rho/(\mathrm{g\cdot cm^{-3}})=0.7971-0.8879\times10^{-3}t/℃$ 计算。

数据记录与处理

1. 数据记录

室温：______℃　　环己烷密度：______ $\mathrm{g\cdot cm^{-3}}$　　萘的质量：______ g

环己烷和萘溶液温度随时间变化的实验数据记入表 11－66－1。

表 11－66－1　环己烷和萘溶液温度随时间变化的实验数据

试样	精测次数		时间间隔次数(______ $\mathrm{s\cdot 次^{-1}}$)															
			0	1	2	3	4	5	6	7	8	9	…					
溶剂	1	温差仪示数																
	2																	
溶液	1																	
	2																	

2. 数据处理

(1) 在坐标纸上以温差仪示数为纵坐标、时间为横坐标，分别作出纯溶剂和溶液的冷却曲线。在冷却曲线上用外推法求出凝固点，然后求出凝固点降低值 ΔT_{f}，并计算萘的摩尔质量。将结果列在表 11－66－2 中。

表 11－66－2　实验数据记录

试样	精测次数	温差仪上凝固点示数	凝固点平均示数	凝固点下降值	实测萘的摩尔质量
溶剂	1				
	2				
溶液	1				
	2				

(2) 根据误差理论分别分析溶剂和溶质的称量精度对萘摩尔质量测量的影响。

(3) 计算测量值与理论值的相对误差并分析误差产生原因。

思考题

(1) 为提高实验的准确度是否可用增加溶质的浓度的方法增加 ΔT_{f} 值，为什么？

(2) 若溶质在溶剂中发生缔合，所测的 ΔT_{f} 值与不缔合的 ΔT_{f} 值相比，哪个大？

(3) 冷浴温度应调节到 2～3℃，过高或过低对实验有什么影响？

实验六十七　液体饱和蒸气压的测定

实验目的

(1) 用动态法测定不同温度下乙醇的饱和蒸气压。

(2) 学会用克-克方程求乙醇在所测温度范围内的平均摩尔蒸发焓及正常沸点。

(3) 初步掌握真空实验技术。

实验原理

在一定温度下，纯液体与其蒸气达到平衡时的压力，称为该液体在此温度下的饱和蒸气压。在某一温度 T 及该温度的平衡压力下，蒸发物质的量为 1mol 纯液体所需要的热量，即为温度 T 下该纯液体的摩尔蒸发焓。

液体的饱和蒸气压与液体的本性及温度等因素有关。纯液体的饱和蒸气压随温度上升而增大。当液体的饱和蒸气压等于外压时，该液体发生沸腾，此时温度即为该液体在该外压下的沸点。本实验就是利用这一点，通过测量不同外压及其对应的沸点，而间接测出该液体在不同温度下的饱和蒸气压。

在温度 T 下，纯液体的饱和蒸气压随温度的变化率遵从克拉贝龙(Clapeyron)方程，公式如下：

$$\frac{\mathrm{d}p}{\mathrm{d}T}=\frac{\Delta_{\mathrm{vap}}H_{\mathrm{m}}^{*}}{T[V_{\mathrm{m}}^{*}(\mathrm{g})-V_{\mathrm{m}}^{*}(\mathrm{l})]} \tag{11-67-1}$$

式中，$\Delta_{\mathrm{vap}}H_{\mathrm{m}}^{*}$ 为纯液体摩尔蒸发焓；$V_{\mathrm{m}}^{*}(\mathrm{g})$、$V_{\mathrm{m}}^{*}(\mathrm{l})$ 分别为气体和液体的摩尔体积。若气体视为理想气体，则 $V_{\mathrm{m}}^{*}(\mathrm{g})=RT/p$，因 $V_{\mathrm{m}}^{*}(\mathrm{g})\gg V_{\mathrm{m}}^{*}(\mathrm{l})$，故 $V_{\mathrm{m}}^{*}(\mathrm{l})$ 可以忽略，于是式(11-67-1)变为

$$\frac{\mathrm{d}\ln p}{\mathrm{d}T}=\frac{\Delta_{\mathrm{vap}}H_{\mathrm{m}}^{*}}{RT^{2}} \tag{11-67-2}$$

如温度间隔较小时，$\Delta_{\mathrm{vap}}H_{\mathrm{m}}^{*}$ 可以看作常数，将式(11-67-2)进行积分得克劳修斯-克拉贝龙方程：

$$\ln(p/\mathrm{Pa})=-\frac{\Delta_{\mathrm{vap}}H_{\mathrm{m}}^{*}}{R}\cdot\frac{1}{T}+C \tag{11-67-3}$$

或

$$\ln(p/\mathrm{Pa})=-\frac{A}{T}+C \tag{11-67-4}$$

式中，C 为积分常数，量纲为 1。由式(11-67-4)可知，若以 $\ln(p/\mathrm{Pa})$ 对 $\frac{1}{T}$ 作图应得一条直线，其斜率 $m=-\Delta_{\mathrm{vap}}H_{\mathrm{m}}^{*}/R$。由此可得

$$\Delta_{\mathrm{vap}}H_{\mathrm{m}}^{*}=-mR \tag{11-67-5}$$

同时从图上可求出外压为 101325Pa 时所对应的沸点，即为正常沸点。

测定饱和蒸气压的方法通常有三种：静态法，即在某一温度下直接测量饱和蒸气压；动态法，即在不同外界压力下测定沸点；饱和气流法，使干燥的惰性气体通过被测物质并为被测物质所饱和，测定气体中被测物质蒸气的含量，就可根据分压定律算出此物质的饱和蒸气压。本实验采用动态法，通过测量不同外压及其对应的沸点，而间接测出该液体在不同温度下的饱和蒸气压。

仪器和药品

仪器：饱和蒸气压测定装置一套(图 11 - 67 - 1)[其中平衡管的结构如图 11 - 67 - 2所示，管中装入无水乙醇，较粗的 A 管中装入的液体高度约为管高的 2/3，较细的 B、C 管中装入的液体高度约为其管高的 1/2]；真空油泵一台。

药品：无水乙醇(A. R.)。

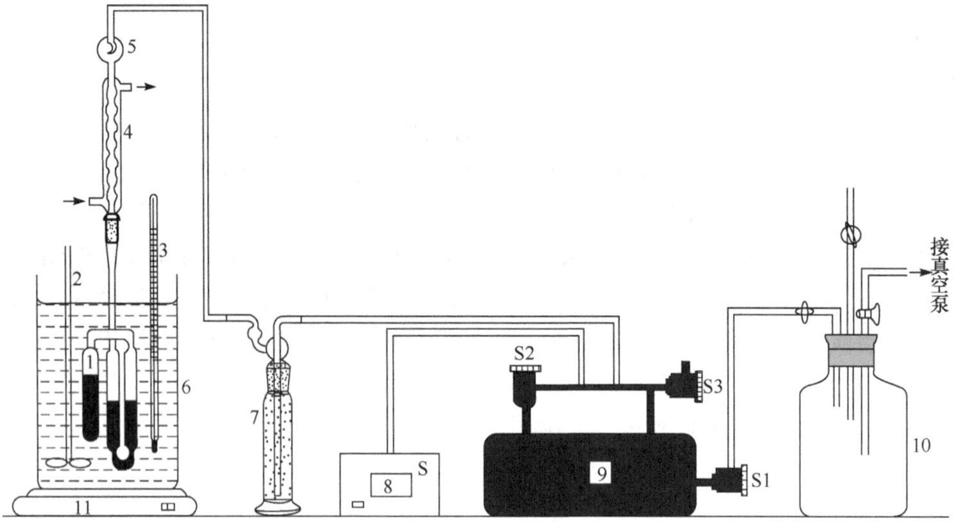

图 11 - 67 - 1　饱和蒸气压测定装置图

1—平衡管；2—搅拌器；3—1/10℃温度计；4—冷凝管；5—回流球；6—水浴；7—干燥塔；8—数字真空压力计；9—不锈钢储气罐；10—缓冲瓶；11—封闭式电炉

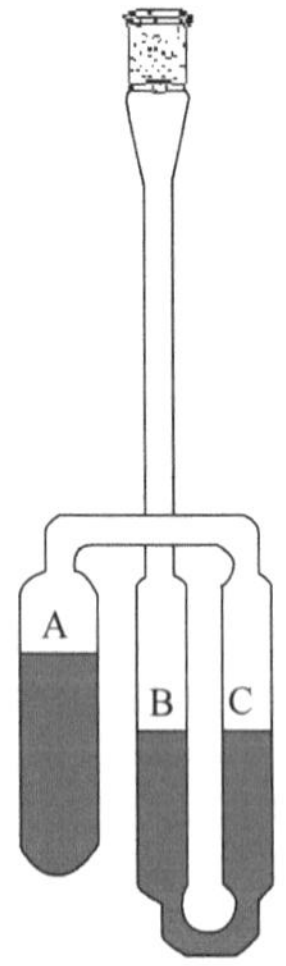

图 11 - 67 - 2　压力平衡管

实验步骤

(1) 检漏。打开数字真空压力计，并在通大气下置零。调节各旋塞位置至系统相通而与大气隔绝，启动真空泵，系统压力开始不断下降，至数字真空压力计的读数为－50kPa 左右时，关闭缓冲瓶 10 上与系统相通的旋塞。使真空泵与大气相通，停真空泵。若在 3min 内，压力计读数无变化则表示系统不漏。若压力计示数变大，则表示漏气，需要仔细检漏。真空系统检漏的原则是首先检查最靠近测压仪表部分的装置是否漏气，如证明不漏后再由近及远分段逐步检查，直到整个系统。若发现漏气部分则需补漏。直至整个系统不漏，则可进行下面实验。

(2) 大气压下沸点的测定。将旋塞 S1、S2 关闭，将旋塞 S3 小心旋转至系统与大气相通。通冷凝水，开动搅拌，加热水浴，直到水浴温度达 80℃左右，此时乙醇处于沸腾状态，停止加热，因系统温度不断降低，平衡管中 B、C 管的液面高度均发生变化。当两管的液面处于同一水平时，立即记录下此时的温度和大气压力。而后立即重新加热，达 78℃时停止加热，再重复测定一次，若两次温度差小于 0.2℃就可以进行下面的实验。否则应再加热、测定温度，直至两次温度差值小于等于 0.2℃。

(3) 不同外压下乙醇沸点的测定。大气压下的沸点测毕，将旋塞 S3 关闭，小心打开旋塞 S2，使系统开始减压，当系统压力减小 5～7kPa 时，立即关闭旋塞 S2，此时液体重新处于沸腾状态。随着系统温度的下降，平衡管中 B、C 管的液面差不断缩小，当两液面再次处于同一水平面时，立即记录温度及压力计上的读数。然后迅速再次打开旋塞 S2，使系统再减 5～7kPa，等 B、C 管的液面再次相平时，读取第二组温度与压力示数。重复上述操作，测七八组数据。

在减压时，若发现不锈钢储气罐 9 中的真空度不够，应立刻启动真空泵将缓冲瓶 10 减压，抽气片刻后打开不锈钢储气罐 9 的旋塞 S1，待压力计显示已达所需真空度后，关闭 S1，再使真空泵与大气相通，停真空泵。

(4) 实验完毕，将旋塞 S3 旋转至系统与大气相通，至系统压力回复到大气压力后，关闭数字真空压力计。关闭电搅拌器和冷凝水，整理实验台。

实验注意事项

(1) 使用真空泵时，要注意在开启或关闭泵前，一定要先令泵与大气相通，否则会损坏泵或使泵油倒吸入系统内。

(2) 在减压测定中，当 B、C 两管中的液面平齐时，读数要迅速，读毕应立即关闭 S3，打开活塞 S2 减压，防止空气倒灌。若发生倒灌现象，必须重新排净 A、C 弯管内的空气。

数据记录与处理

室温：______℃　　被测液体：______

将大气压下沸点测定记录数据记入表 11-67-1。不同温度下饱和蒸气压测定记录数据记入表 11-67-2。

表 11-67-1　大气压下沸点测定记录

次数	1	2	平均值
大气压/kPa			
沸点/℃			

表 11-67-2　不同温度下饱和蒸气压测定记录

温度		乙醇的饱和蒸气压 p/kPa	$\ln(p/\mathrm{Pa})$	$(10^3/T)/\mathrm{K}^{-1}$
t/℃	T/K			

(1) 作出饱和蒸气压-温度图。

(2) 作出 $\ln(p/\mathrm{Pa})$-$1/T$ 图，由此图求外压为 101.325kPa 时乙醇的沸点，即乙醇的正常沸点，并与文献值比较，计算相对误差。

(3) 从 $\ln(p/\mathrm{Pa})$-$1/T$ 图中求出直线斜率，计算平均摩尔蒸发焓，并与文献值比较，计算相对误差。

思考题

(1) 说明饱和蒸气压、正常沸点、沸点的含义。

(2) 为什么要将平衡管中 A、C 弯管内的空气排净?如何判断管中空气已排净?如有空气存在,对实验结果有何影响?

(3) 如何正确使用真空泵?真空泵开泵、停泵时为何要先通大气?

11.2 热力学性质的测定

实验六十八 乙酸解离常数的测定

实验目的

(1) 学习测定乙酸解离常数的原理和方法。

(2) 加深对弱电解质解离平衡等基本概念的理解。

(3) 掌握酸度计和酸式滴定管的使用方法。

实验原理

测定乙酸解离常数的方法很多,本实验介绍两种方法:pH 法和半中和法。

1. pH 测定法

乙酸是弱电解质,在溶液中存在下列解离平衡:

$$HOAc \rightleftharpoons H^+ + OAc^-$$

其解离常数表达式为

$$K_a^\ominus(HOAc)=\frac{c(H^+)/c^\ominus \cdot c(OAc^-)/c^\ominus}{c(HOAc)/c^\ominus} \qquad (11-68-1)$$

设 c 为乙酸的起始浓度,严格地说,离子浓度应该用活度来代替,但在乙酸的稀溶液中,离子浓度与活度近似相等。如果忽略由水解离所提供的 H^+ 量,则达平衡时溶液中 $c(H^+)=c(OAc^-)$(为了简便,省略式中 $c^\ominus$),代入式(11-68-1)中

$$K_a^\ominus(HOAc)=\frac{c^2(H^+)}{c-c(H^+)} \qquad (11-68-2)$$

配制一系列已知浓度的乙酸溶液,在相同温度下,用酸度计测定其 pH,根据 $pH=-\lg c(H^+)$ 求算 $c(H^+)$。实际上,酸度计所测得的 pH 反映了溶液中 H^+ 的有效浓度,即 H^+ 的活度值,在本实验中忽略这种差别。将 $c(H^+)$ 代入式(11-68-2)中,即可求得一系列 $K^\ominus$ 值,其平均值即为该温度下的解离常数。

2. 半中和法

将乙酸解离常数的表达式(11-68-1)两边取对数得

$$\lg K^\ominus(HOAc)=\lg c(H^+)+\lg\frac{c(OAc^-)}{c(HOAc)} \qquad (11-68-3)$$

用 NaOH 溶液滴定 HOAc 时,其反应式为

$$OH^- + HOAc \longrightarrow OAc^- + H_2O$$

当原有乙酸的一半被中和时，剩余的 HOAc 浓度恰好等于 OAc^- 的浓度，即 $c(OAc^-)=c(HOAc)$，代入式(11-68-3)得

$$\lg K^\ominus(HOAc)=\lg c(H^+) \qquad (11-68-4)$$

$$\lg K^\ominus(HOAc)=-pH$$

即

$$pK^\ominus=pH$$

因此，只要用酸度计测出上述溶液的 pH，即可求出 HOAc 的解离常数。

仪器和药品

仪器：酸度计、酸(碱)式滴定管、烧杯(50mL、洁净、干燥)、玻璃棒、洗瓶、电磁搅拌器。

药品：标准 HOAc 溶液($0.1000mol \cdot L^{-1}$)、pH=4.00 和 pH=6.86 缓冲溶液、酚酞指示剂、NaOH 标准溶液($0.1000mol \cdot L^{-1}$)。

pH 法实验步骤

(1) 配制不同浓度的乙酸溶液。将 5 个干燥洁净的 50mL 烧杯编成 1～5 号，按表 11-68-1用量用两支酸式滴定管分别量取 HOAc 标准溶液和蒸馏水，配制已知浓度的乙酸溶液系列，用玻璃棒搅拌均匀。

表 11-68-1 实验数据及处理结果

标准 HOAc 溶液的浓度______ $mol \cdot L^{-1}$；				测定时溶液的温度______℃			
烧杯编号	HOAc 的体积/mL	H_2O 的体积/mL	配制 HOAc 溶液的浓度/($mol \cdot L^{-1}$)	pH	$c(H^+)$/($mol \cdot L^{-1}$)	$K^\ominus(HOAc)$	$\alpha(HOAc)$
1	3.00	45.00					
2	6.00	42.00					
3	12.00	36.00					
4	24.00	24.00					
5	48.00	0					
$K^\ominus$(平)=							

(2) 测定乙酸溶液的 pH。把以上 1～5 号不同浓度的乙酸溶液按由稀到浓的次序在酸度计上分别测定它们的 pH，将所测 pH 及时记录于表 11-68-1 中(酸度计使用方法参见 13.1 节)。

数据处理

(1) 根据 $K^\ominus(HOAc)=\dfrac{c^2(H^+)}{c-c(H^+)}$，计算 $K^\ominus$ 值及 $K^\ominus$ 的平均值。

(2) 计算乙酸的解离度，根据实验结果总结乙酸解离度、解离常数与其浓度的关系。

(3) 要求写出一组数据的全部运算方法与过程。其他各组数据只要求将运算结果填入表 11-68-1 中即可。

(4) 求算相对误差并分析误差产生的原因[文献值：$K^\ominus(HOAc)=1.76\times10^{-5}$]。

思考题

(1) 若改变所测 HOAc 溶液的温度，其解离度和解离常数有无变化？

(2) 配制和测定不同浓度 HOAc 溶液的 pH 时，为什么按由稀到浓的顺序进行？

(3) 若 HOAc 溶液浓度很稀，能否应用下列近似公式 $K_a=\frac{c^2(H^+)}{c(HOAc)}$ 求解离常数？为什么？

(4) 怎样正确使用玻璃电极和甘汞电极？

半中和法实验步骤

(1) 用酸式滴定管准确量取 0.1000mol · L^{-1} HOAc 溶液 25.00mL，加入 2 滴酚酞指示剂，在电磁搅拌器搅拌下，用碱式滴定管装入 0.1000mol · L^{-1} NaOH 溶液，滴定至溶液刚刚出现粉红色并在 0.5min 内不褪色为止。记录滴定至终点时所消耗的 NaOH 体积。重复上述操作至两次相差不超过 0.05mL 为止。

(2) 根据滴定结果，计算中和 25.00mL 0.1000mol · L^{-1} HOAc 标准溶液及其一半所需标准 NaOH 溶液的体积，填入表 11-68-2 中。用酸式及碱式滴定管分别准确量取所需 HOAc 和 NaOH 溶液置于 50mL 烧杯中，并使之混合均匀。

(3) 用酸度计测定上述 HOAc-NaOAc 混合溶液的 pH，记下读数，填入表11-68-3中。

表 11-68-2　NaOH 标准溶液滴定 HOAc 标准溶液的结果

滴定序号	中和 25.00mL 0.1mol · L^{-1} HOAc 溶液所需 NaOH 体积/mL	中和 12.50mL 0.1mol · L^{-1} HOAc 溶液所需 NaOH 体积/mL
1		
2		

实验室供给的标准 NaOH 浓度__________ mol · L^{-1}。

HOAc 溶液的准确浓度__________ mol · L^{-1}。

表 11-68-3　HOAc-NaOH 混合溶液的 pH

HOAc-NaOAc 混合溶液编号	混合溶液中 c(NaOAc)/(mol · L^{-1})	pH	$K_a^\ominus$(HOAc)
		平均值 $K_a^\ominus$(HOAc)	

数据处理

根据式(11-68-4)计算出室温下 $K_a^\ominus$(HOAc)的数值，已知 $K_a^\ominus$(文献)$=1.76\times10^{-5}$，计算相对误差并分析误差产生原因。

思考题

(1) 根据乙酸解离平衡，说明在什么条件下才能从测得的 pH 来计算乙酸的解离常数？

(2) 当 HOAc 完全被 NaOH 中和时，反应终点的 pH 是否等于 7？为什么？

(3) 试分析本实验的结果与理论值发生偏差的原因。

实验六十九　平衡常数的测定

实验目的

(1) 熟悉用等压法测定平衡压力的操作。

(2) 测定不同温度下氨基甲酸铵的分解压力，进而计算各相应温度下 $NH_2COONH_4(s)$ 分解反应的标准平衡常数 $K^\ominus$ 及 $\Delta_r H_m^\ominus$、$\Delta_r S_m^\ominus$、$\Delta_r G_m^\ominus$。

实验原理

氨基甲酸铵(NH_2COONH_4)是合成尿素的中间产物，白色固体，很不稳定，加热易分解，其分解反应如下：

$$NH_2COONH_4(s) \rightleftharpoons 2NH_3(g) + CO_2(g)$$

这是个多相反应，且反应是可逆的，温度不变时若不将分解产物移走，则很易达到平衡，其标准平衡常数为

$$K^\ominus = \left[\frac{p(NH_3)}{p^\ominus}\right]^2 \cdot \left[\frac{p(CO_2)}{p^\ominus}\right] \tag{11-69-1}$$

式中，$p^\ominus = 100\text{kPa}$；$p(NH_3)$、$p(CO_2)$分别为 NH_3 及 CO_2 的平衡分压。

因固体 NH_2COONH_4 的蒸气压很小，在计算系统总压时可忽略不计，于是

$$p(总) = p(NH_3) + p(CO_2)$$

从化学反应方程式可得：

$$p(NH_3) = \frac{2}{3}p(总) \quad p(CO_2) = \frac{1}{3}p(总)$$

代入式(11－69－1)

$$K^\ominus = \left[\frac{2}{3}\ \frac{p(总)}{p^\ominus}\right]^2 \cdot \left[\frac{1}{3}\ \frac{p(总)}{p^\ominus}\right] = \frac{4}{27}\left[\frac{p(总)}{p^\ominus}\right]^3 \tag{11-69-2}$$

因此系统达平衡后，测量其 $p(总)$，即可计算出标准平衡常数 $K^\ominus$。

温度对标准平衡常数的影响可由式(11－69－3)给出：

$$\frac{\mathrm{d}\ln K^\ominus}{\mathrm{d}T} = \frac{\Delta_r H_m^\ominus}{RT^2} \tag{11-69-3}$$

式中，T 为热力学温度(K)，$\Delta_r H_m^\ominus$ 为标准摩尔反应焓。

在温度变化范围不大时，$\Delta_r H_m^\ominus$ 可视为常数，由式(11－69－3)积分得

$$\ln K^\ominus = -\frac{\Delta_r H_m^\ominus}{RT} + C' \tag{11-69-4}$$

由于

$$\Delta_r G_m^\ominus = -RT\ln K^\ominus \tag{11-69-5}$$

以及

$$\Delta_r G_m^\ominus = \Delta_r H_m^\ominus - T\Delta_r S_m^\ominus$$

联立得

$$\ln K^\ominus = -\frac{\Delta_r H_m^\ominus}{RT} + \frac{\Delta_r S_m^\ominus}{R} \tag{11-69-6}$$

于是得到

$$C' = \frac{\Delta_r S_m^\ominus}{R}$$

将 $\ln K^\ominus$ 对 $\frac{1}{T}$ 作图，应为一直线，其斜率为 $-\frac{\Delta_r H_m^\ominus}{R}$，截距为 $\frac{\Delta_r S_m^\ominus}{R}$，由此即可求得 $\Delta_r H_m^\ominus$、$\Delta_r S_m^\ominus$，如图 11－69－1 所示。

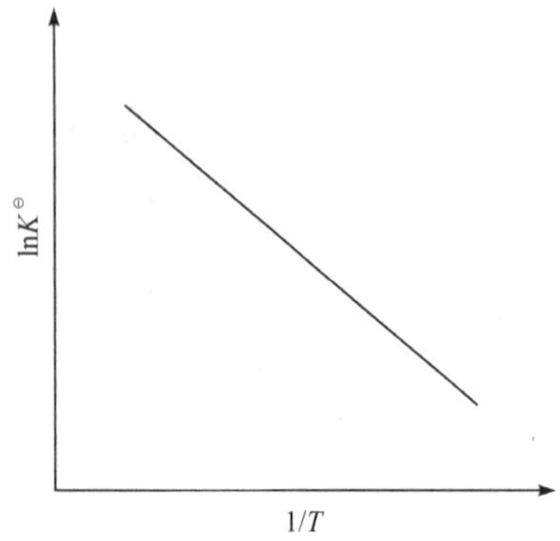

图 11-69-1 标准平衡常数与温度的关系

仪器和药品

仪器：平衡常数测定装置一套，见图 11-69-2。干燥塔 6、7 内分别装有脱水 $CaCl_2$ 和干燥硅胶，用以脱除样品分解生成的 NH_3 及含有的水分。因 NH_3 有腐蚀性，且同 CO_2 一起被吸入泵中时，会在泵内结晶而损坏泵及泵油，影响泵的性能。吸入泵内的水分也会被压缩为极小水滴不能排走，致使泵油变质，降低泵的抽气能力。缓冲瓶 8 的作用是，开泵后，系统压力降低，因缓冲瓶 8 存在而不致压力变化过大导致设备损坏；或停泵时令泵与大气相通，防止泵油倒灌回系统内。

药品：NH_2COONH_4（C. P.）。

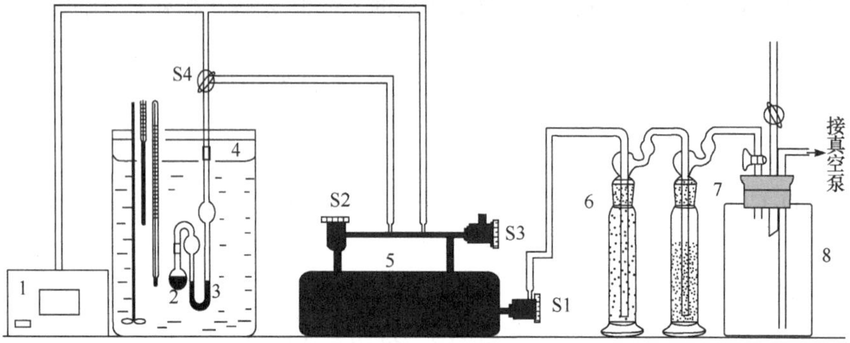

图 11-69-2 平衡常数测定装置

1—精密数字真空压力计（或 U 形水银压力计）；2—样品瓶；3—玻璃等压管（内装硅油）；4—恒温槽；5—不锈钢储气罐；6、7—干燥塔；8—缓冲瓶

实验步骤

（1）将恒温槽温度调节到 30℃。打开数字真空压力计电源，预热 5min 后，在系统完全通大气的情况下调节压力计示数为零。

（2）排除样品瓶及测压系统中的空气。调整各个旋塞位置，使系统相通，与大气隔绝。启动真空泵，抽气 15min。关闭真空泵，旋转旋塞 S4 至三不通位置，观察压力计示数，若压力示数能在某个值保持 3～5min 无变化则可视为系统不漏气。若发现漏气时，则应按下面方法进行检漏。

（3）检漏。真空系统检漏的原则与方法参见 6.2.4。直至整个系统不漏，则可进行下面实验。

（4）测定系统平衡压力。关闭不锈钢储气罐的旋塞 S1 和 S2，令罐内处于较高真空度。打开旋塞 S4，将样品瓶、等压管放入已恒温好的恒温槽内，恒温时间 10～20min。在恒温的过程中，当等压管硅油液面中与样品瓶相连的一端液面低于另一端时，缓慢而小心地旋转不锈钢储气罐的旋塞 S3，使空气通过 S3 内置的毛细管进入缓冲瓶中，当等压管两臂硅油液面处于同一水平面，立刻关闭旋塞 S3。由于样品不断分解，需多次重复此操作，直到等压管两端硅油液面 5min 内仍处于同一水平面，则认为分解反应已达平衡，读取此时压力计显示的数值、恒温槽温度、大气压及室温。若在反应已接近平衡时调节 S3 不慎进入略微过量的空气，致使等压管中靠近样品瓶 2 的硅油液面高于靠近不锈钢储气罐 5 的硅油液面，则可小心旋转旋塞 S2，利用储气罐中较高的真空度调节两硅油液面相平。

(5) 保持此恒温槽温度不变，使整个系统与真空泵相连，再次抽气约 15min，停泵。按(4)中操作步骤重复测定此温度下系统的平衡压力，若两次测定结果小于 2mmHg(0.267kPa)，则可进行下一个温度下平衡压力的测定。

(6) 按(4)中操作步骤依次测定 35℃、40℃、45℃、50℃下的平衡压力。

(7) 实验完毕，打开旋塞 S3 使空气通过毛细管进入系统中，直至数字真空压力计示数为零，关闭压力计。关闭恒温槽实验设备的电源，整理实验台。

实验注意事项

(1) 测定系统平衡压力时，调节旋塞 S3 通过毛细管放入空气时必须小心，一定要防止空气穿过等压管的硅油柱进入样品瓶中，否则必须重新抽气。

(2) NH_2COONH_4 的分解反应是吸热反应，反应热效应很大，温度对平衡常数的影响很大。实验中必须严格调节恒温槽温度，使其温度波动小于等于±0.1℃。

(3) 在开泵或停泵前，须使真空泵与大气相通。

数据记录与处理

室温：______℃

不同温度下标准平衡常数值①记入表 11-69-1。

(1) 计算不同温度下 NH_2COONH_4 的分解总压 p 及分解反应的标准平衡常数 $K^\ominus$。

(2) 作 $\ln K^\ominus$-$\frac{1}{T}$关系图，计算分解反应的 $\Delta_r H_m^\ominus$ 及 30℃时的 $\Delta_r S_m^\ominus$ 及 $\Delta_r G_m^\ominus$。

表 11-69-1　不同温度下标准平衡常数

温度		压力计示数 p'/kPa	大气压 p_0/kPa	平衡总压 p/kPa	$K^\ominus$	$(10^3/T)/K^{-1}$	$\ln K^\ominus$
t/℃	T/K						

注：平衡总压 $p/kPa = p_0/kPa + p'/kPa$。

思考题

(1) 如何检查真空系统是否漏气？

(2) 为什么要将样品瓶及测压系统内的空气排净？如何判断空气已基本排净？如有空气

① 若用 U 形汞压力计，其压力的计算与校正可参见 6.3 节。

存在，对实验结果有何影响？

(3) 怎样判断分解反应已达平衡？若所测数据未达平衡，对实验结果有何影响？

(4) 实验装置中的缓冲瓶及毛细管的作用是什么？

实验七十　反应焓的测定

实验目的

(1) 掌握用简单量热计量热的方法，测定 ZnO 与 HCl 溶液的摩尔反应焓。

(2) 学会用图解法校正测量温度。

实验原理

1. 摩尔反应焓 $\Delta_r H_m$ 的测定

在温度、压力、组成确定状态下，化学反应的反应进度为 1mol 时所引起反应的焓差，即为该反应在此状态下的摩尔反应焓($\Delta_r H_m$)。

本实验采用最简单的绝热式量热计，在绝热、恒压下，通过测量量热系统的温度变化，求一个反应的摩尔反应焓 $\Delta_r H_m$。

根据热力学第一定律，在绝热、恒压条件下进行化学反应时，系统总焓不变，即

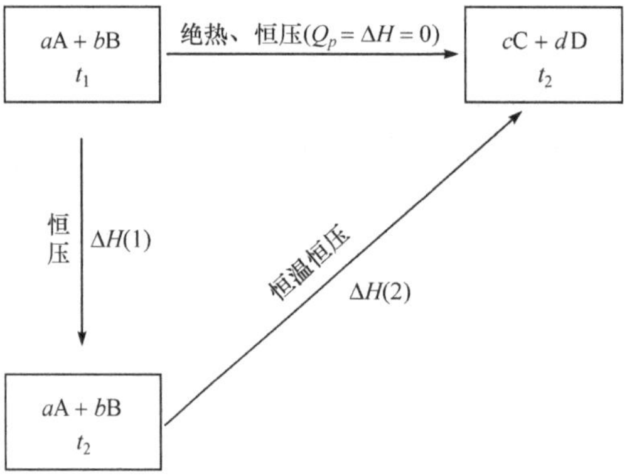

$$\Delta H=\Delta H(1)+\Delta H(2)=0$$

故 $$\Delta H(2)=\xi\cdot\Delta_r H_m(t_2)=-\Delta H(1) \qquad (11-70-1)$$

式中，$\Delta_r H_m(t_2)$为恒温(t_2)、恒压下化学反应的摩尔反应焓；$\Delta H(1)$为恒压下反应物 A、B 两物质从 t_1 变温至 t_2 时的焓变。

若已知 A、B 物质的量及其摩尔定压热容以及 $\Delta t=t_2-t_1$，则可求出上述反应在恒压、t_2 温度下的摩尔反应焓 $\Delta_r H_m(t_2)$。但是，在实际测量过程中，不仅反应系统的温度发生变化，而且量热计内部与反应系统接触的部件(如保温瓶、搅拌器、测温探头或温度计的一部分等)也要发生温度的变化，故计算式需修正如下：

$$\Delta H(1)=[n_A C_{p,m}(A)+n_B C_{p,m}(B)+K](t_2-t_1) \qquad (11-70-2)$$

式中，K 称为量热计系统的定压热容，为量热系统在恒压下温度升高 1K 所需之热量，其单位为 $J\cdot K^{-1}$。K 值与量热计系统及实验条件有关，故难以理论计算，只能在与待测系统相同的实验条件下，通过对已知摩尔反应焓的反应进行量热实验来确定，这称为量热计热容的标定。

本实验测定以下反应

$ZnO+2HCl(aq, c_B=0.2mol\cdot L^{-1})\longrightarrow ZnCl_2(aq, c_B=0.03mol\cdot L^{-1})+H_2O(l)$ 的 $\Delta_r H_m$。

根据热力学状态函数法，可将 ZnO(s)和 HCl($aq, c_B=0.2mol\cdot L^{-1}$)在量热计中实际过程设计为两步进行，可得式(11－70－3)：

$$\Delta H(2)=[m_1' C_{p,1}(ZnO,s)+m_2' C_{p,2}(HCl,aq,c_B=0.2mol\cdot L^{-1})+K]\times(t_1'-t_2') \quad (11-70-3)$$

式中，$\Delta H(2)$为 t_2'温度下质量为 m_1'的 ZnO(s)与质量为 m_2'的 HCl 溶液反应的反应焓，J；m_1'为 ZnO 粉末质量，g；$C_{p,1}(ZnO,s)=0.46J\cdot g^{-1}\cdot K^{-1}$；$m_2'$为 0.5L HCl($aq, c_B=0.2mol\cdot L^{-1}$)的质量，g；$C_{p,2}(HCl,aq,c_B=0.2mol\cdot L^{-1})=4.134\ J\cdot g^{-1}\cdot K^{-1}$；$t_1'$为反应前系统的温度，℃；$t_2'$为反应后系统的温度，℃。

对于本实验测定的反应在 t_2'温度下的摩尔反应焓 $\Delta_r H_m$ 为

$$\Delta_r H_m=\Delta H(2)M(ZnO)/m_1' \quad (11-70-4)$$

式中，$M(ZnO)$为 ZnO 的摩尔质量，$g\cdot mol^{-1}$。

2. 量热计 K 值的标定

本实验中采用氯化钾在水中的积分溶解焓来标定 K 值，KCl 水溶液浓度为每 200mol 水中溶有 1mol KCl，并将此组成下的摩尔溶解焓近似看成无限稀释溶解焓。

如上所述，KCl(s)在量热计中的溶解过程为一绝热、恒压过程，其步骤如下：

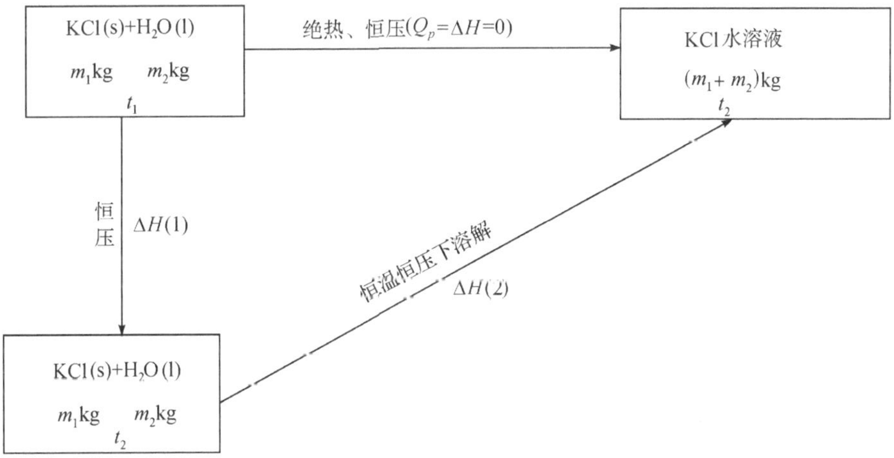

$$\Delta H=\Delta H(1)+\Delta H(2)=0$$

式中，$\Delta H(1)$为 KCl(s)、$H_2O(l)$及量热计温度从 t_1 变温至 t_2 过程的焓变；$\Delta H(2)$为 t_2 温度下，质量为 m_1 的 KCl(s)溶于质量为 m_2 的水时的溶解焓。

由于 $\Delta H(2)=-\Delta H(1)$，故

$$\Delta H(1)=m_1 C_p(KCl,s)(t_2-t_1)+m_2 C_p(H_2O,l)(t_2-t_1)+K(t_2-t_1) \quad (11-70-5)$$

式中，K 为量热计的定压热容，$J\cdot K^{-1}$；t_1 为溶解前系统的温度，℃；t_2 为溶解后系统的温度，℃；m_1 为 KCl(s)的质量，g；m_2 为水的质量，g；$C_p(KCl,s)=0.669J\cdot g^{-1}\cdot K^{-1}$；$C_p(H_2O,l)=4.184J\cdot g^{-1}\cdot K^{-1}$。

$$\Delta H(2)=m_1C_p(\mathrm{KCl,s})(t_1-t_2)+m_2C_p(\mathrm{H_2O,l})(t_1-t_2)+K(t_1-t_2) \tag{11-70-6}$$

又因 $\Delta H(2)$可由附录 14.14 查得 KCl(s)的积分溶解焓求得，即

$$\Delta H(2)=\Delta_{\mathrm{sol}}H_{\mathrm{m}}\left(\mathrm{KCl},\frac{1}{201}\right)\times\frac{m_1}{M(\mathrm{KCl})} \tag{11-70-7}$$

结合式(11-70-6)和式(11-70-7)可得

$$\Delta_{\mathrm{sol}}H_{\mathrm{m}}\left(\mathrm{KCl},\frac{1}{201}\right)=[m_1C_p(\mathrm{KCl,s})+m_2C_p(\mathrm{H_2O,l})+K]\times\frac{(t_1-t_2)M(\mathrm{KCl})}{m_1} \tag{11-70-8}$$

式中，$M(\mathrm{KCl})$为 KCl 的摩尔质量，$\mathrm{g\cdot mol^{-1}}$。

量热计的定压热容 K 值便可由式(11-70-8)算出。

仪器和药品

仪器：量热计（一个）、容量瓶 500mL（一个）、试管 10mm × 150mm（两个）、温度计(1/10℃)(一支)、秒表(一只)、精密电子温差测量仪或数字贝克曼温度计(一台)、电磁搅拌器一台、磁子(一枚)、电子天平一台(公用)。

药品：KCl(A. R.)、ZnO(C. P.)、HCl(aq，$c_{\mathrm{B}}=0.2\mathrm{mol\cdot L^{-1}}$)。

实验步骤

1. 调节温度测量仪

接通精密电子温差测定仪的电源，预热 5min。

2. 量热计热容 K 的测定

(1) 将已烘干并储存在干燥器中的 KCl 研细，按 KCl 与 $\mathrm{H_2O}$ 物质的量之比为 1∶200，称取与 500mL 水相应的 KCl 的量。

(2) 用容量瓶量取 500mL 水倒入量热计中，再放入磁子，盖好盖子。

(3) 将精密电子温差仪的测温探头按图 11-70-1 插入量热计内的水中，并调节探头顶端处于液体的中部。当温差仪显示窗所显示的数值稳定后，按下前面板上的“设定”钮，此时，显示窗显示为 0.000 左右。

(4) 启动电磁搅拌器，调节使磁子保持一定的搅拌速度(一定要保证搅拌良好)。每隔 1min 记录一次显示窗所显示的数值，直至该数值随时间的变化率(每分钟数值之差)连续六次基本相同时，即可定出 t_1。

(5) 当(4)操作完成后，停止搅拌，但秒表不停，将已称好的 KCl 迅速倒入量热计中(不要倒在保温瓶壁上且不要压住磁子)，立即盖好盖子，开启搅拌，观察量热计的测温仪表温度读数，此时温度迅速下降。观察仪器所显示的温度数值及秒表上的时间，保持每分钟记录一次数值，连续记录，至温度变化平缓后再记录六次即可停止实验，由此便可定出 t_2。停止搅拌，拔出测温探头，插入 1/10℃的玻璃温度计测量量热计中溶液的温度(切勿忘记)，由此温度可由附录 14.14 查出 KCl 的摩尔溶解焓。

3. ZnO 与 HCl 溶液反应之 $\Delta_{\mathrm{r}}H_{\mathrm{m}}$ 的测定

(1) 在天平上称取 ZnO(s)1.0～1.2g。

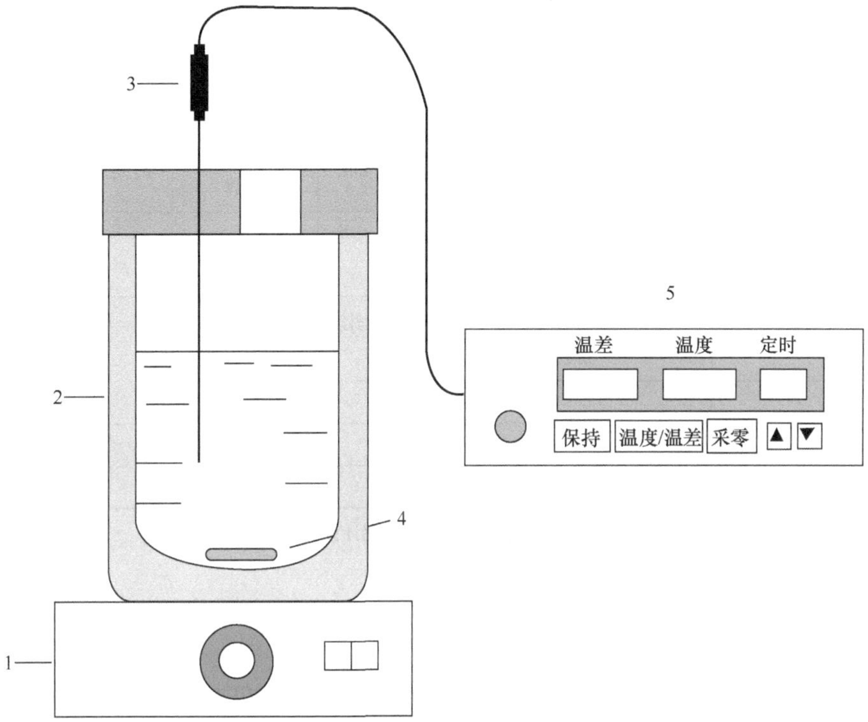

图 11-70-1　量热计装置图

1—磁力搅拌器；2—保温瓶；3—精密电子温差仪探头；4—磁搅拌子；5—精密电子温差测定仪

(2) 量取 500mL，c_B＝0.2mol·L^{-1}的 HCl 溶液倒入量热计中，放入磁子，盖好盖子并插入测温探头，插入深度同前。当显示窗读数稳定后，重新再按下“设定”钮，显示窗读数则为 0.000 左右。

(3) 开动电磁搅拌器，保持一定的搅拌速度，每分钟记录一次显示窗读数，当读数随时间变化率连续六次基本相同时便可进行下一步实验。

(4) 停止搅拌，秒表不停，将 ZnO 迅速倒入量热计 HCl 溶液中，立即盖上盖子，开启搅拌仍继续每分钟记录一次显示窗的读数，此时温度不断上升，当温度上升变慢而且连续六次温度读数随时间变化率基本相同时，停止搅拌，拔出温差仪探头，插入 1/10℃温度计测出中和反应后的温度。

(5) 关闭温差仪和电源，清洗温差仪探头、量热计内胆及试管，整理实验台。

数据记录

实验日期：__________　室温：__________　大气压：__________

药品称量的数据、精密电子温差测量仪或数字贝克曼温度计的读数及修正后的温度值分别记入表 11-70-1 和表 11-70-2 中。

表 11-70-1　药品称量

药品名称	试管＋药品的质量/g	倾药后试管的质量/g	药品的质量/g
KCl			
ZnO			

表 11-70-2 温差仪读数[①]及修正后的温度值

KCl溶于水				ZnO与HCl溶液反应			
未加KCl前		加入KCl后		未加ZnO前		加入ZnO后	
时间/min	温差仪读数	时间/min	温差仪读数	时间/min	温差仪读数	时间/min	温差仪读数
作图修正后温差仪读数		作图修正后温差仪读数		作图修正后温差仪读数		作图修正后温差仪读数	
修正后的 Δt/℃				修正后的 Δt/℃			

① 若用贝克曼温度计时，将表中所有温差仪读数换为贝克曼温度计读数即可。

数据处理

（1）求反应前后的真实温差 Δt。

由于保温瓶并非严格绝热，故在反应过程中系统与环境间仍有微小的热交换发生，同时由于搅拌热的产生，导致所测的温度值偏离了真实值。为此，必须对反应前后的实测温度值进行校正，以便求出真实温差 Δt。

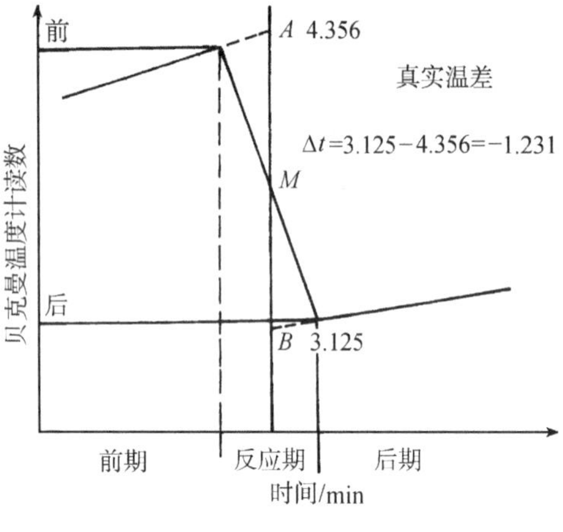

图 11-70-2 求真实温差 Δt 的作图外推法

本实验采用作图外推法求 Δt，其作法如图 11-70-2所示。

根据记录的时间与温度值，作出温度-时间曲线。假设溶解是在相当于盐溶解前后的平均温度下瞬间溶解完，即前期最高温度与后期最低温度连线上中点 M。过 M 点作垂线，与前后期读数的延长线相交于 A、B 两点。则 A、B 两点对应的温度差为绝热条件下的真实温差 Δt。

（2）按式(11-70-8)计算量热计的定压热容 K。

（3）按式(11-70-3)、式(11-70-4)计算 ZnO 与 HCl 溶液的摩尔反应焓测定值。

（4）用状态函数法计算 ZnO 与 HCl 溶液的摩尔反应焓，并与测定值比较，算出相对误差。

根据热力学状态函数法，可将反应

$$ZnO(s) + 2HCl(aq, c_B = 0.2mol \cdot L^{-1}) \longrightarrow ZnCl_2(aq, c_B = 0.03mol \cdot L^{-1}) + H_2O(l)$$

设计成如下步骤完成：

$$ZnO(s) + 2HCl(aq, c_B = 0.2 mol \cdot L^{-1}) \xrightarrow{\Delta_r H_m^{\ominus}(T)} ZnCl_2(aq, c_B = 0.03 mol \cdot L^{-1}) + H_2O(l)$$

T(标准态) T(标准态) T(标准态) T(标准态)

$\uparrow \Delta_1 H$ $\uparrow 2\Delta_{sol}H_m^{\infty}[HCl(g)]$ $\uparrow \Delta_{sol}H_m^{\infty}[ZnCl_2(s)]$ $\uparrow \Delta_4 H$

$$ZnO(s) + 2HCl(g) \xrightarrow{\Delta_r H_m^{\ominus}(298.15K)} ZnCl_2(s) + H_2O(l)$$

298.15K 298.15K 298.15K 298.15K

(11-70-9)

$$\Delta_1 H + 2\Delta_{sol}H_m^{\infty}(HCl, g) + \Delta_r H_m^{\ominus}(T) = \Delta_r H_m^{\ominus}(298.15K) + \Delta_{sol}H_m^{\infty}(ZnCl_2, s) + \Delta_4 H$$

由于 $\Delta_1 H \approx 0$，$\Delta_4 H \approx 0$，故

$$\Delta_r H_m^{\ominus}(T) = \Delta_r H_m^{\ominus}(298.15K) + \Delta_{sol}H_m^{\infty}(ZnCl_2, s) - 2\Delta_{sol}H_m^{\infty}(HCl, g) \quad (11-70-10)$$

式中，$\Delta_{sol}H_m^{\infty}(HCl, g)$ 为 HCl(g)的无限稀释摩尔积分溶解焓；$\Delta_{sol}H_m^{\infty}(ZnCl_2, s)$ 为 $ZnCl_2(s)$的无限稀释摩尔积分溶解焓；$\Delta_r H_m^{\ominus}(298.15K)$ 为式(11-70-9)的标准摩尔反应焓，$\Delta_r H_m^{\ominus}(298.15K) = \sum \nu_B \Delta_f H_B^{\ominus}(\beta, 298.15K)$。

用有关数据，按式(11-70-10)可计算出 $\Delta_r H_m^{\ominus}(T)$，由于 $\Delta_r H_m(T) = \Delta_r H_m^{\ominus}(T)$，故 $\Delta_r H_m(T)$ 可求得，并与实验测得的值相比较，求出相对误差。

本实验有关的热力学数据如表 11-70-3 热力学数据。

表 11-70-3 热力学数据

化合物	标准生成焓 $\Delta_f H_m^{\ominus}(298.15K)$ /(kJ · mol^{-1})	无限稀释摩尔积分溶解焓 $\Delta_{sol}H_m^{\infty}(B)$ /(kJ · mol^{-1})	化合物	标准生成焓 $\Delta_f H_m^{\ominus}(298.15K)$ /(kJ · mol^{-1})	无限稀释摩尔积分溶解焓 $\Delta_{sol}H_m^{\infty}(B)$ /(kJ · mol^{-1})
ZnO(s)	−348.3		$H_2O(l)$	−285.83	
$ZnCl_2(s)$	−415.1	−69.33	HCl(g)	−92.31	−74.48

思考题

(1) KCl 加入水中后，系统的温度将如何变化？

(2) 测定反应焓时，盐酸用量是否一定要和测定量热计热容时用水量一致？为什么？

(3) 什么是积分溶解焓和微分溶解焓，实验中测定量热计热容时用的是哪一种溶解焓？

(4) 为什么要用作图外推法求反应前后温度的变化？采用这种作图法的假设是什么？

实验七十一 二组分凝聚系统相图

实验目的

(1) 掌握热分析法测绘 Sn-Pb 二组分凝聚系统相图的原理和方法。

(2) 了解简单固液相图的特点，巩固相律等有关知识。

实验原理

热分析法是绘制凝聚系统相图的基本方法之一。其原理是根据系统在加热或冷却过程中发生相变时所对应的温度来确定系统的状态图。当一个熔融系统均匀冷却时，如无相变化，它

的温度将连续均匀地下降，在温度-时间图上将得到一条平滑的曲线；如在冷却过程中发生了相变，则令温度下降减缓甚至因新相析出所放出的热量抵消了散失的热量而令温度不变，于是曲线上就会出现转折点或水平线段，而产生水平或转折的温度就是发生相变的温度。相变温度一般可以通过测量熔融系统冷却时系统温度随时间变化关系的曲线（冷却曲线）来找出。

如以本实验所测定的具有最低共熔点的固态部分互溶的 Sn-Pb 系统为例，相图如图 11－71－1(a)所示，实验时测定一系列冷却曲线。如图 11－71－1(b)中的 Pb 的冷却曲线，熔融的 Pb 在高于 327℃时，系统中只有液态的 Pb，根据凝聚系统相律 $F=C-P+1$ 可知，单组分单相系统的自由度为 1，故温度可以改变且均匀下降。当逐渐冷却至温度为 327℃时，Pb 开始凝固，此时系统为两相共存，其自由度为零，即单组分系统处于两相平衡时，温度就应恒定不变，故在冷却曲线上出现水平线段。原因是 Pb(s)析出时所放出的凝固热补偿了系统向环境所散失的热，于是温度不变。当 Pb 全部凝固后，系统又回复为单相，即自由度数为 1，系统的温度又可均匀下降。

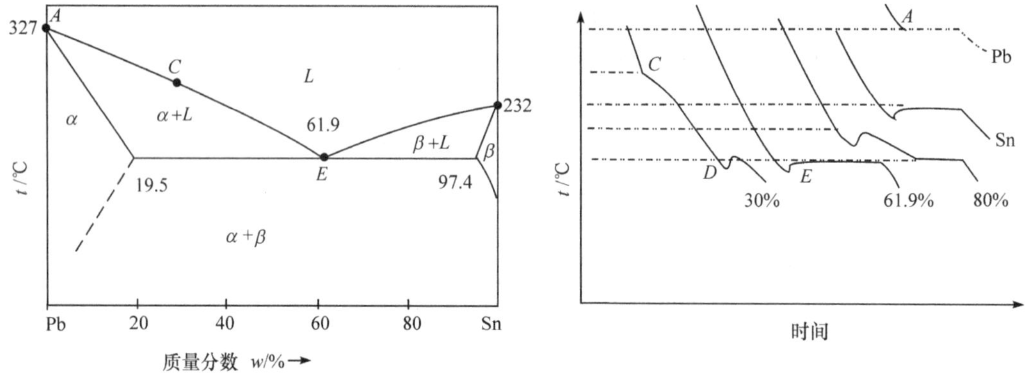

(a) Sn-Pb凝聚系统的相图　　(b) 冷却曲线

图 11－71－1　Sn-Pb 凝聚系统的相图及冷却曲线

图 11－71－1(b)中组成为含 Sn 61.9%的冷却曲线和纯金属的冷却曲线很相像，当液体冷却到一定温度时，从液体中同时析出两个固相，三相共存，因此自由度数为零，故也出现水平段。此温度即低共熔温度。

对 Sn 含量在 19.5%～97.4%的其他样品，冷却曲线比较复杂，如以组分为 30%Sn 的系统为例，开始均匀冷却，相当于液态合金的冷却。当液体冷却到图中 *C* 点处温度时，开始析出 α 固溶体（Sn 溶在 Pb 中的固态溶液），此时自由度为 1，温度仍可变化，但由于固相析出而放出相变热，使冷却速度减慢，冷却曲线斜率变小，出现转折点 *C*，随着含 Pb 量高的固溶体 α 的析出，液相中 Pb 含量逐渐减少，只有降低温度才能继续析出固体，当温度降至 *D* 点处而且液相组成也变成低共熔组成时，另一固溶体 β（Pb 溶在 Sn 中的固态溶液）也达到饱和而同时析出，系统变成三相，自由度为零，冷却曲线上出现水平段，直至液相消失。液相消失后系统剩下两个固相（α 和 β 固态溶液），自由度为 1，温度又开始均匀下降。

对 Sn 含量小于 19.5%和 Sn 含量大于 97.4%的样品的冷却曲线，理论上应有三个转折点，一个相当于固态溶液开始结晶的温度，另一个相当于固态溶液结晶终了的温度。第三个转折点则是从一种固态溶液中析出另一种固态溶液的温度，但本实验所采用的热分析法测不出这三个转折点。原因是从一种固态溶液中析出另一组成固态溶液时放出的热很少，加上析出过程本身进行得极慢。此转折点只有通过淬火-微结构法才能得到。

用热分析法测绘相图的要点如下：

(1) 被测系统的冷却过程必须非常接近于相平衡状态。因此，冷却速度必须足够慢，才能达到实验要求。

(2) 测定时被测系统的组成值必须与原来配制样品时的组成值一致。如果测定过程中样品各处不均匀，或样品发生氧化、变质，这一要求就不能实现。

(3) 测定的温度值必须能真正反映系统在所测时刻的温度值。为此测温仪器的热容必须足够小，它与被测系统的热传导必须足够良好，仪器的感温端必须插到被测样品的中心部位。

仪器和药品

仪器：KWL-09 可控升降温电炉、SWKY-1 型数字控温仪（附带控温探头Ⅰ和测温探头Ⅱ）、坩埚钳 1 把、劳保手套 1 副、特制合金样品管 5 只[分别装有纯 Pb，纯 Sn，含Sn 30%、61.9%、80%（质量分数）的 Sn-Pb 混合物各 100g，为防金属高温氧化其表面覆盖有一层石墨粉，样品管随 Pb 含量的增多依次标号为 1～5]。

药品：Pb(A. R.)、Sn(A. R.)、石墨粉。

实验步骤

(1) 用加热器电源线将 KWL-09 可控升降温电炉与 SWKY-1 型数字控温仪连接。接通可控升降温电炉与数字控温仪电源。将可控升降温电炉的“冷风量调节”和“加热量调节”均逆时针旋到底（最小）。

(2) 如图 11－71－2 所示，将待测的样品管放入可控升降温电炉的加热炉孔 1 内。将控温探头Ⅰ插入加热炉孔旁的插孔 2 内，用以控制样品的加热。此时测温探头Ⅱ可插入待测样品管中，用以显示样品的温度。

(3) 设定加热温度（以纯铅样品为例）。打开数字控温仪的开关，按“工作/置数”键 13 使控温仪处于置数状态（可控升降温电炉的加热电炉处于不工作状态）；依次按温度设置键 14 的“×100”和“×10”键调节加热电炉的设定温度为 350℃，控温仪面板中央的温度显示Ⅰ屏 16 将显示出设定加热温度；按定时调节键 12 将时间间隔设定为 10s，仪器中的蜂鸣器将每 10s 鸣响一声提示计数（若不需要提醒功能，将时间设定在 0～9s即可）。

(4) 样品的加热。按“工作/置数”键将控温仪置于工作状态，加热电炉开始升温，此时温度显示Ⅰ屏显示的是加热电炉的实际温度；样品也随之升温，控温仪面板右上角的温度显示Ⅱ屏 17 将显示出测温探头Ⅱ探测出的样品温度。同时观察两个温度显示，当电炉温度达 350℃左右（由于加热控温的滞后，电炉实际最高温度往往会超过 350℃）、样品温度显示达 350℃左右时，迅速将待测样品连同探头Ⅱ从加热炉孔夹出，放入冷却炉孔中。

(5) 温度补偿。打开可控升降温电炉温度补偿开关 6，调节冷风量调节旋钮 7 和加热量调节旋钮 9，使降温速度控制在 3～5℃ · min^{-1}为宜。

(6) 数据记录。每隔 10s 记录一次温度显示Ⅱ屏上的温度。对于每个样品，可根据实验附注中提供的“Sn-Pb 二组分系统相变温度参考值”选择开始记录及终止记录的温度，宜选在样品温度高出首次相变温度 20～30℃时开始记录，低于末次相变温度 20～30℃时停止记录。该样品测试完毕，将样品管夹回样品管架中。

(7) 样品的连测。在前一样品放入冷却炉孔降温时，可同时将下一个待测样品管放入加

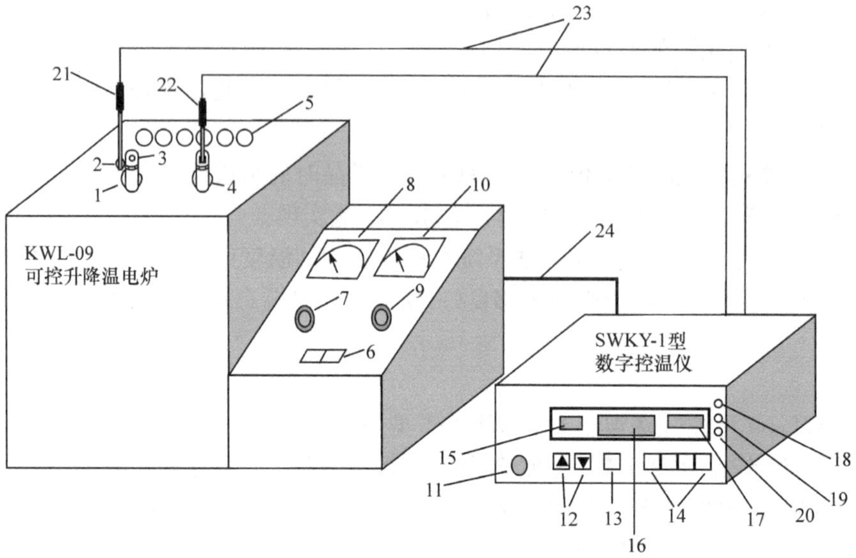

图 11-71-2　凝聚系统相图实验测定装置

KWL-09 可控升降温电炉：1—加热炉孔；2—控温探头Ⅰ插孔；3—样品管；4—冷却炉孔；5—样品管架；6—温度补偿开关；7—冷风量调节旋钮；8—冷风机电压表；9—加热量调节旋钮；10—加热器电压表

SWKY-1 型数字控温仪：11—控温仪开关；12—定时调节键；13—“工作/置数”键；14—温度设置键；15—定时显示屏；16—温度显示Ⅰ屏；17—温度显示Ⅱ屏；18—工作状态显示灯；19—通信状态显示灯；20—置数状态显示灯；21—控温探头Ⅰ；22—测温探头Ⅱ；23—探头信号传导线；24—加热器电源线

热炉孔中加热。如此循环至最后一个样品加热完毕，按“工作/置数”键将控温仪置于置数状态而使加热电炉不再加热即可。

（8）实验完毕，将控温仪置于置数状态，待测温探头Ⅱ显示温度回到室温附近，关闭数字控温仪，拔下控温仪及电炉的电源，并将所有样品按标号放回样品管架中。

实验注意事项

（1）在用坩埚钳夹热的样品管时，一定要夹牢，以免烫伤。

（2）探头Ⅰ和探头Ⅱ的位置一定不能放错。最后一个样品测试完后，必须等待测温探头Ⅱ显示温度回到室温附近，才可关闭数字控温仪，否则将损坏测温探头Ⅱ测温准确性。

（3）样品加热温度的设定原则是保证样品组成在测试过程中不变，防止高温氧化，因此加热样品既要保证完全熔融，温度还不能过高。

（4）可通过观测加热时样品的升温情况判断样品是否完全熔融，发生相变时，系统升温变缓或温度保持不变，完全熔融后则温度上升较快。

数据记录与处理

各组成金属样品温度随时间变化情况记入表 11-71-1。

表 11-71-1　各组成金属样品温度随时间变化情况(时间间隔为 10s)

Sn	30%Sn	61.9%Sn	80%Sn	Pb
⋮	⋮	⋮	⋮	⋮

(1) 按表 11-71-1 中的实验数据以时间为横坐标、温度为纵坐标分别绘出各个样品的冷却曲线，并在图中标出每条曲线上的折点或(和)平台温度，由此确定相变温度。

(2) 根据每条冷却曲线上得到的相变温度，以组成为横坐标、温度为纵坐标绘出Sn-Pb二组分凝聚系统相图，绘制时可参见原理部分的理论相图。

(3) 在所绘的相图中标出各相区的稳定相，应用相律说明各区及各线的自由度。

实验附注

(1) Sn-Pb 二组分系统相变温度参考值见表 11-71-2。

表 11-71-2　Sn-Pb 二组分系统相变温度参考值

组成Sn/% 相变温度/℃	0	30	61.9	80	100
平台	327	183	183	183	232
转折点		245		202	

(2) 本实验可利用计算机采集实验数据，实现冷却曲线和相图的自动绘制。若实验采用热电偶测温，其测温原理及校正见本书第 6 章温度测量部分 6.4.2。

思考题

(1) 为什么样品在加热时，温度不可过高或过低？

(2) 不同组成的混合物其低共熔点是否一致？纯物质及低共熔点组成系统的冷却曲线和其余混合组成的冷却曲线有何显著不同？

(3) 冷却曲线各段的斜率以及水平段的长短与哪些因素有关？

实验七十二　二组分液相完全互溶系统的沸点-组成图

实验目的

(1) 实验测定乙醇-正丙醇二组分系统气液平衡数据，绘出蒸馏曲线。

(2) 掌握阿贝折射仪的原理、使用及维护方法。

实验原理

在恒定压力下，二组分系统气液达到平衡时，表示液态混合物的沸点与平衡相组成关系的相图，称为温度(沸点)-组成图，也称为蒸馏曲线图。蒸馏曲线的类型大致可以分为三类：①在

T-x 图上溶液的沸点总是介于 A、B 两纯物质的沸点之间，如图 11－72－1(a)所示；②在 T-x 图上出现最高点，即具有最高恒沸点，如图 11－72－1(b)所示；③在 T-x 图上出现最低点，即具有最低恒沸点，如图11－72－1(c)所示。

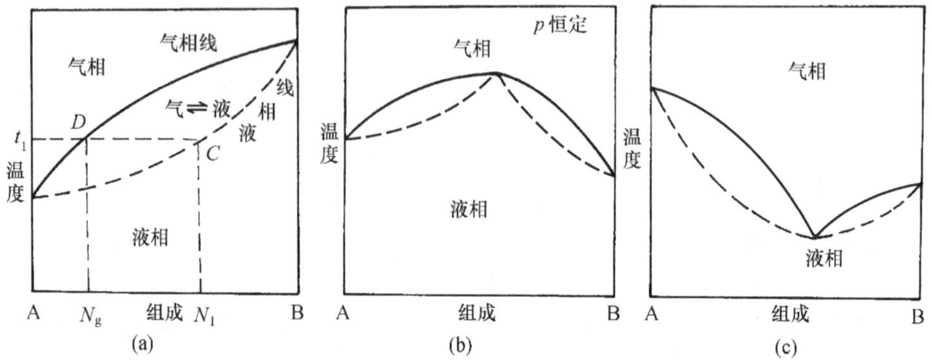

图 11－72－1　二组分系统的沸点-组成图

本实验是在一定压力下测定乙醇-正丙醇二组分系统沸点与组成平衡数据，并绘制该液体混合物蒸馏曲线。因二者为紧邻同系物的混合物，其蒸馏曲线形状如图 11－72－1(a)所示。二组分气液系统达到平衡时易挥发组分在平衡气相中的组成大于它在液相里的组成，要绘制蒸馏曲线必须在气液两相达平衡后，立即测定平衡系统温度(沸点)及该温度下气、液两相的组成。如图 11－72－1(a)所示，与沸点 t_1 对应的气相组成是气相线上的 D 点，其对应的组成是 N_g；液相组成是液相线上的 C 点，其对应的组成为 N_1。测定整个浓度范围内不同组成混合物的气、液相的平衡组成和沸点后，就可绘制出蒸馏曲线。

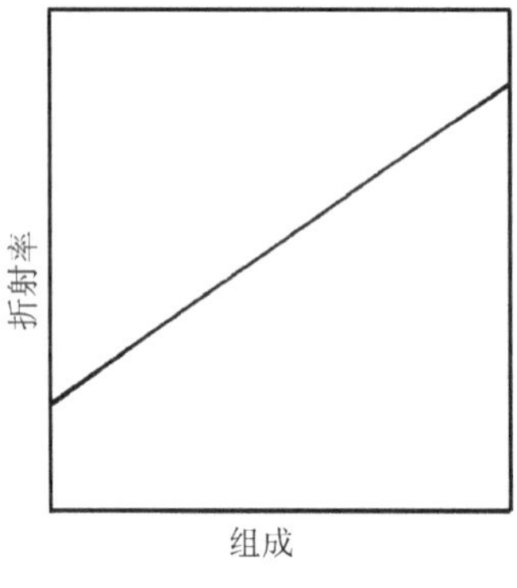

图 11－72－2　折射率-组成图

分析混合物组成的方法通常有物理法和化学法。物理法是通过测定与系统浓度有一定关系的某一物理性质(如电导、折射率、旋光度、吸收光谱、体积、压力等)而求出系统浓度的方法。本实验是采用测定折射率值来间接确定乙醇-正丙醇混合物组成的方法。采用此法是因为乙醇与丙醇的折射率相差较大，而且它们液态混合物的折射率与其浓度呈线性关系。要由折射率找出所对应的未知组成，则需作工作曲线。其步骤是预先测定一定温度下，一系列已知组成的二组分混合物的折射率，绘制折射率-组成图，称为工作曲线(图 11－72－2)。然后测定同温下同样物质构成的待测样品的折射率后，从工作曲线上找出所测折射率相应的组成。

系统的折射率不但和浓度有关，而且和温度及入射光的波长有关，故应在恒定温度及一定波长光线(一般为钠光)的条件下测定。物质的折射率通常用 n_D^t 表示，意指 t℃时该物质对钠光的 D 线(λ＝5893Å)的折射率。阿贝折射仪的构造、原理及使用维护方法见 13.4。

仪器和药品

仪器：沸点测定装置一套(如图 11－72－3 所示，包括一个特制具支圆底烧瓶和一个微型冷凝器)、100W 可调压电热套一台、1/10℃温度计一支、长短滴管各 6 支、不锈钢升降台一台、铁架台一个（带铁夹）、阿贝折射仪（公用）、超级恒温槽（公用）。

药品：已知组成的标准乙醇-正丙醇溶液一套（测工作曲线用）、乙醇（A. R.）、正丙醇（A. R.）、不同组成的乙醇-正丙醇混合液（测沸点-组成图用）。

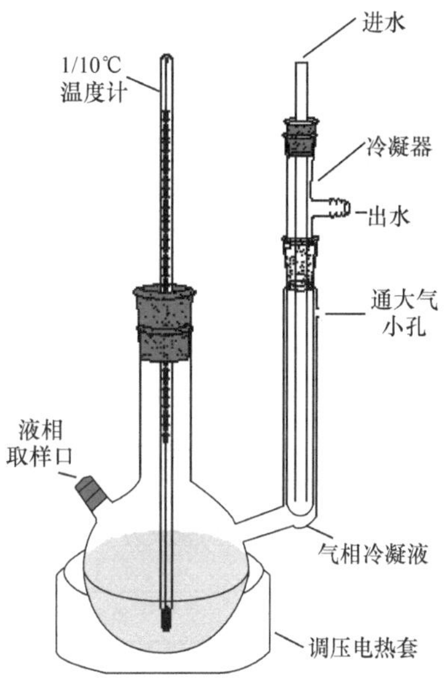

图 11-72-3　沸点测定装置

实验步骤

1. 蒸馏曲线的测定

（1）接通供折射仪使用的超级恒温槽电源，调节恒温槽温度为教师指定温度。阿贝折射仪的使用原理、方法及注意事项参见附录 13.4，注意实验中必须使用同一台折射仪。

（2）按图 11-72-3 将仪器装好，注意将烧瓶固定在铁架台上，将电热套放在不锈钢升降台上，以方便撤去热源和调控加热强度。

（3）向干燥的蒸馏瓶中倒入适量纯乙醇液体，液面在支管口下 5～7mm，加入 1～2 粒分子筛或沸石，安装温度计并调节好温度计的插入深度（水银球应一半在液体中，一半在气相中），用胶塞塞住液相取样口，接通冷凝水（注意水流速度不要太大，以免水流冲出）。接通电热套电源，调节加热电压至最大，当液体接近沸腾时，调低加热电压。当液体沸腾后，调节加热电压及升降台高度使冷凝液滴下速度稳定在每 2～3 秒 1 滴。当液体沸腾后应注意观察温度计示数，当温度计示数稳定数分钟后，记下温度计示数，即为纯乙醇的沸点。

（4）关闭电热套电源，调低升降台，待蒸馏瓶中液体稍冷后倒回原样品瓶中。待蒸馏瓶及冷凝管中乙醇挥发干净后，再用同样方法测定纯丙醇的沸点，并在丙醇稍冷后将其倒回原样品瓶中。

（5）丙醇沸点测毕，无需干燥蒸馏瓶，直接测定丙醇组成约为 15%（质量分数）的样品液。当气液达平衡，温度计示数在数分钟内不变时，记录下温度示数，同时停止加热，调低升降台，取下冷凝管，迅速用滴管吸取气相冷凝液，用阿贝折射仪测定折射率，读取折射率数值。再次调节折射仪，重复测定折射率，读取两次折射率数值后取平均值。用另一支滴管取液相冷凝液，测其折射率，也同样测两次。测毕，按同样的方法依次测定丙醇组成约为 30%、45%、60%、75%、90%（质量分数）的样品液。注意在测定各样品时力求保持回流速度大致相同。

（6）实验完毕后，务必及时关闭加热电源和冷凝水。

2. 工作曲线的测定

在加热待测样品液的间隙，分别测定标准溶液的折射率，注意使用过程中及时盖好标准样品试剂瓶盖，以防浓度发生变化。

实验注意事项

（1）本实验必须在室内通风良好的条件下进行。

（2）实验期间严禁使用任何明火。

(3) 测定折射率时一定要迅速，以防止由于挥发而改变试液组成。

数据记录与处理

室温________℃　　　　大气压________ Pa

(1) 将实验数据分别填入表 11-72-1 和表 11-72-2 中。

表 11-72-1 乙醇-丙醇标准液的折射率与组成

丙醇质量分数/%	0										100
n_{D}^{t}											

表 11-72-2 乙醇-丙醇系统沸点、折射率及气、液两相组成

样品编号	沸点 t/℃	液相		气相冷凝液	
		n_{D}^{t}	丙醇质量分数 $\omega_{丙}$	n_{D}^{t}	丙醇质量分数 $\omega_{丙}$
纯乙醇		—	0	—	0
纯丙醇		—	100	—	100

(2) 绘制工作曲线。

(3) 绘制蒸馏曲线。

思考题

(1) 绘制蒸馏曲线的原理是什么?

(2) 测定乙醇-丙醇各混合物沸点的顺序如何安排? 纯乙醇测量完后，蒸馏瓶等必须干燥后才能测纯丙醇的沸点，而纯丙醇测量完后却不用干燥，试说明之。

(3) 如何判断气、液两相已达平衡状态? 本实验能否真正达到平衡? 为什么?

(4) 本实验采用调压电热套加热有何优缺点? 能否采用水浴加热或明火直接加热?

(5) 测定混合物两相组成时，先取气相样还是先取液相样? 为什么?

11.3 电化学性质的测定

实验七十三 原电池热力学

实验目的

(1) 掌握通过测量原电池电动势值计算电化学反应热力学函数变化值的原理和方法。

(2) 掌握对消法测原电池电动势的原理和方法。

(3) 掌握电位差计和检流计的使用方法。

(4) 计算原电池的标准电动势及难溶盐 $PbSO_4$ 的溶度积 K_{sp}。

实验原理

1. 电化学反应的 $\Delta_r G_m$、$\Delta_r H_m$ 及 $\Delta_r S_m$ 的计算

若化学反应系统在恒温、恒压、可逆条件下进行且与环境之间有非体积功交换时，根据热力学第二定律有

$$\Delta_r G_m(T,p)=W_r' \qquad (11-73-1)$$

当反应系统为原电池可逆放电并对环境所做的 W_r' 为电功时，式(11-73-1)可写为

$$\Delta_r G_m(T,p)=-nFE \qquad (11-73-2)$$

式中，n 表示反应进度为 1mol 时得失电子的物质的量；F 为法拉第常量；nF 为通过回路中的电量；E 为反应温度 T 下可逆电池的电动势。计算该温度 T 下的摩尔反应熵 $\Delta_r S_m$ 可利用吉布斯-亥姆霍兹方程，即

$$\Delta_r S_m=-\left[\frac{\partial(\Delta_r G_m)}{\partial T}\right]_p \qquad (11-73-3)$$

将式(11-73-2)代入式(11-73-3)，得

$$\Delta_r S_m=nF\left(\frac{\partial E}{\partial T}\right)_p \qquad (11-73-4)$$

而电池反应的摩尔反应焓 $\Delta_r H_m$ 的计算，由恒温下的 $\Delta_r G_m=\Delta_r H_m-T\Delta_r S_m$ 关系式得

$$\Delta_r H_m=-nFE+nFT\left(\frac{\partial E}{\partial T}\right)_p \qquad (11-73-5)$$

可通过测定恒压下电池在不同温度下的电动势，由电动势和温度作 E-T 关系图。从曲线的斜率即可求得任意温度下的电池温度系数 $\left(\frac{\partial E}{\partial T}\right)_p$，或将所测的数据回归出 E 与 T 关系后，再将 E 对 T 求导即可。

2. 计算本实验电池在 25℃的标准电动势 $E^\ominus$ 和 $PbSO_4$ 的溶度积 K_{sp}

本实验将化学反应

$$Zn(s)+PbSO_4(s)\rightleftharpoons Zn^{2+}+SO_4^{2-}+Pb(s)$$

设计成可逆原电池，电池表示为

$$Zn(Hg)|ZnSO_4(0.2mol\cdot L^{-1})|PbSO_4(s)|Pb(Hg)$$

电池的阳极为锌电极，阴极为铅-硫酸铅电极，两电极公用 $ZnSO_4$ 溶液，因此这是一个无液体接界的单液电池，所测得的电动势不受液体接界电势的影响。

1) 标准电动势 $E^\ominus$ 及 $E^\ominus[SO_4^{2-}|PbSO_4(s)|Pb]$的计算

实验测得待测电池电动势后，根据能斯特方程，电动势与溶液离子的平均活度有如下关系：

$$E=E^\ominus-\frac{RT}{nF}\ln\prod_B a_B^{\nu_B}=E^\ominus-\frac{RT}{2F}\ln[a(Zn^{2+})a(SO_4^{2-})] \qquad (11-73-6)$$

由离子活度与电解质平均活度 $a_\pm$、$r_\pm$、$b_\pm$ 的关系，即

$$a_\pm^{\nu}=a_+^{\nu_+}a_-^{\nu_-} \qquad 及 \qquad a_\pm=r_\pm\frac{b_\pm}{b^\ominus} \qquad (11-73-7)$$

得

$$E=E^{\ominus}[SO_4^{2-}|PbSO_4(s)|Pb]-E^{\ominus}(Zn^{2+}|Zn)-\frac{RT}{F}\ln[r_{\pm}(b_{\pm}/b^{\ominus})]$$

(11－73－8)

因 $ZnSO_4$ 为 2-2 型电解质，$b(Zn^{2+})=b(SO_4^{2-})$，故 $b_{\pm}=[b(Zn^{2+})\cdot b(SO_4^{2-})]^{1/2}=b$。已知 25℃下，0.2mol · L^{-1} $ZnSO_4$ 水溶液的 $r_{\pm}=0.104$，$E^{\ominus}(Zn^{2+}/Zn)=-0.7628V$，由所测 25℃的 E 及上述已知数据，利用式(11－73－8)即可求出 $E^{\ominus}[SO_4^{2-}|PbSO_4(s)|Pb]$。

2) 计算 $PbSO_4$ 的溶度积 K_{sp}

$PbSO_4$ 为难溶盐，其溶度积即为下列反应的平衡常数 K_a

$$PbSO_4(s)\rightleftharpoons Pb^{2+}+SO_4^{2-}$$

$$K_{sp}=[a(Pb^{2+})\cdot a(SO_4^{2-})]_{平衡}=K_a$$

将上述反应设计为可逆原电池时，电池可表示为

$$(Hg)Pb(s)|Pb^{2+}\parallel SO_4^{2-}\ |PbSO_4|Pb(Hg)$$

因

$$E^{\ominus}=\frac{RT}{nF}\ln K_{sp} \tag{11-73-9}$$

而且

$$\frac{RT}{2F}\ln K_{sp}=E^{\ominus}=E^{\ominus}[SO_4^{2-}|PbSO_4(s)|Pb]-E^{\ominus}(Pb^{2+}/Pb) \tag{11-73-10}$$

已知 25℃时 $E^{\ominus}(Pb^{2+}/Pb)=-0.1205V$，利用式(11－73－10)即可算出$PbSO_4$的溶度积 K_{sp}。

3) 对消法测量电动势的原理

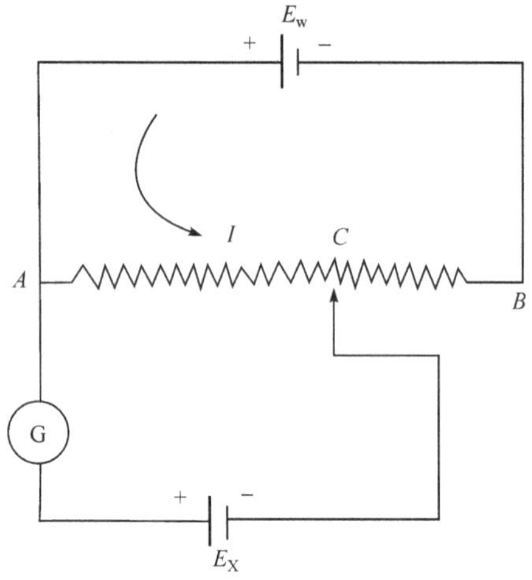

图 11－73－1　对消法测电动势原理图

原电池电动势是当通过电池回路中电流趋于零时电池两极间电势差。倘若以一定值的电流流过电池回路，所测得的两极间电势差(如用万用表)则由于极化作用而使实测值低于该电池的电动势。采用什么方法能保持流过电池回路的电流接近于零？这就是对消法(又称补偿法)，其原理如图 11－73－1 所示。

图 11－73－1 中 E_w 为工作电池电动势，E_X 为待测电池电动势，G 为检流计，AB 为标准电阻。工作电池与电阻 AB 构成一回路，有稳定电流流过回路，并在电阻 AB 上产生均匀的电压降。而待测电池的正极经检流计 G 与电阻线 A 端(工作电池正极)相连，负极则连接到与电阻 AB 相接触的滑动接点 C 上。这样就给待测电池外加一个方向相反的电势差。C 点位置不同时，则此电势差值不同。当滑动 C 点使检流计中没有电流流过时，就说明线段 AC 的电势差 E_{AC} 恰好与待测电池电动势 E_X 相等，即

$$E_{AC}=E_X=I\cdot R_{AC} \tag{11-73-11}$$

就是说，若知单位长度标准电阻 AB 的电阻值以及流过电阻 AB 的电流强度 I，就可据式(11－73－11)求出 E_X 的值。实验中若能保持电流强度为一定值，则可由电阻的长度就直接得出 E_X 的值。电位差计就是依据对消法制造出的仪器，其详细构造及使用方法见附录 13.14。

仪器和药品

仪器：电位差计(UJ-25 型)一台、标准电池一个、检流计(10^{-9} A)一台、干电池(1.5V)两个、恒温槽一套、待测原电池一个(213 铂电极作导电电极)。

待测电池的制备：将 Zn 或者 Pb 依照一定比例与汞一起研磨生成 Zn 汞齐或者 Pb 汞齐，把它们分别放入 H 形管中，在 H 形管中的连接部放入纤维球。在 Zn 汞齐一边放入 $ZnSO_4$ (0.2mol · L^{-1}) 溶液，在 Pb 汞齐一边放入 $ZnSO_4$ (0.2mol · L^{-1}) 和 $PbSO_4$ 固体混合溶液($PbSO_4$ 固体悬浮在 0.2mol · L^{-1} $ZnSO_4$ 溶液中)。在 H 管两端各插入一根 213 铂电极作导电电极。电池在制好后要放一段时间使其电动势稳定。在使用过程中不要翻动或摇动，以防互混。在制备电极时所用材料应尽量提高其纯度，如分析纯试剂。电池结构如图 11-73-2。

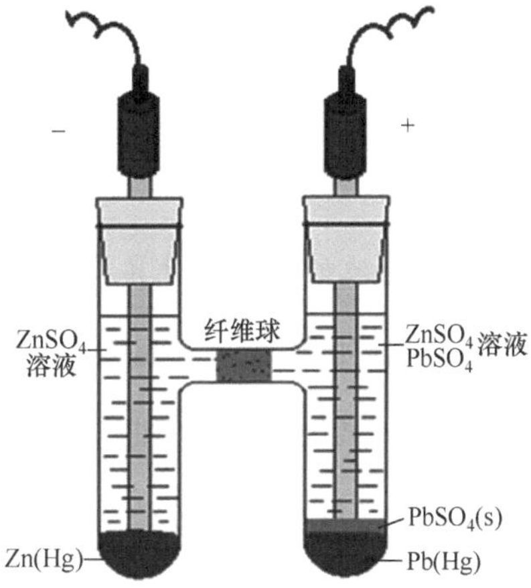

图 11-73-2　Zn(Hg) | $ZnSO_4$ | $PbSO_4$ (s) | Pb(Hg) 原电池构造图

实验步骤

(1) 接通恒温槽电源进行恒温，使其达到所需温度(视室温而定，一般从 25℃开始)，温度波动范围要求控制在±0.1℃之内。

(2) 按电位差计面板上的标记与其他仪器依次接好线路，经教师检查无误后，进行“标准化”操作，并熟悉电位差计等仪器使用方法。电位差计原理及标准化操作均见附录。

(3) 把被测原电池放入恒温槽中恒温约 15min，同时将原电池引出线连接到电位差计的待测接线柱上(注意+、−极的连接)，测定其电动势，每隔 5min 测一次，直至电位差计读数稳定(小数点后第五位基本不变)。

(4) 然后调节恒温槽，令槽温升温 5℃，重复上述标准化操作及(3)的测定，然后再继续升温 5℃进行测定，共测 5～6 个温度点。

(5) 测定完毕后，将原电池取出垂直放置在瓷盘上，并把其他仪器整理好，恢复到实验前的状态。

实验注意事项

(1) 测定时绝不可将标准电池及原电池摇动、倾斜、躺倒或倒转，以防电池内液体互混而使电动势变化。

(2) 在“标准化”或测定未知电动势时，按下电键要短暂而不能长时间按下不动，防止产生电极极化。

数据记录与处理

室温________℃　　大气压________ Pa

将实验数据填入表 11-73-1 中。

表 11-73-1 不同温度下原电池的电动势测量值及电化学反应的热力学函数变化值

次序	t/℃	T/K	E/V	$\left(\frac{\partial E}{\partial T}\right)_p$/(V·K^{-1})	$\Delta_r S_m$/(J·K^{-1}·mol^{-1})	$\Delta_r G_m$/(J·mol^{-1})	$\Delta_r H_m$/(J·mol^{-1})

1. 原电池的热力学计算

将所测得的电动势与温度作 E-T 图，作出相关曲线（近似为直线），并由曲线求取所测温度的$\left(\frac{\partial E}{\partial T}\right)_p$，其值是通过作曲线切线的斜率或回归为方程并求导而得。根据式(11-73-2)、式(11-73-4)、式(11-73-5)分别求 $\Delta_r G_m$、$\Delta_r H_m$ 及 $\Delta_r S_m$。

2. 计算电池反应 25℃时 $PbSO_4$ 溶度积 K_{sp}

由 E-T 图读取电动势 E，据式(11-73-8)、式(11-73-10)计算 $E^\ominus$、$E^\ominus[SO_4^{2-}|PbSO_4(s)|Pb]$ 及 $PbSO_4$ 溶度积 K_{sp}。

思考题

(1) 在测定电动势中，你认为应注意哪些因素才能使被测电动势准确？
(2) 如何判断原电池放入恒温槽后已达到恒温？
(3) 在测量电动势之前为何要标准化？如何进行标准化操作？
(4) 在“标准化”和测量过程中，为什么不能长时间按下电键？
(5) 若将待测电池正、负极与电位差计正、负接线柱接错，则在测量过程中会出现什么现象？

实验七十四 极化曲线和氢的超电势的测定

实验目的

1. 掌握用“三电极”法测定不可逆电极过程的电极电势。
2. 通过氢超电势的测量，加深理解超电势及极化曲线的概念。

实验原理

电极上有(净)电流流过时，电极电势偏离其平衡值的现象称为电极的极化。极化过程是不可逆过程。对于单一电极，若有电流 I 通过时，电极电势为 φ，无电流通过时的电极电势即电极的平衡电势 $\varphi_{平}$，电极电势的变化 η 称超电势，则对于阳极有 $\eta=\varphi-\varphi_{平}$，对于阴极有 $\eta=\varphi_{平}-\varphi$。

对于氢电极，当它没有通电流前，氢离子与氢分子处于平衡状态，此时的电极电势是平衡电势；当有外加电流通过时，阴极上氢离子不断反应生成氢分子，因而电极电势随着电流的增大越来越偏离平衡电势，成为不可逆电极电势。

由于超电势的存在，在实际电解时要使正离子在阴极上析出，外加于阴极的电势必须比可逆电极的电势更负一些。电极上发生一系列过程都要克服各种阻力(或势垒)，消耗一定的能量。电解时电流密度越大，超电势越大，则外加电压也要增大，所消耗的能量也就越多。影响超电势的因素很多，如电极材料、电极的表面状态、电流密度、温度、电解质的性质、浓度及溶液中的杂质等。测定氢超电势实际上就是测定电极上不同的电流密度下所对应的不同电极电势，然后从电流与电极电势的关系就能得到一条关系曲线，称为极化曲线。氢超电势与电流密度的定量关系可用塔菲尔经验公式表示：

$$\eta = a + b\ln J \qquad (11-74-1)$$

式中，J 是电流密度；a，b 是常数。常数 a 是电流密度 J 等于 $1\text{A}\cdot\text{cm}^{-2}$ 时的超电势值。b 的数值对于大多数的金属来说都相差不多，在常温下接近 0.05V(如用以 10 为底的对数，b 为 0.116V)。公式中 a 的数值越大氢超电势也越大，其不可逆程度也越大。b 的数值可通过 η 与 $\ln J$ 的关系作图，其斜率就是 b 的数值。

测定极化曲线有恒流法和恒电势法两种。本实验采用的恒流法，是在选定的一些电流密度下，测量相应的电极电势，再将一系列这样的数据绘成曲线。研究氢超电势通常采用三电极的方法，其装置如图 11-74-1 所示。参比电极与研究电极组成电池，用对消法测其电池的电动势，从而计算出研究电极的电极电势。辅助电极的作用则用来通过电流，借以改变研究电极的电势。

用电位差计测得的电势 $E_{测}$ 后可利用下面公式计算出研究电极的电极电势：

$$E_{测} = \varphi_{参比} - \varphi_{H_2} \qquad (11-74-2)$$

氢超电势：

$$\eta = \varphi_{平} - \varphi_{H_2} \qquad (11-74-3)$$

其中

$$\varphi_{平} = \varphi^{\ominus}_{H^+,H_2} - \frac{RT}{2F}\ln\frac{a_{H_2}}{a^2_{H^+}} \qquad (11-74-4)$$

上式中，$a_{H_2}=1$，$0.1\text{mol}\cdot\text{L}^{-1}$ HCl 的平均活度系数 $\gamma_{\pm}=0.796$，$a_{H^+}=0.1\times0.796$。

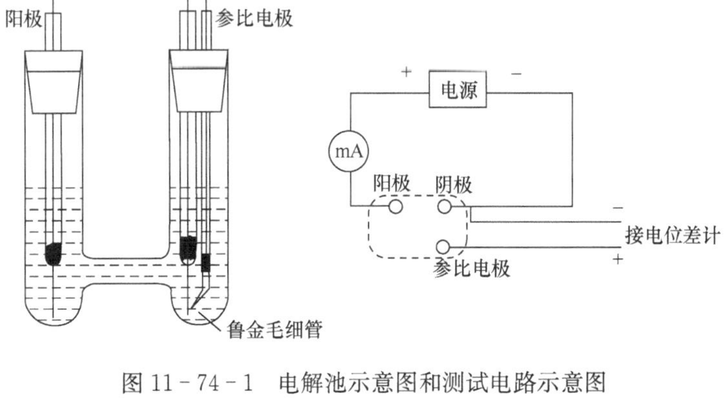

图 11-74-1　电解池示意图和测试电路示意图

仪器和药品

仪器：UJ-25 型电位差计 1 台；AC 检流计 1 台；标准电池 1 只；甲电池 2 只；直流电源(带可调电位器)1 台；H 管电解池 1 个；微安表 1 台；饱和甘汞电极 1 支(参比电极，溶液端为鲁金毛细管)；盐桥 1 个；铂电极 1 支(阳极)；铜电极 1 支(阴极)。

药品：HCl 溶液($0.1000mol \cdot L^{-1}$)。

实验步骤

(1) 将干净的 H 管注入 $0.1000mol \cdot L^{-1}$ 的 HCl(液面高于鲁金毛细管口面 1cm)，分别插入铂电极和铜电极，铜电极尽量靠近鲁金毛细管(铜电极使用前用细砂纸打磨一下)。

(2) 按图 11-74-1 接好电解线路，调整电解电流为 1mA，电解一段时间，以便除去电极表面吸附的杂质和溶液中溶解的氧，直至电极电位稳定(电流为 1mA 时电极电位为 0.8V 左右，铜电极面积视为 $1cm^2$)。

(3) 按图 11-74-1 接好测量线路，UJ-25 型电位差计的操作方法同“原电池电动势的测定”实验。

(4) 调节电解电流的大小，顺序由大到小如下：1.0，0.7，0.5，0.4，0.3，0.2，0.1mA。测出每个电流下的电极电势值。

(5) 不换电极及溶液，按电流大小顺序重复测量一次。

数据记录与处理

表 11-74-1　电流密度 J 与对应的氢超电势 η 的实验数据

实验温度：________℃　　电极面积：________ cm^2

电流 I/A	电流密度 $J/(A \cdot cm^{-2})$	电势 E/V			$\lg[J/(A \cdot cm^{-2})]$	超电势 η/V
		1	2	平均		
1.0						
0.7						
0.5						
0.4						
0.3						
0.2						
0.1						

(1) 记录各电解电流下的所测的电动势值，根据此值计算相应的氢超电势值。

(2) 将电流值换算成电流密度 $J(A \cdot cm^{-2})$，并取对数值。以 η 对 $\ln J$ 作图，连接线性部分。求出直线斜率 b，并根据塔菲尔公式计算出 a 值。

思考题

(1) 在测量极化曲线时为什么要用三个电极？各起什么作用？

(2) 从极化电势的改变，如何判断所进行的极化是阳极极化？还是阴极极化？

11.4　动力学性质的测定

实验七十五　反应速率与活化能的测定

实验目的

（1）通过实验了解浓度和温度对化学反应速率的影响。

（2）加深对反应速率和活化能概念的理解。

（3）学习过二硫酸铵氧化碘化钾的反应速率测定的原理和方法，并计算反应级数、反应速率常数及反应的活化能。

（4）练习温度、时间和体积的测量及恒温等操作。

实验原理

测定反应速率的方法很多，可以直接分析反应物或产物浓度的变化，也可利用反应前后颜色的变化、导电性的改变等来测定。概括地说，任何性质只要它与反应物或产物的浓度有函数关系，便可用来测定反应速率。但是对于反应速率很高的反应，如在 10^{-1}s 以下的反应，其速率的测定需用特殊方法。

本实验测定过二硫酸铵和碘化钾的反应速率是利用一个计时反应测定反应物 $S_2O_8^{2-}$ 浓度变化来确定的。

在酸性介质中，$(NH_4)_2S_2O_8$ 和 KI 发生如下反应：

$$S_2O_8^{2-}+3I^- \xrightarrow{H^+} 2SO_4^{2-}+I_3^- \qquad (11-75-1)$$

该反应的平均反应速率用下式表示：

$$v=\frac{\Delta c(S_2O_8^{2-})}{\Delta t}=kc^m(S_2O_8^{2-})\cdot c^n(I^-)$$

式中，$\Delta c(S_2O_8^{2-})$为 Δt 时间内 $S_2O_8^{2-}$ 浓度的改变值；$c(S_2O_8^{2-})$和 $c(I^-)$分别为两种离子的起始浓度；k 为反应速率常数；m、n 为反应级数。所以为了测定在一定时间(Δt)内 $S_2O_8^{2-}$ 的变化值，在将$(NH_4)_2S_2O_8$ 溶液和 KI 溶液混合的同时，加入一定体积的已知浓度的 $Na_2S_2O_3$ 溶液及作为指示剂的淀粉溶液。当 $S_2O_8^{2-}$ 与 I^- 反应产生 I_3^- 时，它立即与 $S_2O_3^{2-}$ 反应：

$$2S_2O_3^{2-}+I_3^- \longrightarrow S_4O_6^{2-}+3I^- \qquad (11-75-2)$$

反应式(11－75－2)比反应式(11－75－1)速率快，几乎瞬时完成。所以反应式(11－75－1)生成的碘立即与 $S_2O_3^{2-}$ 作用，生成无色的 $S_4O_6^{2-}$ 和 I^-。因此在反应开始一段时间内，看不到碘与淀粉作用显示的特有蓝色。当 $Na_2S_2O_3$ 耗尽时，反应式(11－75－1)继续产生的微量 I_3^- 就很快与淀粉作用，使溶液呈蓝色。从上述两个反应式可以看出，$S_2O_8^{2-}$ 减少的量为 $S_2O_3^{2-}$ 减少量的一半，即

$$c(S_2O_8^{2-})=c(S_2O_3^{2-})/2$$

$$v=\frac{\Delta c(S_2O_8^{2-})}{\Delta t}=\frac{\Delta c(S_2O_3^{2-})/2}{\Delta t} \qquad (11-75-3)$$

准确记录从反应开始到溶液出现蓝色所需要的时间 Δt。由于在 Δt 时间内 $S_2O_3^{2-}$ 全部耗尽，浓度近似等于零，所以 $c(S_2O_3^{2-})$ 实际上就是 $S_2O_3^{2-}$ 的起始浓度。根据式(11-75-3)即求得反应速率 v，再由不同浓度下测得的反应速率，即可计算出该反应的总级数——$(m+n)$，进一步计算出反应速率常数 k。

$$k=\frac{\Delta c(S_2O_8^{2-})}{\Delta t\, c^m(S_2O_8^{2-})\cdot c^n(I^-)}$$

根据阿伦尼乌斯方程，反应速率常数与反应温度之间有如下关系：

$$\ln k=-\frac{E_a}{RT}+A$$

式中，E_a 为反应的活化能，$kJ\cdot mol^{-1}$；R 为摩尔气体常量($8.314J\cdot mol^{-1}\cdot K^{-1}$)；$T$ 为反应所处的温度，K；A 为给定反应的特征常数。若测出不同温度时的 k 值，以 $\ln k$ 对 $1/T$ 作图，即可得到一条直线。直线的斜率等于 $-E_a/R$，通过计算即可求得反应的活化能 E_a。

仪器和药品

仪器：量筒、烧杯、玻璃棒、滴管、秒表、恒温水浴、温度计。

药品：KI（$0.20mol\cdot L^{-1}$）、$Na_2S_2O_3$（$0.01mol\cdot L^{-1}$）、淀粉溶液（0.4%）、$(NH_4)_2S_2O_8$($0.20mol\cdot L^{-1}$)、KNO_3($0.20mol\cdot L^{-1}$)、$(NH_4)_2SO_4$($0.20mol\cdot L^{-1}$)、冰。

实验步骤

1. 浓度对反应速率的影响，求反应级数

在室温下，用三个量筒(要贴上标签，专用)准确量取 20.0mL $0.20mol\cdot L^{-1}$ KI 溶液、8.0mL $0.01mol\cdot L^{-1}Na_2S_2O_3$ 溶液和 2.0mL 0.4%淀粉溶液，加到 100mL 烧杯中，混合均匀。再用另一量筒准确量取 20.0mL $0.20mol\cdot L^{-1}(NH_4)_2S_2O_8$ 溶液，快速加到烧杯中，立即计时，并不断用玻璃棒搅拌，仔细观察。当溶液刚出现蓝色时，停止计时，记下时间和室温。

用同样方法按表 11-75-1 中用量进行另外四次实验。为了使每次实验中溶液离子强度和总体积保持不变，分别用 $0.20mol\cdot L^{-1}KNO_3$ 溶液和 $0.20mol\cdot L^{-1}(NH_4)_2SO_4$ 溶液来调整。

算出各次实验中的反应速率 v 及反应速率常数 k 值，并将结果填入表 11-75-1中。

2. 温度对反应速率的影响及活化能的测定

用专用量筒按表 11-75-1 实验序号 4 的用量，分别量取 KI、$Na_2S_2O_3$、KNO_3 和淀粉溶液加入 100mL 烧杯中，量取规定量的$(NH_4)_2S_2O_8$ 溶液加入另一烧杯中，并将两个烧杯同时放入冰水浴中冷却。待烧杯中的溶液都冷却到低于室温 10℃时，快速将$(NH_4)_2S_2O_8$ 溶液加入 KI 等混合溶液中，立即计时，并不断搅拌，当溶液刚出现蓝色时，停止计时，记下反应时间。

利用热水浴在高于室温 5℃或 10℃的条件下，重复上述实验，并记下反应时间。

表 11-75-1　浓度对反应速率的影响　　　　室温＿＿＿＿℃

	实验序号	1	2	3	4	5
试剂的用量/mL	0.20mol·L^{-1} $(NH_4)_2S_2O_8$ 溶液	20.0	10.0	5.0	20.0	20.0
	0.20mol·L^{-1} KI 溶液	20.0	20.0	20.0	10.0	5.0
	0.01mol·L^{-1} $Na_2S_2O_3$ 溶液	8.0	8.0	8.0	8.0	8.0
	0.4%淀粉溶液	2.0	2.0	2.0	2.0	2.0
	0.20mol·L^{-1} KNO_3 溶液	0	0	0	10.0	15.0
	0.20mol·L^{-1} $(NH_4)_2SO_4$ 溶液	0	10.0	15.0	0	0
反应物的起始浓度/(mol·L^{-1})	$(NH_4)_2S_2O_8$ 溶液					
	KI 溶液					
	$Na_2S_2O_3$ 溶液					
反应时间 Δt/s						
反应速率 v/(mol·L^{-1}·s^{-1})						
反应速率常数 k						

将上述三个温度下的反应时间和实验序号 4 测得的室温下的反应时间一并记入表 11-75-2中，并计算反应速率和反应速率常数。

表 11-75-2　温度对反应速率的影响

实验内容	6	7	8	9
反应温度 /℃				
反应时间 /s				
反应速率 v/(mol·L^{-1}·s^{-1})				
反应速率常数 k/ln$k$				
$1/T$				

数据处理

1. 反应级数的计算

将表 11-75-1 中实验序号 1 和 3 的结果代入下式：

$$\frac{\Delta c(S_2O_8^{2-})}{\Delta t}=kc^m(S_2O_8^{2-})\cdot c^n(I^-)$$

即可得到

$$\frac{v_1}{v_3}=\frac{kc_1^m(S_2O_8^{2-})\cdot c_1^n(I^-)}{kc_3^m(S_2O_8^{2}\ )\cdot c_3^n(I^-)}$$

因为 $c_1^n(I^-)=c_3^n(I^-)$，所以

$$\frac{v_1}{v_3}=\frac{c_1^m(S_2O_8^{2-})}{c_3^m(S_2O_8^{2-})}$$

式中，v_1、v_3、$c_1(S_2O_8^{2-})$和 $c_3(S_2O_8^{2-})$都是已知数，由此可以求出 m。

用同样的方法把实验序号 1 和 5 的结果代入，可得到

$$\frac{v_1}{v_5}=\frac{kc_1^m(S_2O_8^{2-})\cdot c_1^n(I^-)}{kc_5^m(S_2O_8^{2-})\cdot c_5^n(I^-)}$$

$$\frac{v_1}{v_5}=\frac{c_1^n(\mathrm{I}^-)}{c_5^n(\mathrm{I}^-)}$$

由上式可以求出 n，再由 m 和 n 值求得反应的总级数($m+n$)值。

2. 计算反应速率常数 k

$$v=\frac{\Delta c(\mathrm{S_2O_8^{2-}})}{\Delta t}=kc^m(\mathrm{S_2O_8^{2-}})\cdot c^n(\mathrm{I}^-)$$

已知 v 和 m、n 就可以求出 k 值。将计算所得 k 值填入表 11-75-2 中。

3. 活化能的计算

依据表 11-75-2 中的结果，以 $1/T$ 为横坐标、$\ln k$ 为纵坐标作图，可得一直线，由直线斜率 $-\frac{E_a}{R}$ 可以求出反应的活化能 E_a。

4. 相对误差和误差分析

由文献查得

$$\mathrm{S_2O_8^{2-}}+3\mathrm{I}^-\xrightarrow{\mathrm{H}^+}2\mathrm{SO_4^{2-}}+\mathrm{I_3^-}\qquad E_a(\text{文献})=56.7\mathrm{kJ\cdot mol^{-1}}$$

根据实验测得的活化能 E_a(实验)计算相对误差，分析误差产生的原因。

思考题

(1) 根据实验结果，说明浓度、温度是如何影响反应速率及反应速率常数的？
(2) 实验中反应溶液出现蓝色是否反应就终止了？
(3) 实验中 $Na_2S_2O_3$ 溶液用量(过多或过少)对实验结果有何影响？
(4) 若不用 $S_2O_8^{2-}$ 而用 I^- 或 I_3^- 的浓度变化来表示反应速率，反应速率常数是否一样？
(5) 为什么在向 KI、$Na_2S_2O_3$ 和淀粉混合溶液中加 $(NH_4)_2S_2O_8$ 时越快越好？

实验七十六　蔗糖水解反应速率常数的测定

实验目的

(1) 掌握用旋光度法测定化学反应速率的原理。
(2) 测定蔗糖水解反应速率常数。
(3) 掌握旋光仪的使用方法。
(4) 掌握用图解法求反应速率常数。

实验原理

蔗糖溶液在 H^+ 存在时，按下式进行水解：

	$C_{12}H_{22}O_{11}+H_2O\longrightarrow$ 蔗糖	$C_6H_{12}O_6$ 葡萄糖	$+C_6H_{12}O_6$ 果糖
时间 $t=0$	c_0	0	0
$t=t$	c_0-c_x	c_x	c_x
$t=\infty$	0	c_0	c_0

其中，c_0 为反应物初始浓度；c_x 为反应进行至 t 时间的产物浓度；c_0-c_x 为反应进行 t 时间后反应物的浓度。

此反应中 H^+ 为催化剂。当 H^+ 浓度一定时，此反应在某时间 t 的反应速率与蔗糖及水浓度一次方的乘积成正比，故为二级反应。由于在反应过程中水大大过量，故认为水的浓度在反应过程中不变，这样蔗糖水解反应就可作为一级反应处理，其速率方程的积分式为

$$kt=\ln\frac{c_0}{c_0-c_x} \tag{11-76-1}$$

式中，c_0 为反应开始时蔗糖的浓度；c_0-c_x 为反应至时间 t 时蔗糖的浓度；k 为速率常数。

若测得在反应过程中不同时刻对应的蔗糖浓度，代入式(11－76－1)就可以求出此反应的速率常数 k。而测定各时间所对应的反应物浓度的方法有化学方法与物理方法两种。化学方法是在反应过程中反应进行若干时间时，取出一部分反应混合物，并让其迅速停止反应，记录时间，然后分析与此时间相对应的反应物浓度。但是使反应迅速停止在实验上是很困难的，因而所分析的浓度总与取样的时间存在偏差，所以此方法不够准确。物理方法则是利用反应系统中某一物理性质（如电导率、折射率、旋光度、吸收光谱、体积、气压等）与反应物的浓度有直接关系时，通过测量该物理性质的变化就可相应知道反应物浓度的改变。不过对物理性质有以下要求：

(1) 物理性质和反应物的浓度要有简单的线性关系，最好是正比关系。

(2) 在反应过程中反应系统的物理性质要有明显的变化。

(3) 不能有干扰因素。

物理方法的优点是不需要从反应物系中取出样品，可直接测定，而且可连续地进行分析，方便迅速，还可将物理性质变成电信号进行自动记录等。但应用此法时要注意：如果反应系统中有副反应或少量杂质对所测量的物理性质影响较灵敏时，将会造成较大的误差。

对于蔗糖水解成葡萄糖与果糖的实验，因反应物与生成物均具有旋光性，且旋光能力相差较大，故可用系统反应过程中旋光度的变化来量度反应过程中反应物浓度的变化。

旋光度与浓度有如下的关系：当偏振光通过一旋光物质溶液时，偏振光的偏振面旋转一角度，称为旋光角 β。此角度的大小与偏振光所通过的溶液浓度及液层厚度成正比，即

$$\beta\propto cl \tag{11-76-2}$$

式中，c 为溶液浓度；l 为液层厚度。式(11－76－2)也可写成

$$\beta=[\alpha]_D^{20}cl \tag{11-76-3}$$

式中，$[\alpha]_D^{20}$ 称为旋光物质的比旋光度，其意义为当 1mL 旋光物质溶液中含 1g 旋光物质，且液层厚度为 1dm 时该旋光物质引起的旋光角。由于 α 为光波波长、温度的函数，一般规定光波波长为钠黄光 D(波长 589.3nm)及温度在 20℃，故写成$[\alpha]_D^{20}$。在稀溶液范围内，对两种或两种旋光物质的混合液，其旋光角等于各旋光物质所引起的旋光角的代数和。

根据上面所指出的，蔗糖水解反应在水过量存在的条件下表现为一级反应，即

$$kt=\ln\frac{c_0}{c_0-c_x}$$

当 $t=0$ 时，此时溶液中只有蔗糖，测得旋光角为 β_0。而且液层厚度一定时，则 β_0 可以反映蔗糖的起始浓度 c_0（蒸馏水旋光角为零），即

$$\beta_0=K_{蔗}c_0 \tag{11-76-4}$$

当 $t=t$ 时，测得溶液的旋光角为 β_t，此时的 β_t 应为蔗糖、葡萄糖及果糖三者贡献之和，即

$$\beta_t=\beta_{蔗}+\beta_{葡}+\beta_{果}=K_{蔗}(c_0-c_x)+K_{葡}\,c_x+K_{果}\,c_x \tag{11-76-5}$$

当 $t=\infty$ 时，表示蔗糖完全水解，溶液中只有果糖与葡萄糖，此时测得的旋光角为 β_∞。它应是果糖与葡萄糖贡献之和，即

$$\beta_\infty=K_{葡}\,c_0+K_{果}\,c_0 \tag{11-76-6}$$

联立式(11-76-4)、式(11-76-5)和式(11-76-6)得

$$c_0=\frac{1}{K_{蔗}-K_{果}-K_{葡}}(\beta_0-\beta_\infty) \tag{11-76-7}$$

$$c_0-c_x=\frac{1}{K_{蔗}-K_{果}-K_{葡}}(\beta_t-\beta_\infty) \tag{11-76-8}$$

将式(11-76-7)与式(11-76-8)代入式(11-76-1)中，整理得

$$\ln(\beta_t-\beta_\infty)=-kt+\ln(\beta_0-\beta_\infty) \tag{11-76-9}$$

从式(11-76-9)可知，若以 $\ln(\beta_t-\beta_\infty)$ 对 t 作图为一直线，蔗糖水解反应的 k 可从直线斜率求出。

应指出，蔗糖、葡萄糖都是右旋性的旋光物质，右旋的旋光角用正号表示。蔗糖的 $[\alpha]_D^{20}=+66.55°$，葡萄糖的 $[\alpha]_D^{20}=+52.5°$。而果糖是左旋性的，左旋性的旋光角则用负号表示：果糖的 $[\alpha]_D^{20}=-91.9°$。从 $[\alpha]_D^{20}$ 值可看出，反应开始时是右旋的旋光角，但随着反应的进行，蔗糖转化为果糖与葡萄糖，则右旋旋光角随之不断减小。当反应完毕时，溶液的旋光角变为左旋的旋光角。

仪器和药品

仪器：旋光仪一架(结构见 13.5 节)、停表一只、100mL 锥形瓶一个、25mL 移液管两支、恒温槽(带恒温水循环泵)一套。

药品：HCl 溶液($2mol\cdot L^{-1}$)、蔗糖溶液(20%，共用)。

实验步骤

(1) 将恒温槽温度调至(25±0.2)℃，用移液管移取 25mL 蔗糖溶液于 100mL 锥形瓶中，将其与盛有 c 为 $2mol\cdot L^{-1}$ HCl 溶液的瓶子同时放入恒温槽内恒温。

(2) 旋光仪零点的测定。将旋光仪用的钠光灯与镇流器接通，并将镇流器与电源接通。同时将清洗干净的旋光管一端打开并注入蒸馏水，直至蒸馏水高出管口边缘(注意检查旋光管是否漏水或有无气泡)，即形成一凸液面后，将玻璃盖片从管口边缘推入(不是盖上，为什么?)，在玻璃片上放上橡皮圈，再适当拧紧旋光管盖(不可用力过大!)，将旋光管外部擦干后放入旋光仪中。往旋光管夹管通入循环恒温水。测量时首先调节目镜使视野边界呈清晰的圆光点，然后慢慢旋转检偏镜，直到视场中能观察到明暗相等的三分视野为止，记下刻度盘读数。重复操作数次，取其平均值，此即旋光仪的零点。测后取出旋光管，倒出蒸馏水，用滤纸擦干后备用。

(3) 用移液管移取已恒温好的浓度为 $2mol\cdot L^{-1}$ HCl 溶液 25mL 加到盛有蔗糖溶液的锥形瓶中，当 HCl 溶液加入一半时开动停表作为反应的开始时间，并小心地摇动均匀。

(4) 用少量混合液刷洗、擦干旋光管两次，将混合液倒满旋光管，推好玻璃片，旋紧套盖(检查是否漏液，有无气泡)，擦净旋光管两端玻璃片及外部，于旋光仪中测反应在 5min 时的旋光角。

(5) 此后依次读取在第 10min、15min、20min、30min、45min、60min、80min 时相应的旋光角 β_t。与此同时，将锥形瓶中剩下的混合液体放入保持 65℃热水浴中加热 0.5h(温度不可过高，否则发生副反应，溶液颜色变黄，加热过程要盖好瓶塞，避免溶液蒸发影响浓度)后，将上面实验所用旋光管中的溶液倒出，用加热过的余下蔗糖溶液少许涮洗旋光管两次，然后灌满，冷却，恒温到 25℃测其旋光角，此值即可以认为是 β_∞。也可将反应液放置 48h 后，在相同的温度下测定溶液的旋光度，即为 β_∞。

(6) 实验结束后应立即将旋光管洗净擦干，防止酸腐蚀旋光管。

数据记录与处理

实验温度 t=__________℃，旋光管长度 l=__________ dm；

反应中蔗糖浓度=__________%，反应液中 HCl 浓度=__________ $mol \cdot L^{-1}$；

β_∞=__________。

实验数据填入表 11-76-1 中。

表 11-76-1　实验数据记录表

反应时间/min	β_t	$\beta_t-\beta_\infty$	$\ln(\beta_t-\beta_\infty)$

用 $\ln(\beta_t-\beta_\infty)$ 对 t 作图，由所得直线斜率求出反应速率常数 k。

$$\ln(\beta_t-\beta_\infty)=-kt+\ln(\beta_0-\beta_\infty)$$

思考题

(1) 蔗糖水解速率与哪些因素有关？

(2) 实验中在将酸和糖溶液混合时，反应立即开始，而测定旋光角只能在经过一段时间之后，如何求得开始的旋光角(β_0)？

(3) 反应溶液中酸浓度对反应速率常数有无影响？

(4) 在测定溶液的 β_∞ 时将溶液在 65℃下加热 30min，其目的是什么？

(5) 用物理方法测量反应速率有何优点？采用物理方法的条件是什么？

(6) 旋光仪的工作原理。为何检偏镜每转动 360°将会出现四个均匀视场？应当以哪个视场作为标准？

(7) 何谓左旋物质和右旋物质？如果旋光仪在零点处刻度不为零，如何求出物质的旋光角？本实验中有无必要对每次测得的旋光角度数加以校正？

(8) 如何判断某一旋光物质是左旋还是右旋？

实验七十七　过氧化氢催化分解

实验目的

(1) 测定 KI 催化过氧化氢分解反应的速率常数和反应级数。

（2）掌握一级反应的特性，考察过氧化氢初始浓度及催化剂浓度对反应速率常数的影响。

（3）掌握作图法确定反应速率常数及反应级数。

实验原理

过氧化氢是很不稳定的化合物，但在没有催化剂存在时，分解速度很慢，加入催化剂后其分解加速。过氧化氢分解反应的化学反应方程式为

$$H_2O_2 \longrightarrow H_2O + \frac{1}{2}O_2\uparrow \tag{11-77-1}$$

若有催化剂（如 KI）存在，则能加速其分解。在 KI 作用下反应的步骤为

$$H_2O_2 + KI \longrightarrow KIO + H_2O（慢） \tag{11-77-2}$$

$$KIO \longrightarrow \frac{1}{2}O_2\uparrow + KI（快） \tag{11-77-3}$$

由以上机理看出，KI 与 H_2O_2 生成的中间化合物改变了反应途径，降低了反应的活化能而使反应加快。由于反应过程中 KI 不断再生，其浓度不变。据文献介绍，反应式（11－77－2）的反应速率远慢于反应式（11－77－3）的反应速率，故反应式（11－77－2）成为整个分解反应的速率控制步骤，而总反应速率就等于反应式（11－77－2）的反应速率，故 H_2O_2 分解反应速率方程可表示为

$$-\frac{dc(H_2O_2)}{dt} = k'c(KI)c(H_2O_2) \tag{11-77-4}$$

式中，c 表示各物质浓度（$mol \cdot L^{-1}$）；t 为反应时间；k'为反应速率常数，其值与温度、催化剂等有关。

由于反应过程中 KI 的浓度不变，故与 k'合并之后仍然为常数，用 k 表示，$k=k'c(KI)$。则式（11－77－4）可简化为

$$-\frac{dc(H_2O_2)}{dt} = kc(H_2O_2) \tag{11-77-5}$$

式中，k 为表观反应速率常数，量纲为[时间]$^{-1}$。

由式（11－77－5）看出，反应速率与反应物浓度的一次方成正比，故 H_2O_2 催化分解反应为一级反应，且其表观反应速率常数 k 将随温度和 KI 浓度变化而变化。

将式（11－77－5）积分得

$$\ln\frac{c_t}{c_0} = -kt \tag{11-77-6}$$

式中，c_0 为 H_2O_2 的初始浓度；c_t 为 t 时刻 H_2O_2 的浓度。

以 $\ln c_t$ 对 t 作图若为一直线时，则能确定 H_2O_2 催化分解反应为一级反应，并可由直线斜率求出反应速率常数 k。

化学动力学中常用半衰期概念。半衰期是指反应掉起始浓度一半时所需的时间，用 $t_{1/2}$ 表示。对一级反应，其 $t_{1/2}$ 与 k 之间有如下关系：

$$t_{1/2} = \frac{\ln 2}{k} = \frac{0.693}{k} \tag{11-77-7}$$

可见，一级反应的半衰期与反应物的起始浓度无关，与反应速率常数 k 成反比。

怎样求得反应过程中不同时刻所对应的 H_2O_2 浓度 c_t 呢？本实验采用物理法进行测定。从化学反应式（11－77－1）看出，1mol H_2O_2 分解可得 0.5mol O_2，故通过测量某一时刻 t 时放

出的 O_2 体积 V_t 即可得到该时刻相应的 H_2O_2 浓度 c_t。

令 V_∞ 表示 H_2O_2 全部分解放出的 O_2 体积，V_t 表示 H_2O_2 在 t 时刻分解放出的 O_2 体积，则

$$c_0 \propto V_\infty \quad \text{或} \quad c_0 = f \cdot V_\infty$$

$$c_t \propto (V_\infty - V_t) \quad \text{或} \quad c_t = f \cdot (V_\infty - V_t)$$

将以上关系式代入式(11－77－6)，经整理得

$$\ln(V_\infty - V_t) = -kt + \ln V_\infty$$

或

$$\lg(V_\infty - V_t) = -kt/2.303 + \lg V_\infty \tag{11-77-8}$$

以 $\ln(V_\infty - V_t)$ 对 t 作图，若得一直线，则 H_2O_2 催化分解的反应级数为一级，并由直线斜率可求得表观反应速度常数 k。

V_∞ 的求取有两种方法：一是直接测量法，即当实验 V_t 测定结束后，用提高温度的方法令反应加速进行，直到 H_2O_2 完全分解时读出其体积；本书采用的是间接测量法，即 V_∞ 可由 H_2O_2 溶液的起始量浓度及体积求出。H_2O_2 溶液的起始量浓度是用高锰酸钾标准溶液在酸性溶液中进行滴定求得，其反应方程式如下：

$$5H_2O_2 + 2KMnO_4 + 3H_2SO_4 = 2MnSO_4 + K_2SO_4 + 8H_2O + 5O_2 \uparrow$$

由滴定反应方程可知每反应 5mol H_2O_2，需 2mol $KMnO_4$，因此由滴定所用的 $KMnO_4$ 标准溶液的体积和浓度以及滴定时所用 H_2O_2 溶液体积便可算出 H_2O_2 溶液的浓度。再根据式(11－77－1)可知，1mol H_2O_2 能分解出 1/2mol O_2，若反应所用 H_2O_2 溶液起始浓度为 $c_0(H_2O_2)$，体积为 $V(H_2O_2)$，则完全分解所产生的 O_2 的物质的量 $n(O_2)$ 为

$$n(O_2) = \frac{c_0(H_2O_2) \cdot V(H_2O_2)}{2}$$

若 O_2 可视作理想气体，则 V_∞ 可用下式求出：

$$V_\infty = \frac{c_0(H_2O_2) \cdot V(H_2O_2)}{2} \cdot \frac{RT}{p - p^*}$$

式中，p 为大气压，Pa；p^* 为室温下水的饱和蒸气压，Pa；T 为室温，K。

仪器和药品

仪器：超级恒温槽一台、电磁搅拌器一台(带一枚磁子)、反应管(ϕ3～3.5cm；高 10.5～11cm)三根、夹套瓶(内管 ϕ 约 4cm，高 9.5～10cm)一个、秒表一只、锥形瓶(250mL)两个、容量瓶(100mL)一个、烧杯(带刻度 150mL)一个、量筒(10mL)一个、洗瓶一个、塑料瓶(150mL 带盖)一个、酸式滴定管(50mL)一支、移液管(5mL)两支(公用)、移液管(10mL)四支(公用)。仪器装置示意图如图 11－77－1。

药品：H_2O_2 溶液(3%)、KI 溶液(0.1000mol·L^{-1})、KI 溶液(0.0500mol·L^{-1})、$KMnO_4$ 标准溶液(0.020～0.025mol·L^{-1})、H_2SO_4 溶液(3mol·L^{-1})。

实验步骤

(1) 接通恒温水浴电源，开动水泵，调节水浴温度在(25±0.1)℃。

(2) 润湿皂膜流量计。按图 11－77－1 装好仪器，将旋塞 5 转至使打气球 7 只与流量管 6 相通，然后缓缓鼓气入流量管 6 中，不断形成皂膜沿管 6 从下至上全部润湿，但切勿使管壁挂有残留皂膜，并应注意实验过程中若流量管壁呈干燥状，则需再次润湿管壁。

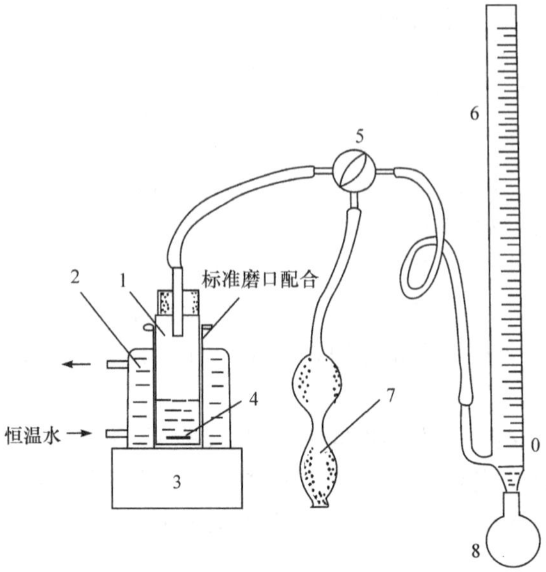

图 11－77－1　过氧化氢分解实验装置示意图

1—反应管；2—夹套瓶；3、4—电磁搅拌器及磁子；5—三通旋塞；
6—皂膜流量管；7—橡皮打气球；8—橡皮球

(3) 进行检漏。塞紧反应管上的塞子，先用打气球 7 往反应管 1 中鼓足空气，旋转旋塞 5，使打气球 7 仅与流量管 6 相通，然后在管 6 下端形成一稳定皂膜。将旋塞 5 转至使反应管 1 与流量计 6 相通，稍等片刻，观察皂膜位置有无变化，一定要保证系统不漏气。

(4) 测量 V_t。首先在流量管 6 下端预先鼓出一个稳定的皂膜，并使气泡膜上升至 0 刻度以上，但不得低于 0 刻度。然后转动活塞 5 至关闭位置，准备测定 V_t。

用移液管取 0.1000mol · L^{-1} KI 溶液 10mL 装入反应管 1 中，放入磁子，开动搅拌预热 5min 后，停止搅拌。然后加入 3% H_2O_2 溶液 10mL，旋紧胶塞，防止反应分解的 O_2 漏出，并立即开动秒表作为反应起始时间。开动搅拌同时旋转活塞 5，使反应管 1 与流量管 6 连通但与 7 断开，于是反应生成的 O_2(g)进入流量管中推动皂膜上升，体积每增加 5mL 记录一次时间，直至 40mL 为止。

(5) 改变条件测 V_t。

(i) 取 0.1000mol · L^{-1} KI 溶液 10mL 和 5mL 蒸馏水装入反应管 1 中，经预热后，加入 3%H_2O_2 溶液 5mL，测定 V_t，测定方法与步骤(4)相同。

(ii) 取 0.0500mol · L^{-1} KI 溶液 10mL 装入反应管 1 中，预热后加入 3% H_2O_2 溶液 10mL，测定 V_t，方法同上。

(6) 准确标定 H_2O_2 溶液的浓度。移取 3%H_2O_2 溶液 10mL 于 100mL 容量瓶中，加水稀释至刻度，混匀。移取此溶液 10mL 于锥形瓶中，用量筒加入 5mL 3mol · L^{-1} H_2SO_4 溶液，用 0.020～0.025mol · L^{-1} $KMnO_4$ 标准溶液滴至淡红色为止。重新取样再滴定一次，在误差允许范围内，取两次平均值。

(7) 记录大气压和室温。

数据记录与处理

1. 数据记录

H_2O_2 分解温度__________℃，室温__________℃；
$KMnO_4$ 溶液浓度__________ $mol \cdot L^{-1}$，大气压__________ Pa；
$KMnO_4$ 溶液滴定体积数：$V_1=$__________ mL，$V_2=$__________ mL。
H_2O_2 分解氧气体积及时间填入表 11-77-1。

表 11-77-1　H_2O_2 分解氧气体积及时间

$c(KI)/(mol \cdot L^{-1})$	0.1000		0.0500
$V(H_2O_2)/mL$	H_2O_2 ______	H_2O_2 ______ H_2O ______	H_2O_2 ______
时间/min $V_t(O_2)/mL$	t_1	t_2	t_3

2. 数据处理

(1) 计算 H_2O_2 溶液的起始浓度 c_0。
(2) 计算 V_∞ 的数值。
(3) 将 $\ln(V_\infty - V_t)$ 及对应时间 t 的数据列于表中(可参考表 11-77-2)。

表 11-77-2　$\ln(V_\infty - V_t)$ 及对应时间 t

时间/min $\ln(V_\infty - V_t)$	t_1	t_3	时间/min $\ln(V_\infty - V_t)$	t_2

作 $\ln(V_\infty - V_t)$-t 图，由直线斜率求表观反应速率常数 k_1、k_2、k_3 及相对应的半衰期 $t_{1/2}$。

思考题

(1) H_2O_2 催化分解反应是几级反应？若要确定 H_2O_2 的级数应如何进行？

(2) 从理论上看，本实验在同一温度下 k_1、k_2、k_3 三者之间有何关系？根据实验结果，实验测得的 k 值与 KI 浓度的关系又如何？

(3) 本实验的 V_∞ 是如何求取的？

(4) 若在开始测定 V_t 时，已经先放掉了一部分氧气，对实验结果有无影响？为什么？

实验七十八 乙酸乙酯皂化反应

实验目的

(1) 了解用电导法测化学反应速率的原理。

(2) 用电导法测定乙酸乙酯皂化反应的速率常数 k,并由所测 k 值计算反应活化能 E_a。

(3) 掌握电导仪的使用方法。

(4)了解二级反应的特征,掌握用作图法求反应速率常数。

实验原理

乙酸乙酯与碱的反应称皂化反应,是一个典型的二级反应,其反应式为

$$CH_3COOC_2H_5 + NaOH \longrightarrow CH_3COONa + C_2H_5OH$$

$t=0$ 时	c_0	c_0	0	0	(反应开始)
$t=t$ 时	c_0-c_x	c_0-c_x	c_x	c_x	
$t=\infty$时	0	0	$c_x\to c_0$	$c_x\to c_0$	(反应结束)

若反应物的起始浓度均为 c_0,在时间 t 时生成物的浓度为 c_x,则反应速度方程为

$$\frac{dc_x}{dt}=k(c_0-c_x)^2 \tag{11-78-1}$$

式中,c_0 为反应物的起始浓度;t 为反应时间; k 为反应速率常数,其值取决于温度,量纲为[时间]$^{-1}$ ·[浓度]$^{-1}$。

积分式(11-78-1)得

$$k=\frac{1}{t}\cdot\frac{c_x}{c_0(c_0-c_x)} \tag{11-78-2}$$

若以$\frac{c_x}{c_0-c_x}$对 t 作图可得一直线,这就是二级反应的特征。通过实验测出不同 t 时的 c_x 值,用作图法由直线斜率便可求得反应速率常数 k。

本实验采用电导法测量皂化反应进程中电导随时间的变化来反映不同时刻反应物的浓度。采用电导法的条件是反应物与生成物的电导率相差很大。对于皂化反应,由于溶液中导电能力强的 OH^- 逐渐被导电能力弱的 CH_3COO^- 取代,所以溶液的电导逐渐下降(溶液中 $CH_3COOC_2H_5$ 与 C_2H_5OH 的导电能力都很小,可忽略不计),即溶液的电导变化是与反应物浓度变化相对应的。因此用电导仪测定溶液在不同时刻的电导,进而可求算出反应速率常数 k。

在电解质稀溶液中,可以近似认为电导与浓度 c 有正比关系,而且溶液的电导率等于各电解质离子电导率之和(溶液总电导为各电解质电导之和)。根据电导定义

$$G=\kappa\frac{A_s}{l} \tag{11-78-3}$$

式中,A_s 为电导池电极面积;l 为电导池两极间距离。

在电解质稀溶液中,κ 与溶液的浓度 c 成正比,即

$$\kappa=K'\cdot c \tag{11-78-4}$$

式中,比例常数 K' 与物质性质及温度有关。代入式(11-78-3)中得

$$G=K'\cdot\frac{A_s}{l}\cdot c \tag{11-78-5}$$

在一定温度下，对于指定电解质及给定的电导池，$K' \cdot \frac{A_s}{l}$ 等于一常数，设为 K，于是式(11－78－5)可写成

$$G=K \cdot c \qquad (11-78-6)$$

$t=0$ 时，溶液电导完全来源于反应物 NaOH 的浓度 c_0，因此

$$G_0=K(\mathrm{NaOH}) \cdot c_0 \qquad (11-78-7)$$

$t=\infty$ 时，认为反应进行到底，即 OH^- 完全被 CH_3COO^- 代替，此时电导是浓度为 c_0 的 CH_3COONa 所产生的，故

$$G_\infty=K(\mathrm{NaOAc}) \cdot c_{x\infty}=K(\mathrm{NaOAc}) \cdot c_0 \qquad (11-78-8)$$

$t=t$ 时，所测得的电导应是浓度为(c_0-c_x)的 NaOH 与浓度为 c_x 的 CH_3COONa 共同贡献的结果，即

$$G_t=K(\mathrm{NaOH}) \cdot (c_0-c_x)+K(\mathrm{NaOAc}) \cdot c_x \qquad (11-78-9)$$

由式(11－78－7)、式(11－78－8)、式(11－78－9)联解可得

$$c_x=\left(\frac{G_0-G_t}{G_0-G_\infty}\right) \cdot c_0 \qquad (11-78-10)$$

由于使用同一个电导池，$\frac{A_s}{l}$是常数，将式(11－78－10)分子、分母同除以$\frac{A_s}{l}$，可变化为用电导率表示的浓度关系式，代入式(11－78－2)可得

$$k=\frac{1}{tc_0} \cdot \frac{\kappa_0-\kappa_t}{\kappa_t-\kappa_\infty} \qquad (11-78-11)$$

将式(11－78－11)右边分子上减去 κ_∞ 再加上一个 κ_∞，经整理后可变为

$$\frac{1}{\kappa_t-\kappa_\infty}=\frac{kc_0}{\kappa_0-\kappa_\infty}t+\frac{1}{\kappa_0-\kappa_\infty} \qquad (11-78-12)$$

由式(11－78－12)可知，若以$\frac{1}{\kappa_t-\kappa_\infty}$对 t 作图，应得一直线，直线斜率为 $m=\frac{kc_0}{\kappa_0-\kappa_\infty}$，截距 $b=\frac{1}{\kappa_0-\kappa_\infty}$，故速率常数

$$k=\frac{m}{c_0/(\kappa_0 \quad \kappa_\infty)}=\frac{m}{c_0 \cdot b} \qquad (11-78-13)$$

通过实验分别测得不同温度下的 κ_0、κ_t 和 κ_∞ 后作图，即求得不同温度下的反应速率常数 k。反应速率常数 k 与温度 T 的关系一般符合阿伦尼乌斯方程，即

$$\ln k=-\frac{E_a}{RT}+B \qquad (11-78-14)$$

或

$$\ln\frac{k_2}{k_1}=-\frac{E_a}{R}\left(\frac{1}{T_2}-\frac{1}{T_1}\right) \qquad (11-78-15)$$

式中，B 为积分常数；E_a 为阿伦尼乌斯活化能。

若能测出不同温度下对应的 k 值，作 $\ln k$-$\frac{1}{T}$图可得一直线，由直线斜率便可求出 E_a。

仪器和药品

仪器：恒温槽一套、DDS－11A 型电导率仪一台、铂电极一支、停表一只、150mL 锥形瓶四个(作电导瓶用)、50mL 移液管一支(公用)、微量注射器(100μL)一支、蒸馏水洗瓶一个。

药品：NaOH 溶液（0.0100mol · L^{-1}）、CH_3COONa 溶液（0.0100mol · L^{-1}）、乙酸乙酯（A. R.）。

实验步骤

（1）调节恒温槽温度在（25±0.1）℃，开启并调节电导率仪备用。

（2）分别用 50mL 移液管移取 100mL（移取两次）0.0100mol · L^{-1} NaOH 溶液和适量（以淹没过电极 1cm 为宜）0.0100mol · L^{-1} CH_3COONa 溶液分别放入不同的电导瓶中，并将电极擦干后插入放有 NaOH 溶液的电导瓶内，将电导瓶放入恒温槽内带孔板上，恒温 20min（这一过程中要不时摇动电导瓶）后，测量 NaOH 溶液的电导率 κ_0。

（3）测定室温并由下式计算该温度下乙酸乙酯的密度，由密度值计算出与 100mL 0.0100mol · L^{-1} NaOH 溶液中的 NaOH 物质的量相同的乙酸乙酯的体积，而后用微量注射器吸取所算体积的乙酸乙酯并迅速注入已恒温的 0.0100mol · L^{-1} NaOH 溶液电导瓶中，同时开动停表记下反应开始时间，并立即摇动电导瓶使溶液混合均匀，然后每隔 1min 测定一次溶液电导率 κ_t，记录 10min 便停止测定。

（4）测定同温度下的 CH_3COONa 溶液的电导率 κ_∞。

（5）测定 30℃及 35℃时溶液的 κ_0、κ_t 和 κ_∞。

乙酸乙酯的密度 ρ 用下式计算：

$$\rho/(\mathrm{kg\cdot m^{-3}})=924.54-1.168\times(t/℃)-1.95\times10^{-3}\times(t/℃)^2$$

式中，t 为乙酸乙酯的存放温度（本实验在室温下存放），乙酸乙酯的摩尔质量为 $88.11\times10^{-3}\mathrm{kg\cdot mol^{-1}}$。

操作关键及注意事项

（1）一定要保证反应溶液的恒温充分。

（2）一定要准确吸取乙酸乙酯的体积，以保证 NaOH 和乙酸乙酯的物质的量相等，使两者的起始浓度相同。应迅速注入乙酸乙酯后便立即开动停表计时。

（3）每次使用铂电极前，须先用蒸馏水冲洗干净后再用滤纸吸干水分。实验结束后，应将铂电极放入盛蒸馏水的锥形瓶中保存。

（4）电导瓶在恒温过程中，一定要加塞盖严，以防 NaOH 溶液吸收空气中的 CO_2 而使其浓度变化。

数据记录与处理

将不同温度下不同时刻 t 所对应的电导率实验值填入表 11-78-1。

表 11-78-1　不同温度下不同时刻 t 所对应的电导率实验值

t/min	κ_t/(mS · cm^{-1})			$(\kappa_t-\kappa_\infty)$/(mS · cm^{-1})			$[1/(\kappa_t-\kappa_\infty)]$/(cm · mS^{-1})		
	25℃	30℃	35℃	25℃	30℃	35℃	25℃	30℃	35℃
0									
1									
2									

续表

t/min	κ_t/(mS · cm^{-1})			$(\kappa_t-\kappa_\infty)$/(mS · cm^{-1})			$[1/(\kappa_t-\kappa_\infty)]$/(cm · mS^{-1})		
	25℃	30℃	35℃	25℃	30℃	35℃	25℃	30℃	35℃
3									
4									
5									
6									
7									
8									
9									
10									
∞									

(1) 根据式(11－78－12)，以$\dfrac{1}{\kappa_t-\kappa_\infty}$对 t 作图，由直线斜率 m 求 k。比较截距 b 与实测 b_0 的偏离程度。

(2) 根据式(11－78－14)，用不同温度下的 k 值作图求表观活化能 E_a。

思考题

(1) 根据实验结果讨论二级反应的特征。

(2) 本实验为何可用测定反应系统的电导变化来代替浓度变化？为何要求反应溶液相当稀？

(3) 若反应物起始浓度不同，测得的 k 值与本实验结果是否相同？为什么？

(4) 一同学用 50mL 移液管移取 100mL NaOH 溶液时，实际上移取了一次(50mL)，便进行实验，并按本实验原理处理数据。其所得值与移取 100mL 进行实验所得的 k 值是否相同？

11.5　表面与胶体性质的测定

实验七十九　最大泡压法测定液体的表面张力

实验目的

(1) 掌握用最大泡压法测定表面张力的原理及操作。

(2) 测定不同浓度正丁醇水溶液的表面张力，计算表面过剩吸附量和正丁醇分子的横截面积。

实验原理

表面张力是液体的重要性质之一，与所处温度、压力、液体本身的组成有关。严格地说，某液体的表面张力是指该液体与其饱和蒸气或空气共存的状态而言。测定表面张力的方法有多种，本实验所用的最大泡压法是其中之一。

最大泡压法所依据的原理如下：如图 11－79－1 所示，使一毛细管端口刚好与溶液表面接触，然后向毛细管内加压，随着压力不断增大，于毛细管口处形成气泡并慢慢长大，泡的曲率半径也从大变小，当泡半径与毛细管下端内半径相等时，气泡曲率半径达到最小值，而后又逐渐变大，图 11－79－2 示意地描述此变化。假设气泡的表面为球面的一部分，那么，当它的半径等于毛细管口的内半径时，气泡表面恰好是个半球面，因这时泡的曲率最小，根据拉普拉斯方程即式(11－79－1)可知，泡内外压力差达到最大值，如能测定 $\Delta p_{\max}$ 和毛细管的内半径 r，根据式(11－79－1)，就可计算表面张力。

$$\Delta p_{\max}=\frac{2\gamma}{r} \tag{11-79-1}$$

$\Delta p_{\max}$ 可由图 11－79－1 所示数字式微压差仪读得；毛细管的内半径 r 可通过已知表面张力的物质(如纯水)标定。

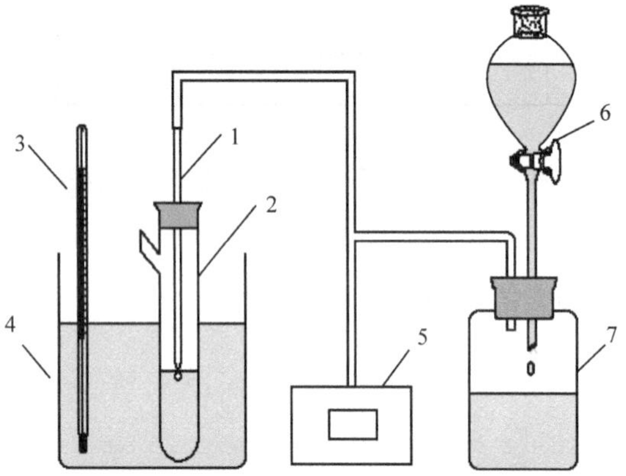

图 11－79－1　最大泡压法装置图

1—毛细管；2—具支试管；3—温度计；4—恒温水浴；5—数字式微压差仪；6—滴液漏斗；7—加压瓶

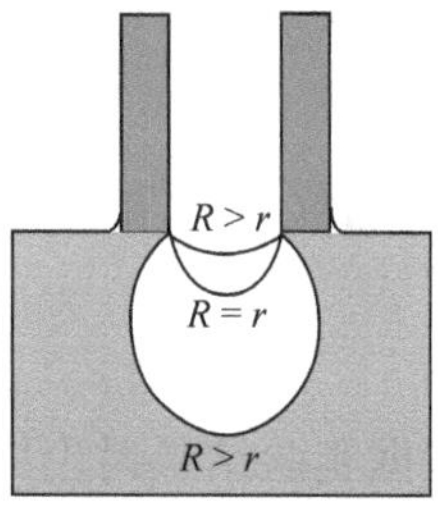

图 11－79－2　气泡的形成过程示意图

R—气泡的曲率半径；r—毛细管半径

在一定浓度下，将溶质加入纯液体(如水)中时，出现溶液表面上溶质浓度与溶液本体中溶质浓度不同，而且表面张力也发生变化的现象，称为表面吸附。如果纯液体中加入溶质后，表面张力下降，则溶质会从溶液本体自动富集于溶液表面层，而使溶液表面层中溶质的浓度大于其在溶液本体的浓度，这种情况称正吸附(如正丁醇溶于水)，反之称负吸附。研究溶液吸附通常是测定溶质在表面层的过剩吸附量，即单位面积表面层含溶质的物质的量与溶液本体中同量溶剂中溶液所含溶质的物质的量之差。在一定温度和压力下，它与溶液的表面张力及溶液浓度有关，其关系由吉布斯用热力学方法推出如下：

$$\Gamma_{\mathrm{B}}=-\frac{c_{\mathrm{B}}}{RT}\cdot\frac{\mathrm{d}\gamma}{\mathrm{d}c_{\mathrm{B}}} \tag{11-79-2}$$

式中，Γ_{B} 为溶质 B 在表面层的过剩吸附量，$\mathrm{mol\cdot m^{-2}}$；c_{B} 为溶质 B 在溶液本体中的平衡浓度，$\mathrm{mol\cdot L^{-1}}$；γ 为溶液的表面张力，$\mathrm{N\cdot m^{-1}}$；T 为热力学温度，K。

由式(11－79－2)可知，要求得 Γ_{B} 值，需在一定温度下，测定一系列不同浓度(c_{B})溶液的 γ 值，作出溶液表面张力 γ 随浓度 c_{B} 变化曲线，从曲线切线求出 $\frac{\mathrm{d}\gamma}{\mathrm{d}c_{\mathrm{B}}}$ 值。也可利用计算机程序对实验数据进行非线性回归，求得表面张力随浓度的变化曲线方程 $\gamma=f(c)$，对该方程求导可得 $\mathrm{d}\gamma/\mathrm{d}c_{\mathrm{B}}=f(c)$，即可求不同浓度 c_{B} 下 $\mathrm{d}\gamma/\mathrm{d}c_{\mathrm{B}}$ 值，最后代入吸附等温式计算 Γ_{B}。

表面活性物质分子通常由亲水的极性部分(如—OH、—COOH、$—CONH_2$ 等)和憎水的非极性部分(碳链或环等)构成。在水溶液表面的表面活性物质分子,其极性部分朝向溶液内部,非极性部分朝向空气。表面活性物质分子在溶液表面的排列情形随其在溶液中的浓度不同而有所差异:图 11－79－3(a)和图 11－79－3(b)是浓度低时,表面活性物质分子在溶液表面的排列情形示意;当浓度增加到足够大时,表面活性物质分子占据所有表面形成单分子的饱和吸附层,如图 11－79－3(c)所示。

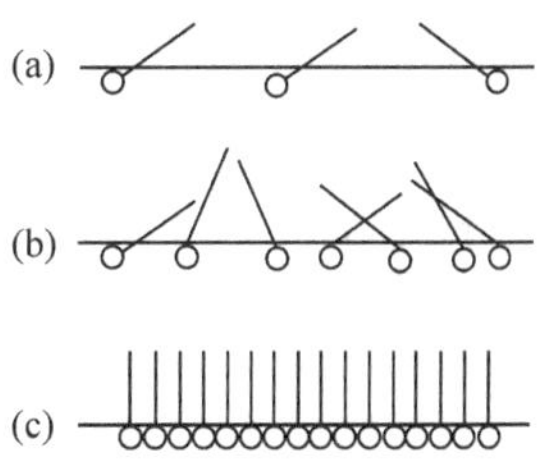

图 11－79－3　不同浓度溶液表面上表面活性物质分子的排列情况

一定温度下,含表面活性物质的溶液系统的平衡吸附量 Γ_B 与浓度 c_B 的关系可用朗缪尔单分子层吸附等温式表示:

$$\Gamma_B = \Gamma_m \frac{Kc_B}{1+Kc_B} \tag{11-79-3}$$

式中,K 为经验常数,与溶质的表面活性大小有关;Γ_m 为饱和吸附量,可近似认为是在单位表面上定向排列呈单分子层吸附时溶质的物质的量。

将式(11－79－3) 进一步变形为

$$\frac{c_B}{\Gamma_B} = \frac{c_B}{\Gamma_m} + \frac{1}{K\Gamma_m} \tag{11-79-4}$$

将(c_B/Γ)对 c_B 作图得一直线,斜率的倒数就是 Γ_m。

若被吸附的溶质分子在表面上所占据的横截面积为 a_m,即分子的横截面积,则

$$a_m = \frac{1}{\Gamma_m L} \tag{11-79-5}$$

式中,L 为阿伏伽德罗常量。

仪器和药品

仪器:恒温水浴一套、增压装置一套、DMP-2B 数字式微压差仪一台、具支试管及 0.1mL 移液管(用作毛细管,内径为 0.15～0.2mm)各一支。

药品:蒸馏水、正丁醇(A. R.)、正丁醇水溶液(浓度分别为 $0.05mol \cdot L^{-1}$、$0.10mol \cdot L^{-1}$、$0.15mol \cdot L^{-1}$、$0.20mol \cdot L^{-1}$、$0.25mol \cdot L^{-1}$、$0.30mol \cdot L^{-1}$)。

实验步骤

(1) 调节恒温水浴至指定温度,并记录该温度值,用其查纯水的表面张力。

(2) 将数字式微压差仪电源开关打开,预热 3min 后在通大气的情况下将压差示数置零。

(3) 将毛细管及样品管用蒸馏水清洗三次,在样品管中加入适量蒸馏水后,插入毛细管,调节毛细管的下端面恰好与液面垂直相切。如图 11－79－1 连接好实验装置,注意装置不能漏气。

(4) 样品恒温 10min 后,旋转增压装置中分液漏斗的旋塞使水快速滴下,随着系统压力的逐渐增加,气泡开始从毛细管下端口逸出。此时再次调节水的滴下速度变缓,使测压仪的读数缓慢增加,毛细管下端的气泡逐个逸出,以 5～10 s 逸出一个为宜。读取气泡生长过程中微压差测量仪示数的最大值。连续记录三个最大值,求其平均值,即$\Delta p_{max}(H_2O)$。

(5) 将样品管中纯水倒掉,用少量待测样品液清洗毛细管及样品管三次。在样品管中装入适量正丁醇样品液,按操作步骤(3)～(4)中方法,测定正丁醇样品液的 $\Delta p_{max}(c_B)$。注意正丁醇溶液的测定顺序应按照由稀到浓,依次测定浓度分别为 $0.05mol \cdot L^{-1}$、$0.10mol \cdot L^{-1}$、

0.15mol · L^{-1}、0.20mol · L^{-1}、0.25mol · L^{-1}、0.30mol · L^{-1}的最大压差值。

(6) 清洗毛细管和样品管，关闭电源，整理仪器和实验台面。

实验注意事项

(1) 毛细管要清洗干净，管中不能有残余液体，否则微压差测量仪的测量值偏大。

(2) 毛细管端口应平整，且一定要调节毛细管端口与液面垂直相切。

(3) 控制增压速度，尽量使气泡逐个地生成。

数据记录与处理

实验温度：______℃　大气压：______ kPa　$\gamma(H_2O)$：______ N · m^{-1}

将不同浓度正丁醇水溶液的表面张力及表面吸附实验数据填入表 11 - 79 - 1。

表 11 - 79 - 1　不同浓度正丁醇水溶液的表面张力及表面吸附实验数据

正丁醇溶液浓度/(mol · L^{-1})	微压差测量仪示数 Δp_{max}/Pa				γ/(N · m^{-1})①	Γ/(mol · m^{-2})
	1	2	3	平均值		
纯水						

① 正丁醇溶液的表面张力可用公式 $\gamma(c_B)=\gamma(H_2O)\cdot\Delta p_{max}(c_B)/\Delta p_{max}(H_2O)$计算。

(1) 以浓度 c 为横坐标，表面张力 γ 为纵坐标作 γ-c 图。

(2) 按实验原理中叙述的方法求得不同浓度 c_B 下的 $d\gamma/dc_B$ 值，代入吸附等温式计算出各浓度对应的 Γ 值，并作出 Γ-c 图。

(3) 以浓度 c 为横坐标、c/Γ 为纵坐标作 c/Γ-c 图得一直线，该直线斜率的倒数即饱和吸附量 Γ_m，进而算出正丁醇分子的横截面积 a_m。

思考题

(1) 为什么测量纯水的 Δp_{max}？

(2) 本实验所用带支管的样品管上的支管为什么不能被液体封堵？

(3) 如果将毛细管的下端面插入到被测液体内，将给所测的该液体表面张力带来什么影响？

实验八十　溶胶的制备、ζ 电势与电解质聚沉值的测定

实验目的

(1) 掌握化学凝聚法制备氢氧化铁溶胶的方法。

(2) 观察溶胶的电泳现象并测定其 ζ 电势。

(3) 比较电解质的聚沉能力。

实验原理

溶胶是一种分散相粒子在某个方向上的线度(直径)在 $10^{-9}\sim10^{-6}$ m($1\sim1000$nm)的多相高分散系统。由于分散相粒子的颗粒小、表面积大，溶胶系统具有很高的界面能，是热力学不稳定系统。溶胶粒子间有相互聚结而降低其界面能的趋势，制备溶胶时必须有稳定剂的存在。制备好的溶胶需通过净化处理，除去多余的电解质或其他杂质。高度分散的多相性和热力学不稳定性是溶胶系统的主要特征，也是研究溶胶系统形成、性质、稳定与破坏的出发点。

本实验采用化学凝聚法制备 $Fe(OH)_3$ 溶胶。化学凝聚法是通过化学反应(如复分解反应、水解反应、氧化还原反应等)使生成物呈过饱和状态，然后由分子分散状态逐步凝聚结合为胶体粒子而得到溶胶。用 $FeCl_3$ 溶液在沸水中进行水解反应可制备 $Fe(OH)_3$ 溶胶。反应式如下：

$$FeCl_3 + 3H_2O \xrightarrow{\text{沸腾}} \underset{\text{(红棕色溶胶)}}{Fe(OH)_3} + 3HCl$$

由于水解不完全，溶液中还存在少量的 Fe^{3+} 和 Cl^-，它们起稳定剂的作用。

$Fe(OH)_3$ 溶胶的胶团结构如下：

$$\underbrace{\underbrace{\{\underbrace{[Fe(OH)_3]_m nFe^{3+}}_{\text{胶核}}\cdot(3n-x)Cl^-\}^{x+}\ \overset{A}{\underset{B}{\vdots}}}_{\text{胶粒}}\ xCl^-}_{\text{胶团}}$$

整个胶团是电中性的。其中 m 个 $Fe(OH)_3$ 分子聚集成的固体粒子选择性地吸附 n 个 Fe^{3+} 形成带正电荷的胶核，溶液中的反离子 Cl^- 由于静电作用围绕于胶核周围，但 Cl^- 本身的热运动又使一部分 Cl^- 扩散到较远的介质中。在靠近胶核表面 1～2 个分子厚区域内的 Cl^- 受到胶核的强烈吸引，牢固地结合在胶核表面形成紧密层，而其余的 Cl^- 则形成扩散层。由于离子的溶剂化作用，紧密层结合有一定数量的溶剂分子，在电场的作用下，它和胶粒作为一个整体移动，而扩散层中的反离子则向相反的电极方向移动。这种在电场作用下分散相粒子相对于分散介质的运动称为电泳。发生相对移动的界面称为滑动面(A…B)，滑动面包围的带电的固体部分称为胶粒，整个扩散层加上其所包围的胶粒形成电中性的胶团。滑动面到液体本体的电势差称为电动电势或 ζ 电势。

ζ 电势是表征胶粒带电特性的重要物理量之一，对研究胶体性质及解决胶体的稳定性问题都有重要意义。ζ 电势可用式(11－80－1)计算：

$$\zeta=\frac{\eta\mu}{\varepsilon E} \tag{11-80-1}$$

式中，η 为分散介质黏度，Pa·s，可查附录；μ 为胶粒电泳速度，m·s^{-1}；ε 为分散介质的介电常数，$\varepsilon=\varepsilon_r\varepsilon_0$；$E$ 为电场强度(电势梯度)，V·m^{-1}，$E=V/l$。

于是式(11－80－1)可改写为

$$\zeta=\frac{\eta\mu l}{\varepsilon_r\varepsilon_0 V} \tag{11-80-2}$$

式中，l 为两电极间距离，m；ε_r 为分散介质的相对介电常数，若介质为水则 $\varepsilon_r=81$；ε_0 为真空介电常数，其值为 8.85×10^{-12} $F\cdot m^{-1}$；V 为电极上外加电压，V。

根据式(11-80-2)可知，通过电泳实验测定加在两电极上的电压 V，电极间距离 l，及胶粒电泳速度 μ，就可算出该溶胶的 ζ 电势。

溶胶能够在相对较长时间内稳定存在的主要原因是胶粒带电、溶剂化作用的存在和布朗运动。其中最主要的原因是胶粒带电，带同性电的胶粒相互排斥，会阻止粒子间的相互聚结。若向溶胶中加入电解质，电解质中与胶粒电荷相反的离子进入到紧密层而使胶粒所带电量降低，即 ζ 电势降低，当胶粒间的斥力不足以维持胶粒稳定，就会互相聚结成大颗粒而沉降。电解质使溶胶聚沉的能力主要取决于与胶粒所带电荷相反的离子电荷数，电荷数越大，聚沉能力越强。在一定时间，使一定量的溶胶发生明显聚沉所需电解质溶液的最小浓度，称为该电解质的聚沉值。将聚沉值的倒数定义为聚沉能力。某电解质的聚沉值越小，其聚沉能力越大。

仪器和药品

仪器：DYY-1C 稳压电泳仪一台、铂丝电极两支、1000W 封闭式电炉一台、滴定管架一台、秒表一只、U 形电泳管一支、漏斗一个、长乳胶管一根、250mL 和 500mL 烧杯各一个、50mL 量筒一个、5mL 移液管一支、10mL 移液管四支、试管 15 支、细铜丝和直尺各一根。

药品：10% $FeCl_3$ 溶液、稀盐酸溶液(辅助液，体积比 H_2O : HCl=300 : 1)、$AgNO_3$ 溶液、KSCN 溶液、2.5mol · L^{-1} KCl 溶液、0.025mol · L^{-1} K_2SO_4 溶液、0.01mol · L^{-1} $K_3[Fe(CN)_6]$溶液、蒸馏水。

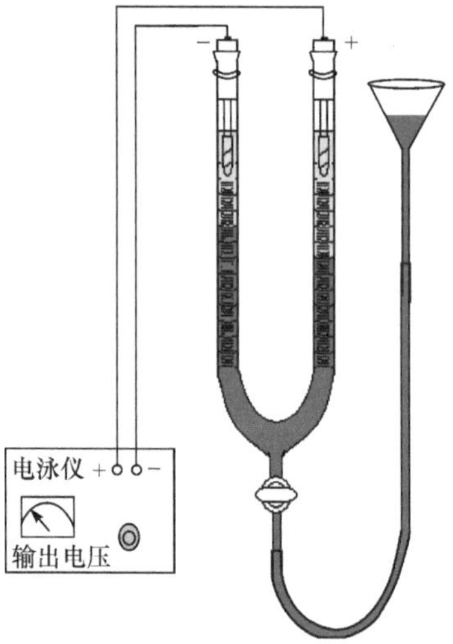

图 11-80-1　电泳实验装置示意图

实验步骤

(1) $Fe(OH)_3$ 溶胶的制备。在 250mL 烧杯中加入 100mL 蒸馏水，加热至沸腾，在不断搅拌下慢慢滴加入 10mL $FeCl_3$ 溶液，加完后继续煮沸 2min，得透明的红棕色$Fe(OH)_3$溶胶。用冷水将溶胶冷却至室温。

(2) $Fe(OH)_3$ 溶胶的纯化。把制备得到的$Fe(OH)_3$溶胶置于半透膜内，用线拴住袋口，置于 500mL 烧杯内，在 60～70℃下，先用自来水，再用蒸馏水渗析，每次渗析 15min。渗析后取 1mL 检验 Cl^- 及 Fe^{3+}(检验时分别用 $AgNO_3$ 溶液及 KSCN 溶液)，直至不能检查出 Cl^- 和 Fe^{3+} 为止。

(3) ζ 电势的测定。如图 11-80-1 所示，取洗净干燥的电泳管，用乳胶管将电泳管和漏斗连接。关闭电泳管活塞，从漏斗中注入溶胶，缓慢打开活塞，使少许溶胶填充活塞内孔以赶出活塞孔内空气，注意不要让溶胶进入 U 形管。在 U 形管中注入辅助液，至液面高度达到 U 形管刻度 1～2cm 处。将电泳管固定在滴定管架上，在两端管口上分别插入铂丝电极，使电极端面等高。缓慢打开活塞，使溶胶缓慢升入 U 形管，注意一定要保持溶胶与辅助液间的界面清晰，直至铂丝电极浸入辅助液中，而溶胶与辅助液的界面距离 U 形管刻度上端 2cm 左右，关闭活塞。分别记录下 U 形管两臂界面的刻度数。将电极与电泳仪连接，打开电泳仪，调节电压至 30～36V，停表记录时间，记录输出电压值。30min 后停止通电。分别记录电泳后 U 形管两臂界面的刻度数，以界面在两臂移动的平均距离为界面移动距离 d。用铜丝及直尺量取两电极间的距离 l，根据式(11－80－2)计算 ζ 电势。

(4) 电解质对 $Fe(OH)_3$ 溶胶聚沉能力的测定。取 5 支试管，用 10mL 移液管移取 10mL KCl 溶液至第一支试管；从第一支试管中移出 1mL 至第二支试管，再向第二支试管中移入 9mL 蒸馏水，混匀；从第二支试管中移出 1mL 至第三支试管，再向第三支试管中移入 9mL 蒸馏水，混匀；依此法配好第四支、第五支试管中溶液，并将第五支试管中的溶液移出 1mL 弃之。每支试管中溶液浓度顺次相差 10 倍。再在上述每支试管中加入1mL $Fe(OH)_3$ 溶胶(用 5mL 移液管移取)，并将各试管中液体摇匀，用停表记录时间。15min 后，仔细观察各试管中的现象，把使溶胶发生明显聚沉(混浊)的电解质的最小浓度记录下来。用同样方法进行 K_2SO_4 及 $K_3[Fe(CN)_6]$溶液使 $Fe(OH)_3$ 溶胶聚沉的实验。

实验注意事项

为保证溶胶与辅助液间的界面清晰，在开始将溶胶放入 U 形管时，速度一定要缓慢，当辅助液与溶胶间界面上升到 U 形管两臂后，可略微增大溶胶上升速度，但要注意控制速度均匀，切忌忽快忽慢。

数据记录与处理

实验温度：______℃　　大气压：______ kPa　　$\eta(H_2O)$：______ Pa · s

将测定的 $Fe(OH)_3$ 溶胶 ζ 电势实验数据填入表 11－80－1。

表 11－80－1　$Fe(OH)_3$ 溶胶 ζ 电势的实验数据

通电时间 t/s	两极电压 V/V	电泳前界面刻度/m		电泳后界面刻度/m		界面移动平均距离 d/m	电极间距离 l/m
		左臂	右臂	左臂	右臂		

(1) 根据实验现象指出 $Fe(OH)_3$ 溶胶胶粒所带电荷种类，并用式(11－80－2)计算 $Fe(OH)_3$溶胶的 ζ 电势。

(2) 求 KCl、K_2SO_4 及 $K_3[Fe(CN)_6]$对 $Fe(OH)_3$ 溶胶的聚沉值。以 KCl 为 1，比较各电解质的聚沉能力大小。

实验附注

(1) 半透膜的制备。在一个内壁洁净、干燥的 250mL 短颈烧瓶中，加入约 10mL 6%的火棉胶液(溶剂为 1∶3 乙醇-乙醚液)，小心转动烧瓶，使火棉胶液沾附在烧瓶内壁上形成均匀薄层，将多余的火棉胶倾倒在回收瓶中。倒置烧瓶，不断旋转，使剩余的火棉胶液流尽，并让乙醚挥发干净，此时用手轻触火棉胶膜，已不黏手。然后向瓶中注满水，浸泡 10min(若乙醚未蒸发完全，加水过早，则半透膜发白而不适用；若加水太迟，膜变干硬后则不宜取出)。倒出瓶中的水，用手小心地将半透膜与瓶口壁分开。慢慢将水注入夹层中，使膜脱离瓶壁，轻轻取出，在膜袋中注入水，观察是否有漏洞，如有漏洞，可将洞周围擦干，用玻璃棒蘸少许火棉胶接触漏洞进行修补。制好的半透膜不用时，要浸放在蒸馏水中。

(2) $Fe(OH)_3$ 溶胶纯化时可不用渗析法，使用强酸强碱离子交换树脂来除去其他离子的方法也可纯化 $Fe(OH)_3$ 溶胶。

思考题

(1) 何谓胶体？本实验制备 $Fe(OH)_3$ 溶胶的方法及具体原理是什么？$Fe(OH)_3$ 溶胶的稳定剂是何种物质？在制备 $Fe(OH)_3$ 溶胶实验时，加热时间可否过长，为什么？

(2) 何谓电泳？影响电泳速度的因素有哪些？

(3) 何谓 ζ 电势？$Fe(OH)_3$ 溶胶的胶粒带何种电荷？

(4) 根据什么条件选择电泳辅助液？

(5) 电解质引起胶体聚沉的原因是什么？

11.6 结构参数的测定

实验八十一 偶极矩的测定

实验目的

(1) 了解测定偶极矩的原理与方法。

(2) 了解偶极矩与分子电性间的关系，了解物质宏观性质-介电常数与其微观性质-偶极矩的关系。

(3) 掌握小电容测量仪和阿贝折射仪的使用方法。

(4) 熟悉用密度管测溶液密度的方法，掌握称量法配制溶液。

实验原理

偶极矩是表示分子中电荷分布的物理量。因为分子是由带正电荷的原子核与带负电荷的电子组成，而且正、负电荷的总量相等，整个分子呈电中性。但正、负电荷的中心是否重合就不一定。如两者不重合，则该分子称为极性分子；反之，则称为非极性分子。就是说一个分子是否具有极性以及其极性的大小是与该分子正、负电荷中心的电荷量以及距离有关。为此，将正、负电荷中心的距离 d 与电荷量 q 的乘积定义为偶极矩，用符号 $\boldsymbol{\mu}$ 表示，即

$$\boldsymbol{\mu}=q\cdot\boldsymbol{d} \tag{11-81-1}$$

其中偶极矩是一个矢量，习惯规定其方向由正到负。偶极矩的不同反映了分子极性不同。根据 SI 单位制，$\boldsymbol{\mu}$ 的单位为 C · m。在旧单位制(cgs)中，偶极矩的单位称为 Debye(简写为 D)。1D 相当于 3.33564×10^{-30} C · m。

对于非极性分子，由于正、负电荷中心重合而不具有永久偶极矩，但由于振动原因而发生正、负电荷中心瞬时位移，出现瞬时偶极矩。当无外电场作用时，无论分子是否具有极性，分子的平均偶极矩总是为零。即使是具有永久偶极矩的极性分子，也由于分子热运动而使偶极矩各种取向概率相等，所以总的平均偶极矩仍为零。当分子受到外电场作用时，则分子要发生极化。无论极性分子或非极性分子，在外电场作用下均会产生一个与电场方向相反的平行诱导偶极矩 $\boldsymbol{\mu}_0$，称为分子诱导极化。这是因为分子中的电子云相对原子核构成的骨架发生位移，称为电子极化。与此同时，原子核构成的分子骨架在外电场作用下也发生变形，称为原子极化。分子诱导极化所产生的诱导极化率 $\overline{\mu}_1$(实为平均值)与分子所在位置的有效电场强度 E 成正比

$$\overline{\mu}_1=\alpha_1\cdot E \tag{11-81-2}$$

式中，α_1 称为分子的诱导极化率，等于单位电场强度下分子的诱导极化产生的平均偶极矩，是只取决于分子本性的常数。分子极化又可看作由电子极化与原子极化所构成，故

$$\alpha_1=\alpha_E+\alpha_A \tag{11-81-3}$$

式中，α_E 称为电子极化率；α_A 称为原子极化率。

对于极性分子，其本身所具有的永久偶极矩在电场作用下也由杂乱无章而沿电场方向趋于一定取向，此时总的平均偶极矩不再为零，这种情况称为分子在外电场中的定向极化。定向极化所产生的平均偶极矩 $\bar{\mu}_0$ 与有效电场强度 E 及永久偶极矩 μ_0 之间有如下关系：

$$\bar{\mu}_0=\frac{\mu_0^2}{3kT}E=\alpha_0 E \tag{11-81-4}$$

式中，α_0 称为定向极化率，等于单位电场强度下由于极化分子转向而产生的平均偶极矩，是一个与温度有关的量。这样，分子在电场中所产生的总的平均偶极矩为定向极化与诱导极化的加和：

$$\mu=\mu_1+\mu_0=\alpha_1 E+\alpha_0 E=\alpha E$$

或

$$\alpha=\alpha_1+\alpha_0=\alpha_E+\alpha_A+\frac{\mu_0^2}{3kT} \tag{11-81-5}$$

式中，α 称为分子极化率。

若在外电场的作用下，不是一个分子被诱导，而是 1mol 分子被诱导，则式(11-81-5)可改写成

$$P=P_1+P_0=P_E+P_A+P_0$$

式中，P 称为极性分子摩尔总极化度；P_0 称为摩尔定向极化度；P_A 与 P_E 分别称为摩尔原子极化度与摩尔电子极化度。

分子极化率 α 如何测定？法拉第(Faraday)在 1838 年发现，电容器中填充的电介质的(相对)介电常数 ε_r 与电介质分子极化作用有关，极化作用越大，介电常数也越大。它们之间关系为

$$P=P_E+P_A+P_0=\frac{\varepsilon_r-1}{\varepsilon_r+2}\cdot\frac{M}{\rho} \tag{11-81-6}$$

式(11-81-6)称为 Clausius-Mosotti-Debye 方程。式中，M 为物质的摩尔质量；ρ 为密度。但此式只能用于分子间相互作用很小的系统，如极性溶质在非极性溶剂中的稀溶液。

在频率为 $10^{15}\,s^{-1}$ 的高频交变电场(如可见光和紫外光区)中，极性分子的定向运动与原子极化因无法随电场变化而取向或极化，故 $P_0=0$，$P_A=0$，在这一电场下测得的 P 实质上就是摩尔电子极化率，即

$$P=P_E \tag{11-81-7}$$

根据 Lonenz-Lorentz 方程可知，透明物质的介电常数 ε_r 与其折射率 n 有如下关系：

$$\varepsilon_r=n^2 \tag{11-81-8}$$

于是

$$P_E=\frac{n^2-1}{n^2+2}\cdot\frac{M}{\rho} \tag{11-81-9}$$

摩尔原子极化率仅为摩尔电子极化率的 0.05～0.1，如测定要求不高时可忽略；如需考虑则可将 P_E+P_A 取 1.05～1.10 P_E即可。

由上述可知，实验测出极性物质的摩尔极化度(ε 与 d)与摩尔电子极化度(n)后，则 P_0就可求，即 μ 可求。

在一般实验中，采取的方法是将所测极性溶质溶于非极性溶剂组成稀溶液来测定。对于

稀溶液，其摩尔极化度计算公式为

$$P_{12}=\frac{\varepsilon_{12}-1}{\varepsilon_{12}+2}\cdot\frac{M_1x_1+M_2x_2}{\rho_{12}}=P_1x_1+P_2x_2 \qquad (11-81-10)$$

或

$$P_2=P_1+\frac{P_{12}-P_1}{x_2} \qquad (11-81-11)$$

式中，下标 1 代表溶剂，2 代表溶质，12 代表溶液。因是稀溶液，P_1 可近似等于纯溶剂的摩尔极化率。

测定不同 x_2 下的 P_{12}，便可由式(11－81－11)得到相应的 P_2。当 $x\rightarrow 0$ 时，此时 P_2^{∞} 便是极性溶质间已无相互作用时的摩尔极化度。于是可应用 Clausius-Mosotti-Debye 方程，即

$$P_2^{\infty}=P_{2,\mathrm{E}}+P_{2,\mathrm{A}}+P_{2,0}=\frac{4\pi h}{3}\left(\alpha_{2,\mathrm{E}}+\alpha_{2,\mathrm{A}}+\frac{\mu^2}{3kT}\right) \qquad (11-81-12)$$

整理可得

$$\mu=0.0128\sqrt{P_2^{\infty}-(1.05-1.10P_{2,\mathrm{E}})T} \qquad (11-81-13)$$

P_2^{∞} 的求取有多种方法，本实验采用 Hedestrand 的方法，该法认为若 ε_{12} 与 P_{12}、x_2 之间有

$$\varepsilon_{12}=\varepsilon_1(1+a_{\mathrm{H}}\,x_2)$$

$$\rho_{12}=\rho_1(1+\beta_{\mathrm{H}}\,x_2)$$

则

$$P_2^{\infty}=\frac{3\alpha_{\mathrm{H}}\varepsilon_1}{(\varepsilon_1+2)^2}\cdot\frac{M_1}{\rho_1}+\frac{\varepsilon_1-1}{\varepsilon_1+2}\cdot\frac{M_2-M_1\beta_{\mathrm{H}}}{\rho_1} \qquad (11-81-14)$$

α_{H} 与 β_{H} 是通过测定一系列 x_2 及其对应的 ε_{12} 与 ρ_{12}，然后分别作 ε_{12}-x_2 图、ρ_{12}-x_2 图，再从直线斜率可分别求得 α_{H} 与 β_{H}，代入式(11－81－14)求出 P_2^{∞}。通过测纯溶质的折射率 n 即可得 $P_{2,\mathrm{E}}$。将 P_2^{∞} 与 $P_{2,\mathrm{E}}$代入式(11－81－13)中便算出极性溶质的偶极矩。

仪器和药品

仪器：阿贝折射仪(公用)、CC－6 型小电容测定仪一台、电容池一只、超级恒温槽两台(分别以水和油为介质，公用)、密度管一支、电吹风(公用)、干燥器一个(公用)、具塞锥形瓶(25mL)五个、滴管、移液管、漏斗、注射器、抽气泵一台(共用)。

药品：环己烷(A. R.)、乙酸乙酯(A. R.)、蒸馏水(煮沸后冷却至室温)。

实验步骤

1. 配制系列溶液

根据环己烷和乙酸乙酯的相对密度用称量法在分析天平上配制乙酸乙酯-环己烷溶液各 20mL 盛于容量瓶中，浓度(摩尔分数)分别为 0.05、0.10、0.15、0.20、0.30 左右。配好的溶液应迅速盖好瓶盖置于干燥器中待用。

2. 溶液的折射率及密度的测定

(1) 调节超级恒温槽温度为 25±0.1℃，用阿贝折射仪测定环己烷及溶液的折射率，测定时每个样品应加样两次，读取的数据取平均值。

(2) 溶液密度的测定。称取干燥的密度管[图 6－1(c)]质量为 W_0，然后取下磨口小帽，将支管 a 插入溶液中，用注射器连以塑料管在 b 管，管口慢慢抽气，将溶液吸入密度管内稍过刻度(或用注射器从 a 管注入)。盖上小帽后浸在 25℃的水槽中恒温 5～10min。取出后，摘下小

帽，用滤纸吸去多余溶液，调节两边的液面正好位于刻度(此时动作要迅速，以防液体体积受温度变化影响改变太大)。盖好小帽用滤纸仔细擦干管外沾的水，挂在分析天平上称得质量$W_{溶}$。将管内溶液倾入回收瓶中，用抽气泵使管内液体挥发干净，再加入第二个样品进行测定。测定顺序：苯溶液(由稀至浓)、水(事先煮沸冷至室温)。各样品的密度按下式计算：

$$\rho_{i,25℃}=\frac{W_i-W_0}{W_{水}-W_0}\rho_{25℃水}$$

3. 溶液的介电常数的测定

介电常数是通过测量溶液的电容，再根据式(11－81－15)求得的。

$$\varepsilon=C/C_0 \tag{11-81-15}$$

式中，C_0 为电容器真空时的电容值；C 为充以某种介电物质(如待测溶液)时的电容。本实验是用电容电桥法来测定溶液的电容，具体是采用 CC－6 型小电容测定仪。

(1) 电容池的分布电容 C_x 的标定。CC－6 型小电容测定仪所用的电容池为两电极同心圆筒电容池结构，如图 11－81－1 所示。由两电极两端向外泄漏的电场而带来电容值 C_f，再加上其他因素所带来的电容 C_{st}，两者合称为分布电容 C_x。因此在测量待测溶液电容 C 之前应标定所用电容池的分布电容 C_x。C_x 的标定通常采用标准液法。此法是首先测定电容池试样室内为空气时的电容 $C'_{空}$。因 $C'_{空}$包括 C_x 与 $C_{空}$(空气的电容值)，即

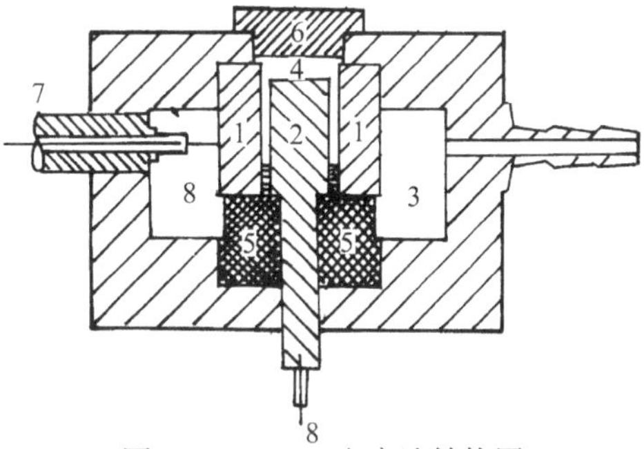

图 11－81－1　电容池结构图

1—外电极；2—内电极；3—恒温室；4—样品室；5—绝缘板；6—池盖；7—外电极接线；8—内电极接线

$$C'_{空}=C_x+C_{空} \tag{11-81-16}$$

然后往电容池的试样室中注入环己烷，本实验用的标准液体，$\varepsilon_{环}=2.023-0.0016(t/℃-20)$，测得 $C'_{环}$。因

$$C'_{环}=C_x+C_{环} \tag{11-81-17}$$

由于 $\varepsilon_{环}$ 已知，$\varepsilon_{环}=C_{环}/C_0$，且 $C_{空}$ 与 C_0 两值相差很小，故 C_0 可用 $C_{空}$ 代替，得

$$\varepsilon_{环}=\frac{C'_{环}-C_x}{C'_{空}-C_x} \tag{11-81-18}$$

以及

$$C_0=C'_{空}-C_x \tag{11-81-19}$$

实验测定 $C'_{环}$、$C'_{空}$，则由式(11－81－16)可算出 C_x。

具体操作为，将放有空气的电容池两极按仪器面板符号接好(图 11－81－2)，接通恒温槽电源，将温度控制在(25±0.1)℃，并开动循环泵将恒温的油在电容池夹套中循环。将钮“7”旋至检查位置，检查电容仪电压是否达到或超过红线。如达要求，则将钮“7”旋至测量位置。将倍率钮转到位置“1”处，而后将灵敏度钮“9”往灵敏度增大方向稍微偏转，同时旋转钮“8”，令表的指针指向刻度小的方向偏转，达最低时表示电桥在该条件下达平衡。然后将损耗钮“10”向

右旋转，再旋转钮“9”加大灵敏度，又旋转钮“8”使指针回至最小位置。重复这一操作，直到指针在表上的位置接近最大量程处，而且稍微转动钮“8”时，表的指针就向读数大的方向偏转。读出指针处于最低位置时的电容值，这就是空气的电容值 $C'_{空}$。再重复上述操作，取两次测定值的平均值。注意：每一样品测量结束后都要将灵敏度钮“9”转回最小位置，以免过载冲击而损坏指示表。

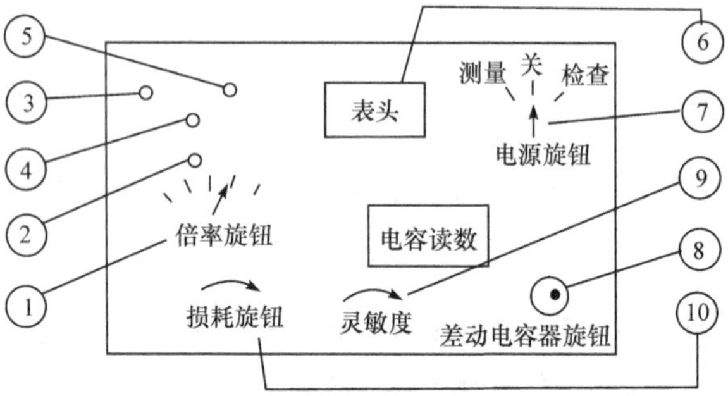

图 11-81-2　电容测定仪面板图

$C'_{空}$测量完后，随即测量环己烷的 $C'_{环}$。测液体电容时，液体灌入量要超过样品室。电容池盖要拧紧，以免液体挥发。

(2) 溶液电容 $C'_{容}$ 的测定。环己烷电容测定完毕后，应用滤纸尽量吸走试样液。残余液体用电吹风的热风将之吹干，否则会使下一试样浓度改变。确认样品室吹干后灌入待测溶液。按(1)的操作进行溶液的 $C'_{容}$ 测定。依次将全部试样进行测定。

数据记录与处理

1. 数据记录

室温：________℃　大气压：________ kPa　水的密度：________ $kg \cdot m^{-3}$

乙酸乙酯密度：________ $kg \cdot m^{-3}$　环己烷密度：________ $kg \cdot m^{-3}$

(1) 乙酸乙酯-环己烷溶液的组成(表 11-81-1)。

表 11-81-1　乙酸乙酯-环己烷溶液的组成

	质量 m/g		物质的量 n/mol		溶液组成
	m_1	m_2	n_1	n_2	x_2
1					
2					
3					
4					
5					

注：下标“1”表示乙酸乙酯，“2”表示环己烷。

(2) 环己烷和所配制溶液在 25℃条件下的折射率和密度记入表 11-81-2。

表 11－81－2　乙酸乙酯-环己烷溶液的折射率和密度

x_2	折射率 n			质量 m/g			密度
	第一次	第二次	平均	瓶	瓶＋液	瓶＋水	$\rho_{液}$/(kg·mol^{-1})
0							
1							
2							
3							
4							
5							

(3) 空气、标准液及待测溶液的电容和介电常数记入表 11－81－3。

表 11－81－3　空气、标准液及待测溶液的电容和介电常数

	空气	标准液	溶液 x_2（填入实际溶液组成）
C'			
ε			

2. 数据处理

(1) 计算各溶液的摩尔分数 x_2。

(2) 计算苯及各溶液的密度 ρ，作 $\rho_{溶}$-x_2 曲线，求出 ρ_1 与 β_H 的值。

(3) 由纯溶质折射率 n 求 $P_{2,E}$。

(4) 计算 C_0、C_x 和各溶液的 $C_{溶}$，求出各溶液的介电常数 $\varepsilon_{溶}$，作 $\varepsilon_{溶}$-x_2 图，求出 ε_1 和 α_H 值。

(5) 将 ρ_1、ε_1、α、β 代入式(11－81－14)计算 P_2^{∞}。

(6) 将 P_2^{∞} 和 $P_{2,E}$ 代入式(11－81－13)计算乙酸乙酯的永久偶极矩 μ 值。

思考题

(1) 用式(11－81－4)、式(11－81－5)、式(11－81－6)和溶液的加和性推导式(11－81－7)。

(2) 利用式(11－81－9)、式(11－81－10)和溶液的加和性推导式(11－81－11)。

第 12 章　综 合 实 验

实验八十二　三草酸合铁(Ⅲ)酸钾的制备、组成测定及表征

实验目的

(1) 巩固配合物的制备、定性、定量化学分析的基本操作。

(2) 掌握确定化合物化学式的基本原理及方法。

(3) 学习或巩固热重、差热分析、磁化率测定、红外光谱分析、X 射线粉末衍射分析的操作技术。

(4) 通过综合性实验的基本训练，培养学生分析与解决较复杂问题的能力。

实验原理

1. 性质与制备

三草酸合铁(Ⅲ)酸钾(含三个结晶水)为翠绿色的单斜晶体，易溶于水[溶解度 0℃时为 $4.7g\cdot(100g)^{-1}$；100℃时为 $117.7g\cdot(100g)^{-1}$]，难溶于乙醇。110℃下可失去全部结晶水，230℃时分解。此配合物对光敏感，受光照射分解变为黄色：

$$2K_3[Fe(C_2O_4)_3]\xrightarrow{光}3K_2C_2O_4+2FeC_2O_4+2CO_2$$

因其具有光敏性，所以常用来作为化学光量计。另外它是制备某些活性铁催化剂的主要原料，也是一些有机反应的良好催化剂，在工业上具有一定的应用价值。其合成工艺路线有多种，本实验采用的方法是首先由硫酸亚铁铵与草酸反应制备草酸亚铁：

$$(NH_4)_2Fe(SO_4)_2\cdot 6H_2O+H_2C_2O_4\longrightarrow FeC_2O_4\cdot 2H_2O\downarrow+(NH_4)_2SO_4+H_2SO_4+4H_2O$$

然后在过量草酸根存在下，用过氧化氢氧化草酸亚铁即可得到三草酸合铁(Ⅲ)酸钾，同时有氢氧化铁生成：

$$6FeC_2O_4\cdot 2H_2O+3H_2O_2+6K_2C_2O_4\longrightarrow 4K_3[Fe(C_2O_4)_3]+2Fe(OH)_3\downarrow+12H_2O$$

加入适量草酸可使 $Fe(OH)_3$ 转化为三草酸合铁(Ⅲ)酸钾配合物：

$$2Fe(OH)_3+3H_2C_2O_4+3K_2C_2O_4\longrightarrow 2K_3[Fe(C_2O_4)_3]+6H_2O$$

再加入乙醇，放置即可析出产物的结晶。其后几步总反应式为

$$2FeC_2O_4\cdot 2H_2O+H_2O_2+3K_2C_2O_4+H_2C_2O_4\longrightarrow 2K_3[Fe(C_2O_4)_3]\cdot 3H_2O$$

2. 产物的定性分析

产物组成的定性分析采用化学分析和红外吸收光谱法。

Fe^{3+}、K^+ 用化学分析方法进行鉴定，可以判断出它们是配合物的内界还是外界。草酸根和结晶水通过红外光谱分析。草酸根形成配位化合物时，红外吸收的振动频率和谱带归属列

于表 12－82－1：

表 12－82－1　红外吸收振动频率和谱带归属

频率/cm^{-1}	谱带归属
1712、1677、1649	羰基 C═O 的伸缩振动吸收带
1390、1270、1255、885	C—O 伸缩及—O—C═O 弯曲振动
797、785	O—C═O 弯曲及 M—O 键的伸缩振动
528	C—C 的伸缩振动吸收带
498	环变形及 O—C═O 弯曲振动
366	M—O 伸缩振动吸收带

结晶水的吸收带在 3550～3200cm^{-1}，一般在 3450cm^{-1}附近，所以只要将产品红外谱图的各吸收带与之对照即可得出定性的分析结果。

草酸根能以单齿、双齿形式与金属离子配位形成配合物，但最常见的是以双齿配位形成螯合结构的配合物。

3. *产物的定量分析*

产物的定量分析采用化学分析方法。通过定量分析可以测定各组分的质量分数，各离子、基团等的个数比，再根据定性实验得到的对配合物内、外界的判断，从而可推断出产物的化学式。

结晶水的含量分析采用重量分析方法。将已知质量的产品在 110℃下干燥脱水，待脱水完全后再进行称量，即可计算出结晶水的质量分数。

草酸根含量的测定用氧化还原滴定法。草酸根在酸性介质中，可被高锰酸钾定量氧化，其反应为

$$5C_2O_4^{2-} + 2MnO_4^- + 16H^+ \longrightarrow 2Mn^{2+} + 10CO_2 + 8H_2O$$

铁的分析也采用氧化还原滴定法。在上述测定草酸根后剩余的溶液中，用过量还原剂锌粉将 Fe^{3+} 还原为 Fe^{2+}，然后再用 $KMnO_4$ 的标准溶液滴定 Fe^{2+}，其反应为

$$Zn + 2Fe^{3+} \longrightarrow 2Fe^{2+} + Zn^{2+}$$

$$5Fe^{2+} + MnO_4^- + 8H^+ \longrightarrow 5Fe^{3+} + Mn^{2+} + 4H_2O$$

由消耗高锰酸钾的量可计算出铁的质量分数。

钾的质量分数可由总量 100% 减去铁、草酸根、结晶水的质量分数而得到。

4. *产物的表征*

(1) 配合物的类型、配离子电荷数的测定。一般应用电导法或离子交换法(配合容量分析)测定配合物的类型，配离子的电荷数。本实验采用离子交换法和电势法联合进行测定。

离子交换法的原理参见实验十四。当含配合物阴离子(X^{n-})的溶液通过已转化为氯型的强碱性阴离子交换树脂时，发生离子交换反应：

$$R{\equiv}N^+Cl^- + X^{n-} \rightleftharpoons (R{\equiv}N^+)_nX^{n-} + nCl^-$$

每单位物质的量的配离子(x^{n-})置换出的 Cl^- 的物质的量，利用氯离子选择电极及离子计

可测定出 Cl^- 的浓度，计算出被置换 Cl^- 的物质的量，进而计算出配离子的电荷数。

首先配制 Cl^- 溶液的标准系列（离子强度大致相同），利用离子计、氯离子选择电极及参比电极测定其平衡电势，作 $\lg c(Cl^-)$ 与其对应电势的工作曲线图。再测定未知浓度的 Cl^- 溶液的平衡电势，从工作曲线图中查出对应的 $\lg c(Cl^-)$，计算出 Cl^- 的浓度。有关离子选择电极测量的原理参见附录的有关部分。

(2) 配合物中心离子的外层电子结构。通过对配合物磁化率的测定，可推算出未成对电子数，推断出中心离子外层电子的结构、配键类型、立体化学结构，在某些情况下还需要与 X 射线晶体结构分析等其他手段相配合。

(3) 热重、差热分析。通过对 TG 曲线的分析，了解物质在升温过程中质量的变化情况；通过对 DTA 曲线的分析，可了解物质在升温过程中热量（吸热、放热）变化情况。因此，对产品进行 TG、DTA 分析可测量出失去结晶水的温度、热分解温度及脱水分解反应热量变化的情况，各步失重的数量、含结晶水的个数，对于判断反应的产物是极有帮助的。

(4) X 射线粉末衍射分析。每种物质的晶体都具有自己独特的晶体结构，通过 X 射线衍射分析，由所产生的衍射图可鉴别晶体的物相，测定简单晶体物质的晶胞参数等。

仪器和药品

仪器：离子计、磁天平、差热天平、红外光谱仪、X 射线衍射分析仪、分析天平、玛瑙研钵、吹风机、干燥器、电热干燥箱、恒温水浴、真空泵、吸滤瓶及漏斗、滴定管等。

药品：$(NH_4)_2Fe(SO_4)_2 \cdot 6H_2O$(C. P.)、$H_2SO_4$($3mol \cdot L^{-1}$)、$H_2C_2O_4 \cdot 2H_2O$、$K_2C_2O_4$（饱和）、$H_2O_2$(6%)、乙醇(95%)(C. P.)、饱和酒石酸氢钠、KSCN ($0.1mol \cdot L^{-1}$)、$CaCl_2$ ($0.5mol \cdot L^{-1}$)、$FeCl_3$($0.1mol \cdot L^{-1}$)等。

实验步骤

1. $K_3[Fe(C_2O_4)_3] \cdot 3H_2O$ 的制备

(1) 制取 $FeC_2O_4 \cdot 2H_2O$。称取 $(NH_4)_2Fe(SO_4)_2 \cdot 6H_2O$ 6.0g（如不做磁化率测定、X 射线衍射分析，所用试剂量都可减半），放入 250mL 烧杯中，加入 $3mol \cdot L^{-1}$ H_2SO_4 1mL、蒸馏水 20mL，加热使之溶解。另称 $H_2C_2O_4 \cdot 2H_2O$ 3.5g，放入 100mL 烧杯中，加 35mL 蒸馏水微热、搅拌、溶解。溶解后取 20mL 倒入上述 250mL 的烧杯中，加热搅拌至沸，并维持微沸 5min。静置，得到黄色 $FeC_2O_4 \cdot 2H_2O$ 沉淀，待沉降后用倾泻法倒出上层清液，用热蒸馏水少量多次洗涤沉淀以除去可溶性杂质（以在酸性条件下检验不到 SO_4^{2-} 为止）。

(2) 制备 $K_3[Fe(C_2O_4)_3] \cdot 3H_2O$。往上述已洗涤过的沉淀中加入饱和 $K_2C_2O_4$ 15mL，水浴加热至 40℃，用滴管慢慢加入 6% H_2O_2 12mL，不断搅拌防止在生成 $K_3[Fe(C_2O_4)_3]$ 的同时有 $Fe(OH)_3$ 沉淀生成，然后将溶液加热至沸并不断搅拌以除去过量的 H_2O_2。取适量由(1)配制的 $H_2C_2O_4$ 溶液逐渐加入上述保持沸腾的溶液中，不断搅拌，使沉淀完全溶解变为透明的绿色溶液为止。冷却后，加入 95% 乙醇 15mL，在冰水浴中放置、结晶。减压过滤，抽干后用少量乙醇洗涤产品，继续抽干，称量，计算产率。产品放在干燥器内避光保存。

(3) 产物重结晶。为得到纯净的产物并用于分析，由同学自己设计方案利用重结晶方法进行产物的纯制。

2. 产物的定性分析

(1) 检定 K^+。在试管中取少量产物加蒸馏水溶解，再加入饱和酒石酸氢钠 1mL，充分摇动试管(可用玻璃棒摩擦试管内壁后放置片刻)，观察现象。

(2) 检定 Fe^{3+}。在试管中取少量产物加蒸馏水溶解，另取一支试管加入少量的$FeCl_3$溶液，各加 0.1mol·L^{-1} KSCN 2 滴，观察现象。在装有产物溶液的试管中加入 2 滴 3mol·L^{-1} H_2SO_4，再观察溶液颜色有何变化，解释实验现象。

(3) 检定 $C_2O_4^{2-}$。在试管中取少量产物加蒸馏水溶解，另取一试管加入少量 $K_2C_2O_4$ 溶液，各加入 0.5mol·L^{-1} $CaCl_2$ 2 滴，观察现象有何不同。

(4) 利用红外光谱确定 $C_2O_4^{2-}$ 及结晶水。制样(取少量 KBr 晶体及小于 KBr 用量百分之一的样品，在玛瑙研钵中研细，压片)，在红外光谱仪上测定红外吸收光谱，并将谱图的各主要谱带与标准红外光谱图对照，确定是否含有 $C_2O_4^{2-}$(C═O、C—O、O—C═O、M—O、C—C 振动吸收谱带)及结晶水。

对实验步骤(3)、(4)的结果进行解释。(想进一步研究者，可将其谱图与草酸盐的标准谱图对照并进行解释)

根据实验步骤(1)～(4)的结果，判断该产物是复盐还是配合物。如是配合物，其中心离子、配位体、内界、外界各是什么？

3. 产物组成的定量分析

(1) 结晶水含量的测定。洗净两个称量瓶(记下编号)，在 110℃电热烘箱中干燥 1h，置于干燥器中冷却，至室温时在分析天平上称量。然后放到 110℃电热烘箱中干燥 0.5h，即重复上述干燥-冷却-称量操作，直至恒量(两次称量相差不超过 0.3mg)。

在分析天平上准确称取两份样品(产物)各 0.5～0.6g，分别放入上述已恒量的两个称量瓶中。在 110℃电热烘箱中干燥 1h，然后置于干燥器中冷却，至室温后，称量。重复上述干燥(0.5h)-冷却-称量操作，直至恒量。根据称量结果计算产品中结晶水的质量分数。

(2) 草酸根含量的测定。在分析天平上准确称取两份样品(0.15～0.20g)，分别放入两个锥形瓶中，加入 3mol·L^{-1} H_2SO_4 10mL、蒸馏水 20mL，微热溶解，加热至 75～85℃(为加快滴定反应的速度，但温度再高草酸易分解)，趁热用0.02000mol·L^{-1} $KMnO_4$ 标准溶液进行滴定。先滴加 1～2 滴，待 $KMnO_4$ 褪色后，再继续滴入 $KMnO_4$，直到溶液呈粉红色(30s 内不褪色)即为终点(保留溶液待下一步分析使用)。根据消耗 $KMnO_4$ 溶液的体积，计算产物中 $C_2O_4^{2-}$ 的质量分数。

(3) 铁含量的测定。在上述保留的溶液中加入一小牛角匙 Zn 粉，加热至近沸，直到黄色消失，将 Fe^{3+} 还原为 Fe^{2+} 即可。趁热过滤除去多余的 Zn 粉，滤液收集到另一锥形瓶中，再用 5mL 蒸馏水洗涤漏斗并将洗涤液也一并收集在上述锥形瓶中。继续用 0.02000mol·L^{-1} $KMnO_4$ 标准溶液进行滴定，至溶液呈粉红色。根据消耗 $KMnO_4$ 溶液的体积，计算 Fe^{3+} 的质量分数。

根据实验步骤(1)～(3)的结果，计算 K^+ 的质量分数，再根据本实验 2 产物的定性分析的结论，推断出配合物的化学式。

4. 测定配离子电荷

(1) 树脂的预处理及装柱。将市售的强碱性阴离子交换树脂用水多次洗涤，除去可溶性杂质，并在去离子水中浸泡数小时至一天，使其充分膨胀（使用新树脂可按产品使用说明书的要求进行预处理）。为使其转变为氯型，用 5 倍于树脂体积的 1mol · L^{-1} HCl 进行交换处理，最后用去离子水洗涤数次。

将处理过的树脂和水一起装入小离子交换柱中（参见实验十三去离子水的制备），树脂层高度 15～20cm，并使水面略高于树脂层，注意排除树脂及系统中的气泡。

用去离子水淋洗交换柱，用 $AgNO_3$ 溶液检查流出液（在试管中取少量试液），当仅出现轻微混浊（留做以后比较使用），即可认为基本淋洗干净，用螺旋夹夹紧交换柱下端的出水口。

（2）离子交换。在分析天平上准确称取 0.15～0.20g 自制的 $K_3[Fe(C_2O_4)_3]\cdot 3H_2O$，加入 5mL 去离子水溶解。将其转移（可分次转移）至交换柱内，同时松开交换柱下部的螺旋夹并调节交换柱流出液的速度为 2mL · min^{-1}。交换后的溶液收集在 100mL 的容量瓶中，待交换柱内的液面与树脂床高齐平时，用 5mL 洗过小烧杯的去离子水洗涤树脂床，如此重复洗涤两三次后，可直接用洗瓶的去离子水将管壁上残留的溶液冲洗下去（洗涤时每次用水量要少，且前一次洗涤的液面与树脂层齐平时再洗第二次）。待收集的流出液约 60mL 时，用 $AgNO_3$ 溶液检查流出液，当仅出现轻微混浊时（与 1 中留做比较使用的溶液进行对照），即可停止淋洗。在容量瓶中加入 1mol · L^{-1}的 KNO_3 10.0mL（用 10mL 量筒量取），再用水将容量瓶内的溶液稀释至刻度，摇匀，待下一步测定氯离子的浓度。

树脂回收，集中再生处理（可用数倍树脂体积的 1mol · L^{-1} HCl，分多次浸泡处理，或在交换柱中再生数小时，也可用高氯酸及盐酸溶液再生）。

（3）氯离子浓度的测定。

（i）KCl 标准系列的配制。洗净四个 100mL 容量瓶并编号，按照表 12－82－2 的用量配制氯离子标准系列溶液（离子强度基本相同）各 100.00mL。

表 12－82－2 氯离子标准系列溶液的配制

编号	1	2	3	4
0.1000mol · L^{-1} KCl 取用量/mL	1.00	5.00	10.00	50.00
1mol · L^{-1} KNO_3取用量/mL	10.0	10.0	9.0	5.0

（ii）测定 KCl 标准系列平衡电势值，绘制 E-lg$c$(Cl^-)工作曲线。将配制的 KCl 标准系列溶液分别倒入四个 50mL 烧杯中（先用少量被测液冲洗干净的烧杯三次），按氯离子浓度由稀到浓的次序，用离子计（并安装氯离子选择电极和饱和甘汞电极）测定其平衡电势值（可静态或动态加电磁搅拌测定）。记录测定数据（表 12－82－3）。

表 12－82－3 KCl 标准系列溶液的电势

编号	1	2	3	4	待测
标准系列溶液 Cl^- 浓度/(mol · L^{-1})					
标准系列溶液的电势 E/mV					

（iii）将由（2）得到的待测未知 Cl^- 浓度的溶液，按照上述步骤测定其平衡电势值，并记录测定的数据。

（4）数据处理。

（i）绘制工作曲线。以电势值为纵坐标，以 lg$c$(Cl^-)为横坐标绘制E-lg$c$(Cl^-)工作曲线。

（ii）根据所测样品的电势值，由工作曲线求得 Cl^- 浓度，并计算由树脂交换出的 Cl^- 物质的量，进一步推算出配离子的电荷数。

5. 配合物磁化率的测定

(1) 样品管的准备。洗涤磁天平的样品管(必要时用洗液浸泡)并用蒸馏水冲洗，再用酒精、丙酮各冲洗一次，用吹风机吹干(可预先烘干)。

(2) 样品管的测定。在磁天平的挂钩上挂好样品管，并使其处于两磁极的中间，调节样品管的高度，使样品管底部对准电磁铁两极中心的连线(磁场强度最强处)。在不加磁场的条件下称量样品管的质量。

通冷却水，打开电源预热，高斯计调零、校准，并将量程选择开关转到 10K 挡(如不接入高斯计此步骤可免去)，用调节器旋钮慢慢调大输入电磁铁线圈的电流至 5.0A(如用高斯计可记下相对数值)，在此磁场强度下测量样品管的质量。测量后，用调节器旋钮慢慢调小输入电磁铁的电流，直至零为止。记录测量温度。

(3) 标准物质的测定。从磁天平上取下空样品管，装入已研细的标准物 $(NH_4)_2Fe(SO_4)_2 \cdot 6H_2O$(装样不均匀是测量误差的主要原因，因此需将样品一点一点地装入样品管，边装边在垫有橡皮板的桌面上轻轻撞击样品管，并要求每个样品填装的均匀程度、紧密状况都一致)至刻度处，在不加磁场和加磁场的情况下[与步骤(2)"样品管的测定" 完全相同的实验条件]测量"标准物质＋样品管"的质量。取下样品管，倒出标准物，按步骤(1)的要求洗净并干燥样品管。

(4) 样品的测定。取产品(约 2g)在玛瑙研钵中研细，按照"标准物质测定"的步骤及实验条件，在不加磁场和加磁场的情况下，测量"样品＋样品管"的质量。测量后关闭电源及冷却水。测量后的样品倒出，留做 X 射线粉末衍射分析使用。实验数据记录于表 12-82-4。

表 12-82-4　实验数据记录表

测量物品	无磁场时的称量数值	加磁场后的称量数值	加磁场后 ΔW
空样品管 W_0			
标准物质＋空管			
样品＋空管			

根据实验数据和标准物质的比磁化率 $\chi_m = 9500 \times 10^{-6}/(T+1)$，计算样品的摩尔磁化率 χ_M，近似得到样品的摩尔顺磁化率，计算有效磁矩 μ_{eff}，求出样品 $K_3[Fe(C_2O_4)_3] \cdot 3H_2O$ 中心离子 Fe^{3+} 的未成对电子数 n，判断其外层电子结构属于内轨型还是外轨型配合物，或判断此配合物中心离子的 d 电子构型形成高自旋还是低自旋配合物，草酸根是属于强场配体还是弱场配体。

(5) 测定 $FeC_2O_4 \cdot 2H_2O$ 的未成对电子数。由同学自己拟定实验步骤进行测定，与 $K_3[Fe(C_2O_4)_3] \cdot 3H_2O$对比并解释之。

6. 配合物的热分析

使用十万分之一(或万分之一)天平，在热分析仪的小坩埚内，准确称取已研细的样品 5～6mg，小心地、轻轻地放到热分析仪的坩埚支架上，在 450℃ 以下进行热重、差热分析(操作步骤详见 13.11 节)。

仪器各量程及参数的选择：

热重量程：5mg

差热分析量程：50μV

微分热重量程：10mV · min^{-1}

升温速率：10℃ · min^{-1}

实验后根据 TG、DTA 曲线，由学生自己用外推法求出外推起始分解温度、失去结晶水的温度及结晶水的个数。学生可根据自己的兴趣，对 TG 曲线各段失重的数据进行分析、推测 400℃以下可能生成的热分解产物，查阅资料找出还需要哪些测试手段、分析方法才能够确证分解产物。

7. 配合物的 X 射线粉末衍射分析

取做完实验 5(4)后的样品，在玛瑙研钵中保留一部分，继续研细至无颗粒感(约 300 目)，装入 X 射线粉末衍射仪样品板的凹槽中用平面玻璃适当压紧(只能垂直方向按压，不能横向搓压，防止晶体产生择优取向)制得“样品压片”。将其放到 X 射线衍射仪的样品支架上，在教师的指导下，按操作使用说明开机，对试样进行 X 射线衍射分析。实验操作条件选择：Cu 靶($\lambda_{K\alpha}$=1.5418Å)、管电压 36kV、管电流 30mA、扫描速度 4° · min^{-1}、扫描角度(2θ)0°～90°。经过自动扫描、信号处理以及计算机数据采集、数据处理，打印出衍射图谱，同时打印出各个衍射峰的 d 值以及 I/I_1 值。

查找 $K_3[Fe(C_2O_4)_3] \cdot 3H_2O$ 的 PDF 卡片(编号为 14－720)，将实验得到的各个衍射峰的 d、I/I_1 值，与 PDF 卡片一一进行对照，确定产品的物相。并可以从卡片中查出产品所属的晶系、单位晶胞中化学式的数目、晶胞体积等结晶学数据及物理化学性质(如 D、m. p. 、color)等。有兴趣者还可以从实验得到的各个衍射峰的 d、I/I_1 值，查找数字索引(Numerical Index)，找出对应的 DPF 卡片进行比较，最后确定产品的物相。

实验八十三 二氯化一氯五氨合钴(Ⅲ)的制备、水合反应速率常数和活化能的测定

实验目的

(1) 学习二氯化一氯五氨合钴(Ⅲ)的制备及其水合反应速率常数和活化能的测定方法。

(2) 熟悉 722 型分光光度计的使用。

实验原理

1. 二氯化一氯五氨合钴(Ⅲ)的制备

在水溶液中，电极反应

$$[Co(H_2O)_6]^{3+} + e^- \longrightarrow [Co(H_2O)_6]^{2+}$$

的标准电极电势较大 $E^\ominus([Co(H_2O)_6]^{3+}/[Co(H_2O)_6]^{2+})$=1.84V，$[Co(H_2O)_6]^{2+}$ 的还原性较差，不易将其氧化为 $[Co(H_2O)_6]^{3+}$。在有配位剂存在时，由于 Co(Ⅲ)比 Co(Ⅱ)形成的配合物更稳定，从而较容易将 Co(Ⅱ)的配合物氧化为 Co(Ⅲ)的配合物。

在含有氨水和氯化铵的氯化钴溶液中加入 H_2O_2，可以得到 $[Co(NH_3)_5H_2O]Cl_3$：

$$2CoCl_2 + 8NH_3 \cdot H_2O + 2NH_4Cl + H_2O_2 \longrightarrow 2[Co(NH_3)_5H_2O]Cl_3 + 8H_2O$$

然后加入浓 HCl，且水浴加热，可生成$[CoCl(NH_3)_5]Cl_2$紫红色晶体：

$$[Co(NH_3)_5H_2O]Cl_3 + HCl(浓) \longrightarrow [CoCl(NH_3)_5]Cl_2 + H_2O$$

2. 二氯化一氯五氨合钴(Ⅲ)的水合反应

$[CoCl(NH_3)_5]Cl_2$在水溶液中发生水合作用，即H_2O取代配合物中的配体Cl^-，生成$[Co(NH_3)_5H_2O]Cl_3$：

$$[CoCl(NH_3)_5]^{2+} + H_2O \xrightarrow{H^+} [Co(NH_3)_5H_2O]^{3+} + Cl^-$$

反应机理为亲核取代反应。

按照S_N1机理，在反应过程中，首先是 Co—Cl 键的断裂，形成中间过渡态$[Co(NH_3)_5]^{3+}$，然后是H_2O分子很快进入配合物中原配体Cl^-的位置。决定反应速率的步骤是 Co—Cl 键的断裂。其反应速率方程为

$$v = k_1c([CoCl(NH_3)_5]^{2+}) \qquad (12-83-1)$$

按照S_N2机理，在反应过程中，首先H_2O分子进入配合物而形成短暂的七配位中间过渡态配合物$[Cl\cdots Co(NH_3)_5\cdots H_2O]^{3+}$，然后中间过渡态配合物很快失去$Cl^-$而形成产物：

$$[CoCl(NH_3)_5]^{2+} + H_2O \longrightarrow [Cl\cdots Co(NH_3)_5\cdots H_2O]^{3+} \longrightarrow [Co(NH_3)_5H_2O]^{3+} + Cl^-$$

决定反应速率的步骤是H_2O分子进入配合物而形成短暂的七配位中间过渡态配合物，其反应速率方程为

$$v = k_2c([CoCl(NH_3)_5]^{2+}) \cdot c(H_2O) \qquad (12-83-2)$$

由于反应在水溶液中进行，溶剂水大大过量，因此实际上反应过程中$c(H_2O)$基本保持不变，令$k_2' = k_2c(H_2O)$，式(12-83-2)可以表示为

$$v = k_2'c([CoCl(NH_3)_5]^{2+}) \qquad (12-83-3)$$

由此可见，不论是S_N1反应机理还是S_N2反应机理，都可按一级反应处理，即反应速率方程为

$$v = dc([CoCl(NH_3)_5]^{2+})/dt = kc([CoCl(NH_3)_5]^{2+}) \qquad (12-83-4)$$

积分得

$$-\ln c([CoCl(NH_3)_5]^{2+}) = kt + B$$

若以$-\ln c([CoCl(NH_3)_5]^{2+})$对$t$作图，得到一直线，其斜率即为反应速率常数$k$。

根据朗伯-比尔(Lambert Beer)定律，$A=\varepsilon cl$，若用分光光度法测定给定时间t时配合物的吸光度A，并以$-\ln A$对t作图，也可得到一直线，由其斜率可求得k。

由于反应产物$[Co(NH_3)_5H_2O]Cl_3$在测定波长下也有吸收，因此测得的吸光度A实际上是反应物$[CoCl(NH_3)_5]Cl_2$和生成物$[Co(NH_3)_5H_2O]Cl_3$的吸光度之和。生成物在 550nm 的摩尔吸光系数ε为$21.0cm^{-1} \cdot mol^{-1} \cdot L$，由此可以求得无限长时间生成物的吸光度$A_\infty$，而某瞬间配合物$[CoCl(NH_3)_5]Cl_2$的吸光度可近似用$A-A_\infty$表示，以$-\ln(A-A_\infty)$对$t$作图，得到一直线，由直线的斜率可求得水合反应速率常数k。

测定不同温度时的水合速率常数k，可以求得水合反应的活化能E_a：

$$\lg\frac{k_2}{k_1} = \frac{E_a}{2.303R}\left(\frac{1}{T_1} - \frac{1}{T_2}\right)$$

仪器和药品

仪器：722 型(或 721 型)分光光度计、天平、秒表、恒温水浴槽、烧杯、50mL 容量瓶、量筒、

微型过滤装置、电热恒温干燥箱。

药品：$CoCl_2 \cdot 6H_2O$、H_2O_2 (30%)、HNO_3 (0.3mol · L^{-1})、HNO_3 (6.0mol · L^{-1})、NH_4Cl、浓氨水、HCl (6.0mol · L^{-1})、浓 HCl、无水乙醇、丙酮、冰。

实验步骤

1. $[CoCl(NH_3)_5]Cl_2$ 的制备

在小烧杯中加入 4mL 浓氨水，再加入 0.5g 氯化铵，搅拌使其溶解。在不断搅拌下分三四次加入 1g 研细的 $CoCl_2 \cdot 6H_2O$，得到黄红色$[Co(NH_3)_6]Cl_2$ 沉淀。制备过程在通风橱中进行。

在不断搅拌下慢慢滴入 1.5～2.0mL 30% H_2O_2，黄红色沉淀慢慢转化为深红色$[Co(NH_3)_5H_2O]Cl_3$溶液。慢慢注入 3mL 浓盐酸，生成紫红色$[CoCl(NH_3)_5]Cl_2$ 晶体。将此反应混合物在 85～90℃水浴上加热 15min 后，冷却至室温，用微型过滤装置减压过滤。用 2mL 冰冷水洗涤沉淀，然后用 2mL 冰冷的 6.0mol · L^{-1} HCl 洗涤，再用少量乙醇(0.5mL)洗涤一次，最后用丙酮(0.5mL)洗涤一次，产物在烘箱中于 100～110℃干燥 1～2h。称量，计算产率。

2. $[CoCl(NH_3)_5]Cl_2$ 水合反应速率常数和活化能的测定

用天平称取 0.15g $[CoCl(NH_3)_5]Cl_2$，放入小烧杯中，加少量蒸馏水，置于水浴中加热使其溶解，然后转移至 50mL 容量瓶中，加入 2.5mL 6.0mol · L^{-1} HNO_3，用水稀释至刻度。溶液中配合物浓度为 1.2×10^{-2}mol · L^{-1}，HNO_3 的浓度为 0.3mol · L^{-1}。

将溶液分成两份，分别放入 60℃和 80℃的恒温水浴槽中保持恒温，每隔 5min 测一次吸光度。当吸光度变化缓慢时，可每隔 10min 测定一次，直至吸光度无明显变化为止[溶液最终的吸光度应接近 $A_\infty = \varepsilon c l = 21.0 \times (0.15 \div 250.5 \div 0.050) \times 1 = 0.25$]。将吸光度数据填入表 12-83-1 和表 12-83-2。测定时以 0.3mol · L^{-1} HNO_3 溶液为参比溶液，用 1cm 比色皿在 550nm 波长下进行测定。分光光度计的使用参见 13.3 节。

表 12-83-1 $[CoCl(NH_3)_5]Cl_2$ 在 80℃ 时水合反应溶液的吸光度数据

时间 t/min	0	5	10	15	20	25	30	35	40	45	50	55	60
吸光度 A													
$-\ln(A-A_\infty)$													

表 12-83-2 $[CoCl(NH_3)_5]Cl_2$ 在 60℃ 时水合反应溶液的吸光度数据

时间 t/min	0	5	10	15	20	25	30	35	40	45	50	55	60
吸光度 A													
$-\ln(A-A_\infty)$													

3. 数据处理

以 $-\ln(A-A_\infty)$ 对 t 作图，由直线斜率计算出水合反应速率常数 k。由 60℃和 80℃的 k_{60} 和 k_{80} 计算出水合反应的活化能 E_a。写出计算过程。

思考题

(1) 在制备$[CoCl(NH_3)_5]Cl_2$的反应中，若有活性炭存在时，将会得到什么产物？

(2) 为什么加入NH_4Cl固体？

(3) 配合物取代反应S_N1和S_N2机理各是什么？

(4) 怎样计算A_∞？

实验附注

(1) 实验参考数值：$k_{60}=6.0\times10^{-3}\sim1.6\times10^{-2}\,min^{-1}$，$k_{80}=2.4\times10^{-2}\sim3.5\times10^{-2}\,min^{-1}$，$E_a=60\sim70kJ\cdot mol^{-1}$。

(2) 制得的$[CoCl(NH_3)_5]Cl_2$晶体里本身含有其他杂质，最明显的就是紫红色的$[CoCl(NH_3)_5]Cl_2$晶体里含有绿色的钴配合物杂质，这是因为钴的配合物里随着氯原子、NH_3的个数之比不同，配合物会呈现不同的颜色。

(3) 测量80℃下水合反应速率常数时，应防止恒温水浴里水蒸气进入溶液中，使溶液颜色变浅，溶液变稀。

实验八十四　安息香及其氧化重排产物的合成及表征

安息香的合成及表征

实验目的

了解辅酶催化合成安息香的反应原理及其合成方法，利用红外光谱表征其分子结构。

实验原理

本实验采用有生物活性的辅酶维生素B_1(Thiamine)来代替剧毒的氰化物完成安息香缩合反应，反应时，维生素B_1分子中的噻唑环上与氮和硫邻位的氢，在碱的作用下可生成碳负离子(Ⅱ)。

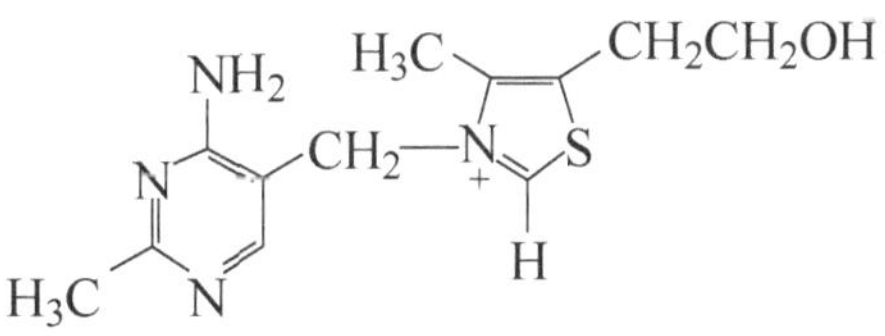

维生素B_1

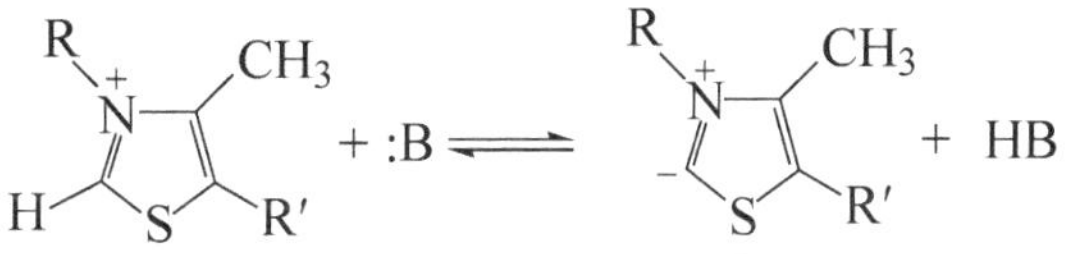

(Ⅰ)　　(Ⅱ)

(Ⅱ)与苯甲醛作用生成中间体(Ⅲ)，(Ⅲ)可以被分离得到。

(Ⅲ)经异构化脱去质子得到了中间体烯胺(Ⅳ)，(Ⅳ)与另一分子苯甲醛作用时就得到了缩合中间物(Ⅴ)，再进一步得到产物(Ⅵ)。

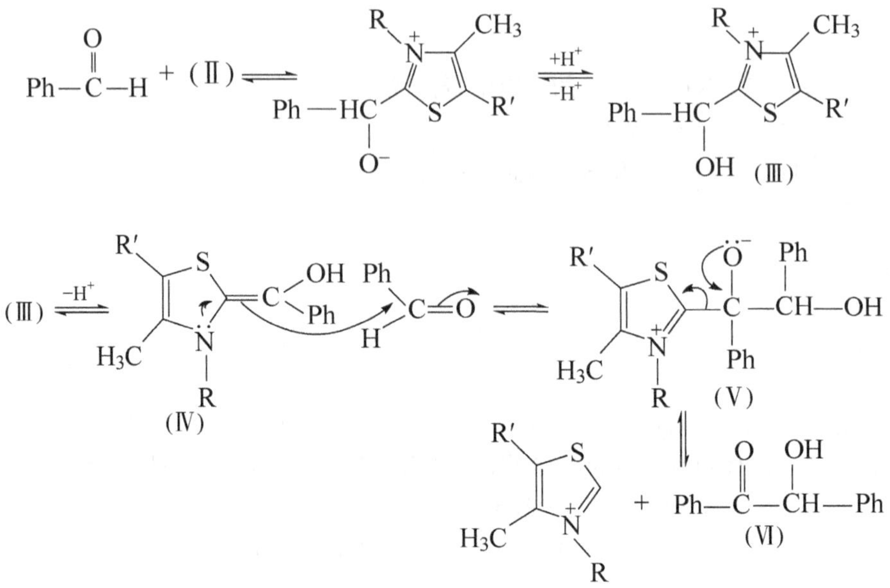

仪器和药品

仪器：100mL 圆底三口烧瓶、250mL 圆底烧瓶、试管、磁力搅拌器、回流冷凝管、温度计、减压蒸馏装置、循环水泵、熔点仪、布氏漏斗、抽滤瓶。

药品：维生素 B_1、苯甲醛、95%乙醇、氢氧化钠、蒸馏水、食盐。

实验步骤

1. 原料处理与装置安装

向 100mL 圆底三口烧瓶或锥形瓶中加入 3.5g(0.010mol)维生素 B_1 和 10mL 蒸馏水使其溶解，再加入 30mL 95%乙醇(维生素 B_1 必须在水中完全溶解后再加乙醇)，塞上瓶塞，放在冰盐浴中冷却[注1]。另取 5mL 15%的氢氧化钠溶液于一支试管中，置于冰水浴中冷却。冷却时间至少 10min，再量取 20mL 新蒸的苯甲醛备用[注2]。

2. 开始反应

试剂冷却 10min 后，在冷却下将冰浴中保存的氢氧化钠溶液加入到烧瓶中维生素 B_1 溶液内，并立即加入量好的 20mL(20.8g，0.196mol)苯甲醛，充分振动使反应物混合均匀，测定溶液的 pH 应在 10 左右。然后装上回流冷凝管、加热，控制反应温度在 65～75℃。反应后期可以适当升高温度至 80℃。反应混合物呈橘黄色均相溶液或有沉淀产生。反应约 90min 后停止加热。

3. 分离纯化

反应停止后，反应混合物冷却至室温后。将其用冰水冷却，使晶体析出。如果反应混合物中出现油层，应重新加热使其变成均相溶液，再慢慢冷却结晶。若无晶体析出，可用玻璃棒在溶液内摩擦容器内壁，促使其结晶析出。减压过滤，用 100mL 冷水分两次洗涤晶体，干燥后得粗产物。用 95%乙醇重结晶，每克产物约需乙醇 7mL，纯化后产物为白色晶体。

4. 产物表征

计算产率,测定熔点及红外光谱,并与安息香的已知红外光谱图对比,指出其主要吸收带的归属。

注释

［注 1］维生素 B_1 受热易变质,将失去催化作用。应放于冰箱内保存,使用时取出,用完及时放回冰箱中。

［注 2］苯甲醛易被空气中的氧所氧化,如发现实验中所使用的苯甲醛有固体物存在,则必须重新蒸馏才能使用。

思考题

(1) 合成安息香可选择的催化剂有哪些?

(2) 为什么要向维生素 B_1 的溶液中加入氢氧化钠? 试用化学反应式说明。

安息香衍生物二苯乙二酮的合成及表征

实验目的

(1) 了解由安息香氧化合成二苯乙二酮的方法。

(2) 学习用薄层层析监测反应进程。

实验原理

苯偶酰(Benzil,二苯基乙二酮)是重要的有机合成试剂,通常由安息香氧化而得,能氧化安息香的试剂很多,常用的氧化剂有硝酸、乙酸铜、三氯化铁等。本实验以安息香为原料,采用硝酸氧化法合成二苯乙二酮。

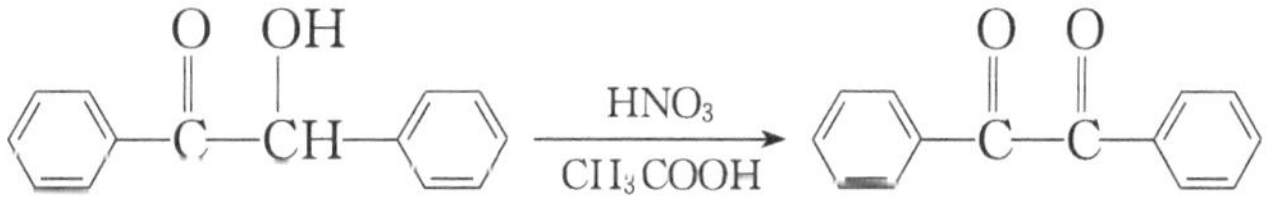

简单的薄层层析法虽然不能准确地显示反应混合物中各组分的含量,却可以方便地显示氧化反应进程。如果反应进行时,不加以监测,盲目延长反应时间,不仅浪费了时间和能源,而且已经得到的产物往往还会进一步发生变化,使产率和产品纯度都降低。为此,本实验采用薄层层析法,在反应过程中,通过不断取样进行分析来监测反应的进程。

仪器和药品

仪器:100mL 圆底三口烧瓶、气体吸收装置、7.5cm×2.0cm 薄层板两块、层析瓶、碘缸、回流冷凝管、温度计、循环水泵、熔点仪、布氏漏斗、抽滤瓶。

药品:乙酸、浓硝酸(70%,比重 1.42)、二氯甲烷、甲醇。

实验步骤

在 100mL 圆底三口烧瓶上装有回流冷凝管和温度计,在回流冷凝管上安装气体吸收装置。依次加入 6.0g 安息香、30mL 乙酸和 15mL 浓硝酸(70%,比重 1.42),塞住第三个瓶口,然后将此反应混合物加热至液体温度为 85～95℃。当安息香完全溶解后,用细毛细管取出少量的反应液点在薄层板上并放置使乙酸和硝酸挥发。1.5h后再次取样点在同一薄层板上。然后以二氯甲烷为展开剂，用紫外灯显色。当薄层分析显示安息香已全部（或接近全部）转化为二苯基乙二酮后，将反应液冷却并加入120mL水和120g冰的混合物。此时有黄色的二苯基乙二酮结晶出现。抽滤，并用少量冰水洗涤结晶固体，干燥后，用甲醇进行重结晶，计算产率。测定纯品的熔点和红外光谱，并与二苯基乙二酮的已知谱图对比，指出其主要吸收带的归属。计算安息香和二苯基乙二酮的 R_f 值。

思考题

（1）已知安息香：λ_{max}=248nm(EtOH)；二苯基乙二酮：λ_{max}=260nm(EtOH)，试用此二数据确定用薄层板分离得到的两个点各是哪一个化合物，并算出各自的 R_f 值。哪一个化合物的 R_f 值大一些，为什么？

（2）产物二苯基乙二酮为黄色结晶固体，原料安息香为白色固体。试从原料与产物的结构特点出发说明这种颜色的变化。

二苯基乙醇酸的合成及表征

实验目的

学习二苯基乙醇酸重排及其合成方法。

实验原理

二苯基乙二酮是一个不能烯醇化的α-二酮，当用碱处理时发生了碳骨架的重排，得到二苯基乙醇酸。由于二苯基乙醇酸是这种类型重排中最早的一个实例产物，故此种类型的重排亦称为二苯基乙醇酸重排。

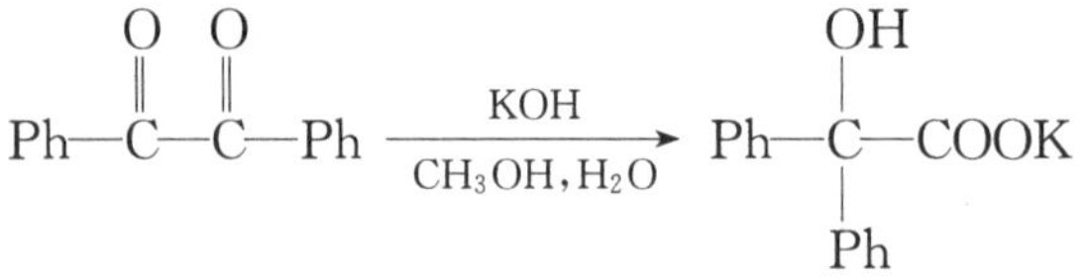

此反应是由羟基负离子向二苯基乙二酮分子中的一个羰基加成，形成活性中间体开始的。此时另一个羰基是亲电中心，苯基带着一对电子进行转移重排，而反应的动力是生成的羧基负离子的稳定性。这一重排反应可普遍用于将芳香族α-二酮转化为芳香族α-羟基酸，某些脂肪族α-二酮也可发生类似的反应。总反应式为

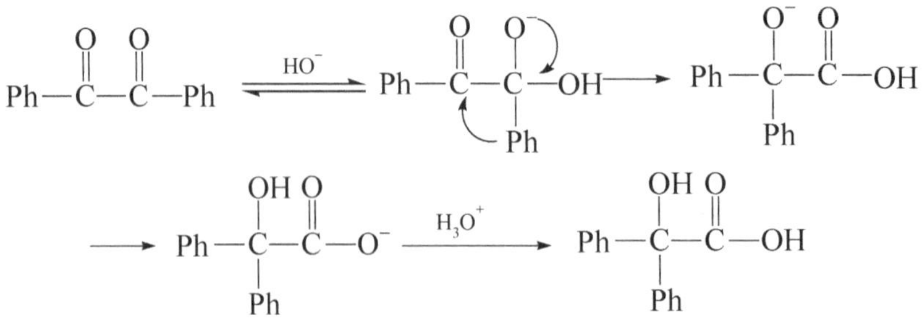

仪器和药品

仪器：50mL圆底烧瓶、回流冷凝管、小烧杯、加热套、水浴锅、表面皿、水泵、熔点仪、布氏

漏斗、抽滤瓶。

药品：氢氧化钾、95％乙醇、蒸馏水、浓盐酸、活性炭、刚果红试纸。

实验步骤

在50mL圆底烧瓶中，分别加入2.5g氢氧化钾溶于5mL水中，2.5g二苯乙二酮溶于7.5mL 95％乙醇的溶液，混合均匀后，装上回流冷凝管，加热回流15min。然后将反应混合物转移到小烧杯中，在冰水浴中放置约1h，直至析出二苯乙醇酸钾盐的晶体。抽滤，并用少量冷乙醇洗涤晶体。

将过滤出的钾盐溶于70mL水中，用滴管加入2滴浓盐酸，少量未反应的二苯乙二酮成胶体悬浮物，加入少量活性炭并搅拌几分钟，然后用折叠滤纸过滤。滤液用5％的盐酸酸化至刚果红试纸变蓝（约需25mL），即有二苯乙醇酸晶体析出，在冰水浴中冷却使结晶完全。抽滤，用冷水洗涤，除去晶体中的无机盐。进一步纯化可用水重结晶，并加少量活性炭脱色。称量产量，测熔点。

思考题

（1）如果二苯乙二酮用甲醇钠在甲醇溶液中处理，经酸化后应得到什么产物？写出产物的结构式和反应机理。

（2）如何由相应的原料经二苯乙醇酸重排合成下列化合物：

① 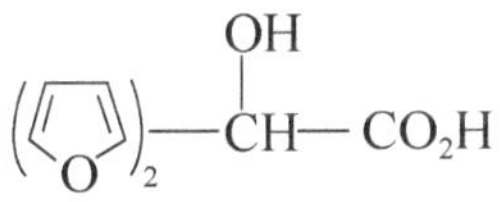

② 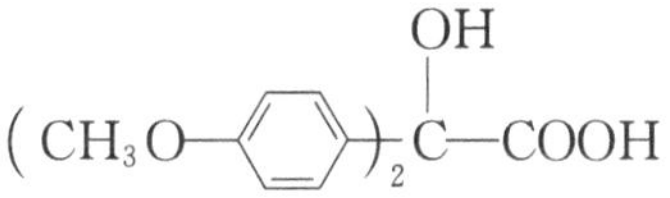

③ 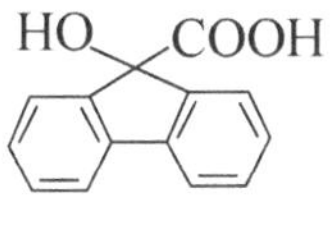

④ $(HOOCCH_2)_2C(OH)—COOH$（柠檬酸）

实验八十五　淀粉与丙烯腈接枝共聚物及其皂化产物的合成

实验目的

（1）掌握淀粉与丙烯腈以Ce^{4+}盐作引发剂的接枝共聚合反应的机理、条件与方法。

（2）了解淀粉接枝共聚反应中的接枝效率、接枝百分数、接枝频率等的表征方法和意义。

（3）掌握淀粉-g-聚丙烯腈皂化反应的方法及产物的性质。

实验原理

淀粉可以通过接枝共聚合反应与丙烯腈、丙烯酸、丙烯酰胺、丙烯酸酯、乙酸乙烯酯、苯乙烯等高分子单体形成兼具有天然高分子与合成高分子性质的接枝共聚物（graft copolymers）。淀粉与丙烯腈的接枝共聚物（淀粉-g-聚丙烯腈）经皂化反应后的产物，可用做超强吸水剂和土壤稳定剂。

绝大多数的淀粉烯类的接枝共聚反应是自由基引发的。自由基可以通过很多方法产生，如化学法和辐射法。下面仅讨论两种比较典型的化学法引发接枝共聚反应的历程。

1. 间接氧化法

一些高价的过渡金属离子(如 Ce^{4+}),可以直接氧化淀粉产生自由基,其反应历程首先是高价过渡金属离子与淀粉形成配合物中间体,中间体分解后在淀粉配位键处形成自由基,而后丙烯腈单体经自由基聚合反应不断地进行链的增长。当丙烯腈的加聚反应到一定聚合度时,两个带自由基的终端相遇,发生双基耦合终止链反应。

$$\text{Starch—H} \xrightarrow{Ce^{4+}} \text{Starch}\cdot + Ce^{3+} + H^{+}$$

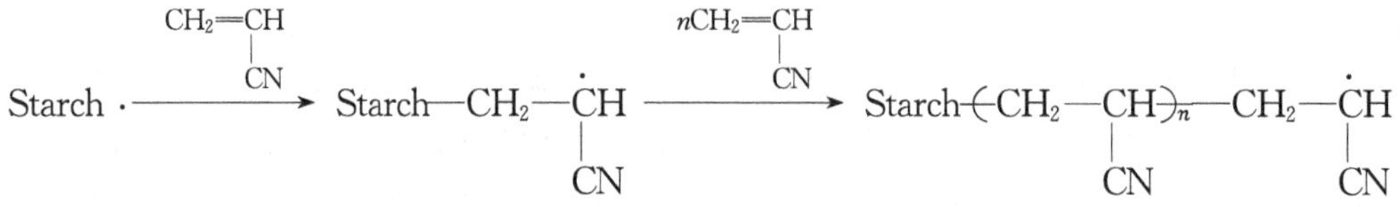

2. 链转移法

用一组氧化-还原体系,在他们之间发生反应产生自由基,然后从淀粉上提取氢,从而形成淀粉自由基。常用的体系为过氧化氢和还原性铁形成的体系,其反应如下:

$$Fe^{2+} + H_2O_2 \longrightarrow Fe^{3+} + OH^{-} + \dot{O}H$$

$$\text{Starch—H} + \dot{O}H \longrightarrow \text{Starch}\cdot + H_2O$$

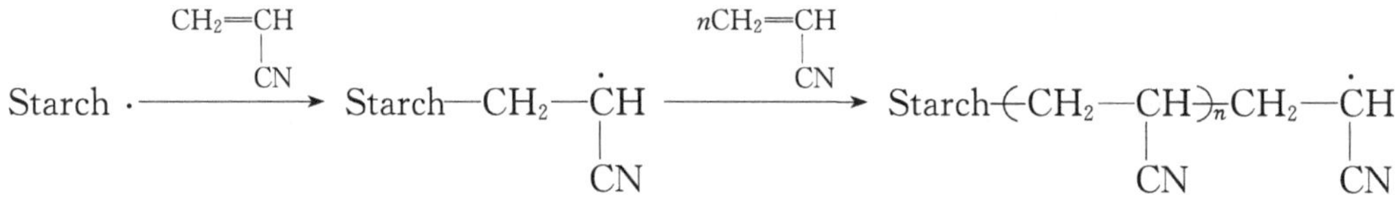

仪器和药品

仪器:机械搅拌装置、500mL 三口瓶、氮气导管、y 形接管、温度计、冷凝管、烧杯、量筒、锥形瓶、布氏漏斗、抽滤瓶、恒温水浴箱、搪瓷托盘、电热烘箱、80 目筛、100 目筛。

药品:淀粉、丙烯腈、$(NH_4)_2Ce(NO_3)_6$、HNO_3、NaOH、95%乙醇、甲醇及 pH 试纸。

实验步骤

1. 淀粉-g-聚丙烯腈的合成

在 500mL 装有机械搅拌装置、回流冷凝管、氮气导管的三口瓶中,加入 11g 玉米淀粉,用 200mL 水调成浆状,打开搅拌,通入氮气,使淀粉浆中有氮气鼓出。升温至 90℃,使淀粉糊化 30min,冷却至 30℃,加入 18mL 丙烯腈,5min 后加入新配制的 0.17g $(NH_4)_2Ce(NO_3)_6$ 与 3mL HNO_3($1mol \cdot L^{-1}$)的混合溶液作为引发剂,搅拌下反应 3h。过滤产物,乙醇洗涤,产物在 60℃进行真空干燥,称量后计算产率。

2. 淀粉-g-聚丙烯腈皂化产物的制备及吸水倍率的测定

取 5g 淀粉-g-聚丙烯腈置于锥形瓶中,加入 45mL NaOH($0.7mol \cdot L^{-1}$)溶液混合均匀后,加热至混合物变成红色的黏稠状,塞紧瓶塞后置于 95～100℃的电热烘箱中 3h,此时混合物变为淡黄色均匀的分散体,冷却后在甲醇溶液中搅拌成碎块,继续用甲醇脱水,直至皂化产物成松散的粉末为止。60℃真空干燥,粉碎并通过 80 目筛。

称取皂化产物 1g，缓慢地分散到 2L 蒸馏水中，注意不要使皂化产物在水中形成团块。皂化产物很快吸收水分并膨胀成透明的凝胶颗粒，整个分散体系成为黏稠的糊状物，16min 后倾入 100 目筛中，让游离的未被吸收的水自网眼漏下，用量筒量出漏下的水的体积，从而判断淀粉-g-聚丙烯腈皂化产物的吸水倍率。计算接枝产率及皂化后产物的吸水倍率。

思考题

(1) 接枝反应过程中为什么要一直通入氮气？

(2) 接枝效率、接枝百分率和接枝频率的概念是什么？

(3) 应如何测定接枝效率？

实验八十六 [Co(Ⅱ)Salen]配合物的制备及载氧作用

实验目的

(1) 通过[Co(Ⅱ)Salen]配合物的制备掌握金属有机合成中的一些基本操作技术。

(2) 通过[Co(Ⅱ)Salen]配合物的吸氧量测定和放氧观察了解某些金属配合物的载氧作用原理。

实验原理

在自然界的生物体中，有许多含有过渡金属离子的蛋白，在一定条件下，能够吸收和放出氧气，以供有机体生命活动的需要。例如，含铁的肌红蛋白、血红蛋白、含铜的血清蛋白和含钒的血钒蛋白等。这些天然的载氧体结构复杂。在一些比较简单的无机配合物中也观察到类似的现象，这些简单的无机配合物已广泛地被用做研究载氧体的模拟化合物。其中研究得最多的是钴的配合物，如双水杨醛缩乙二胺合钴[Co(Ⅱ)Salen](图 12-86-1)。

本实验以[Co(Ⅱ)Salen]为例来观测配合物的吸氧和放氧作用。[Co(Ⅱ)Salen]配合物由于制备条件的不同可以有两种不同的固体形态存在(见图 12-86-2)，一种是棕褐色黏状产物(活性型)，在室温下能迅速吸收氧气；另一种是暗红色晶体(非活性型)，在室温下稳定，不吸收氧气。由图 12-86-2 可见，活性型[Co(Ⅱ)Salen]配合物是一个双聚体，其中一个[Co(Ⅱ)Salen]分子中的 Co 和另一个分子中的 Co 相结合；非活性型[Co(Ⅱ)Salen]配合物也是一个双聚体，它是一个[Co(Ⅱ)Salen]分子中的 Co 与另一个分子中的 O 相结合。活性型[Co(Ⅱ)Salen]配合物在室温能吸收氧气，在较高温度下放出氧气，这种循环作用可以进行多次，但载氧能力随着循环的进行而不断降低。

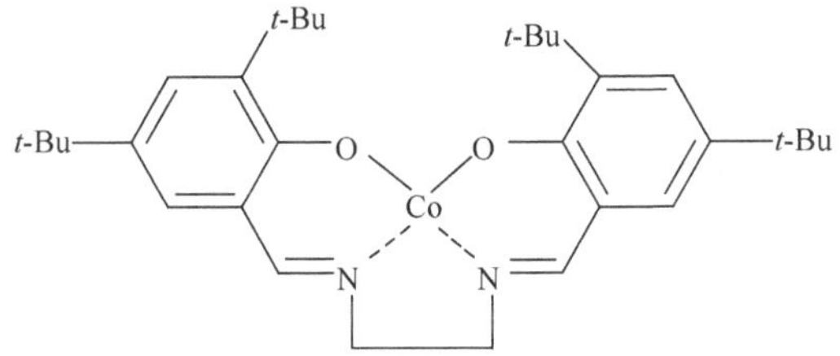

图 12-86-1 [Co(Ⅱ)Salen]配合物

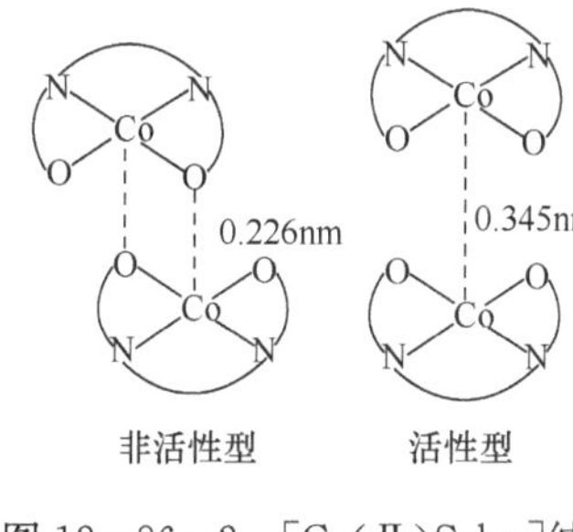

图 12-86-2 [Co(Ⅱ)Salen]结构

非活性的[Co(Ⅱ)Salen]配合物在某些溶剂(L)中，如二甲亚砜(DMSO)、二甲基甲酰胺(DMF)、吡啶(Py)等，能与溶剂配位而成活性型，后者能迅速吸收氧气而形成一种 2∶1 的加合物，其结构如图 12-86-3 所示。其反应式为

$$2[Co(Ⅱ)Salen]+2L+O_2 \longrightarrow [Co(Ⅱ)Salen]_2L_2O_2$$

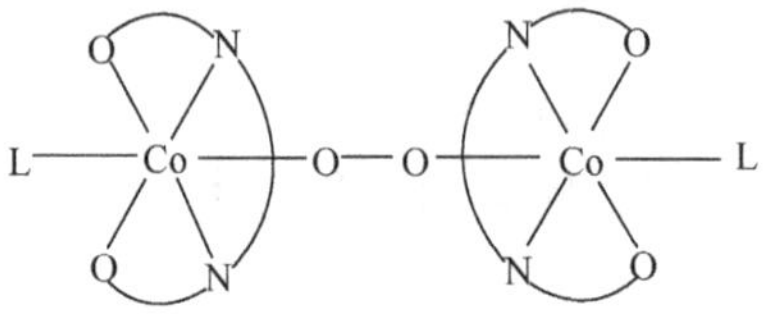

图12-86-3 $[Co(Ⅱ)Salen]_2L_2O_2$ 结构式

在 DMSO 溶剂中所形成的氧加合物$[Co(Ⅱ)Salen]_2(DMSO)_2O_2$是细颗粒状的暗褐色沉淀，不易过滤，可用离心分离法得到暗褐色沉淀，加合物中 Co 和 O 的物质的量比可用气体容积测量法测定。

当给$[Co(Ⅱ)Salen]_2(DMSO)_2O_2$加合物中加进弱电子给予体氯仿或苯后，加合物将慢慢溶解，不断放出细小的氧气流，并产生暗红色的[Co(Ⅱ)Salen]溶液。

$$[Co(Ⅱ)Salen]_2L_2O_2 \xrightarrow{CHCl_3} 2[Co(Ⅱ)Salen]+2L+O_2\uparrow$$

仪器和药品

仪器：100mL 圆底三口烧瓶、250mL 圆底四口烧瓶、冷凝管、分液漏斗、抽滤瓶、布氏漏斗、1mL 和 2mL 移液管各一支、离心试管、量筒、氮气钢瓶、氧气钢瓶、量气管、烧杯、离心机、电磁搅拌器、温度计、恒压滴液漏斗。

药品：2,4-二叔丁基苯酚、六次甲基四胺、水杨醛、乙酸、98%乙二胺、二甲亚砜、95%乙醇、四水合乙酸钴、氯仿。

实验步骤

1. 3,5-二叔丁基水杨醛的制备

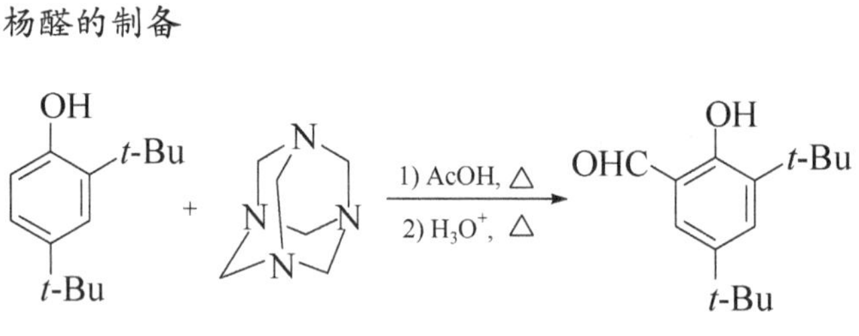

将 6.25g 2,4-二叔丁基苯酚，8.5g 六次甲基四胺及 15mL 乙酸加入到 100mL 三口瓶中，在 1h 内加热到 130°C，在此温度下反应 2h。将混合物冷却至 75°C，加入 15mL 硫酸(33%，质量分数)，加热回流反应 1h。反应液冷却至 75°C，倒入夹套分液漏斗中分液(夹套漏斗预热至 75℃)，移除下层水相，将上层有机相转移至锥形瓶中冷却至 50℃后加入 20mL 甲醇，冷却至 5℃，真空抽滤。甲醇重结晶得黄色固体产品，产率 40%～50%。

2. 非活性型[Co(Ⅱ)Salen]的制备

在装有回流冷凝管、温度计、恒压滴液漏斗及氮气装置的 250mL 四口瓶中注入 100mL

95%乙醇，再加入 1.84g(7.8mmol)自制的水杨醛。在搅拌情况下注入 0.24g(3.9mmol)乙二胺，让其反应 4～5min。此时生成亮黄色的双水杨醛缩乙二胺片状晶体。然后向四口瓶中通入氮气赶尽装置中的空气，再调节氮气流使速度稳定在每秒 1～2 个气泡。开始加热，温度保持在 70～80℃。溶解 0.96g(3.9mmol)乙酸钴于 7.5mL 热水中，在亮黄色片状晶体全部溶解后，把乙酸钴溶液缓缓加入四口瓶中，立即生成棕色的胶状沉淀，在 70～80℃时搅动 1h，在这段时间内棕色沉淀慢慢转为暗红色晶体。移去热源用冷水冷却反应瓶，中止氮气流。抽滤晶体，用 5mL 水洗涤三次，然后用 5mL 95%乙醇洗涤。滤液和洗液回收于回收瓶中，将产物转移至表面皿中，自然干燥，最后称量并计算产率。供下次实验用。

3. [Co(Ⅱ)Salen]配合物的吸氧测定

(1) 按图 12-86-4 装好仪器，打开活塞 3 使装置与大气相通，将水准瓶 2 与量气管 1 顶端刻度相齐，向量气管内加水至满刻度，上下升降水准瓶赶尽附于量气管和胶管壁的气泡。

(2) 检查漏气：关闭装置与大气相通的活塞 3，将水准瓶 2 下移一段距离，并固定在一定位置上，若量气管 1 内水面只在开始稍有下降，随即保持稳定，说明装置气密性好。若液面不断下降，则应检出漏气处，直至调整到不漏气为止。

(3) 准确称取 0.3～0.4g[Co(Ⅱ)Salen]，放入干燥的三口瓶 5 中，量取 20mL DMSO 或 DMF 于滴液漏斗 6 中，通入 O_2 3～4min，使其饱和。

(4) 用 O_2 流冲洗装置，最后使量气管 1 及反应瓶 5 充满氧气，关闭活塞 3 隔断 O_2 出入口，调节水准瓶 2 使液面与量气管 1 内液面保持同一水平。记录液面位置。

(5) 打开滴液漏斗 6 活塞使 DMSO 或 DMF 流入三口瓶，开动搅拌器 7，每隔 5min 读出量气管 1 中液面位置，并观察反应物的变化，至连续两次液面位置的变化小于或等于 0.1mL 时为止，记录当时的室温和大气压，将数据填入表 12-86-1 中。

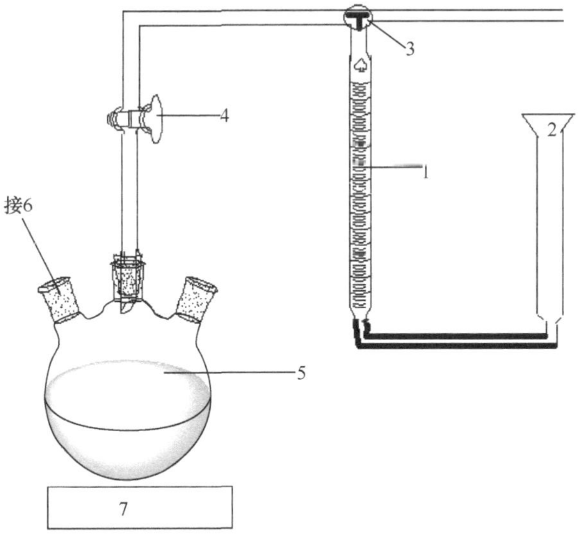

图 12-86-4　吸氧装置

1—量气管；2—水准瓶；3—三通活塞；4—单通活塞；5. 反应瓶；6—恒压漏斗；7—磁力搅拌

4. 氧加合物[Co(Ⅱ)Salen]$_2$(DMSO)$_2$O$_2$在氯仿中的反应

将吸氧后所得到的氧加合物转移至两离心试管中，使两管重量分配平衡，离心分离至沉淀沉积在离心管底部约10～15min，小心倾出上层浓液于回收瓶中，沿管壁向试管中的残余物上(不必干燥)加5～10mL氯仿。不要搅拌和振摇试管，细心观察管内出现的现象并解释观察到的结果。

结果处理

(1) 室温________℃，大气压力________ mmHg，室温时的饱和水蒸气压力________ mmHg。

表12-86-1　数据记录

编号	1	2	3	4	5	6	7	8
时间/min	0	5	10	15	20	25	30	35
量气管液面读数/mL								
吸收氧体积/mL								

(2) 求出一定温度下被吸收O$_2$的体积，由理想气体方程式算出O$_2$摩尔数，从而可算出O$_2$/[Co(Ⅱ)Salen]的分子比，计算公式如下：

$$n_{O_2}/n_{[Co(II)Salen]}=(p_{atm}-p_{H_2O})V/RTn_{[Co(II)Salen]}$$

(3) 观察并解释加合物在氯仿中的现象并用反应方程式表示。

思考题

(1) 制备配合物时通氮气起何作用？

(2) [Co(Ⅱ)Salen]配合物在DMSO或DMF和氯仿中有两种截然不同的吸氧和放氧作用，试从溶剂的性质来解释其起的作用。

(3) 读取量气管液面位置时，为什么要使用水准瓶和量气管内的液面保持同一水平？

(4) 写出吸氧、放氧反应式。

实验八十七　聚乙烯醇缩甲醛(胶水)的制备

乙酸乙烯溶液聚合

实验目的

增强对溶液聚合的认识，进一步掌握溶液聚合的反应特点。

实验原理

溶液聚合是单体、引发剂在适当的溶剂中进行的聚合反应。根据聚合物在溶剂中溶解与否，溶液聚合又分为均相溶液聚合和非均相溶液聚合或沉淀聚合。自由基聚合、离子聚合和缩聚反应均可采用溶液聚合。

在均相聚合中，由于聚合物处在良溶剂中，聚合物大分子链处于比较伸展状态，包裹程度较浅，链段容易扩散，活性端基容易相互靠近而发生双基终止。只有在高转化率时，才开始出现自动加速现象。如果单体浓度不高，则有可能消除自动加速现象，聚合反应可遵循正常的自由基聚合动力学规律。因此溶液聚合方法是实验室中研究聚合机理、聚合动力学的常用的方法。

在沉淀聚合中，由于聚合物处在劣溶剂中，聚合物大分子链处于卷曲状态，端基被包裹，聚合一开始就出现自动加速现象，不存在稳态阶段，随着转化率的提高，包裹程度加深，自动加速现象严重。沉淀聚合的动力学行为与均相溶液聚合有明显的不同。均相聚合阶段按双基终止机理，聚合速率与引发剂浓度的平方根成正比。而沉淀聚合一开始就呈非稳态，包裹程度极深，只能单基终止，聚合速率将与引发剂浓度的一次方成正比。

溶液聚合的一个突出特点就是在聚合过程中存在链转移问题。高分子链自由基向溶剂分子的链转移可在不同程度上使产物的相对分子质量降低。聚合温度也很重要，随着温度的升高，反应速度要加快，相对分子质量要降低。当其他条件固定时，随着温度升高，链转移反应速度也要增加，所以选择合适的温度，是保证聚合物质量的关键。实验后的附表中列出了甲醇在乙酸乙烯酯自由基聚合时，在不同反应温度下的链转移常数值。

单体转化率对相对分子质量及相对分子质量分布也有一定影响，因为随着转化率的不同，影响相对分子质量的因素，如引发剂、单体、溶剂及生成的大分子等的浓度均发生了变化，所以在不同时期里，生成的高聚物相对分子质量也不同。转化率越高，相对分子质量分布也就越宽。

在溶剂浓度较小的乙酸乙烯聚合反应中，一般随转化率增加，反应速度逐渐增加。这说明有自动加速现象存在。当转化率达50%左右时，反应速度开始急剧下降。在这种条件下，要达到高转化率，聚合时间就要加长。因此，在工业生产中转化率一般控制在50%左右。

仪器和药品

仪器：100mL 三口瓶、回流冷凝管、电动搅拌器、恒温水浴、搪瓷盘、温度计。

药品：乙酸乙烯酯、偶氮二异丁腈、无水甲醇。

实验步骤

在100mL三口瓶中依次加入20mL乙酸乙烯酯(密度为0.9342g · mL^{-1})，0.02g偶氮二异丁腈和7mL无水甲醇，氮气置换三口瓶中空气后，在氮气气氛下搅拌加热，使其微微回流，反应温度控制在65℃。聚合溶液变得非常黏稠后停止反应(约1.5h)，加入20mL无水乙醇，使反应瓶中反应物稀释，然后将溶液慢慢倾入盛水的大搪瓷盘中。聚乙酸乙烯呈薄膜析出，待膜不黏结时，用水反复洗涤，晾干后，剪成碎片，放入真空干燥箱内进行干燥。计算产率。

思考题

(1) 试以乙酸乙烯溶液聚合为例，说明溶液聚合的特点，并分析影响溶液聚合反应的因素。

(2) 请根据本实验投料量计算试验配方，并与有机化工厂工艺配方相比较，看在那些方面做了变更？你预计一下这些变更对聚合反应和产物有什么影响？

聚乙烯醇(PVA)的制备——聚乙酸乙烯(PVAC)的醇解

实验目的

了解聚乙酸乙烯的醇解反应原理、特点及影响醇解程度的因素。

实验原理

聚乙烯醇不能直接用乙烯醇单体聚合而得。工业上应用的聚乙烯醇是通过聚乙酸乙烯醇解或水解得到的。由于醇解法制得的 PVA 容易精制、纯度较高、产品性能较好，因而目前工业上多采用醇解法。本实验采用以甲醇为醇解剂，NaOH 为催化剂的体系进行醇解反应。为了使实验更适合教学需要，醇解条件比工业上要来的缓和。

PVAC 和 NaOH-CH_3OH 溶液中的醇解反应，主要按下列反应进行

$$\left[CH_2-\underset{\displaystyle OCOCH_3}{\underset{|}{CH}}\right]_n + nCH_3OH \xrightarrow{NaOH} \left[CH_2-\underset{\displaystyle OH}{\underset{|}{CH}}\right]_n + nCH_3COOCH_3$$

在主反应中，NaOH 仅起催化剂的作用，但 NaOH 还可以参加以下两个副反应：

$$CH_3COOCH_3 + NaOH \longrightarrow CH_3COONa + CH_3OH$$

$$\left[CH_2-\underset{\displaystyle OCOCH_3}{\underset{|}{CH}}\right]_n + nNaOH \longrightarrow \left[CH_2-\underset{\displaystyle OH}{\underset{|}{CH}}\right]_n + nCH_3COONa$$

这两个副反应在含水量较大情况下，会显著地进行。它们消耗了大量的 NaOH，从而降低了对主反应的催化效能，使醇解反应进行不完全，影响 PVA 的成色，降低了产品质量。因而为了尽量避免这种副反应，对物料中的含水量应有严格的要求，一般控制在 5%以下。

PVAC 的醇解反应(又称酯交换反应)的机理和低分子酯与醇之间的交换反应很相似。在 PVAC 醇解反应中，由于生成的 PVA 不溶于甲醇中，所以呈絮状物析出。反应中要选择合适的工艺条件，控制甲醇用量，NaOH 用量，醇解温度等。

仪器和药品

仪器：100mL 三口瓶、电动搅拌器、温度计、恒温水浴、抽滤装置。

药品：聚乙酸乙烯、无水甲醇、氢氧化钠。

实验步骤

在 100mL 单口瓶中加入 40mL 无水甲醇，在电磁搅拌下缓慢加入 6g 剪成碎片的 PVAC，然后加热搅拌使其溶解[注1]。在配有电动搅拌和温度计的 100mL 三口瓶中加入 14mL 3% NaOH-CH_3OH 溶液，将溶液温度控制在 30～35℃，然后用滴管滴加冷至室温的 PVAC 甲醇溶液进行醇解。滴加完后反应 0.5h，然后升温到 62℃，反应 1h，将生成的 PVA 抽滤、压干，并进行干燥。

注释

溶解 PVAC 时要先加甲醇，在搅拌下慢慢将 PVAC 碎片加入，不然会成团，影响溶解。

思考题

(1) 为什么会出现胶冻现象？对醇解有什么影响？

(2) PVA 制备中影响醇解度的因素是什么？实验中要控制哪些条件才能获得较高的醇解度？

(3) 如果 PVAC 干燥不透，仍含有未反应的单体和水时，试分析在醇解过程中会发生什

么现象?

聚乙烯醇缩甲醛(胶水)的制备

实验目的

了解聚乙烯醇缩甲醛化学反应的原理,并制备胶水。

实验原理

聚乙烯醇水溶液在浓盐酸催化下与甲醛缩合制得的聚乙烯醇缩甲醛(polyvinyl formal,简称 PVFM 或 PVFO)树脂,又名 107 胶,为无色透明溶液,易溶于水。由于性能优良,价格低廉,故广泛应用于建筑业,有"万能胶"之称。可用于粘贴瓷砖、壁纸、外墙饰面等,还用于制鞋业粘贴皮鞋衬里和做文具胶水等。其反应如下:

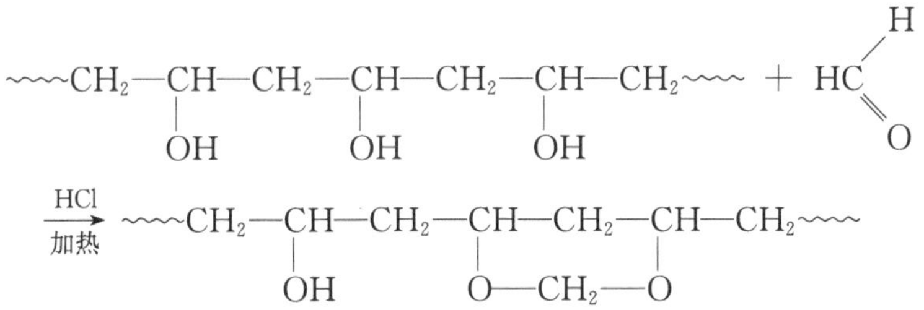

本实验是合成水溶性的聚乙烯醇缩甲醛。反应过程中需要控制较低的缩醛度以保持产物的水溶性,若反应过于猛烈,则会造成局部缩醛度过高,导致不溶于水的物质生成,影响胶水质量。因此在反应过程中,特别注意要严格控制催化剂用量、反应温度、反应时间及反应物比例等因素。聚乙烯醇缩甲醛随缩醛化程度的不同,性质和用途各有不同,它能溶于甲酸、乙酸、二氧六环、氯化烃(二氯乙烷、氯仿、二氯甲烷)、乙醇-甲苯混合物(30∶70)、乙醇-甲苯混合物(40∶60)及 60%的含水乙醇中。缩醛度为 75%~85%的聚乙烯醇缩甲醛重要的用途是制造绝缘漆和黏合剂。

仪器和药品

仪器:100mL 三口瓶、搅拌器、温度计、恒温水浴。

药品:聚乙烯醇、甲醛(40%)、盐酸、氢氧化钠、蒸馏水。

实验步骤

在 100mL 三口瓶中加入 40mL 去离子水(或蒸馏水)、3g 聚乙烯醇(自制),在搅拌下升温溶解。等聚乙烯醇完全溶解后,于 90℃左右加入 2mL 甲醛(40%工业纯),搅拌 15min,再加入 1∶4 盐酸,调节溶液 pH 为 1~3。保持反应温度 90℃左右,继续搅拌,反应体系逐渐变稠,当体系中出现气泡或有絮状物产生时(约 15min),迅速加入 1.3mL 4%的 NaOH 溶液,同时加入 14mL 去离子水(或蒸馏水)。调节体系的 pH 为 8~9。然后冷却降温,获得无色透明黏稠的液体,即市场出售的胶水。

思考题

(1) 试讨论缩醛化反应机理及催化剂的作用。

（2）为什么缩醛度增加，水溶性下降，当达到一定的缩醛度以后，产物完全不溶于水？

（3）产物最终为什么要把 pH 调到 8～9？

（4）试讨论缩醛对酸和碱的稳定性。

实验八十八　固体超强酸的制备、表征及其在酯化反应中的应用——绿色化学实验Ⅲ

实验目的

（1）了解固体超强酸催化剂的制法及其在有机合成中的应用。

（2）掌握乙酸正丁酯的反应原理及制备方法。

（3）学习气相色谱、红外光谱、X 射线衍射等测试仪器的使用。

（4）掌握分水器的使用及操作；

实验原理

超强酸是比 100%的硫酸还要强的酸，可分为固态和液态。固体超强酸和液体超强酸相比，具有容易与液相反应体系分离、不腐蚀设备、后处理简单、环境污染小、选择性高等特点，可在较高温度范围内使用，扩大了热力学上可能进行的酸催化反应的应用范围。在催化反应中，固体超强酸对烯烃双键异构化、醇脱水、烯烃烷基化、酸化、酯化等都显示出较高的活性。在环保呼声日益高涨、强调可持续发展的今天，固体超强酸更是成为热门研究对象。

固体超强酸由负载物（或称促进剂）和载体两部分组成，早期固体超强酸的负载物主要是含卤素的化合物，自 1979 年日本学者 M. Hino 等首次报道了用 SO_4^{2-} 作促进剂合成固体酸催化剂后，人们主要集中于这类无卤素单组分固体超强酸催化剂的制备与应用，合成了各种含 SO_4^{2-} 负载物的 SO_4^{2-}/M_xO_y 催化剂，而后又发展了多组分复合固体超强酸，极大地丰富了催化剂反应与应用领域。固体超强酸由于其特有的优点和广阔的工业应用前景，已受到国内外学者广泛关注，成为固体酸催化剂研究中的热点。

研究表明在 SO_4^{2-}/M_xO_y 型固体超强酸中，硫酸根与金属氧化物的配位形式有三种：单配位、螯合双配位和桥式双配位（图 12-88-1）。

(A) 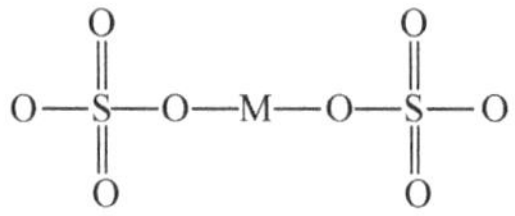 (B) 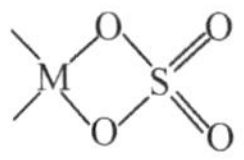 (C) 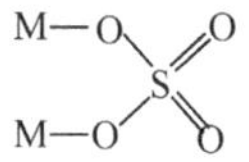

图 12-88-1　金属氧化物与促进剂配位图

在 SO_4^{2-}/M_xO_y 型固体超强酸酸中心的形成主要源于 SO_4^{2-} 在表面配位吸附，由于 S═O 的诱导效应，M—O 键上电子云强烈偏移，增加了相应金属离子得电子的能力，强化了 L 酸中心；在干燥与焙烧时，催化剂结构中的水发生解离吸附产生质子酸中心。固体超强酸表面上 B 酸、L 酸中心形成的理论模型如图 12-88-2 所示。一般认为：焙烧的低温阶段是催化剂表面的游离硫酸的脱除和脱水过程；高温阶段则为酸中心的形成过程；而在超高温条件下则会导致 SO_4^{2-} 以气态硫化物的形式流失，致使超强酸结构受到破坏。

酯化反应既可在 B 酸中心上进行，也可以在 L 酸中心上进行。当原料羧酸先吸附在催化剂表面上，酯化反应按下述机理Ⅰ进行；当原料醇先吸附在催化剂表面上，酯化反应按下述机理Ⅱ进行。

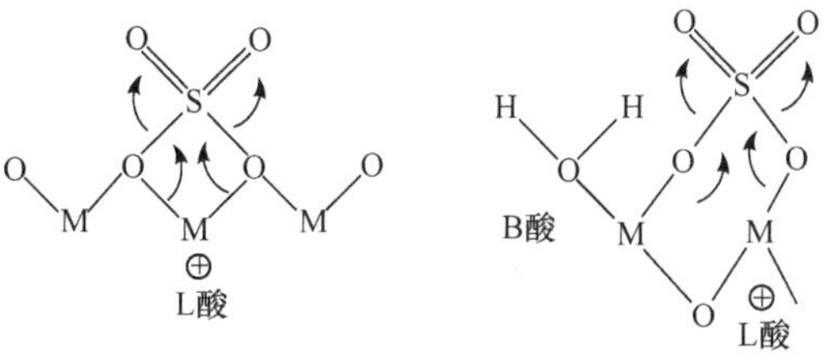

图 12-88-2 L 酸与 B 酸形成机理

机理Ⅰ

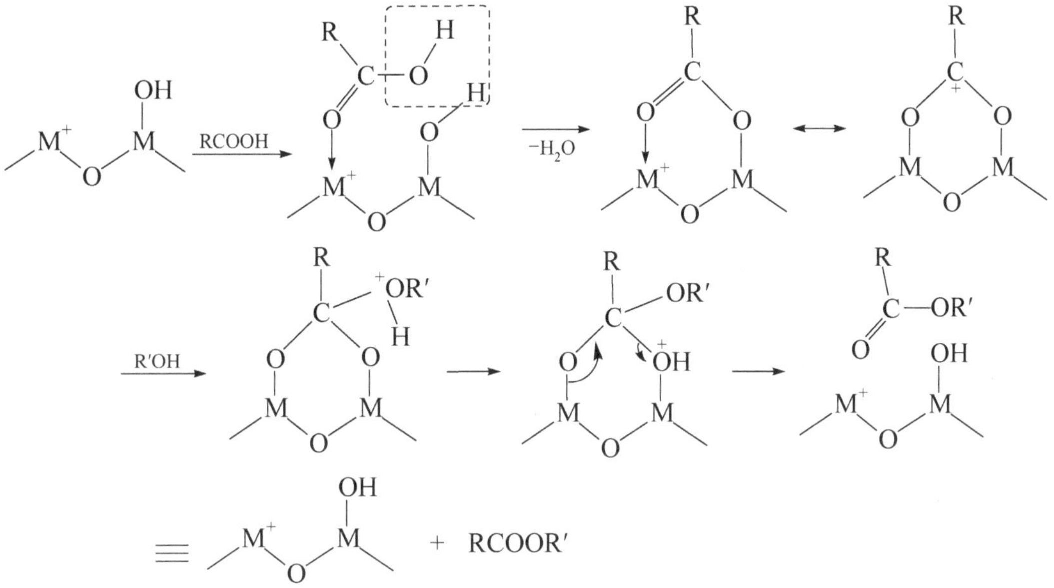

机理Ⅱ

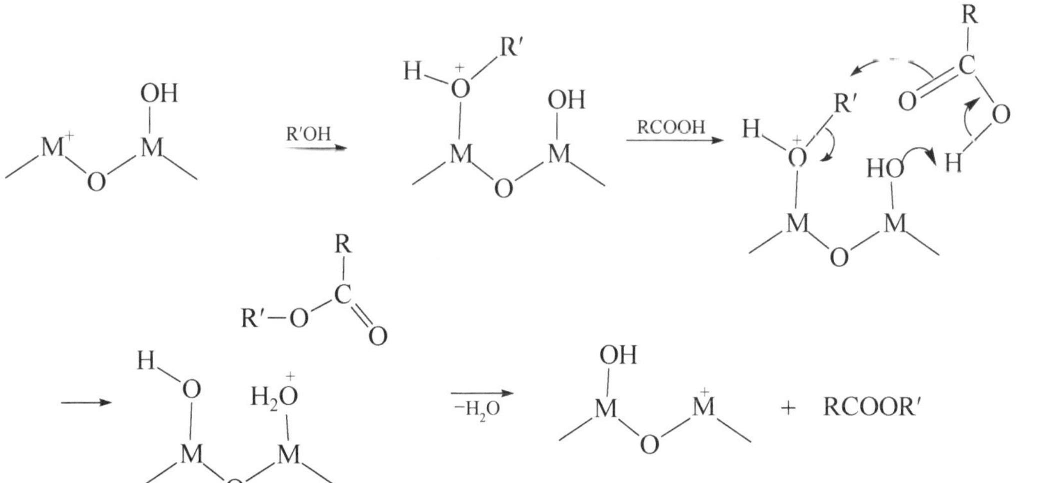

仪器和药品

仪器：圆底烧瓶、分水器、蒸馏头、球形冷凝器、直形冷凝器、锥形瓶、分液漏斗、烧杯、量筒、温度计、磁力搅拌、气相色谱(公用)、红外光谱仪(公用)、X 射线衍射仪(公用)。

药品:乙酸、正丁醇、硫酸、TiO_2、饱和碳酸钠溶液、饱和氯化钠溶液、无水硫酸镁。

实验步骤

1. 固体超强酸催化剂的制备

称取 2g 20～30nm 的锐钛型 TiO_2,放入 100mL 的烧杯中,加入 20mL 的 1.0mol · L^{-1}硫酸溶液,加入磁子,搅拌 1h 后,真空抽滤,所得固体置于表面皿中,于 110℃烘箱干燥。干燥后的固体,放入坩埚中于 450℃马弗炉内焙烧 3h,得 SO_4^{2-}/TiO_2固体超强酸催化剂。

2. 乙酸丁酯的制备

在 100mL 圆底烧瓶中,加入上述固体超强酸催化剂 1g,14.3mL 乙酸,27.4mL 正丁醇,装上分水器及回流冷凝器。反应前在分水器中加入($V-X$)mL 水,其中 V 是分水器体积,X 是略大于理论分水量的水的体积。开启冷却水,缓慢加热,保持瓶内液体微沸,当冷凝器有回流液滴下时,调节热源保持正常回流速度。1h 后,在分水器中可以看到有反应生成水出现,当水层逐渐增至支管口处时为反应终点,停止加热。冷却后卸下回流冷凝管,反应液倒入分液漏斗中[注1],用饱和碳酸钠溶液中和至中性,分去水层。用等体积饱和氯化钠溶液洗涤有机相[注2]。将有机相倒入锥形瓶中,加入 2～3g 无水硫酸镁干燥。干燥后的乙酸正丁酯进行常压蒸馏,收集 124～126℃馏分[注3]。纯乙酸正丁酯为无色液体,沸点 126.5℃,$d_4^{20}=0.8825$,$n_D^{20}=1.3951$。

3. 催化剂及产物的表征

采用 X 射线衍射仪对制备的催化剂及反应后的催化剂进行表征;采用气相色谱、红外光谱对产物乙酸正丁酯进行表征。

注释

[注 1]　反应液中除乙酸丁酯外,还有水、少量未反应的正丁醇及乙酸、副产丁醚。

[注 2]　饱和氯化钠溶液洗涤的目的是洗去碳酸钠,又降低乙酸正丁酯在水中的溶解度。

[注 3]　产物乙酸正丁酯的沸点与相应共沸物的沸点相差不大,因此在中和、洗涤及干燥操作中,一定要保证质量,否则会由于共沸物的形成使沸点降低,影响产率。

思考题

(1) 乙酸正丁酯的合成实验是根据什么原理来提高产品产量的?

(2) 乙酸正丁酯的粗产品中,除产物乙酸正丁酯外,还有什么杂质? 怎样将其除掉?

第三部分

附　　录

第 13 章　化学实验中的常用测量测定仪器

13.1　酸度计、离子计和电位计

13.1.1　测量原理

酸度计(又称 pH 计)是一种通过在零电流条件下测量两电极间电位差的方法来测定溶液 pH 的仪器。酸度计的主体是精密的电位计,除可以测量溶液的 pH 外,配上相应的离子选择电极也可以测量离子电极电势(也称离子计),还可以测量氧化还原电对的电极电势值及配合电磁搅拌进行电位滴定等。

实验室常用的酸度计有 pHS-2 型、pHS-2C 型和 pHS-3B 型等各种型号,各仪器结构虽有所不同,但基本原理相同。不同类型的酸度计都是由测量电极、参比电极和精密电位计三部分组成。两个电极插入待测溶液组成电池,参比电极作为标准电极提供标准电极电势,测量电极(指示电极)的电极电势随 H^+ 的活度而改变。因此,当溶液中的 H^+ 活度变化时,电动势就会发生相应变化。

水溶液酸度的测量一般用玻璃电极作为测量电极,将饱和甘汞电极作为参比电极。测定溶液的 pH 时,将玻璃电极和饱和甘汞电极同时浸入待测溶液中组成电池,其电动势为

$$E=\varphi_{正}\quad\varphi_{负}=\varphi_{甘汞}-\varphi_{玻璃}=\varphi_{甘汞}-\left(\varphi^{\ominus}_{玻璃}+\frac{2.303RT}{nF}\lg a_{H^+}\right)=E^{\ominus}+\frac{2.303RT}{nF}\mathrm{pH}$$

式中,R 为气体常数;T 为热力学绝对温度;F 为法拉第常数;$E^{\ominus}$ 为玻璃电极标准电极电位。

25℃时,pH 可由下式计算得出:

$$\mathrm{pH}=\frac{E-E^{\ominus}}{0.0592}$$

由于存在不对称电位,用玻璃电极测定溶液的 pH 时一般采用比较法测定。通常是使用一个已知 pH 的标准缓冲溶液进行定位,即用酸度计测定其电动势 E,由上式求常数 $E^{\ominus}$,然后就可据待测溶液的 E 值,换算该溶液的 pH。酸度计已将电动势 E 用 pH 表示,因此可在酸度计上直接读取溶液的 pH。

因为玻璃电极易碎,目前的酸度计多采用 pH 复合电极。pH 复合电极是由玻璃电极和参比电极组合在一起的塑壳可充式电极。玻璃电极头部球泡是由特殊的玻璃薄膜制成,它仅对 H^+ 有敏感作用。当玻璃电极浸入被测溶液内,被测溶液中 H^+ 与电极球泡表面水化层中 H^+ 进行离子交换,形成一电位,球泡内层也同时有电位存在。因此球泡内外产生电位差(膜电位),此电位差随外层被测溶液中 H^+ 活度的变化而改变。由于电极内部的溶液 H^+ 活度不变,所以只要测出此电位差就可知被测溶液的 pH。

13.1.2　使用方法

1. 开机

(1) 将电极旋入插座，调节电极夹到适当位置。安装好电极并用蒸馏水清洗。

(2) 将电源线插入电极插座后按下电源开关，预热 30min 后进行标定。

(3) 转换开关的使用：当其置于自动位置时，仪器处于 pH 自动温度补偿状态，此时手动温度补偿不起作用；当其置于手动位置时，将测温传感器拔去，将“选择”开关置于“℃”，调节温度调节旋钮，使数字显示值与被测溶液温度计显示值相同，则手动温度补偿起作用。

2. 标定（两点校正法）

(1) 在测量电极插座处拔除短路插头，插上复合电极及测温传感器。

(2) 如不用复合电极，则在测量电极插座处插上电极转换器插头，玻璃电极插头插入转换器插座处，参比电极插入参比电极接口处。

(3) 将选择开关旋钮置于 pH 档。如需测量溶液温度，将“选择”开关置于“℃”。

(4) 把斜率补偿旋钮顺时针旋到底。

(5) 将清洗过的电极插入 pH 6.86 的缓冲溶液中。调节定位调节旋钮，使仪器显示读数与该缓冲溶液当时温度下的 pH 相一致。

(6) 用蒸馏水清洗电极，再插入 pH 4.00（或 pH 9.18）的缓冲溶液中，调节斜率调节旋钮，使仪器显示读数与该缓冲溶液当时温度下的 pH 相一致。

(7) 重复上述(5)(6)操作，直至不用再调节斜率旋钮为止。注意：经标定后定位调节旋钮及斜率调节旋钮不应再有变动。

3. 测量 pH

用蒸馏水清洗电极，再用被测溶液清洗电极，将电极插入被测溶液中，读取溶液 pH。

4. 测量电极电位

把电极转换器插头插入仪器后部的测量电极插座内，把离子选择性电极的插头插入转换器插座内；把甘汞电极插入仪器后部的参比电极接口上。把两电极插入被测溶液中，即可显示电极电位值(mV)。

13.2　气相色谱仪

13.2.1　测量原理

气相色谱法是利用混合物中各组分在流动相和固定相中具有不同的溶解和解析（气液色谱）或吸附和脱附（气固色谱）能力，即各组分在两相中的分配系数不同。当两相做相对运动时，各组分在两相中进行反复多次的分配，从而使混合物中各组分得以分离。

气相色谱仪以气体为流动相（载气），待测样品由微量注射器注入进样口，在气化室气化后，被载气带入装有固定相的色谱柱内移动。在此过程中，各样品组分在流动相和固定相之间进行分配，分配系数大的组分在固定相上的溶解或吸附能力强，停留时间长，移动速度慢。经过反复多次的分配，各组分按时间顺序流出色谱柱，依次进入检测器，检测器将各组分的质量信号转变成电信号，在色谱流出曲线中表示为色谱峰面积，峰面积与所对应组分的质量成正比。

13.2.2　使用方法

以使用氢火焰离子化检测器为例。

1. 开机步骤

(1) 打开载气(氮气)钢瓶，调节减压阀至 0.5～0.6MPa，再打开氢气及空气发生器电源(如使用氢气钢瓶则调节至 0.2～0.3MPa)。

(2) 连接好色谱柱，确认无漏气现象，确认进样垫及玻璃衬管处于良好状况，如需更换或清洗请在实验进行前完成。

(3) 调节载气压力至分析条件。打开色谱主机电源，同时打开工作站电源，进入分析窗口，参照实验条件分别设定进样口温度、检测器温度和柱箱温度。

(4) 仪器开始升温，待温度达到设定后，调节氢气和空气流量，然后进行点火，并确认是否点火成功。

(5) 等待仪器稳定，在工作站上给样品取名字，进样分析。分析完毕进行数据后处理。

2. 关机步骤

(1) 测量完成后，首先关闭氢火焰离子化检测器的电源，再分别设定进样口、检测器及柱箱温度为室温，进行仪器的降温。等柱温、检测器及进样口温度均低于 50℃时，关闭工作站窗口。

(2) 关闭主机电源。

(3) 关闭气源(载气、氢气和空气)。

13.2.3　注意事项

(1) 氢气比较危险，实验时要保持室内空气良好流通。

(2) 每次实验前要对气路进行泄露检查(包括载气和氢气)，应及时更换进样器的密封垫。

(3) 实验过程中设置的温度均应在仪器允许的范围内。

(4) 不使用的检测器和进样口，最好处在关闭状态。

(5) 用微量注射器取样时，要慢吸快排，确保没有气泡。取好样后应立即进样，进样时，注射器应与进样口垂直，针尖刺穿硅橡胶垫圈，插到底后迅速注入试样，完成后立即拔出注射器，整个动作应进行得稳当、连贯、迅速。针尖在进样器中的位置、插入速度、停留时间和拔出速度等都会影响进样的重复性。操作时应注意不要用力过猛，以免弄弯或折断进样针。

(6) 仪器运行时严禁打开柱箱。

13.3　722S 型分光光度计

13.3.1　测量原理

分光光度法测定的理论依据是朗伯-比尔定律：当一束平行单色光通过单一均匀的、非散射的吸光物质溶液时，溶液的吸光度与溶液浓度和液层厚度的乘积成正比。如果固定比色皿厚度测定有色溶液的吸光度,则溶液的吸光度与浓度之间有简单的线性关系,可根据相对测量的原理,用标准曲线法进行定量分析。

722S 型分光光度计是一种新型分光光度法通用仪器,能在波长 340～1000nm(波长精度:±2nm)进行透过率、吸光度和浓度直读测定,广泛应用于医学卫生、临床检验、生物化学、石油化工、环保监测、质量控制等部门做定量分析用。仪器的外形见图 13-3-1。

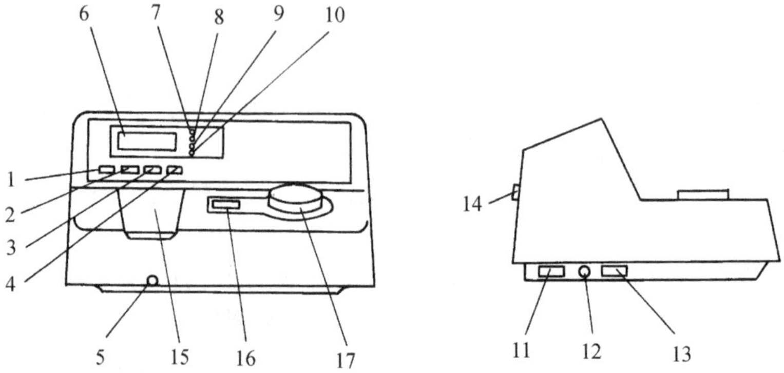

图 13-3-1　722S 型可见分光光度计外形

1—◆/100%T 键;2—◆/0%T 键;3—Function 键;4—MODE 键;5—试样槽架拉杆;6—显示窗 4 位 LED 数字;7—TRANS 指示灯;8—ABS 指示灯;9—FACT 指示灯;10—CONC 指示灯;11—电源插座;12—熔丝座;13—总开关;14—RS232C 串行接口插座;15—样品室;16—波长指示窗;17—波长调节钮

13.3.2　使用方法

(1) 预热。仪器开机后灯及电子部分需热平衡,故开机预热 30min 后才能进行测定工作(如紧急应用时请注意随时调零,调 100%T)。

(2) 调零。为校正基本读数标尺两端(配合 100%T 调节),进入正确测试状态,在开机预热 30min 后,打开试样盖(关闭光门),然后按"0%T"键,即能自动调零。

(3) 调整 100%T。为校正基本读数标尺两端(配合调零),进入正确测试状态,一般在调零前应加按一次 100%T 调整,以使仪器内部自动增益到位。调零后,将用作背景的空白样品置入样品室光路中,盖下试样盖(同时打开光门),按下"100%T"键即能自动调整 100%T(一次有误差时可加按一次)。注意:调整 100%T 时整机自动增益系统重调可能影响 0%,调整后请检查 0%,如有变化可重调 0%一次。

(4) 调整波长。使用仪器上波长调节按钮,可方便地调整仪器当前测试波长,具体波长由钮左侧的显示窗显示,读出波长时应垂直观察。

(5) 改变试样槽位置使不同样品进入光路。仪器标准配置中试样槽架是四位置的,用仪器前面的试样槽拉杆来改变,打开样品室盖以便观察样品槽中的样品位置。最靠近测试者的为"0"位置,依次为"1"、"2"、"3"位置。对应拉杆推向最内为"0"位置,依次向外拉出相应为"1"、"2"、"3"位置,当拉杆到位时有定位感,到位时请前后轻轻推动一下以确保定位正确。

(6) 确定滤光片位置。本仪器备有滤光片(用以减少杂散光,提高 340～380nm 波段光度准确性),位于样品室内部左侧,用一拨杆来改变位置。当测试波长在 340～380nm 波段内作高精度测试时可将拨杆推向前(见机内印字指示)。通常不使用此滤光片,可将拨杆置于 400～1000nm 位置。注意:如在 380～1000nm 波段测试时,误将拨杆置于340～380nm 波段,则仪器将出现不正常现象(如噪声增加,不能调整 100%T 等)。

(7) 改变标尺。本仪器设有四种标尺：

TRANS. 透射比——用于透明液体和透明固体测量。

ABS. 吸光度——用于采用标准曲线法或绝对吸收法定量分析。

FACT. 浓度因子——用于在浓度因子法浓度直读时设定浓度因子。

CONC. 浓度直读——用于标样法浓度直读时，作浓度设定和读出。

各标尺间的转换用 MODE 键操作，由“TRANS.”、“ABS.”、“FACT.”、“CONC.”指示灯分别指示，开机初始状态为“TRANS”，每按一次顺序循环。

(8) RS232C 串行数据发送。仪器随机设有 RS－232C 串行通讯口，可配合串行打印机或计算机使用，本仪器 RS232C 口输出口定义及数据格式如下：

波特率	2400p/3
数据位	8 位
停止位	1 位

13.4　阿贝折射仪

13.4.1　测量原理

当 T 一定时，一束单色光从介质 1 进入介质 2 时，由于光传播速度的改变，而发生折射现象。根据光的折射定律，入射角与折射角之间有如下关系：

$$\frac{\sin i}{\sin r}=\frac{v_1}{v_2}=\frac{n_2}{n_1} \tag{13-4-1}$$

式中，v_1、v_2 分别为光在介质 1、2 中的传播速率；n_1、n_2 分别为介质 1、2 的折射率。由式(13－4－1)可知，如果一束光线由光疏介质 1 进入光密介质 2，即 $n_2>n_1$ 时，见图 13－4－1，则入射角 i 大于折射角 r，随着入射光束的入射角 i 不断增大，相应的折射角 r 也增大，当入射角 i 为 90°时，折射角达最大，用 r_c 表示，称临界角，就是说入射角在 90°以内的所有光线都可进入光密介质。如果在临界入射角处装有一观察装置，则可看到在 OY、OA 之间是亮的，有光线通过，而 OA 与 OX 之间无光线通过则为暗区，r_c 正处于明暗分界线的位置。当入射角 $i=90°$时，式(13－4－1)改写为

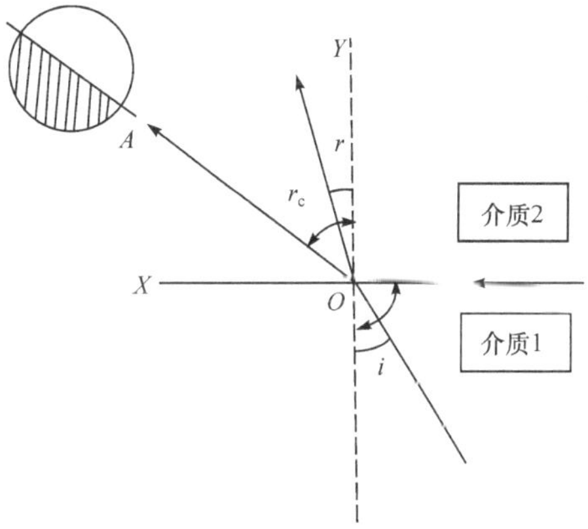

图 13－4－1　光的折射

$$n_1=n_2\sin r_c$$

由此可知，如将介质 2 固定不变，则临界角 r_c 的大小只和介质 1 的折射率有简单的函数关系。当介质 1 不同时，临界角 r_c 也不相同，故从临界角的变化，就可测出 n_1 的变化。

阿贝折射仪就是根据这一原理而设计的，其结构与光程的示意图如图13－4－2。根据图13－4－2 所示的原理，光线从光疏介质(待测液体)折射进入光密介质(测量棱镜设为 MN 面)时，折射角小于入射角，故各个方向的光均能在 MN 面发生折射而进入测量棱镜。当入射角最大(90°)时，折射角也达最大，即临界角。可见，对镜面 MN 上的一点而言，当光以0°～90°入射时，只有临界角以内才有折射光，而临界角以外则无折射光，就是说漫射光透过液层在 MN

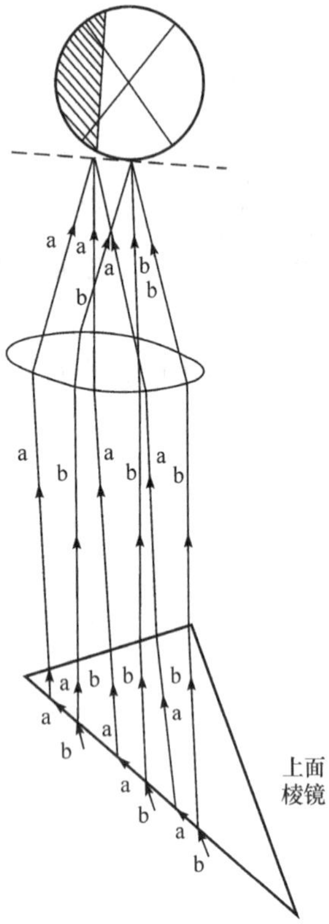

图 13-4-2 阿贝折射仪光程示意图

面折射时，全部进入测量棱镜。光通过测量棱镜再穿过空气后进入透镜聚焦于目镜的视野内，由于只有临界角内才有光线，故在目镜视野上出现一明区与暗区的界线。为了使测量均取同一基准，可通过转动棱镜组位置以使明暗分界线调至视野的十字交叉点处(图 13-4-2)。这时就可通过镜筒直接读出待测液体的折射率值。由于待测液体的光折射率不同，故其产生临界角不同，于是测定时要使明暗分界线每次均处十字线的交点处，则棱镜组旋转位置不同，从而就能读出不同待测液体折射率数值。

由于折射率和温度有关，因此测量时一定要调节到20℃或所需的温度。在棱镜的周围有夹套，可以通入恒温水，并有温度计孔用以测温。通常测定 25℃ 时的数值。

由于折射率和入射光的波长有关，故在查阅、测定折射率时应注明波长。通常选用钠黄光(波长 $\lambda=5893\text{Å}$，符号 D)为标准，但阿贝折射仪的光源为日光，因可见光部分为4000～7000Å 各种波长的混合光，波长不同的光在相同介质的传播速度不同而会产生色散现象，即令界面出现各种颜色。因此，在观测筒下方装有可调的补偿棱镜，通过它可以将色散的光补偿到钠黄光的位置。所以虽然使用的是白光，但经补偿后仍得到相当使用钠黄光所得到的结果。折射率的符号为 n_A^t，通常用 n_D^{25}。

13.4.2 使用方法

WYA-2S 数字阿贝折射仪(图 13-4-3)采用目视瞄准，数显读数，可测定液体或固体的折射率和糖水溶液中干固物的含量(Brix 锤度，测定锤度时可进行温度修正)，配有数据输出接口可向计算机传送数据，仪器还可显示样品的温度。在仪器折射棱镜中配有通恒温水结构，可外接恒温器测定样品在某一特定温度下的折射率。

仪器在使用时需定期校正，校正常用蒸馏水。水在不同温度下的折射率见表 13-4-1。若测量数据与标准有误差，可用钟表螺丝刀通过色散校正手轮中的小孔，小心旋转里面的螺钉，使分划板上交叉线上下移动，然后再进行测量，直到测量数据符合要求为止。

表 13-4-1 水在不同温度下的折射率

温度/℃	14	15	16	18	20	22	24	26
折射率	1.33348	1.33341	1.33333	1.33317	1.33299	1.33281	1.33262	1.33241
温度/℃	28	30	32	34	36	38	40	
折射率	1.33219	1.33192	1.33164	1.33136	1.33107	1.33079	1.33051	

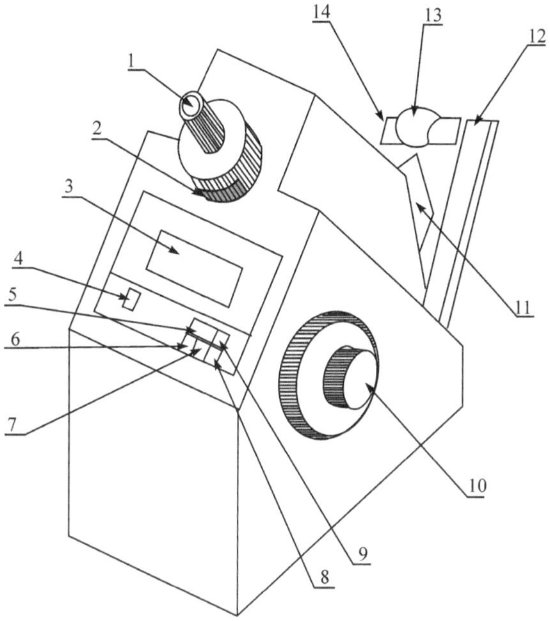

图 13-4-3　WYA-2S 数字阿贝折射仪外形图

1—目镜；2—色散校正手轮；3—显示窗；4—电源开关；5—“READ”键；6—“BX-TC”键；7—“n_D”键；8—“BRIX”键；9—“TEMP”键；10—调节手轮；11—棱镜(包括上面的进光棱镜和下面的测量棱镜)；12—照明灯转臂；13—照明灯；14—聚光镜筒

具体使用方法如下：

(1) 打开电源开关，照明灯亮，同时显示窗显示 00000。

(2) 检查上、下棱镜面，用水或酒精小心清洁其表面并用擦镜纸擦干。

(3) 将被测样品放在下棱镜面上。如为液体样品，可用干净滴管吸 1～2 滴液体样品滴在下棱镜面上，然后将上面的进光棱镜盖上。如为固体样品，则固体样品必须有一个经过抛光加工的平整表面，测量前需将抛光表面擦净，并在下棱镜工作表面上滴 1～2 滴折射率比固体样品折射率高的透明液体(如溴代萘)，然后将固体样品抛光面放在下棱镜工作表面上，测量时不需将上面的进光棱镜盖上。

(4) 旋转照明灯转臂和聚光镜筒使进光棱镜的进光表面或固体样品的进光表面照明均匀。

(5) 通过目镜观察视场，同时旋转调节手轮，使明暗分界线落在交叉线视场中，且为上亮下暗。

(6) 旋转目镜筒上的色散校正手轮，同时调节聚光镜位置，使视场中明暗两部分具有良好的反差及明暗分界线具有最小的色散。

(7) 再次旋转调节手轮，使明暗分界线准确对准交叉线的交点。

(8) 按“READ”键，显示窗中 00000 消失，数秒后显示被测样品的折射率。面板上的“n_D”、“BRIX”及“BX-TC”三个键是用于测定糖水样品时选择测量方式的，按“BRIX”键将设定显示未经温度修正的糖水样品的锤度值，按“BX-TC” 键将设定显示经过温度修正的糖水样品的锤度值。经选定后，再按“READ”键，显示窗就按预先选定的测量方式进行显示。

(9) 若需检测样品温度，可按“TEMP”键，显示窗将显示样品温度。当视窗显示为温度时，再按“n_D”、“BRIX” 或“BX-TC”键，显示的是原来的折射率或锤度。

(10) 样品测量结束后，必须用酒精或水小心清洁上、下棱镜面。

13.4.3 折射仪的维护

折射仪是一种精密、贵重的光学仪器，使用时应注意：

(1) 仪器应放置于干燥、空气流通的室内，防止光学零件受潮。搬动时应避免强烈振动和撞击，防止光学零件松动、损伤而影响精度。

(2) 不得测试带有酸性、碱性、腐蚀性的样品。

(3) 使用时要注意保护棱镜镜面。测试液体样品时样品中不准有固体杂质，滴加试液时禁止滴管触及棱镜；测试固体样品时应防止折射棱镜的工作表面拉毛或产生压痕。清洗时只能用擦镜纸而不能用滤纸。

(4) 数字阿贝折射仪连续使用时间不宜过长（一般不得超过 8h），否则会导致光源过热而缩短使用寿命。

13.5 旋 光 仪

在有机化学研究中旋光仪是一种专门用于测定物质旋光度的常用仪器。通过测定结构和浓度已知化合物溶液的旋光度便可得知该物质的纯度，或计算结构已知的旋光物质溶液的浓度。另外，物质的旋光性是由于结构非对称性造成的，故测定已知浓度的纯物质的旋光度可用于推测该有机化合物的结构。

13.5.1 偏振光与旋光度

普通单色光（同一波长）在垂直于其传播方向的各个方向上振动，这种光称为自然光；如果使单色光通过一个由方解石制成的尼科尔（Nicol）棱镜，因为只有同棱镜晶轴平行的方向上振动的光线才可以透过棱镜，透过的光线只在一个方向上振动，这种光就是平面偏振光。这种尼科尔棱镜称为起偏镜，如图 13－5－1 所示。

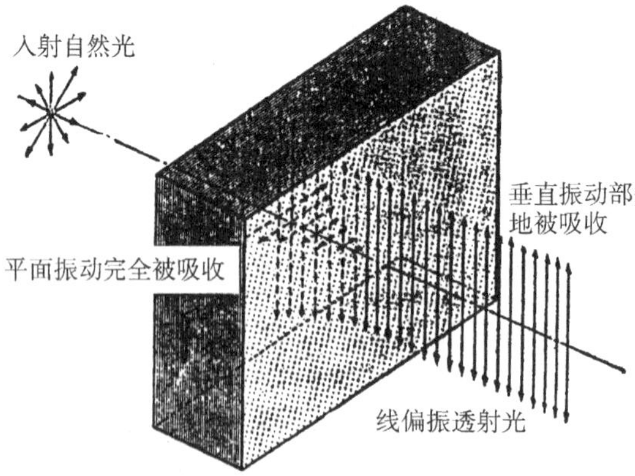

图 13－5－1 偏振光的产生

当偏振光通过具有旋光性物质的溶液时，光的振动方向会发生偏转，其偏转的角度称为旋光度，用 α 表示。旋光的方向和大小与分子本身的立体结构有关。当来自起偏镜的偏振光通过旋光物质后在光前进方向上向右旋转一个角度，则称该物质具有右旋性，把旋光度 α 定为正值。反之，则称该物质为左旋性，α 为负值。

旋光度 α 的大小与光穿过旋光物质液层厚度成正比，如为溶液，还与旋光物质浓度成正比。α 的计算如式(13-5-1)：

$$\alpha=[\alpha]_{D}^{t}\,lm/V \tag{13-5-1}$$

式中，l 为液层厚度，dm；V 为液层厚为 l 时的溶液体积，cm^3；m 为溶质的质量，g；$[\alpha]_{D}^{t}$ 称比旋光度，为溶液层厚为 1dm、溶液体积为 $1cm^3$ 且含 1g 溶质时的旋光度，右上标 t 为实验温度，右下标 D 为光源波长用钠光 D 线。当溶质不同时，$[\alpha]_{D}^{t}$ 值不同，故$[\alpha]_{D}^{t}$ 值是衡量物质旋光能力大小的量，一般用$[\alpha]_{D}^{20}$ 作为比较标准。还应指出，旋光度与溶剂有关，如溶剂不是水时，应指明是何种溶剂，另外旋光度随温度升高而降低。

13.5.2　旋光仪的结构及测量原理

旋光仪是用于测定物质旋光性的仪器(图 13-5-2)，主要部分为用尼科尔棱镜制成的起偏镜与检偏镜。起偏镜装在旋光仪的前端，它的作用是将从钠光源射出的钠自然光变成单一平面偏振光。当偏振光通过旋光物质(装在旋光管 3)后，偏振光要发生旋转。测量旋光度，要有一检偏镜。检偏镜位于仪器后部，并与读数刻度盘固定在一起，随刻度盘旋转而转动。当从起偏镜来的偏振光射入检偏镜时，若两镜的光轴平行，则偏振光全部通过检偏镜，视野最为明亮；当加入旋光性物质时，从起偏镜来的偏振光通过旋光管后要旋转一定角度，则检偏镜必须旋转同样角度才能使偏振光完全通过，达到最明亮视野。检偏镜旋转的这个角度可以从刻度盘上读出，此数值就是待测溶液的旋光度 α。

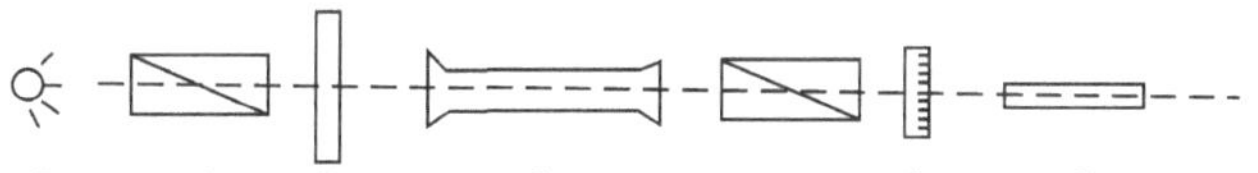

图 13-5-2　旋光仪光学系统示意图

1—起偏镜；2—石英片；3—旋光管；4—检偏镜；5—刻度盘；6—望远镜；7—钠光源

由于肉眼判断偏振光在通过旋光物质前后的光强度时视觉误差较大，为了精确测量旋光度，旋光仪结构上采用了一种三分视野的设计。其原理是，在起偏镜之后放置一狭长石英片 2，其长度约为视野的 1/3。由于石英片本身具有旋光性，所以，当由起偏镜透过的平面偏振光垂直通过石英片时，偏振面被旋转了一角度 Φ。因石英片只有视野的 1/3，而且是放置在中央，故目镜处观察到的是三等分部分视野，即两边视野是未通过石英片的偏振光，而中央视野则是通过石英片 2 并经石英片旋转的偏振光。通过检偏镜后，偏振光的振动方向变化如图 13-5-3(d)所示。H 是起偏镜后的振动方向，而 P 是通过石英片后的振动方向，两者夹角为 Φ，称之为半暗角。若检偏镜的主截面此时与起偏镜主截面平行，则在目镜处可看到图 13-5-3(a)的情况，即两边亮而中间暗；若检偏镜主截面与通过石英片后偏振光之偏振面平行，则出现中间亮而两边暗的现象，如图 13-5-3(b)；当检偏镜主截面位于 Φ 角一半时，则看到的三等分视野亮度完全相等，即图 13-5-3(c)。将此位置定为刻度盘上的零度，而且游标尺的零刻度线也与刻度盘零度重合。在进行测定时，先旋转检偏镜 4，直至视野中三部分亮度相同，所测得的读数即为零点。然后，将装入旋光物质的旋光管放入仪器中，因旋光物质又使透过其偏振光再旋转一旋光角，则视野中的三部分亮度不同。此时，再转动检偏镜 4，重新令视野三部分相等，这就是旋光物质使偏振光振动偏转的角度，即旋光角。这角度可从刻度盘与游标尺读出。

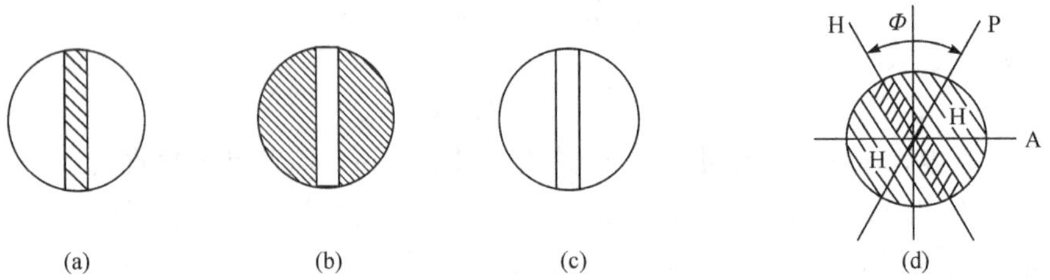

图 13-5-3 三分视野的明暗示意图

检偏镜与刻度盘相连。刻度盘分为 360°，每度为一格，游标尺为 20 小格，直读可达 0.05°，精确度为 0.05°。刻度盘顺时针读数为正值，即为右旋物质；反之，则为左旋物质。

使用旋光仪时应注意：钠光灯灯泡不能直接接在 220V 电源上；仪器使用时间一般不超过 4h，如需长时间使用，则使用中应关闭电源开关 10～15min，让钠光灯冷却后再重新使用；使用时，因弱碱液体对仪器有腐蚀作用，故旋光管装好待测溶液后，管的周围及两端的玻璃片均应擦拭干净。旋光管用后一定用防尘罩盖好，以免灰尘侵入仪器内部；在测量时，因测量者对明、暗感觉之差异，故测量空白实验与测量旋光物质时，应由同一人操作。

13.6 ICE3300 原子吸收光谱仪

13.6.1 测量原理

1. 基本概念

原子都是由原子核和绕核运动的电子组成，原子核外电子按其能量的高低分层分布而形成不同的能级，因此，一个原子核可以具有多种能级状态。能量最低的能级状态称为基态能级（$E_0=0$），其余能级称为激发态能级，而能量最低的激发态则称为第一激发态。正常情况下，原子处于基态，核外电子在各自能量最低的轨道上运动。如果将一定外界能量如光能提供给该基态原子，当外界光能量 E 恰好等于该基态原子中基态能级与某一较高能级之间的能级差 ΔE 时，该原子将吸收这一特征波长的光，外层电子由基态跃迁到相应的激发态，从而产生原子吸收光谱。

2. 光吸收定律

原子吸收光谱分析的波长区域在近紫外区。其分析原理是当光源辐射出的待测元素的特征光谱被待测元素基态原子所吸收时，由发射光谱被减弱的程度，进而求得样品中待测元素的含量。

待测溶液吸光度 A 与浓度 c 之间的关系为

$$A=Kc$$

该式是原子吸收分析测量的理论依据。K 值是一个与元素浓度无关的常数，实际上是标准曲线的斜率。只要通过测定标准系列溶液的吸光度，绘制工作曲线，根据同时测得的样品溶液的吸光度，在标准曲线上即可查得样品溶液的浓度。

13.6.2　使用方法

1. ICE3300 原子吸收光谱仪的结构

原子吸收光谱作为测定金属元素的重要手段,目前可测定元素超过 70 种,广泛用于冶金、地质、采矿、石油、轻工、农业、医药、卫生、食品及环境监测等方面的常量及微痕量元素分析。原子吸收光谱仪由光源、原子化器、光学系统、检测系统和数据工作站组成。光源提供待测元素的特征辐射光谱;原子化器将样品中的待测元素转化为自由原子;光学系统将待测元素的共振线分出;检测系统将光信号转换成电信号进而读出吸光度;数据工作站通过应用软件对光谱仪各系统进行控制并处理数据结果。原子吸收光谱仪的结构如图 13-6-1 所示。

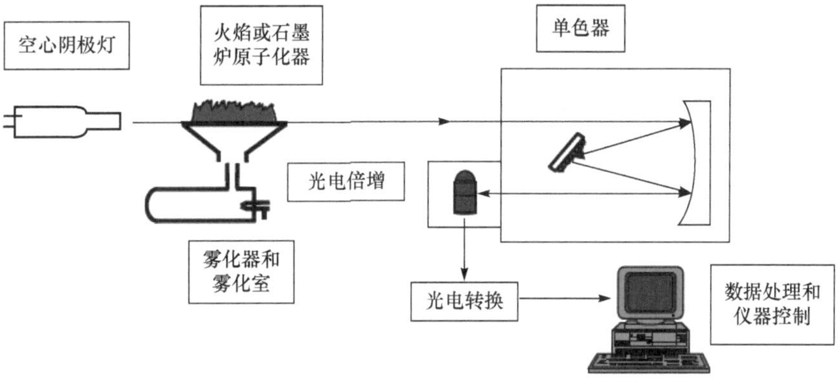

图 13-6-1　原子吸收光谱仪结构示意图

ICE3300 原子吸收光谱仪是由 ThermoFisherScientific 制造,采用 Stockdale 双光束系统,1800 条/mm 刻线大面积光栅的新型自准直单色器,焦距 270mm,自动选择波长与通带。全自动六灯座,配置独立电源,全自动准直。灵敏度高,性能稳定,设计小巧,功能强大。

2. ICE3300 原子吸收光谱仪的操作

1) 开机

开启稳压电源,稳压至 AC220V,开启计算机电源,进入 WINDOWS 界面,打开光谱仪主机电源,观察主机左后侧指示灯,正常时只有 SDANDBY 闪亮。启动 SOLAAR 操作软件,如果主机与工作站未建立通讯,则可下拉“动作”菜单,在“通讯”中选择“连接”来建立通讯。

2) 分析方法的设定

(1) 光源。

安装待测元素相应的空心阴极灯(不可使用四脚的国产空心阴极灯)。点击 Edit/Lamps 选项将空心阴极灯状态变为“on”,仪器将自动调整光路。

(2) 分析方法的建立。

点击 Edit/Method 打开分析方法设定界面,建立分析方法。

(i) 点击 General 选项选择火焰方法及相关分析内容。

(ii) 点击 Sequence 选项设定元素测定过程及顺序。

(iii) 点击 Spectrometer 选项设定光谱工作参数。

(iv) 点击 Calibration 选项设定标准溶液数目、浓度及标准曲线拟合方法。

3）点火

先打开空气压缩机，设定压力在0.2MPa，再打开乙炔气阀，压力调整在0.08MPa，如果管道较长可适当提高压力。观察光谱仪左侧的点火准备灯闪烁，打开软件中“火焰状态”窗口，确认火焰系统各部分均正常，则可准备点火。

按住“点火”按钮（前左侧白色按钮），直至火焰点燃。稳定数分钟准备测量。

4）测量

将吸液毛细管放入去离子水中，调用已设定的分析方法，点击绿色三角形“Analyze”按钮，根据提示完成分析。

5）数据处理及结果打印

点击 File/PrintOption 选项，选择要打印的内容，打印结果。

6）关机

测量完成后，继续吸喷去离子水5min，洗净雾化燃烧器内部，按光谱仪左下方的红色按钮熄火。先关闭乙炔总阀，再关闭空气压缩机（注意直到压力降低到0.01MPa以下时，才能重新开启）。关闭空心阴极灯，关闭光谱仪电源，退出 SOLAAR 软件并关闭计算机主机及稳压电源。

13.7　TU-1901 双光束紫外-可见分光光度计

13.7.1　测量原理

1. 基本概念

当用一束具有连续波长的光照射有机化合物，连续光中某些波长的光辐射就会被该化合物的分子所吸收，将不同波长的吸收光度记录下来，就可获得该化合物的紫外-可见吸收光谱。紫外、可见吸收光谱都属于分子光谱，它们都是由于价电子的跃迁而产生的。利用紫外可见光谱及吸收程度可以对物质的组成、含量和结构进行分析、测定、推断。

2. 光吸收定律

通常以波长 λ 为横轴、吸光度 A（百分透光率 $T\%$）为纵轴作图，就可获得该化合物的紫外-可见吸收光谱图。

根据朗伯-比尔定律，吸光度 A 与溶液浓度 c 和通过溶液的光程之间满足下面数学关系：

$$A=\varepsilon bc$$

式中，ε 为摩尔吸光系数，它是浓度为 $1\text{mol}\cdot\text{L}^{-1}$ 的溶液在1cm的吸收池中，在一定波长下测得的吸光度，它表示物质对光能的吸收强度，是各种物质在一定波长下的特征常数，因而是检定化合物的重要数据；c 为物质的浓度，单位为 $\text{mol}\cdot\text{L}^{-1}$；$b$ 为液层厚度，单位为cm。

在紫外吸收光谱中常以吸收带最大吸收处波长 λ_{max} 和该波长下的摩尔吸收系数 ε_{max} 来表征化合物吸收特征。吸收光谱反映了物质分子对不同波长紫外光的吸收能力。吸收带的形状、λ_{max} 和 ε_{max} 与吸光分子的结构有密切的关系。不同有机化合物的 λ_{max} 和 ε_{max} 是不同的，同类化合物的 ε_{max} 比较接近，处于一个范围，利用此原理可以进行有机化合物的定性分析。

此外，对于同一种化合物，当光程 b 固定时，吸光度 A 与化合物的浓度 c 成正比，因此紫外-可见吸收光谱可以用于化合物的定量分析。

但是要注意的是朗伯-比尔定律仅适用于一定浓度范围，当溶液浓度过大时，吸光度 A 与化合物浓度 c 之间的线性关系将受到影响。

13.7.2　使用方法

1. TU-1901 双光束紫外可见分光光度计的结构

紫外-可见分光光度计是一种历史悠久、覆盖面大、使用广泛的分析仪器，已在有机化学、生物化学、药物分析、食品检验、医药卫生、环境保护、生命科学、农业等各个领域的科研、生产工作中得到了广泛的应用。

TU-1901 是双光束紫外-可见分光光度计，由北京普析通用仪器有限责任公司制造，光路采用双光束，自动消除光源强度变化引起的误差，提高灵敏度；采用进口优质全息光栅，进一步降低仪器的杂散光，使仪器分析更加准确。可独立完成光度测量、光谱扫描、定量测定、时间扫描及数据打印等多种功能。

2. TU-1901 双光束紫外可见分光光度计的操作

1）开机

打开稳压电源，等待 5～10s，稳压电源稳定后依次打开打印机、计算机，等待计算机正常进入到桌面后，再打开仪器主机电源。

2）仪器初始化

打开仪器主机电源后，确定样品池内没有挡光物(干燥袋或比色皿等)。双击桌面的“紫外软件”图标(或点击“开始”菜单，选择“程序”找到 Uvwin5 紫外软件，选择“Uvwin5 紫外软件”)，由此进入紫外控制程序，出现初始化工作画面，在此阶段计算机将对仪器进行自检并初始化，每项测试后，在相应的项后显示“√”，整个过程需要 4min 左右，仪器需预热 15～20min。

3）测量

(1) 正确放入比色皿。

TU-1901 仪器是双光束分光光度计，要在两个样品池内都放入空白溶液(或参比溶液)进行空白校正。然后只取出外侧的比色皿，放入测量的样品进行测量。(备注：样品池内侧的参比溶液在测试过程中不能取出，除非空白溶液改变或测量波长改变才拿出重新进行空白校正。)

(2) 选择测量功能。

Uvwin5 紫外软件提供了丰富的测量功能，根据需要选择测量模式。共包括以下四种测量模式。

(i) 光度测量：可以做单个波长或多个波长下的吸光度(或透过率)测量。

(ii) 光谱扫描：主要测量样品的图谱做定性分析，即寻找测量样品的最大吸收峰。

(iii) 定量测定：主要通过测量标准样品自动建立工作曲线，来测量样品的浓度。

(iv) 时间扫描：主要测量样品在一定波长下随时间的变化曲线，也称动力学测量。

(3) 设置参数。

选择好测量模式后，点击“测量”在下拉菜单中选择“参数设置”(或直接按 F4)进入参数设置界面。单击“确定”，完成设置。

(4) 基线校正。

单击“基线”按钮，将两个样品池都放入参比溶液单击“确定”按钮，校完后单击“确定”存入基线，取出参比。

(5) 扫描。

空白校正完成后，正确放入样品，点击“开始”按钮（或 F9）进行测量。

4) 完成

测试完成后根据需要保存或打印测量数据。如果不保存，退出紫外程序后数据将清除。

5) 关机

测试完成后要取出样品池内的所有比色皿，关闭 Uvwin5 紫外软件之前，点击“波长设定”将波长设定在 660nm，退出紫外操作系统后，依次关掉主机、计算机、打印机电源。最后关闭稳压电源。

13.8　傅里叶变换红外光谱仪

13.8.1　测量原理

红外光谱仪是根据被测化合物受到一定频率的红外光照射时，会吸收一定波长的红外辐射发生振动-转动能级跃迁来进行结构分析的。实验室目前常用的傅里叶变换红外光谱仪是基于光相干性原理的干涉型红外光谱仪。其基本原理是将光源发出的红外辐射经干涉仪转变成干涉光，通过试样后得到含试样信息的干涉图，由电子计算机采集，并将以光程差为函数的干涉图经过快速傅里叶变换，转换成以波长为函数的光谱图，得到吸收强度或透光度随频率或波数变化的红外光谱图。

13.8.2　使用方法

1. 样品制备

固体样品的制备可以使用压片法：将 1～2mg 固体试样与 200mg 纯 KBr 研细混合，研磨到粒度小于 2μm，在油压机上压成透明薄片。也可以采用糊状法：将研细的固体粉末和液体石蜡调成糊状，涂在 KBr 盐窗上，此法可消除水峰的干扰。制备待测样品的同时，平行制备空白 KBr 压片。

沸点较高的液体样品的制备可以采用液膜法：将液体样品直接滴在两块盐片之间，形成没有气泡的毛细厚度液膜。对于低沸点液体样品可以采用液体吸收池法：倾斜放置密封液体池，样品从下口注入，直至液体被充满为止，用聚四氟乙烯塞子依次堵塞样品池的入口和出口。

2. 开机

检查温度、湿度、电压、噪声、振动等环境条件，符合要求后开稳压电源。电压稳定后，打开仪器，仪器自动进入自检状态。然后打开计算机，运行红外软件。

3. 样品测试

将制好的样品用夹具夹好，放入仪器内的固定支架上进行测试。样品测定前需要先行测定空白样品背景。测试操作和谱图处理过程主要包括输入样品编号、扫描谱图、基线校正、谱峰标定和谱图存储打印等步骤，参照仪器工作站指令进行。

4. 关机

测试完毕后，退出红外软件，依次关闭仪器电源、计算机电源和总电源。

13.8.3　注意事项

(1) 测定时一般要求实验室的温度应在 15～30℃，相对湿度应在 65%以下，仪器受潮会影响使用寿命。

(2) 测定用的样品在研细后置红外灯下烘几分钟使其干燥。加入 KBr 研磨好并在模具中装好后，应与真空泵相连抽真空至少 2min，以使试样中的水分进一步被抽走。不抽真空可能会影响压片的透明度。

(3) 压片模具用后应立即把各部分擦干净，必要时用水清洗干净并擦干，置于干燥器中保存，以免锈蚀。

13.9　核磁共振波谱仪

13.9.1　测量原理

静磁场中，磁性核存在不同能级。将磁性核放入强磁场后，用特定频率的电磁波照射样品，磁性核会吸收电磁波，发生核能级跃迁，同时产生核磁共振信号，此即核磁共振波谱仪的测量原理。

化合物分子中同种核由于与其相连接的原子或原子团的不同，所处的化学环境(即核外电子的状态与电子云的密度)不同。在同样的外加磁场下，不同化学环境的磁性核因为受到的磁场屏蔽作用不同，它们在核磁共振波谱上的共振频率也不同，各个质子的吸收峰出现在不同的位置上(化学位移)。根据不同基团中核的化学位移在各自特定的区域内出现的特点可以确定化合物分子中官能团的种类。邻近基团之间的相互作用会导致谱峰有更精细的裂分，利用裂分的大小与形状可进一步确定分子内部相邻的基团的连接关系，由此可以推断分子的化学结构。

13.9.2　使用方法

(1) 样品制备。为了获取分子内部高分辨率的核磁共振波谱图，一般采用液态样品。在样品管中放入 2～5mg 样品，根据物质溶解性选择氘代试剂(常用氘代氯仿和二甲亚砜)溶解样品。样品溶解完全后再加入 1～2 滴内标物四甲基硅烷，盖上样品管盖。在直径 5mm 的核磁管里，样品溶液体积以 0.6～0.7mL 较为适宜。

(2) 打开计算机控制软件，选取核磁探头，调节设定合适的仪器参数，按照实验仪器的操作说明进行锁场、匀场和调谐，使仪器稳定。

(3) 将装有样品的样品管擦拭干净后，放入金属套管中，再从仪器上部将套管送入仪器测试区，开始样品的测试。

(4) 采集信号，处理谱图，标定化学位移，积分，得到核磁共振波谱图。

(5) 结束实验，取出样品。

13.9.3 注意事项

(1) 心脏起搏器、手表、信用卡、磁盘、铁器等不得带入核磁测试区。

(2) 使用符合规格要求的样品管,且要求样品管外壁干净,不能有变形和磨损。

(3) 装样时,样品管内的液面高度、样品管插入转子的深度都必须符合仪器要求。

(4) 样品管的插入和取出,务必小心谨慎,切记折断或碰碎造成事故。

13.10 电导仪和电导率仪

电解质溶液的电导或电导率的测量目前多采用电导仪或电导率仪进行。它的特点是测量范围广,快速直读及操作方便,如配接自动平衡记录仪还可对电导和电导率的测量进行自动记录。电导仪与电导率仪的基本原理大致相同,下面简述 DDS-11 型电导仪与 DDSJ-308 型、DDS-11A 型电导率仪构造原理及使用方法。

13.10.1 测量原理

图 13-10-1 中,稳压器输出一个稳定的直流电压,供给振荡器和放大器。E 为振荡器产生的标准电压;R_x 为电导池的等效电阻;R_m 为标准电阻器;由 R_x 和 R_m 串联组成一电阻分压回路,根据欧姆定律其电流强度为

$$I_x=\frac{E}{R_x+R_m} \tag{13-10-1}$$

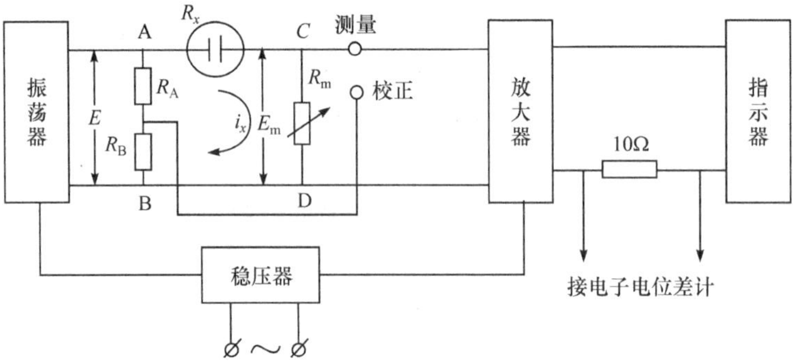

图 13-10-1 DDS-11 型电导仪测量原理图

因电导池与负载是串联的,故通过负载(标准电阻器)R_m 的电流强度也为 I_x,即

$$I_x=\frac{E_m}{R_m} \tag{13-10-2}$$

式中,E_m 为负载电阻两端的电压降。

将式(13-10-1)与式(13-10-2)联解,得

$$E_m=\frac{R_m}{R_m+R_x}E \tag{13-10-3}$$

式中,R_x 为电导池两极间溶液的电阻,其倒数即为电导($1/R_x=G$)。令 E、R_m 均为定值,由式(13-10-1)得

$$E_m=f(1/R_x)=f(G) \tag{13-10-4}$$

即 E_m 为 G 的函数。当 G 变化时 E_m 也相应地发生变化，E_m 信号通过放大器线性放大后，由电导仪表头直接指示出来，因此，通过 E_m 的测量就能测出被测溶液的电导值。当测量溶液电导率时，因电导 $G=\kappa\times(A_s/l)$，故 $\kappa=G\times(l/A_s)$。式中，A_s 为电极的面积；l 为电极间距离，对一定的电极为常数。故式(13-10-3)可改写成

$$E_m=\frac{R_m}{R_m+\dfrac{l}{\kappa\cdot A_s}}E \tag{13-10-5}$$

因为 E、R_m、l、A_s 均为定值，故 E_m 只是 κ 的函数，即 $E_m=f(\kappa)$，同样通过 E_m 的测量就相应从指示器读出被测溶液的电导率 κ。DDSJ-308 型电导率仪和DDS-11A型电导率仪测定的原理与DDS-11型电导仪测定的原理基本一致。

13.10.2　使用方法

DDSJ-308 型电导率仪是数字显示的测量仪器，它由电子软件单元、DJS-1C 铂黑电极(电极常数为 1.00)和温度传感器组成，可同时测量水或溶液的电导率及温度。其外形如图 13-10-2。

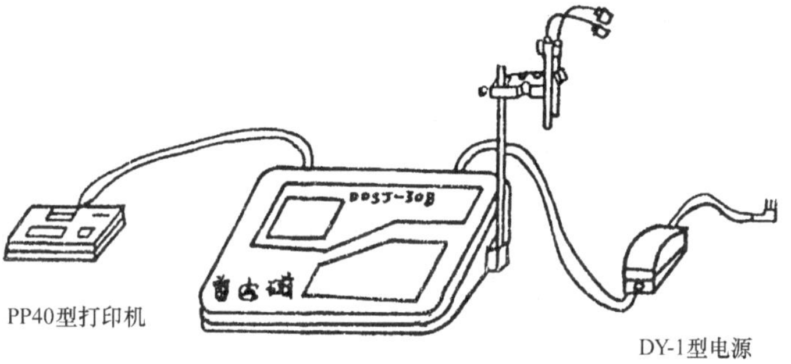

图 13-10-2　DDSJ-308 型电导率仪的外形

使用前，由实验室工作人员先对仪器进行校准，主要是对电导常数、常数调节、温度系数进行设置，并对仪器进行校正，使用时这些按钮都不需要再按动。测量时只许将铂黑电极完全浸入所测水样中，数值稳定后即可读数。主要应注意：

(1) 将电极内、外侧用所测水样冲洗两次。

(2) 水样的高度必须足够浸没电导池极板。

测定时表头显示如图 13-10-3。右下角“▶”闪烁指向测量，表明仪器处于测量状态。右上角“▶”闪烁指向“μS/cm”，表明所测水样的电导率折算为 25℃时数值为 1000，其单位为 $\mu S\cdot cm^{-1}$(若指向 mS/cm，则单位为 $mS\cdot cm^{-1}$)，测定时的温度为 24.5℃。

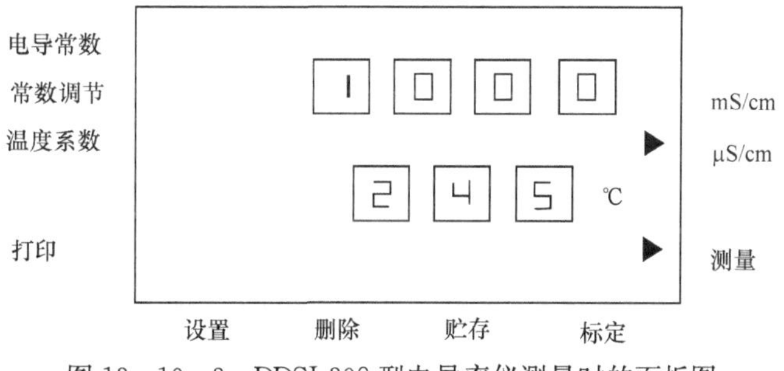

图 13-10-3　DDSJ-308 型电导率仪测量时的面板图

13.11　热分析仪

热分析是在程序控温下测量物质的物理性质与温度关系的一项技术，是研究物质受热或冷却时发生的各种物理和化学变化的重要方法。热分析比较常用的方法有差热法(DTA)和热重法(TG)[包括微分热重(DTG)]。

热分析仪为计算机控制的DTA-TG-DTG组合分析仪，可以对微量试样同时进行差热分析、热重测量及微分热重测量，广泛应用于化学、物理学、地学、生物学等基础科学领域，以及化工、冶金、地质、电工、陶瓷、轻纺食品、医药、农林等部门。其工作原理框图如图13-11-1所示。

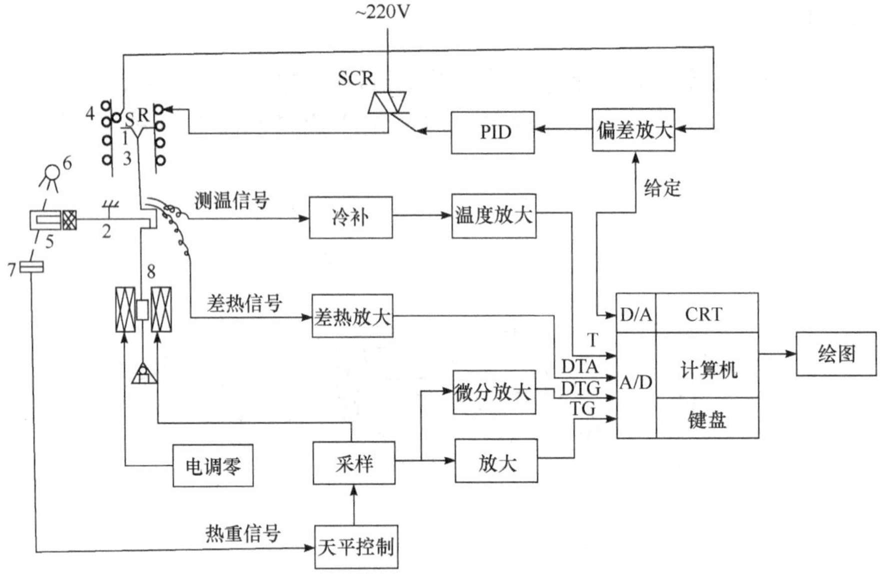

图13-11-1　热分析仪原理框图

1—试样坩埚；2—天平；3—样品座；4—电炉；5—光栏；6—红外发光二极管；7—差动硅光电池；8—平衡线圈

许多物理化学过程都伴有热效应。固-气和液-气体系在反应过程中可能出现固相或液相的质量变化。因此能够借助于对其热效应或质量的测量来了解该过程的变化，分析和认识研究中的变化本质。例如，差热、热重方法联用观察和研究物质的相变、分解、化合、脱水、吸附、解吸、熔化、凝固、升华、蒸发等现象，以及对物质作鉴别分析、组分分析、热参数测定和动力学参数测定等。该方法的特点是由简单的实验曲线可以了解体系的变化过程，计算出物理化学参数，给研究工作带来很大的方便。近年来随着电子技术的不断进步，使这个方法向微量、快速等方面飞速发展，使用领域也逐渐扩大。

13.11.1　测量原理

1. 差热分析法

差热分析法(differential thermal analysis，DTA)是在程序控温下，测量试样与参比物之间的温度差随温度变化的一种技术。将装有试样与参比物的坩埚分别放到天平一臂上方的样品座上，利用电炉对其加热。试样与参比物处于炉子的均温区内，如果试样在某一温度下由于发生相变、分解、化合、吸附、解吸、脱水、熔化、凝固等现象而伴有焓的改变时，参比物在测温区内没有焓的改变，此时试样与参比物的温度有一差值。利用差热电偶可以及时检测反映温差的热电动势。再经过差热放大器进行放大，以温度为横坐标，电势差 ΔV 为纵坐标的曲线，称为差热曲线。当 $\Delta V<0$ 时为吸热反应，出现吸热峰；当 $\Delta V>0$ 时为放热反应，出现放热峰。根据差热曲线，可以利用外推法求出起始温度：先将差热曲线峰前基线回归成一条直线，在峰前沿找出最大导数点并作切线，两线相交点对应的温度即为起始温度 T_e。这一过程是由计算机来完成的。

2. 热重法

热重法（thermogravimetry，TG）是在程序控温下测量物质质量与温度关系的一种技术。将装好试样的坩埚放到天平一臂上方的样品座上，利用电炉对其加热。如果试样在某一温度下由于分解、化合、吸附、解吸、升华、脱水等原因发生质量改变时，天平将失衡，与天平横梁刚性连接的光栏产生位移。光电位移传感器（红外发光二极管、差动硅光电池）会及时检测出这种失衡信号，热重测量系统自动改变平衡线圈中的平衡电流，使天平恢复平衡。在一系列过程中，平衡线圈中的电流变化量正比于试样质量变化量，将此电流变化量通过采样电阻输送到微型计算机，转换后即得到 TG 曲线的采样数据存入软盘。再经转换得到以质量变化为纵坐标（从上向下表示质量减小），以温度为横坐标（自左至右表示温度增加）的热重曲线。在升温过程中，如果试样和参比物没有质量变化，热重曲线与温度坐标轴平行，称为基线（呈水平线）；当试样有失重现象时，曲线转折向下，出现台阶。理想的热重曲线是假设试样的热分解反应在某一点温度下同时发生和完成的，在曲线上表现为直角台阶，但实际的曲线无直角台阶，因为在一定加热速度下，试样的热分解反应不可能在某温度下同时发生和完成，另外由于试样不稳定或吸附挥发性物质等，都可能使失重起始温度提前或反应结束温度滞后，造成热重曲线台阶变得“圆、缓”。一般地用外推法（平台的延长线与失重曲线的切线的交点）来确定分解反应的起始温度和结束温度，以及失重的量，如图 13-11-2 所示。第一步失重 W_1，失重起始温度为 b，结束温度为 c；第二步失重为 W_2，起始温度为 d，结束温度为 e。

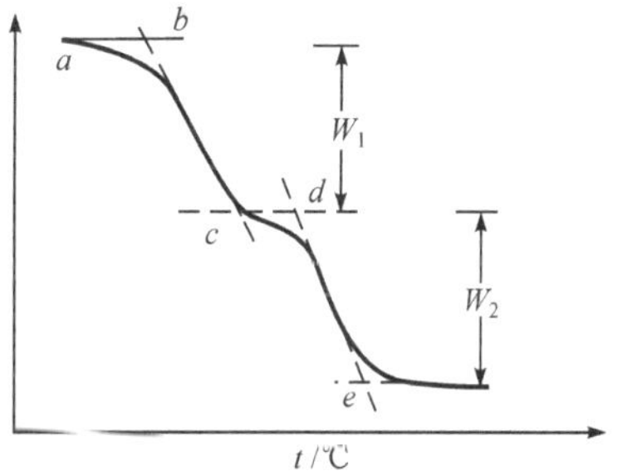

图 13-11-2　TG 曲线的测量

为使差热分析和热重分析得到好的效果，除了仪器设计条件外还要注意以下几个问题：

(1) 升温速度。升温速度对测定的结果影响较大。升温速度慢，基线漂移小，分辨率较高；升温速度快，基线漂移明显，且峰温误差较大，分辨率下降。一般较常用的升温速度是 8～12℃ · min^{-1}。

(2) 参比物的选择。参比物应具备在测定温度范围内热稳定性好，而且与样品的质量、热容、密度、粒度、导热系数等尽可能相近的性能。常用的参比物有 α-Al_2O_3、石英砂、MgO 及金属镍等。参比物使用前必须除去吸附水及其他气体杂质。

(3) 试样的预处理及用量。试样的粒度在 100～300 目时较好，颗粒小有利于改善导热条件，但太细有可能破坏试样晶格或使试样分解。所以对于那些会分解释放出气体的样品，颗粒应更大些。试样的用量一般应该尽可能少些，以便得到较尖锐的峰和较高的分辨率。

另外，还要考虑仪器的灵敏度和试样的热效应大小及试样周围气氛的影响等因素。

3. 微分热重法

微分热重法(derivative thermogravimetry，DTG)是能记录 TG 曲线对温度(或时间)的一阶导数的一种技术，即质量变化率 dW/dT 作为温度(或时间)的函数被连续记录下来：

$$\frac{dW}{dT}=f(T\text{ 或 }t) \qquad (13-11-1)$$

试样发生质量变化时，各点的变化速率是不同的，将 TG 信号输入微分放大器进行微分，再输入计算机即可得到反映试样质量变化速率的 DTG 曲线的采样数据。微分热重曲线上出现的各个峰对应着 TG 曲线的各个质量变化阶段，其峰面积与试样对应的质量变化成正比。DTG 曲线能正确地表明反应开始温度和反应结束温度，并能表明是两个相继发生但又靠得很近的反应。在 TG 曲线上两个阶梯彼此重复不容易区分，或者甚至完全看不出来；而 DTG 曲线在同样情况下却能被区分为两个峰，由峰面积可求出质量变化的准确数值，可进行定量分析。微分热重曲线横坐标为温度，纵坐标为 $\Delta V/\text{min}$($\mu V \cdot \text{min}^{-1}$)经计算机处理可直接变成 $\Delta m/\text{min}$($g \cdot \text{min}^{-1}$)。因此通过选择不同的数据处理区间，可求得该点的分解速率。

WCT-1 型差热天平附有"TG 数据处理程序"软件。只需移动光标，选择适当处理区间即能进行数据处理。例如，热重及差热曲线是将光标定于反应前后的基线上；微分热重曲线是将光标定于基线。右光标可根据需要任选(如失重速率最大的一点)。经过数据处理后，显示器上自动显示失重毫克数、失重百分数、外推起始(分解)温度(T_e)、峰顶温度(T_m)。

该仪器可同时进行热重、差热、微分热重数据采集，分别进行数据处理，最后直接进行多功能绘图，将以上三条曲线绘制在同一张图上，以便相互对照进行综合分析与比较。

13.11.2 STA 409PC 型差热天平使用方法

(1) 从文件中打开校正曲线，在弹出的 NGB 测量对话框中"您是否重新设定所有参数"下方点击"是"，然后打开文件，选择校正曲线并打开，进入 STA 409PC 测量向导界面，在测量类型中选择"样品＋修正"，输入样品编号和样品名称。

(2) 样品称量。首先换上样品坩埚，同时按住"safety down"键放下高温炉，待炉体稳定后，在计算机上使用内部天平称量样品，点击"清零"，同时按住"safety up"键抬起高温炉，取下坩埚放入样品(样品加入量为 0.5～15mg)后盖上坩埚盖，放到支架上，按住"safety down"键再将高温炉放下。

(3) 在计算机上的内部天平称样对话框中点击"保存"，点击"确定"，进入 STA 409PC 测量向导，连续两次点击"继续"，在打开选择温度校正文件对话框中打开选择的温度校正曲线，在打开灵敏度校正文件对话框中打开选择的灵敏度校正文件，然后进入设定温度程序对话框修改终止温度(终止温度不能高于修正曲线温度)，点击"继续"后输入文件名和路径，点击"保存"，进入 NETSCH 测量程序，点击"确定"。

(4) 在 STA 409PC 调整程序中的 COM1 界面中点击"开始等待到"进入样品测量阶段。

(5) 数据处理。打开 NETSCH Proteus 热分析软件获取数据。

13.12 磁天平

物质的性质是由物质的结构所决定的。磁性是物质的基本性质之一，且与其他基本性质有着密切的联系。因此测定物质的磁性、磁化率是研究物质结构的基本方法之一，尤其对配合物的研究有着更重要的意义。磁天平就是用于测定物质磁化率的专门仪器。

13.12.1 测量原理

1. 磁性物质的磁化率及与未成对电子数的关系

置于磁场中的物质，由于受到外磁场的作用而被磁化，产生一个附加磁场。此时物质内部的磁场强度 $\boldsymbol{B}$（磁感应强度）等于外磁场强度 $\boldsymbol{H}$ 和附加磁场强度 $\boldsymbol{H}'$ 之和：

$$\boldsymbol{B}=\boldsymbol{H}+\boldsymbol{H}' \tag{13-12-1}$$

$\boldsymbol{H}'$ 与 $\boldsymbol{H}$ 方向相同的物质称为顺磁性物质；$\boldsymbol{H}'$ 与 $\boldsymbol{H}$ 方向相反的物质称为反磁性物质。

在顺磁性物质中，有几种如 Fe、Ni 等金属及其合金，它们的 $\boldsymbol{H}'$ 比 $\boldsymbol{H}$ 大得多，且在外磁场消失后，物质的磁性具有滞后现象，这种物质称为铁磁性物质。

物质具有顺磁性的原因是组成物质的原子、分子或离子中有未成对的电子，它们具有永久磁矩，在外磁场的作用下就像小磁针一样被转向，其磁力线总是趋向与外磁场方向一致（$\boldsymbol{H}'$ 与 $\boldsymbol{H}$ 方向相同）。尽管由于热运动会使这些磁矩趋向混乱，但在一定温度下达到平衡后，总体上仍顺着磁场方向定向排列，使内部磁场增强，从而产生顺磁性。物质的反磁性是由于轨道上的电子受到洛伦兹力的作用而改变其运动方向，并产生诱导磁场，其方向与外磁场相反，从而产生反磁性。任何物质都有反磁性。顺磁性物质只是其顺磁性远远超过其反磁性（通常高几个数量级）而已。

物质在磁场中被磁化，用磁化强度 $\boldsymbol{H}_\mathrm{I}$ 来描述，对于非铁磁性物质，磁化强度与外加磁场强度成正比：

$$\boldsymbol{H}_\mathrm{I}=\chi\boldsymbol{H} \tag{13-12-2}$$

式中，比例常数 χ 是衡量物质是否易于被磁化的量，称为单位体积磁化率，简称磁化率。

化学上常用单位质量磁化率 χ_m（比磁化率，单位为 $\mathrm{cm^3\cdot g^{-1}}$、$\mathrm{m^3\cdot kg^{-1}}$，$1\mathrm{cm^3\cdot g^{-1}}=4\pi\times10^{-3}\mathrm{m^3\cdot kg^{-1}}$，本书仍采用 $\mathrm{cm^3\cdot g^{-1}}$ 单位）和摩尔磁化率 χ_M（单位为 $\mathrm{cm^3\cdot mol^{-1}}$、$\mathrm{m^3\cdot mol^{-1}}$，$1\mathrm{cm^3\cdot mol^{-1}}=4\pi\times10^{-6}\mathrm{m^3\cdot mol^{-1}}$，本书仍采用 $\mathrm{cm^3\cdot mol^{-1}}$ 单位）表征物质的磁性质：

$$\chi_\mathrm{m}=\chi/\rho \tag{13-12-3}$$

$$\chi_\mathrm{M}=\chi_\mathrm{m}\cdot M=\chi M/\rho \tag{13-12-4}$$

式中，ρ 为物质的密度；M 为摩尔质量。

物质的摩尔磁化率包括摩尔顺磁化率 $\chi_{顺}$ 与摩尔反磁化率 $\chi_{反}$ 两部分：

$$\chi_\mathrm{M}=\chi_{顺}+\chi_{反} \tag{13-12-5}$$

对于顺磁性物质，由于 $\chi_{顺}\gg\chi_{反}$，一般在不需要精确测量的实验中，可做近似处理：

$$\chi_\mathrm{M}\approx\chi_{顺} \tag{13-12-6}$$

磁化率是物质的宏观性质，分子磁矩是物质内部单个分子的微观性质。根据统计力学方

法将两者结合起来，得出摩尔顺磁化率 $\chi_{顺}$ 和分子永久磁矩 μ_m 的关系为

$$\chi_{顺}=N_A\mu_m^2/3kT \tag{13-12-7}$$

式中，N_A 为阿伏伽德罗常量；k 为玻耳兹曼常量；T 为热力学温度。

化学上常用有效磁矩 μ_{eff}（单位为玻尔磁子 B. M.）表示永久磁矩。将有关常数代入后，得到 μ_{eff} 与 $\chi_{顺}$ 的关系为

$$\mu_{eff}=2.828\ (\chi_{顺}\cdot T)^{1/2} \tag{13-12-8}$$

另外，物质的有效磁矩与分子中未成对电子数 n 之间关系为

$$\mu_{eff}=[n(n+2)]^{1/2} \tag{13-12-9}$$

在一般情况下

$n=1$　　$\mu_{eff}=1.73$B. M.

$n=2$　　$\mu_{eff}=2.83$B. M.

$n=3$　　$\mu_{eff}=3.87$B. M.

$n=4$　　$\mu_{eff}=4.89$B. M.

$n=5$　　$\mu_{eff}=5.92$B. M.

因此只要通过实验测得物质的摩尔磁化率 χ_M，近似可得物质的摩尔顺磁化率 $\chi_{顺}$，由式(13-12-8)可计算出 μ_{eff}，再根据式(13-12-8)或 n 与 μ_{eff} 的对照数值即可求得物质分子中未成对的电子数 n。这对研究顺磁分子和自由基的电子结构、金属配合物的键型、立体化学构型等都是十分有益的。当然，在某些情况下，还需要配合其他仪器分析手段，如 X 射线衍射、吸收光谱等进行全面分析判断。

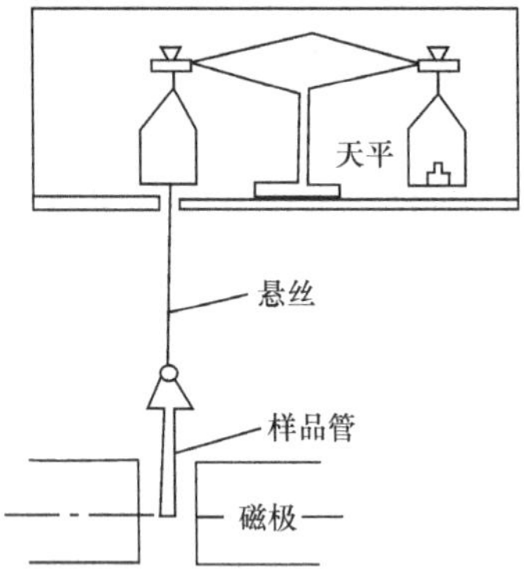

图 13-12-1　磁天平结构示意图

2. 利用古埃磁天平测定物质磁化率的原理和方法

磁天平结构如图 13-12-1 所示。测定时将被测样品装入圆柱形样品管中，再将样品管悬挂在两个磁极的正中，样品管的下端处于磁场强度最大的区域（电磁铁两极的中心），样品管的上端位于磁场强度极弱的区域（样品管一般大于 15cm，其上端位于磁场边沿）。当样品管中填装的是顺磁性物质时，样品受磁场作用力而下降。为保持天平平衡，就需要增加右盘的砝码。在天平平衡状态下，所增加砝码的质量等于样品在这非均匀磁场中所受的力。

$$F=(1/2)\chi AH^2 \tag{13-12-10}$$

式中，χ 为被测物质的体积磁化率；A 为样品管截面积；H 为磁场强度；F 可由下式求出：

$$F=(\Delta W_1-\Delta W_0)g$$

式中，ΔW_1、ΔW_0 分别为样品管加样品和空样品管在有磁场与无磁场时的质量差。式(13-12-10)中的 AH^2 可由高斯计测得，也可用标准样品标定法消去。例如，用标准样品标定方法如下：将式(13-12-10)分别应用于样品和标样，在 A、H 相同的情况下，有

$$F_{样}/\chi_{样}=F_{标}/\chi_{标} \tag{13-12-11}$$

$$\chi_{样}=\chi_{标}\times F_{样}/F_{标}=\chi_{标}(\Delta W_{样}-\Delta W_0)/(\Delta W_{标}-\Delta W_0) \tag{13-12-12}$$

式中，$\Delta W_{样}$、$\Delta W_{标}$、ΔW_0 分别为空管加样品、空管加标样、空管在有磁场和无磁场时的质量差，

又根据式(13－12－4)，样品的摩尔磁化率可表示为

$$\begin{aligned}\chi_{M} &= \chi_{样} \cdot M_{样}/\rho_{样} \\ &= [\chi_{标}(\Delta W_{样} - \Delta W_{0})/(\Delta W_{标} - \Delta W_{0})] \cdot M_{样}(V/W_{样}) \\ &= \chi_{m标} W_{标}\, M_{样}(\Delta W_{样} - \Delta W_{0})/(\Delta W_{标} - \Delta W_{0}) W_{样}\end{aligned} \quad (13-12-13)$$

式中，$W_{标}$、$W_{样}$ 分别为标准样品和被测样品在无磁场下的质量；V 为其体积；$\chi_{m标}$ 为标准样品的比磁化率。例如，用莫尔盐作为标样时，$\chi_{m标} = 9500 \times 10^{-6}/(T+1)$，其中 T 为热力学温度。

值得说明的是，在较严格的测定实验中，还要考虑物质的反磁化率及空气磁化率的影响而加以校正。

13.12.2　使用方法

以 MB-1A 型磁天平测量空样品管为例：

(1) 当特斯拉计的探头安装调试好后(此步骤不要求同学做)，打开磁天平电源开关，用“调零”钮将磁感应强度调到 0mT。

(2) 调节天平零点(不挂样品管)。

(3) 将清洁、干燥的样品管悬挂在磁天平的挂钩上，使样品管底部与磁极的中心线平齐且不与磁极接触，并保持合适的距离，称量空样品管(无磁场时)的质量。

(4) 用“电流调节”钮缓慢升高励磁电流(如至 3A)，使磁感应强度达到一定值(如 300mT)。

(5) 在上述磁感应强度下，称得空样品管的量。

(6) 测量后用“电流调节”钮将励磁电流缓慢调至 0，磁感应强度也为 0。

(7) 依次称得空样品管＋样品、空样品管＋标准样品在无磁场和上述相同磁感应强度(300mT)下的量。

(8) 待所有样品、标准样品称量完成后，关闭电源。

13.13　BDX 自动 X 射线衍射仪

13.13.1　测量原理

1. 基本原理

每种晶体都有自己独特的晶体结构，没有任何两种晶体在晶胞大小、晶胞中所含质点的种类和数目以及在晶胞中排列的位置是完全相同的，因此，每种晶体对 X 射线衍射的能力也各不相同。X 射线衍射法物相分析就是利用试样在一定波长的 X 射线照射下，产生特有的衍射花样，根据衍射测得的晶面间距、相对强度等特有数据组，对晶体试样的物相进行鉴定的方法。

从结晶化学知道，晶体是由原子、原子团(或离子团、分子)按一定规律在三维空间重复排列的周期性结构。图 13－13－1 示意了一个立体的晶体结构，可以看成是由许多相同质点平面网按一定距离 d^1 平行排列而成，也可以看成是另一些质点平面网按另一距离 d^2 平行排列而成……故每一种晶体必定存在一组特定的 d 值($d^1, d^2, d^3, \cdots$)，不同的晶体具有不同的 d 值，所以 d 值可用来表示晶体的特征。

当一束单色 X 射线照射到晶粒上，满足一定条件的小晶粒就会产生衍射现象。假定晶体中某一方向上质点面网之间的距离为 d，X 射线与面网平面间以夹角 θ 射入晶体

(图 13 - 13 - 2)，在质点面网 P_1 和 P_2 上产生两条衍射线 D_1 和 D_2，其光程差为 $AB+BC$。由于$AB=BC=d\cdot\sin\theta$，因此得到 $AB+BC=2d\cdot\sin\theta$。已知只有光程差等于入射线波长(λ)的整数倍(n)时，才能产生衍射，即当 d 与 θ 之间的关系符合布拉格(Bragg)方程时：

$$2d\cdot\sin\theta=n\lambda \tag{13-13-1}$$

才能产生衍射。布拉格方程给出了 X 射线衍射方向和晶体平面网间距 d 之间的相互联系，θ 也称为布拉格角。

研磨成粉末的样品，粒度一般为 $10^{-5}\sim10^{-3}$mm，是由千千万万个杂乱无章的小晶粒，完全无规则地排列、聚集在一起的，它们存在各种晶面取向。当 X 射线照射时，总会有许多小晶面处于适合各个衍射条件的位置上，因此从宏观上可产生张角为 4θ 的圆锥形的衍射线，如图 13 - 13 - 3所示。由于晶体中有许多不同的面网间距，在不同的 2θ 角方向上均符合布拉格方程，因此可以在 $2\theta_1$，$2\theta_2$，$2\theta_3$，…方向上分别产生衍射。

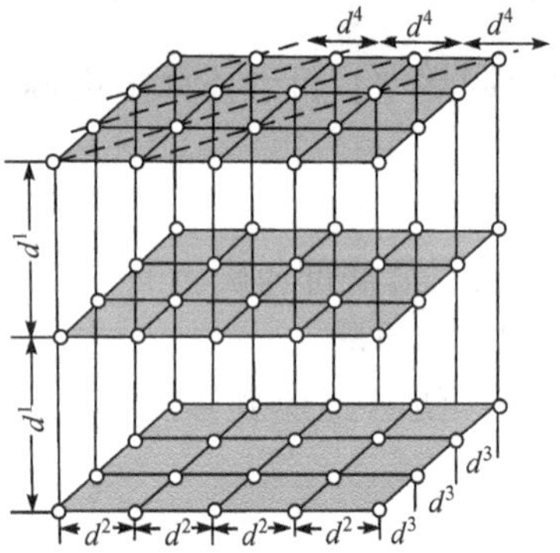

图 13 - 13 - 1　晶体结构示意图

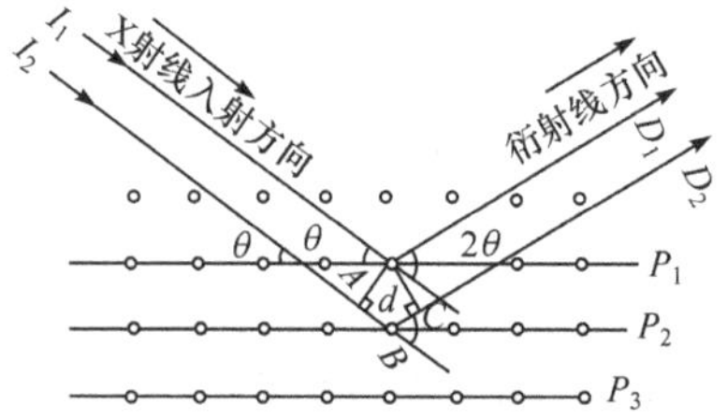

图 13 - 13 - 2　质点面网对 X 射线的衍射

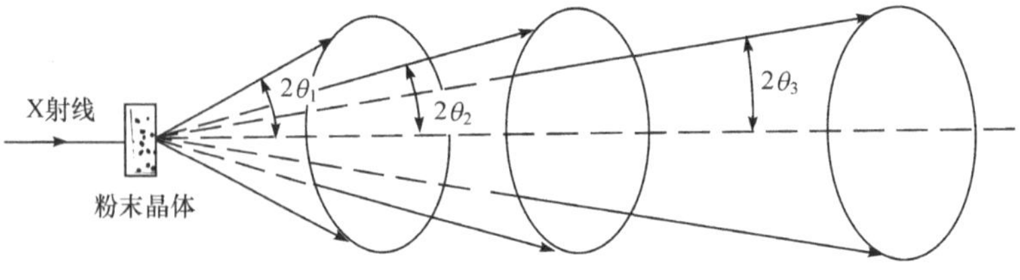

图 13 - 13 - 3　晶面与 X 射线的夹角为立体角时的衍射

目前，X 射线衍射分析有照相法和衍射法，各有长处。照相法可以在底片上得到一系列衍射环纹，借助测量箱或比长仪测出 2θ 值，再由目测法估计出 I/I_1。衍射法通过仪器测量系统、记录系统或计算机处理系统，直接得到以图形或数字形式表达的衍射结果(2θ 及 I/I_1)。由于仪器操作简便、易于控制、测试速度快、衍射强度准确，本教材中的实验都采用衍射法。

2. 物相分析

从粉末衍射图可直接得到衍射角 2θ 及衍射相对强度 I/I_1 的值。其中 d 值与晶胞的大小、形状有关，I/I_1 值与晶胞中所含质点的种类、数目及在晶胞中的相对位置有关。因此，可以根据衍射数据进行晶体物质的物相分析、晶胞参数的测定、晶体空间群的确定等。实际工作中，首先根据布拉格方程计算出每条衍射线的 d/n 值(自动 X 射线粉末衍射仪可利用计算机软件自动打印其值)，然后根据 d/n、I/I_1 的数据，查找由国际专门研究机构粉末衍射标准联合会(JCPDS)收集的 PDF(粉末衍射卡片)卡片(图 13 - 13 - 4)并与之对照，即可得知被测物质的物相以及有关各种结晶学数据。

在进行物相分析时，将实验数据与卡片数据核对后才可确认是同一物相。d 值一般在小数点后第二位允许稍有差别，I/I_1 值影响因素较多，强度顺序大体相当即可。

如对几种物相的混合物进行 X 射线粉末衍射时，所得到的衍射图将是各个单独物相衍射图的简单叠加。根据这一原理，就可以从混合物的衍射图中将各个物相一一鉴别出来。

3. PDF 卡片及检索

PDF(power diffraction file)粉末衍射卡片自 1941 年起共收集了十多万张，且逐年增补，大约以每年数千种的速度增加。

卡片按内容划分为 10 个区域，见图 13－13－4。

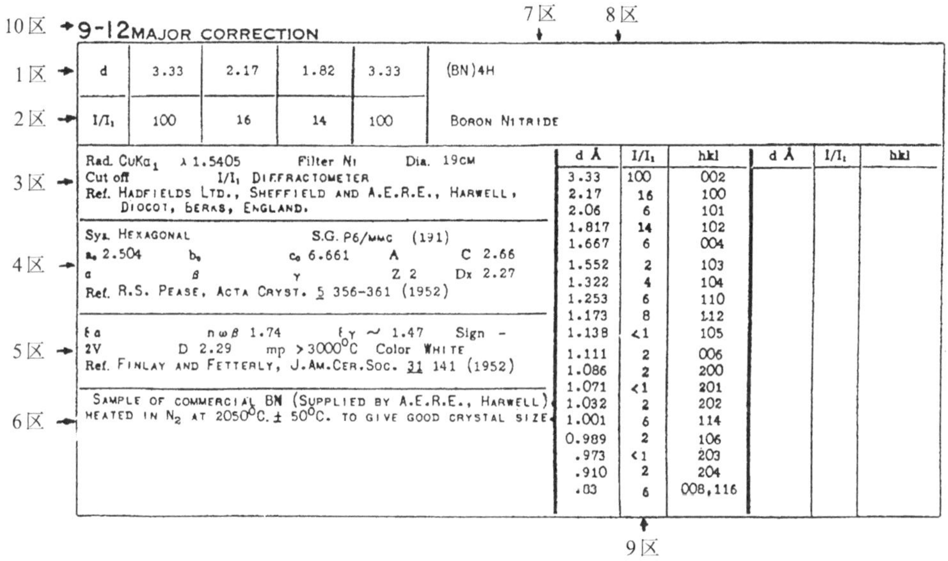

图 13－13－4　PDF 卡片

1 区为 d 值区：前三个数据是衍射图谱上低角度区($2\theta < 90°$)的三根最强线对应的 d 值，第四个数据为最大面间距的 d 值。

2 区为 I/I_1 值区：对应上述各衍射线的相对强度(以最强线 I_1 为 100)。

3 区为实验条件：Rad——所用特征 X 射线源(如 Cu K_α 即铜靶 K_α 射线)；λ——所用特征 X 射线波长，单位为 Å；Filter——滤波片种类；Dia——照相机种类与直径；I/I_1——相对强度的测量方法等。

4 区为物相的晶体学数据：Sys——晶系；S. G. ——样品所属空间群；a_0、b_0、c_0——晶胞参数，$A=a_0/b_0$，$C=c_0/b_0$ 为轴比；α、β、γ——晶轴之间夹角；Z——单位晶胞中化学式单位的数目。

5 区给出光学及其他物理性质常数：ε_a，$n\omega\beta$，ε_r——折射率；Z_r——光轴角；D——密度；mp——熔点；color——颜色。

6 区为试样的补充数据：如来源、制备方式、化学分析数据等。

7 区为物相的化学式与英文名称。

8 区给出了化合物的实验式、结构式或矿物名称及通用名称；本栏中若有☆，表明卡片数据的可靠性高;O 表示可靠性低;无标记者可靠性一般。

9 区为全部衍射数据,H. K. L 为与 d 值对应的衍射晶面指标。

10 区标出衍射卡片的编号。例如,“9－12”中的“9”表示集号,“12”表示卡片在集中的顺序号。

查阅粉末衍射卡片之前,首先要利用索引查出卡片的编号。索引分为“无机”“有机”两类,每类又分为字母索引和数字索引(有数种检索手册)。

字母索引:如果知道化合物的化学式或英文名称,可以直接用 Alphabetical Indexes(字顺索引)或 Davey-KWCI 索引(key word in context index)进行检索并查得部分衍射数据,后一索引是按照无机化合物和矿物英文名称中字母的顺序排列而成的。索引中包括化合物的名称、化学式、在 $2\theta<90°$ 范围内最强的三条衍射线的 d 值和相对强度、卡片编号。例如

(英文名称)	(化学式)	(三条最强线的 d 值)	(卡片编号)
Iron Oxide:	Fe_2O_3	3.60_X　6.01_8　4.36_8	21－920

每个条目中,衍射线的相对强度写在 d 值的右下角,分为 10 个等级,最强线 100 用 X 表示,其他均以小 10 的数字表示。

数字索引:当所测样品组成完全未知时,可利用数字索引进行检索,如 Hana Walt 索引和 Fink 索引。现简要介绍 Hana Walt 索引。这种索引手册编排的方法是,从每个物相的衍射线中选出 8 条最强线(其中三条最强线必须在 $2\theta<90°$ 的范围内选取),按其相对强度递减的顺序进行排列。内容包括:8 强线的晶面间距和相对强度,后面依次排列其化学式、卡片编号等。例如

(8 强线的 d 值及相对强度)	(化学式)	(卡片编号)
3.60_X　6.01_8　3.36_8　3.00_6　4.15_4　2.74_4　2.00_2　1.81_2	Fe_2O_3	21－920

该手册将晶面间距 d 值,从大于 10.00Å 到 1.00Å 分为若干组,每组的 d 值范围及误差都标在每页的页眉上。每个条目由第一个 d 值决定属于哪一组,每组内按第二个 d 值递减顺序排列。有的化学式后面还有数字和大写英文字母,分别表示单个晶胞中的原子数和布拉格点阵类型。

如试样完全是未知的而且是单一的物相,进行物相分析时,首先根据计算出的 d 值给出适当误差,利用三条最强线的 d、I 值,在数字索引相应的 $d(\pm\Delta d)$ 值组中查询被鉴定的对应条目。当其三条最强线的 d 、I 值与索引条目中相应的 d、I 值相符时,再将该条目中 8 强线的 d、I 值与试样各衍射线的 d、I 值核对。如 8 强线都能找到各自对应的值,再根据该条目中指出的卡片编号取出 PDF 卡片,核对全部 d、I 值,如果数据全部吻合,则从 PDF 卡片中便可得知被鉴定物相的名称、化学式和各种晶体学参数。近些年生产的仪器都由计算机控制,并带有 PDF 卡片数据库及数据处理软件,上述工作均可由计算机完成。

13.13.2　使用方法

BDX 系列 X 射线多晶衍射仪由 X 射线发生器、测角仪、X 射线强度测量系统和衍射仪控制与衍射数据采集、处理系统四大部分组成。图 13－13－5 示出仪器组成的框图。

1. X 射线发生器

由 X 射线管、高压发生器、管电压电流稳定电路和各种保护电路等部分组成。X 射线管为密封式结构,见图 13－13－6。在玻璃制的 X 射线管中,真空度为 $10^{-4}\sim10^{-3}$ Pa。以钨丝

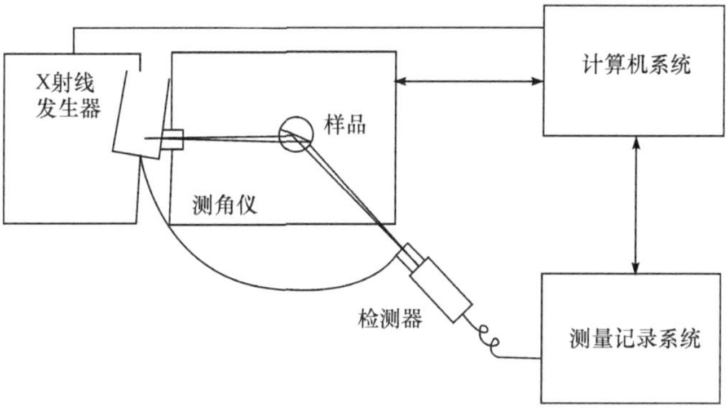

图 13-13-5　X 射线衍射仪框图

作阴极，通以几十毫安电流，使其因受热而发射出电子。这些电子在几万伏的高电压下加速运动，轰击到金属(Cu、Fe、Mo 等)制成的阳极靶上。阳极靶面由于受到电子束的轰击向四周发射出 X 射线，并通过 X 射线管的窗口往管外发射，成为 X 射线源。X 射线管消耗的功率绝大部分转化为热能，因此它工作时必须通冷却水以免靶面熔化而损坏。

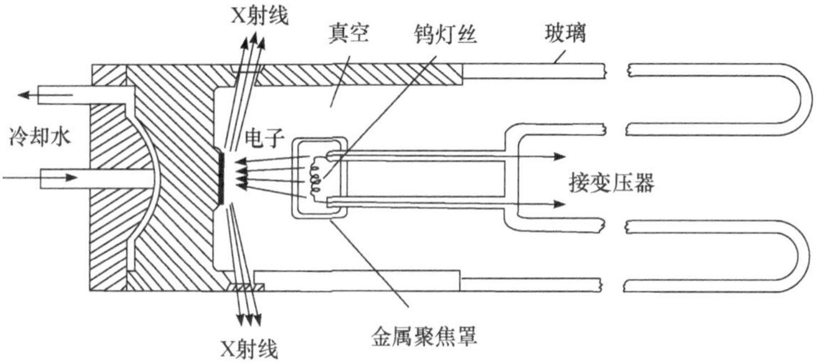

图 13-13-6　X 射线管

2. 测角仪

测角仪是 X 射线衍射仪的核心部分。图 13-13-7是其结构示意图。试样台位于测角仪的中心，试样台中心轴 ON 与测角仪的中心轴 O 垂直。试样台既可绕测角仪中心转动，又可绕自身的中心轴转动。X 射线从 X 射线管焦点 F 发出，经入射线束平行光阑 S_1、发散狭缝 H 投射到试样表面而产生衍射，衍射线经接受狭缝 M、衍射线平行光阑 S_2、防散射狭缝 G，进入检测器 D。

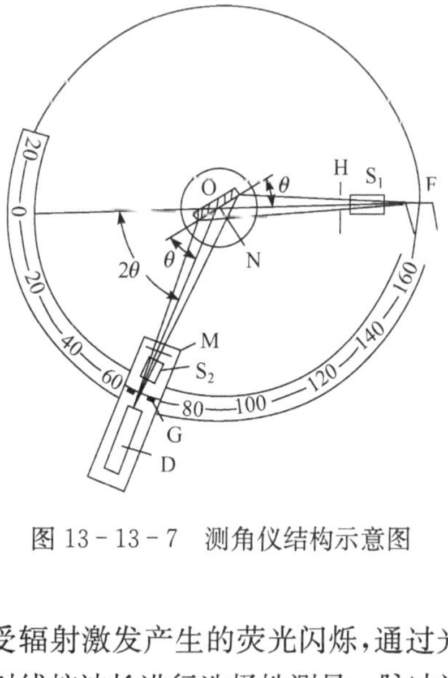

图 13-13-7　测角仪结构示意图

测角仪的光路如图 13-13-8 所示。

3. X 射线强度测量系统

本系列 X 射线仪采用 NaI 闪烁检测器，利用晶体受辐射激发产生的荧光闪烁，通过光电倍增管转换成电脉冲讯号，再利用脉冲幅度分析仪对 X 射线按波长进行选择性测量。脉冲计数率通过计数率表测量，以 mV 记录仪记录扫描接收到的 X 射线强度变化，从而得到衍射曲线。

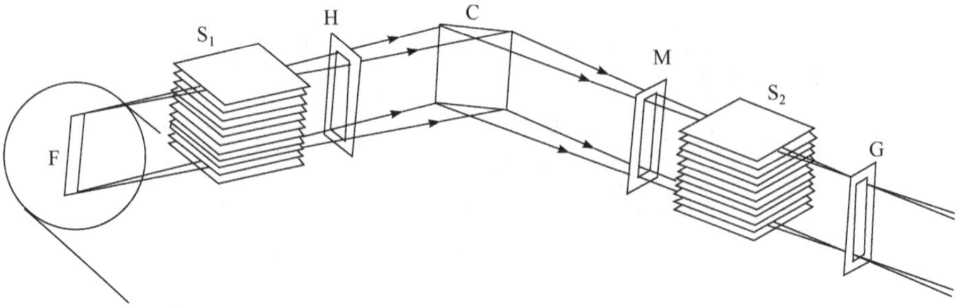

图 13－13－8　测角仪的光路图

4. 衍射仪控制及数据采集分析系统

BDX 系列 X 射线衍射仪的运行控制、衍射数据采集、分析都是通过一个配有 BDXD X 射线分析操作系统的计算机来完成的。它是一个多处理器系统，以一台计算机为主机，通过一个硬件接口，控制一台以 Z80 CPU 为处理器的前级计算机。前级计算机根据主机的命令或操作者直接从前级计算机的小键盘输入的命令，去执行衍射仪各种功能程序的操作。

5. 使用

在教学实验中，一般 X 射线衍射管（如 Cu 靶）、各种狭缝、滤片都已选定好，无需更换。同学们可按具体的操作规程，在教师的指导下进行部分操作。其简要步骤如下：

(1) 制样：将被测样品放到玛瑙研钵中研磨至 300 目以上，用手指压研无颗粒感即可。样品板擦净放在玻璃板上，将研细的样品装入样品板的凹槽中，样品要稍高于样品板，用平面玻璃适当压紧（只能在垂直方向按压，不要横向搓动以免产生择优取向）。如粉末过于松散不能压紧成型时，可滴加 1～2 滴水或石蜡的石油醚溶液等研磨，再压片。制样完成后将样品板插入样品架（对准样品架的中心线）。

(2) 开冷却水，关闭 X 射线防护柜窗。

(3) 开总电源，将 X 射线管预热（在 20kV、6mA 条件下）20min。

(4) 开计算机，选择采样程序，输入有关数据、参数，将有关钮选至所需挡（部分操作可由前级计算机完成）。

(5) 预热 20min 后，先调节 X 射线管的工作电压、电流到所需值。

(6) 准备就绪、检查无误后，开始衍射采样。

关机时依照开机的次序逆向进行。

样品测试完毕后，利用图谱分析软件进行数据处理，得出各衍射峰的 d 值及 I/I_0 值；利用物相分析软件查找标准 PDF 卡片，进行物相分析，输出并打印结果。

13.14　直流电位差计

13.14.1　测量原理

直流电位差计是用比较测量法测量电动势或电压的一种比较式仪器，其工作原理如图 13－14－1所示。

由图 13－14－1 可知，一台完善的电位差计应由三个回路构成：①工作回路：主要由 E_W、

R_N、R_x、R_P 所构成；②标准回路：主要由 E_N、R_N、G、K 等所构成；③测量回路：则由 E_x、R_x、G、K 所组成。电位差计之所以由三个回路构成是因为直流电位差计测量未知电动势时采用比较法进行。就是说，用直流电位差计测量未知电动势时，是通过与标准电池的已知电动势 E_N 进行比较而得的，其比较过程为，由工作电源 E_W 在工作回路中产生工作电流 I_W，于是标准电池 E_N 的调定电阻 R_N 上产生电势差 I_WR_N，当开关 K 拨向 1 后，调节工作电流的调节电阻 R_P，直到检流计指针指向零，此时说明 I_WR_N 与 E_N 相互抵消，即 $I_WR_N=E_N$，为此

$$I_W=E_N/R_N \qquad (13-14-1)$$

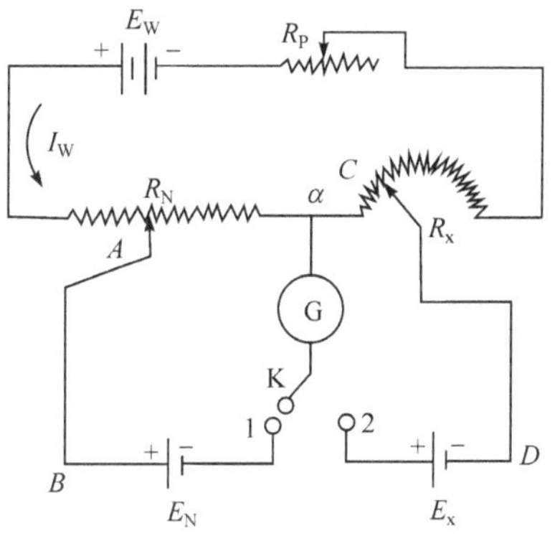

图 13-14-1　直流电位差计工作原理图
E_W—工作电池；E_N—标准电池；E_x—待测电池；R_P—调节电阻；R_x—"测量"电阻；R_N—配合标准电池电动势用电阻；K—转换电键

因为 E_N 为标准电池的电动势，是已确定的值，R_N 对一台电位差计是固定值，即对一台电位差计其工作电流在出厂时已规定为某一定数值 I_0。如下面介绍的 UJ-25 型电位差计在工作电源电压为 3V 时，工作电流规定为 1.0×10^{-4}A。但是实际测量时，因标准电池所处环境温度不同而其电动势 E_N 随温度变化，故需调整标准回路上可移触点 A 的位置，使 E_N/R_N 之比仍为 I_0。还有，电位差计工作电源一般用电池，因电池长时间放电而使工作电源的电动势下降，达不到电位差计的规定而令工作电流 $I_W\neq I_0$，为了保持工作回路工作电流 I_W 为电位差计所要求的 I_0，需要调节工作回路上的工作电流调节电阻 R_P，直到标准回路上检流计 G 无电流通过，此时工作电流重新为 I_0。这一调整操作称为"标准化"。上述操作完成后，再将转向开关 K 拨向"2"位置，以进行未知电动势 E_x 的测量。根据对消法原理，要知 E_x 就要令 E_x 与 E_C 抵消，即

$$E_x=E_C=I_0R_x \qquad (13-14-2)$$

由于 I_W 经"标准化"操作已达规定值 I_0，R_x 的值就需调节 R_x 上 C 触点位置，当测量回路上检流计 G 无电流通过，则 E_C 就与 E_x 相互抵消。由式(13-14-2)可得

$$E_x=I_0R_x=(E_N/R_N)R_x=(R_x/R_N)E_N \qquad (13-14-3)$$

由式(13-14-3)可知，用电位差计测量未知电动势 E_x 的过程，实质上是将 E_x 与 E_N 进行比较的过程。当 E_N 准确度高时，则 E_x 的测量精度取决于 R_x/R_N 比值之误差。

13.14.2　使用方法

UJ-25 型电位差计的面板如图 13-14-2 所示。

UJ-25 型电位差计面板共有十三个钮，测量电动势可按图 13-14-2 连接。使用电位差计时必须配用灵敏检流计($1\times10^{-9}\sim1\times10^{-8}$A·cm^{-1})和标准电池。

用 UJ-25 型电位差计(面板如图 13-14-2 所示)测量电动势的上限为 600V，下限为 0.000001V，但当测量电动势高于 1.91110V 以上时，必须配用分压箱来提高测量上限。为保证测量精度以及仪器的安全，测量 1.91110V 以下的电压时需按以下各点使用：

(1) 在电位差计使用之前，先将"标准"、"未知"、"断"转换开关放在"断"的位置，并将三个电计钮全部松开；然后将电池电源、被测电动势和标准电池按正负极接在相应钮上，并接上检流计。

(2) 调节标准电池电动势温度补偿钮。标准电池电动势的数值与温度的关系，以式(13-14-4)表示：

$$E=E_0-4.06\times10^{-5}(t-20)-9.5\times10^{-7}(t-20)^2 \qquad (13-14-4)$$

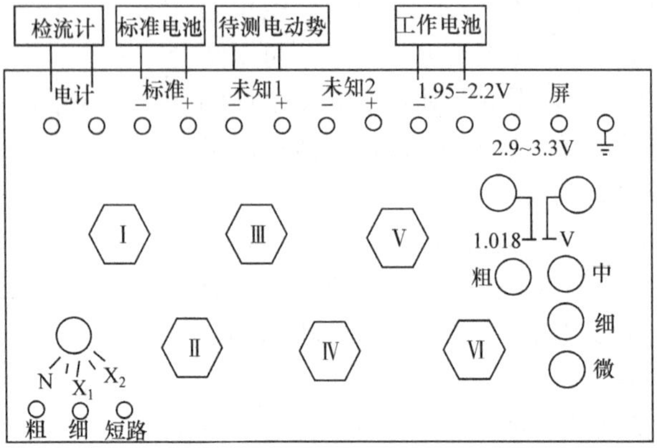

图 13-14-2　UJ-25 型电位差计面板图

调整钮至与温度 t 下的标准电池电动势数值相一致。

(3) 将“标准”、“未知”转换开关放在“标准”位置上，按下“粗”钮(短时间按下，见到检流计有偏转马上松开)，按“粗”、“中”、“微”的顺序调节工作电流，使检流计指零，然后按下“细”钮，按上面顺序调节工作电流，使检流计指零。此时，电位计工作电流调整完毕。在测量电动势时，要随时检查工作电流是否有变化，如有变化要随时调整。

第 14 章　常用数据表

14.1　常见阳离子的主要鉴定反应

离子	试剂	鉴定反应	介质条件	主要干扰离子
NH_4^+	NaOH	$NH_4^+ + OH^- \xrightarrow{加热} NH_3\uparrow + H_2O$ NH_3 使湿润的红色石蕊试纸变蓝或 pH 试纸呈碱性反应	强碱性	CN^- $CN^- + 2H_2O \xrightarrow{(OH^-并加热)} HCOO^- + NH_3\uparrow$
	奈斯勒试剂[四碘合汞(Ⅱ)酸钾的碱性溶液]	$NH_4^+ + 2[HgI_4]^{2-} + 4OH^- \longrightarrow Hg_2NI\downarrow$(棕色)$+ 7I^- + 4H_2O$	碱性介质	Fe^{3+}、Cr^{3+}、Co^{2+}、Ni^{2+}、Ag^+、Hg^{2+} 等能与奈斯勒试剂生成有色沉淀，妨碍 NH_4^+ 的鉴定
Na^+	乙酸铀酰锌	$Na^+ + Zn^{2+} + 3UO_2^{2+} + 9OAc^- + 9H_2O \longrightarrow NaZn(UO_2)_3(OAc)_9 \cdot 9H_2O\downarrow$ (淡黄绿色)	中性或乙酸溶液中	大量 K^+ 存在有干扰[生成 $KOAc \cdot UO_2 \cdot (OAc)_2$ 针状结晶]，Ag^+、Hg_2^{2+}、Sb^{3+} 存在也有干扰
	焰色反应	挥发性钠盐在煤气灯的无色火焰(氧化焰)中灼烧时，火焰呈黄色		
K^+	$Na_3[Co(NO_2)_6]$	$2K^+ + Na^+ + [Co(NO_2)_6]^{3-} \longrightarrow K_2Na[Co(NO_2)_6]\downarrow$(亮黄色)	中性或弱酸性	Rb^+、Cs^+、NH_4^+ 能与试剂形成相似的化合物，妨碍鉴定
	焰色反应	挥发性钾盐在煤气灯的无色火焰(氧化焰)中灼烧时，火焰呈紫色		Na^+ 存在时，K^+ 所显示的紫色被黄色遮盖，可透过蓝色玻璃观察
Mg^{2+}	镁试剂	镁试剂被氢氧化镁吸附后呈天蓝色沉淀	强碱性介质	(1) 除碱金属外，在强碱性介质中能形成有色沉淀的离子如 Ag^+、Hg^{2+}、Ni^{2+}、Co^{2+}、Cr^{3+}、Cu^{2+}、Mn^{2+}、Fe^{3+} 等对反应均有干扰 (2) 大量 NH_4^+ 存在会降低 OH^- 的浓度，从而降低 Mg^{2+} 鉴定反应的灵敏度
Ba^{2+}	K_2CrO_4	$Ba^{2+} + CrO_4^{2-} \longrightarrow BaCrO_4\downarrow$ (黄色) (不溶于 HOAc)	中性或弱酸性介质	Pb^{2+}、Ag^+、Hg^{2+} 等与 CrO_4^{2-} 能生成有色沉淀，影响 Ba^{2+} 的检出 Pb^{2+}、Ag^+、Hg^{2+} 可加 Zn 粉还原除去
	焰色反应	挥发性钡盐使火焰呈黄绿色		

续表

离子	试剂	鉴定反应	介质条件	主要干扰离子
Ca^{2+}	$(NH_4)_2C_2O_4$	$Ca^{2+}+C_2O_4^{2-} \longrightarrow CaC_2O_4\downarrow$（白色） （溶于强酸，不溶于 HOAc）	中性或弱酸性介质	Ag^+、Pb^{2+}、Cd^{2+}、Hg^{2+}、Hg_2^{2+} 等金属离子均能与 $C_2O_4^{2-}$ 作用生成沉淀，对反应有干扰，可在氨性试液中加入 Zn 粉，将它们还原除去
	焰色反应	挥发性钙盐使火焰呈砖红色		
Al^{3+}	铝试剂	$Al^{3+}+$铝试剂$\xrightarrow[\text{水浴}]{\triangle}$红色絮状沉淀	pH＝4～5	Fe^{3+}、Cr^{3+}、Ca^{2+}、Pb^{2+}、Cu^{2+} 等也能生成与铝相类似的红色沉淀而有干扰
Sb^{3+}	Sn 片	$2Sb^{3+}+3Sn \longrightarrow 2Sb\downarrow$（黑色）$+3Sn^{2+}$	酸性介质	Ag^+、Hg^{2+}、AsO_2^-、Bi^{3+} 等也能与 Sn 发生氧化还原反应，析出黑色金属，妨碍 Sb^{3+} 鉴定
Bi^{3+}	$Na_2[Sn(OH)_4]$	$2Bi^{3+}+3[Sn(OH)_4]^{2-}+6OH^- \longrightarrow 2Bi\downarrow$（黑色）$+3[Sn(OH)_6]^{2-}$ 注意：试剂必须临时配制	强碱性介质	Ag^+、Hg^{2+}、Pb^{2+} 存在时，也会慢慢地被 $[Sn(OH)_4]^{2-}$ 还原而析出黑色金属，干扰 Bi^{3+} 的鉴定
Sn^{2+}	$HgCl_2$	$Sn^{2+}+2HgCl_2+4Cl^- \longrightarrow Hg_2Cl_2\downarrow$（白色）$+[SnCl_6]^{2-}$ $Sn^{2+}+Hg_2Cl_2+4Cl^- \longrightarrow 2Hg\downarrow$（黑色）$+[SnCl_6]^{2-}$	酸性介质	
Pb^{2+}	K_2CrO_4	$Pb^{2+}+CrO_4^{2-} \longrightarrow PbCrO_4\downarrow$（黄色） （可溶于 NaOH 和浓 HNO_3，难溶于稀 HNO_3 和 HOAc，不溶于 $NH_3\cdot H_2O$）	中性或弱酸性介质	Ba^{2+}、Ag^+、Hg^{2+} 等与 CrO_4^{2-} 作用生成有色沉淀，从而影响 Pb^{2+} 的检出
Cr^{3+}（或 CrO_4^{2-}）	用 H_2O_2 氧化后加可溶性 Pb^{2+} 盐（或 Ag^+ 盐或 Ba^{2+} 盐）	$Cr^{3+}+4OH^- \longrightarrow [Cr(OH)_4]^-$ $2[Cr(OH)_4]^-+3H_2O_2+2OH^- \longrightarrow 2CrO_4^{2-}+8H_2O$	碱性介质	凡与 CrO_4^{2-} 生成有色沉淀的金属离子均有干扰
		$CrO_4^{2-}+Pb^{2+} \longrightarrow PbCrO_4\downarrow$（黄色） $CrO_4^{2-}+2Ag^+ \longrightarrow Ag_2CrO_4\downarrow$（砖红色） $CrO_4^{2-}+Ba^{2+} \longrightarrow BaCrO_4\downarrow$（黄色）	用 HOAc 酸化成弱酸性介质	

续表

离子	试剂	鉴定反应	介质条件	主要干扰离子
Cr^{3+}（或 CrO_4^{2-}）	在 NaOH 条件下用 H_2O_2 氧化后再酸化并用戊醇（或乙醚）萃取	$Cr^{3+}+4OH^- \longrightarrow [Cr(OH)_4]^-$ $2[Cr(OH)_4]^- + 3H_2O_2 + 2OH^- \longrightarrow 2CrO_4^{2-} + 8H_2O$	碱性介质	
		$2CrO_4^{2-} + 2H^+ \longrightarrow Cr_2O_7^{2-} + H_2O$ $Cr_2O_7^{2-} + 4H_2O_2 + 2H^+ \longrightarrow 5H_2O + 2CrO_5$（蓝色） 反应要求在较低温度下进行 CrO_5 在酸性溶液中易分解： $4CrO_5 + 12H^+ \longrightarrow 4Cr^{3+} + 7O_2 + 6H_2O$	酸性介质	
Mn^{2+}	$NaBiO_3$	$2Mn^{2+} + 5NaBiO_3 + 14H^+ \longrightarrow 2MnO_4^-$（紫红色）$+ 5Na^+ + 5Bi^{3+} + 7H_2O$	HNO_3 或 H_2SO_4 介质	Cr^{3+} 浓度大时稍有干扰
Fe^{2+}	$K_3[Fe(CN)_6]$	$K^+ + Fe^{2+} + [Fe(CN)_6]^{3-} \longrightarrow KFe[Fe(CN)_6]\downarrow$（深蓝色）	酸性介质	
Fe^{3+}	$K_4[Fe(CN)_6]$	$K^+ + Fe^{3+} + [Fe(CN)_6]^{4-} \longrightarrow KFe[Fe(CN)_6]\downarrow$（深蓝色）	酸性介质	
	NH_4SCN	$Fe^{3+} + SCN^- \longrightarrow [Fe(NCS)]^{2+}$（血红色）	酸性介质	氟化物、磷酸、草酸、酒石酸、柠檬酸，含有 α-或β-OH 基的有机酸能与 Fe^{3+} 生成稳定的配合物，妨碍 Fe^{3+} 的检出；大量 Cu^{2+} 存在能与 SCN^- 生成黑绿色的 $Cu(SCN)_2$ 沉淀，干扰 Fe^{3+} 的检出
Co^{2+}	NH_4SCN（饱和或固体），并用丙酮或戊醇萃取	$Co^{2+} + 4SCN^- \longrightarrow [Co(NCS)_4]^{2-}$（艳蓝绿色）	酸性介质	Fe^{3+} 干扰 Cu^{2+} 的检出，可用 NH_4F 或 NaF 掩蔽 Fe^{3+}
Ni^{2+}	丁二酮肟 CH_3CNOH | CH_3CNOH	Ni^{2+} 能与丁二酮肟生成鲜红色的螯合物沉淀 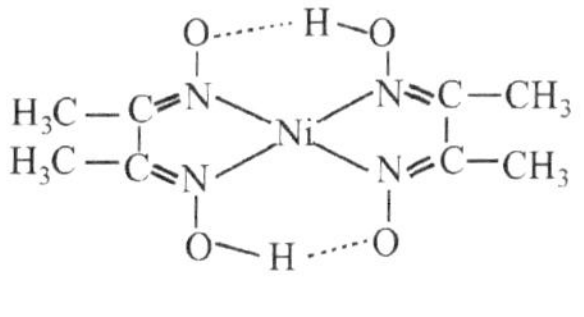	在氨性或乙酸钠溶液中进行，合适的酸度为 pH＝5～10	Co^{2+}、Fe^{2+}、Bi^{3+} 分别与本试剂反应生成棕色、红色可溶物和黄色沉淀，Fe^{3+}、Cr^{3+}、Cu^{2+}、Mn^{2+} 与氨水生成有色沉淀或可溶物，均干扰 Ni^{2+} 的检出
Cu^{2+}	$K_4[Fe(CN)_6]$	$2Cu^{2+} + [Fe(CN)_6]^{4-} \longrightarrow Cu_2[Fe(CN)_6]\downarrow$（红褐色）	中性或酸性介质	Fe^{3+} 干扰 Cu^{2+} 的检出

续表

离子	试剂	鉴定反应	介质条件	主要干扰离子
Ag^+	HCl	$Ag^+ + Cl^- \longrightarrow AgCl\downarrow$（白色） 沉淀溶于过量氨水，用 HNO_3 酸化后沉淀又重新析出 $AgCl + 2NH_3 \cdot H_2O \longrightarrow [Ag(NH_3)_2]^+ + Cl^- + 2H_2O$ $[Ag(NH_3)_2]^+ + Cl^- + 2H^+ \longrightarrow 2NH_4^+ + AgCl\downarrow$	酸性介质	Pb^{2+}、Hg_2^{2+}（与 Cl^- 形成 $PbCl_2$、Hg_2Cl_2 白色沉淀）干扰 Ag^+ 的鉴定，但 $PbCl_2$、Hg_2Cl_2 难溶于氨水，可与 AgCl 分离
	K_2CrO_4	$CrO_4^{2-} + 2Ag^+ \longrightarrow Ag_2CrO_4\downarrow$（砖红色）	中性或微酸性介质	Pb^{2+}、Hg^{2+}、Ba^{2+} 有干扰（生成有色沉淀）
Zn^{2+}	$(NH_4)_2S$	$Zn^{2+} + S^{2-} \longrightarrow ZnS\downarrow$（白色）	$c(H^+) < 0.3mol \cdot L^{-1}$	凡能与 S^{2-} 生成有色硫化物的金属离子均有干扰
	二苯硫腙（打萨宗）	加入二苯硫腙振荡后水层呈粉红色	强碱性	在中性或弱酸性条件下，许多重金属离子都能与二苯硫腙生成有色的配合物，因而应注意鉴定的介质条件
Cd^{2+}	H_2S 或 Na_2S	$Cd^{2+} + H_2S \longrightarrow CdS\downarrow$（黄色）$+ 2H^+$	碱性介质	凡能与 S^{2-} 生成有色硫化物沉淀的金属离子均有干扰
Hg^{2+}	$SnCl_2$	见 Sn^{2+} 的鉴定	酸性介质	
	KI 和 $NH_3 \cdot H_2O$	(1) 先加入过量 KI： $Hg^{2+} + 2I^- \longrightarrow HgI_2\downarrow$ $HgI_2 + 2I^- \longrightarrow [HgI_4]^{2-}$ (2) 再加入 $NH_3 \cdot H_2O$ 或 NH_4^+ 盐溶液并加入浓碱溶液，则生成红棕色沉淀： $NH_4^+ + 2[HgI_4]^{2-} + 4OH^- \longrightarrow Hg_2NI\downarrow$（棕色）$+ 7I^- + 4H_2O$		凡能与 I^-、OH^- 生成深色沉淀的金属离子均有干扰

14.2　常见阴离子的主要鉴定反应

离子	试剂	鉴定反应	介质条件	主要干扰离子
Cl^-	$AgNO_3$	$Cl^- + Ag^+ \longrightarrow AgCl\downarrow$（白色） AgCl 溶于过量氨水或 $(NH_4)_2CO_3$，用 HNO_3 酸化后沉淀重新析出	酸性介质	SCN^- 也能生成白色AgSCN，但它不溶于 $NH_3 \cdot H_2O$

续表

离子	试剂	鉴定反应	介质条件	主要干扰离子
Br^-	氯水,CCl_4(或苯)	$2Br^- + Cl_2 \longrightarrow Br_2 + 2Cl^-$ 析出的溴溶于 CCl_4(或苯)溶剂中呈橙黄色或橙红色	中性或酸性介质	
I^-	氯水,CCl_4(或苯)	$2I^- + Cl_2 \longrightarrow I_2 + 2Cl^-$ 析出的碘溶于 CCl_4(或苯)溶剂中呈紫红色	中性或酸性介质	
SO_4^{2-}	$BaCl_2$	$SO_4^{2-} + Ba^{2+} \longrightarrow BaSO_4\downarrow$(白色) (不溶于 HCl 或 HNO_3)	酸性介质	CO_3^{2-}、SO_3^{2-} 的干扰可加酸排除
SO_3^{2-}	稀 HCl	$SO_3^{2-} + 2H^+ \longrightarrow SO_2\uparrow + H_2O$ SO_2 的检验: (1) SO_2 可使 $KMnO_4$ 还原而褪色 (2) SO_2 可将 I_2 还原为 I^-,使淀粉-I_2溶液褪色 (3) SO_2 可使品红溶液褪色 因此,可用蘸有 $KMnO_4$ 溶液,或淀粉-I_2 溶液,或品红溶液的试纸检验	酸性介质	$S_2O_3^{2-}$、S^{2-} 对 SO_3^{2-} 的鉴定有干扰
	$Na_2[Fe(CN)_5NO]$ $ZnSO_4$ $K_4[Fe(CN)_6]$	生成红色沉淀	中性介质	S^{2-} 与 $Na_2[Fe(CN)_5NO]$生成紫红色配合物,干扰 SO_3^{2-} 的鉴定。可用 $PbCO_3$ 将 S^{2-} 转化为 PbS 除去
$S_2O_3^{2-}$	稀 HCl	$S_2O_3^{2-} + 2H^+ \longrightarrow SO_2\uparrow + S\downarrow + H_2O$ 反应中有硫析出使溶液变浑浊	酸性介质	SO_3^{2-}、S^{2-} 同时存在时,干扰 $S_2O_3^{2-}$ 的鉴定
	$AgNO_3$	$2Ag^+ + S_2O_3^{2-} \longrightarrow Ag_2S_2O_3\downarrow$(白色) $Ag_2S_2O_3$ 沉淀不稳定,生成后立即发生水解反应,并且伴随明显的颜色变化,由白→黄→棕,最后变成黑色的 Ag_2S $Ag_2S_2O_3 + H_2O \longrightarrow Ag_2S\downarrow$(黑色)$+ 2H^+ + SO_4^{2-}$	中性介质	S^{2-} 与 Ag^+ 形成黑色 Ag_2S 干扰鉴定,可用 $PbCO_3$ 使 S^{2-} 转化为 PbS 除去
S^{2-}	稀 HCl	$S^{2-} + 2H^+ \longrightarrow H_2S\uparrow$ H_2S 气体可使蘸有 $Pb(NO_3)_2$ 或 $Pb(OAc)_2$ 的试纸变黑	酸性介质	SO_3^{2-}、$S_2O_3^{2-}$ 存在有干扰
	$Na_2[Fe(CN)_5NO]$	$S^{2-} + [Fe(CN)_5NO]^{2-} \longrightarrow [Fe(CN)_5NOS]^{4-}$(紫红色)	碱性介质	

续表

离子	试剂	鉴定反应	介质条件	主要干扰离子
NO_2^-	对氨基苯磺酸 α-萘胺	溶液呈现红色	中性或乙酸介质	MnO_4^- 等强氧化剂有干扰
NO_3^-	$FeSO_4$ 浓 H_2SO_4	$NO_3^- + 3Fe^{2+} + 4H^+ \longrightarrow 3Fe^{3+} + NO\uparrow + 2H_2O$ $Fe^{2+} + NO \longrightarrow [FeNO]^{2+}$（棕色） 在混合液与浓硫酸分层处形成棕色环	酸性介质	NO_2^- 有同样反应，妨碍鉴定，可加稀硫酸并加热除去
CO_3^{2-}	稀 HCl （稀 H_2SO_4）	$CO_3^{2-} + 2H^+ \longrightarrow CO_2\uparrow + H_2O$ CO_2 气体使饱和 $Ba(OH)_2$ 溶液变浑 $CO_2 + 2OH^- + Ba^{2+} \longrightarrow BaCO_3\downarrow$（白色）$+ H_2O$	酸性介质	SO_3^{2-}、$S_2O_3^{2-}$ 与 H^+ 作用后产生 SO_2，也能使 $Ba(OH)_2$ 变浑，应在加酸前加 H_2O_2 或 $KMnO_4$ 使之氧化成 SO_4^{2-} 后除去
PO_4^{3-}	$AgNO_3$	$3Ag^+ + PO_4^{3-} \longrightarrow Ag_3PO_4\downarrow$（黄色）	中性或弱酸性介质	CrO_4^{2-}、S^{2-}、AsO_4^{3-}、AsO_3^{3-}、I^-、$S_2O_3^{2-}$ 等能与 Ag^+ 生成有色沉淀，妨碍鉴定
	$(NH_4)_2MoO_4$ （过量试剂）	$PO_4^{3-} + 3NH_4^+ + 12MoO_4^{2-} + 24H^+ \longrightarrow (NH_4)_3PO_4 \cdot 12MoO_3 \cdot 6H_2O\downarrow$（黄色）$+ 6H_2O$ （1）无干扰离子时不必加 HNO_3 （2）磷钼酸铵能溶于过量磷酸盐溶液生成配合物，因此需要加入过量钼酸铵试剂	HNO_3 介质	（1）SO_3^{2-}、$S_2O_3^{2-}$、S^{2-}、I^-、Sn^{2+} 等还原性离子易将钼酸铵还原为低价钼的化合物——钼蓝，严重干扰 PO_4^{3-} 的检出 （2）SiO_3^{2-}、AsO_4^{3-} 与钼酸铵试剂也能形成相似的黄色沉淀，妨碍鉴定 （3）大量 Cl^- 存在时，可与 Mo(Ⅵ) 形成配合物而降低反应的灵敏度
SiO_3^{2-}	NH_4Cl（饱和）（加热）	$SiO_3^{2-} + 2NH_4^+ \longrightarrow H_2SiO_3\downarrow + 2NH_3\uparrow$ （白色胶状）	碱性介质	
F^-	H_2SO_4	$CaF_2 + H_2SO_4 \longrightarrow 2HF\uparrow + CaSO_4$ HF 与硅酸盐或 SiO_2 作用，生成 SiF_4 气体。当 SiF_4 与水作用时，立即转化为不溶于水的硅酸沉淀而使水变浑 $SiO_2 + 4HF \longrightarrow SiF_4 + 2H_2O$ $SiF_4 + 4H_2O \longrightarrow H_4SiO_4\downarrow + 4HF$ 用上述方法鉴定溶液中的 F^- 时，应先将溶液蒸发至干或在乙酸存在下用 $CaCl_2$ 沉淀 F^-，将 CaF_2 离心分离后，小心烘干，然后进行实验	酸性介质	

14.3 常见阳离子与常用试剂的反应

离子	HCl	H_2SO_4	NaOH		$NH_3 \cdot H_2O$		$c(H^+)=$ 0.3mol · L^{-1} 下通 H_2S	$(NH_4)_2S$，或硫化物沉淀后加入过量$(NH_4)_2S$
			适量		过量			
Na^+								
NH_4^+								
K^+								
Mg^{2+}			$Mg(OH)_2\downarrow$ (白色)	(不溶)	$Mg(OH)_2\downarrow$	(不溶)		
Ba^{2+}		$BaSO_4$ (白色)	$Ba(OH)_2\downarrow$① (白色)	(不溶)				
Sr^{2+}		$SrSO_4$ (白色)	$Sr(OH)_2\downarrow$① (白色)	(不溶)				
Ca^{2+}		$CaSO_4$① (白色)	$Ca(OH)_2\downarrow$① (白色)	(不溶)				
Al^{3+}			$Al(OH)_3\downarrow$ (白色)	$[Al(OH)_4]^-$ (无色)	$Al(OH)_3\downarrow$	(微溶)		$Al(OH)_3\downarrow$
Sn^{2+}			$Sn(OH)_2\downarrow$ (白色)	$[Sn(OH)_4]^{2-}$ (无色)	$Sn(OH)_2\downarrow$	(不溶)	$SnS\downarrow$ (褐色)	(不溶)
Sn^{4+}			$Sn(OH)_4\downarrow$ (白色)	$[Sn(OH)_6]^{2-}$ (无色)	$Sn(OH)_4\downarrow$	(不溶)	$SnS_2\downarrow$ (黄色)	SnS_3^{2-}
Pb^{2+}	$PbCl_2\downarrow$① (白色)	$PbSO_4$ (白色)	$Pb(OH)_2\downarrow$ (白色)	$[Pb(OH)_4]^{2-}$ (无色)	$Pb(OH)_2\downarrow$ 或碱式盐$\downarrow$	(不溶)	$PbS\downarrow$ (黑色)	(不溶)
Sb^{3+}			$Sb(OH)_3\downarrow$ (白色)	$[Sb(OH)_4]^-$ (无色)	$Sb(OH)_3\downarrow$	(不溶)	$Sb_2S_3\downarrow$ (橙红)	SbS_3^{3-}
Sb^{5+}			$H_3SbO_4\downarrow$ (白色)	SbO_4^{3-}	$H_3SbO_4\downarrow$	(不溶)	$Sb_2S_5\downarrow$ (橙红)	SbS_4^{3-}
Bi^{3+}			$Bi(OH)_3\downarrow$ (白色)	(不溶)	$Bi(OH)_3\downarrow$	(不溶)	$Bi_2S_3\downarrow$ (黑褐)	(不溶)
Cu^{2+}			$Cu(OH)_2\downarrow$ (浅蓝色)	$[Cu(OH)_4]^{2-}$ (亮蓝)	碱式盐$\downarrow$ (浅蓝色)	$[Cu(NH_3)_4]^{2+}$ (深蓝色)	$CuS\downarrow$ (黑色)	(不溶)
Ag^+	$AgCl\downarrow$ (白色)	$Ag_2SO_4$① (白色)	$Ag_2O\downarrow$ (棕褐)	(不溶)	$Ag_2O\downarrow$	$[Ag(NH_3)_2]^+$ (无色)	$Ag_2S\downarrow$ (黑色)	(不溶)

续表

离子	HCl	H_2SO_4	NaOH		$NH_3\cdot H_2O$		$c(H^+)=$ 0.3mol·L^{-1} 下通 H_2S	$(NH_4)_2S$，或硫化物沉淀后加入过量$(NH_4)_2S$
			适量		过量			
Zn^{2+}			$Zn(OH)_2\downarrow$（白色）	$[Zn(OH)_4]^{2-}$（无色）	$Zn(OH)_2\downarrow$	$[Zn(NH_3)_4]^{2+}$（无色）		ZnS（白色）
Cd^{2+}			$Cd(OH)_2\downarrow$（白色）	（不溶）	$Cd(OH)_2\downarrow$	$[Cd(NH_3)_4]^{2+}$（无色）	$CdS\downarrow$（黄色）	（不溶）
Hg^{2+}			$HgO\downarrow$（黄色）	（不溶）	$HgNH_2Cl\downarrow$②（白色）	（不溶）	$HgS\downarrow$（黑色）	$[HgS_2]^{2-}$（浓 Na_2S）
Hg_2^{2+}	$Hg_2Cl_2\downarrow$（白色）	$Hg_2SO_4$①（白色）	$Hg_2O\downarrow\rightarrow$ $HgO\downarrow+Hg\downarrow$（黑色）	（不溶）	$HgNH_2Cl\downarrow$② $+Hg\downarrow$（黑色）	（不溶）	$HgS\downarrow$ $+Hg\downarrow$	（不溶）
Cr^{3+}			$Cr(OH)_3\downarrow$（灰绿色）	$[Cr(OH)_4]^-$（亮绿）	$Cr(OH)_3\downarrow$	（不溶）		$Cr(OH)_3$
Mn^{2+}			$Mn(OH)_2\downarrow$（肉色）$\rightarrow$ $MnO(OH)_2$（棕色）$\downarrow$	（不溶）	$Mn(OH)_2\downarrow$ $\rightarrow$ $MnO(OH)_2$	（不溶）		MnS（肉色）
Fe^{2+}			$Fe(OH)_2\downarrow$（白色）$\rightarrow$ $Fe(OH)_3\downarrow$（红棕色）	（不溶）	$Fe(OH)_2\downarrow$ $\rightarrow$ $Fe(OH)_3\downarrow$	（不溶）		FeS（黑色）
Fe^{3+}			$Fe(OH)_3\downarrow$（红棕色）	（不溶）	$Fe(OH)_3\downarrow$	（不溶）	$S\downarrow$	Fe_2S_3（黑色）
Co^{2+}			$Co(OH)_2\downarrow$（粉红）$\rightarrow$ $CoO(OH)\downarrow$（褐色）	（不溶）	碱式盐$\downarrow$（蓝色）	$[Co(NH_3)_6]^{2+}$（土黄色）$\rightarrow$ $[Co(NH_3)_6]^{3+}$（棕红）		CoS（黑色）
Ni^{2+}			$Ni(OH)_2\downarrow$（绿色）	（不溶）	碱式盐$\downarrow$（浅绿色）	$[Ni(NH_3)_6]^{2+}$（蓝色）		NiS（黑色）

① 浓度大时才会出现沉淀。

② $Hg(NO_3)_2$ 与 $NH_3\cdot H_2O$ 反应生成 $HgO\cdot NH_2HgNO_3$ 白色沉淀，$Hg_2(NO_3)_2$ 与 $NH_3\cdot H_2O$ 反应则生成 $HgO\cdot NH_2HgNO_3+Hg$黑色沉淀。

14.4 常见阴离子与常用试剂的反应

试剂 离子	稀 H_2SO_4（或稀 HCl）	$BaCl_2$		$AgNO_3$		I_2-淀粉	$KMnO_4$	KI-淀粉
		中性或弱碱性溶液	酸性溶液或沉淀后加酸	中性或微酸性溶液	稀 HNO_3 溶液中			
SO_4^{2-}		$BaSO_4\downarrow$（白色）	$BaSO_4\downarrow$（白色）	$Ag_2SO_4\downarrow$（白色）只在浓溶液中析出				
SO_3^{2-}	$SO_2\uparrow$	$BaSO_3\downarrow$（白色）	溶解	$Ag_2SO_3\downarrow$（白色）		SO_4^{2-}（蓝色褪去）	SO_4^{2-}（紫色褪去）	
$S_2O_3^{2-}$	$SO_2\uparrow$ $+S\downarrow$	$BaS_2O_3\downarrow$（白色）	溶解	$Ag_2S_2O_3\downarrow\rightarrow$ $Ag_2S\downarrow$ 颜色由白→黄→棕→黑	$S\downarrow$	$S_4O_6^{2-}$（蓝色褪去）	SO_4^{2-}（紫色褪去）	
CO_3^{2-}	$CO_2\uparrow$	$BaCO_3\downarrow$（白色）	溶解	Ag_2CO_3（白色）	$CO_2\uparrow$			
PO_4^{3-}		$Ba_3(PO_4)_2\downarrow$（白色）	溶解	$Ag_3PO_4\downarrow$（黄色）				
SiO_3^{2-}	H_2SiO_3（胶状）$\downarrow$	$BaSiO_3\downarrow$（白色）	$H_2SiO_3\downarrow$	$Ag_2SiO_3\downarrow$（黄色）	$H_2SiO_3\downarrow$			
AsO_3^{3-}		$Ba_3(AsO_3)_2\downarrow$（白色）	溶解	$Ag_3AsO_3\downarrow$（黄色）		AsO_4^{3-}（蓝色褪去）（碱性介质）	AsO_4^{3-}（紫色褪去）	
AsO_4^{3-}		$Ba_3(AsO_4)_2\downarrow$（白色）	溶解	$Ag_3AsO_4\downarrow$（黄色）				AsO_3^{3-}（变蓝）（酸性介质）
F^-	浓 H_2SO_4 分解氟化物生成 HF	$BaF_2\downarrow$（白色）浓溶液中析出	溶解					
Cl^-				$AgCl\downarrow$（白色）	$AgCl\downarrow$		$Cl_2\uparrow$（紫色褪去）	
Br^-				$AgBr\downarrow$（淡黄色）	$AgBr\downarrow$		Br_2（紫色褪去）	
I^-				$AgI\downarrow$（黄色）	$AgI\downarrow$		I_2（紫色褪去）	
S^{2-}	$H_2S\uparrow$			$Ag_2S\downarrow$（黑色）	$Ag_2S\downarrow$	$S\downarrow$（蓝色褪去）	$S\downarrow$（紫色褪去）	
NO_3^-								
NO_2^-	$NO_2\uparrow$ $+NO\uparrow$			$AgNO_2\downarrow$（淡黄色）			NO_3^-（紫色褪去）	$NO\uparrow$（变蓝）
OAc^-	HOAc							

14.5　常见离子和化合物的颜色

一、离子

序号	物质	颜色	序号	物质	颜色
1	$[Ti(H_2O)_6]^{3+}$	紫色	5	$[Fe(NCS)_n]^{3-n}$	血红色($n\leqslant6$)
	$[TiO(H_2O_2)]^{2+}$	橙色		$[Fe(CN)_6]^{4-}$	黄色
	TiO^{2+}	无色		$[Fe(CN)_6]^{3-}$	红棕色
2	$[V(H_2O)_6]^{2+}$	蓝紫色		$[FeCl_6]^{3-}$	黄色
	$[V(H_2O)_6]^{3+}$	绿色		$[FeF_6]^{3-}$	无色
	VO^{2+}	蓝色		$[Fe(C_2O_4)_3]^{3-}$	黄色
	VO_2^+	黄色	6	$[Co(H_2O)_6]^{2+}$	粉红色
3	$[Cr(H_2O)_6]^{2+}$	天蓝色		$[Co(NH_3)_6]^{2+}$	土黄色
	$[Cr(H_2O)_6]^{3+}$	蓝紫色		$[Co(NH_3)_6]^{3+}$	红棕色
	$[Cr(NH_3)_6]^{3+}$	黄色		$[Co(NCS)_4]^{2-}$	蓝色
	$[CrCl(H_2O)_5]^{2+}$	蓝绿色	7	$[Ni(H_2O)_6]^{2+}$	亮绿色
	$[CrCl_2(H_2O)_4]^+$	绿色		$[Ni(NH_3)_6]^{2+}$	蓝色
	$[Cr(OH)_4]^-$	亮绿色		$[Ni(NH_3)_6]^{3+}$	蓝紫色
	CrO_4^{2-}	黄色	8	$[Cu(H_2O)_4]^{2+}$	蓝色
	$Cr_2O_7^{2-}$	橙色		$[Cu(NH_3)_4]^{2+}$	深蓝色
4	$[Mn(H_2O)_6]^{2+}$	肉色		$[Cu(OH)_4]^{2-}$	亮蓝色
	MnO_4^{2-}	绿色		$[CuCl_2]^-$	无色
	MnO_4^-	紫红色		$[Cu(NH_3)_2]^+$	无色
5	$[Fe(H_2O)_6]^{2+}$	浅绿色		$[CuCl_4]^{2-}$	黄色
	$[Fe(H_2O)_6]^{3+}$	淡紫色①	9	I_3^-	浅棕黄色

二、化合物

序号	物质	颜色	序号	物质	颜色
1. 氧化物	PbO_2	棕褐色	1. 氧化物	V_2O_3	黑色
	Pb_3O_4	红色		VO	黑色
	Pb_2O_3	橙色		Cr_2O_3	绿色
	Sb_2O_3	白色		CrO_3	橙红色
	Bi_2O_3	黄色		MoO_2	紫色
	TiO_2	白色		WO_2	棕红色
	V_2O_5	橙或黄色		MnO_2	棕色
	VO_2	深蓝色		FeO	黑色

续表

序号	物质	颜色	序号	物质	颜色
1. 氧化物	Fe_2O_3	棕红色	2. 氢氧化物	$Cu(OH)_2$	浅蓝色
	Fe_3O_4	红色		$Zn(OH)_2$	白色
	CoO	灰绿色		$Cd(OH)_2$	白色
	Co_2O_3	黑色	3. 氯化物	Sn(OH)Cl	白色
	NiO	暗绿色		$PbCl_2$	白色
	Ni_2O_3	黑色		SbOCl	白色
	CuO	黑色		BiOCl	白色
	Cu_2O	暗红色		$TiCl_2 \cdot 6H_2O$	紫色或绿色
	Ag_2O	褐色		$CrCl_3 \cdot 6H_2O$	绿色
	ZnO	白色		$FeCl_3 \cdot 6H_2O$	棕黄色
	CdO	棕黄色		$CoCl_2$	蓝色
	Hg_2O	黑色		$CoCl_2 \cdot H_2O$	蓝紫色
	HgO	红色或黄色		$CoCl_2 \cdot 2H_2O$	紫红色
2. 氢氧化物	$Mg(OH)_2$	白色		$CoCl_2 \cdot 6H_2O$	粉红色
	$Al(OH)_3$	白色		Co(OH)Cl	蓝色
	$Sn(OH)_2$	白色		CuCl	白色
	$Sn(OH)_4$	白色		AgCl	白色
	$Pb(OH)_2$	白色		Hg_2Cl_2	白色
	$Sb(OH)_3$	白色		$Hg(NH_2)Cl$	白色
	$Bi(OH)_3$	白色	4. 溴化物	$PbBr_2$	白色
	BiO(OH)	灰黄色		AgBr	淡黄色
	$Cr(OH)_3$	灰绿色	5. 碘化物	PbI_2	黄色
	$Mn(OH)_2$	白色		SbI_3	黄色
	$MnO(OH)_2$	棕黑色		BiI_3	褐色
	$Fe(OH)_2$	白色		CuI	白色
	$Fe(OH)_3$	红棕色		AgI	黄色
	$Co(OH)_2$	粉红色		Hg_2I_2	黄绿色
	CoO(OH)	褐色		HgI_2	红色
	$Ni(OH)_2$	绿色	6. 硫化物	SnS	褐色
	NiO(OH)	黑色		SnS_2	黄色
	Cu(OH)	黄色		PbS	黑色

续表

序号	物质	颜色	序号	物质	颜色
6. 硫化物	As_2S_3	黄色	7. 硫酸盐	Hg_2SO_4	白色
	As_2S_5	黄色		$HgSO_4 \cdot HgO$	黄色
	Sb_2S_3	橙色	8. 碳酸盐	$CaCO_3$	白色
	Sb_2S_5	橙色		$Mg_2(OH)_2CO_3$	白色
	Bi_2S_3	黑色		$SrCO_3$	白色
	Bi_2S_5	黑褐色		$BaCO_3$	白色
	MnS	肉色		$Pb_2(OH)_2CO_3$	白色
	FeS	黑色		$Bi(OH)CO_3$	白色
	Fe_2S_3	黑色		$MnCO_3$	白色
	CoS	黑色		$FeCO_3$	白色
	NiS	黑色		$CdCO_3$	白色
	Cu_2S	黑色		$Co_2(OH)_2CO_3$	红色
	CuS	黑色		$Ni_2(OH)_2CO_3$	浅绿色
	Ag_2S	黑色		$Cu_2(OH)_2CO_3$	蓝色
	ZnS	白色		$Zn_2(OH)_2CO_3$	白色
	CdS	黄色		$Cd_2(OH)_2CO_3$	白色
	HgS	红色或黑色		$Hg_2(OH)_2CO_3$	红褐色
7. 硫酸盐	$CaSO_4$	白色		Ag_2CO_3	白色
	$SrSO_4$	白色		Hg_2CO_3	浅黄色
	$BaSO_4$	白色	9. 磷酸盐	$Ca_3(PO_4)_2$	白色
	$PbSO_4$	白色		$CaHPO_4$	白色
	$Cr_2(SO_4)_3$	桃红色		$BaHPO_4$	白色
	$Cr_2(SO_4)_3 \cdot 18H_2O$	紫色		$MgNH_4PO_4$	白色
	$Cr_2(SO_4)_3 \cdot 6H_2O$	绿色		$FePO_4$	浅黄色
	$[Fe(NO)]SO_4$	深棕色		Ag_3PO_4	黄色
	$(NH_4)_2Fe(SO_4)_2 \cdot 6H_2O$	浅绿色	10. 硅酸盐	$BaSiO_3$	白色
	$NH_4Fe(SO_4)_2 \cdot 12H_2O$	浅紫色		$MnSiO_3$	肉色
	$CoSO_4 \cdot 7H_2O$	红色		$Fe_2(SiO_3)_3$	棕红色
	$Cu_2(OH)_2SO_4$	浅蓝色		$CoSiO_3$	紫色
	$CuSO_4 \cdot 5H_2O$	蓝色		$NiSiO_3$	翠绿色
	Ag_2SO_4	白色		$CuSiO_3$	蓝色

续表

序号	物质	颜色	序号	物质	颜色
10. 硅酸盐	$ZnSiO_3$	白色	13. 拟卤化物	AgSCN	白色
	Ag_2SiO_3	黄色		$Cu(SCN)_2$	黑绿色
11. 铬酸盐	$CaCrO_4$	黄色	14. 其他含氧酸盐	$BaSO_3$	白色
	$SrCrO_4$	浅黄色		BaS_2O_3	白色
	$BaCrO_4$	黄色		$NaBiO_3$	浅黄色
	$PbCrO_4$	黄色		$Ag_2S_2O_3$	白色
	Ag_2CrO_4	砖红色	15. 其他化合物	$Mn_2[Fe(CN)_6]$	白色
	Hg_2CrO_4	棕色		$K[Fe(CN)_6Fe]$	深蓝色
	$CdCrO_4$	黄色		$Co_2[Fe(CN)_6]$	绿色
	$HgCrO_4$	红色		$Ni_2[Fe(CN)_6]$	浅绿色
12. 草酸盐	CaC_2O_4	白色		$Zn_2[Fe(CN)_6]$	白色
	BaC_2O_4	白色		$Cu_2[Fe(CN)_6]$	棕红色
	PbC_2O_4	白色		$Ag_4[Fe(CN)_6]$	白色
	FeC_2O_4	浅黄色		$K_2Ba[Fe(CN)_6]$	白色
	$Ag_2C_2O_4$	白色		$Pb_2[Fe(CN)_6]$	白色
13. 拟卤化物	CuCN	白色		$Cd_2[Fe(CN)_6]$	白色
	$Cu(CN)_2$	黄色		$(NH_4)_3PO_4 \cdot 12MoO_3 \cdot 6H_2O$	黄色
	$Ni(CN)_2$	浅绿色		HgNI	棕红色
	AgCN	白色		二丁二酮肟合镍(Ⅱ)	鲜红色

① 溶液中因为水解生成$[Fe(H_2O)_5(OH)]^{2+}$而呈现棕黄色，未水解的 $FeCl_3$ 溶液因为生成 $FeCl_4^-$ 也会呈棕黄色。

14.6 不同温度下水的饱和蒸气压(Pa)

温度/℃	0.0	0.2	0.4	0.6	0.8
0	601.5	619.5	628.6	637.9	647.3
1	656.8	666.3	675.9	685.8	695.8
2	705.8	715.9	726.2	736.6	747.3
3	757.9	768.7	779.7	790.7	801.9
4	813.4	824.9	836.5	848.3	860.3
5	872.3	884.6	897.0	909.5	922.2
6	935.0	948.1	961.1	974.5	988.1
7	1001.7	1015.5	1029.5	1043.6	1058.0
8	1072.6	1087.2	1102.2	1117.2	1132.4
9	1147.8	1163.5	1179.2	1195.2	1211.4
10	1227.8	1244.3	1261.0	1277.9	1295.1
11	1312.4	1330.0	1347.8	1365.8	1383.9
12	1402.3	1421.0	1439.7	1458.7	1477.6

续表

温度/℃	0.0	0.2	0.4	0.6	0.8
13	1497.3	1517.1	1536.9	1557.2	1577.6
14	1598.1	1619.1	1640.1	1661.5	1683.1
15	1704.9	1726.9	1749.3	1771.9	1794.7
16	1817.7	1841.1	1864.8	1888.6	1912.8
17	1937.2	1961.8	1986.9	2012.1	2037.7
18	2063.4	2089.6	2116.0	2142.6	2169.4
19	2196.8	2224.5	2252.3	2280.5	2309.0
20	2337.8	2366.9	2396.3	2426.1	2456.1
21	2486.5	2517.1	2550.5	2579.7	2611.4
22	2643.4	2675.8	2708.6	2741.8	2775.1
23	2808.8	2843.8	2877.5	2913.6	2947.8
24	2983.4	3019.5	3056.0	3092.8	3129.9
25	3167.2	3204.9	3243.2	3282.0	3321.3
26	3360.9	3400.9	3441.3	3482.0	3523.2
27	3564.9	3607.0	3646.0	3692.5	3735.8
28	3779.6	3823.7	3858.3	3913.5	3959.3
29	4005.4	4051.9	4099.0	4146.6	4194.5
30	4242.9	4286.1	4314.1	4390.3	4441.2
31	4492.3	4543.9	4595.8	4648.2	4701.0
32	4754.7	4808.9	4863.2	4918.4	4974.0
33	5030.1	5086.9	5144.1	5202.0	5260.5
34	5319.2	5378.8	5439.0	5499.7	5560.9
35	5622.9	5685.4	5748.5	5812.2	5876.6
36	5941.2	6006.7	6072.7	6139.5	6207.0
37	6275.1	6343.7	6413.1	6483.1	6553.7
38	6625.1	6696.9	6769.3	6842.5	6916.6
39	6991.7	7067.3	7143.4	7220.2	7297.7
40	7375.9	7454.1	7534.0	7614.0	7695.4
41	7778.0	7860.7	7943.3	8028.7	8114.0
42	8199.3	8284.7	8372.6	8460.6	8548.6
43	8639.3	8729.9	8820.6	8913.9	9007.3
44	9100.6	9195.2	9291.2	9387.2	9484.6
45	9583.2	9681.9	9780.5	9881.9	9983.2
46	10086	10190	10293	10399	10506
47	10612	10720	10830	10939	11048
48	11160	11274	11388	11503	11618
49	11735	11852	11971	12091	12211

续表

温度/℃	0.0	0.2	0.4	0.6	0.8
50	12334	12466	12586	12706	12839
60	19916				
70	31157				
80	47343				
90	70096				
100	101325				

14.7　元素的相对原子质量①

原子序数	名称	符号	相对原子质量	原子序数	名称	符号	相对原子质量
1	氢	H	1.008	25	锰	Mn	54.94
2	氦	He	4.003	26	铁	Fe	55.85
3	锂	Li	6.941	27	钴	Co	58.93
4	铍	Be	9.012	28	镍	Ni	58.69
5	硼	B	10.81	29	铜	Cu	63.55
6	碳	C	12.01	30	锌	Zn	65.38
7	氮	N	14.01	31	镓	Ga	69.72
8	氧	O	16.00	32	锗	Ge	72.63
9	氟	F	19.00	33	砷	As	74.92
10	氖	Ne	20.18	34	硒	Se	78.97
11	钠	Na	22.99	35	溴	Br	79.90
12	镁	Mg	24.31	36	氪	Kr	83.80
13	铝	Al	26.98	37	铷	Rb	85.47
14	硅	Si	28.09	38	锶	Sr	87.62
15	磷	P	30.97	39	钇	Y	88.91
16	硫	S	32.06	40	锆	Zr	91.22
17	氯	Cl	35.45	41	铌	Nb	92.91
18	氩	Ar	39.95	42	钼	Mo	95.95
19	钾	K	39.10	43	锝	Te	[97.91]②
20	钙	Ca	40.08	44	钌	Ru	101.1
21	钪	Sc	44.96	45	铑	Rh	102.9
22	钛	Ti	47.87	46	钯	Pd	106.4
23	钒	V	50.94	47	银	Ag	107.9
24	铬	Cr	52.00	48	镉	Cd	112.4

续表

原子序数	名称	符号	相对原子质量	原子序数	名称	符号	相对原子质量
49	铟	In	114.8	82	铅	Pb	207.2
50	锡	Sn	118.7	83	铋	Bi	209.0
51	锑	Sb	121.8	84	钋	Po	[209.0]
52	碲	Te	127.6	85	砹	At	[210.0]
53	碘	I	126.9	86	氡	Rn	[222.0]
54	氙	Xe	131.3	87	钫	Fr	[223.0]
55	铯	Cs	132.9	88	镭	Ra	[226.0]
56	钡	Ba	137.3	89	锕	Ac	[227.0]
57	镧	La	138.9	90	钍	Th	[232.0]
58	铈	Ce	140.1	91	镤	Pa	[231.0]
59	镨	Pr	140.9	92	铀	U	[238.0]
60	钕	Nd	144.2	93	镎	Np	[237.0]
61	钷	Pm	[144.9]	94	钚	Pu	[244.1]
62	钐	Sm	150.4	95	镅③	Am	[243.1]
63	铕	Eu	152.0	96	锔③	Cm	[247.1]
64	钆	Gd	157.3	97	锫③	Bk	[247.1]
65	铽	Tb	158.9	98	锎③	Cf	[251.1]
66	镝	Dy	162.5	99	锿③	Es	[252.1]
67	钬	Ho	164.9	100	镄③	Fm	[257.1]
68	铒	Er	167.3	101	钔③	Md	[258.1]
69	铥	Tm	168.9	102	锘③	No	[259.1]
70	镱	Yb	173.0	103	铹③	Lr	[262.1]
71	镥	Lu	175.0	104	𬬻③	Rf	[261.1]
72	铪	Hf	178.5	105	𬭊③	Db	[262.1]
73	钽	Ta	180.9	106	𬭳③	Sg	[266.1]
74	钨	W	183.8	107	𬭛③	Bh	[264.1]
75	铼	Re	186.2	108	𬭶③	Hs	[277.1]
76	锇	Os	190.2	109	鿏③	Mt	[268.1]
77	铱	Ir	192.2	110	𫟼③	Ds	[281.2]
78	铂	Pt	195.1	111	𬬭③	Rg	[272.2]
79	金	Au	197.0	112	鿔③	Cn	[285.2]
80	汞	Hg	200.6	114	𫓧③	Fl	[289.2]
81	铊	Tl	204.4	116	𫟷③	Lv	[293.2]

① 数据摘自：Haynes W M. 2017. CRC Handbook of Chemistry and Physics. 97th ed. Boca Raton: CRC Press Inc。

② 相对原子质量加[ ]为放射性元素半衰期最长同位素的质量数。

③ 表示人造元素。

14.8　实验室常用酸、碱溶液的浓度

溶液名称	密度/(g・mL^{-1})(20℃)	质量分数/%	物质的量浓度/(mol・L^{-1})
浓 H_2SO_4	1.84	98	18
稀 H_2SO_4	1.18	25	3
	1.06	9	1
浓 HNO_3	1.42	69	16
稀 HNO_3	1.20	33	6
	1.07	12	2
浓 HCl	1.19	37	12
稀 HCl	1.10	20	6
	1.03	7	2
H_3PO_4	1.7	85	15
浓高氯酸($HClO_4$)	1.7～1.75	70～72	12
稀 $HClO_4$	1.12	19	2
冰醋酸(HOAc)	1.05	99	17
稀 HOAc	1.02	12	2
氢氟酸(HF)	1.13	40	23
浓氨水(NH_3・H_2O)	0.88	28	15
稀氨水	0.98	4	2
浓 NaOH	1.43	40	14
	1.33	30	13
稀 NaOH	1.09	8	2
$Ba(OH)_2$(饱和)	—	2	0.1
$Ca(OH)_2$(饱和)	—	0.15	[illegible]

14.9　酸碱指示剂

指示剂	pH 变化范围	颜色		pK_{HIn}	浓度
		酸色	碱色		
百里酚蓝(第一次变色)	1.2～2.8	红	黄	1.6	0.1%的 20%乙醇溶液
甲基黄	2.9～4.0	红	黄	3.3	0.1%的 90%乙醇溶液
甲基橙	3.1～4.4	红	黄	3.4	0.05%的水溶液
溴酚蓝	3.1～4.6	黄	紫	4.1	0.1%的 20%乙醇溶液或其钠盐的水溶液

续表

指示剂	pH 变化范围	颜色		pK_{HIn}	浓度
		酸色	碱色		
溴甲酚绿	3.8～5.4	黄	蓝	4.9	0.1%水溶液，每 100mg 指示剂加 0.05mol · L^{-1} NaOH 2.9mL
甲基红	4.4～6.2	红	黄	5.2	0.1%的 60%乙醇溶液或其钠盐的水溶液
溴甲酚紫	5.2～6.8	黄	紫	6.3	0.1%的 20%乙醇溶液
中性红	6.8～8.0	红	黄橙	7.4	0.1%的 60%乙醇溶液
酚红	6.7～8.4	黄	红	8.0	0.1%的 60%乙醇溶液或其钠盐水溶液
酚酞	8.0～9.6	无	红	9.1	0.1%的 90%乙醇溶液
百里酚蓝（第二次变色）	8.0～9.6	黄	蓝	8.9	0.1%的 20%乙醇溶液
百里酚酞	9.4～10.6	无	蓝	10.0	0.1%的 90%乙醇溶液

14.10 氧化还原指示剂

指示剂名称	E/V $[H^+]$=1mol · L^{-1}	颜色变化		溶液配制方法
		氧化态	还原态	
中性红	0.24	红	无色	0.05%的 60%乙醇溶液
次甲基蓝	0.36	蓝	无色	0.05%水溶液
变胺蓝	0.59 (pH=2)	无色	蓝色	0.05%水溶液
二苯胺	0.76	紫	无色	1%的浓 H_2SO_4 溶液
二苯胺磺酸钠	0.85	紫红	无色	0.05%水溶液
N-邻苯氨基苯甲酸	1.08	紫红	无色	0.1g 指示剂加 20mL 15%的 Na_2CO_3 溶液，用水稀至 100mL
邻二氮菲 Fe(Ⅱ)	1.06	浅蓝	红	1.485g 邻二氮菲加 0.965g $FeSO_4$，溶于 100mL 水中(0.25mol · L^{-1}水溶液)
5-硝基邻二氮菲-Fe(Ⅱ)	1.25	浅蓝	紫红	1.608g 5-硝基邻二氮菲加 0.695g $FeSO_4$，溶于 100mL 水(0.025mol · L^{-1}水溶液)

14.11 金属离子指示剂

名称	配制方法	测定元素	颜色变化	测定条件
酸性铬蓝 K	0.1%乙醇溶液	Ca	红～蓝	pH=12
		Mg	红～蓝	pH=10(氨性缓冲溶液)
钙指示剂	与 NaCl 配成质量比为 1∶100 的固体混合物	Ca	酒红～蓝	pH>12(KOH 或 NaOH)
铬天青 S	0.4%水溶液	Al	紫～黄橙	pH=4(乙酸缓冲溶液)
		Cu	蓝紫～黄	pH=6～6.5(乙酸缓冲溶液)
		Fe(Ⅲ)	蓝～橙	pH=2～3
		Mg	红～黄	pH=10～11(氨性缓冲溶液)
双硫腙	0.03%乙醇溶液	Zn	红～绿紫	pH=4.5,50%乙醇溶液
铬黑 T	与 NaCl 配成质量比 1∶100 的固体混合物	Al	蓝～红	pH=7～8,吡啶存在下,以 Zn^{2+} 回滴
		Bi	蓝～红	pH=9～10,以 Zn^{2+} 回滴
		Ca	红～蓝	pH=10,加入 EDTA-Mg
		Cd	红～蓝	pH=10(氨性缓冲溶液)
		Mg	红～蓝	pH=10(氨性缓冲溶液)
		Mn	红～蓝	pH=9 氨性缓冲溶液,加羟胺
		Ni	红～蓝	pH=10 氨性缓冲溶液
		Pb	红～蓝	pH=9 氨性缓冲溶液,加酒石酸钾
		Zn	红～蓝	pH=6.8～10(氨性缓冲溶液)
紫脲酸铵	与 NaCl 配成质量比 1∶100 的固体混合物	Ca	红～紫	pH>10(NaOH),25%乙醇
		Co	黄～紫	pH=8～10(氨性缓冲溶液)
		Cu	黄～紫	pH=7～8(氨性缓冲溶液)
		Ni	黄～紫红	pH=8.5～11.5(氨性缓冲溶液)
PAN	0.1%乙醇(或甲醇)溶液	Cd	红～黄	pH=6(乙酸缓冲溶液)
		Co	黄～红	乙酸缓冲溶液,70～80℃,以 Cu^{2+} 回滴
		Cu	紫～黄	pH=10(氨性缓冲溶液)
			红～黄	pH=6(乙酸缓冲溶液)
		Zn	粉红～黄	pH=5～7(乙酸缓冲溶液)
PAR	0.05%或 0.2%水溶液	Bi	红～黄	pH=1～2(HNO_3)
		Cu	红～黄(绿)	pH=5～11(六次甲基四胺,氨性缓冲溶液)
		Pb	红～黄	六次甲基四胺或氨性缓冲溶液

续表

名称	配制方法	测定元素	颜色变化	测定条件
邻苯二酚紫	0.1%水溶液	Cd	蓝～红紫	pH=10(氨性缓冲溶液)
		Co	蓝～红紫	pH=8～9(氨性缓冲溶液)
		Cu	蓝～黄绿	pH=6～7(吡啶溶液)
		Fe(Ⅱ)	黄绿～蓝	pH=6～7,吡啶存在下,以 Cu^{2+} 回滴
		Mg	蓝～红紫	pH=10(氨性缓冲溶液)
		Mn	蓝～红紫	pH=9(氨性缓冲溶液),加羟胺
		Pb	蓝～黄	pH=5.5(六次甲基四胺)
		Zn	蓝～红紫	pH=10(氨性缓冲溶液)
磺基水杨酸	1%～2%水溶液	Fe(Ⅲ)	红紫～黄	pH=1.5～3
试钛灵	2%水溶液	Fe(Ⅲ)	蓝～黄	pH=2～3(乙酸热溶液)
二甲酚橙 XO	0.5%乙醇(或水)溶液	Bi	红～黄	pH=1～2(HNO_3)
		Cd	粉红～黄	pH=5～6(六次甲基四胺)
		Pb	红紫～黄	pH=5～6(乙酸缓冲溶液)
		Th(Ⅳ)	红～黄	pH=1.5～3.5 (HNO_3)
		Zn	红～黄	pH=5～6(乙酸缓冲溶液)

14.12　实验室中一些试剂的配制方法

试剂名称	浓度/(mol·L^{-1})	配制方法
硫化钠 Na_2S	1	称取 240g $Na_2S·9H_2O$、40g NaOH 溶于适量水中,稀释至 1L,混匀
硫化铵$(NH_4)_2S$	3	通 H_2S 于 200mL 浓 $NH_3·H_2O$ 中直至饱和,然后加 200mL 浓$NH_3·H_2O$,最后加水稀释至 1L ,混匀
氯化亚锡 $SnCl_2$	0.25	称取 56.4g $SnCl_2·2H_2O$ 溶于 100mL 浓 HCl 中,加水稀释至 1L,在溶液中放几颗纯锡粒
氯化铁 $FeCl_3$	0.5	称取 135.2g $FeCl_3·6H_2O$ 溶于 100mL 6mol·L^{-1}HCl 中,加水稀释至 1L
三氯化铬 $CrCl_3$	0.1	称取 26.7g $CrCl_3·6H_2O$ 溶于 30mL 6mol·L^{-1}HCl 中,加水稀释至 1L
硝酸亚汞 $Hg_2(NO_3)_2$	0.1	称取 56g $Hg_2(NO_3)_2·2H_2O$ 溶于 250mL 6mol·$L^{-1}$$HNO_3$ 中,加水稀释至 1L,并加入少许金属汞
硝酸铅 $Pb(NO_3)_2$	0.25	称取 83g $Pb(NO_3)_2$ 溶于少量水中,加入 15mL 6mol·L^{-1} HNO_3,用水稀释至 1L
硝酸铋 $Bi(NO_3)_3$	0.1	称取 48.5g $Bi(NO_3)_3·5H_2O$ 溶于 250mL 1mol·$L^{-1}$$HNO_3$ 中,加水稀释至 1L
硫酸亚铁 $FeSO_4$	0.25	称取 69.5g $FeSO_4·7H_2O$ 溶于适量水中,加入 5mL 18mol·$L^{-1}$$H_2SO_4$,再加水稀释至 1L,并置入小铁钉数枚
氯水	Cl_2 的饱和水溶液	将 Cl_2 通入水中至饱和(用时临时配制)

续表

试剂名称	浓度/($mol \cdot L^{-1}$)	配制方法
溴水	Br_2 的饱和水溶液	在带有良好磨口塞的玻璃瓶内，将市售的 Br_2 约 50g(16mL)注入 1L 水中，在 2h 内不断剧烈振荡，每次振荡之后微开塞子，使积聚的 Br_2 蒸气放出。在储存瓶底总有过量的溴。将 Br_2 倒入试剂瓶时，剩余的 Br_2 应留于储存瓶中，而不倒入试剂瓶(倾倒 Br_2 或溴水时，应在通风橱中进行，将凡士林涂在手上或戴橡皮手套操作，以防 Br_2 蒸气灼伤)
碘水	～0.005	将 1.3g I_2 和 5g KI 溶解在尽可能少量的水中，待 I_2 完全溶解后(充分搅动)再加水稀释至 1L
试剂名称	浓度/%	配制方法
亚硝酰铁氰化钠	3	称取 3g $Na_2[Fe(CN_5)NO] \cdot 2H_2O$ 溶于 100mL 水中
淀粉溶液	0.5	称取易溶淀粉 1g 和 $HgCl_2$ 5mg(作防腐剂)置于烧杯中，加水少许调成薄浆，然后倾入 200mL 沸水中
奈斯勒试剂		称取 115g HgI_2 和 80g KI 溶于足量的水中，稀释至 500mL，然后加入 500mL $6mol \cdot L^{-1}$ NaOH 溶液，静置后取其清液保存于棕色瓶中
对氨基苯磺酸	0.34	0.5g 对氨基苯磺酸溶于 150mL $2mol \cdot L^{-1}$ HOAc 溶液中
α-萘胺	0.12	0.3g α-萘胺加 20mL 水，加热煮沸，在所得溶液中加入 150mL $2mol \cdot L^{-1}$ HOAc
钼酸铵		5g 钼酸铵溶于 100mL 水中，加入 35mL HNO_3(密度 $1.2g \cdot mL^{-1}$)
硫代乙酰胺	5	5g 硫代乙酰胺溶于 100mL 水中
钙指示剂	0.2	0.2g 钙指示剂溶于 100mL 水中
镁试剂	0.007	0.001g 对硝基偶氮间苯二酚溶于 100mL $2mol \cdot L^{-1}$ NaOH 中
铝试剂	1	1g 铝试剂溶于 1L 水中
二苯硫腙	0.01	10mg 二苯硫腙溶于 100mL CCl_4 中
丁二酮肟	1	1g 丁二酮肟溶于 100mL 95%乙醇中
醋酸铀酰锌		(1) 10g $UO_2(OAc)_2 \cdot 2H_2O$ 和 6mL $6mol \cdot L^{-1}$ HOAc 溶于 50mL 水中；(2)30g $Zn(OAc)_2 \cdot 2H_2O$ 和 3mL $6mol \cdot L^{-1}$ HCl 溶于 50mL 水中；将(1)、(2)两种溶液混合，24h 后取清液使用
二苯碳酰二肼(二苯偕肼)	0.04	0.04g 二苯碳酰二肼溶于 20mL 95%乙醇中，边搅拌，边加入 80mL(1∶9)H_2SO_4(存于冰箱中可用一个月)
六亚硝酸合钴(Ⅲ)钠盐		$Na_3[Co(NO_2)_6]$和 NaOAc 各 20g 溶解于 20mL 冰醋酸和 80mL 水的混合溶液中，储于棕色瓶中备用(久置溶液，颜色由棕变红即失效)
$NH_3 \cdot H_2O$-NH_4Cl 缓冲溶液	pH=10.0	称取 20.00g NH_4Cl(s)溶于适量水中，加入 100.00mL 浓氨水(密度 $0.9g \cdot mL^{-1}$)混合后稀释至 1L，即为 pH=10.0 的缓冲溶液
邻苯二甲酸氢钾-氢氧化钠缓冲溶液	pH=4.00	量取 $0.200mol \cdot L^{-1}$ 邻苯二甲酸氢钾溶液 250.00mL、$0.100mol \cdot L^{-1}$ 氢氧化钠溶液 4.00mL，混合后稀释至 1L，即为 pH=4.00 的缓冲溶液

14.13　常用缓冲溶液的 pH 范围

缓冲溶液	pK	pH 有效范围
盐酸-邻苯二甲酸氢钾[HCl-$C_6H_4(COO)_2HK$]	3.1	2.2～4.0
柠檬酸-氢氧化钠[$C_3H_5(COOH)_3$-$NaOH$]	2.9,4.1,5.8	2.2～6.5
甲酸-氢氧化钠[$HCOOH$-$NaOH$]	3.8	2.8～4.6
乙酸-乙酸钠[CH_3COOH-CH_3COONa]	4.8	3.6～5.6
邻苯二甲酸氢钾-氢氧化钾[$C_6H_4(COO)_2HK$-KOH]	5.4	4.0～6.2
琥珀酸氢钠-琥珀酸钠 CH_2COOH - CH_2COONa $\vert$　　$\vert$ CH_2COONa CH_2COONa	5.5	4.8～6.3
柠檬酸氢二钠-氢氧化钠[$C_3H_4(COO)_3HNa_2$-$NaOH$]	5.8	5.0～6.3
磷酸二氢钾-氢氧化钠[KH_2PO_4-$NaOH$]	7.2	5.8～8.0
磷酸二氢钾-硼砂[KH_2PO_4-NaB_4O_7]	7.2	5.8～9.2
磷酸二氢钾-磷酸氢二钾[KH_2PO_4-K_2HPO_4]	7.2	5.9～8.0
硼酸-硼砂[H_3BO_3-$Na_2B_4O_7$]	9.2	7.2～9.2
硼酸-氢氧化钠[H_3BO_3-$NaOH$]	9.2	8.0～10.0
氯化铵-氨水[NH_4Cl-$NH_3 \cdot H_2O$]	9.3	8.3～10.3
碳酸氢钠-碳酸钠[$NaHCO_3$-Na_2CO_3]	10.3	9.2～11.0
磷酸氢二钠-氢氧化钠[Na_2HPO_4-$NaOH$]	12.4	11.0～12.0

14.14　不同温度下 KCl 的摩尔溶解焓

（1mol KCl 溶于 200mol 水中的积分溶解焓 $\Delta_{sol}H_m$）

温度/℃	$\Delta_{sol}H_m$/(kJ · mol^{-1})	温度/℃	$\Delta_{sol}H_m$/(kJ · mol^{-1})
0	22.008	18	18.602
1	21.786	19	18.443
2	21.556	20	18.297
3	21.351	21	18.146
4	21.142	22	17.995
5	20.941	23	17.849
6	20.740	24	17.702
7	20.543	25	17.556
8	20.338	26	17.414
9	20.163	27	17.272
10	19.979	28	17.138
11	19.794	29	17.004
12	19.623	30	16.874
13	19.447	31	16.740
14	19.276	32	16.615
15	19.100	33	16.493
16	18.933	34	16.372
17	18.765	35	16.259

摘自：东北师范大学，等. 2014. 物理化学实验. 3 版. 北京：高等教育出版社。

14.15　摩尔凝固点降低常数

溶剂	凝固点/℃	K_f	溶剂	凝固点/℃	K_f
环己烷	6.54	20.0	苯酚	40.90	7.40
溴仿	8.05	14.4	萘	80.290	6.94
乙酸	16.66	3.90	樟脑	178.75	37.7
苯	5.533	5.12	水	0.0	1.853

摘自:迪安. 2003. 兰氏化学手册. 2 版. 魏俊发,等译. 北京:科学出版社。

参 考 文 献

丁长江.2016.有机化学实验.2版.北京:科学出版社
冯霞，朱莉娜，朱荣娇. 2015. 物理化学实验. 北京：高等教育出版社
复旦大学,等.2004.物理化学实验.3版.北京:高等教育出版社
高占先,于丽梅.2016.有机化学实验.5版.北京:高等教育出版社
潘祖仁.2013.高分子化学.5版.北京:化学工业出版社
施韦特利克，等. 2010. 有机合成实验室手册(原著第22版). 万均，温永红，陈玉，等译. 北京：化学工业出版社
天津大学物理化学教研室.2017.物理化学.6版.北京:高等教育出版社
田宜灵,李洪玲.2008.物理化学实验.2版.北京:化学工业出版社
杨秋华. 2012. 无机化学实验. 北京：高等教育出版社
杨秋华，余莉萍. 2016. 无机化学与化学分析实验. 北京：高等教育出版社
余莉萍，刘宇. 2011. 分析化学实验. 天津：天津大学出版社
张干伟,童群义.2004.淀粉与丙烯腈接枝共聚引发方法研究进展.高分子材料科学与工程,20(1):22-26
赵德仁,张慰盛.2020.高聚物合成工艺学.3版.北京:化学工业出版社
赵温涛，马宁，王元欣，等. 2017. 有机化学实验. 北京：高等教育出版社
朱莉娜，孙晓志，弓保津，等. 2014. 高校实验室安全基础. 天津：天津大学出版社